联考逻辑用书·总第12版

MBA MPA MEM MPAcc

管理类、经济类

联考逻辑母题800练

主编 吕建刚

21个母题 43个变式 800道习题 讲练测得高分

4大论证底层方法论 300+道经典例题 270道专项训练 200道仿真模考

技巧分册

副主编 ◎ 张杰 任松

中国政法大学出版社

2025 · 北京

图书在版编目（CIP）数据

管理类、经济类联考逻辑母题 800 练 / 吕建刚主编. -- 北京 : 中国政法大学出版社，2025. 4（2025.9 重印）. ISBN 978-7-5764-1995-5

Ⅰ. B81-44

中国国家版本馆 CIP 数据核字第 2025PM9407 号

出 版 者　中国政法大学出版社

地　　址　北京市海淀区西土城路 25 号

邮寄地址　北京 100088 信箱 8034 分箱　邮编 100088

网　　址　http://www.cuplpress.com (网络实名：中国政法大学出版社)

电　　话　010-58908285(总编室) 58908433（编辑部）58908334(邮购部)

承　　印　河北燕山印务有限公司

开　　本　787mm×1092mm　1/16

印　　张　42.25

字　　数　992 千字

版　　次　2025 年 4 月第 1 版

印　　次　2025 年 9 月第 6 次印刷

定　　价　99.80 元（全 3 册）

· 关于逻辑备考，我想和你说说心里话 ·

你好：

感谢你选择了我的书，感谢你选择做我的学生，感谢你愿意让我陪你一起度过这段奋斗的岁月。我认为，我们不仅是师生，更是亲密的战友。所以接下来，我要和你说说关于逻辑备考的一些心里话。

我从 2009 年开始讲课，到现在刚好 16 年。在这 16 年的漫长的职业生涯里，最让我心疼的是去年的 2025 考研。心疼什么？心疼很多去年的同学们辛苦地为考研准备了半年甚至一年，却在考场上遇到了考研史上最大的变革之年。命题的剧烈变化让那些擅长应变的学生获得了更好的名次，却也让很多的同学发挥失常甚至因此落榜。

这让我心疼，也让我深思——2026 年咱们到底应该如何准备，才能更好地适应命题、考出更好的成绩。所以，咱们一起聊聊 2025 年的命题变化，聊聊 2026 年你应该如何备考，也希望我接下来的话能对你有所帮助。

❶ 2025 年逻辑命题有哪些变化？

咱们先看看 2025 年的命题变化吧。

在 2025 年考研中，无论是管理类联考，还是经济类联考，逻辑的命题都发生了一些变化，主要体现在以下方面：

1. 题型占比变化

年份	形式逻辑＋综合推理	论证逻辑
2024 年及以前	占 60％左右	占 40％左右
2025 年	占 50％	占 50％

这种变化对你来说可能有利有弊。如果你论证逻辑学的比较好，那么这种变化是非常好的，因为论证逻辑对解题时间的要求更低，这样可以为复杂的综合推理省下一些时间；但如果你论证逻辑学的不太好，那么这种变化就会增加你的错误率。不过，你也不用过于担心，今年我和我的团队又把论证逻辑的解题方法做了全面的升级，其中最重要的方法，我会在本书的导学课里直接教给你，你一定要听一下试试。你把本书的方法学会，坚持用这些方法做题，论证逻辑的正确率完全可以提升上来。

2. 试卷结构变化

年份	试卷结构
2024 年及以前	形式逻辑、综合推理、论证逻辑混合出题。
2025 年	管理类联考前 15 道题均为论证逻辑，后 15 道题均为形式逻辑和综合推理。 经济类联考除了第 1 题以外，其他题目也遵守前半部分均为论证逻辑，后半部分均为形式逻辑和综合推理。

这种变化对你来说是好事。因为将题型分类出题的命题方式，降低了你判断题型的难度。而且，由于复杂的综合推理对时间的要求更高，这种命题方式对于你的做题时间安排其实是更友好的。

3. 题型集中度的变化

年份	题型集中度
2024 年及以前	题型集中度高，例如在管理类联考中： （1）假言推事实模型：2022 年 11 道，2023 年 10 道，2024 年 10 道。 （2）事实＋假言模型：2022 年 2 道，2023 年 2 道，2024 年 1 道。 以上两种模型平均每年 12 道。
2025 年	题型更为分散，例如在 2025 年的管理类联考中，假言推事实模型考了 3 道，事实＋假言模型考了 2 道，合计只有 5 道。

咱们先来比较一下 2024 年和 2025 年学生的分数。先看个例子：2024 年和 2025 年中央财经的会计硕士最终总成绩排名第一的学生都是我的学员，但 2024 年的同学初试考了 276 分，而 2025 年的同学比 2024 的同学低了二三十分。再看国家线：2025 年管综经综各个专业的国家线都比 2024 年低了 10 分左右，这是历史上最大的一次国家线降分，这说明全国所有学生出现了普遍的降分。为什么？

一个原因，是命题难度的上升。相比 2024 年，2025 年的数学、逻辑、写作难度都提高了。另一个原因，是命题集中度的变化。我们以“假言推事实”和“事实＋假言”这两个模型为例。2024 年管理类联考中这两个模型考了 12 道，2025 年的管理类联考真题中，这两个题型只考了 5 道。这就意味着有 7 道题会以其他命题模型的形式出现。这 7 道是新题吗？并不是，它们在往年真题中全部出现过。但是，这 7 道题在往年考的都不多，都是好几年才考一道的题，今年突然都出现了。这就像是一个游泳比赛，以前每次比赛都比的是蛙泳，有位运动员把蛙泳练的特别好。到了比赛时突然让他比赛仰泳。仰泳他也不是没见过，但平时练的少，成绩就不太好。

那咱们怎么办？仰泳、蛙泳、自由泳，各种泳姿咱们都练练。把各种有可能考到的题型，咱们都练一下，这样咱就不怕了。另外，今年的估分模考阶段和考前模考阶段，我会给你出各种难度的模考题，简单的、难的、“变态的”、偏的，咱都练练。如果你是弟子班、集训营的同学，班主任会把这些模考给你安排好的，如果你是自学的同学也一定要参加我们的公益模考。

4. 命题形式的创新

去年的真题中，有一些题的命题形式进行了一定的创新。

例如，管理类联考真题中一道题要求判断“乙、丁、丙、戊、己”等五人说的话是否能削弱“甲”的观点。而非传统的“A 项、B 项、C 项、D 项、E 项”是否能削弱题干。

但要注意，这种创新更多的是命题形式的创新，而非命题本质的创新。“乙、丁、丙、戊、己”削弱“甲”与“A 项、B 项、C 项、D 项、E 项”削弱“题干”并无本质的不同。

咱们怎么去一起应对这种变化？你做好心理的准备，不要怕新形式，因为新形式考的也是老内容；我做好教研的准备，帮大家出一些有新意的题。咱们一起努力，解决这个问题。

5. 题目的平均难度较大

2025 年逻辑题的难度体现在以下三点：

（1）一些论证逻辑题干扰项的干扰力度很强，难以进行准确地判断。

（2）一些综合推理题步骤较多，且模型化程度有所减弱，难以快速找到思路。

（3）命题形式与试卷结构的变化让很多考生感觉不适应，这在某种意义上也相当于增加了难度。

难度方面，我认为你不用过于担心，我接下来给你分析为什么不用过于担心。

2 2026 年逻辑命题会有什么趋势？

接下来，咱们一起来分析一下 2026 年的命题会有什么趋势。以下是我的观点：

1. 整体命题风格

我认为 2026 年的逻辑命题风格会延续 2025 年的命题风格，但应该会有一些细节的调整。再重申一遍，我会在《8 套卷》《6 套卷》中给你出各种风格的模拟题，你一定要做仿真模考，这样上了考场后不会因为命题风格的变化产生陌生感。

2. 试卷结构

试卷结构可能会延续 2025 年的结构，即前半部分论证逻辑，后半部分形式逻辑和综合推理。当然，为了防止命题结构回归 2024 年的结构，我也给大家提供一些仿 2024 结构的模拟题。这样，咱们两手准备，防范各种因命题造成的风险。

3. 题目难度

2025 年经综的国家线下降 15 分，管综国家线整体下降 10 分左右。其中，MBA/MTA 的国家 A 线只有 151 分，B 线只有 141 分，这个分有点过低了。而即使是这么低的国家线，也还有一些 211 院校甚至 985 院校因为招不满员而出现调剂名额。所以，我认为 2026 年真题有降难度的可能。

4. 题型分布

形式逻辑与综合推理中的题型分布会比较广泛；会出现一部分题目可以完全按本书的母题模型来解题，另一部分题目母题模型不易判断的情况。因此，我们既要学会常见命题模型的解题方法，也要学会综合推理的解题原理（条件优先级），用这些原理来解那些不易判断模型的题目。另外，可能会出现 2 道左右略有新意的综合推理题。

论证逻辑题中，直接使用怼 P 肯 P 法的题目的占比会是最大的，可能会出现 2 道左右拆搭桥考法的题目，还会出现现象原因、措施目的、预测结果等涉及其他模型的题目。另外，可能会出现 1 道左右略有新意的论证逻辑题。

③ 面对这种命题变化与趋势，你应该如何备考？

面对这种命题变化与趋势，你应该如何备考？

首先，你不要怕，也不要焦虑。咱们分工来解决问题：教研的事，我和我的团队来做，学习的事，你来做。这个分工，你看可以吗？

我先说说我们在教研上已经为你做了哪些工作，以及这些工作能帮你做到什么：

1. 管综与经综逻辑

我和张杰、任松等几位老师，升级了综合推理和论证逻辑的解题方法论。

（1）简化了 5 大条件的解题模型，让你更容易识别模型更容易上手。

（2）优化了综合推理的条件优先级，让你在面对模型不清晰的题目时也能有思路。

（3）增加了综合推理的难度以及非常规综合推理题，这一部分你可能会做起来感觉挺难，实际上它就是挺难，所以我不允许你因此怀疑自己，咱们要充满信心，解答这些问题。

（4）将论证逻辑解题步骤标准化，尤其突出了提问方式识别法、一致性识别法、触发词识别法这 3 种方法来帮你识别考点，解决你学了论证逻辑但是用不上方法的问题。

（5）优化了论证逻辑干扰项的排除方法，用四大原则来解决你论证逻辑总在两个选项中纠结的问题。

2. 管综与经综写作

写作你不用怕，我们这个考试的写作方法性很强的，把方法学会后写作拿个高分没有问题。今年我们在写作上优化了以下几个方面：

（1）优化了论证有效性分析的谬误写作方法，让你做到论证有效性分析有话说。

（2）优化了论说文的审题立意方法，减少你跑题的可能性。

（3）强化了论说文的论证方法，让你的文章更有深度。

3. 管综数学

我和罗瑞老师以及数学教研团队，对整个数学的教研做了一次全新的升级。

（1）优化了 88 个母题模型，迭代了 274 个母题解题技巧，更贴合最新考试。

（2）增加了“幂函数”“锥体”新大纲考点和变式。

（3）为应对最新的考试变化，增加了近 300 道创新题、条充综合题以及陷阱题。

（4）重新编写 500 多道题目，《数学母题 800 练》这本书的更新率为 55%。这些变化，会让你平时做的题与考场上的题更贴近，得分率更高。

然后我想和你说说你应该怎么学：

(1)把基础学好

我知道，你看到这本书时可能已经到强化阶段了。还有一些二战的同学跳过了基础阶段，直接进入了强化阶段。

但我想提醒你一点，如果你的基础不扎实，后面想拿高分会比较难的。 就像建高楼，需要一个深深的地基，这一点我想你肯定明白。

如果你是弟子班学员，基础多听 2 遍。 如果你是自学的学员，《逻辑要点 7 讲》一书多听几遍。

(2)搞定母题模型

基础学好以后，你接下来需要把母题搞定。 你千万不要被 2025 年的真题变化搞蒙圈了，即使真题有变化，但常规题型也仍然占绝对多数。 另外，前面我也说了，那些“创新”了的题目也更多是一种形式上的变化，命题本质没有变。 本书的母题体系对这些所谓的“新题”仍然适用。因此，你一定要掌握母题，母题是解所有逻辑题的核心。

你可以先通过《母题 800 练》的“技巧分册”，熟练掌握母题模型的识别及其解法。 对于任何一道推理题，我们都需要做到看到题目的 10 秒内确定母题模型并想到其对应的解法。 另外，要做好一些综合推理题不易判断模型的心理准备和解题方法上的准备，本书也出了大量这样的题供大家练习。 对于论证逻辑而言，你只需要做到 80%以上的题能快速识别母题模型即可。 因为论证逻辑存在一些题目不容易识别母题模型，这种题你可以直接分析选项。

然后，你可以通过《母题 800 练》的“刷题分册”，提高解题的速度和准确率。 需要注意的是，由于真题难度的增大，我刻意增加了刷题分册的题目难度。 所以，如果你在做刷题分册时错的较多，也不要气馁。 另外，这些题虽然有些难度，但它们的命题思路和真题完全一致。

(3)重难点专项拔高

你完成《母题 800 练》后，如果还有时间，可以通过《综合推理 400 题》《论证逻辑 400 题》以及数学的《条件充分性判断 400 题》进行专项拔高。

(4)掌握真题，模拟训练

真题一定要做。 但是注意，由于试卷结构发生了变化，因此 2024 年及以前的真题作为模考已经不再适用，建议大家在模考时用好《8 套卷》和《6 套卷》。

你一定要重视模考。 模考有三个作用：一是训练做题节奏，提高解题速度；二是对考场上的紧张情绪进行脱敏训练；三是发现问题，查漏补缺。

对于模考时做错的题，不要仅限于把答案看懂。 而是要通过这一道错题，总结一类题的解题方法或者某种干扰项的设置方法。 通过错题提升解题的方法论，这样你的正确率才能真正提高。

(5)下载乐学喵 APP

在乐学喵 APP 里，有题库供你刷题，有公益模考带你估分，也有免费技巧课程供你学习。你可以在应用市场搜“乐学喵”下载，也可以直接扫描以下二维码：

另外，如果你想领取电子版真题、重难点笔记等资料，参与本书的打卡活动，咨询我们线上付费课程或者线下集训营等，都可以扫描下方的二维码咨询助教：

最后，我非常乐于亲自给你解答你的问题，你如果愿意把我当朋友，愿意和我说说话，请用以下方式联系我：

小红书：老吕吕建刚（答疑号）　管综数学罗瑞　管综逻辑杰哥　考研逻辑任松

抖音：老吕吕建刚 MBA/MPAcc

微信公众号：老吕考研　老吕教你考 MBA（MBA、MPA、MEM、MTA 专用）

B 站：老吕考研吕建刚

微博：老吕考研吕建刚—MBAMPAcc

微信：jianggangggege666　miao—lvlv2（参与打卡带学）

备考交流 QQ 群：830251187

“每份努力都看得见！”这是我们公司的 slogan，也是我的座右铭。愿我们能一起努力，愿明年的春季，我能听到你考研上岸的消息。

说好了哦，这是咱们的约定。

吕建刚

2025 年 4 月 15 日

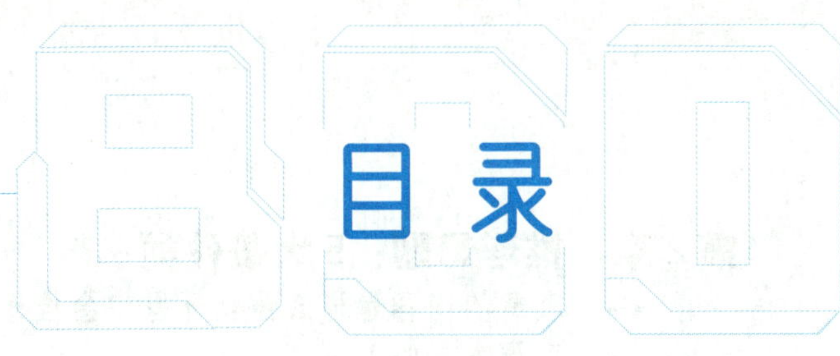

目录

第1部分 母题技巧

06

第 6 章　论证逻辑：3 大低频母题模型 /261

- “3 大低频母题模型”在论证逻辑真题中的占比
- 论证逻辑的低频模型有哪些？
- 本章难吗？

07

第 7 章　论证逻辑：7 大低频题型 /273

- “7 大低频题型”在论证逻辑真题中的占比
- 论证逻辑的低频题型有哪些？
- 本章难吗？

第1部分

母题技巧

第 1 章　形式逻辑与综合推理必备基础

① 推理题有哪些？重要吗？

联考逻辑推理题可以分为两大类：传统的形式逻辑题和综合推理题。在 2025 年管理类联考的 30 道逻辑题中，后 15 道题均为推理题，占比 50%；在 2025 年经济类联考的 20 道逻辑题中，第 1 题和后 10 道题均为推理题，占比 55%，预计 2026 年占比与管综一致。因此，推理题非常重要。

② 推理题的基础是什么？

在联考逻辑真题中，推理题的基础就是形式逻辑。即使是复杂的综合推理题，多数也是以形式逻辑为基础的，不涉及形式逻辑基础知识的推理题只占 20%左右。

③ 形式逻辑应该如何学习？

形式逻辑学习的重点是基础知识、基本原理和基本公式。从联考逻辑最近几年的命题来看，形式逻辑公式的综合应用考的特别多。因此，要特别重视形式逻辑公式的证明、推导和综合应用。我们用"箭头＋德摩根公式"来说明这一点：

已知：$A \to B \lor C$。

考法(1)：$A \to B \lor C$，等价于：$\neg B \land \neg C \to \neg A$。

考法(2)：$A \to B \lor C$，等价于：$A \land \neg B \to C$。

考法(3)：再补充已知条件 $A \to \neg B$，可得：$A \to C$。

考法(4)：再补充已知条件 $A \land \neg B$，可得：C。

可见，形式逻辑基本公式的变化是很多的，在真题中会利用各种变化进行综合考查。因此，一定要把形式逻辑的基础知识打牢。

如果你基础不够扎实，可以先把《联考逻辑要点 7 讲》的形式逻辑基础课程听 2～3 遍，然后再学本章的内容，这样效果会更好。该课程可扫描右边二维码免费听。

④ 本书的难度说明

本书按照由易到难的顺序进行编写。《技巧分册》所有母题模型均基于真题，其中第 1 章为基础知识，难度较低；从第 2 章开始，题目难度等于或大于真题。《刷题分册》的母题模型同样来源于真题，题目难度等于或大于真题。

本章考情分析

通过对近 10 年管综真题和近 5 年经综真题模型考查频次的分析，本章内容为本书第 2、3 章的基础。掌握好基础题型，对后续母题模型的学习至关重要。

现将本章基础题型的难度、重要程度、对应母题模型总结如下：

本章基础题型	难度	重要程度	对应第 2、3 章母题模型
基础题型 1 简单假言推理	★★	★★★★	母题模型 1
基础题型 2 简单联言选言推理	★★	★★★	母题模型 11 （变式 11.1 经典真假话问题）
基础题型 3 箭摩根公式	★★	★★★	母题模型 1
基础题型 4 简单命题的对当关系	★★	★★★★	母题模型 8
基础题型 5 简单命题的负命题	★★	★★	母题模型 8
基础题型 6 假言命题的负命题	★★	★★	母题模型 5
基础题型 7 概念与定义的基本题型	★★	★★	/
基础题型 8 集合概念与类概念	★★	★★	/
基础题型 9 概念间的关系	★★	★★	/

说明：

①难度说明：★★为简单，★★★为中档，★★★★为中档偏上，★★★★★为难。

②与“概念”相关的真题考题，主要考查基础题型。

第1节 假言命题

必备知识

1. 充分必要条件

编号	条件关系	含义	典型关联词
①	充分条件 （A→B）	有它就行，没它未必不行	如果……那么…… 只要……就…… 一旦……就…… ……就…… ……必须…… ……则…… ……一定……
②	必要条件 （¬A→¬B， 等价于：A←B）	没它不行，有它未必行	只有……才…… ……是……的前提 ……是……的基础 ……对于……不可或缺 除非……才……
③	充要条件 （A↔B）	等价关系，"同生共死"	当且仅当 ……是……的唯一条件

2. 箭头的2个基础使用原则

编号	原则	口诀	公式
①	逆否原则	逆否命题等价于原命题	A→B，等价于：¬B→¬A A↔B，等价于：¬A↔¬B
②	箭头指向原则	有箭头指向则为真； 没有箭头指向则可真可假	/

3. 常见句式的符号化

命题	句式	符号化
简单命题	A是B	A→B
	有的A是B	有的A→B
	所有A是B	A→B
充分条件	A必须B	A→B
必要条件	只有A，才B	¬A→¬B

4. “除非”句式的符号化

类型	句式	符号化
除非，否则	除非 A，否则 B A，否则 B B，除非 A	¬ A→B
若要，除非	若要 A，除非 B = 如果 A，那么 B 如：若要人不知，除非己莫为	A→B 如：要人不知→己莫为
除非，才	除非 A，才 B = A，才 B	¬ A→¬ B

【规律总结】

当“若要”“才”与“除非”连用时，“除非”没有实际意义，可直接删除，再根据其他典型关联词进行符号化。

5. “只……”的符号化

“只……”表示充分条件。

例 1　张三只喜欢漂亮女孩。

符号化：张三喜欢→漂亮女孩。

等价于：只有漂亮女孩子，张三才喜欢。

等价于：¬ 漂亮女孩→¬ 张三喜欢。

例 2　（节选自 2018—管综—46）本次学术会议只欢迎持有主办方邀请函的科研院所的学者参加。

符号化：本次学术会议欢迎→持有主办方邀请函。

等价于：只有持有主办方邀请函，才能得到本次学术会议的欢迎。

等价于：¬ 持有主办方邀请函→¬ 被本次学术会议欢迎。

6. “只有 A，才 B，才 C”的符号化

(1)“只有 A，才 B，才 C”一般表示：“A 是 B 的必要条件，而 B 又是 C 的必要条件”。此时，B 与 C 之间是递进关系。

可符号化为：C→B→A，等价于：¬ A→¬ B→¬ C。

例如：只有初试分数过线，才能进入复试，才能考上研究生。

可符号化为：考上研究生→进入复试→初试分数过线。

(2)“只有 A，才 B，才 C”在少数情况下也可以表示：“A 是 B 的必要条件，A 又是 C 的必要条件”。此时，B 与 C 之间是并列关系。

可符号化为：B→A，C→A。等价于：¬ A→¬ B，¬ A→¬ C。

此时，“B→A，C→A”可写作：B∨C→A，等价于：¬ A→¬ B∧¬ C。

例如：只有好好学习，才能学好数学，才能学好逻辑。

可符号化为：学好数学→好好学习，学好逻辑→好好学习。

等价于：¬ 好好学习→¬ 学好数学，¬ 好好学习→¬ 学好逻辑。

可得：¬ 好好学习→¬ 学好数学∧¬ 学好逻辑。

综上，对于多重假言命题“只有A，才B，才C”而言，要想准确地进行符号化，需要分析“B”和“C”之间为“递进关系”还是“并列关系”。

若二者为递进关系，则可得：①C→B→A；

若二者为并列关系，则可得：②B∨C→A。

无论①和②哪种情况成立，都有：B→A、C→A。

例如：(节选自2022—经综—40)只有效率够高，才能更快地推动工业化和城市化，才能长期保持GDP(国内生产总值)高速增长。

可符号化为：

①更快地推动工业化和城市化→效率够高。

②长期保持GDP高速增长→效率够高。

7. 选言假言互换公式

编号	类型	公式
①	箭头变或者	(A→B) = (¬ A∨B)
②	或者变箭头	(A∨B) = (¬ A→B) = (¬ B→A)
③	要么推箭头	已知“A∀B”为真，可推出： A→¬ B; B→¬ A; ¬ A→B; ¬ B→A

基础题型1 简单假言推理

思路点拨

当题干中出现一个假言命题或两个无重复元素的假言命题（出现充分条件、必要条件、充要条件的典型关联词，如：如果……那么……、只有……才……、除非否则等），选项也是由假言命题或选言命题组成时，一般使用三步解题法：

步骤1：画箭头。

将题干符号化，用“→”表示。

步骤2：逆否。

写出题干的逆否命题。如有必要，可把箭头变或者，即：A→B=¬ A∨B。

步骤3：找答案。

根据“箭头指向原则”判断选项的真假。

典型例题

1 子曰：“工欲善其事，必先利其器。居是邦也，事其大夫之贤者，友其士之仁者。”

下面哪一个选项不符合孔子的原意？

A. 只有先利其器，才能善其事。

B. 若能善其事，则先利其器。

C. 除非先利其器，否则不能善其事。

D. 只要先利其器，就能善其事。

E. 不能善其事，除非先利其器。

【详细解析】

步骤 1：画箭头。

题干：①善其事→先利其器。

步骤 2：逆否。

题干的逆否命题为：②¬ 先利其器→¬ 善其事。

步骤 3：找答案。

A 项，善其事→先利其器，等价于①，符合孔子的原意。

B 项，善其事→先利其器，等价于①，符合孔子的原意。

C 项，¬ 先利其器→¬ 善其事，等价于②，符合孔子的原意。

D 项，先利其器→善其事，根据箭头指向原则，由①可知，“先利其器”后无箭头指向，故此项不符合孔子的原意。

E 项，¬ 先利其器→¬ 善其事，等价于②，符合孔子的原意。

【答案】D

2 家庭教育和学校教育对孩子的成长都至关重要，但二者的重要性取决于不同的因素。从一般意义上讲，家庭教育可能比学校教育更重要。如果没有良好的家庭教育，那么即使有完备的学校教育也不能培养出优秀人才。

以下各项都符合上述断定的原意，除了：

A. 只有提供良好的家庭教育，才能培养出优秀人才。

B. 如果要培养出优秀人才，就要提供良好的家庭教育。

C. 提供了良好的家庭教育，或者不能培养出优秀人才。

D. 除非没有培养出优秀人才，否则一定提供了良好的家庭教育。

E. 如果提供了良好的家庭教育，就一定能培养出优秀人才。

【详细解析】

步骤 1：画箭头。

题干：①¬ 良好的家庭教育→¬ 培养出优秀人才。

步骤 2：逆否。

题干的逆否命题为：②培养出优秀人才→良好的家庭教育。

步骤 3：找答案。

A 项，培养出优秀人才→良好的家庭教育，等价于②，符合上述断定的原意。

B 项，培养出优秀人才→良好的家庭教育，等价于②，符合上述断定的原意。

C 项，良好的家庭教育 ∨ ¬ 培养出优秀人才，等价于：¬ 良好的家庭教育→¬ 培养出优秀人才，等价于①，符合上述断定的原意。

D项，培养出优秀人才→良好的家庭教育，等价于②，符合上述断定的原意。

E项，良好的家庭教育→培养出优秀人才，根据箭头指向原则，由②可知，“良好的家庭教育”后无箭头指向，故此项不符合上述断定的原意。

【答案】E

3 老吾老以及人之老，幼吾幼以及人之幼。完善“一老一幼”服务是保障和改善民生的重要内容，事关千家万户。如果不落实新建住宅小区养老服务设施配建和对老旧小区开展适老化改造，就无法完善社区养老服务。拓展社区托育服务功能，完善婴幼儿照护设施是落实社区托育服务的重要举措。只有织牢织密“一老一幼”民生保障网，才能让越来越多的老人和孩子拥有稳稳的幸福。

根据以上陈述，可以得出以下哪项？

A. 如果落实新建住宅小区养老服务设施配建，就能实现社区养老服务的完善和改造。

B. 多地方政府已经开始加强社区托育服务功能的拓展。

C. 只要织牢织密“一老一幼”民生保障网，就可以使越来越多的老人和孩子拥有稳稳的幸福。

D. 拓展社区托育服务功能、落实新建住宅小区养老服务设施配建都是织牢织密“一老一幼”民生保障网的重要举措。

E. 只有落实新建住宅小区养老服务设施配建和对老旧小区开展适老化改造，才能实现对社区养老服务的完善。

【详细解析】

步骤1：画箭头。

题干：

①¬落实设施配建和开展适老化改造→¬完善社区养老服务。

②拥有稳稳的幸福→织牢织密民生保障网。

步骤2：逆否。

题干的逆否命题为：

③完善社区养老服务→落实设施配建和开展适老化改造。

④¬织牢织密民生保障网→¬拥有稳稳的幸福。

步骤3：找答案。

A项，落实设施配建→实现社区养老服务的完善和改造，根据箭头指向原则，由③可知，“落实设施配建”后无箭头指向，故此项可真可假。

B项，题干不涉及政府是否已经开始加强社区托育服务功能的拓展。

C项，织牢织密民生保障网→拥有稳稳的幸福，根据箭头指向原则，由②可知，“织牢织密民生保障网”后无箭头指向，故此项可真可假。

D项，题干不涉及织牢织密“一老一幼”民生保障网的具体措施有哪些。

E项，完善社区养老服务→落实设施配建和开展适老化改造，等价于③，故此项必然为真。

【答案】E

4 孔智参加围棋比赛，当且仅当，庄聪参加象棋比赛。

若以上信息为真，则以下除了哪项外，其余各项都必然为真？

A. 只有孔智参加围棋比赛，庄聪才参加象棋比赛。

B. 若孔智参加围棋比赛，则庄聪参加象棋比赛。
C. 除非庄聪参加象棋比赛，否则孔智不参加围棋比赛。
D. 除非孔智参加围棋比赛，否则庄聪参加象棋比赛。
E. 若庄聪不可能参加象棋比赛，则孔智不参加围棋比赛。

【详细解析】

步骤 1：画箭头。

题干：①孔围棋↔庄象棋。

步骤 2：逆否。

题干的逆否命题为：②¬ 孔围棋↔¬ 庄象棋。

步骤 3：找答案。

A 项，庄象棋→孔围棋，由①可知，此项必然为真。

B 项，孔围棋→庄象棋，由①可知，此项必然为真。

C 项，¬ 庄象棋→¬ 孔围棋，由②可知，此项必然为真。

D 项，¬ 孔围棋→庄象棋，由②可知，¬ 孔围棋→¬ 庄象棋，故此项不符合题干。

E 项，¬ 庄象棋→¬ 孔围棋，由②可知，此项必然为真。

【答案】D

5 只有掌握了核心技术，才能提高企业的核心竞争力，才能提升企业的行业地位。

若以上信息为真，则以下各项必然为真，除了：
A. 企业要提升其在行业中的地位只能掌握核心技术。
B. 企业掌握了核心技术，或者未提高核心竞争力。
C. 除非掌握了核心技术，否则不能提升企业的行业地位。
D. 不能提高企业核心竞争力，否则企业掌握了核心技术。
E. 企业要掌握核心技术只能提高其核心竞争力。

【详细解析】

步骤 1：画箭头。

题干：

①提升行业地位→掌握核心技术。

②提高核心竞争力→掌握核心技术。

步骤 2：逆否。

题干的逆否命题为：

③¬ 掌握核心技术→¬ 提升行业地位。

④¬ 掌握核心技术→¬ 提高核心竞争力。

步骤 3：找答案。

A 项，提升行业地位→掌握核心技术，由①可知，此项必然为真。

B 项，掌握核心技术 ∨¬ 提高核心竞争力，等价于：¬ 掌握核心技术→¬ 提高核心竞争力，由④可知，此项必然为真。

C 项，¬ 掌握核心技术→¬ 提升行业地位，由③可知，此项必然为真。

D 项，提高核心竞争力→掌握核心技术，由②可知，此项必然为真。

E项，掌握核心技术→提高核心竞争力，由①、②均可知，“掌握核心技术”后没有箭头指向，故此项可真可假。

【答案】E

第2节 联言选言命题

必备知识

1. 并且、或者、要么的含义（联言、选言命题）

名称	符号化	读作	含义
联言命题	A∧B	A并且B	事件A和事件B都发生
相容选言命题	A∨B	A或者B	事件A和事件B至少发生一件，也可能都发生
不相容选言命题	A∀B	A要么B	事件A和事件B发生且仅发生一件

2. 联言、选言、假言命题的真值表

肢命题		干命题					
A	B	A∧B	A∨B	A∀B	A→B=¬A∨B	¬A→¬B=A∨¬B	A↔B
√	√	√	√	×	√	√	√
√	×	×	√	√	×	√	×
×	√	×	√	√	√	×	×
×	×	×	×	×	√	√	√

【规律总结】

①若“A∧B”为真，则“A∨B”为真=若“A∨B”为假，则“A∧B”为假；

②若“A∀B”为真，则“A∨B”为真=若“A∨B”为假，则“A∀B”为假；

③若“A∀B”“A∨B”二者为一真一假，则“A∧B”为真。

3. 特殊句式

句式	符号化
A、B至少一真	A∨B
A、B至多一真	¬A∨¬B
不是A，就是B	¬A→B，等价于：A∨B

4. 德摩根公式

编号	公式
①	¬(A∧B)=(¬A∨¬B)
②	¬(A∨B)=(¬A∧¬B)
③	¬(A∀B)=(¬A∧¬B)∀(A∧B)=(¬A∧¬B)∨(A∧B)

基础题型 2 简单联言选言推理

思路点拨

一般考查德摩根公式或者真值表。

典型例题

1 赵嘉并非参加年终盛典而不参加高分盛典。

以下哪项最为准确地表达了上述断定？

A. 赵嘉参加年终盛典并且参加高分盛典。

B. 赵嘉不参加高分盛典也不参加年终盛典。

C. 赵嘉不参加高分盛典但参加年终盛典。

D. 如果赵嘉参加高分盛典，则一定参加年终盛典。

E. 如果赵嘉不参加高分盛典，则一定不参加年终盛典。

【详细解析】

题干：¬(年终盛典∧¬高分盛典)=(¬年终盛典∨高分盛典)=(年终盛典→高分盛典)=(¬高分盛典→¬年终盛典)。

A 项，年终盛典∧高分盛典，此项与题干的意思不同。

B 项，¬高分盛典∧¬年终盛典，此项与题干的意思不同。

C 项，¬高分盛典∧年终盛典，此项与题干的意思不同。

D 项，高分盛典→年终盛典，此项与题干的意思不同。

E 项，¬高分盛典→¬年终盛典，此项与题干的意思相同。

【答案】E

2 《文化新报》记者小白周四去某市采访陈教授与王研究员。次日，其同事小李问小白："昨天你采访到那两位学者了吗？"小白说："不，没那么顺利。"小李又问："那么，你一个都没采访到？"小白说："也不是。"

以下哪项最可能是小白周四采访所发生的情况？

A. 小白采访到了两位学者。

B. 小白采访了陈教授，但没有采访王研究员。

C. 小白根本没有去采访两位学者。

D. 两位采访对象都没有接受采访。

E. 小白采访到了一位，但没有采访到另一位。

【详细解析】

方法一：

①并非两个都采访到了，即：¬（陈∧王），等价于：¬陈∨¬王，即两人中至少有一个没采访到。

②并非一个也没采访到，即：¬（¬陈∧¬王），等价于：陈∨王，即两人中至少采访到了一个。

综上，小白采访到了一位，没有采访到另外一位，故E项正确。

方法二：

小白的采访情况只有三种可能：采访到了0个人、1个人、2个人。根据小白的回答，可知他否定了“2个人”和“0个人”这两种可能，故他采访到了1个人，即E项正确。

【答案】E

3 张珊喜欢喝绿茶，也喜欢喝咖啡。他的朋友中没有人既喜欢喝绿茶，又喜欢喝咖啡，但他的所有朋友都喜欢喝红茶。

如果上述断定为真，则以下哪项不可能为真？

A. 张珊喜欢喝红茶。

B. 张珊的所有朋友都喜欢喝咖啡。

C. 张珊的所有朋友喜欢喝的茶在种类上完全一样。

D. 张珊有一个朋友既不喜欢喝绿茶，也不喜欢喝咖啡。

E. 张珊喜欢喝的饮料，他有一个朋友都喜欢喝。

【详细解析】

将题干信息符号化：

①张珊：喜欢绿茶∧喜欢咖啡。

②张珊的朋友：¬（喜欢绿茶∧喜欢咖啡）=¬喜欢绿茶∨¬喜欢咖啡。

③张珊的朋友：喜欢红茶。

A项，题干未提及张珊是否喜欢喝红茶，故此项有可能为真。

B项，由②可知，有可能张珊的朋友都不喜欢喝绿茶，但是喜欢喝咖啡，故此项有可能为真。

C项，由②、③可知，此项有可能为真。

D项，由②“¬喜欢绿茶∨¬喜欢咖啡”可知，存在二者都不喜欢的可能，故此项有可能为真。

E项，由①、②可知，张珊喜欢喝的饮料，他的朋友不会都喜欢喝，故此项不可能为真。

【答案】E

4 汉武王国的议会针对效率与公平的问题进行了投票表决。有四位同学对投票结果进行了以下预测：

甲：要是没有效率，就必须公平。

乙：既要效率，又要公平，二者缺一不可。

丙：要么效率，要么公平。

丁：如果不公平，就没有效率。

最终，议会做出了决议。根据决议结果，以下哪项是不可能的？

A. 上述 4 人中只有 1 人的预测正确。

B. 上述 4 人中只有 2 人的预测正确。

C. 上述 4 人中只有 3 人的预测正确。

D. 上述 4 人的预测均正确。

E. 只有丁的预测正确。

【详细解析】

将题干信息符号化：

甲：¬ 效率→公平，等价于：效率 ∨ 公平。

乙：效率 ∧ 公平。

丙：效率 ∀ 公平。

丁：¬ 公平→¬ 效率，等价于：公平 ∨¬ 效率。

方法一：真值表法。

情况	效率	公平	甲 效率 ∨ 公平	乙 效率 ∧ 公平	丙 效率 ∀ 公平	丁 ¬ 效率 ∨ 公平
①	√	√	√	√	×	√
②	√	×	√	×	√	×
③	×	√	√	×	√	√
④	×	×	×	×	×	√

根据上述真值表可知，“上述 4 人的预测均正确”是不可能的。故此题选择 D 项。

方法二：对当关系法。

乙和丙的预测为反对关系，不可能同时为真，故“上述 4 人的预测均正确”是不可能的。

【答案】D

基础题型 3 箭摩根公式

思路点拨

箭摩根公式：

A∧B→C，等价于：¬ C→¬ （A∧B），等价于：¬ C→¬ A∨¬ B。

A∨B→C，等价于：¬ C→¬ （A∨B），等价于：¬ C→¬ A∧¬ B。

A→B∧C，等价于：¬ （B∧C）→¬ A，等价于：¬ B∨¬ C→¬ A。

A→B∨C，等价于：¬ （B∨C）→¬ A，等价于：¬ B∧¬ C→¬ A。

箭摩根公式的变形应用：

（1）已知 A→B∧C，可得：A→B、A→C；已知 A→B、A→C，可合并为：A→B∧C。

（2）已知 A∨B→C，可得：A→C、B→C；已知 A→C、B→C，可合并为：A∨B→C。

（3）已知 A→B∨C、A→¬ C，可得：A→B。

典型例题

1 如果郑玲选修法语，那么吴小东、李明和赵雄也将选修法语。

如果以上断定为真，则以下哪项也一定为真？

A. 如果李明不选修法语，那么吴小东也不选修法语。

B. 如果赵雄不选修法语，那么郑玲也不选修法语。

C. 如果郑玲选修法语，那么李明不选修法语或者赵雄不选修法语。

D. 如果吴小东、李明和赵雄选修法语，那么郑玲也选修法语。

E. 如果郑玲不选修法语，那么吴小东也不选修法语。

【详细解析】

步骤1：画箭头。

题干：①郑→吴∧李∧赵。

步骤2：逆否。

题干的逆否命题为：②¬吴∨¬李∨¬赵→¬郑。

步骤3：找答案。

A项，由题干无法判断李明和吴小东的关系，故此项可真可假。

B项，¬赵→¬郑，由②可知，此项必然为真。

C项，郑→¬李∨¬赵，等价于：郑→¬（李∧赵），等价于：李∧赵→¬郑。由①可知，"李∧赵"后无箭头指向，故此项可真可假。

D项，吴∧李∧赵→郑，由①可知，"吴∧李∧赵"后无箭头指向，故此项可真可假。

E项，¬郑→¬吴，由②可知，"¬郑"后无箭头指向，故此项可真可假。

【答案】B

2 如果有谁没有读过此份报告，那么或者是他对报告的主题不感兴趣，或者是他对报告的结论持反对态度。

如果上述断定是真的，则以下哪项也一定是真的？

Ⅰ. 一个读过此份报告的人，一定既对报告的主题感兴趣，也对报告的结论持赞成态度。

Ⅱ. 一个对报告的主题感兴趣，并对报告的结论持赞成态度的人，一定读过此份报告。

Ⅲ. 一个对报告的主题不感兴趣，并且对报告的结论持反对态度的人，一定没有读过此份报告。

A. 只有Ⅰ。 B. 只有Ⅱ。 C. 只有Ⅲ。

D. 只有Ⅰ和Ⅲ。 E. Ⅰ、Ⅱ和Ⅲ。

【详细解析】

步骤1：画箭头。

题干：①¬读过→¬感兴趣∨反对。

步骤2：逆否。

题干的逆否命题为：②感兴趣∧¬反对→读过。

步骤3：找答案。

Ⅰ项，读过→感兴趣∧赞成，由②可知，"读过"后无箭头指向，故此项可真可假。

Ⅱ项，感兴趣∧赞成→读过，即：感兴趣∧¬反对→读过，由②可知，此项必然为真。

Ⅲ项，¬感兴趣∧反对→¬读过，由①可知，此项可真可假。

综上，仅Ⅱ项为真，故B项正确。

【答案】B

3 如果一个社会是公正的，则必须满足以下两个条件：第一，有健全的法律；第二，贫富差异是允许的，但必须同时确保消灭绝对贫困和每个公民事实上都有公平竞争的机会。

根据题干的条件，最能够得出以下哪项结论？

A. S社会有健全的法律，同时又在消灭了绝对贫困的条件下，允许贫富差异的存在，并且每个公民事实上都有公平竞争的机会。因此，S社会是公正的。

B. S社会有健全的法律，但这是以贫富差异为代价的。因此，S社会是不公正的。

C. S社会允许贫富差异，但所有人都由此获益，并且事实上每个公民都有公平竞争的权利。因此，S社会是公正的。

D. S社会不允许贫富差异存在，并且法律也不健全。因此，S社会是不公正的。

E. S社会法律健全，虽然存在贫富差异，但消灭了绝对贫困。因此，S社会是公正的。

【详细解析】

步骤1：画箭头。

题干：①公正→健全的法律∧允许贫富差异∧消灭绝对贫困∧公平竞争机会。

步骤2：逆否。

题干的逆否命题为：②¬健全的法律∨¬允许贫富差异∨绝对贫困∨¬公平竞争机会→¬公正。

步骤3：找答案。

A项，健全的法律∧消灭绝对贫困∧允许贫富差异∧公平竞争机会→公正，根据箭头指向原则，由①可知，“健全的法律∧允许贫富差异∧消灭绝对贫困∧公平竞争机会”后无箭头指向，故此项可真可假。

B项，健全的法律∧允许贫富差异→¬公正，根据箭头指向原则，由①可知，“健全的法律∧允许贫富差异”后无箭头指向，故此项可真可假。

C项，允许贫富差异∧公平竞争机会→公正，根据箭头指向原则，由①可知，“允许贫富差异∧公平竞争机会”后无箭头指向，故此项可真可假。

D项，¬允许贫富差异∧¬健全的法律→¬公正，由②可知，¬允许贫富差异→¬公正，¬健全的法律→¬公正，故此项必然为真。

E项，健全的法律∧允许贫富差异∧消灭绝对贫困→公正，根据箭头指向原则，由①可知，“健全的法律∧允许贫富差异∧消灭绝对贫困”后无箭头指向，故此项可真可假。

【答案】D

4 大多数人都熟悉安徒生童话《皇帝的新衣》，故事中有两个裁缝告诉皇帝，他们缝制出的衣服有一种奇异的功能：若某个人是不称职的或者愚蠢的，则看不见这衣服。

以下各项陈述都可以从裁缝的断言中合乎逻辑地推出，除了：

A. 如果某个人是不称职的，则看不见这衣服。

B. 有些称职的人能够看见这衣服。

C. 如果某个人能看见这衣服，说明他是称职的或者不愚蠢的。

D. 若某个人看不见这衣服，说明他是不称职的或者愚蠢的。

E. 若某个人是愚蠢的，则看不见这衣服。

【详细解析】

题干：①¬称职∨愚蠢→看不见，等价于：②看见→称职∧¬愚蠢。

A项，¬称职→看不见，由①可知，此项可以由裁缝的断言中推出。

B项，有的称职→看见，互换可得：有的看见→称职，由②可知，此项可以由裁缝的断言中推出。

C项，看见→称职∨¬愚蠢，由②可知，此项可以由裁缝的断言中推出。

D项，看不见→¬称职∨愚蠢，根据箭头指向原则，由①可知，"看不见"后无箭头指向，故此项不能由裁缝的断言中推出。

E项，愚蠢→看不见，由①可知，此项可以由裁缝的断言中推出。

【答案】D

第3节　简单命题

必备知识

1. 性质命题的四种对当关系

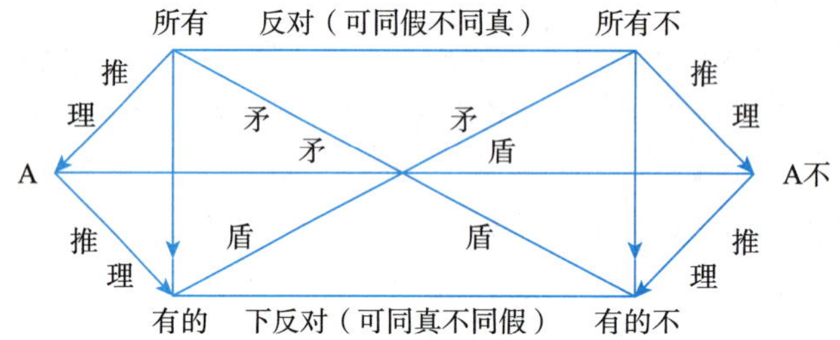

编号	关系	判断	真假情况
①	矛盾关系	"所有"与"有的不" "所有不"与"有的" "某个"与"某个不"	一真一假
②	反对关系	"所有"与"所有不" "所有不"和"某个" "所有"和"某个不"	至少一假； 一真另必假，一假另不定
③	下反对关系	"有的"与"有的不"	至少一真； 一假另必真，一真另不定
④	推理关系 （此处满足逆否原则）	所有→某个→有的 所有不→某个不→有的不	上真下必真，下假上必假； 反之则不定

2. 模态命题的四种对当关系

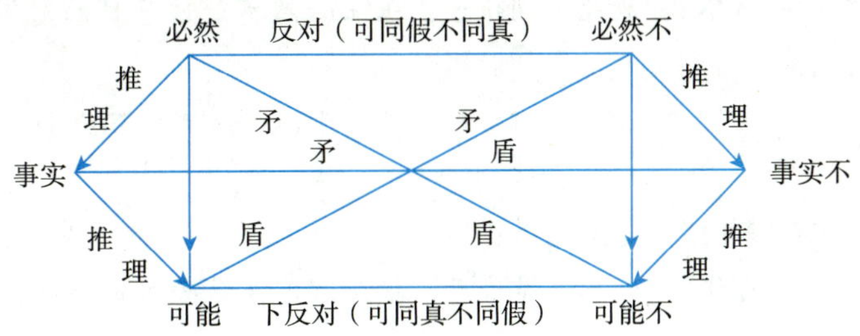

编号	关系	判断	真假情况
①	矛盾关系	“必然”与“可能不” “必然不”与“可能” “事实”与“事实不”	一真一假
②	反对关系	“必然”与“必然不”	至少一假； 一真另必假，一假另不定
③	下反对关系	“可能”与“可能不”	至少一真； 一假另必真，一真另不定
④	推理关系 （此处满足逆否原则）	必然→事实→可能 必然不→事实不→可能不	上真下必真，下假上必假； 反之则不定

基础题型 4 // 简单命题的对当关系

思路点拨

方法一：利用“对当关系的口诀”解题。
方法二：利用“对当关系图（六边形）”解题。

典型例题

1 天河中学运动会 400 米决赛前，王老师猜测：张三可能不是该项目的冠军。

以下哪个命题和王老师的意思相同？

A. 张三不可能是该项目的冠军。

B. 张三未必是该项目的冠军。

C. 李四可能是该项目的冠军。

D. 张三不一定不是该项目的冠军。

E. 张三必然是该项目的冠军。

【详细解析】

王老师：张三可能不是该项目的冠军。

A项，“不可能”=“必然不”，故此项等价于：张三必然不是该项目的冠军。故此项与王老师的意思不同。

B项，“未必”=“不必然”=“可能不”，故此项等价于：张三可能不是该项目的冠军。故此项与王老师的意思相同。

C项，题干没有涉及“李四”，无关选项。

D项，“不一定不”=“可能”，故此项等价于：张三可能是该项目的冠军。故此项与王老师的意思不同。

E项，张三必然是该项目的冠军，故此项与王老师的意思不同。

【答案】B

2 近期国际金融危机对毕业生的就业影响非常大，某高校就业中心的陈老师希望广大毕业生能够调整自己的心态和预期。他在一次就业指导会上提到，有些同学对自己的职业定位还不够准确。

如果陈老师的陈述为真，则以下哪项不一定为真？

Ⅰ. 不是所有同学对自己的职业定位都准确。

Ⅱ. 不是所有同学对自己的职业定位都不够准确。

Ⅲ. 有些同学对自己的职业定位准确。

Ⅳ. 所有同学对自己的职业定位都不够准确。

A. 仅Ⅱ和Ⅳ。　B. 仅Ⅲ和Ⅳ。　C. 仅Ⅱ和Ⅲ。

D. 仅Ⅰ、Ⅱ和Ⅲ。　E. 仅Ⅱ、Ⅲ和Ⅳ。

【详细解析】

陈老师：有的同学对自己的职业定位不够准确。

Ⅰ项，“不是所有同学对自己的职业定位都准确”等价于“有的同学对自己的职业定位不够准确”，与陈老师的陈述等价，故此项必然为真。

Ⅱ项，“不是所有同学对自己的职业定位都不够准确”等价于“有的同学对自己的职业定位准确”；“有的”与“有的不”为下反对关系，根据口诀“一真另不定”可知，此项可真可假。

Ⅲ项，“有的”与“有的不”为下反对关系，根据口诀“一真另不定”可知，此项可真可假。

Ⅳ项，根据口诀“下真上不定”可知，由“有的”为真，无法推知“所有”的真假，故此项可真可假。

综上，Ⅱ项、Ⅲ项、Ⅳ项不一定为真。故E项正确。

【答案】E

3 古罗马的西塞罗曾说：“优雅和美不可能与健康分开。”意大利文艺复兴时代的人道主义者洛伦佐·巴拉强调说，健康是一种宝贵的品质，是“肉体的天赋”，是大自然的恩赐。他写道：“很多健康的人并不美，但是所有美的人都是健康的。”

根据上述信息，以下哪项一定为假？

A. 有些不美的人是健康的。　B. 有些美的人不是健康的。　C. 有些健康的人是美的。

D. 没有一个不健康的人是美的。　E. 不可能美但是不健康。

【详细解析】

洛伦佐·巴拉：

①很多健康的人并不美，即：有的健康的人不美。

②所有美的人都是健康的。

A 项，由题干信息①和“有的”互换原则可知，有的健康的人不美＝有的不美的人健康，故此项必然为真。

B 项，与题干信息②矛盾，故此项一定为假。

C 项，由题干信息②和“所有→有的”可知，“有的美的人是健康的”为真，再根据“‘有的’互换原则”可知，有的美的人是健康的＝有的健康的人是美的，故此项必然为真。

D 项，此项等价于：不健康的人都是不美的。由题干信息②可知，美→健康，等价于：¬ 健康→¬ 美，故此项必然为真。

E 项，¬（美 ∧¬ 健康）=¬ 美 ∨ 健康＝美→健康，由题干信息②可知，此项必然为真。

【答案】B

4 所有的超市都被检查过了，没有发现假冒伪劣产品。

如果上述断定为真，则在下面四个断定中可确定为假的是：

Ⅰ. 没有超市被检查过。

Ⅱ. 有的超市被检查过。

Ⅲ. 有的超市没有被检查过。

Ⅳ. 售卖假冒伪劣产品的超市已被检查过。

A. 仅Ⅰ、Ⅱ。 B. 仅Ⅰ、Ⅲ。 C. 仅Ⅱ、Ⅲ。

D. 仅Ⅰ、Ⅲ和Ⅳ。 E. Ⅰ、Ⅱ、Ⅲ和Ⅳ。

【详细解析】

题干：①所有的超市都被检查过了 ∧②没有发现假冒伪劣产品。

Ⅰ项，没有超市被检查过＝所有的超市都没被检查过，与①是反对关系，一真另必假，故此项必为假。

Ⅱ项，根据“推理关系”中的“所有→有的”可知，此项必然为真。

Ⅲ项，与①是矛盾关系，故此项必为假。

Ⅳ项，根据“推理关系”中的“所有→某个”可知，此项为真。注意：“售卖假冒伪劣产品的超市已被检查过”与“没有发现假冒伪劣产品”并不矛盾，因为“检查了”不代表“能发现”。

综上，可确定为假的是Ⅰ项和Ⅲ项。故 B 项正确。

【答案】B

5 只有公司相应部门的所有员工都考评合格了，该部门的员工才能得到年终奖金；财务部有些员工考评合格了；综合部所有员工都得到了年终奖金；行政部的赵强考评合格了。

如果以上陈述为真，则以下哪项可能为真？

Ⅰ. 财务部员工都考评合格了。

Ⅱ. 赵强得到了年终奖金。

Ⅲ. 综合部有些员工没有考评合格。

Ⅳ. 财务部员工没有得到年终奖金。

A. 仅Ⅰ和Ⅱ。　　B. 仅Ⅱ和Ⅲ。　　C. 仅Ⅰ、Ⅱ和Ⅳ。

D. 仅Ⅰ、Ⅱ和Ⅲ。　　E. 仅Ⅱ、Ⅲ和Ⅳ。

【详细解析】

题干有以下信息：

①该部门所有员工都得到年终奖金→该部门所有员工都考评合格。

②财务部有的员工考评合格。

③综合部所有员工都得到了年终奖金。

④行政部的赵强考评合格。

Ⅰ项，根据题干信息②可知，财务部有的员工考评合格，可能是财务部所有员工考评合格。故此项可能为真。

Ⅱ项，根据题干信息①和④可知，赵强是否得到年终奖金是不确定的，故此项可能为真。

Ⅲ项，根据题干信息①和③可知，综合部所有员工都考评合格了，故此项不可能为真。

Ⅳ项，根据题干信息①和②，财务部员工是否得到年终奖金是不确定的，故此项可能为真。

综上，Ⅰ项、Ⅱ项、Ⅳ项可能为真。故C项正确。

【答案】C

第4节　负命题

必备知识

1. 负命题的定义

负命题也称为负判断或矛盾命题。比如说，A的矛盾命题是¬A，也可以说，¬A是A的负命题。

2. 负命题公式

命题	负命题的公式或口诀
性质、模态命题	否定词（“并非”“不”等）+“性质命题”或“模态命题”，等价于去掉前面的否定词，再将原命题进行如下变化： 肯定变否定，否定变肯定。 所有变有的，有的变所有。 必然变可能，可能变必然。 以上变化也可被称为【替换法口诀】。

续表

命题	负命题的公式或口诀
联言、选言命题	①¬（A∧B）=（¬A∨¬B）。 ②¬（A∨B）=（¬A∧¬B）。 ③¬（A∀B）=（¬A∧¬B）∨（A∧B）=A↔B。此处中间的“∨”也可以写为“∀”。 说明：德摩根公式其实就是联言、选言命题的负命题公式。 综上，“并非”+“联言选言命题”，等价于去掉前面的“并非”，再将原命题进行如下变化： 肯定变否定，否定变肯定。 并且变或者，或者变并且。 要么变当且仅当，当且仅当变要么。 以上变化也可被称为【替换法口诀】。
假言命题	①¬（A→B）=A∧¬B。 ②¬（¬A→¬B）=¬（A←B）=¬A∧B。 ③¬（A↔B）=A∀B =（A∧¬B）∀（¬A∧B） =（A∧¬B）∨（¬A∧B）。

3. 箭摩根公式的负命题

(1)¬（A→B∨C）=A∧¬B∧¬C。

(2)¬（A→B∧C）=A∧(¬B∨¬C)。

以下 5 种情况均可以说明“A∧(¬B∨¬C)”为真，从而说明“A→B∧C”为假：

①A∧¬B；

②A∧¬C；

③A∧¬B∧¬C；

④A∧¬B∧C；

⑤A∧B∧¬C。

(3)¬（A∧B→C）=A∧B∧¬C。

(4)¬（A∨B→C）=(A∨B)∧¬C。

以下 5 种情况均可以说明“(A∨B)∧¬C”为真，从而说明“A∨B→C”为假：

①A∧¬C；

②B∧¬C；

③A∧¬B∧¬C；

④¬A∧B∧¬C；

⑤A∧B∧¬C。

基础题型5 简单命题的负命题

思路点拨

1. 解题方法

直接利用“替换法口诀”解题即可。

2. 易错点

（1）使用“替换法口诀”时，否定词后面的“所有”“有的”“必然”“可能”等关键词需要变，否定词之前的不能变。

（2）“都”＝“所有”；“不都”＝“不是所有”＝“有的不”；“都不”＝“所有不”。

（3）若出现连续的两个否定词，直接约掉即可，双重否定表示肯定。

（4）若出现两个否定词中间还有别的内容，则通过“替换法口诀”替换两个否定词中间的“所有”“有的”“必然”“可能”等关键词，并且第二个否定词后的内容不变。

（5）当量词修饰的是宾语时，“替换法口诀”未必适用，此时可以根据句子的意思进行判断，或者将此句子变成被动句，这时宾语将变成主语，再使用“替换法口诀”。

典型例题

1 写出下列命题的等价命题。

(1)并非所有的鸟都会飞。

(2)并非有的鸟会飞。

(3)有的鸟不可能会飞。

(4)不可能所有的鸟都会飞。

(5)鸟可能不都会飞。

(6)并非不必然有的鸟会飞。

(7)并非所有的鸟不必然会飞。

【详细解析】

(1)并非所有的鸟都会飞＝有的鸟不会飞。

(2)并非有的鸟会飞＝所有的鸟都不会飞。

(3)有的鸟不可能会飞＝有的鸟必然不会飞。

(4)不可能所有的鸟都会飞＝必然有的鸟不会飞。

(5)鸟可能不都会飞＝可能不是所有的鸟都会飞＝可能有的鸟不会飞。

(6)并非不必然有的鸟会飞＝必然有的鸟会飞。

(7)并非所有的鸟不必然会飞＝有的鸟必然会飞。

2 有的在异地工作的人可能不能买到回家的火车票。

如果以上命题为假，则以下哪项为真？

A. 所有在异地工作的人必然不能买到回家的火车票。

B. 有的在异地工作的人必然能买到回家的火车票。

C. 所有在异地工作的人必然能买到回家的火车票。

D. 有的在异地工作的人可能不能买到回家的火车票。

E. 所有在异地工作的人可能不能买到回家的火车票。

【详细解析】

题干：并非[有的]在异地工作的人[可能]不能买到回家的火车票。

↓ ↓

等价于：[所有]在异地工作的人[必然]能买到回家的火车票。

故 C 项正确。

注意：若出现两个否定词中间还有别的内容，则通过“替换法口诀”替换两个否定词中间的“所有”“有的”“必然”“可能”等关键词，并且第二个否定词后的内容不变。

【答案】C

3 宇宙中，除了地球，不一定有居住着智能生物的星球。

下列哪项与上述论述的含义最为接近？

A. 宇宙中，除了地球，一定没有居住着智能生物的星球。

B. 宇宙中，除了地球，一定有居住着智能生物的星球。

C. 宇宙中，除了地球，可能有居住着智能生物的星球。

D. 宇宙中，除了地球，可能没有居住着智能生物的星球。

E. 宇宙中，除了地球，一定没有居住着非智能生物的星球。

【详细解析】

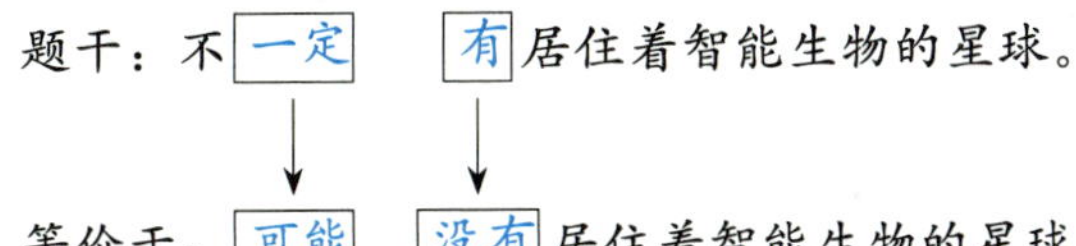

故：宇宙中，除了地球，可能没有居住着智能生物的星球。因此，D 项正确。

【答案】D

4 某次测验后，王老师统计学生成绩时发现：本次测验中，有的学生逻辑题目全对，有的学生数学题目全对。但是，却没有学生两科题目同时全对。

若王老师的统计准确，则以下哪一项陈述不可能为真？

A. 大部分学生数学题目出错，逻辑题目也出错。

B. 有的学生数学题目没有全对。

C. 有的学生逻辑和数学同时全对。

D. 有的学生逻辑题目全对，但数学题目出错。

E. 所有学生都是或者逻辑题目出错，或者数学题目出错。

【详细解析】

题干有以下信息：

①有的学生逻辑题目全对。

②有的学生数学题目全对。

③没有学生两科题目同时全对＝¬（逻辑全对∧数学全对），即：¬逻辑全对∨¬数学全对。有3种可能，即：逻辑全对但是数学未全对；逻辑未全对但是数学全对；逻辑未全对并且数学也未全对。

A项，由“¬逻辑全对∨¬数学全对”的3种可能可知，此项有可能为真。

B项，由“¬逻辑全对∨¬数学全对”的3种可能可知，此项有可能为真。

C项，由“¬（逻辑全对∧数学全对）”为真可知，“逻辑全对∧数学全对”必然为假，故此项必然为假。

D项，由“¬逻辑全对∨¬数学全对”的3种可能可知，此项有可能为真。

E项，由“¬逻辑全对∨¬数学全对”的3种可能可知，此项必然为真。

【答案】C

5 不必然任何经济发展都导致生态恶化，但不可能有不阻碍经济发展的生态恶化。

以下哪项与上述断定的含义最为接近？

A. 任何经济发展都不必然导致生态恶化，但任何生态恶化都必然阻碍经济发展。

B. 有的经济发展可能导致生态恶化，但任何生态恶化都可能阻碍经济发展。

C. 有的经济发展可能不导致生态恶化，但任何生态恶化都可能阻碍经济发展。

D. 有的经济发展可能不导致生态恶化，但任何生态恶化都必然阻碍经济发展。

E. 任何经济发展都可能不导致生态恶化，但有的生态恶化必然阻碍经济发展。

【详细解析】

题干的前半句：不[必然][任何]经济发展都[导致]生态恶化，

↓ ↓ ↓

等价于： [可能][有的]经济发展[不导致]生态恶化，

题干的后半句：但不[可能][有]不阻碍经济发展的生态恶化。

↓ ↓

等价于： [必然][没有]不阻碍经济发展的生态恶化。

等价于：必然所有生态恶化都阻碍经济发展。

故：有的经济发展可能不导致生态恶化，但任何生态恶化都必然阻碍经济发展。

因此，D项正确。

【答案】D

6 2019 年，百度当选春晚红包互动平台，这也让春晚的红包合作方集齐了“BAT”。据百度统计，春晚期间，全球观众共参与百度 App 红包互动活动次数达 208 亿次；9 亿元现金被分成大大小小的红包抵达千家万户。近 3 年来，春晚的收视率之所以那么高，不必然是节目受到所有人的喜欢，也许是支付宝、微信、百度等合作方的红包刺激的原因。

如果以上信息为真，则以下哪项也一定为真？

A. 春晚的节目可能受到有些人的喜欢。

B. 春晚的节目必然不是受到有些人的喜欢。

C. 春晚的节目必然不是受到所有人的喜欢。

D. 春晚的节目可能所有人都不喜欢。

E. 春晚的节目可能没有受到有些人的喜欢。

【详细解析】

题干：不[必然]节目 [受到所有人]的喜欢。

↓ ↓

等价于：[可能]节目[没有受到有的人]的喜欢。

故：春晚的节目可能没有受到有的人的喜欢。因此，E 项正确。

【答案】E

7 对本届奥运会所有奖牌获得者进行了尿样化验，没有发现兴奋剂使用者。

如果以上陈述为假，则以下哪项一定为真？

Ⅰ. 或者有的奖牌获得者没有化验尿样，或者在奖牌获得者中发现了兴奋剂使用者。

Ⅱ. 虽然有的奖牌获得者没有化验尿样，但还是发现了兴奋剂使用者。

Ⅲ. 如果对所有的奖牌获得者进行了尿样化验，则一定发现了兴奋剂使用者。

A. 仅Ⅰ。

B. 仅Ⅱ。

C. 仅Ⅲ。

D. 仅Ⅰ和Ⅲ。

E. 仅Ⅰ和Ⅱ。

【详细解析】

题干：①并非(对所有奖牌获得者进行了尿样化验 $\wedge$ 没有发现兴奋剂使用者)。

等价于：②没有对所有的奖牌获得者进行尿样化验 $\vee$ 发现了兴奋剂使用者。

等价于：③有的奖牌获得者没有进行尿样化验 $\vee$ 发现了兴奋剂使用者，故Ⅰ项必然为真。

Ⅱ项的含义为：有的奖牌获得者没有进行尿样化验 $\wedge$ 发现了兴奋剂使用者，“或者”不能推“并且”，故Ⅱ项可真可假。

③又等价于：④对所有的奖牌获得者进行尿样化验→发现了兴奋剂使用者，故Ⅲ项必然为真。

综上，Ⅰ项、Ⅲ项必然为真。故 D 项正确。

【答案】D

基础题型6 假言命题的负命题

思路点拨

1. 题干特点

题干中出现假言命题。提问方式为：

“如果题干信息为真，则以下哪项必然为假（不可能为真、不能成立）？”

“以下哪项不符合题干？”

“以下哪项能说明题干不成立（最能削弱题干）？”

2. 解题方法

公式①：¬（A→B）=A∧¬B。

公式②：¬（¬A→¬B）=¬（A←B）=¬A∧B。

口诀：肯前且否后，即肯定假言命题前件的同时否定其后件。

公式③：¬（A↔B）=A∀B=（A∧¬B）∨（¬A∧B）=（A∧¬B）∀（¬A∧B）。

3. 易错点

“A→B”的负命题（矛盾命题）是“A∧¬B”，不是“A→¬B”。

因为：（A→B）=（¬A∨B），（A→¬B）=（¬A∨¬B）。因此，当出现“¬A”时，“A→B”和“A→¬B”均为真，所以二者并非矛盾关系。

典型例题

1 陈先生在鼓励他孩子时说道：“不要害怕暂时的困难和挫折，不经历风雨怎么见彩虹？”他孩子不服气地说：“您说的不对。我经历了那么多风雨，但是也没有看到彩虹。”

陈先生孩子的回答最适宜用来反驳以下哪项？

A. 如果想见到彩虹，就必须经历风雨。

B. 只要经历了风雨，就可以见到彩虹。

C. 只有经历风雨，才能见到彩虹。

D. 即使经历了风雨，也可能见不到彩虹。

E. 即使见到了彩虹，也不是因为经历了风雨。

【详细解析】

陈先生的孩子：经历风雨∧¬见到彩虹。

其负命题为：经历风雨→见到彩虹。故B项正确。

【答案】B

2 在今年夏天的足球运动员转会市场上，只有在世界杯期间表现出色并且在俱乐部也有优异表现的人，才能获得众多俱乐部的青睐和追逐。

如果以上陈述为真，则以下哪项不可能为真?

A. 老将克洛泽在世界杯上以 16 球打破了罗纳尔多 15 球的世界杯进球记录，但是仍然没有获得众多俱乐部的青睐。

B. J 罗获得了世界杯金靴，他同时凭借着俱乐部的优异表现在众多俱乐部追逐的情况下，成功转会皇家马德里。

C. 罗伊斯因伤未能代表德国队参加巴西世界杯，但是他在德甲俱乐部赛场上有着优异表现，在转会市场上得到了皇家马德里、巴塞罗那等顶级豪门的青睐。

D. 多特蒙德头号射手莱万多夫斯基成功转会到拜仁慕尼黑。

E. 克罗斯没有获得金靴，但因为在俱乐部表现突出，同样成功转会皇家马德里。

【详细解析】

题干中出现假言命题，提问方式为“如果以上陈述为真，则以下哪项不可能为真?”，故此题考查的是假言命题的负命题。

题干：青睐→世界杯表现出色∧俱乐部表现优异。

题干的负命题为：青睐∧(¬世界杯表现出色∨¬俱乐部表现优异)。

故以下 5 种情况均可以说明题干不可能为真：

①青睐∧¬世界杯表现出色；

②青睐∧¬俱乐部表现优异；

③青睐∧¬世界杯表现出色∧¬俱乐部表现优异；

④青睐∧¬世界杯表现出色∧俱乐部表现优异；

⑤青睐∧世界杯表现出色∧¬俱乐部表现优异。

A 项，¬青睐∧世界杯表现出色，与题干不矛盾，故此项可能为真。

B 项，世界杯表现出色∧俱乐部表现优异∧青睐，与题干不矛盾，故此项可能为真。

C 项，青睐∧¬世界杯表现出色，等价于上述情况①，故此项不可能为真。

D 项，青睐∧俱乐部表现优异(头号射手)，与题干不矛盾，故此项可能为真。

E 项，“没有获得金靴”并不能说明“世界杯表现不出色”，与题干不矛盾，故此项可能为真。

【答案】C

3 酱缸正在乐学喵 App 上抽取幸运学员发放新春大礼包，根据规定：只有在乐学喵 App 上听够 10 小时直播课，并且对直播课有过 3 次及以上评价的学生，才有可能成为幸运学员。

以下哪项如果为真，能说明上述规定没有得到贯彻?

Ⅰ. 盼盼听了 60 小时的直播课，并且对直播课评价了 10 次，但未能成为幸运学员。

Ⅱ. 悦悦成为幸运学员，但只听了 8 小时的直播课。

Ⅲ. 姜姜成为幸运学员，但只对直播课评价了 1 次。

A. 仅Ⅰ。　B. 仅Ⅰ和Ⅱ。　C. 仅Ⅱ和Ⅲ。

D. Ⅰ、Ⅱ和Ⅲ。　E. 以上都不正确。

【详细解析】

题干：幸运学员→听够 10 小时∧有过 3 次及以上评价。

题干的负命题为：幸运学员∧(¬听够10小时∨¬有过3次及以上评价)。

故以下5种情况均可以说明上述规定没有得到贯彻：

①幸运学员∧¬听够10小时；

②幸运学员∧¬有过3次及以上评价；

③幸运学员∧¬听够10小时∧¬有过3次及以上评价；

④幸运学员∧¬听够10小时∧有过3次及以上评价；

⑤幸运学员∧听够10小时∧¬有过3次及以上评价。

Ⅰ项，听够10小时∧有过3次及以上评价∧¬幸运学员，与上述5种情况均不一致，故不能说明上述规定没有得到贯彻。

Ⅱ项，¬听够10小时∧幸运学员，等价于上述情况①，故说明上述规定没有得到贯彻。

Ⅲ项，¬有过3次及以上评价∧幸运学员，等价于上述情况②，故说明上述规定没有得到贯彻。

综上，Ⅱ项和Ⅲ项能说明上述规定没有得到贯彻。故C项正确。

【答案】C

4 并非当且仅当某人是美院的学生，则他一定会画油画。

下列哪个选项是对上述命题的正确理解？

A. 某人是美院学生但不会画油画。

B. 不是美院学生但会画油画的也不少。

C. 某人不是美院学生但会画油画。

D. 某人是美院学生但不会画油画，或者某人不是美院学生但会画油画。

E. 如果某人会画油画，那么他一定是美院的学生。

【详细解析】

题干：¬(某人是美院的学生↔会画油画)。

题干等价于：某人是美院学生∀会画油画=(¬某人是美院的学生∧会画油画)∨(某人是美院的学生∧¬会画油画)。

故D项正确。

【答案】D

5 已知某班共有25位同学，女生中身高最高者与最低者相差10厘米，男生中身高最高者与最低者相差15厘米。小明认为，根据已知信息，只要再知道男生、女生最高者的具体身高，或者再知道男生、女生的平均身高，均可确定全班同学中身高最高者与最低者之间的差距。

以下哪项如果为真，最能构成对小明观点的反驳？

A. 根据已知信息，如果不能确定全班同学中身高最高者与最低者之间的差距，则也不能确定男生、女生身高最高者的具体身高。

B. 根据已知信息，即使确定了全班同学中身高最高者与最低者之间的差距，也不能确定男生、女生的平均身高。

C. 根据已知信息，如果不能确定全班同学中身高最高者与最低者之间的差距，则既不能确定男生、女生身高最高者的具体身高，也不能确定男生、女生的平均身高。

D. 根据已知信息，尽管再知道男生、女生的平均身高，也不能确定全班同学中身高最高者与最低者之间的差距。

E. 根据已知信息，仅仅再知道男生、女生最高者的具体身高，就能确定全班同学中身高最高者与最低者之间的差距。

【详细解析】

题干：再知道男生、女生最高者的具体身高(A) ∨ 再知道男生、女生的平均身高(B)→确定最高者与最低者之间的差距(C)。

题干的负命题为：(A∨B) ∧¬ C。故以下 5 种情况均可反驳小明的观点：

①A∧¬ C；

②B∧¬ C；

③A∧¬ B∧¬ C；

④¬ A∧B∧¬ C；

⑤A∧B∧¬ C。

A 项，此项是假言命题，但与上述 5 种情况均不一致，故无法反驳小明的观点。

B 项，此项等价于：¬ B∧C，但与上述 5 种情况均不一致，故无法反驳小明的观点。

C 项，此项是假言命题，但与上述 5 种情况均不一致，故无法反驳小明的观点。

D 项，此项等价于：B∧¬ C，等价于上述情况②，故能够反驳小明的观点。

E 项，此项是假言命题，但与上述 5 种情况均不一致，故无法反驳小明的观点。

【答案】D

第 5 节　概念与定义

必备知识

1. 概念与定义

1.1　概念与定义

类型	定义
概念	反映对象本质属性的思维形式。
定义	对概念的描述。 它包含被定义项、联项和定义项。
概念的两层含义	内涵和外延。 内涵：概念所反映的事物的本质属性。 外延：具有概念的内涵所具有的那些属性的事物的范围。

1.2 定义的规则

编号	规则	违反规则的逻辑谬误	例句
①	定义项不得直接包含被定义项	同语反复	聪明人就是脑子很聪明的人
②	定义项不得间接包含被定义项	循环定义	奇数就是偶数加1; 而偶数就是奇数减1
③	定义项的外延和被定义项的外延必须完全相等	定义项>被定义项: 定义过宽	人类是指用肺呼吸的哺乳动物
		定义项<被定义项: 定义过窄	人类是指女人
④	定义不应包括含混的概念,不能用比喻句	定义含混	儿童就是指祖国的花朵
⑤	定义不应当是否定的	用否定句下定义	男人就是不是女人的人

2. 集合概念与类概念

类型	定义
集合概念	集合体是指一定数量的个体所组成的全体。反映集合体的整体性质的概念,就是集合概念。
类概念	类概念,又称非集合概念,它表达的是这个概念中每个个体共同具有的性质。

3. 合成谬误与分解谬误

类型	定义
合成谬误	误认为个体具有的性质,集体一定具有。
分解谬误	误认为集体具有的性质,个体也一定具有。

4. 概念间的关系

编号	关系	图示	例子
①	全同关系	A B	等边三角形 所有角均为60°的三角形

续表

编号	关系	图示	例子
②	种属关系	A B	兔子是动物的一种
③	交叉关系	A B	男人　教授 重合部分：男教授
④	矛盾关系	A B	男人　女人
⑤	反对关系	A B	儿童　中年

基础题型 7 概念与定义的基本题型

思路点拨

1. 题干特点

题干中出现一个概念的定义，问哪个选项符合这个定义。

2. 解题方法

步骤 1：找到题干中定义的要点，如果要点较多，可将这些要点进行编号。

步骤 2：将选项与题干中的要点一一对应。

典型例题

1 遗忘，是对识记过的材料不能正确地再认与回忆，即记忆丧失。动机性遗忘是指为避免不愉快的情绪或内心冲突而遗忘某些事件或人物的现象，这种遗忘是个体心理自我保护的一种手段。

根据上述定义，下列属于动机性遗忘的是：

A. 张某小时候在一次恐怖袭击事件中幸存了下来，长大以后，他却已经不记得这件事了。

B. 李某与赵某交往五年后黯然分手，她现在一点都不想回忆起与赵某有关的所有事情。

C. 某乙今年已经 90 岁了，身体依然硬朗，只是比较健忘，有时刚看完书就忘了其中的内容。

D. 某甲在一次严重的车祸中活了下来，但由于遭受了脑震荡，已经记不得事故发生前后的事情。

E. 小李高考后查分喜知自己是全省状元，他已经努力克制自己不去想这件事。

【详细解析】

步骤1：找出题干中定义的要点并编号。

“动机性遗忘”的定义要点是：①为避免不愉快的情绪或内心冲突；②遗忘某些事件或人物。

步骤2：将选项与定义的要点一一对应。

A项，张某为避免不愉快的情绪而遗忘了恐怖袭击事件，符合“动机性遗忘”的定义。

B项，只是“不想回忆起”，不代表“已经遗忘”，不符合②，故排除。

C项，因年老而健忘，不符合①，故排除。

D项，因脑震荡而忘记，不符合①，故排除。

E项，“喜知”不符合①；“克制不去想”不代表“忘记了”，不符合②，故排除。

【答案】A

2 “口红效应”是指在经济不景气的情况下，人们的消费会转向购买廉价商品，而口红虽非生活必需品，却兼具廉价和粉饰的作用，能够给消费者带来心理慰藉。

根据上述定义，下列符合“口红效应”的是：

A. 近来公司效益不错，小李的工资收入上涨很多，于是他卖掉了原来的旧手机，买了一台价格昂贵的三折叠屏手机。

B. 为了约会，小刘虽然工资不高，但还是买了一身名牌西装来装扮。

C. 今年单位效益不好，小杨取消了假期带全家到国外旅行的计划，改为到近郊旅游，结果感觉还不错。

D. 为了明天的面试，小黄到理发店理了一个新发型，看上去朝气蓬勃，使他信心十足。

E. 小文为了节省路费，在火车和飞机之间选择了火车出行。

【详细解析】

步骤1：找出题干中定义的要点并编号。

“口红效应”的定义要点是：①“经济不景气”；②“转向购买廉价商品”；③“非生活必需品”。

步骤2：将选项与定义的要点一一对应。

A项，“效益不错，收入上涨很多”不符合①；“价格昂贵的三折叠屏手机”不是“廉价商品”，不符合②，故排除。

B项，“名牌西装”不是“廉价商品”，不符合②，故排除。

C项，“单位效益不好”符合①；把“国外旅行计划”改为“近郊旅游”，符合②；旅行是“非生活必需品”，符合③。故此项符合“口红效应”的定义。

D项，小黄为了面试去理发，不涉及“口红效应”的定义要点，故排除。

E项，“节省路费”未必是“经济不景气”，不符合①，故排除。

【答案】C

3 经典条件反射是指原来不能引起某一反应的刺激，通过一个学习过程，使它们彼此建立起联系，从而在条件刺激和无条件反应之间建立起的联系。操作性条件反射是指如果一个反应发生以后继之给予奖励，这一反应就会得到加强；反之，这个反应的强度就会减少，直至消失。

根据上述定义，下列属于操作性条件反射的是：

A. 婴儿一出生就能够发出哭声，如果把手指或其他东西放到他嘴里，他还会做出吮吸的动作。

B. 有一位狗的主人每次按铃之后都会给狗喂食，久而久之，狗在听到铃声后就开始分泌唾液。

C. 明明只要在幼儿园表现得好，妈妈周末就会带他出去玩，所以明明在幼儿园里越来越乖。

D. 曹操率领部队去讨伐张绣，天气热得出奇，为激励士气，曹操说："前有大梅林，饶子，甘酸可以解渴。"士卒听了以后，都流口水。

E. 张三在第一学年获得了优异的成绩，因而得到了学校一等奖学金，随后张三骄傲自大，第二学年多科目挂科。

【详细解析】

步骤 1：找出题干中定义的要点并编号。

"操作性条件反射"的定义要点是：①一个反应发生以后，②继之给予奖励(反之，即无奖励)，③这一反应就会得到加强(反之则减少，直至消失)。

步骤 2：将选项与定义的要点一一对应。

A 项，不符合"操作性条件反射"的任意一个定义要点，故排除。

B 项，"按铃"与"喂食"之间原来是没有联系的，但通过学习过程使它们彼此建立起了联系，属于经典条件反射。

C 项，一个反应发生以后(在幼儿园表现得好)，给予奖励(带他出去玩)，这一反应就会得到加强(明明在幼儿园里越来越乖)，符合"操作性条件反射"的定义。

D 项，不符合"操作性条件反射"的任意一个定义要点，故排除。

E 项，符合①和②，但"获得优异成绩"这一反应并未得到加强，不符合③，故排除。

【答案】C

基础题型 8 // 集合概念与类概念

思路点拨

1. 集合概念与类概念的区分

(1) 在集合概念前加"每个"，一般会改变句子的原意；在类概念前加"每个"，一般不会改变句子的原意。

(2) 当集合概念、类概念作句子的宾语时，在类概念后面加"之一"，一般不会改变句子的原意。

2. 合成谬误与分解谬误

(1) 如果把集合体或整体中个体或部分的性质误认为是集合体或整体的性质，就犯了"合成谬误"的逻辑错误。

(2) 如果把集合体或整体的性质误认为是集合体中每个个体或整体中每个部分的性质，就犯了"分解谬误"的逻辑错误。

典型例题

1 “世间万物中，人是第一个宝贵的。我是人，所以，我是世间万物中第一个宝贵的。”

以下除哪项外，均与上述论证中出现的谬误相似？

A. 我国的佛教寺庙分布于全国各地，普济寺是我国的佛教寺庙，所以普济寺分布于我国各地。

B. 现在的独生子女娇生惯养，小王是独生子女，所以小王是娇生惯养的。

C. 群众是真正的英雄，我是群众，所以我是真正的英雄。

D. 中国人是勤劳的，我是中国人，所以我是勤劳的。

E. 现在的大学生都拥护党的领导，拥护党的领导能给予自身坚定的信念，所以现在的大学生能给予自身坚定的信念。

【详细解析】

题干：世间万物中，人是第一个宝贵的（指的是人这个群体具备第一宝贵这个性质，故“人”为集合概念）。我是人（指的是我是人这个类别中的一个，故“人”为类概念），所以，题干犯了“偷换概念”的逻辑错误。

A项，我国的佛教寺庙（集合概念）分布于全国各地，普济寺是我国的佛教寺庙（类概念），偷换概念，与题干相同。

B项，现在的独生子女（集合概念）娇生惯养，小王是独生子女（类概念），偷换概念，与题干相同。

C项，群众（集合概念）是真正的英雄，我是群众（类概念），偷换概念，与题干相同。

D项，中国人（集合概念）是勤劳的，我是中国人（类概念），偷换概念，与题干相同。

E项，此项推理正确，未犯逻辑错误。

【答案】E

2 很多科学家的职业行为只是为了提高他们的职业能力，做出更好的成绩，改善他们的个人状况，对于真理的追求则被置于次要地位。因此，科学家共同体的行为也是为了改善该共同体的状况，纯粹出于偶然，该共同体才会去追求真理。

以下哪项最为准确地指出了上述论证中的谬误？

A. 该论证涉嫌贬低科学家的道德品质。

B. 从很多科学家具有某种品质，不合理地推出科学家共同体也有该品质。

C. 毫无理由地假定，个人职业能力的提高不会提高其发现真理的效率。

D. 从多数科学家具有某种品质，不合理地推出每一位科学家都有该品质。

E. 不当地假定，集体具有的性质，集体中的个体也具有。

【详细解析】

题干：很多科学家的职业行为是为了改善个人状况，对于真理的追求则被置于次要地位，因此，科学家共同体的行为也是为了改善该共同体的状况，纯粹出于偶然，该共同体才会去追求真理。

题干通过“很多科学家个人”的情况，来推断“科学家共同体”的情况，犯了“合成谬误”的逻辑错误。

B项，误认为个体具有的性质，集体也同样具有，即犯了合成谬误的逻辑错误，故此项正确。

D项，由多数科学家个体的性质来推断每个科学家的性质，这是由个体推断更大范围的个体，是以偏概全，故排除。

E项，由集体的性质推断个体的性质，是分解谬误，故排除。

其余两项显然均不正确。

【答案】B

3 这支足球队不是一支优秀的球队，所以，球队中的队员张山也并不优秀。

以下哪项与题干的论证方法相同？

A. 王英会说英语，王英是中国人，所以，每个中国人都会说英语。

B. 教育部规定，高校不得从事股票投资，所以，北京大学的张教授不能购买股票。

C. 中国奥委会是国际奥委会的成员，Y先生是中国奥委会的委员，所以，Y先生是国际奥委会的委员。

D. 我校运动会是全校的运动会，奥运会是全世界的运动会；我校学生都必须参加校运会开幕式，所以，全世界的人都必须参加奥运会开幕式。

E. 你家里养的宠物既然不是猫，那么一定是狗。

【详细解析】

题干认为整体(足球队)不具有的某种属性，其中的个体(张山)也同样不具有。因此，题干犯了"分解谬误"的逻辑错误。

A项，误认为"个体"(中国人王英)所具有的属性，"每个中国人"都具有，犯了以偏概全的逻辑错误，与题干所犯的逻辑谬误不相同。

B项，误认为"高校"所不具有的属性，"北京大学的张教授"也同样不具有，犯了分解谬误的逻辑错误，与题干所犯的逻辑谬误相同。

C项，中国奥委会是国际奥委会的成员(描述中国奥委会集体的性质)，Y先生是中国奥委会的委员，所以，Y先生是国际奥委会的委员(描述Y先生这个个体的性质)。可见，此项由集体的性质推出了个体的性质，犯了分解谬误的逻辑错误。但由于题干是"不具有"优秀这个性质，而此项是"具有"国际奥委会委员这个性质，故此项与题干的相似性不如B项。

D项，此项根据"我校运动会"具有全员参加的属性，推出"奥运会"也具有此种属性。但"我校运动会"和"奥运会"并不具备相似性或等同性，因此，此项犯了不当类比的逻辑错误，与题干不同。

E项，不是猫不一定就是狗，也有可能是其他宠物，此项犯了非黑即白的逻辑错误，与题干不同。

注意：本题涉及一些非本章的逻辑谬误，大家以理解为主。更多的逻辑谬误，可扫描右边二维码免费学习。

【答案】B

基础题型9 概念间的关系

思路点拨

1. 题干特点

题干中出现N个人，给出这些人的身份、职业、籍贯等信息。

2. 解题方法

步骤1：判断题干中几个概念之间的关系。

步骤2：根据概念之间的关系，结合题干中的数量进行计算求解。

典型例题

1 参加晚会的有3个足球爱好者，4个亚洲人，2个印度人，5个商人。以上叙述涉及了所有晚会参加者，其中印度人不经商。

那么，参加晚会的人数是：

A. 最多14人，最少5人。

B. 最多14人，最少7人。

C. 最多12人，最少7人。

D. 最多12人，最少5人。

E. 最多12人，最少8人。

【详细解析】

因为“印度人”和“亚洲人”是“种属关系”，即4个亚洲人中包含2个印度人。

当人数最多时，即其他几个概念均没有交叉，则有：3(足球爱好者)+4(亚洲人)+5(商人)=12(人)。

要想人数最少，则其他几个概念要尽可能交叉，又知“印度人不经商”，故参加晚会的人数最少为：2(印度人)+5(商人)=7(人)。其中，3个足球爱好者、剩余的2个亚洲人均与这7人的身份交叉。

综上，参加晚会的人数最多12人，最少7人。故C项正确。

【答案】C

2 某交响乐团招聘团员，拟录用名单共有9人，其中有3个南方人，1个专科生，2个20岁，2个近视眼，1个本科生，1个广西人，还有1个北方人。以上叙述包括了全部成员。

以下各项断定都有可能解释以上陈述，除了：

A. 1个本科生是北方人。

B. 2个20岁的人都是近视眼。

C. 1个专科生是北方人。

D. 1个本科生是广西人。

E. 1个专科生不是近视。

【详细解析】

由于“广西人”和“南方人”是“种属关系”，故题干可以简化为：3个南方人、1个专科生、2个20岁、2个近视眼、1个本科生、1个北方人，共10个身份。又已知“拟录用名单共有9人”，所以有2个身份重合为1人。

B 项，2 个 20 岁的人都是近视眼，此时至多只会有 8 人，不满足题意。

其余各项均能解释。

【答案】B

3 某市发改委召开该市高速公路收费标准调整价格听证会，旨在征求消费者、经营者和专家的意见。实际参加听证会的共有 15 人，其中消费者 9 人、经营者 5 人、专家 3 人，此外无其他人员列席。

根据上述信息，可以得出以下哪项？

A. 有专家是消费者但不是经营者。

B. 有专家是经营者。

C. 有专家不是经营者。

D. 有专家是消费者。

E. 有专家是经营者但不是消费者。

【详细解析】

根据题干可知，实际参加听证会的共有 15 人，其中消费者 9 人、经营者 5 人、专家 3 人。

若专家都是经营者，则共有 9+5=14(人)，与“实际参加听证会的共有 15 人”矛盾，因此，并非专家都是经营者，等价于：有的专家不是经营者。

若经营者都是消费者，则共有 9+3=12(人)，与“实际参加听证会的共有 15 人”矛盾，因此，并非经营者都是消费者，等价于：有的经营者不是消费者。

若专家都是消费者，则共有 9+5=14(人)，与“实际参加听证会的共有 15 人”矛盾，因此，并非专家都是消费者，等价于：有的专家不是消费者。

综上，C 项正确。

【答案】C

第 2 章　推理母题：5 大条件类

① 本章的内容是形式逻辑还是综合推理?

既有形式逻辑，也有综合推理。因为 80%左右的综合推理题是基于形式逻辑的基础知识的。

在近 10 年的联考逻辑真题中：

管理类联考共 30 道逻辑题，2024 年及以前平均每年考约 18 道推理题，其中 15 道左右涉及形式逻辑知识；2025 年共 15 道推理题，其中 12 道涉及形式逻辑知识。

经济类联考共 20 道逻辑题，2021—2024 年平均每年考约 12 道推理题，其中 10 道左右涉及形式逻辑知识；2025 年共 11 道推理题，其中 8 道涉及形式逻辑知识。

② 本章重要吗?

特别重要！本章是联考真题的推理题中考试占比最大的。例如，事实假言模型，2025 年管综真题考了 3 道，经综真题考了 2 道；假言推事实模型，2025 年管综真题考了 2 道，经综真题考了 2 道。而且，本章中的所有模型几乎是每年必考的。

③ 本章难吗?

事实假言模型、半事实假言推事实模型、假言推假言模型、假言命题的矛盾命题模型难度中等。

假言推事实模型、匹配模型、数量关系模型难度大。但是，解题套路化特别强，通过足够的练习是可以掌握的。

需要注意的是，如果你本章学起来感觉特别困难，有以下三种可能：

(1)形式逻辑的基础公式不熟练。建议重新听《联考逻辑要点 7 讲》中的第 1 讲(可扫描本书内文第 2 页“形式逻辑应该如何学习?”处的二维码免费听)。

(2)母题模型不熟练。二刷本章内容即可，若自学较为困难，可以听弟子班的相关课程。

(3)有一些题目确实很难。综合推理可以出非常难的题，尤其是每年的压轴题，难度较大。所以，不要因为这样的题做起来有难度就产生自我怀疑，这是正常现象。

本章考情分析

通过对近 10 年管综真题和近 5 年经综真题模型考查频次的分析，现将本章母题模型总结如下：

类型	母题模型	难度
必考核心母题模型	母题模型 1　事实假言模型	★★★
	母题模型 2　假言推假言模型	★★
	母题模型 4　假言推事实模型	★★★★★
	母题模型 6　匹配模型	★★★★
高频核心母题模型	母题模型 3　半事实假言推事实模型	★★★★
	母题模型 7　数量关系模型	★★★★
低频偶考母题模型	母题模型 5　假言命题的矛盾命题模型	★★

说明：

①难度：★★为简单，★★★为中档，★★★★为中档偏上，★★★★★为难。

②“事实假言模型”“假言推事实模型”“匹配模型”属于每年必考模型；“假言推假言模型”在 2023 年管综真题、2025 年管综真题、2023 年经综真题中未做考查，其余年份均有涉及。

③“数量关系模型”的考频虽然不高，但是在近 5 年的联考逻辑真题中，涉及数量关系的试题数量却是逐步上升的，且其命题方式多样(可以单独出题，也可以同其他模型进行组合出题)。

④“半事实假言推事实模型”在近 5 年联考逻辑真题中出现的次数较多，此类试题的解题方法比较固定，在考场上能相对轻松地拿分。

⑤“假言命题的矛盾命题模型”的考查频率相对较低，只要掌握方法论，即可轻松秒杀。

第1节 5大条件与母题模型的识别

1. 推理题的命题规律

扫码学习
综合推理核心思路

根据近5年真题命题规律可知，推理题在联考逻辑中占比达60%左右，那么，推理题是如何命题的呢？

先看两道例题：

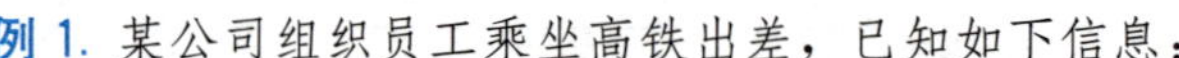

例1. 某公司组织员工乘坐高铁出差，已知如下信息：

(1)甲、乙、丙、丁、戊五人乘坐高铁出差，他们正好坐在同一排的A、B、C、D、F五个座位上。

(2)若甲或者乙中的一人坐在C座，则丙坐在B座。

(3)若戊坐在C座，则丁坐在F座。

(4)丁坐在B座。

根据以上信息，可以确定以下哪项？

A. 甲坐在A座。　　B. 乙坐在D座。　　C. 丙坐在C座。

D. 戊坐在F座。　　E. 戊坐在A座。

【题干分析】

题干中，条件(1)为一一对应关系，我们将其命名为“匹配”。

条件(2)、(3)均为假言命题，我们将其命名为“假言”。

条件(4)给出了确定信息，我们将其命名为“事实”。

例2. 红星中学对学生进行了一次摸底考试。有人根据平时学习情况对任刚、王强、李玲、赵兰4名同学的成绩由高到低作出如下预测：

(1)如果任刚排第三，那么李玲排第一。

(2)如果王强不排第一，那么任刚排第三。

(3)任刚的排序与李玲相邻，但与王强不相邻。

事后得知，上述预测均符合考试结果。

根据以上信息，可以得出以下哪项？

A. 任刚排第一。　　B. 王强排第二。　　C. 李玲排第一。

D. 任刚排第四。　　E. 李玲排第四。

【题干分析】

题干中，条件(1)、(2)均为假言命题，我们将其命名为“假言”。

条件(3)给出了相对确定的信息，我们将其命名为“事实”。

题干中还暗含一组对应关系，即“4个人”与“4个名次”的对应，我们将其命名为“匹配”。

以上两道例题一样吗？从题面上来看，肯定是不一样的。但通过分析这两道例题命题的底层逻辑，发现它们都是由"事实""假言"和"匹配"这三类条件构成的。也就是说，从本质上来讲，这两道例题是相同的题。

通过分析可知，以上两道例题的已知条件构成相同，即它们是同一个命题模型的变形，老吕将这样的命题模型称为"母题模型"。

2. 推理题的解题思路

既然以上两道例题的题干构成是一样的，那么，它们的解题思路也应该是一样的。我们将这两道例题解析如下：

例 1.【详细解析】

第 1 步　识别命题形式

题干由"事实＋假言＋匹配"三类条件构成，故此题为"事实假言＋匹配模型"。

第 2 步　套用母题方法

当题干中出现"事实"时，一般是解题的出发点。故本题优先分析条件(4)。

当题干中出现多个"假言"时，要看这些"假言"之间有没有重复元素，有重复元素，则可以进行串联。

当题干中出现"匹配"时，如果是一对一的匹配，则一般通过排除法进行解题。

故：

从事实出发，由条件(4)可知，丁坐在 B 座。

观察题干信息，发现条件(2)涉及"B 座"，条件(3)涉及"丁"。

先看条件(2)，既然丁坐在 B 座，那么丙不可能坐在 B 座，即条件(2)的后件为假，则其前件也为假，可得：甲和乙都不坐在 C 座。

再看条件(3)，既然丁坐在 B 座，那么丁不可能坐在 F 座，即条件(3)的后件为假，则其前件也为假，可得：戊不坐在 C 座。

综上，丁、甲、乙、戊都不坐在 C 座(一对一匹配做排除)，故丙坐在 C 座。

因此，C 项正确。

例 2.【详细解析】

第 1 步　识别命题形式

题干由"事实＋假言＋匹配"三类条件构成，故此题为"事实假言＋匹配模型"。

第 2 步　套用母题方法

从事实出发，故分析条件(3)，发现此条件涉及 3 个人——"任刚""李玲""王强"。

找重复元素，发现条件(1)同时涉及"任刚"和"李玲"，故分析条件(1)。

由条件(1)可知，若任刚排第三，则李玲排第一，与条件(3)"任刚的排序与李玲相邻"矛盾。故任刚不排第三。

由"任刚不排第三"可知，条件(2)的后件为假，则其前件也为假，可得：王强排第一。

由条件(3)"任刚与王强不相邻"可知，任刚不排第二，再结合"任刚不排第三"，可得：任刚排第四(一对一匹配做排除)。

故 D 项正确。

观察以上两道例题，可以发现：对推理题来说，只要已知条件的构成是相同的，那么解题思路就是相同的。因此，我们解所有推理题，都采用两步解题法：第 1 步，通过已知条件的类型，识别出命题形式；第 2 步，套用此母题模型的母题方法。这就是我常说的"逻辑母题，两步解题"的意思。

3. 推理题的 5 大条件

推理题的命题形式十分多样。但是，从推理题(包括综合推理)的已知条件来看，多数题可分为以下 5 类：

条件类型	说明	举例
事实	题干中给出的确定信息。	①北门种桃树。 ②张三没有考上研究生。 ③李四和王五都参加。
半事实	题干中给出的情况较少的信息。	①不相容选言命题。 王五要么报考清华大学，要么报考北京大学。 ②相容选言命题。 情况 1：相容选言命题＋限定条件。 如张珊去南京或北京，每人只去一个城市。此时，这个选言命题一般可看作半事实条件。 情况 2：相容选言命题，无其他限定条件。 此时，若题干中有事实条件，则一般将此选言命题转化为假言命题，即看作假言条件；若题干中无事实条件，则优先将此选言命题看作半事实条件，这样解题速度一般会更快。 ③不相邻。 如现有编号为 1~6 的 6 个座位，已知甲的座位号比乙小且甲与乙相隔 3 个座位，则甲与乙的座位号有两种可能：1 号和 5 号；2 号和 6 号。 ④其他情况较少的条件。
假言	题干中给出的能用"→"表示的命题。	①假言命题：如果 A，那么 B。 ②选言命题：A∨B＝¬A→B。如前文所述，选言命题可以看作假言条件，也可以看作半事实条件。 ③简单命题：所有 A 是 B，可写作：A→B。
数量	题干中给出的数量关系。	①选人：7 个人中有 5 人入选。 ②匹配题中的数量限制：每人最多参观 3 个城市。 ③其他数量关系：如倍数、大小等。
匹配	题干中给出的对应关系。	①对应关系：5 个人分别报考 3 所大学中的一所；5 种不同的树分别种在 5 个不同的园区。 ②互斥关系：已知数学老师只有一位，而张珊与数学老师一起吃过饭，则张珊不是数学老师。即，"张珊"与"数学老师"存在互斥关系。 ③方位关系：张三坐在长方形桌子的一头。

5 大条件类题型在真题中的占比很高，占推理题的 70%～80%。

第 2 节　推理母题技巧：5 大条件类

母题模型 1 事实假言模型

母题变式 1.1 事实假言模型（基本型）

母题技巧

第 1 步 **识别命题形式**	（1）题干特点：题干中的已知条件由 5 大条件中的“事实”和“假言命题”组成。 注意：“事实”可能出现在已知条件中，也可能补充在提问中。若事实补充在提问中，一般可优先从提问中的事实出发来解题。 （2）选项特点：题干中的选项均为事实或多为事实。
第 2 步 **套用母题方法**	方法一：串联法（可在基础阶段使用，用于训练基础知识）。 步骤 1：画箭头，如有需要，可写出其逆否命题。 步骤 2：串联。 步骤 3：找答案。 方法二：事实出发法（推荐方法）。 从事实出发，根据口诀“肯前必肯后，否后必否前”可以直接推出答案。 此方法的原理为： 已知：A→B→C。 若已知 A 为真（肯前），则必能推出 C 为真（肯后）。 逆否可知，上述条件等价于：¬ C→¬ B→¬ A。 故，若已知 C 为假（否后），则必能推出 A 为假（否前）。 【事实假言模型的母题技巧】 题干事实加假言，事实出发做串联； 肯前必肯后，否后必否前。

典型例题

1 某工作室有甲、乙、丙、丁、戊、己、庚 7 名全职工作人员。该工作室最近接手了一个新的项目，其中的一人或多人参与了此次项目，已知：

(1)若乙或者己参与，则丁参与。

(2)若丁或者丙参与，则戊参与。

(3)若乙不参与，则甲不参与。

若戊并未参与此次项目，则可以得出以下哪项？

A. 丁参与了。　　B. 庚参与了。　　C. 己参与了。

D. 丙参与了。　　E. 甲参与了。

【第1步　识别命题形式】

题干中，"戊并未参与此次项目"为事实，条件(1)、(2)和(3)均为假言命题，故此题为事实假言模型。

【第2步　套用母题方法】

方法一：串联法。

步骤1：画箭头，如有需要，可写出其逆否命题。

题干：

①乙∨己→丁，等价于：¬丁→¬乙∧¬己。

②丁∨丙→戊，等价于：¬戊→¬丁∧¬丙。

③¬乙→¬甲，等价于：甲→乙。

④¬戊。

步骤2：串联。

由④、②、①和③串联可得：¬戊→¬丁∧¬丙→¬乙∧¬己→¬甲。

步骤3：找答案。

此时，7人中已有6人不参与，故参与此次项目的是庚，即B项正确。

方法二：事实出发法。

从事实出发，由条件(4)可知，戊未参与。

由"戊未参与"可知，条件(2)的后件为假，根据口诀"否后必否前"，可知其前件也为假，即：丁、丙均未参与。

又由"丁未参与"可知，条件(1)的后件为假，根据口诀"否后必否前"，可知其前件也为假，即：乙、己均未参与。

再由"乙未参与"可知，条件(3)的前件为真，根据口诀"肯前必肯后"，可知其后件也为真，即：甲未参与。

综上，7人中已有6人未参与，故参与此次项目的是庚，即B项正确。

【答案】B

2　老罗开了一家水果批发行，计划在开业的首周售卖苹果、枇杷、桃子、石榴、柑橘、脐橙、樱桃、榴莲、杨桃这9种水果中的1种或多种，已知：

(1)若柑橘、樱桃中至多售卖1种，则一定售卖苹果。

(2)如果售卖苹果或者脐橙，那么不售卖枇杷。

(3)如果售卖桃子或者不售卖杨桃，那么不售卖石榴也不售卖樱桃。

如果老罗的水果批发行开业首周售卖枇杷，那么一定还售卖以下哪种水果？

A. 苹果。　　B. 桃子。　　C. 杨桃。

D. 脐橙。　　E. 石榴。

【第1步　识别命题形式】

题干中，"售卖枇杷"为事实，条件(1)、(2)和(3)均为假言命题，故此题为事实假言模型。

【第2步　套用母题方法】

方法一：串联法。

步骤1：画箭头，如有需要，可写出其逆否命题。

题干：

①¬柑橘∨¬樱桃→苹果，等价于：¬苹果→柑橘∧樱桃。

②苹果∨脐橙→¬枇杷，等价于：枇杷→¬苹果∧¬脐橙。

③桃子∨¬杨桃→¬石榴∧¬樱桃，等价于：石榴∨樱桃→¬桃子∧杨桃。

④枇杷。

步骤2：串联。

由④、②、①和③串联可得：枇杷→¬苹果∧¬脐橙→柑橘∧樱桃→¬桃子∧杨桃。

步骤3：找答案。

综上，首周还售买柑橘、樱桃和杨桃，故C项正确。

方法二：事实出发法。

从事实出发，由“售卖枇杷”可知，条件(2)的后件为假，则其前件也为假，可得：¬苹果∧¬脐橙。

由“¬苹果”可知，条件(1)的后件为假，则其前件也为假，可得：柑橘∧樱桃。

由“樱桃”可知，条件(3)的后件为假，则其前件也为假，可得：¬桃子∧杨桃。

故C项正确。

注意：“串联法”一旦熟练掌握后，就要尽量使用“事实出发法”解题，这样做题速度更快，后续此模型的试题解析将不再提供“串联法”。

【答案】C

3 新年伊始，春节期间是否解禁烟花爆竹燃放，再次成为公众讨论的热门话题。已知：

(1)若产生巨大的噪音或者造成火灾，则要么影响居民的休息，要么对人的听力造成损害。

(2)若允许燃放烟花爆竹，则会产生巨大的噪音并且会产生颗粒污染物。

(3)如果不会影响居民的休息或者不会增加空气治理压力，那么就不会产生颗粒污染物。

若某市允许燃放烟花爆竹，则以下哪项关于该市的情况一定为真？

A. 不会影响居民的休息。

B. 不会对人的听力造成损害。

C. 不会产生颗粒污染物。

D. 不会产生巨大的噪音。

E. 不会造成火灾。

【第1步 识别命题形式】

题干中，“某市允许燃放烟花爆竹”为事实，条件(1)、(2)和(3)均为假言命题，故此题为事实假言模型。

【第2步 套用母题方法】

从事实出发，由“某市允许燃放烟花爆竹”可知，条件(2)的前件为真，则其后件也为真，可得：噪音∧污染物。

由“噪音”可知，条件(1)的前件为真，则其后件也为真，可得：影响居民的休息∀对人的听力造成损害。

由“污染物”可知，条件(3)的后件为假，则其前件也为假，可得：影响居民的休息∧治理压力。

由“影响居民的休息”结合“影响居民的休息∀对人的听力造成损害”，可得：¬对人的听力造成损害。故B项正确。

【答案】B

4 在本年度篮球联赛中，长江队主教练发现，黄河队五名主力队员之间的上场配置有如下规律：

(1)若甲上场，则乙也要上场。

(2)只有甲不上场，丙才不上场。

(3)要么丙不上场，要么乙和戊中有人不上场。

(4)除非丙不上场，否则丁上场。

若乙不上场，则以下哪项配置合乎上述规律？

A. 甲、丙、丁同时上场。　B. 丙不上场，丁、戊同时上场。

C. 甲不上场，丙、丁都上场。　D. 甲、丁都上场，戊不上场。

E. 甲、丁、戊都不上场。

【第1步　识别命题形式】

题干中，“乙不上场”为事实，条件(1)、(2)和(4)均为假言命题，条件(3)为半事实(注意：当题干中有事实时，半事实条件一般需要转化为假言命题)，故此题为事实假言模型。

【第2步　套用母题方法】

从事实出发，即：¬ 乙。

观察题干，发现条件(1)和(3)都涉及“乙”。

先看条件(1)：甲→乙。由“¬ 乙”可知，条件(1)的后件为假，根据口诀“否后必否前”，可知其前件也为假，即：¬ 甲。

再看条件(3)：¬ 丙∀(¬ 乙∨¬ 戊)。由“¬ 乙”可知，“¬ 乙∨¬ 戊”为真。由于不相容选言命题的两个肢命题必为一真一假，故“¬ 丙”为假，即：丙。

条件(4)：丙→丁。故由“丙”可知，丁上场。

综上，甲不上场，丙、丁上场。故C项正确。

【答案】C

5 甲、乙、丙、丁四人计划共同出游，关于最终的目的地，四人的意愿如下：

(1)甲：如果选择龙川，则选择呈坎。

(2)乙：如果选择呈坎，则选择宏村。

(3)丙：如果选择太平湖或九华山，则选择宏村。

(4)丁：如果选择九华山，则选择呈坎或龙川。

事实上，除丙以外，其余人的意愿均得到了实现。

根据以上信息，四人共同选择的是：

A. 呈坎。　B. 龙川。　C. 太平湖。

D. 宏村。　E. 九华山。

【第1步　识别命题形式】

题干中，由“丙的意愿没有得到实现”可知，其负命题为真，即：(太平湖∨九华山)∧¬ 宏村，则此条件为事实，条件(1)、(2)和(4)均为假言命题，故此题为事实假言模型。

【第2步　套用母题方法】

从事实出发，由“¬ 宏村”可知，条件(2)的后件为假，则其前件也为假，可得：¬ 呈坎。

由“¬ 呈坎”可知，条件(1)的后件为假，则其前件也为假，可得：¬ 龙川。

由“¬ 龙川”“¬ 呈坎”可知，条件(4)的后件为假，则其前件也为假，可得：¬ 九华山。

由“(太平湖∨九华山)∧¬ 宏村”可知，“太平湖∨九华山”为真。再结合“¬ 九华山”可得：太平湖。

综上，四人共同选择的是太平湖。故 C 项正确。

【答案】C

6 为营造环境优美、生态和谐的发展环境，某园区管委会拟在雪松、青竹、柳杉、蜡梅、棕榈、银杏、龙柏 7 种植物中选择多种进行种植。已知：

(1)若不种植龙柏，则种植棕榈或者不种植柳杉。

(2)如果棕榈和柳杉均不种植，那么不种植青竹但种植蜡梅。

(3)如果蜡梅、龙柏中至少种植 1 种，那么种植雪松但不种植银杏。

如果种植了银杏，则一定还种植了以下哪种植物？

A. 雪松。　　B. 青竹。　　C. 柳杉。

D. 棕榈。　　E. 蜡梅。

【第 1 步　识别命题形式】

题干中，“种植了银杏”为事实，条件(1)、(2)和(3)均为假言命题，故此题为事实假言模型。

【第 2 步　套用母题方法】

从事实出发，由“银杏”可知，条件(3)的后件为假，则其前件也为假，可得：¬ 蜡梅∧¬ 龙柏。

由“¬ 龙柏”可知，条件(1)的前件为真，则其后件也为真，可得：棕榈∨¬ 柳杉。

由“¬ 蜡梅”可知，条件(2)的后件为假，则其前件也为假，可得：棕榈∨柳杉。

根据上述信息，结合二难推理公式可得：

棕榈∨¬ 柳杉，等价于：柳杉→棕榈；

棕榈∨柳杉，等价于：¬ 柳杉→棕榈；

因此，一定种植棕榈。

故 D 项正确。

【答案】D

母题变式 1.2　事实假言＋匹配模型

母题技巧

第 1 步 识别命题形式	(1)题干特点 题干中的已知条件由“事实”“假言命题”和“匹配关系”组成。 (2)选项特点 题干中的选项均为事实或多为事实。
第 2 步 套用母题方法	解题方法： 步骤 1：事实出发做串联。 步骤 2：简单匹配做排除，复杂匹配画表格，多组匹配填空法。

典型例题

1 某园区的安保团队计划派出甲、乙、丙、丁、戊、己六位保安到园区的A、B、C三个区域去巡逻，每个区域均有两位保安巡逻，每位保安只被派去一个区域。已知：

(1)如果甲保安或者丁保安去B区域巡逻，则乙保安去C区域巡逻。

(2)若乙保安不去A区域巡逻，则己保安去B区域巡逻。

如果己保安去A区域巡逻，则以下哪项一定为真？

A. 戊保安去C区域巡逻。

B. 丙保安去B区域巡逻。

C. 甲保安去A区域巡逻。

D. 丁保安去B区域巡逻。

E. 乙保安去C区域巡逻。

【第1步 识别命题形式】

题干中，"己保安去A区域巡逻"为事实，条件(1)和(2)均为假言命题，故本题的主要命题形式为事实假言模型。同时，题干中还涉及"保安"与"区域"的匹配关系，故此题为事实假言+匹配模型。

【第2步 套用母题方法】

从事实出发，由"己A"结合"每位保安只被派去一个区域"可知，条件(2)的后件为假，则其前件也为假，可得：乙A。

由"乙A"结合"每位保安只被派去一个区域"可知，条件(1)的后件为假，则其前件也为假，可得：¬甲B∧¬丁B。

综上，结合"每个区域均有两位保安巡逻"可得：甲C∧丁C、戊B∧丙B。

故B项正确。

【答案】B

2 现有自左向右连续排列的1～5号房间，甲、乙、丙、丁、戊准备入住其中一间，各不重复。已知：

(1)如果丁住在2号房间或者3号房间，那么丙住在1号房间。

(2)如果乙既没有住在2号房间，也没有住在5号房间，则甲和乙的房间相邻。

(3)如果乙不住在4号房间，那么戊住在1号房间且丁住在3号房间。

若丙住在甲的右边，则可以得出以下哪项结论？

A. 甲住在1号房间。

B. 戊住在2号房间。

C. 丁住在3号房间。

D. 丙住在4号房间。

E. 乙住在5号房间。

【第1步 识别命题形式】

题干中，"丙住在甲的右边"为事实，条件(1)、(2)和(3)均为假言命题，故本题的主要命题形式为事实假言模型。同时，题干中还涉及"人"与"房间"的匹配关系，故此题为事实假言+匹配模型。

【第2步 套用母题方法】

从事实出发，由"丙住在甲的右边"可知，条件(1)的后件为假，则其前件也为假，可得：¬丁2∧¬丁3。

由"¬丁3"可知，条件(3)的后件为假，则其前件也为假，可得：乙4。

由"乙 4"可知，条件(2)的前件为真，则其后件也为真，可得：甲和乙的房间相邻。

由"甲和乙的房间相邻""乙 4"和"丙住在甲的右边"可得：甲 3∧丙 5。

再结合"┐丁 2"可得：丁 1。

综上，丁、甲、乙、丙都不住在 2 号房间(简单匹配做排除)，故戊住在 2 号房间。

故 B 项正确。

【答案】B

3 在某场篮球比赛上，教练赵嘉派出的首发阵容是甲、乙、丙、丁、戊五人。这五人恰好对应分卫、控卫、小前锋、大前锋和中锋五个位置中的一个，互不重复。已知：

(1)如果甲是中锋，那么乙是大前锋且丙是小前锋。

(2)如果甲不是控卫，那么甲是中锋。

(3)若丁不是分卫或乙是控卫，则丙是大前锋。

若甲不是控卫，则以下哪项一定为真？

A. 甲不是中锋。　B. 戊是控卫。　C. 丁是控卫。

D. 丙是中锋。　E. 乙是小前锋。

【第 1 步　识别命题形式】

题干中，"甲不是控卫"为事实，条件(1)、(2)和(3)均为假言命题，故本题的主要命题形式为事实假言模型。同时，题干中还涉及"球员"与"位置"的匹配关系，故此题为事实假言+匹配模型。

【第 2 步　套用母题方法】

从事实出发，由"甲不是控卫"可知，条件(2)的前件为真，则其后件也为真，可得：甲中锋。

由"甲中锋"可知，条件(1)的前件为真，则其后件也为真，可得：乙大前锋∧丙小前锋。

由"丙小前锋"可知，条件(3)的后件为假，则其前件也为假，可得：丁分卫∧┐乙控卫。

综上，甲、乙、丙、丁均不是控卫(简单匹配做排除)，故戊是控卫。

因此，B 项正确。

【答案】B

4 甲、乙、丙、丁和戊五个人去欢乐谷游玩，他们只选择旋转木马、过山车、海盗船、时空穿梭和激流勇进五个项目中的一个，而且他们玩的项目各不相同。还已知：

(1)如果丙不玩旋转木马，则甲不玩过山车也不玩旋转木马。

(2)只有乙玩时空穿梭，丙才不玩激流勇进。

(3)除非丁玩旋转木马，否则甲玩旋转木马。

(4)戊或者丁玩时空穿梭。

若乙玩过山车，则以下哪项一定为真？

A. 丁玩激流勇进。　B. 甲玩海盗船。　C. 丙玩时空穿梭。

D. 戊玩激流勇进。　E. 丙玩旋转木马。

【第 1 步　识别命题形式】

题干中，"乙玩过山车"为事实，条件(1)、(2)、(3)和(4)均为假言命题，故本题的主要命题形式为事实假言模型。同时，题干中还涉及"人"与"游玩项目"的匹配关系，故此题为事实假言+匹配模型。

【第2步 套用母题方法】

从事实出发，由“乙玩过山车”并结合条件(2)可得：丙玩激流勇进。

由“丙玩激流勇进”可知，条件(1)的前件为真，则其后件也为真，可得：¬甲过山车∧¬甲旋转木马。

由“¬甲旋转木马”可知，条件(3)的后件为假，则其前件也为假，可得：丁玩旋转木马。

由“丁玩旋转木马”并结合条件(4)可得：戊玩时空穿梭。

综上，乙、丙、丁、戊均不玩海盗船(简单匹配做排除)，故甲玩海盗船。

综上，B项正确。

【答案】B

5～6题基于以下题干：

某艺术家收藏了8幅名画，恰好工笔画、山水画、水彩画、白描画、人物画、风景画、花鸟画和水墨画各1幅。该艺术家将在本周的周一到周四进行展览，每天分为2个场次：上午场、下午场，每个场次展览1幅名画，互不重复。已知：

日期 时间	周一	周二	周三	周四
上午场 09：00～12：00				
下午场 14：00～17：00				

(1)水墨画和白描画在同一天展出。

(2)人物画和风景画中至少有1幅在下午场展出。

(3)如果工笔画在周二或者周三展出，那么水彩画在周二上午场展出且水墨画、山水画在相同时间段的场次展出。

(4)如果水墨画、水彩画中至多有1幅在下午场展出，那么花鸟画在周一下午场展出且人物画在周三上午场展出。

5 如果花鸟画和山水画在周四展出，则以下哪项一定为真？

A. 工笔画在周一上午场展出。
B. 风景画在周一下午场展出。
C. 水彩画在周二下午场展出。
D. 白描画在周三上午场展出。
E. 人物画在周三下午场展出。

6 如果工笔画在周三下午场展出，那么以下哪项一定为真？

A. 山水画在周四上午场展出。
B. 人物画在周二下午场展出。
C. 风景画在周三上午场展出。
D. 白描画在周四下午场展出。
E. 人物画在周一上午场展出。

【第1步 识别命题形式】

第5题：题干中，“花鸟画和山水画在周四展出”和条件(1)均为事实，条件(2)、(3)和(4)均可视为假言命题，故本题的主要命题形式为事实假言模型。同时，题干中还涉及“名画”与“展览时间”的匹配关系，故此题为事实假言+匹配模型。

第 6 题：同上题一致。

【第 2 步　套用母题方法】

第 5 题

从事实出发，由“花鸟画和山水画在周四展出”可知，条件(4)的后件为假，则其前件也为假，可得：水墨画、水彩画均在下午场展出。

由“水彩画在下午场展出”可知，条件(3)的后件为假，则其前件也为假，可得：工笔画不在周二也不在周三展出。

由上述信息，在表格中填空如下(多组匹配填空法)：

<table>
<tr><th>日期
时间</th><th>周一</th><th>周二</th><th>周三</th><th>周四</th></tr>
<tr><td>上午场
09：00～12：00</td><td></td><td></td><td></td><td rowspan="2">花鸟画、山水画</td></tr>
<tr><td>下午场
14：00～17：00</td><td colspan="3">水墨画、水彩画</td></tr>
</table>

由上表再结合条件(2)可知，下午场的 4 幅画已满。因此，工笔画、白描画均在上午场展出。

再结合“工笔画不在周二也不在周三展出”可得：工笔画在周一上午场展出。

故 A 项正确。

第 6 题

从事实出发，由“工笔画在周三下午场展出”可知，条件(3)的前件为真，则其后件也为真，可得：水彩画在周二上午场展出∧水墨画和山水画在相同时间段的场次展出。

由“水彩画在周二上午场展出”可知，条件(4)的前件为真，则其后件也为真，可得：花鸟画在周一下午场展出∧人物画在周三上午场展出。

由上述信息，在表格中填空如下(多组匹配填空法)：

日期 时间	周一	周二	周三	周四
上午场 09：00～12：00		水彩画	人物画	
下午场 14：00～17：00	花鸟画		工笔画	

由上表结合条件(1)和(2)可知，水墨画和白描画在周四展出、风景画在周二下午场展出、山水画在周一上午场展出。

再结合“水墨画和山水画在相同时间段的场次展出”可得：水墨画在周四上午场展出、白描画在周四下午场展出。故 D 项正确。

【答案】A、D

7～8 题基于以下题干：

某科考团队的 4 位研究员甲、乙、丙和丁计划前往杭州、南京、敦煌、西安、平遥和洛阳 6 个城市进行考察。每人至少去 2 个城市，每个城市恰有 2 人前往。还已知：

(1)甲不去南京，乙去敦煌。

(2)若乙和丁两人都去敦煌，则甲不去平遥但丁去杭州。

(3)若甲、丁中至少有 1 人去洛阳，则丁去敦煌且丙去西安。

(4)若丙、丁中至少有 1 人去平遥，则乙不去南京但是去洛阳。

7 若丁去洛阳，则以下哪项必为真？

A. 甲去了杭州。　　B. 丙去了敦煌。　　C. 丁去了西安。

D. 乙去了 2 个城市。　　E. 丁去了 3 个城市。

8 若乙、丙都去南京且甲和乙去的城市数量相同，则以下哪项必为真？

A. 甲和乙去杭州。　　B. 甲和丁去西安。　　C. 乙和丁去西安。

D. 甲和丙去敦煌。　　E. 乙和丙去杭州。

【第 1 步　识别命题形式】

第 7 题：题干中，“丁去洛阳”、条件(1)均为事实，条件(2)、(3)和(4)均为假言命题，故本题的主要命题形式为事实假言模型。同时，题干中还涉及“人”与“城市”的匹配关系，故此题为事实假言＋匹配模型。

第 8 题：同上题一致。

【第 2 步　套用母题方法】

第 7 题

从事实出发，由“丁去洛阳”可知，条件(3)的前件为真，则其后件也为真，可得：丁敦煌 ∧ 丙西安。

由“丁敦煌”结合条件(1)中的“乙敦煌”可知，条件(2)的前件为真，则其后件也为真，可得：¬ 甲平遥 ∧ 丁杭州。

由“¬ 甲平遥”“每个城市恰有 2 人前往”可知，条件(4)的前件为真，则其后件也为真，可得：¬ 乙南京 ∧ 乙洛阳。

综上，再结合“每个城市恰有 2 人前往”可得下表(复杂匹配画表格)：

研究员＼城市	杭州	南京	敦煌	西安	平遥	洛阳
甲		×	×		×	×
乙		×	√			√
丙		√	×	√		×
丁	√	√	√			√

由上表，结合“每人至少去 2 个城市”可得：甲杭州 ∧ 甲西安。故 A 项正确。

第 8 题

从事实出发，由“乙、丙都去南京”可知，条件(4)的后件为假，则其前件也为假，可得：¬ 丙平遥∧¬ 丁平遥。再结合"每个城市恰有 2 人前往"可得：甲平遥∧乙平遥。

由"甲平遥"可知，条件(2)的后件为假，则其前件也为假，可得：¬ 乙敦煌∨¬ 丁敦煌。

由"¬ 乙敦煌∨¬ 丁敦煌"结合条件(1)中的"乙敦煌"可得：¬ 丁敦煌。

由"¬ 丁敦煌"可知，条件(3)的后件为假，则其前件也为假，可得：¬ 甲洛阳∧¬ 丁洛阳。

由"¬ 甲洛阳∧¬ 丁洛阳"结合"每个城市恰有 2 人前往"可得：乙洛阳∧丙洛阳。

综上，再结合"每人至少去 2 个城市，每个城市恰有 2 人前往"，可得下表(复杂匹配画表格)：

研究员＼城市	杭州	南京	敦煌	西安	平遥	洛阳
甲		×			√	×
乙		√	√		√	√
丙		√			×	√
丁	√	×	×	√	×	×

由上表，结合"甲和乙去的城市数量相同"可知，甲至少去 4 个城市，因此，甲去敦煌、西安、杭州。可将上表补充如下：

研究员＼城市	杭州	南京	敦煌	西安	平遥	洛阳
甲	√	×	√	√	√	×
乙	×	√	√	×	√	√
丙	×	√	×	×	×	√
丁	√	×	×	√	×	×

故 B 项正确。

【答案】A、B

母题变式 1.3 事实假言＋数量＋匹配模型

母题技巧

第 1 步 **识别命题形式**	(1) 题干特点 题干中的已知条件由"事实""假言命题""数量关系"和"匹配关系"组成。 (2) 选项特点 题干中的选项均为事实或多为事实。
第 2 步 **套用母题方法**	解题方法： 步骤 1：数量关系优先算。 步骤 2：事实出发做串联。 步骤 3：简单匹配做排除，复杂匹配画表格，多组匹配填空法。

典型例题

1 某影院将在本周的周一到周三放映科幻片、爱情片、动作片、悬疑片和武侠片5部影片。这5部影片均需要放映，每天放映1～2部，且均不重复。已知：

(1)若爱情片不在周一放映，则动作片和爱情片在同一天放映。

(2)如果科幻片和悬疑片中至少有1部不在周三放映，那么动作片、武侠片均在周二放映。

若动作片不在周二放映，则以下哪项一定为真？

A. 科幻片在周一放映。
B. 武侠片在周二放映。
C. 动作片在周三放映。
D. 武侠片在周一放映。
E. 悬疑片在周二放映。

【第1步 识别命题形式】

题干中，“动作片不在周二放映”为事实，条件(1)和(2)均为假言命题，故本题的主要命题形式为事实假言模型。同时，题干中还涉及数量关系和匹配关系，故此题为事实假言＋数量＋匹配模型。

【第2步 套用母题方法】

步骤1：数量关系优先算。

由“周一到周三放映5部影片，每天放映1～2部，且均不重复”可知，5＝1＋2＋2。即：有2天各放映2部影片、有1天放映1部影片。

步骤2：事实出发做串联。

由“动作片不在周二放映”可知，条件(2)的后件为假，则其前件也为假，可得：科幻片周三∧悬疑片周三。

由“¬动作片周二”“科幻片周三∧悬疑片周三”并结合数量关系可知，动作片周一。

若条件(1)的前件为真，即“¬爱情片周一”，则其后件也为真，可得：动作片和爱情片在同一天放映。再结合“动作片周一”可得，爱情片周一，与“¬爱情片周一”矛盾。故条件(1)的前件为假，即：爱情片周一。

综上，结合数量关系可知，武侠片在周二放映。故B项正确。

【答案】B

2 某中学新聘请了甲、乙、丙、丁、戊和己六位老师，他们教的科目为数学、英语、物理、化学、生物中的一个，每位新老师只教一个科目，每个科目至少有一位新老师教授。已知：

(1)若甲、乙中至多有一人是数学老师，则甲是物理老师或者丙是英语老师。

(2)若乙是数学老师或者己不是化学老师，则丁是生物老师而甲不是英语老师。

(3)若丙是英语老师或者戊不是数学老师，则戊和己均不是化学老师。

若丁是物理老师，则可以得出以下哪项？

A. 己是数学老师。
B. 丙是生物老师。
C. 乙是物理老师。
D. 甲是化学老师。
E. 己是英语老师。

【第1步 识别命题形式】

题干中，“丁是物理老师”为事实，条件(1)、(2)和(3)均为假言命题，故本题的主要命题形式为事实假言模型。同时，题干中还涉及数量关系和匹配关系，故此题为事实假言+数量+匹配模型。

【第 2 步　套用母题方法】

步骤 1：数量关系优先算。

由“每位新老师只教一个科目，每个科目至少有一位新老师教授”可知，6=1+1+1+1+2。即：有 4 个科目各有 1 位新老师教授、有 1 个科目有 2 位新老师教授。

步骤 2：事实出发做串联。

由“丁是物理老师”可知，条件(2)的后件为假，则其前件也为假，可得：¬ 乙数学∧己化学。

由“¬ 乙数学”可知，条件(1)的前件为真，则其后件也为真，可得：甲物理∨丙英语。

由“己化学”可知，条件(3)的后件为假，则其前件也为假，可得：¬ 丙英语∧戊数学。

由“甲物理∨丙英语”并结合“¬ 丙英语”可得：甲物理。

综上，结合“有 4 个科目各有 1 位新老师教授、有 1 个科目有 2 位新老师教授”可得下表：

科目	数学	英语	物理	化学	生物
新老师	戊	乙	甲、丁	己	丙

故 B 项正确。

【答案】B

3～4 题基于以下题干：

乐学喵济南面授集训营有王、张、魏、刘和曲 5 位答疑老师，根据课程安排，他们需要在周一至周日到集训教室给学员答疑，每天只安排 1 位答疑老师，每位老师答疑 1～2 天。还须遵从以下条件：

(1)若刘或王被安排在周三答疑，则魏被安排在周四答疑且曲被安排在周六答疑。

(2)若刘答疑的天数不比王少，则张在魏之前答疑。

(3)若刘不被安排在周二答疑，则张被安排在周一和周四答疑。

3　若曲只在周二答疑，则以下哪项一定为真？

A. 刘答疑 2 天。

B. 王在周日答疑。

C. 刘和王在相邻的两天答疑。

D. 张和王在相邻的两天答疑。

E. 刘和张在相邻的两天答疑。

4　若刘在周三答疑，则可以得出以下哪项？

A. 张在周一答疑。

B. 魏在周日答疑。

C. 魏只答疑 1 天。

D. 张在周五答疑。

E. 曲答疑 2 天。

【第 1 步　识别命题形式】

第 3 题：题干中，“曲只在周二答疑”为事实，条件(1)、(2)和(3)均为假言命题，故本题的主要命题形式为事实假言模型。同时，题干中还涉及数量关系和匹配关系，故此题为事实假言+数量+匹配模型。

第 4 题：同上题一致。

【第2步 套用母题方法】

第3题

步骤1：数量关系优先算。

由“5人在7天答疑，每天只安排1人答疑，每人答疑1～2天”可知，7＝1＋1＋1＋2＋2。即：有2人各答疑2天，有3人各答疑1天。

步骤2：事实出发做串联。

由“曲只在周二答疑”可知，条件(3)的前件为真，则其后件也为真，可得：张周一∧张周四。

由“张周四”可知，条件(1)的后件为假，则其前件也为假，可得：¬刘周三∧¬王周三。

由“张周一∧张周四”并结合“每人答疑1～2天”可得：¬张周三。

再结合“曲只在周二答疑”可知，魏在周三答疑。

由“魏周三∧张周四”可知，条件(2)的后件为假，则其前件也为假，可得：刘答疑的天数比王少。再结合数量关系“有2人各答疑2天，有3人各答疑1天”可知，王答疑2天，且被安排在周五至周日中的2天答疑。

综上，有如下3种情况：

情况	周一	周二	周三	周四	周五	周六	周日
情况①	张	曲	魏	张	刘	王	王
情况②	张	曲	魏	张	王	王	刘
情况③	张	曲	魏	张	王	刘	王

故C项正确。

第4题

步骤1：数量关系优先算。

由“5人在7天答疑，每天只安排1人答疑，每人答疑1～2天”可知，7＝1＋1＋1＋2＋2。即：有2人各答疑2天，有3人各答疑1天。

步骤2：事实出发做串联。

由“刘在周三答疑”可知，条件(1)的前件为真，则其后件也为真，可得：魏周四∧曲周六。

由“魏周四”可知，条件(3)的后件为假，则其前件也为假，可得：刘周二。

根据上述信息，可得下表：

周一	周二	周三	周四	周五	周六	周日
	刘	刘	魏		曲	

由上表可知，刘答疑2天。故条件(2)的前件为真，则其后件也为真，可得：张在魏之前答疑。因此，张在周一答疑，故A项正确。

【答案】C、A

母题变式 1.4 选项事实假言模型

母题技巧

第 1 步 识别命题形式	（1）题干特点 多数题的题干由“假言命题”组成。 （2）选项特点 选项一般由 4 个事实 1 个假言命题，或 3 个事实 2 个假言命题组成。
第 2 步 套用母题方法	此类题，带假言选项的前件相当于给出了新的已知条件，用于推出其后件。相当于，这些选项比别的选项多一个条件，故更有可能是答案。 当然，“更有可能是答案”不代表“绝对是答案”。因此，我们可以直接把假言选项的前件当作已知条件，代入题干，若能推出其后件，就是正确选项；若不能推出其后件，则继续分析其他选项。 【选项事实假言模型的母题技巧】 选项事实和假言，假言选项优先选； 选项前件当已知，判断后件的真假。

典型例题

1 学校举办了一场文艺汇演，共有 3 个舞蹈节目（A、B、C）和 4 个歌唱节目（D、E、F、G）。表演时，节目上台的顺序需要满足以下条件：

（1）舞蹈节目必须 A 在 B 之前上台，并且不是第一个节目。

（2）歌唱节目 D 必须在歌唱节目 E 之后上台。

（3）有且仅有 2 个舞蹈节目的表演顺序相邻。

（4）舞蹈节目 C 必须在歌唱节目 E 之前上台。

根据以上信息，以下哪项一定为真？

A. 舞蹈节目 A 在第 1 个上台。

B. 歌唱节目 D 在第 4 个上台。

C. 歌唱节目 G 在第 7 个上台。

D. 如果舞蹈节目 B 在第 3 个上台，则歌唱节目 E 在第 6 个上台。

E. 如果歌唱节目 E 在第 2 个上台，则歌唱节目 D 在第 3 个上台。

【第 1 步 识别命题形式】

选项中，D 项和 E 项均为假言命题，其余各项均为事实，故此题为选项事实假言模型。

【第 2 步 套用母题方法】

优先代入含假言的选项进行验证。

题干有如下信息：

①A 在 B 之前，且 A 不是第 1 个上台。

②D 在 E 之后。

③有且仅有 2 个舞蹈节目的表演顺序相邻。

④C在E之前。

验证D项：假设D项的前件为真，即：B在第3个上台。

由“B在第3个上台”结合条件(1)可得：A在第2个上台。故可得下表：

第1个	第2个	第3个	第4个	第5个	第6个	第7个
	A	B				

由上表结合条件(3)可知，C不在第1个上台，也不在第4个上台；再结合条件(2)和(4)可知，C在第5个上台、E在第6个上台、D在第7个上台。

可见，由D项的前件可以推出其后件，故D项正确。

由于D项为真，则不必再验证E项。

【答案】D

2 甲、乙、丙、丁、戊和己6人围坐在一张正六边形的小桌前，每边各坐一人。已知：

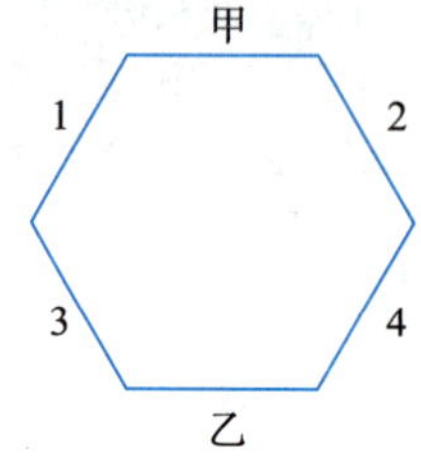

(1)己与乙不相邻。

(2)丙与丁不相邻，也不正面相对。

根据上述信息，以下哪项一定为真？

A. 如果甲与戊相邻，则丁与己正面相对。

B. 甲与丁相邻。

C. 戊与己相邻。

D. 如果丙与戊不相邻，则丙与己相邻。

E. 己与乙正面相对。

【第1步 识别命题形式】

选项中，A项和D项均为假言命题，其余各项均为事实，故此题为选项事实假言模型。

【第2步 套用母题方法】

优先代入含假言的选项进行验证。

验证A项：假设A项的前件为真，即：甲与戊相邻。

由“甲与戊相邻”结合题干图形可得：戊1∨戊2，此时，丁、己可以在同一侧(例如：戊1、丁4、己2)。可见，由A项的前件推不出其后件，故A项错误。

验证D项：假设D项的前件为真，即：丙与戊不相邻。

由“丙与戊不相邻”、条件(2)“丙与丁不相邻”结合题干图形可得：丙必然与己相邻。可见，由D项的前件可以推出其后件，故D项正确。

【答案】D

3 某高校进行辩论赛队员选拔，现有五名参选人员，并已知：

(1)若甲入选，则乙也入选。

(2)丁和戊中至多有一人不入选。

(3)乙、丙不能同时入选，也不能都不入选。

(4)丙入选，否则丁入选。

(5)若戊入选，则甲和丁均入选。

根据上述信息，以下哪项一定为真？

A. 如果乙没入选，那么戊入选。

B. 乙没入选但甲入选。

C. 丁和戊均入选。

D. 如果乙入选，那么丁也入选。

E. 甲和戊均入选。

【第 1 步　识别命题形式】

选项中，A 项和 D 项均为假言命题，其余各项均为事实，故此题为选项事实假言模型。

【第 2 步　套用母题方法】

优先代入含假言的选项进行验证。

验证 A 项：假设 A 项的前件为真，即：乙没入选。由"乙没入选"并结合条件(1)可知，甲没入选。再由"甲没入选"并结合条件(5)可知，戊没入选。可见，由 A 项的前件推不出其后件，故 A 项错误。

验证 D 项：假设 D 项的前件为真，即：乙入选。由"乙入选"并结合条件(3)可知，丙没入选。再由"丙没入选"并结合条件(4)可知，丁入选。可见，由 D 项的前件可以推出其后件，故 D 项正确。

【答案】D

4 七夕将至，小雯计划给男朋友送球鞋。她选中的款式有红、橙、黄、绿、紫 5 种颜色，已知：

(1)若选择红色，则橙色和黄色中至少选择 1 种。

(2)若紫色和红色中至多选择 1 种，则选择黄色但不选择绿色。

根据以上陈述，可以得出以下哪项？

A. 选择黄色。

B. 选择橙色。

C. 选择红色。

D. 如果不选择黄色，那么选择橙色。

E. 如果选择绿色，那么也选择黄色。

【第 1 步　识别命题形式】

选项中，D 项和 E 项均为假言命题，其余各项均为事实，故此题为选项事实假言模型。

【第 2 步　套用母题方法】

优先代入含假言的选项进行验证。

验证 D 项：假设 D 项的前件为真，即"¬ 黄"为真，可知条件(2)的后件为假，则其前件也为假，可得：紫 ∧ 红。

由"红"可知，条件(1)的前件为真，则其后件也为真，可得：橙 ∨ 黄，再结合"¬ 黄"可得：橙。

可见，由 D 项的前件可以推出其后件，故 D 项正确。

由于 D 项为真，则不必再验证 E 项。

【答案】D

母题模型 2 假言推假言模型

母题变式 2.1 假言推假言模型(有重复元素)

母题技巧

第 1 步 识别命题形式	(1)题干特点 题干中的已知条件由多个"假言命题"组成，且这些假言命题中有重复元素。 (2)选项特点 题干中的选项均为假言命题或多为假言命题。
第 2 步 套用母题方法	方法一：四步解题法（常规方法）。 步骤 1：画箭头。 用箭头表达题干中的每个判断。 步骤 2：串联。 将箭头统一成右箭头"→"并串联成"A→B→C→D"的形式（注意：不能串联的箭头就不需要串联）。 串联完后可直接看选项，如果已经可以找到正确选项，则不必进行下面的步骤。 步骤 3：逆否。 如有必要，写出其逆否命题：┐D→┐C→┐B→┐A。 步骤 4：找答案。 根据箭头指向原则（有箭头指向则为真，没有箭头指向则可真可假），判断选项的真假。 方法二：重复元素串联法（推荐方法）。 此类题可通过重复元素瞬间完成串联秒杀。参考下面"典型例题"中第 1、2 题的方法二。

注意："所有的 A 是 B"是一个全称命题，但在串联推理题中，可以将其写为"A→B"，从而看作假言命题。

典型例题

1 一个人要受人尊敬，首先必须保持自尊；一个人，只有问心无愧，才能保持自尊；而一个人如果不恪尽操守，就不可能问心无愧。

以下哪项结论可以从题干的断定中推出？

Ⅰ. 一个受人尊敬的人，一定恪尽操守。

Ⅱ. 一个问心有愧的人，不可能受人尊敬。

Ⅲ. 一个恪尽操守的人，一定保持自尊。

A. 只有Ⅱ。　　B. 只有Ⅰ。　　C. 只有Ⅱ和Ⅲ。

D. 只有Ⅰ和Ⅱ。　　E. Ⅰ、Ⅱ和Ⅲ。

【第 1 步　识别命题形式】

题干由多个假言命题组成，且这些假言命题中有重复元素，选项均为假言命题，故此题为假言推假言模型(有重复元素)。

【第 2 步　套用母题方法】

方法一：四步解题法。

步骤 1：画箭头。

题干：

①受人尊敬→保持自尊。

②保持自尊→问心无愧。

③¬ 恪尽操守→¬ 问心无愧，等价于：问心无愧→恪尽操守。

步骤 2：串联。

由①、②和③串联可得：④受人尊敬→保持自尊→问心无愧→恪尽操守。

步骤 3：逆否。

④逆否可得：⑤¬ 恪尽操守→¬ 问心无愧→¬ 保持自尊→¬ 受人尊敬。

步骤 4：找答案。

Ⅰ项，受人尊敬→恪尽操守，由④可知，可以从题干的断定中推出。

Ⅱ项，¬ 问心无愧→¬ 受人尊敬，由⑤可知，可以从题干的断定中推出。

Ⅲ项，恪尽操守→保持自尊，根据箭头指向原则，由④可知，“恪尽操守”后无箭头指向，故此项可真可假。

综上所述，只有Ⅰ项和Ⅱ项可以从题干的断定中推出。故 D 项正确。

方法二：重复元素串联法。

直接找题干中三个假言命题的重复元素，把重复元素串联可以直接得到：受人尊敬→保持自尊→问心无愧→恪尽操守。后续步骤与方法一相同。

【答案】D

2 营养学专家介绍，当我们感到口干的时候，就意味着身体已经缺水了。如果身体缺水，那么身体里的重要器官也会面临着缺水的境地。成年人只有保证身体不缺水，才能减少患慢性病的风险。

根据以上陈述，可以得出以下哪项？

A. 如果患慢性病的风险增加了，说明身体缺水了。

B. 如果患了慢性病，则没有保证身体不缺水。

C. 身体不缺水的前提是重要器官不缺水。

D. 只要不口干就说明体内水分充足。

E. 只有不口干，才能减少患慢性病的风险。

【第 1 步　识别命题形式】

题干由多个假言命题组成，且这些假言命题中有重复元素，选项均为假言命题，故此题为假言推假言模型(有重复元素)。

【第 2 步　套用母题方法】

方法一：四步解题法。

步骤 1：画箭头。

题干：

①口干→身体缺水，等价于：¬ 身体缺水→¬ 口干。

②身体缺水→重要器官缺水。

③减少患慢性病的风险→¬身体缺水。

步骤2：串联。

由①、②串联可得：④口干→身体缺水→重要器官缺水。

由③、①串联可得：⑤减少患慢性病的风险→¬身体缺水→¬口干。

步骤3：逆否。

④逆否可得：⑥¬重要器官缺水→¬身体缺水→¬口干。

⑤逆否可得：⑦口干→身体缺水→¬减少患慢性病的风险。

步骤4：找答案。

A项，题干不涉及“患慢性病的风险增加了”的情况，故此项可真可假。

B项，题干不涉及“患了慢性病”的情况，故此项可真可假。

C项，¬身体缺水→¬重要器官缺水，由⑥可知，此项可真可假。

D项，¬口干→体内水分充足，由⑤可知，此项可真可假。

E项，减少患慢性病的风险→¬口干，由⑤可知，此项必然为真。

方法二：重复元素串联法。

直接找题干中三个假言命题的重复元素，把重复元素串联可以直接得到：口干→身体缺水→重要器官缺水；减少患慢性病的风险→¬身体缺水→¬口干。后续步骤与方法一相同。

注意：为保证逐项解析，后续试题不再描述“重复元素串联法”，但在实际解题过程中，大家可优先使用该方法，这样解题速度更快。

【答案】E

3 思考的质量，决定人生的质量，学会独立思考尤为重要。如果不具备独立思考的能力，就会失去寻找问题答案的能力。若具备独立思考的能力，说明拥有独立思考的意识和独立思考的方法。只有保持独立思考和理性思辨，才能真正带来智慧的增长。

根据以上陈述，可以得出以下哪项?

A. 如果不能真正带来智慧的增长，就没有独立思考的意识。

B. 只要保持独立思考和理性思辨，就不会失去寻找问题答案的能力。

C. 只有具备独立思考的能力，才能真正带来智慧的增长。

D. 如果没有独立思考的意识，就会失去寻找问题答案的能力。

E. 如果有独立思考的意识和独立思考的方法，就能保持独立思考和理性思辨。

【第1步 识别命题形式】

题干由多个假言命题组成，且这些假言命题中有重复元素，选项均为假言命题，故此题为假言推假言模型(有重复元素)。

【第2步 套用母题方法】

步骤1：画箭头。

题干：

①¬具备独立思考的能力→失去寻找答案的能力。

②具备独立思考的能力→有独立思考的意识∧有独立思考的方法。

③能真正带来智慧的增长→保持独立思考和理性思辨。

步骤 2：串联。

由①、②串联可得：④¬ 失去寻找答案的能力→具备独立思考的能力→有独立思考的意识∧有独立思考的方法。

步骤 3：逆否。

④逆否可得：⑤¬ 有独立思考的意识∨¬ 有独立思考的方法→¬ 具备独立思考的能力→失去寻找答案的能力。

步骤 4：找答案。

A 项，¬ 能真正带来智慧的增长→¬ 有独立思考的意识，由③可知，此项可真可假。

B 项，保持独立思考和理性思辨→¬ 失去寻找答案的能力，由③可知，此项可真可假。

C 项，能真正带来智慧的增长→具备独立思考的能力，由③可知，此项可真可假。

D 项，¬ 有独立思考的意识→失去寻找答案的能力，由⑤可知，此项必然为真。

E 项，有独立思考的意识∧有独立思考的方法→保持独立思考和理性思辨，由④可知，此项可真可假。

【答案】D

4 近年来，随着我国经济的快速发展、城市化进程的不断加快，环境污染和生态破坏问题日益凸显。要想解决环境污染和生态破坏问题，必须加强执法和监管力度。只有制定和完善相应的法律法规，才能加强执法和监管力度。如果不能解决环境污染和生态破坏问题，那么会对社会稳定、人民健康构成威胁。

根据上述信息，可以得出以下哪项？

A. 如果不制定和完善相应的法律法规，那么会对社会稳定、人民健康构成威胁。

B. 如果不能解决环境污染和生态破坏问题，则说明还未制定和完善相应的法律法规。

C. 如果对社会稳定、人民健康构成威胁，就说明没有加强执法和监管力度。

D. 如果加强执法和监管力度，则能解决环境污染和生态破坏问题。

E. 如果制定和完善相应的法律法规，则能解决环境污染和生态破坏问题。

【第 1 步　识别命题形式】

题干由多个假言命题组成，且这些假言命题中有重复元素，选项均为假言命题，故此题为假言推假言模型(有重复元素)。

【第 2 步　套用母题方法】

步骤 1：画箭头。

题干：

①解决环境污染和生态破坏问题→加强执法和监管力度。

②加强执法和监管力度→制定和完善相应的法律法规。

③¬ 解决环境污染和生态破坏问题→对社会稳定、人民健康构成威胁。

步骤 2：串联。

由③、①和②串联可得：④¬ 对社会稳定、人民健康构成威胁→解决环境污染和生态破坏问题→加强执法和监管力度→制定和完善相应的法律法规。

步骤 3：逆否。

④逆否可得：⑤¬ 制定和完善相应的法律法规→¬ 加强执法和监管力度→¬ 解决环境污染和生态破坏问题→对社会稳定、人民健康构成威胁。

步骤 4：找答案。

A 项，¬ 制定和完善相应的法律法规→对社会稳定、人民健康构成威胁，由⑤可知，此项必然为真。

B 项，¬ 解决环境污染和生态破坏问题→¬ 制定和完善相应的法律法规，由⑤可知，此项可真可假。

C 项，对社会稳定、人民健康构成威胁→¬ 加强执法和监管力度，由⑤可知，此项可真可假。

D 项，加强执法和监管力度→解决环境污染和生态破坏问题，由①可知，此项可真可假。

E 项，制定和完善相应的法律法规→解决环境污染和生态破坏问题，由④可知，此项可真可假。

【答案】A

5 科学技术是第一生产力。只有大力发展科技，我国的国际科技竞争力才能提高。只要大力发展科技，就能提高社会生产力。只有坚持科技创新，才能提高社会生产力。如果不能提高我国的国际科技竞争力，则说明没有注重对科技人才的培养和招揽。

根据以上陈述，可以得出以下哪项？

A. 如果不注重对科技人才的培养和招揽，就不能提高社会生产力。

B. 如果能提高社会生产力，就能大力发展科技。

C. 如果无法坚持科技创新，则说明没有注重对科技人才的培养和招揽。

D. 如果能够坚持科技创新，就能提高我国的国际科技竞争力。

E. 除非提高我国的国际科技竞争力，否则不能提高社会生产力。

【第 1 步　识别命题形式】

题干由多个假言命题组成，且这些假言命题中有重复元素，选项均为假言命题，故此题为假言推假言模型(有重复元素)。

【第 2 步　套用母题方法】

步骤 1：画箭头。

题干：

①能提高我国的国际科技竞争力→大力发展科技。

②大力发展科技→能提高社会生产力。

③能提高社会生产力→坚持科技创新。

④¬ 能提高我国的国际科技竞争力→¬ 注重对科技人才的培养和招揽。

步骤 2：串联。

由④、①、②和③串联可得：⑤注重对科技人才的培养和招揽→能提高我国的国际科技竞争力→大力发展科技→能提高社会生产力→坚持科技创新。

步骤 3：逆否。

⑤逆否可得：⑥¬ 坚持科技创新→¬ 能提高社会生产力→¬ 大力发展科技→¬ 能提高我国的国际科技竞争力→¬ 注重对科技人才的培养和招揽。

步骤 4：找答案。

A 项，¬ 注重对科技人才的培养和招揽→¬ 能提高社会生产力，由⑥可知，此项可真可假。

B 项，能提高社会生产力→大力发展科技，由②可知，此项可真可假。

C 项，¬ 坚持科技创新→¬ 注重对科技人才的培养和招揽，由⑥可知，此项必然为真。

D 项，坚持科技创新→能提高我国的国际科技竞争力，由⑤可知，此项可真可假。

E 项，¬ 能提高我国的国际科技竞争力→¬ 能提高社会生产力，由⑥可知，此项可真可假。

【答案】C

母题变式 2.2 假言推假言模型（无重复元素）

母题技巧

步骤	内容
第 1 步 **识别命题形式**	（1）题干特点 题干中的已知条件由多个“假言命题”组成，且这些假言命题中没有重复元素。 （2）选项特点 题干中的选项均为假言命题或多为假言命题。
第 2 步 **套用母题方法**	题干中的假言命题中无重复元素，无法实现串联，使用“三步解题法”（常规方法）或“选项排除法”（推荐方法）来解题。具体参照“典型例题”。 【假言推假言模型的母题技巧】 题干假言推假言，重复元素做串联； 若是假言无重复，选项代入做排除。

典型例题

1 生态环境是指影响人类生存与发展的水资源、土地资源、生物资源以及气候资源数量与质量的总称，是关系到社会和经济持续发展的复合生态系统。只有改善生态环境，才能实现社会和经济的良性循环。如果自然环境持续恶化，那么人类的生存会面临威胁。只有切实增强环保意识，才能推动生态环境质量持续稳定向好。

根据以上陈述，可以得出以下哪项？

A. 如果切实增强环保意识，就能改善生态环境。

B. 只要自然环境没有持续恶化，就能实现社会和经济的良性循环。

C. 如果人类的生存会面临威胁，那么不能实现社会和经济的良性循环。

D. 如果改善生态环境，那么人类的生存不会面临威胁。

E. 如果不切实增强环保意识，就无法推动生态环境质量持续稳定向好。

【第 1 步　识别命题形式】

题干由多个假言命题组成，且这些假言命题中无重复元素，选项均为假言命题，故此题为假言推假言模型（无重复元素）。

【第 2 步　套用母题方法】

方法一：三步解题法。

步骤 1：画箭头。

题干：

①实现社会和经济的良性循环→改善生态环境。

②自然环境持续恶化→人类的生存会面临威胁。

③推动生态环境质量持续稳定向好→切实增强环保意识。

步骤2：逆否。

①逆否可得：④¬改善生态环境→¬实现社会和经济的良性循环。

②逆否可得：⑤¬人类的生存会面临威胁→¬自然环境持续恶化。

③逆否可得：⑥¬切实增强环保意识→¬推动生态环境质量持续稳定向好。

步骤3：找答案。

A项，切实增强环保意识→改善生态环境，由③可知，此项可真可假。

B项，¬自然环境持续恶化→实现社会和经济的良性循环，由⑤可知，此项可真可假。

C项，人类的生存会面临威胁→¬实现社会和经济的良性循环，由②可知，此项可真可假。

D项，改善生态环境→¬人类的生存会面临威胁，由①可知，此项可真可假。

E项，¬切实增强环保意识→¬推动生态环境质量持续稳定向好，等价于⑥，故此项必然为真。

方法二：选项排除法。

题干中的假言命题中没有重复元素，故无法进行串联，可使用选项排除法。即，省略方法一中的"步骤1：画箭头"和"步骤2：逆否"，根据口诀"肯前必肯后"和"否后必否前"，直接看选项分析即可，具体步骤同方法一中的"步骤3：找答案"。

注意：为保证逐项解析，后续试题不再描述"选项排除法"，但在实际解题过程中，大家可优先使用该方法，这样解题速度更快。

【答案】E

2 我们身处百年未有之大变局的时代，是一个强调变化远超以往的时代。在新的征程上，要坚守住胜利的果实，必须勇于面对一切风险与挑战。只要我们凝聚在一起，就能够战胜一切未知的风险与挑战。如果能够抓住时代赋予我们的机遇，就必将在这个时代谱写属于我们的华丽篇章。

根据以上陈述，以下哪项符合题干？

A. 只有坚守住胜利的果实，才能够抓住时代赋予我们的机遇。

B. 只要能够战胜一切未知的风险与挑战，就必将在这个时代谱写属于我们的华丽篇章。

C. 如果未能在这个时代谱写属于我们的华丽篇章，就说明我们未能够抓住时代赋予我们的机遇。

D. 如果不能够抓住时代赋予我们的机遇，就无法坚守住胜利的果实。

E. 除非我们凝聚在一起，否则不能够抓住时代赋予我们的机遇。

【第1步　识别命题形式】

题干由多个假言命题组成，且这些假言命题中无重复元素，选项均为假言命题，故此题为假言推假言模型(无重复元素)。

【第 2 步　套用母题方法】

步骤 1：画箭头。

题干：

①坚守住胜利的果实→勇于面对一切。

②我们凝聚在一起→战胜一切。

③能够抓住机遇→谱写华丽篇章。

步骤 2：逆否。

①逆否可得：④¬ 勇于面对一切→¬ 坚守住胜利的果实。

②逆否可得：⑤¬ 战胜一切→¬ 我们凝聚在一起。

③逆否可得：⑥¬ 谱写华丽篇章→¬ 能够抓住机遇。

步骤 3：找答案。

A 项，能够抓住机遇→坚守住胜利的果实，由③可知，此项可真可假。

B 项，战胜一切→谱写华丽篇章，由②可知，此项可真可假。

C 项，¬ 谱写华丽篇章→¬ 能够抓住机遇，等价于⑥，故此项必然为真。

D 项，¬ 能够抓住机遇→¬ 坚守住胜利的果实，由⑥可知，此项可真可假。

E 项，¬ 我们凝聚在一起→¬ 能够抓住机遇，由⑤可知，此项可真可假。

【答案】C

3 在全球化的背景下，国际交流与合作成为推动各国发展的重要力量。只有各国团结协作，才能应对各种全球性风险挑战，才能促进世界和平与发展。在国际经济活动不断深入，国际市场不断变化的过程中，只有各国之间保持频繁沟通，才能推动全球经济的快速发展。

根据以上陈述，可以得出以下哪项？

A. 如果各国之间能保持频繁沟通，就能推动全球经济的快速发展。

B. 只有加强国际交流与合作，才能应对各种全球性风险挑战。

C. 如果不能应对各种全球性风险挑战，那么各国之间不能保持频繁沟通。

D. 如果各国不能团结协作，就不能促进世界和平与发展。

E. 只有推动全球经济的快速发展，才能应对各种全球性风险挑战。

【第 1 步　识别命题形式】

题干由多个假言命题组成，且这些假言命题中无重复元素，选项均为假言命题，故此题为假言推假言模型（无重复元素）。

【第 2 步　套用母题方法】

步骤 1：画箭头。

题干中出现“只有 A，才 B，才 C”的句式，可符号化为：

①能应对风险挑战→各国团结协作；

②能促进世界和平与发展→各国团结协作。

③能推动全球经济的快速发展→频繁沟通。

步骤2：逆否。

①逆否可得：④¬各国团结协作→¬能应对风险挑战。

②逆否可得：⑤¬各国团结协作→¬能促进世界和平与发展。

③逆否可得：⑥¬频繁沟通→¬能推动全球经济的快速发展。

步骤3：找答案。

A项，频繁沟通→能推动全球经济的快速发展，由③可知，此项可真可假。

B项，题干不涉及“加强国际交流与合作”与“能应对风险挑战”之间的推理关系，故此项可真可假。

C项，¬能应对风险挑战→¬频繁沟通，由④可知，此项可真可假。

D项，¬各国团结协作→¬能促进世界和平与发展，等价于⑤，此项必然为真。

E项，能应对风险挑战→推动全球经济的快速发展，由①可知，此项可真可假。

【答案】D

4 数据显示，目前青年就业压力大的问题仍然比较突出。如果行业市场主体吸纳就业能力下降，那么青年群体面临的就业压力就会增加，并且出现人岗匹配度不高等问题。只有各地区各部门推出相关政策措施，才能为高校毕业生等青年群体创造更多就业机会。

根据上述陈述，可以得出以下哪项？

A. 若各地区各部门推出相关政策措施，就能为高校毕业生等青年群体创造更多就业机会。

B. 除非出现人岗匹配度不高等问题，否则行业市场主体吸纳就业能力不会下降。

C. 若青年群体面临的就业压力增加，则行业市场主体吸纳就业能力一定下降。

D. 如果能为高校毕业生等青年群体创造更多就业机会，则行业市场主体吸纳就业能力就不会下降。

E. 若各地区各部门推出相关政策措施，就能够解决青年就业压力问题。

【第1步 识别命题形式】

题干由多个假言命题组成，且这些假言命题中无重复元素，选项均为假言命题，故此题为假言推假言模型（无重复元素）。

【第2步 套用母题方法】

步骤1：画箭头。

题干：

①吸纳就业能力下降→就业压力增加∧人岗匹配度不高。

②创造更多就业机会→推出相关政策措施。

步骤2：逆否。

①逆否可得：③¬就业压力增加∨¬人岗匹配度不高→¬吸纳就业能力下降。

②逆否可得：④¬推出相关政策措施→¬创造更多就业机会。

步骤3：找答案。

A项，推出相关政策措施→创造更多就业机会，由②可知，此项可真可假。

B项，¬人岗匹配度不高→¬吸纳就业能力下降，由③可知，此项必然为真。

C 项，就业压力增加→吸纳就业能力下降，由①可知，此项可真可假。

D 项，创造更多就业机会→¬ 吸纳就业能力下降，题干不涉及这二者之间的关系，故此项可真可假。

E 项，题干不涉及“推出相关政策措施”与“解决青年就业压力问题”之间的关系，故此项可真可假。

【答案】B

5 中国青少年研究中心调研发现，他们缺乏人生方向感，不知道该往哪里走，甚至连动力都没有。如果没有了激励，那么生命就会是黑暗的；只有不断地进行自我激励，才能获得前进的动力；如果找到了前进的意义，那么困难无法阻止你前进的脚步。

根据上述信息，可以得出以下哪项？

A. 如果困难无法阻止你前进的脚步，那么生命就不会是黑暗的。

B. 如果有了激励，就能获得前进的动力。

C. 如果能做到不断地进行自我激励，那么就能找到前进的意义。

D. 如果不能不断地进行自我激励，就不能获得前进的动力。

E. 如果未找到前进的意义，那么生命就会是黑暗的。

【第 1 步　识别命题形式】

题干由多个假言命题组成，且这些假言命题中无重复元素，选项均为假言命题，故此题为假言推假言模型(无重复元素)。

【第 2 步　套用母题方法】

步骤 1：画箭头。

题干：

①¬ 有激励→生命是黑暗的。

②获得前进的动力→不断地进行自我激励。

③找到前进的意义→困难无法阻止前进的脚步。

步骤 2：逆否。

①逆否可得：④¬ 生命是黑暗的→有激励。

②逆否可得：⑤¬ 不断地进行自我激励→¬ 获得前进的动力。

③逆否可得：⑥¬ 困难无法阻止前进的脚步→¬ 找到前进的意义。

步骤 3：找答案。

A 项，困难无法阻止前进的脚步→¬ 生命是黑暗的，由③可知，此项可真可假。

B 项，有激励→获得前进的动力，由④可知，此项可真可假。

C 项，不断地进行自我激励→找到前进的意义，由②可知，此项可真可假。

D 项，¬ 不断地进行自我激励→¬ 获得前进的动力，等价于⑤，故此项必然为真。

E 项，¬ 找到前进的意义→生命是黑暗的，由⑥可知，此项可真可假。

【答案】D

母题模型3 半事实假言推事实模型

母题变式3.1 半事实假言推事实模型(基本型)

母题技巧

第1步 识别命题形式	(1)题干特点 题干中的已知条件由“半事实”和“假言命题”组成。 “半事实”条件是指虽然不是确定信息，但情况较少，可以进行分类讨论的条件。(推理题中最常见的半事实是“∨”和“∀”) (2)选项特点 题干中的选项均为事实或多为事实。
第2步 套用母题方法	方法一：分类讨论法(二难推理的本质即为分类讨论)。 若分成两种情况讨论，则常见以下结果： ①若情况1不成立，情况2成立，则情况2推出的结论是答案；若情况2不成立，情况1成立，则情况1推出的结论是答案。 ②情况1和情况2推出了相同的结论，则这一相同的结论是答案。 ③情况1推出结论A，情况2推出结论B，且均与题干不矛盾，则答案为A∨B。 方法二：转化为假言。 若已知条件为“A∨B”，则可以转化为“¬A→B”。此时一般可以使用串联找矛盾法，例如： 若从“¬A”出发推出矛盾，则“¬A”为假，即“A”为真。

典型例题

1 阅读爱好者赵嘉计划今年阅读《史记》《春秋》《诗经》《孙子兵法》《论语》五本书中的一本或多本。已知：

(1)《史记》和《诗经》中只阅读了一本。

(2)如果《论语》和《史记》中至多阅读一本，那么阅读《孙子兵法》。

(3)如果不阅读《诗经》，则《孙子兵法》和《史记》要么都阅读，要么都不阅读。

根据上述信息，以下哪项一定为真?

A. 阅读《史记》。　　B. 阅读《春秋》。　　C. 阅读《诗经》。

D. 阅读《论语》。　　E. 阅读《孙子兵法》。

【第1步　识别命题形式】

题干中，条件(1)为半事实，条件(2)和(3)均为假言命题，选项均为事实，故此题为半事实假言推事实模型。

【第2步　套用母题方法】

从半事实出发，由条件(1)可知，分如下两种情况讨论：①《史记》∧¬《诗经》；②《诗经》∧¬《史记》。

若情况①为真，由“¬《诗经》”可知，条件(3)的前件为真，则其后件也为真，可得：(《孙子兵法》∧《史记》)∀(¬《孙子兵法》∧¬《史记》)。

再结合“《史记》”可得：《孙子兵法》∧《史记》。

若情况②为真，由“¬《史记》”可知，条件(2)的前件为真，则其后件也为真，可得：《孙子兵法》。

综上，一定阅读《孙子兵法》。故 E 项正确。

【答案】E

2 某公司由于发展良好，决定开办分公司。对于分公司地址的选择，领导层有如下决定：

(1)如果在西安开分公司，则不在上海开分公司。

(2)要么不在成都开分公司，要么在武汉开分公司。

(3)除非在西安开分公司，否则不在成都开分公司。

(4)如果在武汉开分公司，那么也在上海开分公司。

由此可见，分公司的地址应满足：

A. 不在武汉开分公司，也不在成都开分公司。

B. 不在武汉开分公司，在西安开分公司。

C. 在上海开分公司，不在西安开分公司。

D. 不在成都开分公司，也不在上海开分公司。

E. 在武汉开分公司，同时也在西安开分公司。

【第 1 步　识别命题形式】

题干中，条件(2)为半事实，条件(1)、(3)和(4)均为假言命题，选项均为事实，故此题为半事实假言推事实模型。

【第 2 步　套用母题方法】

从半事实出发，由条件(2)可知，分如下两种情况讨论：①成都∧武汉；②¬成都∧¬武汉。

若情况①为真，由“武汉”可知，条件(4)的前件为真，则其后件也为真，可得：上海。

由“上海”可知，条件(1)的后件为假，则其前件也为假，可得：¬西安。

由“¬西安”可知，条件(3)的前件为真，则其后件也为真，可得：¬成都，这与“①成都∧武汉”矛盾。因此，情况①不成立、情况②成立，即：¬成都∧¬武汉。

故 A 项正确。

【答案】A

3 南山大学经管学院需从甲、乙、丙、丁、戊、己六个节目中选择一个或多个去参加大学生艺术节活动。对此，该学院的五位老师发表了以下意见：

(1)赵老师：丙、丁两个节目中只能选择一个。

(2)钱老师：若选择丁，则也选择乙。

(3)孙老师：如果选择了丙和己，则一定不选择甲。

(4)李老师：如果不选择甲，则选择乙。

(5)周老师：己和丁至少选择一个。

结果显示五位老师的意见均被采纳，则可以推出以下哪项？

A. 一定选择甲。 B. 一定不选择甲。

C. 一定选择乙。 D. 一定不选择乙。

E. 一定选择戊。

【第1步　识别命题形式】

题干中，条件(1)和(5)均为半事实，条件(2)、(3)和(4)均为假言命题，选项均为事实，故此题为半事实假言推事实模型。

【第2步　套用母题方法】

条件(1)等价于：丙∀丁。它有2种情况：①丙∧┐丁；②┐丙∧丁。

条件(5)等价于：己∨丁。它有3种情况：①己∧┐丁；②┐己∧丁；③己∧丁。

情况越少，优先级越高。故优先从条件(1)出发解题。

情况①：丙∧┐丁。

由"┐丁"结合条件(5)可得：己。

由"丙∧己"可知，条件(3)的前件为真，则其后件也为真，可得：┐甲。

由"┐甲"可知，条件(4)的前件为真，则其后件也为真，可得：乙。

情况②：┐丙∧丁。

由"丁"可知，条件(2)的前件为真，则其后件也为真，可得：乙。

综上，2种情况下均推出"乙"，故一定选择乙，即C项正确。

【答案】C

4 济南市的槐荫区、历下区、天桥区、市中区、长清区五个区都开展"你有困难我来帮"落实行动。在某段时间内做出如下安排：

(1)除非长清区不开展该行动，否则市中区和槐荫区都必定开展该行动。

(2)或者市中区不开展该行动，或者槐荫区不开展该行动。

(3)倘若槐荫区或者历下区不开展该行动，那么长清区和天桥区都开展该行动。

如果上述断定都是真的，则以下哪项一定为假？

A. 天桥区或者市中区开展该行动。 B. 长清区或者市中区开展该行动。

C. 槐荫区或者历下区开展该行动。 D. 历下区或者长清区开展该行动。

E. 长清区或者天桥区开展该行动。

【第1步　识别命题形式】

题干中，条件(2)为半事实，条件(1)和(3)均为假言命题，选项均为事实，故此题为半事实假言推事实模型。

【第2步　套用母题方法】

从半事实出发，由条件(2)可知，分如下三种情况讨论：①┐市中∧槐荫；②市中∧┐槐荫；③┐市中∧┐槐荫。

无论哪种情况成立，都可知：市中区和槐荫区必然不会都开展该行动。故，条件(1)的后件为假，则其前件也为假，可得：┐长清。

由"┐长清"可知，条件(3)的后件为假，则其前件也为假，可得：槐荫∧历下。

由"槐荫"结合条件(2)可得：┐市中。

综上，"┐长清∧┐市中"为真，则其矛盾命题"长清∨市中"为假。故B项正确。

【答案】B

母题变式 3.2 半事实假言推事实＋匹配模型

母题技巧

第 1 步 识别命题形式	（1）题干特点 题干中的已知条件由“半事实”“假言命题”和“匹配关系”组成。 （2）选项特点 题干中的选项均为事实或多为事实。
第 2 步 套用母题方法	解题方法： 步骤 1：使用“半事实假言推事实模型”的解题思路，即分类讨论法、转化为假言。 步骤 2：使用“匹配题”的解题思路，即简单匹配做排除、复杂匹配画表格、多组匹配填空法。

典型例题

1 甲、乙、丙、丁和戊五位研究生新生决定去兵马俑、华清池、大雁塔、芙蓉园和烽火台这五个景点游玩，每人只去一个景点，每个景点只有一个人去。已知：

(1)若甲去兵马俑，则丙去大雁塔并且戊去芙蓉园。

(2)乙去芙蓉园或者戊去华清池。

(3)只有乙去华清池，丙才不去大雁塔或者丁不去芙蓉园。

根据上述信息，可以得出以下哪项？

A. 甲去华清池。　　B. 丁去烽火台。　　C. 乙去兵马俑。

D. 丙去芙蓉园。　　E. 戊去大雁塔。

【第 1 步　识别命题形式】

题干中，条件(2)为半事实，条件(1)和(3)均为假言命题，选项均为事实，故本题的主要命题形式为半事实假言推事实模型。同时，题干中还涉及“人”与“景点”的匹配关系，故此题为半事实假言推事实＋匹配模型。

【第 2 步　套用母题方法】

从半事实出发，由条件(2)可知，分如下三种情况讨论：①乙芙蓉园 ∧ ¬ 戊华清池；②¬ 乙芙蓉园 ∧ 戊华清池；③乙芙蓉园 ∧ 戊华清池。

若情况①为真，即“乙芙蓉园”，结合条件(3)可得：丙大雁塔 ∧ 丁芙蓉园。可见，由“乙芙蓉园”出发推出“乙芙蓉园 ∧ 丁芙蓉园”，与“每个景点只有一个人去”矛盾。因此，“乙芙蓉园”为假。故有：情况①、③不成立，因此，情况②一定成立。

由“情况②一定成立”可知，戊华清池；结合“每个景点只有一个人去”和条件(3)可得：丙大雁塔 ∧ 丁芙蓉园。

由“戊华清池”可知，条件(1)的后件为假，则其前件也为假，可得：¬ 甲兵马俑。

综上，乙去兵马俑、甲去烽火台。故 C 项正确。

【答案】C

2 某校举行学科知识竞赛，现有语文、英语、物理、生物和化学 5 个科目，高一(3)班的甲、乙、丙、丁、戊 5 位同学恰好每人参加了其中一科，各不重复。还已知：

(1)如果丙不参加生物竞赛或丁参加化学竞赛，则乙参加语文竞赛并且甲参加物理竞赛。

(2)甲参加语文竞赛或生物竞赛。

(3)若戊不参加英语竞赛，则丙参加化学竞赛且丁不参加物理竞赛。

根据上述信息，可以得出以下哪项？

A. 甲参加生物竞赛。

B. 乙参加化学竞赛。

C. 丙参加语文竞赛。

D. 丁参加英语竞赛。

E. 戊参加物理竞赛。

【第 1 步　识别命题形式】

题干中，条件(2)为半事实，条件(1)和(3)均为假言命题，选项均为事实，故此题的主要命题形式为半事实假言推事实模型。同时，题干中还涉及“人”与“竞赛科目”的匹配关系，故此题为半事实假言推事实＋匹配模型。

【第 2 步　套用母题方法】

从半事实出发，由条件(2)和“每人参加了其中一科”可知，分如下两种情况讨论：①甲语文 ∧ ┐甲生物；②甲生物 ∧ ┐甲语文。

无论①、②中的哪种情况为真，均能说明条件(1)的后件为假。因此，条件(1)的前件也为假，可得：丙生物 ∧ ┐丁化学。

由“丙生物”可知，条件(3)的后件为假，则其前件也为假，可得：戊英语。

由“丙生物”再结合条件(2)可得：甲语文。

综上，甲、丙、丁、戊均不参加化学竞赛(简单匹配做排除)。故，乙参加化学竞赛、丁参加物理竞赛。故 B 项正确。

【答案】B

3 唐贞观年间，赵、钱、孙、李、吴五名来自江南的秀才同行进京赶考，途经李家渡时，天色已黑，五人决定在某家客栈住店。该客栈仅剩天字号、地字号、玄字号、黄字号、宇字号五间客房，每人各住一间，互不相同。已知：

(1)赵入住天字号客房或者地字号客房。

(2)如果钱入住玄字号客房，那么李不入住黄字号客房。

(3)如果孙不入住天字号客房，则钱入住玄字号客房。

(4)若孙、吴中至少有一人入住黄字号客房，则赵入住地字号客房。

根据以上信息，以下哪项一定为真？

A. 吴入住宇字号客房。

B. 李入住玄字号客房。

C. 钱入住天字号客房。

D. 赵入住地字号客房。

E. 孙入住宇字号客房。

【第 1 步　识别命题形式】

题干中，条件(1)为半事实，条件(2)、(3)和(4)均为假言命题，选项均为事实，故本题的主要命题形式为半事实假言推事实模型。同时，题干中还涉及“秀才”与“客房”的匹配关系，故此题为半事实假言推事实＋匹配模型。

【第 2 步 套用母题方法】

从半事实出发，由条件(1)可知，分如下两种情况讨论：①赵天∧¬ 赵地；②¬ 赵天∧赵地。

若情况①为真，由“赵天”可知，条件(3)的前件为真，则其后件也为真，可得：钱玄。

由“钱玄”可知，条件(2)的前件为真，则其后件也为真，可得：¬ 李黄。

由“赵天∧钱玄∧¬ 李黄”可知，条件(4)的前件为真，则其后件也为真，可得：赵地。

可见，由“赵天”出发推出了“赵地”，与题干“五人住五间客房，每人各住一间，互不相同”矛盾。故情况①为假、情况②为真，即：赵入住地字号客房。因此，D 项正确。

【答案】D

4～5 题基于以下题干：

武汉大学的老斋舍，其每个单元的命名均取自《千字文》，如：天字斋、地字斋、玄字斋、黄字斋、宇字斋、宙字斋、洪字斋、荒字斋。现有甲、乙、丙、丁、戊、己、庚、辛 8 个学生，每个人恰好住在以上 8 个斋中的 1 个。已知：

(1)如果甲住在天字斋，那么丙住在地字斋且丁住在宙字斋。

(2)庚住在宇字斋当且仅当丙不住在地字斋。

(3)如果乙住在荒字斋，那么庚住在玄字斋。

(4)要么甲住在天字斋，要么乙住在荒字斋。

(5)除非丁不住在宙字斋且丁不住在宇字斋，否则戊住在洪字斋。

4 如果以上信息为真，则以下哪项一定为真？

A. 甲不住在天字斋。

B. 乙住在荒字斋。

C. 丙住在地字斋。

D. 庚住在宇字斋。

E. 丁住在宙字斋。

5 如果乙和辛分别住在玄字斋和黄字斋中的某一个，则以下哪项一定为真？

A. 乙住在玄字斋。

B. 辛住在黄字斋。

C. 己住在荒字斋。

D. 己住在宇字斋。

E. 庚住在宇字斋。

【第 1 步 识别命题形式】

第 4 题：题干中，条件(4)为半事实，条件(1)、(2)、(3)和(5)均为假言命题，选项均为事实，故此题的主要命题形式为半事实假言推事实模型。同时，题干中还涉及“人”与“斋舍”的匹配关系，故此题为半事实假言推事实＋匹配模型。

第 5 题：同上题一致。

【第 2 步 套用母题方法】

第 4 题

从半事实出发，由条件(4)可知，分如下两种情况讨论：①甲天∧¬ 乙荒；②¬ 甲天∧乙荒。

若情况①为真，则条件(1)的前件为真，则其后件也为真，可得：丙地∧丁宙。

若情况②为真，则条件(3)的前件为真，则其后件也为真，可得：庚玄；由“庚玄”结合条件(2)可得：丙地。

综上，无论哪一种情况成立，都有：丙地。因此，“丙地”一定为真，即 C 项正确。

第 5 题

引用上题推理结果：丙地。

本题新补充半事实：(6)乙和辛分别住在玄字斋和黄字斋中的某一个。

从半事实出发，由条件(6)可知，分如下两种情况讨论：①乙玄∧辛黄；②乙黄∧辛玄。无论①、②哪种情况为真，均可得：┐乙荒；再结合条件(4)可得：甲天。

由“甲天”可知，条件(1)的前件为真，则其后件也为真，可得：丙地∧丁宙。

由“丙地”结合条件(2)可得：┐庚宇。

由“丁宙”可知，条件(5)的前件为真，则其后件也为真，可得：戊洪。

综上，甲、乙、丙、丁、戊、庚、辛均不住在宇字斋(简单匹配做排除)，故己一定住在宇字斋。故D项正确。

【答案】C、D

母题模型 4 假言推事实模型

母题变式 4.1 假言推事实模型(基本型)

母题技巧

<table>
<tr><td>第 1 步
识别命题形式</td><td>(1)题干特点
题干中的已知条件由“假言命题”或其他可以转化为假言命题的条件组成。
(2)选项特点
题干中的选项均为事实或多为事实。
故，此类题目是由假言命题推出事实，因此称为“假言推事实模型”。</td></tr>
<tr><td>第 2 步
套用母题方法</td><td>方法一：找矛盾法。
将题干信息表示成箭头，并进行串联，串联后一般可以推出矛盾。例如：
①若从“A”出发推出矛盾（与已知条件矛盾或“┐A”），则“A”为假，即“┐A”为真。
②若从“┐A”出发推出矛盾（与已知条件矛盾或“A”），则“┐A”为假，即“A”为真。
方法二：分类讨论法（二难推理法）。
若分成两种情况讨论，则常见以下结果：
①若情况 1 不成立，情况 2 成立，则情况 2 推出的结论是答案；若情况 2 不成立，情况 1 成立，则情况 1 推出的结论是答案。
②情况 1 和情况 2 推出了相同的结论，则这一相同的结论是答案。
③情况 1 推出结论 A，情况 2 推出结论 B，且均与题干不矛盾，则答案为 A∨B。
【找二难推理的口诀】
前件一正一反，易出二难；
前件后件一个样，后件逆否出二难。
【假言推事实模型的母题技巧】
假言推事实，办法有两种；
要么找矛盾，要么做讨论（找二难）。</td></tr>
</table>

续表

二难推理公式：
公式（1）：进退两难 A∨┐A; A→B; ┐A→C; ——— 所以，B∨C。 公式（2）：左右为难 A∨B; A→C; B→D; ——— 所以，C∨D。 公式（3）：迎难而上 A∨┐A; A→B; ┐A→B; ——— 所以，B。 公式（4）：难以发生 A→B，等价于：┐B→┐A; A→┐B，等价于：B→┐A; ——— 所以，┐A。 公式（5）：难上加难 A∧B; A→C; B→D; ——— 所以，C∧D。

典型例题

1 乡 BA 开赛在即，对于此次比赛最终的冠军，赵嘉和钱宜有如下预测：

赵嘉：红星队或富强队最终将获得冠军。

钱宜：如果冠军不是富强队，那么一定不是红星队。

如果赵嘉、钱宜的预测都是真的，则以下哪项一定为真？

A. 冠军是富强队。

B. 冠军是红星队。

C. 冠军不是富强队。

D. 冠军不是富强队，也不是红星队。

E. 无法确定冠军的归属。

【第 1 步　识别命题形式】

题干中，赵嘉的预测为选言命题（可看作假言），钱宜的预测为假言命题，选项均为事实，故此题为假言推事实模型。常用两种解题思路：找矛盾法、分类讨论法（二难推理法）。

【第2步 套用母题方法】

题干：

①红星队∨富强队，等价于：┐红星队→富强队，等价于：┐富强队→红星队。

②┐富强队→┐红星队，等价于：红星队→富强队。

方法一：找矛盾法。

由①、②串联可得：┐富强队→红星队→富强队。

可见，由"┐富强队"出发推出了"富强队"(推出了矛盾)。故"┐富强队"为假，即"富强队"为真。故A项正确。

方法二：二难推理法(1)。

根据二难推理的公式(3)，由"┐红星队→富强队""红星队→富强队"可得：富强队。故A项正确。

方法三：二难推理法(2)。

根据二难推理的公式(4)，由"┐富强队→红星队""┐富强队→┐红星队"可得：富强队。故A项正确。

【答案】A

2 某非洲国家面临如下问题：

(1)如果放弃重工业，那么必然导致经济下滑。

(2)若经济下滑，将出现严重饥荒。

(3)除非不出现严重饥荒，否则不能放弃重工业。

如果上述断定都是真的，那么以下哪项也一定是真的？

A. 一定出现经济下滑。

B. 一定出现严重饥荒。

C. 必须放弃重工业。

D. 不能放弃重工业。

E. 不会出现经济下滑。

【第1步 识别命题形式】

题干中，条件(1)、(2)和(3)均为假言命题，选项均为事实，故此题为假言推事实模型。常用两种解题思路：找矛盾法、分类讨论法(二难推理法)。

【第2步 套用母题方法】

题干：

①放弃重工业→经济下滑。

②经济下滑→严重饥荒。

③严重饥荒→┐放弃重工业。

方法一：找矛盾法。

由①、②和③串联可得：放弃重工业→经济下滑→严重饥荒→┐放弃重工业。

可见，由"放弃重工业"出发推出了"┐放弃重工业"(推出了矛盾)。故"放弃重工业"为假，即"┐放弃重工业"为真。故D项正确。

方法二：二难推理法。

步骤1：找重复元素。

观察题干，发现条件①的后件和条件②的前件均为"经济下滑"。

步骤 2：找二难推理。

此时，逆否①易出二难推理(口诀：前件后件一个样，后件逆否出二难)。

①逆否可得：④¬ 经济下滑→¬ 放弃重工业。

由②、③串联可得：⑤经济下滑→严重饥荒→¬ 放弃重工业。

步骤 3：推出答案。

根据二难推理公式(3)，由④、⑤可得：¬ 放弃重工业。故 D 项正确。

【答案】D

3 某球队欲从青训队员甲、乙、丙、丁、戊、己 6 人中提拔 1 人或者多人至成年队。已知：

(1)如果提拔甲，则提拔丁但不提拔戊。

(2)若乙和丙中至多提拔 1 人，则提拔乙但不提拔丁。

(3)若甲、乙中至多提拔 1 人，则提拔丁和己。

根据上述信息，以下哪项一定为真？

A. 提拔丁和丙。　　B. 提拔甲和丙。　　C. 提拔戊和乙。

D. 提拔戊和丁。　　E. 提拔甲和乙。

【第 1 步　识别命题形式】

题干中，条件(1)、(2)和(3)均为假言命题，选项均为事实，故此题为假言推事实模型。常用两种解题思路：找矛盾法、分类讨论法(二难推理法)。

【第 2 步　套用母题方法】

观察条件，发现条件(1)的前件为“甲”，条件(3)的前件中包含“¬ 甲”(口诀：前件一正一反，易出二难)。

根据二难推理公式，由条件(1)、(3)可得：

甲→丁∧¬ 戊；

¬ 甲→丁∧己；

———————————

因此，一定提拔丁。

由“丁”可知，条件(2)的后件为假，则其前件也为假，可得：乙∧丙。

故 A 项正确。

【答案】A

4 现欲从甲、乙、丙、丁、戊、己、庚 7 位球员中选择多位加入国家集训队。已知：

(1)若不选择甲，则不选择乙但选择丁。

(2)若戊和己中至多选择 1 人，则不选择丁。

(3)若不选择甲，则不选择戊但选择庚。

根据上述信息，以下哪项一定为真？

A. 选择甲。　　B. 选择丙。　　C. 选择戊。

D. 选择庚。　　E. 选择己。

【第 1 步　识别命题形式】

题干的已知条件均为假言命题，选项均为事实，故此题为假言推事实模型。常用两种解题思路：找矛盾法、分类讨论法(二难推理法)。

【第2步 套用母题方法】

题干：

①¬ 甲→¬ 乙∧丁。

②¬ 戊∨¬ 己→¬ 丁。

③¬ 甲→¬ 戊∧庚。

由①、②和③串联可得：¬ 甲→¬ 乙∧丁→戊∧己→甲。

可见，由“¬ 甲”出发推出了“甲”(推出了矛盾)。因此，“¬ 甲”为假，即“甲”为真。

故A项正确。

【答案】A

5 某校艺术节前夕，会计系2022级(1)班就表演项目展开讨论。待选的表演项目有相声、小品、舞蹈、合唱。已知：

(1)如果选择相声，就要选择小品。

(2)如果选择舞蹈，就要选择相声。

(3)如果小品、合唱至多选择1种，就要选择舞蹈。

(4)如果不选择相声，就不选择合唱。

根据上述信息，该班级一定选择了：

A. 相声、小品。 B. 小品、舞蹈。 C. 舞蹈、相声。

D. 合唱、相声。 E. 合唱、小品。

【第1步 识别命题形式】

题干中，条件(1)、(2)、(3)和(4)均为假言命题，选项均为事实，故此题为<u>假言推事实模型</u>。常用两种解题思路：找矛盾法、分类讨论法(二难推理法)。

【第2步 套用母题方法】

题干：

①相声→小品。

②舞蹈→相声。

③¬ 小品∨¬ 合唱→舞蹈。

④¬ 相声→¬ 合唱。

由④、③和②串联可得：¬ 相声→¬ 合唱→舞蹈→相声。

可见，由“¬ 相声”出发推出了“相声”(推出了矛盾)。因此，“¬ 相声”为假，即“相声”为真。

由“相声”可知，条件①的前件为真，则其后件也为真，可得：小品。

故A项正确。

【答案】A

6 某景区有“妙笔生花”“猴子观海”“仙人晒靴”“美人梳妆”“阳关三叠”“禅心向天”和“神来一笔”7个景点。甲、乙、丙、丁4位同学相约一起去游玩。已知：

(1)如果游玩“阳关三叠”，就要游玩“猴子观海”。

(2)如果“猴子观海”和“阳关三叠”中至多游玩1个，则游玩“仙人晒靴”。

(3)如果游玩“美人梳妆”，则“神来一笔”和“阳关三叠”均不游玩。

(4)除非不游玩“猴子观海”，否则游玩“美人梳妆”。

根据上述信息，可以得出以下哪项？

A. 游玩“禅心向天”。 B. 游玩“仙人晒靴”。 C. 游玩“神来一笔”。

D. 游玩“妙笔生花”。 E. 游玩“美人梳妆”。

【第 1 步 识别命题形式】

题干中，条件(1)、(2)、(3)和(4)均为假言命题，选项均为事实，故此题为假言推事实模型。常用两种解题思路：找矛盾法、分类讨论法(二难推理法)。

【第 2 步 套用母题方法】

题干：

①阳关三叠→猴子观海。

②¬ 猴子观海 ∨ ¬ 阳关三叠→仙人晒靴。

③美人梳妆→¬ 神来一笔 ∧ ¬ 阳关三叠。

④猴子观海→美人梳妆。

由①、④和③串联可得：阳关三叠→猴子观海→美人梳妆→¬ 神来一笔 ∧ ¬ 阳关三叠。

可见，由“阳关三叠”出发推出了“¬ 阳关三叠”(推出了矛盾)。因此，“阳关三叠”为假，即“¬ 阳关三叠”为真。

由“¬ 阳关三叠”可知，条件②的前件为真，则其后件也为真，可得：仙人晒靴。

故 B 项正确。

【答案】B

7 某中药制剂中，需满足以下条件：

(1)人参或者党参至少必须有一种。

(2)如果有党参，就必须有白术。

(3)白术、人参至多只能有一种。

(4)若有人参，就必须有首乌。

(5)若有首乌，就必须有白术。

如果以上信息为真，则该中药制剂中一定包含以下哪两种药物？

A. 人参和白术。 B. 党参和白术。 C. 首乌和党参。

D. 白术和首乌。 E. 党参和人参。

【第 1 步 识别命题形式】

题干中，条件(1)、(2)、(3)、(4)和(5)均为假言命题(选言可看作假言)，选项均为事实，故此题为假言推事实模型。常用两种解题思路：找矛盾法、分类讨论法(二难推理法)。

【第 2 步 套用母题方法】

观察题干，易将条件(4)、(5)串联得：人参→首乌→白术。

假言推事实模型的题，可以用二难推理法。如果有“¬ 人参”推出相同的结论，就可以应用二难推理公式(口诀：前件一正一反，容易出现二难)。

由条件(1)：人参 ∨ 党参，等价于：¬ 人参→党参。

找“党参”，故由条件(2)可知，党参→白术。即：¬ 人参→党参→白术。

由二难推理公式(3)可得：必有白术。

再由条件(3)可知，有白术则没有人参，再结合条件(1)可知，有党参。

综上，该中药制剂中一定包含白术和党参。故B项正确。

【答案】B

8 某公司准备购买一批新茶叶用来招待客户，供应商处现有绿茶、白茶、黄茶、乌龙茶、红茶和黑茶6种类型可供选择。已知：

(1)若绿茶和白茶至少选择1种，则选择黄茶但不选择乌龙茶。

(2)若不选择白茶，则选择绿茶和红茶。

(3)若黄茶和黑茶至少选择1种，则一定选择红茶。

(4)若选择红茶，则一定不选择白茶。

根据上述信息，以下哪项一定为真？

A. 选择白茶和红茶。

B. 选择黑茶和绿茶。

C. 选择绿茶和红茶。

D. 选择黑茶和乌龙茶。

E. 选择黄茶和乌龙茶。

【第1步 识别命题形式】

题干中，条件(1)、(2)、(3)和(4)均为假言命题，选项均为事实，故此题为假言推事实模型。常用两种解题思路：找矛盾法、分类讨论法(二难推理法)。

【第2步 套用母题方法】

题干：

①绿茶∨白茶→黄茶∧┐乌龙茶。

②┐白茶→绿茶∧红茶。

③黄茶∨黑茶→红茶。

④红茶→┐白茶。

由①、③和④串联可得：绿茶∨白茶→黄茶∧┐乌龙茶→黄茶∨黑茶→红茶→┐白茶。

可见，由"白茶"出发推出了"┐白茶"(推出了矛盾)。故"白茶"为假，即"┐白茶"为真。

由"┐白茶"可知，条件②的前件为真，则其后件也为真，可得：绿茶∧红茶。

故C项正确。

【答案】C

母题变式4.2 假言推事实+数量模型

母题技巧

第1步 识别命题形式	题干特点：题干中的已知条件主要为"假言命题"，选项均为事实或多为事实，即"假言推事实模型"。同时，题干中还涉及"数量关系"(如：从5个运动员中选3个入选奥运会)。

续表

第 2 步 套用母题方法	步骤 1：数量关系优先算。 当题干中出现数量关系时，一般需要先简单计算题干中的数量关系。 例如：从 5 个运动员中选 3 个入选奥运会，则说明淘汰 2 人。 步骤 2：使用“假言推事实模型”的两种方法。 （1）找矛盾法。 矛盾一般出现在数量关系处，例如： ①已知 5 人中有 3 人入选，又已知：A 入选→B 入选→C 入选→D 入选。即若 A 入选，则共有 4 人入选，与“有 3 人入选”矛盾，故 A 不能入选。（口诀：张三来了人太多，则张三不能来）。 ②已知 5 人中有 3 人入选，又已知：C 不入选→B 不入选→A 不入选。即若 C 不入选，则淘汰了 3 人，此时最多有 2 人入选，与“有 3 人入选”矛盾，故 C 必须入选。（口诀：李四不来人不够，则李四必须来）。 （2）二难推理法，即分类讨论法。 【假言推事实＋数量模型的母题技巧】 题干数量加假言，数量关系优先算。 串联之后找矛盾，分类讨论找二难。

【技巧拓展】

“一肯一否式假言”可转化为数量。

“一肯一否式假言”指的是题干中假言命题的前件与后件一个是肯定形式的表述，一个是否定形式的表述。

常见如下两种表述结构：

①前肯后否式假言（A→¬ B）：表示 A、B 中至少有 1 个不（即 A、B 中至多有 1 个）。

②前否后肯式假言（¬ A→B）：表示 A、B 中至少有 1 个。

技巧使用说明：上述两种条件转化为数量之后，可以结合题干中存在的其他数量关系进行计算。

典型例题

1 某皇家园林依中轴线布局，从前到后依次排列着 7 个庭院。这 7 个庭院分别以汉字“日”“月”“金”“木”“水”“火”“土”来命名。由于年久失修，该皇家园林的主管单位准备进行分批修缮，此次将从中选择 4 个庭院进行修缮。已知：

(1)要么选择“金”，要么选择“木”。

(2)若“水”“月”2 个庭院中至多选择 1 个，则不选择“土”。

(3)如果“日”“火”2 个庭院中至少有 1 个不选择，则不选择“月”。

根据以上信息，以下哪项一定为真？

A. 选择“金”。　　B. 选择“木”。　　C. 选择“水”。

D. 选择“火”。　　E. 选择“土”。

【第 1 步　识别命题形式】

题干中，条件(1)为半事实(也可视为数量关系“2 选 1”)，条件(2)和(3)均为假言命题，选项均为事实。同时，题干中还涉及数量关系(“7 选 4”)，故此题为<u>半事实假言推事实＋数量模型</u>，也可视为<u>假言推事实＋数量模型</u>。

【第2步 套用母题方法】

步骤1：数量关系优先算。

由条件(1)结合“7选4”可得：(4)日、月、水、火、土5个庭院中选择3个(即2个不选择)。

步骤2：从半事实出发，进行分类讨论。

从半事实出发，由条件(1)可知，分如下两种情况讨论：①“金”；②“木”。但与条件(2)和(3)无重复元素，不能进行串联，故此题半事实失效。

步骤3：按“假言推事实模型”的思路解题。

由条件(3)、(2)串联可得：¬日∨¬火→¬月→¬土。

可见，若“¬日∨¬火”为真，则日、月、水、火、土5个庭院中至少有3个不选择，与条件(4)矛盾。故，“¬日∨¬火”为假，即一定选择日和火。

故D项正确。

【答案】D

2 “4396”俱乐部准备从小厂、小童、小李、小田、小金5名选手中选择2人去参加大型电竞活动“回旋踢”。已知：

(1)小厂和小童2人中至少选择1人。

(2)若选择小金，则选择小童但不选择小田。

(3)若不选择小田，则一定选择小李。

(4)若不选择小金，则选择小厂但不选择小田。

根据以上信息，可以确定选择以下哪2位？

A. 小厂和小童。
B. 小童和小李。
C. 小厂和小田。
D. 小厂和小李。
E. 小童和小田。

【第1步 识别命题形式】

题干中，条件(1)为半事实(也可视为数量关系)，条件(2)、(3)和(4)均为假言命题，选项均为事实。同时，题干中还涉及数量关系(“5选2”)，故此题为半事实假言推事实模型，也可视为假言推事实＋数量模型。

【第2步 套用母题方法】

步骤1：数量关系优先算。

由条件(1)结合“5选2”可得：(5)小李、小田、小金3人中至多选择1人。

步骤2：从半事实出发，进行分类讨论。

从半事实出发，由条件(1)可知，分如下两种情况讨论：①“选择小厂”；②“选择小童”。但与条件(2)、(3)和(4)均不能进行串联，故此题半事实失效。

步骤3：按“假言推事实模型”的思路解题。

由条件(2)、(3)串联可得：小金→小童∧¬小田→小李。

可见，若选择小金，则小金、小李均入选，这与条件(5)矛盾。故，不选择小金。

由“¬小金”可知，条件(4)的前件为真，则其后件也为真，可得：小厂∧¬小田。

由“¬小田”可知，条件(3)的前件为真，则其后件也为真，可得：小李。

故D项正确。

【答案】D

3 菜农李某欲从甲、乙、丙、丁、戊、己、庚、辛8种蔬菜中选择5种种植，已知：

(1)若甲、庚中至多选择1种，则选择己但不选择辛。

(2)若辛、庚中至少选择1种，则选择戊和丁。

(3)若选择乙或者己，则不选择丁也不选择丙。

根据上述信息，可以得出以下哪项？

A. 庚、辛均被选择。
B. 丙、丁均被选择。
C. 甲、丙均被选择。
D. 己、乙恰选其一。
E. 丙、辛恰选其一。

【第 1 步　识别命题形式】

题干中，条件(1)、(2)和(3)均为假言命题，选项均为事实，故本题的主要命题形式为假言推事实模型。同时，题干中还涉及数量关系(8 选 5)，故此题为假言推事实+数量模型。

【第 2 步　套用母题方法】

步骤 1：数量关系优先算。

由“8 选 5”可知，不选择 3 种。

步骤 2：按“假言推事实模型”的思路解题。

由条件(1)和(3)串联可得：¬ 甲 ∨ ¬ 庚→己 ∧ ¬ 辛→¬ 丁 ∧ ¬ 丙。

可见，若“¬ 甲 ∨ ¬ 庚”为真，则至少不选择 4 种，与“8 选 5”矛盾。故，选择甲和庚。

由“庚”可知，条件(2)的前件为真，则其后件也为真，可得：戊 ∧ 丁。

由“丁”可知，条件(3)的后件为假，则其前件也为假，可得：¬ 乙 ∧ ¬ 己。

综上，再结合“8 选 5”可得，丙、辛中恰选择 1 种。故 E 项正确。

【答案】E

4 某办事处拟在甲、乙、丙、丁、戊、己、庚 7 名职工中选择 4 人前往其他办事处交流学习。已知：

(1)若选择庚，则选择甲但不选择己。

(2)若选择乙，则选择庚但不选择戊。

(3)若丙和丁中至多选择 1 人，则选择己和乙。

根据以上信息，可以得出以下哪项？

A. 选择己。　　B. 选择甲。　　C. 选择庚。

D. 选择丁。　　E. 选择乙。

【第 1 步　识别命题形式】

题干中，条件(1)、(2)和(3)均为假言命题，选项均为事实，故本题的主要命题形式为假言推事实模型。同时，题干中还涉及数量关系(7 选 4)，故此题为假言推事实+数量模型。

【第 2 步　套用母题方法】

由条件(2)、(1)和(3)串联可得：乙→庚 ∧ ¬ 戊→甲 ∧ ¬ 己→丙 ∧ 丁。

可见，若“选择乙”，则选择乙、庚、甲、丙和丁 5 人，与题干“7 选 4”矛盾。因此，一定不选择乙。

由“¬ 乙”可知，条件(3)的后件为假，则其前件也为假，可得：丙 ∧ 丁。

因此，D 项正确。

【答案】D

5～6 题基于以下题干：

清北大学 2021 级会计硕士(1)班的甲、乙、丙、丁、戊 5 位同学在即将毕业之际计划一同出游。由于时间和经费等诸多原因，他们最多只能在北京、西安、南京、敦煌、拉萨、成都和昆明 7 个城市中选择多个作为此次出游的目的地。已知：

(1)如果选择北京，就必须选择西安。

(2)如果不选择南京，那么一定选择昆明和成都。

(3)若敦煌和拉萨 2 个城市中至多选择 1 个，则一定不选择南京。

5 若他们只选择了 3 个城市作为目的地，则可以得出以下哪项？

A. 他们选择了昆明。

B. 他们选择了成都。

C. 他们未选择西安。

D. 他们未选择南京。

E. 他们未选择北京。

6 若他们只选择了 2 个城市作为目的地，则以下哪项一定为真？

A. 他们选择了昆明和北京。

B. 他们选择了成都和南京。

C. 他们选择了昆明和成都。

D. 他们选择了拉萨和敦煌。

E. 他们选择了北京和敦煌。

【第 1 步　识别命题形式】

第 5 题：题干中，条件(1)、(2)和(3)均为假言命题，选项均为事实，故本题的主要命题形式为假言推事实模型。同时，题干中还涉及数量关系(7 选 3)，故此题为假言推事实＋数量模型。

第 6 题：同上题一致。

【第 2 步　套用母题方法】

第 5 题

若条件(1)的前件为真，则其后件也为真，即选择北京和西安。再结合"7 选 3"可知，条件(3)的前件为真，则其后件也为真，可得：¬ 南京。

由"¬ 南京"可知，条件(2)的前件为真，则其后件也为真，可得：昆明∧成都。

可见，若"北京"为真，则至少选择了北京、西安、昆明、成都 4 个城市，与"7 选 3"矛盾。因此，"北京"为假，即"¬ 北京"为真。故 E 项正确。

第 6 题

方法一：找矛盾法。

由条件(3)逆否可得：南京→敦煌∧拉萨。

故若"南京"为真，则选择了南京、敦煌、拉萨 3 个城市，与"7 选 2"矛盾。因此，"南京"为假，即"¬ 南京"为真。

由"¬ 南京"可知，条件(2)的前件为真，则其后件也为真，可得：昆明∧成都，即 C 项正确。

方法二：选项排除法。

A 项，"选择昆明和北京"，结合条件(1)可知，还要选择西安，与"7 选 2"矛盾，故排除。

B 项，"选择成都和南京"，结合条件(3)可知，还要选择敦煌和拉萨，与"7 选 2"矛盾，故排除。

C 项，满足题干要求，为正确选项。

D 项，"选择拉萨和敦煌"，结合"7 选 2"可知，不选择南京。再结合条件(2)可得：昆明∧成都，与"7 选 2"矛盾，故排除。

E 项，"选择北京和敦煌"，结合条件(1)可知，还要选择西安，与"7 选 2"矛盾，故排除。

【答案】E、C

7 某实验室近期准备研发一种新型的可降解塑料的化合物，且需要用到甲、乙、丙、丁、戊、己、庚和辛 8 种试剂中的 5 种。已知：

(1)如果需要用到甲，则需要用到丙和乙。

(2)如果需要用到戊，那么不需要用到庚。

(3)如果需要用到辛或者己，则不需要用到丁。

根据上述信息，一定会用到以下哪 2 种试剂？

A. 甲和乙。　B. 乙和丙。　C. 戊和丁。

D. 丁和丙。　E. 戊和庚。

【第 1 步　识别命题形式】

题干中，条件(1)、(2)和(3)均为假言命题，选项均为事实，故本题的主要命题形式为假言推事实模型。同时，题干中还涉及数量关系(8 选 5)，故此题为假言推事实＋数量模型。

【第 2 步　套用母题方法】

由条件(2)可得：戊→¬庚，等价于：¬戊∨¬庚，即：戊、庚中至少有 1 种不需要用到。

由条件(3)可得：辛→¬丁，等价于：¬辛∨¬丁，即：辛、丁中至少有 1 种不需要用到。

再结合“8 选 5”可得：甲、乙、丙、己中至多有 1 种不需要用到。

分析条件(1)：若条件(1)的后件为假，则其前件也为假，即：¬丙∨¬乙→¬甲，与“甲、乙、丙、己中至多有 1 种不需要用到”矛盾，故条件(1)的后件为真，即一定需要用到丙和乙。

故 B 项正确。

【答案】B

8 某公司要在甲、乙、丙、丁、戊、己、庚 7 人中选择 5 人组队去参加某定向越野比赛。考虑到每个人的能力不同，该公司做出如下决定：

(1)若甲、乙、丙 3 人中至多选择 2 人，则戊、己、庚均被选择。

(2)若甲、乙都被选择，则丁、戊、己、庚 4 人中至多选择 1 人。

根据以上信息，可以推出以下哪项？

A. 一定选择甲。　B. 一定选择乙。　C. 一定选择丙。

D. 一定选择丁。　E. 一定选择戊。

【第 1 步　识别命题形式】

题干中，条件(1)和(2)均为假言命题，选项均为事实，故本题的主要命题形式为假言推事实模型。同时，题干中还涉及数量关系(7 选 5)，故此题为假言推事实＋数量模型。

【第 2 步　套用母题方法】

步骤 1：数量关系优先算。

由“7 选 5”可知，只有 2 人不选。

步骤 2：按“假言推事实模型”的思路解题。

由“只有 2 人不选”可知，条件(2)的后件为假，则其前件也为假，可得：¬甲∨¬乙。

由“¬甲∨¬乙”可知，条件(1)的前件为真，则其后件也为真，可得：戊、己、庚均被选择。因此，E 项正确。

【答案】E

9 为了备足春节期间所需的货物，某超市老板赵嘉前往某零食经销商那里洽谈，但由于资金受限，此次赵嘉将批量订购薯片、糖果、饼干、瓜子、话梅、辣条和蜜饯7种零食中的4种。已知：

(1)若订购瓜子，则也订购话梅和糖果。

(2)若薯片和蜜饯中至多订购1种，则不订购糖果但订购饼干。

(3)若辣条和饼干中至少订购1种，则同时订购薯片和瓜子。

根据以上信息，赵嘉一定未订购的零食有：

A. 薯片和糖果。 B. 话梅和辣条。 C. 瓜子和饼干。

D. 蜜饯和瓜子。 E. 饼干和薯片。

【第1步 识别命题形式】

题干中，条件(1)、(2)和(3)均为假言命题，选项均为事实，故本题的主要命题形式为假言推事实模型。同时，题干中还涉及数量关系(7选4)，故此题为假言推事实+数量模型。

【第2步 套用母题方法】

由条件(3)和(1)串联可得：辣条∨饼干→薯片∧瓜子→话梅∧糖果。

若“辣条∨饼干”为真，则至少订购了5种零食，与“7选4”矛盾。故，“辣条∨饼干”为假，即“¬辣条∧¬饼干”为真。

由“¬饼干”可知，条件(2)的后件为假，则其前件也为假，可得：薯片∧蜜饯。

此时，若条件(1)的前件为真，则至少订购了5种零食，与“7选4”矛盾，因此，条件(1)的前件为假，即：不订购瓜子。

综上，C项正确。

【答案】C

10 乐学喵管综弟子班的学生赵嘉备考CPA，今年拟报考《会计》《审计》《经济法》《税法》《财务成本管理》《公司战略与风险管理》这6科中的3科。已知：

(1)如果报考《会计》，就要报考《财务成本管理》和《税法》。

(2)如果报考《财务成本管理》或《审计》，就要报考《经济法》。

(3)如果《税法》和《会计》中至多报考1科，就要报考《公司战略与风险管理》。

根据以上信息，以下哪2科是赵嘉拟报考的？

A.《审计》和《税法》。

B.《会计》和《审计》。

C.《税法》和《财务成本管理》。

D.《经济法》和《财务成本管理》。

E.《经济法》和《公司战略与风险管理》。

【第1步 识别命题形式】

题干中，条件(1)、(2)和(3)均为假言命题，选项均为事实，故本题的主要命题形式为假言推事实模型。同时，题干中还涉及数量关系(6选3)，故此题为假言推事实+数量模型。

【第2步 套用母题方法】

由条件(1)和(2)串联可得：①《会计》→《财务成本管理》∧《税法》→《经济法》。

可见，若“报考《会计》”，则至少报考4科，与“6选3”矛盾。因此，不报考《会计》。

再分析条件(2)：若“不报考《经济法》”，则此时《经济法》《财务成本管理》《审计》《会计》均不报考，与“6 选 3”矛盾。因此，报考《经济法》。

由“不报考《会计》”可知，条件(3)的前件为真，则其后件也为真，可得：《公司战略与风险管理》。

综上，E 项正确。

【答案】E

母题变式 4.3 假言推事实+匹配模型

母题技巧

第 1 步 **识别命题形式**	题干特点：题干中的已知条件主要为“假言命题”，选项均为事实或多为事实，即“假言推事实模型”。同时，题干中还涉及“匹配关系”(如：4 个人分别去 4 个城市旅游)。
第 2 步 **套用母题方法**	步骤 1：按“假言推事实模型”的思路解题。 即：找矛盾法、分类讨论法(二难推理法)。 步骤 2：按“匹配题”的思路解题。 即：简单匹配做排除、复杂匹配画表格、多组匹配填空法。

典型例题

1 第 23 届“沃边得”艺术节在北京举行。现有四个人张珊、李思、王伍、赵陆是最佳导演、最佳主角、最佳配角、最佳编剧的有力竞争者。评选结果出来后，发现每人恰好赢得了一个奖项，每个奖项恰有一人获得。已知：

(1)若张珊不是最佳导演，则李思是最佳主角。

(2)若李思是最佳主角，则赵陆是最佳编剧。

(3)若王伍或赵陆是最佳配角，则李思也是最佳配角。

(4)若赵陆是最佳编剧，则张珊是最佳导演。

根据以上信息，可以得出以下哪项？

A. 张珊是最佳主角。 B. 张珊是最佳编剧。

C. 李思是最佳配角。 D. 王伍是最佳导演。

E. 赵陆是最佳编剧。

【第 1 步 识别命题形式】

题干中，条件(1)、(2)、(3)和(4)均为假言命题，选项均为事实，故本题的主要命题形式为假言推事实模型。同时，题干中还涉及“人”与“奖项”的匹配关系，故此题为假言推事实+匹配模型。

【第 2 步 套用母题方法】

由条件(1)、(2)和(4)串联可得：¬张珊是最佳导演→李思是最佳主角→赵陆是最佳编剧→张珊是最佳导演，推出矛盾，所以张珊是最佳导演。

由条件(3)可知，若王伍或赵陆是最佳配角，则李思也是最佳配角，与“每个奖项恰有一人获得”矛盾，故王伍、赵陆均不是最佳配角。

又由于张珊是最佳导演，故最佳配角只能是李思，即C项正确。

【答案】C

2 大学毕业后，同一宿舍的甲、乙、丙、丁、戊、己六位好伙伴均收到了来自天和、风云、长今、南华、北清、西京六家公司的聘用通知。商议之后，他们决定：

(1)每个人只能挑选一家公司，每家公司有且仅有一人选择。

(2)若乙选择长今，则丙不选择南华且己不选择天和。

(3)若丁不选择北清或者戊不选择长今，则己选择北清且丙选择南华。

根据上述信息，可以得出以下哪项？

A. 甲不选择天和。　　B. 乙不选择长今。　　C. 丙不选择南华。

D. 丁不选择西京。　　E. 戊不选择天和。

【第1步　识别命题形式】

题干中，条件(2)和(3)均为假言命题，选项均为事实，故本题的主要命题形式为假言推事实模型。同时，条件(1)中还涉及“人”与“公司”的匹配关系，故此题为假言推事实+匹配模型。

【第2步　套用母题方法】

方法一：找矛盾法。

由于此题的条件(2)和条件(3)比较复杂，遇到这种题时不要慌，要观察其中的重复信息。

发现两个条件分别包含“丙不选择南华”和“丙选择南华”，故“丙”就可以作为串联的桥梁。

由条件(2)可得：乙长今→¬丙南华∧¬己天和。

此时有“¬丙南华”，故将条件(3)逆否可得：¬丙南华→丁北清∧戊长今。

故，若乙选择长今，则戊也选择长今，与条件(1)矛盾，因此乙不选择长今。故B项正确。

方法二：二难推理法。

将“丙”作为突破口，由条件(2)逆否可得：丙南华→¬乙长今。

由条件(3)逆否可得：¬丙南华→丁北清∧戊长今。再结合条件(1)可得：戊长今→¬乙长今。故有：¬丙南华→¬乙长今。

根据二难推理公式可得：乙不选择长今。故B项正确。

【答案】B

3 某工程共有甲、乙、丙、丁、戊5位高级维修工程师，他们负责1、2、3、4、5、6号6台机器的日常检修。每台机器由1人负责，每人负责1～2台机器。已知：

(1)若戊不负责3号，则丁负责1号和2号。

(2)如果戊至多负责1号和4号中的1个，则甲负责2号且丙负责6号。

(3)如果丙不负责1号，则乙负责6号和4号。

根据以上信息，可以得出以下哪项？

A. 甲负责2号机器。　　B. 乙负责3号机器。　　C. 丙负责4号机器。

D. 丁负责5号机器。　　E. 戊负责6号机器。

【第 1 步　识别命题形式】

题干中，条件(1)、(2)和(3)均为假言命题，选项均为事实，故本题的主要命题形式为假言推事实模型。同时，题干中还涉及"人"与"机器"的匹配关系，故此题为假言推事实+匹配模型。

【第 2 步　套用母题方法】

步骤 1：数量关系优先算。

由"5 人负责 6 台机器，每台机器由 1 人负责，每人负责 1～2 台机器"可知，6=2+1+1+1+1，即：有 1 人负责 2 台机器，有 4 人各负责 1 台机器。

步骤 2：按"假言推事实模型"的思路解题。

由条件(1)、(2)串联可得：¬ 戊 3→丁 1∧丁 2→¬ 甲 2→戊 1∧戊 4。

可见，由"¬ 戊 3"出发推出了"丁 1∧戊 1"，与"每台机器由 1 人负责"矛盾。故"¬ 戊 3"为假，即"戊 3"为真。

由"戊 3"及数量关系"5 人中，有 1 人负责 2 台机器，有 4 人各负责 1 台机器"可知，条件(2)的前件为真，则其后件也为真，可得：甲 2∧丙 6。

由"丙 6"及"每台机器由 1 人负责"可知，条件(3)的后件为假，则其前件也为假，可得：丙 1。

综上，A 项正确。

【答案】A

4～5 题基于以下题干：

元旦将近，乐学喵教育召开年终庆典大会，在抽奖环节中，共有按摩仪、扫地机、吹风机、烤箱、手机、电脑 6 种不同的礼物。赵、钱、孙、李、周和吴 6 位员工各获得了其中的一种，互不相同。已知：

(1)如果赵获得了扫地机，那么钱获得了电脑并且周未获得手机。

(2)如果吴未获得按摩仪，那么李获得了烤箱并且赵获得了扫地机。

(3)如果孙未获得电脑或者周未获得吹风机，那么周获得了烤箱。

4 根据以上信息，以下哪项一定为真？

A. 孙获得了烤箱。　B. 李获得了手机。　C. 吴获得了按摩仪。

D. 钱获得了扫地机。　E. 周获得了吹风机。

5 若李获得了烤箱，则以下哪项一定为真？

A. 赵获得了吹风机。　B. 钱获得了扫地机。　C. 周获得了手机。

D. 孙获得了吹风机。　E. 周获得了电脑。

【第 1 步　识别命题形式】

第 4 题：题干中，条件(1)、(2)和(3)均为假言命题，选项均为事实，故本题的主要命题形式为假言推事实模型。同时，题干中还涉及"员工"与"礼物"的匹配关系，故此题为假言推事实+匹配模型。

第 5 题：本题补充了事实条件"李获得了烤箱"，其他已知条件同上题一致，故此题为事实假言+匹配模型。

【第 2 步　套用母题方法】

第 4 题

由条件(2)、(1)和(3)串联可得：¬ 吴按摩仪→李烤箱∧赵扫地机→钱电脑∧¬ 周手机→¬ 孙电脑∨¬ 周吹风机→周烤箱。

可见，由"¬ 吴按摩仪"出发推出了"李烤箱∧周烤箱"，与"6 位员工各获得了其中的一种，互不相同"矛盾，故"¬ 吴按摩仪"为假，即"吴按摩仪"为真。

故 C 项正确。

第 5 题

引用上题推理结果：吴获得了按摩仪。

本题新补充事实：李获得了烤箱。

从事实出发，由"李烤箱"可知，条件(3)的后件为假，则其前件也为假，可得：孙电脑∧周吹风机。

由"孙电脑"可知，条件(1)的后件为假，则其前件也为假，可得：¬ 赵扫地机。

综上，钱获得了扫地机、赵获得了手机。故 B 项正确。

【答案】C、B

6～7 题基于以下题干：

乐学喵济南线下集训营组织学生开展运动会，其中甲、乙、丙、丁、戊 5 人分别报名了跳高、铅球、短跑、长跑、游泳这 5 个项目中的 2 项，每个项目也恰有 2 人报名。已知：

(1)如果甲至多报名了铅球、长跑中的 1 项，那么戊报名短跑且丁报名游泳。

(2)若丁和戊中至多有 1 人报名跳高，则乙报名跳高且甲报名游泳。

(3)若丙、乙中至多有 1 人报名游泳，则戊不报名短跑而丙报名了铅球。

6 根据以上信息，以下哪项一定为真？

A. 丁报名跳高。　　B. 甲报名短跑。　　C. 乙报名游泳。

D. 戊报名游泳。　　E. 丙报名长跑。

7 如果丁和戊报名了游泳，则以下哪项一定为真？

A. 甲和乙报名了铅球。　　B. 丙和丁报名了短跑。　　C. 戊和乙报名了长跑。

D. 丙报名铅球和长跑。　　E. 乙报名短跑和长跑。

【第 1 步　识别命题形式】

第 6 题：题干中，条件(1)、(2)和(3)均为假言命题，选项均为事实，故本题的主要命题形式为假言推事实模型。同时，题干中还涉及"人"与"项目"的匹配关系，故此题为假言推事实＋匹配模型。

第 7 题：本题补充了事实条件"丁和戊报名了游泳"，其他已知条件同上题一致，故此题为事实假言＋匹配模型。

【第 2 步　套用母题方法】

第 6 题

由条件(1)和(3)串联可得：¬ 甲铅球∨¬ 甲长跑→戊短跑∧丁游泳→¬ 丙游泳∨¬ 乙游泳→¬ 戊短跑∧丙铅球。

可见，由“¬ 甲铅球∨¬ 甲长跑”出发推出了“戊短跑∧¬ 戊短跑”，即推出了矛盾。故“¬ 甲铅球∨¬ 甲长跑”为假，即“甲铅球∧甲长跑”为真。

由“甲铅球∧甲长跑”和“每人报名 2 个项目”可知，条件(2)的后件为假，则其前件也为假，可得：丁跳高∧戊跳高。故 A 项正确。

第 7 题

引用上题推理结果：甲铅球∧甲长跑、丁跳高∧戊跳高。

本题新补充事实：丁和戊报名了游泳。

由“丁和戊报名了游泳”可知，条件(3)的前件为真，则其后件也为真，可得：¬ 戊短跑∧丙铅球。

综上，结合“每人报名 2 个项目，每个项目也恰有 2 人报名”可得下表(复杂匹配画表格)：

项目 人	跳高	铅球	短跑	长跑	游泳
甲	×	√	×	√	×
乙	×	×	√	√	×
丙	×	√	√	×	×
丁	√	×	×	×	√
戊	√	×	×	×	√

故 E 项正确。

【答案】A、E

8 某活动期间，赵、钱、孙、李、周、吴、郑、王 8 人被分成甲、乙、丙 3 个小组，已知：

(1)如果孙、郑中至少有 1 人在乙组或者丙组，那么赵在甲组且周和孙在同一组。

(2)若钱、李、赵 3 人中至多有 2 人在乙组，则孙、吴均在丙组且周在乙组。

根据以上信息，以下哪项一定为真？

A. 赵在丙组。　　B. 郑在乙组。　　C. 孙在甲组。

D. 周在丙组。　　E. 吴在乙组。

【第 1 步　识别命题形式】

题干中，条件(1)和(2)均为假言命题，选项均为事实，故本题的主要命题形式为假言推事实模型。同时，题干中还涉及“人”与“小组”的匹配关系，故此题为假言推事实＋匹配模型。

【第 2 步　套用母题方法】

由条件(1)和(2)串联可得：孙乙∨郑乙∨孙丙∨郑丙→赵甲∧周和孙在同一组→钱乙∧李乙∧赵乙。

可见，由“孙乙∨郑乙∨孙丙∨郑丙”出发推出了“赵甲∧赵乙”，推出了矛盾。故“孙乙∨郑乙∨孙丙∨郑丙”为假，即“¬ 孙乙∧¬ 郑乙∧¬ 孙丙∧¬ 郑丙”为真。

因此，孙、郑均在甲组。故 C 项正确。

【答案】C

9 某一宿舍的甲、乙、丙、丁4位同学分别选修了管理学、经济学、科学前沿、哲学4门选修课。每人均选择1门且各不重复。另外，还知道：

(1)除非丁不选修科学前沿，否则甲选修经济学。

(2)如果乙不选修管理学，那么甲选修管理学且丙选修哲学。

(3)如果丙不选修哲学，则乙选修经济学。

(4)如果甲不选修管理学，则乙不选修管理学。

根据以上陈述，可以得出以下哪项？

A. 甲选修经济学。

B. 乙选修科学前沿。

C. 丙选修管理学。

D. 丁选修哲学。

E. 甲选修科学前沿。

【第1步 识别命题形式】

题干中，条件(1)、(2)、(3)和(4)均为假言命题，选项均为事实，故本题的主要命题形式为假言推事实模型。同时，题干中还涉及"人"与"选修课"的匹配关系，故此题为假言推事实+匹配模型。

【第2步 套用母题方法】

由条件(4)可知：¬甲管理学→¬乙管理学=乙管理学→甲管理学。

可见，由"乙管理学"出发推出了"乙管理学∧甲管理学"，与"每人均选择1门且各不重复"矛盾。因此，乙不选修管理学。

由"乙不选修管理学"可知，条件(2)的前件为真，则其后件也为真，可得：甲选修管理学、丙选修哲学。

由"甲选修管理学"可知，条件(1)的后件为假，则其前件也为假，可得：丁不选修科学前沿。

综上可得：乙选修科学前沿、丁选修经济学。

故B项正确。

【答案】B

10 因业务需要，某公司欲将甲、乙、丙、丁、戊、己、庚、辛、壬、癸10个部门合并到子、丑、寅、卯4个分公司。1个部门只能合并到1个分公司。已知：

(1)若甲、乙、丙中至多有2个合并到子公司，则丁合并到丑公司且戊不合并到寅公司。

(2)若戊、己、庚、癸中至多有3个合并到寅公司，则丁、辛、壬都合并到卯公司。

根据以上陈述，可以推出以下哪项？

A. 甲、乙、丙合并到子公司。

B. 乙、丙、丁合并到丑公司。

C. 丁、戊、己合并到卯公司。

D. 戊、己、庚合并到寅公司。

E. 丁、辛、壬合并到卯公司。

【第1步 识别命题形式】

题干中，条件(1)和(2)均为假言命题，选项均为事实，故本题的主要命题形式为假言推事实模型。同时，题干中还涉及"部门"与"分公司"的匹配关系，故此题为假言推事实+匹配模型。

【第 2 步　套用母题方法】

观察已知条件，发现条件(1)和条件(2)的后件均有“丁”，故考虑通过“丁”实现串联。

由条件(1)和条件(2)串联可得：甲、乙、丙中至多有 2 个合并到子公司→丁丑∧¬戊寅→¬丁卯→戊、己、庚、癸均合并到寅公司。

可见，由“甲、乙、丙中至多有 2 个合并到子公司”出发推出了“¬戊寅∧戊寅”。因此，“甲、乙、丙中至多有 2 个合并到子公司”为假，可得：甲、乙、丙均合并到子公司。故 A 项正确。

【答案】A

母题变式 4.4　假言推事实＋数量＋匹配模型

母题技巧

第 1 步 识别命题形式	题干特点：题干中的已知条件主要为“假言命题”，选项一般均为事实，即“假言推事实模型”。同时，题干中还涉及“数量关系”和“匹配关系”（如：5 个人去 4 个城市旅游，每人去 2 个城市，每个城市去 2～3 人）。
第 2 步 套用母题方法	步骤 1：数量关系优先算。 当题干中出现数量关系时，一般需要先简单计算题干中的数量关系。 步骤 2：按“假言推事实模型”的思路解题。 即：找矛盾法、分类讨论法（二难推理法）。 步骤 3：按“匹配题”的思路解题。 即：简单匹配做排除、复杂匹配画表格、多组匹配填空法。

典型例题

1　甲、乙、丙三位同学计划进行体育锻炼，他们从短跑、跳高、篮球、足球四项活动中选择。已知，每人至少选择了一个体育项目，且每人选择的都不相同，每个项目都有人选，同时还必须满足以下要求：

(1)甲选择的项目数不是最少的。

(2)若乙、丙中至少有一个人选择短跑，则甲只选择篮球。

(3)若甲不选择足球或者乙不选择跳高，则丙选择短跑。

根据以上信息，以下哪项不可能为真？

A. 甲选择的是足球。　　B. 乙选择的不是短跑。

C. 乙选择的是跳高。　　D. 丙选择的不是篮球。

E. 甲选择的是短跑。

【第 1 步　识别命题形式】

题干中，条件(2)和(3)均为假言命题，选项均为事实，故本题的主要命题形式为假言推事实模型。同时，题干中还涉及匹配关系(“人”与“体育项目”)和数量关系[“3 个人选择 4 个体育项目，每人至少 1 项，且每人的选择不同，每个项目都有人选”、条件(1)]，故此题为假言推事实＋数量＋匹配模型。

【第2步　套用母题方法】

步骤1：数量关系优先算。

由“3个人选择4个体育项目，每人至少1项，且每人的选择不同，每个项目都有人选”可知，4=2+1+1，即3人所选择的项目数分别为：2项、1项、1项。

由条件(1)“甲选择的项目数不是最少的”可知，甲选了2项。

步骤2：按“假言推事实模型”的思路解题。

由“甲选了2项”可知，条件(2)的后件为假，则其前件也为假，可得：¬乙短跑∧¬丙短跑，故甲选择短跑。

再由“¬丙短跑”可知，条件(3)的后件为假，则其前件也为假，可得：甲足球∧乙跳高。

步骤3：按“匹配题”的思路解题。

综上，由“甲短跑∧甲足球∧乙跳高”以及数量关系可知，丙只能选择篮球(简单匹配做排除，排除了已知的匹配关系后，余下的丙和篮球做匹配)。

由“丙选择篮球”可知，D项不可能为真。

【答案】D

2　赵、钱、孙、李、周5人计划出游，他们每人将在黄山、泰山、嵩山、恒山4大名山中选择1座作为此次出游的目的地。每座名山有1～2人选择。已知：

(1)若钱和孙中至少有1人选择泰山，则赵选择嵩山而周不选择黄山。

(2)如果孙和周中至多有1人选择泰山，那么钱选择黄山且赵选择嵩山。

(3)若赵和李中至少有1人选择嵩山，则周选择黄山。

根据以上信息，可以推出以下哪项？

A. 孙选择恒山，李选择泰山。

B. 钱选择黄山，赵选择恒山。

C. 周选择黄山，孙选择嵩山。

D. 钱选择泰山，周选择恒山。

E. 赵选择嵩山，李选择黄山。

【第1步　识别命题形式】

题干中，条件(1)、(2)和(3)均为假言命题，选项均为事实，故本题的主要命题形式为假言推事实模型。同时，题干中还涉及数量关系和匹配关系，故此题为假言推事实+数量+匹配模型。

【第2步　套用母题方法】

步骤1：数量关系优先算。

由“5人每人在4座名山中选择1座作为此次出游的目的地，每座名山有1～2人选择”可知，5=1+1+1+2。即：1座名山有2人选择，3座名山各有1人选择。

步骤2：按“假言推事实模型”的思路解题。

由条件(1)和(3)串联可得：钱泰山∨孙泰山→赵嵩山∧¬周黄山→周黄山。

可见，由“钱泰山∨孙泰山”出发推出了“¬周黄山∧周黄山”，推出了矛盾。因此，“钱泰山∨孙泰山”为假，即“¬钱泰山∧¬孙泰山”为真。

由“¬孙泰山”可知，条件(2)的前件为真，则其后件也为真，可得：钱黄山∧赵嵩山。

由“赵嵩山”可知，条件(3)的前件为真，则其后件也为真，可得：周黄山。

步骤 3：按“匹配题”的思路解题。

综上，结合数量关系可得：孙选择恒山、李选择泰山。

故 A 项正确。

【答案】A

3～4 题基于以下题干：

某医院的外科病区有甲、乙、丙、丁、戊 5 位护士，她们负责病区 1、2、3、4、5、6、7 号共 7 间病房的日常护理工作，每间病房只由 1 位护士来护理，每位护士护理 1～2 间病房。已知下列条件：

(1)1 号病房和 2 号病房至少有 1 间由甲护理。

(2)若乙、丙中至少有 1 人护理 6 号病房，则乙、丙和丁均护理 2 间病房。

(3)如果甲护理 3 号病房，则戊只护理 7 号病房且甲不护理 6 号病房。

(4)如果甲不护理 3 号病房，则乙护理 6 号病房。

3 根据以上信息，可以得出以下哪项？

A. 乙护理 3 号病房。　B. 丙护理 4 号病房。　C. 丁护理 4 号病房。

D. 乙护理 4 号病房。　E. 丁护理 6 号病房。

4 若乙、丙护理的病房均在 2 号、4 号中，则可以得出以下哪项？

A. 甲护理 2 号病房。　B. 乙护理 3 号病房。　C. 丙护理 4 号病房。

D. 丁护理 5 号病房。　E. 戊护理 6 号病房。

【第 1 步　识别命题形式】

第 3 题：题干中，条件(1)为选言命题，可转化为假言命题，条件(2)、(3)和(4)均为假言命题，选项均为事实，故本题的主要命题形式为假言推事实模型。同时，题干中还涉及数量关系和匹配关系，故此题为假言推事实＋数量＋匹配模型。

第 4 题：题干补充了新的事实条件“乙、丙护理的病房均在 2 号、4 号中”，其他已知条件同上题一致，故此题为事实假言＋数量＋匹配模型。

【第 2 步　套用母题方法】

第 3 题

步骤 1：数量关系优先算。

由“5 人负责 7 间病房，每间病房只由 1 位护士来护理，每位护士护理 1～2 间病房”可知，7＝2＋2＋1＋1＋1。即：有 2 人各护理 2 间病房，其余 3 人各护理 1 间病房。

步骤 2：按“假言推事实模型”的思路解题。

由“有 2 人各护理 2 间病房，其余 3 人各护理 1 间病房”可知，条件(2)的后件为假，则其前件也为假，可得：乙、丙均不护理 6 号病房。

由“乙不护理 6 号病房”可知，条件(4)的后件为假，则其前件也为假，可得：甲护理 3 号病房。

由“甲护理 3 号病房”可知，条件(3)的前件为真，则其后件也为真，可得：戊只护理 7 号病房且甲不护理 6 号病房。

步骤 3：按“匹配题”的思路解题。

综上，甲、乙、丙、戊 4 人均不护理 6 号病房，因此，丁护理 6 号病房。

故 E 项正确。

第 4 题

引用上题推理结果：甲护理 3 号病房、戊只护理 7 号病房、丁护理 6 号病房。

从事实出发，由“乙、丙护理的病房均在 2 号、4 号中”可知，1 号、3 号、5 号、6 号、7 号病房均不由乙、丙护理；甲、丁、戊均不护理 2 号和 4 号病房。

由“甲不护理 2 号病房”结合条件(1)可得：甲护理 1 号病房。

综上，结合“每间病房只由 1 位护士来护理，每位护士护理 1～2 间病房”可得下表：

护士＼病房	1 号	2 号	3 号	4 号	5 号	6 号	7 号
甲	√	×	√	×	×	×	×
乙	×		×		×	×	×
丙	×		×		×	×	×
丁	×	×	×	×	√	√	×
戊	×	×	×	×	×	×	√

故 D 项正确。

【答案】E、D

5 张、王、刘、李 4 人每人在甲、乙、丙、丁 4 门课程中选修 2～3 门，每门课程都至少有 2 人选修，且 4 人选修的课程均不完全相同。已知：

(1)若张和刘中至少有 1 人选修了甲课程，则李既未选修乙课程，也未选修丙课程。

(2)若张和刘中至少有 1 人选修了乙课程，则李选修丙课程而王选修丁课程。

根据以上信息，可以得出以下哪项？

A. 王选修了甲课程、丁课程。
B. 李选修了乙课程、丙课程。
C. 张选修了乙课程、丙课程。
D. 刘选修了甲课程、丁课程。
E. 王选修了甲课程、丙课程。

【第 1 步　识别命题形式】

题干中，条件(1)和(2)均为假言命题，选项均为事实，故本题的主要命题形式为假言推事实模型。同时，题干中还涉及数量关系和匹配关系，故此题为假言推事实＋数量＋匹配模型。

【第 2 步　套用母题方法】

步骤 1：数量关系优先算。

题干中的数量关系存在多种情况，较为复杂，无法直接进行计算。

步骤 2：按“假言推事实模型”的思路解题。

由条件(1)、(2)串联可得：张甲 ∨ 刘甲→¬ 李乙 ∧ ¬ 李丙→张乙 ∨ 刘乙→李丙 ∧ 王丁。

可见，由“张甲 ∨ 刘甲”出发推出了“李丙 ∧ ¬ 李丙”。因此，“张甲 ∨ 刘甲”为假，即“¬ 张甲 ∧ ¬ 刘甲”为真。

由“¬ 张甲∧¬ 刘甲”结合“每门课程都至少有 2 人选修”可得：李甲∧王甲。

综上，若条件(2)的前件为假，则张、刘两人均选择丙和丁，这与“4 人选修的课程均不完全相同”矛盾。因此，条件(2)的前件为真，则其后件也为真，可得：李丙∧王丁。

故 A 项正确。

【答案】A

6 赵、钱、孙、李、周、吴 6 人计划前往甲、乙、丙、丁、戊、己、庚这 7 个城市游玩。每人前往 1～2 个城市，每个城市仅有 1 人前往。还已知：

(1)如果李至多前往丙、丁 2 个城市中的 1 个，那么赵前往甲和乙 2 个城市。

(2)若钱未前往甲城市或者吴未前往己城市，则孙和李均只前往 1 个城市。

(3)若孙至多前往戊和甲 2 个城市中的 1 个，则赵前往庚城市且周只前往戊城市。

根据上述信息，可以得出以下哪项？

A. 赵前往甲城市。　　B. 孙前往乙城市。　　C. 周前往丙城市。

D. 周前往己城市。　　E. 吴前往戊城市。

【第 1 步　识别命题形式】

题干中，条件(1)、(2)和(3)均为假言命题，选项均为事实，故本题的主要命题形式为假言推事实模型。同时，题干中还涉及数量关系和匹配关系，故此题为假言推事实＋数量＋匹配模型。

【第 2 步　套用母题方法】

步骤 1：数量关系优先算。

由“6 人前往 7 个城市，每人前往 1～2 个城市，每个城市只有 1 人前往”可知，7＝1＋1＋1＋1＋1＋2，即：有 5 人各去了 1 个城市，有 1 人去了 2 个城市。

步骤 2：按“假言推事实模型”的思路解题。

由条件(1)、(3)串联可得：¬ 李丙∨¬ 李丁→赵甲∧赵乙→¬ 孙甲→赵庚∧周只戊。

可见，从“¬ 李丙∨¬ 李丁”出发推出了“赵甲∧赵乙∧赵庚”，与“每人前往 1～2 个城市”矛盾。因此，“¬ 李丙∨¬ 李丁”为假，即“李丙∧李丁”为真。

由“李丙∧李丁”可知，条件(2)的后件为假，则其前件也为假，可得：钱甲∧吴己。

由“钱甲”可知，条件(3)的前件为真，则其后件也为真，可得：赵庚∧周只戊。

步骤 3：按“匹配题”的思路解题。

综上，根据“每人前往 1～2 个城市，每个城市只有 1 人前往”可得：孙前往乙城市。

故 B 项正确。

【答案】B

7～8 题基于以下题干：

育才中学初三年级共有甲、乙、丙、丁、戊 5 个班级。在本学期(2—7 月)的评比中，每个月恰有 2 个班级获得流动红旗，每个班级获得过 2～3 次流动红旗。已知：

(1)若甲班在 3 月、5 月中至多获得 1 次流动红旗，则乙班在 3 月、7 月均获得流动红旗。

(2)若丁班和戊班中至少有 1 个在 4 月获得流动红旗，则戊班和丁班均在 2 月、7 月获得流动红旗。

(3)若乙班在4月、6月中至多获得1次流动红旗，则丙班在5月获得流动红旗且丁班在4月获得流动红旗。

7 根据以上信息，以下哪项一定为真？

A. 乙班在7月和5月获得流动红旗。
B. 丙班在3月和2月获得流动红旗。
C. 甲班在5月和3月获得流动红旗。
D. 戊班在2月和5月获得流动红旗。
E. 丁班在3月和4月获得流动红旗。

8 若甲、丙2个班均在6月获得流动红旗，则以下哪项一定为真？

A. 乙班在3月和4月获得流动红旗。
B. 丙班在4月和6月获得流动红旗。
C. 甲班在4月和5月获得流动红旗。
D. 戊班在2月和6月获得流动红旗。
E. 丁班在2月和5月获得流动红旗。

【第1步　识别命题形式】

第7题：题干中，条件(1)、(2)和(3)均为假言命题，选项均为事实，故本题的主要命题形式为假言推事实模型。同时，题干中还涉及数量关系和匹配关系，故此题为假言推事实+数量+匹配模型。

第8题：题干补充了新的事实条件“甲、丙2个班均在6月获得流动红旗”，其他已知条件同上题一致，故此题为事实假言+数量+匹配模型。

【第2步　套用母题方法】

第7题

步骤1：数量关系优先算。

由“每个月恰有2个班级获得流动红旗”可知，5个班在2—7月共计获得12次流动红旗。再结合“每个班级获得过2～3次流动红旗”可知，12=2+2+2+3+3。即：有3个班各获得2次流动红旗，有2个班各获得3次流动红旗。

步骤2：按“假言推事实模型”的思路解题。

由条件(1)、(3)和(2)串联可得：¬甲3∨¬甲5→乙3∧乙7→¬乙4∨¬乙6→丙5∧丁4→戊7∧丁7∧戊2∧丁2。

可见，由“¬甲3∨¬甲5”出发推出了“乙7∧戊7∧丁7”，与“每个月恰有2个班级获得流动红旗”矛盾。因此，“¬甲3∨¬甲5”为假，即“甲3∧甲5”为真。

故C项正确。

第8题

引用上题推理结果：有3个班各获得2次流动红旗、有2个班各获得3次流动红旗；甲3∧甲5。

本题补充新信息：(4)甲、丙2个班均在6月获得流动红旗。

由“甲6∧丙6”“每个月恰有2个班级获得流动红旗”可知，条件(3)的前件为真，则其后件也为真，可得：丙5∧丁4。

由"丁 4"可知，条件(2)的前件为真，则其后件也为真，可得：戊 7∧丁 7∧戊 2∧丁 2。

再结合"每个月恰有 2 个班级获得流动红旗，每个班级获得过 2～3 次流动红旗"可得下表：

班级＼月份	2 月	3 月	4 月	5 月	6 月	7 月
甲	×	√	×	√	√	×
乙	×	√	√	×	×	×
丙	×	×	×	√	√	×
丁	√	×	√	×	×	√
戊	√	×	×	×	×	√

故 A 项正确。

【答案】C、A

9～10 题基于以下题干：

甲、乙、丙、丁 4 人每人均购买了《资治通鉴》《孙子兵法》《吕氏春秋》《乐府诗集》《海国图志》中的 2～3 本，每本书均有 2 人购买。另外，还知道：

(1)如果丙至少购买了《孙子兵法》《海国图志》中的 1 本，则乙购买了《资治通鉴》，而丙未购买《孙子兵法》。

(2)如果甲、丙 2 人中至少有 1 人购买了《海国图志》，则甲、丙均购买了《资治通鉴》。

(3)如果乙购买了《海国图志》，则丙和丁也会购买。

(4)如果甲、乙 2 人中至少有 1 人购买了《吕氏春秋》或《孙子兵法》，则丙购买了《吕氏春秋》，而丁购买了《孙子兵法》。

9 根据上述信息，可以得出以下哪项？

A. 甲购买《孙子兵法》。

B. 丁购买《乐府诗集》。

C. 丙不购买《吕氏春秋》。

D. 丁购买《孙子兵法》。

E. 乙购买《海国图志》。

10 如果乙和丁购买的书完全不同，则 4 人(按题干所列顺序)购买的书数之比是：

A. 3∶3∶2∶2。

B. 2∶3∶3∶2。

C. 2∶2∶3∶3。

D. 3∶2∶2∶3。

E. 3∶2∶3∶2。

【第 1 步　识别命题形式】

第 9 题：题干中，条件(1)、(2)、(3)和(4)均为假言命题，选项均为事实，故本题的主要命题形式为假言推事实模型。同时，题干中还涉及数量关系和匹配关系，故此题为假言推事实＋数量＋匹配模型。

第 10 题：题干补充新的事实条件"乙和丁购买的书完全不同"，其他已知条件同上题一致，故此题为事实假言＋数量＋匹配模型。

【第2步 套用母题方法】

第9题

步骤1：数量关系优先算。

由“每本书均有2人购买”可知，4人共计购买5×2＝10(本)。再结合“每人购买2～3本”可知，10＝3＋3＋2＋2。即：4人所购买的书数分别为：3本、3本、2本、2本。

步骤2：按“假言推事实模型”的思路解题。

由条件(3)可知：乙海国→丙海国∧丁海国，与“每本书均有2人购买”矛盾，故有：¬乙海国。

由“¬乙海国”结合“每本书均有2人购买”可知，条件(2)的前件为真，则其后件也为真，可得：甲资治∧丙资治。

由“甲资治∧丙资治”结合“每本书均有2人购买”可知，条件(1)的后件为假，则其前件也为假，可得：¬丙孙子∧¬丙海国。

由“¬丙孙子”结合“每本书均有2人购买”可知，甲、乙2人中至少有1人购买《孙子兵法》，故条件(4)的前件为真，则其后件也为真，可得：丙吕氏∧丁孙子。

故D项正确。

第10题

本题补充新信息：(5)乙和丁购买的书完全不同。

引用上题推理结果，结合“每本书均有2人购买”可得下表：

人＼书	《资治通鉴》	《孙子兵法》	《吕氏春秋》	《乐府诗集》	《海国图志》
甲	√				√
乙	×				×
丙	√	×	√		×
丁	×	√			√

由上表结合条件(5)可得：¬乙孙子。

结合“每人均购买2～3本”可知，乙吕氏∧乙乐府。

再结合条件(5)可知，¬丁吕氏∧¬丁乐府。

综上，结合“每人均购买2～3本，每本书均有2人购买”可得下表：

人＼书	《资治通鉴》	《孙子兵法》	《吕氏春秋》	《乐府诗集》	《海国图志》
甲	√	√	×	×	√
乙	×	×	√	√	×
丙	√	×	√	√	×
丁	×	√	×	×	√

由上表可知，4 人(按题干所列顺序)购买的书数之比是 3∶2∶3∶2。故 E 项正确。

【答案】D、E

11～12 题基于以下题干：

清北大学运动会即将召开，现有跳高、铅球、短跑、长跑、游泳 5 个项目，甲、乙、丙、丁、戊 5 人每人报名了其中的 2～3 项，每个项目有 1～3 人报名。已知：

(1)如果丁报名游泳或者戊报名铅球，那么戊不报名短跑且丙不报名游泳。

(2)如果丙至少报名短跑、长跑和铅球中的 1 项，那么甲报名铅球且戊报名短跑。

(3)如果甲和乙中至少有 1 人报名铅球，那么戊报名短跑且丁报名游泳。

11 根据以上信息，以下哪项一定为真？

A. 甲报名跳高。 B. 乙报名游泳。 C. 丙报名短跑。

D. 丁报名铅球。 E. 丙报名长跑。

12 如果甲、乙和戊 3 人报名的项目完全一致，则以下哪项一定为真？

A. 丙和丁报名游泳。 B. 甲和乙报名短跑。 C. 戊和丙报名长跑。

D. 戊报名 3 个项目。 E. 丁报名 3 个项目。

【第 1 步 识别命题形式】

第 11 题：题干中，条件(1)、(2)和(3)均为假言命题，选项均为事实，故本题的主要命题形式为假言推事实模型。同时，题干中还涉及数量关系和匹配关系，故此题为假言推事实＋数量＋匹配模型。

第 12 题：题干补充新的事实条件“甲、乙和戊 3 人报名的项目完全一致”，其他已知条件同上题一致，故此题为事实假言＋数量＋匹配模型。

【第 2 步 套用母题方法】

第 11 题

步骤 1：数量关系优先算。

此题的数量关系并不明确，存在多种情况，故先不计算。

步骤 2：按“假言推事实模型”的思路解题。

由条件(3)、(1)和(2)串联可得：甲铅球 ∨ 乙铅球→戊短跑 ∧ 丁游泳→¬ 戊短跑 ∧ ¬ 丙游泳→¬ 丙短跑 ∧ ¬ 丙长跑 ∧ ¬ 丙铅球。

可见，从“甲铅球 ∨ 乙铅球”出发，推出了“¬ 丙游泳 ∧ ¬ 丙短跑 ∧ ¬ 丙长跑 ∧ ¬ 丙铅球”，与“5 人每人报名了其中的 2～3 项”矛盾。因此，“甲铅球 ∨ 乙铅球”为假，即“¬ 甲铅球 ∧ ¬ 乙铅球”为真。

由“¬ 甲铅球”可知，条件(2)的后件为假，则其前件也为假，可得：¬ 丙短跑 ∧ ¬ 丙长跑 ∧ ¬ 丙铅球。

步骤 3：按“匹配题”的思路解题。

再结合“5 人每人报名了其中的 2～3 项”可得：丙跳高 ∧ 丙游泳。

由“丙游泳”可知，条件(1)的后件为假，则其前件也为假，可得：¬ 丁游泳 ∧ ¬ 戊铅球。

综上，结合“5 人每人报名了其中的 2～3 项，且每个项目有 1～3 人报名”可得下表：

人\项目	跳高	铅球	短跑	长跑	游泳
甲		×			
乙		×			
丙	√	×	×	×	√
丁		√			×
戊		×			

故D项正确。

第12题

本题补充新信息：(4)甲、乙和戊3人报名的项目完全一致。

引用上题推理结果，可得下表：

人\项目	跳高	铅球	短跑	长跑	游泳
甲		×			
乙		×			
丙	√	×	×	×	√
丁		√			×
戊		×			

由上表结合条件(4)和“每个项目有1～3人报名”可知，甲、乙、戊3人均不报名游泳，也均不报名跳高。

再结合“5人每人报名了其中的2～3项，每个项目有1～3人报名”，可得下表：

人\项目	跳高	铅球	短跑	长跑	游泳
甲	×	×	√	√	×
乙	×	×	√	√	×
丙	√	×	×	×	√
丁	√	√	×	×	×
戊	×	×	√	√	×

故B项正确。

【答案】D、B

母题模型 5 假言命题的矛盾命题模型

母题技巧

第 1 步 识别命题形式	（1）题干特点 题干中的已知条件由一个或多个“假言命题”组成。 （2）提问方式 “以下哪项最能削弱/反驳题干？” “以下哪项最能说明题干不成立？” “若题干为真，则以下哪项必然为假？” “以下哪项最不符合题干？”
第 2 步 套用母题方法	解题方法： 步骤 1：画箭头。 步骤 2：如能串联，则进行串联。 将题干串联成：A→B→C→D。 步骤 3：找矛盾。 如：A∧¬D，B∧¬D，A∧¬C 等，均与题干矛盾。 注意：A↔B 与 A∀B 矛盾。 【假言命题的矛盾命题模型的母题技巧】 已知条件是假言，提问削弱不可能。 肯前否后找矛盾，选项代入做排除。

典型例题

1 有人认为，任何一个机构都包括不同的职位等级或层级，每个人都隶属于其中的一个层级。如果某人在原来的级别岗位上干得出色，就会获得提拔的机会。而被提拔者得到重用后却碌碌无为，这会造成机构效率低下、人浮于事。

以下哪项如果为真，最能质疑上述观点？

A. 不同岗位的工作方法是不同的，对新岗位要有一个适应过程。

B. 部门经理王先生业绩出众，被提拔为公司总经理后工作依然出色。

C. 个人晋升常常在一定程度上影响所在机构的发展。

D. 李明的体育运动成绩并不理想，但他进入管理层后却干得得心应手。

E. 王副教授教学和科研能力都很强，而晋升为正教授后却表现平平。

【第 1 步　识别命题形式】

题干中出现多个假言命题，且这些假言命题中无重复元素，提问方式为“最能质疑上述观点”，故此题为假言命题的矛盾命题模型。

【第2步　套用母题方法】

步骤1：画箭头。

题干：

①出色→获得提拔机会。

②被提拔→碌碌无为。

步骤2：找矛盾。

①的矛盾命题为：③出色∧¬获得提拔机会。

②的矛盾命题为：④被提拔∧¬碌碌无为。

B项，被提拔∧¬碌碌无为，等价于④，与②“被提拔→碌碌无为”矛盾，故B项最能质疑题干的观点。

【答案】B

2 近些年来，我国考古成果突出，出土了一大批完整的文物。与此同时，广大“考古迷”对文物保护工作也给出了诸多建议。只有安放在博物馆才能提供专业的文物保护设施和环境。而文物保护的前提是能够提供专业的保护设施和环境。

以下哪项最能削弱以上断言？

A. 有些未放到博物馆的文物受到了损坏。

B. 有的展览馆不能提供专业的文物保护设施。

C. 有的文物虽然放在博物馆中，但仍有破损。

D. 所有放置在博物馆的文物都得到了很好的保护。

E. 一些留在原处未放置到博物馆的文物(如古建筑、古墓葬等)，也得到了很好的保护。

【第1步　识别命题形式】

题干中出现多个假言命题，且这些假言命题中存在重复元素可以实现串联，提问方式为“以下哪项最能削弱以上断言？”，故此题为假言命题的矛盾命题模型。先将题干串联，再找矛盾命题即可求解。

【第2步　套用母题方法】

步骤1：画箭头。

题干：

①能够提供专业的保护设施和环境→博物馆。

②文物保护→能够提供专业的保护设施和环境。

步骤2：串联。

由②、①串联可得：文物保护→能够提供专业的保护设施和环境→博物馆。

步骤3：找矛盾。

E项，文物保护∧¬博物馆，与题干“文物保护→博物馆”矛盾，故此项最能削弱题干。

【答案】E

3 张珊想学习街舞，关于学习的舞种，她咨询了三位舞蹈老师。三位舞蹈老师建议如下：

舞蹈老师一：如果学习嘻哈舞，则学习爵士舞。

舞蹈老师二：如果学习地板舞，则不学习锁舞。

舞蹈老师三：或者学习地板舞，或者不学习爵士舞。

已知三位舞蹈老师的建议均被张珊采纳了。

以下哪项课程搭配不符合三位舞蹈老师的建议？

A. 嘻哈舞和地板舞都学习。

B. 学习锁舞，不学习爵士舞。

C. 嘻哈舞和锁舞都学习。

D. 学习嘻哈舞，不学习锁舞。

E. 学习锁舞，不学习嘻哈舞。

【第 1 步　识别命题形式】

题干中出现多个假言命题，且这些假言命题中存在重复元素可以实现串联，提问方式为“以下哪项课程搭配不符合三位舞蹈老师的建议？”，故此题为假言命题的矛盾命题模型。先将题干串联，再找矛盾命题即可求解。

【第 2 步　套用母题方法】

步骤 1：画箭头。

题干：

①嘻哈舞→爵士舞。

②地板舞→¬ 锁舞。

③地板舞 ∨ ¬ 爵士舞，等价于：爵士舞→地板舞。

步骤 2：串联。

由①、③和②串联可得：嘻哈舞→爵士舞→地板舞→¬ 锁舞。

步骤 3：找矛盾。

C 项，嘻哈舞 ∧ 锁舞，与题干“嘻哈舞→¬ 锁舞”矛盾，故此项不符合三位舞蹈老师的建议。

【答案】C

4 只有实现生态保护与旅游开发的平衡，才能确保景点的可持续发展。除非对开发区域实施合理划定，否则不能实现生态保护与旅游开发的平衡。要对开发区域实施合理划定，就要引导游客文明旅游。

如果上面的陈述是真实的，则下列哪项一定为假？

A. 如果引导游客文明旅游，就能实现生态保护与旅游开发的平衡。

B. 只有引导游客文明旅游，才能实现生态保护与旅游开发的平衡。

C. X 景区工作人员对该区域实施合理划定，但 X 景区尚未实现可持续发展。

D. H 景区实现了景点的可持续发展，但并未引导游客文明旅游，景区内游客随手扔的果皮纸屑随处可见。

E. Y 景区或者没有对该区域实施合理划定，或者引导游客文明旅游。

【第 1 步　识别命题形式】

题干中出现多个假言命题，且这些假言命题中存在重复元素可以实现串联，提问方式为“下列哪项一定为假”，故此题为假言命题的矛盾命题模型。先将题干串联，再找矛盾命题即可求解。

【第2步 套用母题方法】

步骤1：画箭头。

题干：

①确保景点的可持续发展→实现生态保护与旅游开发的平衡。

②¬对开发区域实施合理划定→¬实现生态保护与旅游开发的平衡。

③对开发区域实施合理划定→引导游客文明旅游。

步骤2：串联。

由①、②和③串联可得：确保景点的可持续发展→实现生态保护与旅游开发的平衡→对开发区域实施合理划定→引导游客文明旅游。

步骤3：找矛盾。

D项，景点的可持续发展∧¬引导游客文明旅游，与题干“确保景点的可持续发展→引导游客文明旅游”矛盾，故此项一定为假。

【答案】D

5 书籍是人类智慧的结晶，而人物则是书籍中的灵魂。在阅读一本书之前，只有先了解人物的背景和经历，才能理解人物的行为和想法。只有理解人物的情感和决策，才能建立与人物的共鸣。如果读者要想理解人物的情感和决策，那么就需要理解人物的行为和想法。

如果上面的陈述是真实的，则下列哪项一定为假？

A. 读者未能建立与人物的共鸣，但是了解人物的背景和经历。

B. 或者不理解人物的情感和决策，或者理解人物的行为和想法。

C. 刘武理解人物的行为和想法，但是不了解人物的背景和经历。

D. 张珊理解人物的情感和决策，同时也理解人物的行为和想法。

E. 赵四理解人物的情感和决策，但不能建立与人物的共鸣。

【第1步 识别命题形式】

题干中出现多个假言命题，且这些假言命题中存在重复元素可以实现串联，提问方式为“下列哪项一定为假”，故此题为假言命题的矛盾命题模型。先将题干串联，再找矛盾命题即可求解。

【第2步 套用母题方法】

步骤1：画箭头。

题干：

①理解人物的行为和想法→了解人物的背景和经历。

②建立与人物的共鸣→理解人物的情感和决策。

③理解人物的情感和决策→理解人物的行为和想法。

步骤2：串联。

由②、③和①串联可得：建立与人物的共鸣→理解人物的情感和决策→理解人物的行为和想法→了解人物的背景和经历。

步骤3：找矛盾。

C项，理解人物的行为和想法∧¬了解人物的背景和经历，与①“理解人物的行为和想法→

了解人物的背景和经历”矛盾，故此项一定为假。

【答案】C

母题模型 6 匹配模型

母题技巧

第 1 步 识别命题形式	题干特点：题干中的已知条件主要由 5 大条件中的“匹配关系”组成，且没有或几乎没有假言命题。 例如：共有 4 个人、4 门课程，其中每个人报名 1 门课程，每门课程均有 1 人报名。
第 2 步 套用母题方法	方法一：常规解题方法。 步骤 1：数量关系优先算。 一些复杂的匹配题中，同样会涉及数量关系，解题时，就需要先进行数量计算。 若题干的匹配情况是明确的，那么可以跳过这个步骤。 步骤 2：事实/问题优先看。 以事实/提问中新补充的信息作为解题起点，联立与之相关的条件，得出新的事实。 步骤 3：重复/互斥是关键，涉及排序则分类讨论。 先分析单个条件中的互斥关系（能得到否定的事实），再利用“重复元素”或者“重复话题”搭桥，分析条件间的互斥（能得到否定的事实）。 当涉及先后、左右顺序时（即：排序 + 匹配），可以优先考虑从“跨度更大的条件”入手进行分类讨论，再结合“相邻元素”进行定位。 步骤 4：简单匹配做排除，复杂匹配画表格，多组匹配填空法/连线法。 简单匹配往往是一一匹配，分析题干已知条件后，要注意排除法的应用。 这里的“排除”不是指选项排除，而是指题干中元素的排除。 例如：去西安旅游的可能是甲、乙、丙、丁中的一位，排除甲、乙、丙三人后，可以确定是丁。 方法二：选项排除法。 情况 1：当题干中出现以下提问方式时，常用选项排除法。 “以下哪项<u>可能</u>为真？” “以下哪项<u>可能</u>符合题干？” “以下哪项<u>可以</u>符合题干？” “以下哪项<u>不符合</u>题干？” 情况 2：当题干中的选项看起来像排列组合时，常用选项排除法。 情况 3：当题干中的提问针对某一具体对象时，常用选项排除法。 选项排除法的使用方式： 方式①：依次看每个条件，用条件去排除选项。 方式②：依次看每个选项，看选项是否符合条件。

续表

【技巧拓展：匹配题特殊条件的处理】

（1）互斥条件

即在匹配题中，涉及2个及以上元素的条件。特别注意当一个条件同时涉及多个元素时，他们之间两两互斥。

互斥的组别数 = C_n^2（n 表示该条件内元素的个数）。

例如：赵嘉、工程师、研究员三人经常一起打球。

【分析】

在这个条件中，同时涉及"赵嘉""工程师""研究员"三个人，他们之间两两互斥，有3组互斥条件，即：赵嘉不是工程师、赵嘉不是研究员、工程师不是研究员。

（2）占位条件

即范围占位。

例如，甲、乙两人在南京和北京之间选择，且每人去一个地方，每个地方只去一人。

【分析】

这个条件说明甲、乙两人占据了南京和北京，其他人无法来南京和北京，甲、乙也不能去其他地方。

典型例题

1 一座塑料大棚中有6块大小相同的长方形菜池，按照从左到右的顺序依次排列为：1、2、3、4、5和6号，而且1号与6号不相邻。大棚中恰好需要种6种蔬菜：Q、L、H、X、S和Y。每块菜池只能种植其中的1种蔬菜。种植安排必须符合以下条件：

(1)Q在H左侧的某一块菜池中种植。

(2)X种植在1号或5号菜池。

(3)3号菜池种植Y或S。

(4)L在紧挨着S的右侧种植。

如果S种植在偶数号的菜池中，则以下哪项陈述必然为真？

A. L种植在1号菜池。

B. H种植在5号菜池。

C. Y种植在4号菜池。

D. X种植在2号菜池。

E. H种植在6号菜池。

【第1步 识别命题形式】

题干中出现"蔬菜"与"菜池"的匹配关系，故此题为匹配模型。

【第2步 套用母题方法】

步骤1：事实/问题优先看。

本题补充新信息：(5)S种植在偶数号的菜池。

由条件(5)并结合条件(3)可知，3号菜池种植Y。

步骤2：重复/互斥是关键。

分析重复元素"S"，由条件(4)可知，S不种植在6号菜池。

再结合"3号菜池种植Y"和条件(4)可知，S不种植在2号菜池。

再结合条件(5)可知，S种植在4号菜池；结合条件(4)可得：L种植在5号菜池。

由"L种植在5号菜池"结合条件(2)可得：X种植在1号菜池。

综上，结合条件(1)可知，Q 种植在 2 号菜池，H 种植在 6 号菜池。

故 E 项正确。

【答案】E

2～3 题基于以下题干：

有 6 个不同国籍的人，他们的名字分别为：甲、乙、丙、丁、戊和己；他们的国籍分别是：美国、德国、英国、法国、俄罗斯和意大利(名字顺序与国籍顺序并非一一对应)。现已知下列条件：

(1)甲和美国人是医生。

(2)戊和俄罗斯人是教师。

(3)丙和德国人是技师。

(4)乙和己曾经当过兵，而德国人从未当过兵。

(5)法国人比甲年龄大，意大利人比丙年龄大。

(6)乙同美国人下周要到英国去旅行，丙同法国人下周要到瑞士去度假。

2 由上述条件可以确定德国人是：

A. 甲。 B. 乙。 C. 丙。 D. 丁。 E. 戊。

3 由上述条件可以确定美国人是：

A. 乙。 B. 丙。 C. 丁。 D. 戊。 E. 己。

【第 1 步 识别命题形式】

第 2 题：题干中出现"人"与"国籍"的匹配关系，故此题为匹配模型。

第 3 题：同上题一致。

【第 2 步 套用母题方法】

第 2 题

题干问的是"德国人"的身份，故优先分析与"德国人"有关的条件，即条件(3)和(4)。

由条件(3)可知，德国人是技师，且德国人不是丙。

由条件(4)可知，德国人不是乙和己。

现已知德国人是技师，故不是技师的人均不是德国人。

由条件(1)可知，甲是医生，故甲不是德国人。

由条件(2)可知，戊是教师，故戊不是德国人。

此时，甲、乙、丙、戊、己均被排除，则剩余的丁为德国人。故 D 项正确。

第 3 题

题干问的是"美国人"的身份，故优先分析与"美国人"有关的条件，即条件(1)和(6)。

由条件(1)可知，甲不是美国人，且美国人是医生。

由条件(6)可知，乙不是美国人。

现已知美国人是医生，故不是医生的人均不是美国人。

由条件(2)可知，戊是教师，故戊不是美国人。

由条件(3)可知，丙是技师，故丙不是美国人。

根据上一题的结论可知，丁不是美国人。

此时，甲、乙、丙、丁、戊均被排除，则剩余的己为美国人。故E项正确。

【答案】D、E

4 一群网友在现实中举办变装舞会，每个人必须按照自己网名所代表的人物或者事物来进行装扮。白雪公主、巫婆、佐罗、石头、哈利·波特、仙人掌是甲、乙、丙、丁、戊、己六个网友的网名(顺序并不是一一对应)。甲、乙、戊是女性，其他三位是男性。乙、丙、戊的年龄超过了30周岁。在变装舞会上扮演上述六种角色的六个人分别说了一句话表明现实身份：

(1)白雪公主："我比你们都小，请多多关照。"

(2)巫婆："巫婆只能是女的，男的应当叫巫师，所以我是女的。"

(3)佐罗："六个人的年龄从大到小排列，我是倒数第二的，我不是丁。"

(4)石头："我的网名是我妻子取的，因为她说我不浪漫，连木头都不如。"

(5)哈利·波特："虽然我年纪最大，但我还是有童心的。"

(6)仙人掌："多刺的我终于能够在30岁以前把自己嫁出去了，明天举行婚礼，欢迎大家来参加。"

根据上述信息，可以推出以下各项，除了：

A. 白雪公主是丁。

B. 哈利·波特是乙。

C. 佐罗是己。

D. 石头是丙。

E. 仙人掌是甲。

【第1步 识别命题形式】

题干中出现"网名"与"网友"的匹配关系，故此题为匹配模型。

【第2步 套用母题方法】

将题干中关于"年龄"和"性别"的信息整合如下：

女性：甲、乙、戊；男性：丙、丁、己。

超过30周岁：乙、丙、戊；未超过30周岁：甲、丁、己。

由条件(6)可知，仙人掌是小于30岁的女性，再结合性别和年龄分析可知，仙人掌是甲。

由条件(3)可知，佐罗小于30岁且不是丁，再结合"仙人掌是甲"可得：佐罗是己。

由条件(1)可知，白雪公主是甲、丁、己三人中的一人，再结合"仙人掌是甲""佐罗是己"，可得：白雪公主是丁。

由条件(4)可知，石头是丙、丁、己三人中的一人，再结合"白雪公主是丁""佐罗是己"，可得：石头是丙。

综上，此题选择B项。

【答案】B

5 某医院安排5名护士周内值班，这5名护士分别为甲、乙、丙、丁和戊，已知每名护士只需要值1天班。从星期一到星期五晚上每天都要有人值班，且每天只有1名护士值班。同时，还有如下要求：

(1)丙被安排在戊之后值班。

(2)丁和甲2人在星期三晚上一起去看了电影。

(3)星期四晚上值班的人与乙、丁一起吃过饭。

(4)丙从未见过乙，也不在最后一天值班。

若丁不是最早值班的人也不是最晚值班的人，则可以得出以下哪项？

A. 乙在星期五值班。　　B. 丁在星期三值班。　　C. 甲在星期二值班。

D. 戊在星期五值班。　　E. 丙在星期四值班。

【第 1 步　识别命题形式】

题干中出现“护士”与“值班时间”的匹配关系，故此题为匹配模型。

【第 2 步　套用母题方法】

从事实出发，由“丁不是最早值班的人也不是最晚值班的人”可得：丁不在星期一值班、丁不在星期五值班。

观察题干已知条件，发现“丁”和“丙”均出现 3 次，故优先分析。

分析重复元素“丁”：

由条件(2)可得：甲和丁均不在星期三值班。

由条件(3)可得：乙和丁均不在星期四值班。

综上，可得：丁在星期二值班。

分析重复元素“丙”：

由条件(1)可知：丙不在星期一值班。

由条件(4)并结合条件(3)可知，丙不在星期四值班、丙不在星期五值班。

再结合“丁在星期二值班”及题干可得：丙在星期三值班。

综上，结合条件(1)可得：戊在星期一值班。

由上述信息，结合“乙不在星期四值班”可得：甲在星期四值班、乙在星期五值班。

故 A 项正确。

【答案】A

6　某小区内住着从清北大学毕业的四位硕士研究生甲、乙、丙、丁。她们的职业恰好是医生、律师、作家、记者中的一种，且每个人的职业都不相同。已知：

(1)律师的邻居不是记者，医生每天步行上班。

(2)甲和乙是邻居，每天一起开车上班。

(3)医生和丙经常一起健身，但是记者和作家平时很少见面。

(4)甲和丙经常一起看球赛。

根据以上断定，可以推出以下哪项？

A. 甲是记者。　　B. 乙是作家。　　C. 丙是医生。

D. 丁是律师。　　E. 甲是作家。

【第 1 步　识别命题形式】

题干中出现“人”与“职业”的匹配关系，故此题为匹配模型。

【第 2 步　套用母题方法】

观察题干已知条件，发现“甲”“丙”“医生”“邻居”出现次数较多，均可优先分析。

分析重复元素“甲”：

由条件(1)和条件(2)可知，甲和乙都不是医生。

由“甲和乙都不是医生”可知，甲和乙的职业有如下三种情况：①律师和作家；②律师和记者；③作家和记者。

再由条件(2)、条件(1)中“律师的邻居不是记者”及条件(3)中“记者和作家平时很少见面”可知，甲、乙的职业是律师和作家(并非一一对应)。

再由条件(3)可知，丙不是医生。因此，丙是记者、丁是医生。

再由条件(3)和条件(4)可知，甲是律师、乙是作家。故B项正确。

【答案】B

7 光明中学高二(1)班的甲、乙、丙、丁、戊、己、庚、辛8位学生在运动会期间报名了篮球、足球、排球、长跑4个项目，每个项目都有人报名，每人只能报名1个项目。有3个项目的报名人数不同。此外，还已知：

(1)乙、戊、甲和丁4人报名了足球和长跑2个项目。

(2)丙和己报名了篮球项目。

(3)戊和辛报名了相同的项目。

根据以上信息，可以得出以下哪项？

A. 庚报名排球项目。 B. 乙报名足球项目。 C. 戊报名篮球项目。
D. 甲报名长跑项目。 E. 丁报名足球项目。

【第1步 识别命题形式】

题干中出现“人”与“项目”的匹配关系，“有3个项目的报名人数不同”为数量关系，故此题为数量匹配模型。

【第2步 套用母题方法】

步骤1：数量关系优先算。

由“8个人报名了4个项目”并结合“有3个项目的报名人数不同”可知，8=1+2+2+3或8=1+1+2+4。即：4个项目的报名人数情况为：1人、2人、2人、3人，或者1人、1人、2人、4人。

步骤2：事实/问题优先看。

由条件(1)和条件(3)可知，乙、戊、甲、丁、辛5人共报名了足球和长跑2个项目。结合“4个项目的报名人数情况为：1人、2人、2人、3人，或者1人、1人、2人、4人”可知，足球和长跑2个项目的报名人数情况为(2人、3人)或者(1人、4人)，具体不定。

故丙、己和庚3人报名了排球和篮球2个项目，且这2个项目的报名人数情况为：1人、2人，具体不定。

再结合条件(2)可知，庚报名排球项目。故A项正确。

【答案】A

8～9题基于以下题干：

天和中学高一(1)班的赵嘉、钱宜、孙斌、周武、吴纪和郑耿6位学生在新生开学期间报名参加该校学生会，他们所选的部门在体育部、文艺部、生活部、外联部之中，每人加入了其中的1个部门，每个部门至少有1人加入。还已知：

(1)孙斌和赵嘉加入同一个部门，恰有1个人和郑耿加入同一个部门。

(2)钱宜加入的是体育部，孙斌没加入外联部。

(3)周武加入的是体育部或外联部。

8 根据以上信息，可以推断以下哪项一定为假？

A. 吴纪加入的是体育部。
B. 郑耿加入的是体育部。
C. 郑耿加入的是文艺部。
D. 吴纪加入的是生活部。
E. 周武加入的是外联部。

9 如果郑耿加入的是生活部，则以下哪项一定为真？

A. 孙斌加入的是文艺部。
B. 钱宜加入的是生活部。
C. 吴纪加入的是体育部。
D. 吴纪加入的是文艺部。
E. 吴纪加入的是外联部。

【第 1 步　识别命题形式】

第 8 题：题干中出现“人”与“部门”的匹配关系，故此题为匹配模型。

第 9 题：同上题一致。

【第 2 步　套用母题方法】

第 8 题

步骤 1：数量关系优先算。

由“6 人加入 4 个部门，每人加入了其中的 1 个部门，每个部门至少有 1 人加入”可知，6＝2＋2＋1＋1 或 6＝3＋1＋1＋1。

再结合条件(1)“孙斌和赵嘉加入同一个部门，恰有 1 个人和郑耿加入同一个部门”可知，4 个部门加入的人数情况为：6＝2(孙斌和赵嘉)＋2(郑耿和某一人)＋1＋1。

步骤 2：事实/问题优先看。

此题的题干信息比较复杂，可以考虑画表格，由于孙斌和赵嘉在同一个部门，可将这二人捆绑列入同一行。根据题干信息，可得下表：

学生＼部门	体育部	文艺部	生活部	外联部
孙斌、赵嘉				×
钱宜	√	×	×	×
周武		×	×	
吴纪				
郑耿				

观察上表，若孙斌、赵嘉加入体育部，则体育部有 3 人，与“6＝2＋2＋1＋1”这一数量关系矛盾，故孙斌和赵嘉未加入体育部。

若周武加入体育部，则体育部有 2 人，再结合条件(1)可知，孙斌和赵嘉在同一个部门，还有 1 人和郑耿在同一个部门，与“6＝2＋2＋1＋1”这一数量关系矛盾，故周武未加入体育部。

同理，吴纪也未加入体育部。

故 A 项一定为假。

第9题

引用上题推理结果，结合“每人加入了其中的1个部门，每个部门至少有1人加入”，可得下表：

学生＼部门	体育部	文艺部	生活部	外联部
孙斌、赵嘉	×			×
钱宜	√	×	×	×
周武	×	×	×	√
吴纪	×			
郑耿				

由上表及“郑耿加入的是生活部”可知，若孙斌和赵嘉也加入生活部，则生活部有3人，与“6=2+2+1+1”这一数量关系矛盾，因此孙斌和赵嘉未加入生活部。再结合条件(1)可知，吴纪加入生活部。

综上，结合“每人加入了其中的1个部门，每个部门至少有1人加入”，可得下表：

学生＼部门	体育部	文艺部	生活部	外联部
孙斌、赵嘉	×	√	×	×
钱宜	√	×	×	×
周武	×	×	×	√
吴纪	×	×	√	×
郑耿	×	×	√	×

故A项正确。

【答案】A、A

10 甲、乙、丙、丁、戊5人决定去旅游，每人都将前往1～2个城市。已知5人去的3个城市是北京、西安和南京。其中1个城市有3人前往，1个城市有2人前往，另1个城市只有1人前往。此外，5人的选择还将满足以下条件：

(1)戊和丁没有前往同1个城市。

(2)丁和甲仅前往1个相同的城市，乙和丙也仅前往了1个相同的城市。

(3)甲没有前往北京，戊没有前往西安。

(4)丙前往了南京。

(5)乙同时前往了有2人前往和有3人前往的城市。

根据上述信息，以下哪项一定为真？

A. 戊没有前往北京。　　　　B. 丁前往了南京。

C. 有 3 个人前往的城市是南京。　　　　D. 有 3 个人前往的城市是西安。

E. 乙没有前往南京。

【第 1 步　识别命题形式】

题干中出现"人"与"城市"的匹配关系，且人数比城市数多，故此题为数量匹配模型。

【第 2 步　套用母题方法】

数量关系优先算：由"5 人前往 3 个城市，其中 1 个城市有 3 人前往，1 个城市有 2 人前往，另 1 个城市只有 1 人前往"可知，题干相当于"5 人前往 6 个城市"，再结合"每人都将前往 1～2 个城市"可知，6＝2＋1＋1＋1＋1。

再由条件(5)"乙同时前往了有 2 人前往和有 3 人前往的城市"可知，乙前往了 2 个城市，故其余 4 人均只去了 1 个城市。

综上，结合题干信息，可得下表：

城市 人	北京	西安	南京
甲	×		
乙			
丙	×	×	√
丁			
戊		×	

由条件(2)可知，乙和丙前往了相同的城市，故有：(6)乙前往了南京。

若甲、丁去的是南京，则南京有 4 人前往，与"6＝2＋1＋1＋1＋1"矛盾，故甲、丁去西安。

再结合条件(5)可知，乙也去西安。

继续推理，可得下表：

城市 人	北京	西安	南京
甲	×	√	×
乙	×	√	√
丙	×	×	√
丁	×	√	×
戊	√	×	×

故 D 项正确。

【答案】D

11 某国际学术交流会议期间，甲、乙、丙、丁4位学者侃侃而谈。他们用了汉语、英语、法语、德语、俄语5种语言。每人会其中的2种语言，每种语言有1～3人会。还已知：

(1)仅有1种语言4人中有3人都会。

(2)甲和丙会法语，丁不会俄语。

(3)丁、乙均不能与甲直接沟通。

(4)乙和丁能直接交流，丁会德语。

(5)丙不会德语，乙不会英语。

根据以上信息，可以得出以下哪项结论？

A. 甲会汉语和德语。　　B. 丙会法语和英语。　　C. 丁会德语和法语。

D. 乙会法语和俄语。　　E. 甲会法语和英语。

【第1步　识别命题形式】

题干中出现“学者”与“语言”的匹配关系，且语言数比学者数多，故此题为数量匹配模型。

【第2步　套用母题方法】

步骤1：数量关系优先算。

由“每人会2种语言”可知，5种语言共计有8人会。再结合“每种语言有1～3人会”和条件(1)可知，8=3+2+1+1+1。即：有3种语言各有1人会、有1种语言有2人会、有1种语言有3人会。

步骤2：数量矛盾出事实。

由条件(2)“甲和丙会法语”并结合条件(3)可知，只有甲、丙2人会法语。

再由条件(3)、(4)并结合“有3种语言各有1人会、有1种语言有2人会、有1种语言有3人会”可知，乙、丙、丁3人会同种语言。

再结合条件(5)和条件(2)“丁不会俄语”可知，乙、丙、丁3人都会汉语。

综上，由“丁会德语∧乙不会英语”并结合“每人会2种语言”和“有3种语言各有1人会、有1种语言有2人会、有1种语言有3人会”，可得下表：

学者＼语言	汉语	英语	法语	德语	俄语
甲	×	√	√	×	×
乙	√	×	×	×	√
丙	√	×	√	×	×
丁	√	×	×	√	×

故E项正确。

【答案】E

12～13题基于以下题干：

五一假期即将来临，甲、乙、丙、丁、戊、己6人计划前往西安、北京、三亚、昆明、敦煌旅游。每个城市都有其中的3人前往，每人前往2～3个城市。已知：

(1)甲和丙去的城市完全不一致，丙没去敦煌。

(2)丁和戊 2 人是好友，相约一起出行。
(3)丁去的城市均在西安、三亚和昆明之中。
(4)丙去的城市均在北京、三亚和敦煌之中。

12 根据以上信息，可以得出以下哪项？

A. 甲前往西安。　B. 乙前往昆明。　C. 丙前往三亚。
D. 丁前往敦煌。　E. 戊前往西安。

13 若有 2 个城市甲和戊均未前往，则可以得出以下哪项？

A. 甲前往昆明。　B. 戊前往三亚。　C. 乙前往西安。
D. 丁前往北京。　E. 己前往西安。

【第 1 步　识别命题形式】

第 12 题：题干中出现“人”与“城市”的匹配关系，且人数比城市数多，故此题为数量匹配模型。

第 13 题：题干补充新的事实条件“有 2 个城市甲和戊均未前往”，其他已知条件同上题一致，故此题为事实数量匹配模型。

【第 2 步　套用母题方法】

第 12 题

步骤 1：数量关系优先算。

由“每个城市都有其中的 3 人前往”可知，6 人共计前往 15 个城市。再结合“每人前往 2～3 个城市”可知，15=3+3+3+2+2+2。即：有 3 人各前往 3 个城市、有 3 人各前往 2 个城市。

步骤 2：事实/问题优先看。

由条件(3)可知，丁没有去北京，也没有去敦煌。

再结合条件(2)可得：戊没有去北京，也没有去敦煌。

由条件(1)中“甲和丙去的城市完全不一致”可知，甲和丙中至多有 1 人去北京、至多有 1 人去敦煌；再结合“每个城市都有其中的 3 人前往”可得：乙、己均去了北京和敦煌。

再由条件(4)可知，丙没有去西安，也没有去昆明。

综上，结合条件(1)和“每个城市都有其中的 3 人前往，每人前往 2～3 个城市”，可得下表：

城市 人	西安	北京	三亚	昆明	敦煌
甲		×	×		√
乙		√			√
丙	×	√	√	×	×
丁		×			×
戊		×			×
己		√			√

故 C 项正确。

第 13 题

本题新补充事实：(5)有 2 个城市甲和戊均未前往。

引用上题表格：

城市 人	西安	北京	三亚	昆明	敦煌
甲		×	×		√
乙		√			√
丙	×	√	√	×	×
丁		×			×
戊		×			×
己		√			√

由上表结合“有 2 个城市甲和戊均未前往”“每个城市都有其中的 3 人前往”、条件(2)可知，甲和戊均未前往三亚。

再结合条件(2)、“每个城市都有其中的 3 人前往，每人前往 2～3 个城市”，可将上表补充如下：

城市 人	西安	北京	三亚	昆明	敦煌
甲	√	×	×	√	√
乙	×	√	√	×	√
丙	×	√	√	×	×
丁	√	×	×	√	×
戊	√	×	×	√	×
己	×	√	√	×	√

故 A 项正确。

【答案】C、A

母题模型 7 // 数量关系模型

母题技巧

第 1 步 识别命题形式	（1）题干特点：题干中的已知条件主要由 5 大条件中的“数量关系”组成。 （2）选项特点：选项均为事实或多为事实。
第 2 步 套用母题方法	“数量关系问题”有两个考点： （1）数量关系的计算。 （2）在数量关系处找矛盾。

典型例题

1 某集团公司总部财务部共有甲、乙、丙、丁、戊、己、庚、辛、壬、癸、赵、钱和孙 13 名财务人员，现欲从中选择 6 人下派至分公司担任财务经理一职，其余人均留在总部任职。已知：

(1)甲、乙、赵、钱中至多有 2 人留在总部任职。

(2)戊和孙 2 人最终的情况完全一致。

(3)丙、己 2 人中仅有 1 人被下派。

(4)丁、庚、壬中至少下派 2 人。

根据上述信息，可以得出以下哪项？

A. 辛和孙留在总部任职。

B. 戊和孙留在总部任职。

C. 丁和癸留在总部任职。

D. 甲和壬下派至分公司。

E. 辛和丙下派至分公司。

【第 1 步　识别命题形式】

题干中，“13 选 6”、条件(1)、(3)和(4)均为数量关系，故此题为数量关系模型(选人问题)。

【第 2 步　套用母题方法】

由条件(1)、(3)和(4)可得：甲、乙、赵、钱、丙、己、丁、庚、壬 9 人中至少下派 5 人。

再结合“13 选 6”可得：戊、辛、癸、孙 4 人中至多下派 1 人。

再结合条件(2)可得：戊和孙均不下派(即：均留在总部任职)。故 B 项正确。

【答案】B

2 某高校将在甲、乙、丙、丁、戊、己、庚、辛 8 位大四学生中选择 5 人前往山区支教。关于最终的人选，已知：

(1)甲、乙中至多有 1 人前往支教。

(2)丙和丁中有且仅有 1 人不前往支教。

(3)甲、辛、己中至多有 1 人前往支教。

(4)丁、戊、己、庚中至多有 2 人前往支教。

根据上述信息，以下哪项一定为真？

A. 己和辛前往支教。

B. 丁和庚前往支教。

C. 己和甲前往支教。

D. 戊和辛前往支教。

E. 甲、丙和戊3人中只有1人前往支教。

【第1步 识别命题形式】

题干中，“8选5”、条件(1)、(2)、(3)和(4)均为数量关系，故此题为数量关系模型(选人问题)。

【第2步 套用母题方法】

由条件(1)、(4)可知，甲、乙、丁、戊、己、庚6人中至多有3人前往支教。

再结合“8选5”可知，丙和辛都前往支教。

由“丙”并结合条件(2)可知，¬丁。

由“辛”并结合条件(3)可知，¬甲∧¬己。

综上，乙、丙、戊、庚、辛5人前往支教。

故D项正确。

【答案】D

3 现有数字为1～9的九张游戏牌，其中一张为“王牌”。赵、钱、孙、李每人各分得这九张牌中的两张，恰好没有人拿到“王牌”。4人现有如下发言：

(1)赵：“我手上两张牌的乘积为24。”

(2)钱：“我手上两张牌的乘积是10的倍数。”

(3)孙：“我的任何一张牌都比钱的牌数字大。”

(4)李：“我手上两张牌的乘积恰好是赵的一半。”

根据上述信息，以下哪项一定为真？

A. 王牌是1。

B. 王牌是3。

C. 王牌是5。

D. 王牌是7。

E. 王牌是9。

【第1步 识别命题形式】

题干中，乘积、数字大小等均可视为数量关系，故此题为数量关系模型。

【第2步 套用母题方法】

由条件(1)可知，赵的两张牌是(3、8)∀(4、6)。

由条件(4)可知，李的两张牌是(3、4)∀(2、6)。

若赵的两张牌是(4、6)，则李的两张牌和赵的牌一定有重复，与题意矛盾。因此，赵的两张牌是3、8；李的两张牌是2、6。

再结合条件(2)可知，钱的两张牌是4、5。

再由条件(3)可知，孙的两张牌是7、9。

综上，结合“恰好没有人拿到‘王牌’”可知，王牌是1。

故A项正确。

【答案】A

4 某校体育协会组织了一场羽毛球赛，此次比赛共分为两轮。比赛开始之前，赵、钱、孙、李4位首先进行了抽签仪式。在签号池中，共计有8个签号，即1～8号。每人抽取两次，且抽出的签号不放回。赛后，他们有如下发言：

(1)赵："我两次的签号均为偶数，且两次签号的和是4的倍数。"

(2)钱："我的第二个签号比孙的第一个签号小，但比孙的第二个签号大。"

(3)孙："我的任何一个签号都比赵的签号小。"

(4)李："我的两个签号的和与赵的两个签号的和相等。"

根据上述信息，钱的第一个签号是：

A. 1号。　　B. 3号。　　C. 5号。

D. 6号。　　E. 8号。

【第1步　识别命题形式】

题干中，偶数、签号之和、签号大小等均可视为数量关系，故此题为数量关系模型。

【第2步　套用母题方法】

由条件(1)可知，赵的签号是(2、6)∀(4、8)。再由条件(3)可知，赵的签号中不能有2。因此，赵的两个签号为4号、8号。

再结合条件(3)可知，孙的签号是(2、1)∀(3、1)∀(2、3)。再结合条件(2)可知，孙的第一、第二个签号分别是：3号、1号；钱的第二个签号是2号。

再由条件(4)可知，李的签号是5号、7号。

综上，钱的第一个签号是6号。

【答案】D

5 A市举办了一场盛大的文化艺术节，活动场地分布在该市的4个区域：历史街区、现代广场、中央公园和艺术走廊。这4个区域共设有14个不同的文化活动点，吸引了众多游客。一位细心的游客发现，每个区域的活动点数量各不相同，并且还发现了以下信息：

(1)历史街区和中央公园的活动点总数为7个。

(2)历史街区和艺术走廊的活动点总数为8个。

(3)其中一个区域的活动点数量为3个。

根据以上信息，以下哪项可能为真？

A. 历史街区有2个活动点。

B. 中央公园有3个活动点。

C. 艺术走廊有5个活动点。

D. 现代广场有3个活动点。

E. 现代广场有6个活动点。

【第1步　识别命题形式】

题干由数量关系组成，故此题为数量关系模型。

【第2步　套用母题方法】

题干有如下信息：

(1)历史＋公园＝7。

(2)历史＋艺术＝8。

(3)有一个区域的数量是3。

(4)历史+公园+艺术+现代=14。

(5)每个区域的活动点数量各不相同。

根据条件(3)可做如下四种假设：①历史=3；②公园=3；③艺术=3；④现代=3。再结合条件(1)、(2)和(4)可得下表：

情况	历史	公园	艺术	现代
情况①	3	4	5	2
情况②	4	3	4	3
情况③	5	2	3	4
情况④	4	3	4	3

情况②、③、④均无法满足条件(5)，因此，情况①为真。故C项正确。

【答案】C

6 某果园里有8棵苹果树，分别命名为甲、乙、丙、丁、戊、己、庚、辛。最近果园主人发现苹果树的产量有所下降，经过观察，发现只有4棵苹果树结了果。这8棵苹果树的产果情况如下：

(1)甲、乙、丙中至多有1棵结了果。

(2)丁、戊、己、庚中恰好有2棵结了果。

(3)辛、丙、丁、戊中至多有1棵结了果。

如果丁和乙中至少有1棵结了果，则可以得出以下哪项?

A. 丁和戊结了果。

B. 丙和己结了果。

C. 戊和辛结了果。

D. 甲和庚结了果。

E. 乙和庚结了果。

【第1步 识别命题形式】

题干由数量关系组成，故此题为数量关系模型。

【第2步 套用母题方法】

由"只有4棵树结果"结合条件(2)可得：甲、乙、丙、辛中恰有2棵结了果；再结合条件(1)可得：辛结了果。

由"辛结了果"结合条件(3)可得：丙、丁、戊均未结果。

由"丁未结果"结合"丁和乙中至少有1棵结了果"可得：乙结了果。

由"乙结了果"结合条件(1)可得：甲、丙均未结果。

综上，乙、辛、己、庚4棵树结了果；甲、丙、丁、戊4棵树均未结果。

故E项正确。

【答案】E

第 3 章　推理母题：非 5 大条件类

❶ 本章的内容是形式逻辑还是综合推理？

既有形式逻辑，也有综合推理。因为 90％的综合推理题是基于形式逻辑的基础知识进行考查的。例如，“性质串联模型”“隐含三段论模型”“真假话模型”“两次与三次分类模型”，本质上考的就是形式逻辑知识，即串联推理、对当关系、概念的划分等。另外，近几年的联考逻辑真题中也出现了一些特殊题型，如“数独模型”，与形式逻辑关系不大，而且考的也不多。

❷ 本章重要吗？

重要，但不如第 2 章重要。本章中的母题模型，2024 年及以前管综真题平均每年考 4 道左右，经综真题平均每年考 3 道左右；2025 年管综真题考了 3 道，经综真题考了 3 道。

❸ 本章难吗？

在联考真题中，本章中的母题模型，整体难度小于第 2 章，多数模型为中等甚至中等以下难度，只有少数题难度较大。比如：“性质串联模型”，难度不大，但对基础知识要求较高，如果你基础知识掌握得不扎实，做起来会感觉有难度；“真假话模型”，可以出较难的题目，建议你一定要理解并掌握对当关系的原理，多刷题、多总结。

本章考情分析

通过对近 10 年管综真题和近 5 年经综真题模型考查频次的分析，现将本章母题模型总结如下：

类型	母题模型	难度
高频核心母题模型	母题模型 8　性质串联模型	★★★
	母题模型 11　真假话模型	★★★★★
	母题模型 12　数独模型	★★★
低频偶考母题模型	母题模型 9　隐含三段论模型	★★
	母题模型 10　推理结构相似模型	★★★
	母题模型 13　两次与三次分类模型	★★★
	母题模型 14　复杂推理模型	★★★★★

难度说明：★★为简单，★★★为中档，★★★★为中档偏上，★★★★★为难。

第 1 节　与性质命题有关的母题模型

母题模型 8 性质串联模型

母题变式 8.1 性质串联模型(基本型)

母题技巧

第 1 步 识别命题形式	(1)题干特点 题干中出现多个由全称命题构成的条件，有时也会出现假言命题，且这些命题中存在重复元素可以实现串联。 (2)选项特点 选项均为特称或全称命题。
第 2 步 套用母题方法	解题方法：通过重复元素将题干已知条件进行串联，再根据性质命题的对当关系判断选项真假。

典型例题

1 所有法学专业的毕业生都获得了法律职业资格证书；所有获得法律职业资格证书的学生都可以从事律师这一职业。

如果以上判断为真，则可以得出以下哪项？

A. 所有法学专业的毕业生都成了律师。

B. 所有法学专业的毕业生都不可以从事律师这一职业。

C. 有的法学专业毕业生可以从事律师这一职业。

D. 有的法学专业毕业生未获得法律职业资格证书。

E. 有的法学专业毕业生成为法官。

【第 1 步　识别命题形式】

题干由全称命题组成，且这些命题中存在重复元素可以实现串联，故此题为性质串联模型(基本型)。

【第 2 步　套用母题方法】

步骤 1：画箭头。

题干：

①法学专业毕业生→法律职业资格证书。

②法律职业资格证书→可以从事律师这一职业。

步骤 2：串联。

由①、②串联可得：③法学专业毕业生→法律职业资格证书→可以从事律师这一职业。

步骤 3：找答案。

A 项，“可以从事律师这一职业”与“成了律师”并非同一概念，故此项可真可假。

B 项，法学专业毕业生→¬ 可以从事律师这一职业，由③可知，法学专业毕业生→可以从事律师这一职业，与此项构成反对关系，一真另必假，故此项必然为假。

C 项，有的法学专业毕业生→可以从事律师这一职业，由③可知，此项必然为真。

D 项，有的法学专业毕业生→¬ 法律职业资格证书，与①构成矛盾关系，故此项必然为假。

E 项，题干不涉及“成为法官”，故此项可真可假。

【答案】C

2 所有参加过国际顶级学术会议的学者都是顶尖学者；所有顶尖学者都参与过重点研究项目；所有未获得过学术奖项的学者都没参与过重点研究项目。

如果上述判断为真，则以下哪项一定为真？

A. 所有的顶尖学者都参加过国际顶级学术会议。

B. 所有未获得过学术奖项的学者都未参加过国际顶级学术会议。

C. 所有参加过国际顶级学术会议的学者都未获得过学术奖项。

D. 有的参加过国际顶级学术会议的学者没有参与过重点研究项目。

E. 所有获得过学术奖项的学者都是顶尖学者。

【第 1 步 识别命题形式】

题干由全称命题组成，且这些命题中存在重复元素可以实现串联，故此题为性质串联模型（基本型）。

【第 2 步 套用母题方法】

步骤 1：画箭头。

题干：

①国际顶级学术会议→顶尖学者。

②顶尖学者→重点研究项目。

③¬ 学术奖项→¬ 重点研究项目。

步骤 2：串联。

由①、②和③串联可得：④国际顶级学术会议→顶尖学者→重点研究项目→学术奖项。

步骤 3：找答案。

A 项，顶尖学者→国际顶级学术会议，由④可知，此项可真可假。

B 项，¬ 学术奖项→¬ 国际顶级学术会议，等价于：国际顶级学术会议→学术奖项，由④可知，此项必然为真。

C 项，国际顶级学术会议→¬ 学术奖项，由④可知，国际顶级学术会议→学术奖项，与此项构成反对关系，故此项必然为假。

D 项，有的国际顶级学术会议→¬ 重点研究项目，由④可知，此项必然为假。

E 项，学术奖项→顶尖学者，根据箭头指向原则，由④可知，“学术奖项”后无箭头指向，故此项可真可假。

【答案】B

3 所有巴克纳文集都保存在藏书室里；如果一本书被保存在藏书室里，这本书就一定是无价的；藏书室里没有海明威写的书，藏书室里的每一本书都列入目录卡。

如果上述判断为真，则以下哪个选项也一定为真？

A. 所有无价的书都保存在藏书室里。

B. 列在目录卡中的巴克纳文集没有价值。

C. 海明威的书是无价的。

D. 有的巴克纳文集中不包括海明威写的书。

E. 所有列入目录卡的书都保存在藏书室里。

【第1步 识别命题形式】

题干由全称命题和假言命题组成，且这些命题中存在重复元素可以实现串联，故此题为性质串联模型(基本型)。

【第2步 套用母题方法】

步骤1：画箭头。

题干：

①巴克纳文集→保存在藏书室里。

②藏书室里的书→无价的书。

③藏书室里的书→不是海明威写的。

④藏书室里的书→列入目录卡。

步骤2：串联。

由①、②串联可得：⑤巴克纳文集→保存在藏书室里→无价的书。

由①、③串联可得：⑥巴克纳文集→保存在藏书室里→不是海明威写的。

由①、④串联可得：⑦巴克纳文集→保存在藏书室里→列入目录卡。

步骤3：找答案。

A项，无价的书→保存在藏书室里，根据箭头指向原则，由⑤可知，“无价的书”后无箭头指向，故此项可真可假。

B项，由⑤可知，巴克纳文集是无价的。“无价”的意思是价值很高，而不是没有价值，故此项一定为假。

C项，海明威的书→无价的，由②、③可知，此项无法判断真假。

D项，有的巴克纳文集→¬包括海明威写的书，由⑥可知，此项必然为真。

E项，列入目录卡→保存在藏书室里，根据箭头指向原则，由④可知，“列入目录卡”后无箭头指向，故此项可真可假。

【答案】D

4 相互尊重是相互理解的基础，相互理解是相互信任的前提。在人与人的相互交往中，自重、自信也是非常重要的，没有一个人尊重不自重的人，没有一个人信任他所不尊重的人。

以上陈述可以推出以下哪项结论？

A. 不自重的人也不被任何人信任。

B. 相互信任才能相互尊重。

C. 不自信的人也不自重。

D. 不自信的人也不被任何人信任。

E. 不自信的人也不受任何人尊重。

【第 1 步　识别命题形式】

题干由全称命题和假言命题组成，且这些命题中存在重复元素可以实现串联，故此题为性质串联模型(基本型)。

【第 2 步　套用母题方法】

步骤 1：画箭头。

题干：

①相互理解→相互尊重。

②相互信任→相互理解。

③没有一个人尊重不自重的人，等价于：所有人不尊重不自重的人，即：如果不自重，则不被尊重(¬ 自重→¬ 被尊重)。

④没有一个人信任他所不尊重的人，等价于：所有人不信任他所不尊重的人，即：如果不被尊重，那么不被信任(¬ 被尊重→¬ 被信任)。

步骤 2：串联。

由②、①串联可得：相互信任→相互理解→相互尊重。

由③、④串联可得：¬ 自重→¬ 被尊重→¬ 被信任，故 A 项为真(此时已经可以直接找到答案，故无须再进行逆否)。

步骤 3：找答案。

B 项，相互尊重→相互信任，由上述分析可知，“相互尊重”后无箭头指向，故此项可真可假。

题干中没有提到“不自信”的结果，故 C、D、E 三项均可真可假。

【答案】A

母题变式 8.2　性质串联模型(带“有的”型)

母题技巧

第 1 步 **识别命题形式**	（1）题干特点 题干一般由特称命题（有的）和全称命题组成，且这些命题中存在重复元素可以实现串联。 （2）选项特点 选项均为特称和全称命题。
第 2 步 **套用母题方法**	方法一：四步解题法（常规方法）。 步骤 1：画箭头。 步骤 2：从“有的”开始做串联。 步骤 3：逆否（注意：带“有的”的项不逆否）。 步骤 4：找答案。 方法二：“有的”开头法（推荐方法）。 找到题干中带“有的”的条件，从“有的”开始串联即可。 该方法的优势在于，我们无须对题干信息进行符号化，即可快速完成串联。 【“有的”串联模型的母题技巧】 题干有的加所有，有的一定串开头； 重复元素直接串，有的互换找答案。

续表

注意:
(1)“有的”互换原则

“有的 A 是 B” = “有的 B 是 A”。

“有的 A 不是 B” = “有的 A 是非 B” = “有的非 B 是 A”。

(2)“有的”开头原则

一串一“有的”,“有的”放开头。

典型例题

1 在一家快餐连锁店,所有汉堡包的热量都超过了 500 卡路里,但并非所有食品的热量都超过了 500 卡路里。此外,除汉堡包之外的所有食品都参与小食打折活动。

根据以上陈述,以下哪项是正确的?

A. 该快餐连锁店半数以上食品的热量超过了 500 卡路里。

B. 汉堡包是该快餐店里热量最高的食品。

C. 不是所有热量超过 500 卡路里的食品都是汉堡包。

D. 快餐店的食品有一些是可以参与小食打折活动的。

E. 高热量的食品很少受到消费者的关注。

【第 1 步 识别命题形式】

题干由特称命题和全称命题组成,且这些命题中存在重复元素可以实现串联,故此题为性质串联模型(带“有的”型)。

【第 2 步 套用母题方法】

方法一:四步解题法。

步骤 1:画箭头。

题干:

①汉堡包→热量超过 500 卡路里。

②并非所有食品的热量都超过了 500 卡路里,等价于:有的食品的热量没有超过 500 卡路里,即:有的食品→┐热量超过 500 卡路里。

③┐汉堡包→参与活动。

步骤 2:从“有的”开始做串联。

由②、①和③串联可得:④有的食品→┐热量超过 500 卡路里→┐汉堡包→参与活动。

步骤 3:逆否(注意:带“有的”的项不逆否)。

④逆否可得:⑤┐参与活动→汉堡包→热量超过 500 卡路里。

步骤 4:找答案。

A 项,由题干“所有汉堡包”无法推出“半数以上食品”,故由①无法确定此项的真假。

B 项,题干不涉及“热量最高的食品”,故此项可真可假。

C 项,此项等价于:有的热量超过 500 卡路里的食品→┐汉堡包,由①可知,有的汉堡包→热量超过 500 卡路里,等价于:有的热量超过 500 卡路里的食品→汉堡包,与此项构成下反对关系,一真另不定,故此项可真可假。

D 项，有的食品→参与活动，由④可知，此项必然为真。

E 项，题干不涉及高热量的食品是否很少受到消费者的关注，故此项可真可假。

方法二："有的"开头法。

题干中只有一个断定带"有的"，故从"有的"出发直接串联，即：有的食品→¬ 热量超过 500 卡路里。

找重复元素"热量超过 500 卡路里"，故由"所有汉堡包的热量都超过了 500 卡路里"，可串联得：有的食品→¬ 热量超过 500 卡路里→¬ 汉堡包。

找重复元素"¬ 汉堡包"，故由"除汉堡包之外的所有食品都参与小食打折活动"，可串联得：有的食品→¬ 热量超过 500 卡路里→¬ 汉堡包→参与活动。

故有：有的食品参与小食打折活动，即 D 项正确。

【答案】D

2 某调查机构对清北大学 2022 级全体研究生新生做了入学调查。调查结果显示，有的研究生新生获得过国家奖学金但学习效率不高；所有获得过国家奖学金的学生都是品学兼优的；所有品学兼优的学生都是学习刻苦的或者学习效率高的。

根据以上陈述，关于清北大学 2022 级全体研究生新生，以下哪项必然为真？

A. 有的研究生新生不是品学兼优的。

B. 所有的研究生新生都获得过国家奖学金。

C. 所有的研究生新生都未获得过国家奖学金。

D. 有的研究生新生是学习刻苦的。

E. 所有学习效率高的学生都是品学兼优的。

【第 1 步　识别命题形式】

题干由特称命题和全称命题组成，且这些命题中存在重复元素可以实现串联，故此题为性质串联模型（带"有的"型）。

【第 2 步　套用母题方法】

方法一：四步解题法。

步骤 1：画箭头。

题干：

①有的研究生新生→国家奖学金 ∧¬ 学习效率高。

②国家奖学金→品学兼优。

③品学兼优→学习刻苦 ∨ 学习效率高。

步骤 2：从"有的"开始做串联。

由①、②和③串联可得：④有的研究生新生→国家奖学金 ∧¬ 学习效率高→品学兼优→学习刻苦 ∨ 学习效率高。

故有：⑤有的研究生新生→国家奖学金 ∧¬ 学习效率高→品学兼优→学习刻苦。

步骤 3：逆否（注意：带"有的"的项不逆否）。

④逆否可得：¬ 学习刻苦 ∧¬ 学习效率高→¬ 品学兼优→¬ 国家奖学金 ∨ 学习效率高。

故有：⑥¬ 学习刻苦 ∧¬ 学习效率高→¬ 品学兼优→¬ 国家奖学金。

步骤4：找答案。

A项，有的研究生新生→¬品学兼优，由④可得：有的研究生新生→品学兼优，与此项构成下反对关系，一真另不定，故此项可真可假。

B项，研究生新生→国家奖学金，由①可得：有的研究生新生→国家奖学金，“有的”推不出“所有”，故此项可真可假。

C项，研究生新生→¬国家奖学金，由⑤可得：有的研究生新生→国家奖学金，与此项构成矛盾关系，故此项必然为假。

D项，有的研究生新生→学习刻苦，由⑤可知，此项必然为真。

E项，学习效率高→品学兼优，由③可知，“学习效率高”后无箭头指向，故此项可真可假。

方法二：“有的”开头法。

题干中只有一个断定带“有的”，故从“有的”出发直接串联，即：有的研究生新生→国家奖学金∧¬学习效率高。

找重复元素“国家奖学金”，故由“所有获得过国家奖学金的学生都是品学兼优的”，可串联得：有的研究生新生→国家奖学金∧¬学习效率高→品学兼优。

找重复元素“品学兼优”，故由“所有品学兼优的学生都是学习刻苦的或者学习效率高的”，可串联得：有的研究生新生→国家奖学金∧¬学习效率高→品学兼优→学习刻苦∨学习效率高。

故有：有的研究生新生是学习刻苦的，即D项正确。

【答案】D

3 在一次运动会中，所有运动员都是江苏人。同时还发现，不会说方言的人不是江苏人。让人惊奇的是，有一些运动员不热爱运动。

如果上面的陈述是正确的，则下面哪项也是正确的？

Ⅰ. 有些不热爱运动的人是会说方言的人。

Ⅱ. 有些不热爱运动但会说方言的人不是运动员。

Ⅲ. 并非所有不会说方言的人都是运动员。

A. 仅Ⅰ。　　B. 仅Ⅱ。　　C. 仅Ⅲ。

D. 仅Ⅰ和Ⅲ。　　E. Ⅰ、Ⅱ和Ⅲ。

【第1步　识别命题形式】

题干由特称命题和全称命题组成，且这些命题中存在重复元素可以实现串联，故此题为性质串联模型（带“有的”型）。

【第2步　套用母题方法】

方法一：四步解题法。

步骤1：画箭头。

题干：

①运动员→江苏人。

②¬会说方言→¬江苏人，等价于：江苏人→会说方言。

③有的运动员→不热爱运动，等价于：有的不热爱运动→运动员。

步骤2：从“有的”开始做串联。

由③、①和②串联可得：④有的不热爱运动→运动员→江苏人→会说方言。

步骤 3：逆否(注意带“有的”的项不逆否)。

④逆否可得：⑤┐会说方言→┐江苏人→┐运动员。

步骤 4：找答案。

Ⅰ项，有的不热爱运动→会说方言，由④可知，此项必然为真。

Ⅱ项，由④可知，有的不热爱运动的运动员会说方言，即：有的不热爱运动的会说方言的人是运动员，与此项构成下反对关系，一真另不定，故此项可真可假。

Ⅲ项，此项等价于：有的不会说方言的人不是运动员，由⑤及“所有→有的”可知，此项必然为真。

综上，D 项正确。

方法二：“有的”开头法。

观察题干，发现题干信息中有一个带“有的”的命题，即“有的运动员不热爱运动”，故直接从该命题进行串联。

即：有的运动员→不热爱运动。但观察其余条件，发现其余条件均不涉及“不热爱运动”。

故互换可得：有的不热爱运动→运动员。

找重复元素“运动员”，即“所有运动员都是江苏人”，可串联得：有的不热爱运动→运动员→江苏人。

找重复元素“江苏人”，即“不会说方言的人不是江苏人”，逆否可得：江苏人会说方言。故可串联得：有的不热爱运动→运动员→江苏人→会说方言。

后面的步骤与方法一相同。

【答案】D

4 某超市在举行 100 周年店庆活动，现将活动规则公布如下：所有消费超过 888 元的消费者都获赠一张超市购物卡，但并非所有该超市的会员都获赠一张超市购物卡。此外，所有消费金额不超过 888 元的消费者都获赠一箱饮品。

根据以上陈述，下面哪项是正确的？

A. 所有该超市的会员都获赠一张超市购物卡。

B. 消费 888 元的消费者是超市里消费最多的人。

C. 不是所有获赠一张超市购物卡的消费者都是消费超过 888 元的消费者。

D. 该超市的会员有一些是可以获赠一箱饮品的。

E. 有的消费超过 888 元的消费者不是该超市的会员。

【第 1 步　识别命题形式】

题干由特称命题和全称命题组成，且这些命题中存在重复元素可以实现串联，故此题为性质串联模型(带“有的”型)。

【第 2 步　套用母题方法】

步骤 1：画箭头。

题干：

①消费超过 888 元的消费者→获赠一张超市购物卡。

②有的该超市的会员→┐获赠一张超市购物卡。

③┐消费超过 888 元的消费者→获赠一箱饮品。

步骤 2：从“有的”开始做串联。

由②、①和③串联可得：④有的该超市的会员→¬ 获赠一张超市购物卡→¬ 消费超过 888 元的消费者→获赠一箱饮品。

步骤 3：逆否(注意：带“有的”的项不逆否)。

④逆否可得：⑤¬ 获赠一箱饮品→消费超过 888 元的消费者→获赠一张超市购物卡。

步骤 4：找答案。

A 项，该超市的会员→获赠一张超市购物卡，与②构成矛盾关系，故此项一定为假。

B 项，题干不涉及消费 888 元的消费者是否为超市里消费最多的人，故此项可真可假。

C 项，此项等价于：有的获赠一张超市购物卡→¬ 消费超过 888 元的消费者，由①可知，有的消费超过 888 元的消费者→获赠一张超市购物卡，互换可得：有的获赠一张超市购物卡→消费超过 888 元的消费者，与此项构成下反对关系，一真另不定，故此项可真可假。

D 项，有的该超市的会员→获赠一箱饮品，由④可知，此项必然为真。

E 项，有的消费超过 888 元的消费者→¬ 该超市的会员，由④可知，此项可真可假。

【答案】D

5 某小区业主委员会对该小区的租户做了一项调查。结果显示，有的租户在证券交易所上班；所有在证券交易所上班的人都拥有证券从业资格证；所有拥有证券从业资格证的人都毕业于金融系；所有毕业于金融系的人都取得了研究生学历。

如果上述断定为真，则以下哪项关于该小区租户的断定不一定为真?

A. 所有未取得研究生学历的租户都在银行上班。

B. 所有拥有证券从业资格证的租户都取得了研究生学历。

C. 有些毕业于金融系的租户在证券交易所上班。

D. 有些未取得研究生学历的租户没有证券从业资格证。

E. 有些不在证券交易所上班的租户不是毕业于金融系。

【第 1 步　识别命题形式】

题干由特称命题和全称命题组成，且这些命题中存在重复元素可以实现串联，故此题为性质串联模型(带“有的”型)。

【第 2 步　套用母题方法】

步骤 1：画箭头。

题干：

①有的租户→交易所上班。

②交易所上班→从业资格证。

③从业资格证→金融系。

④金融系→研究生学历。

步骤 2：从“有的”开始做串联。

由①、②、③和④串联可得：⑤有的租户→交易所上班→从业资格证→金融系→研究生学历。

步骤 3：逆否(注意：带“有的”的项不逆否)。

⑤逆否可得：⑥¬ 研究生学历→¬ 金融系→¬ 从业资格证→¬ 交易所上班。

步骤 4：找答案。

A 项，题干未涉及“在银行上班”，故此项可真可假。

B 项，从业资格证→研究生学历，由⑤可知，此项一定为真。

C 项，有的金融系→交易所上班，由⑤可知，交易所上班→金融系，根据推理关系“所有→有的”可得：有的交易所上班→金融系，与此项等价，故此项一定为真。

D 项，有的未取得研究生学历→┐从业资格证，由⑥可知，┐研究生学历→┐从业资格证，根据推理关系“所有→有的”可知，此项一定为真。

E 项，有的不在交易所上班→┐金融系，由⑥可知，┐金融系→┐交易所上班，根据推理关系“所有→有的”和“‘有的’互换原则”可知，此项一定为真。

【答案】A

6 所有甲都属于乙，有些甲属于丙，所有乙都属于丁，没有戊属于丁，有些戊属于丙。

以下哪一项不能从上述论述中推出？

A. 有些丙属于丁。　　B. 没有戊属于乙。　　C. 有些甲属于戊。

D. 所有甲都属于丁。　　E. 有的丙不属于甲。

【第 1 步　识别命题形式】

题干由特称命题和全称命题组成，且这些命题中存在重复元素可以实现串联，故此题为性质串联模型（带“有的”型）。

【第 2 步　套用母题方法】

从“有的”出发做串联，发现有两个带“有的”的条件。

条件①：有些甲属于丙；条件②：有些戊属于丙。

先分析条件①，发现由“丙”推不出任何结论。故互换可得：有的丙→甲。

找重复元素“甲”，发现“所有甲都属于乙”，故有：有的丙→甲→乙。

找重复元素“乙”，发现“所有乙都属于丁”，故有：有的丙→甲→乙→丁。

找重复元素“丁”，发现“没有戊属于丁”，即“戊→┐丁＝丁→┐戊”，故有：③有的丙→甲→乙→丁→┐戊。

再分析条件②，发现由“丙”推不出任何结论。故互换可得：有的丙→戊。

找重复元素“戊”，条件③逆否可得：戊→┐丁→┐乙→┐甲。

再与条件②串联可得：④有的丙→戊→┐丁→┐乙→┐甲。

A 项，有的丙→丁，由③可知，此项可以从题干推出。

B 项，戊→┐乙，由④可知，此项可以从题干推出。

C 项，有的甲→戊，等价于：有的戊→甲，由④“戊→┐甲”可知，此项与题干矛盾，故此项不能从题干推出。

D 项，甲→丁，由③可知，此项可以从题干推出。

E 项，有的丙→┐甲，由④可知，此项可以从题干推出。

【答案】C

母题变式 8.3 性质串联模型(双 A 串联型)

母题技巧

第 1 步 **识别命题形式**	(1) 题干特点 题干由性质命题组成。并且出现以下三种情况的条件: 情况 1:①A 是 B。②A 是 C。 情况 2:①所有 A 是 B。②所有 A 是 C。 情况 3:A 是 B∧C。 (2) 选项特点 选项均为性质命题。
第 2 步 **套用母题方法**	先使用双 A 串联公式,其他步骤同"母题变式 8.2"相同。 双 A 串联公式: 已知:①A 是 B。②A 是 C。 可得:有的 B→C,等价于:有的 C→B。

【证明过程】

1. "所有"推"有的"公式

所有 A 是 B,可推出:有的 A 是 B,从而得到:有的 B 是 A。

2. 双单称的串联

方式一:

已知:①酱宝是老吕的学生。②酱宝考上了研究生。

①可推出:有的老吕的学生是酱宝,与②串联可得:有的老吕的学生→酱宝→考上了研究生。

②可推出:有的考上了研究生的人是酱宝,与①串联可得:有的考上了研究生的人→酱宝→老吕的学生。

方式二:

已知:①酱宝是个运动员。②酱宝是个大学生。

由①和②可得:某个运动员(酱宝)是大学生;再由"某个→有的"可得:有的运动员是大学生,等价于:有的大学生是运动员。

3. 双"所有"的串联

已知:①所有乐学喵的学员都是勤奋好学的。②所有乐学喵的学员都是成绩优秀的。

①可推出:有的乐学喵学员→勤奋好学,互换可得:有的勤奋好学→乐学喵学员,与②串联可得:有的勤奋好学→乐学喵学员→成绩优秀。

②可推出:有的乐学喵学员→成绩优秀,互换可得:有的成绩优秀→乐学喵学员,与①串联可得:有的成绩优秀→乐学喵学员→勤奋好学。

典型例题

1 牛顿是伟大并且影响深远的科学家。自然在牛顿面前好像是一本内容浩瀚的书本,他毫不费力地遨游其中,他将理论、实验和数学完美结合。如果充分感知他为科学进步所做的贡献,那么你就能理解他。爱因斯坦曾经评价他说:"只有把他的一生看作为永恒真理而斗争的舞台上的一幕,才能理解他。"

根据以上陈述,可以得出以下哪项?

A. 有些伟大的科学家影响并不深远。

B. 有些将理论、实验和数学完美结合的人是伟大并且影响深远的科学家。

C. 如果不理解牛顿，就不会把他的一生看作为永恒真理而斗争的舞台上的一幕。

D. 有些伟大的科学家做不到将理论、实验和数学完美结合。

E. 只有充分感知牛顿为科学进步所做的贡献，才会把他的一生看作为永恒真理而斗争的舞台上的一幕。

【第 1 步　识别命题形式】

题干由性质命题组成，且"牛顿是伟大并且影响深远的科学家"与"他将理论、实验和数学完美结合"这两个条件符合双 A 串联公式，故此题为性质串联模型(双 A 串联型)。

【第 2 步　套用母题方法】

题干有如下信息：

①牛顿→伟大并且影响深远的科学家。

②牛顿→将理论、实验和数学完美结合。

③充分感知→理解他。

④理解他→舞台上一幕。

①和②满足双 A 串联公式，故可得：⑤有的伟大并且影响深远的科学家→将理论、实验和数学完美结合，等价于：⑥有的将理论、实验和数学完美结合→伟大并且影响深远的科学家。

A 项，由"牛顿是伟大并且影响深远的科学家"可得：有的伟大的科学家影响深远，与此项为下反对关系，一真另不定，故不确定真假。

B 项，由⑥可知，此项必然为真。

C 项，④等价于：┐舞台一幕→┐理解他。故"不理解牛顿"后没有箭头，此项不确定真假。

D 项，与⑤为下反对关系，一真另不定，故此项不确定真假。

E 项，由③、④可知，充分感知→理解他→舞台上一幕。而此项为：舞台上一幕→充分感知，一真另不定，故不确定真假。

【答案】B

2　所有读过《史记》的人都是有学问的人。所有读过《史记》的人都喜欢读《资治通鉴》。有些有学问的人喜欢读《诗经》。

如果以上断定为真，则以下哪项也一定为真？

Ⅰ. 有些有学问的人没读过《史记》。

Ⅱ. 有些有学问的人不喜欢读《诗经》。

Ⅲ. 有些有学问的人喜欢读《资治通鉴》。

A. 仅Ⅰ。　　B. 仅Ⅱ。　　C. 仅Ⅲ。

D. 仅Ⅰ和Ⅲ。　　E. Ⅰ、Ⅱ和Ⅲ。

【第 1 步　识别命题形式】

题干由性质命题组成，且"所有读过《史记》的人都是有学问的人"与"所有读过《史记》的人都喜欢读《资治通鉴》"这两个条件符合双 A 串联公式，故此题为性质串联模型(双 A 串联型)。

【第 2 步　套用母题方法】

题干有以下信息：

①读过《史记》→有学问。

②读过《史记》→喜欢读《资治通鉴》。

③有的有学问→喜欢读《诗经》。

观察题干信息，发现条件③中带“有的”，首先考虑从条件③开始串联，但发现条件③的前后件与其他条件均不重复，故无法实现串联。

观察条件①和②，符合双A串联公式，即：

由条件①可得：有的有学问→读过《史记》，从而与条件②串联可得：④有的有学问→读过《史记》→喜欢读《资治通鉴》。

由条件②可得：有的喜欢读《资治通鉴》→读过《史记》，从而与条件①串联可得：⑤有的喜欢读《资治通鉴》→读过《史记》→有学问。

Ⅰ项，由④可知，有的有学问的人读过《史记》，与此项“有些有学问的人没读过《史记》”为下反对关系，一真另不定，故此项可真可假。

Ⅱ项，由③可知，有些有学问的人喜欢读《诗经》，与此项“有些有学问的人不喜欢读《诗经》”为下反对关系，一真另不定，故此项可真可假。

Ⅲ项，由④可知，有的有学问→喜欢读《资治通鉴》，故此项必然为真。

综上，C项正确。

【答案】C

3 某餐馆对顾客口味的一项调查发现，所有喜欢川菜的顾客都喜欢徽菜；所有喜欢川菜的顾客都不喜欢粤菜；有些喜欢粤菜的顾客也喜欢徽菜。

如果上述断定为真，则以下各项都一定为真，除了：

A. 有的喜欢徽菜的顾客喜欢川菜。

B. 有的喜欢徽菜的顾客喜欢粤菜。

C. 有的喜欢徽菜的顾客既喜欢川菜又喜欢粤菜。

D. 有的喜欢徽菜的顾客不喜欢川菜。

E. 有的喜欢徽菜的顾客不喜欢粤菜。

【第1步　识别命题形式】

题干由性质命题组成，且“所有喜欢川菜的顾客都喜欢徽菜”与“所有喜欢川菜的顾客都不喜欢粤菜”这两个条件符合双A串联公式，故此题为性质串联模型(双A串联型)。

【第2步　套用母题方法】

题干有以下信息：

①川菜→徽菜，等价于：¬徽菜→¬川菜。

②川菜→¬粤菜，等价于：粤菜→¬川菜。

③有的粤菜→徽菜。

从带“有的”的项开始串联，先看条件③，发现“徽菜”后无法做串联。

故互换可得：④有的徽菜→粤菜，再与条件②串联可得：⑤有的徽菜→粤菜→¬川菜。

①、②满足双A串联公式，故可得：⑥有的徽菜→川菜→¬粤菜；也可得：⑦有的不喜欢粤菜→川菜→徽菜。

证明：

由条件① "川菜→徽菜"，可得：有的川菜→徽菜，互换可得：有的徽菜→川菜，从而与条件②串联可得：⑥有的徽菜→川菜→¬ 粤菜。

同理，由条件② "川菜→¬ 粤菜"，可得：有的川菜→¬ 粤菜，互换可得：有的不喜欢粤菜→川菜，从而与条件①串联可得：⑦有的不喜欢粤菜→川菜→徽菜。

A 项，有的徽菜→川菜，由⑥可知，此项必然为真。

B 项，有的徽菜→粤菜，由⑤可知，此项必然为真。

C 项，由②可知，川菜→¬ 粤菜，即喜欢川菜的顾客一定不喜欢粤菜，故"有的喜欢徽菜的顾客既喜欢川菜又喜欢粤菜"为假。

D 项，有的徽菜→¬ 川菜，由⑤可知，此项必然为真。

E 项，有的徽菜→¬ 粤菜，由⑥可知，此项必然为真。

【答案】C

4 所有的违法行为都是不值得提倡的。所有的违法行为都会对他人造成伤害。然而，有的不值得提倡的行为并不会造成严重后果。如果一个行为没有造成严重后果，那么它就不是违法行为。如果一个行为会对他人造成伤害，那么必然会受到道德上的谴责。

根据上述信息，以下哪项不必然为真？

A. 有的不值得提倡的行为也会对他人造成伤害。

B. 有的会受到道德上谴责的行为是不值得提倡的。

C. 有的不值得提倡的行为不是违法行为。

D. 所有不值得提倡的行为是违法行为。

E. 所有的违法行为都会受到道德上的谴责。

【第 1 步 识别命题形式】

题干由性质命题组成，且"所有的违法行为都是不值得提倡的"与"所有的违法行为都会对他人造成伤害"这两个条件符合双 A 串联公式，故此题为性质串联模型（双 A 串联型）。

【第 2 步 套用母题方法】

题干有如下信息：

①违法行为→不值得提倡。

②违法行为→会对他人造成伤害。

③有的不值得提倡→¬ 造成严重后果。

④¬ 造成严重后果→¬ 违法行为。

⑤会对他人造成伤害→会受到道德上的谴责。

①、②符合双 A 串联公式，可得：⑥有的不值得提倡→会对他人造成伤害。

再与⑤串联可得：⑦有的不值得提倡→会对他人造成伤害→会受到道德上的谴责。

由③和④串联可得：⑧有的不值得提倡→¬ 造成严重后果→¬ 违法行为。

由②和⑤串联可得：⑨违法行为→会对他人造成伤害→会受到道德上的谴责。

A 项，有的不值得提倡→会对他人造成伤害，由⑥可知，此项必然为真。

B项，有的会受到道德上的谴责→不值得提倡，等价于：有的不值得提倡→会受到道德上的谴责，由⑦可知，此项必然为真。

C项，有的不值得提倡→¬违法行为，由⑧可知，此项必然为真。

D项，不值得提倡→违法行为，由①可知，此项可真可假。

E项，违法行为→会受到道德上的谴责，由⑨可知，此项必然为真。

【答案】D

母题模型9 隐含三段论模型

母题变式9.1 隐含三段论

母题技巧

第1步 **识别命题形式**	(1)题干特点 题干由一个或多个前提和一个结论组成，前提和结论一般为性质命题，个别题目为假言命题。 题干中前提与结论的共同特点是：均可画成箭头（口诀：前提结论都可箭）。 (2)提问方式 “补充以下哪项能使题干成立?” “以下哪项是题干推理的假设?”
第2步 **套用母题方法**	常规思路：串联法。 步骤1：将题干中的前提符号化。 例如：A→B，B→C。 步骤2：如果有多个前提，将前提串联。 例如：串联成A→B→C。 步骤3：将题干中的结论符号化。 例如：A→D。 步骤4：补充从前提到结论的箭头，从而得到结论。 例如：补充C→D。 可得：A→B→C→D。 秒杀方法：“开心消消乐”法。 已知：有的A→B，B→C。可以推出：有的A→C。 观察以上例子，可以发现“A”“B”“C”均出现两次；“有的”也出现两次，且一次在前提中、一次在结论中。 也就是说，隐含三段论问题符合“词项成对出现”原则。因此，多数隐含三段论问题可以把成对的项直接消掉，余下的项用箭头串联一般就是答案。

注意：

(1)“有的”互换：当出现带“有的”的项，且无法串联时，互换以后再串联。

(2)统一性质：每个词项的性质（肯定/否定）应该是相同的。如果有些词项性质不同，则可通过逆否实现性质的统一。

(3)成对出现：此类题的词项一般是成对出现的。如：两个“A”，两个“B”，两个“有的”。

典型例题

1 有些动物是野生动物，因而，不是所有动物都可以在城市环境中生存。

以下哪项可以使上述论证成立？

A. 所有野生动物都不可以在城市环境中生存。

B. 有些野生动物不可以在城市环境中生存。

C. 有些野生动物可以在城市环境中生存。

D. 所有非野生动物都不可以在城市环境中生存。

E. 有些动物是非野生动物。

【第 1 步　识别命题形式】

题干由一个性质命题构成的前提和一个性质命题构成的结论组成，提问方式为“以下哪项可以使上述论证成立？”，故此题为隐含三段论模型。

【第 2 步　套用母题方法】

方法一：串联法。

步骤 1：将题干中的前提符号化。

前提①：有的动物→野生动物。

步骤 2：将题干中的结论符号化。

题干中的结论等价于：有的动物不可以在城市环境中生存，即：有的动物→不可以在城市环境中生存。

步骤 3：补充从前提到结论的箭头，从而得到结论。

根据“成对出现”的原则，可知答案应涉及“野生动物”和“不可以在城市环境中生存”。

易知，补充前提②：野生动物→不可以在城市环境中生存。

即可与前提①串联得：有的动物→野生动物→不可以在城市环境中生存，从而得到结论。

故答案为前提②：所有野生动物都不可以在城市环境中生存。因此，A 项正确。

方法二：“开心消消乐”法。

根据“成对出现”的原则，将题干中两个“有的”、两个“动物”均消掉，余下的“野生动物”和“不可以在城市环境中生存”二者做串联即可得到答案。故迅速锁定 A 项。

【答案】A

2 有些音乐家擅长钢琴演奏技巧，所有擅长钢琴演奏技巧的人都有着扎实的音乐基本功。因此，有些充分理解音符、节奏、和声基本构成的人是音乐家。

为了使上述推理成立，必须补充以下哪项作为前提？

A. 所有音乐家都擅长钢琴演奏技巧。

B. 所有有音乐基本功的人都可以充分理解音符、节奏、和声基本构成。

C. 有的音乐家不擅长钢琴演奏技巧。

D. 有些擅长钢琴演奏技巧的人并不是充分理解音符、节奏、和声基本构成的音乐家。

E. 有些擅长钢琴演奏技巧的音乐家并不擅长其他音乐技巧。

【第1步 识别命题形式】

题干由两个性质命题构成的前提和一个性质命题构成的结论组成，提问方式为"为了使上述推理成立，必须补充以下哪项作为前提?"，故此题为隐含三段论模型。

【第2步 套用母题方法】

方法一：串联法。

步骤1：将题干中的前提符号化。

前提①：有的音乐家→擅长钢琴演奏技巧。

前提②：擅长钢琴演奏技巧→音乐基本功。

步骤2：将题干中的前提进行串联。

串联前提①、②可得：③有的音乐家→擅长钢琴演奏技巧→音乐基本功。

步骤3：将题干中的结论符号化。

结论：有些充分理解音符、节奏、和声基本构成的人是音乐家。

即：有的充分理解音符、节奏、和声基本构成→音乐家，互换可得：有的音乐家→充分理解音符、节奏、和声基本构成。

步骤4：补充从前提到结论的箭头，从而得到结论。

易知，补充前提④：音乐基本功→充分理解音符、节奏、和声基本构成。

即可与前提③串联得：有的音乐家→擅长钢琴演奏技巧→音乐基本功→充分理解音符、节奏、和声基本构成，从而得到题干的结论。

故答案为前提④：有音乐基本功的人可以充分理解音符、节奏、和声基本构成，因此，B项正确。

方法二："开心消消乐"法。

根据"成对出现"的原则，将题干中两个"有的"、两个"音乐家"、两个"擅长钢琴演奏技巧"均消掉，余下的"音乐基本功"和"充分理解音符、节奏、和声基本构成"二者做串联即可得到答案。故迅速锁定B项。

【答案】B

3 所有学术水平突出的教授都深受学生爱戴，而所有深受学生爱戴的教授都注重培养学生的专业基础知识，因此，有些只关注学术前沿问题的教授注重培养学生的专业基础知识。

上述论证的成立需补充的前提是：

A. 只关注学术前沿问题的教授不受学生爱戴。

B. 有的只关注学术前沿问题的教授学术水平突出。

C. 注重培养学生专业基础知识的教授都深受学生爱戴。

D. 部分注重培养学生专业基础知识的教授并非只关注学术前沿问题。

E. 有的深受学生爱戴的教授不注重培养学生的专业基础知识。

【第1步 识别命题形式】

题干由两个性质命题构成的前提和一个性质命题构成的结论组成，要求补充使论证成立的前提，故此题为隐含三段论模型。

【第2步 套用母题方法】

步骤1：将题干中的前提符号化。

前提①：学术水平突出的教授→深受爱戴。

前提②：深受爱戴→注重专业基础。

步骤 2：将题干中的前提进行串联。

串联前提①、②可得：③学术水平突出的教授→深受爱戴→注重专业基础。

步骤 3：将题干中的结论符号化。

结论：④有的只关注学术前沿问题→注重专业基础。

步骤 4：补充从前提到结论的箭头，从而得到结论。

易知补充前提：⑤有的只关注学术前沿问题→学术水平突出的教授。

即可与③串联得：有的只关注学术前沿问题→学术水平突出的教授→深受爱戴→注重专业基础。从而得到题干的结论。

故补充的前提⑤为答案，即：有的只关注学术前沿问题的教授学术水平突出，因此，B 项正确。

【答案】B

4 张珊是红星中学的学生，对篮球感兴趣。该校学生或者对排球感兴趣，或者对足球感兴趣；如果对篮球感兴趣，则对足球不感兴趣。因此，张珊对乒乓球感兴趣。

以下哪项最可能是上述论证的假设？

A. 红星中学所有学生都对乒乓球感兴趣。

B. 对排球感兴趣的学生都对乒乓球感兴趣。

C. 红星中学对排球感兴趣的学生都对乒乓球感兴趣。

D. 红星中学学生感兴趣的球类只限于篮球、排球、足球和乒乓球。

E. 篮球和乒乓球比足球更具挑战性。

【第 1 步　识别命题形式】

题干由三个前提和一个结论组成（皆可画成箭头），提问方式为“以下哪项最可能是上述论证的假设？”，故此题为隐含三段论模型。

【第 2 步　套用母题方法】

步骤 1：将题干中的前提符号化。

前提①：张珊→篮球。

前提②：红星中学学生：排球 ∨ 足球，等价于：┐足球→排球。

前提③：篮球→┐足球。

步骤 2：将题干中的前提进行串联。

串联前提①、③和②可得：④张珊→篮球→┐足球→排球。

步骤 3：将题干中的结论符号化。

结论：张珊→乒乓球。

步骤 4：补充从前提到结论的箭头，从而得到结论。

易知，补充前提⑤：排球→乒乓球。

即可与前提④串联得：张珊→篮球→┐足球→排球→乒乓球，从而得到题干的结论。

故补充的前提⑤为答案，即：该校对排球感兴趣的学生都对乒乓球感兴趣。

因此，C 项正确。

【答案】C

注意：

此题不能选B项，因为B项的主体是“所有人”，而我们只要假设“红星中学的学生对排球感兴趣的，也对乒乓球感兴趣”就能得到题干的结论，不需要假设“所有人”。另外，A项错误的原因与B项错误的原因类似：A项的主体是“该校所有的学生”，但我们需要假设“该校对排球感兴趣的学生，也对乒乓球感兴趣”即可。

综上，A、B两项均假设过度，故排除。

母题变式9.2　隐含三段论的反驳

母题技巧

第1步 识别命题形式	（1）题干特点 题干由一个或多个前提和一个结论组成，前提和结论一般为性质命题，个别题目为假言命题。 题干中前提与结论的共同特点是：均可画成箭头。 （2）提问方式 “以下哪项最能反驳题干？” “以下哪项最能说明上述推理不成立？”
第2步 套用母题方法	方法一：质疑题干的结论。 先找结论的矛盾命题，再用前文“隐含三段论”的方法找到使这个矛盾命题成立的隐含条件。 方法二：质疑题干的隐含假设。 先用前文“隐含三段论”的方法找到题干的隐含条件，然后找到这个隐含条件的矛盾命题，即可反驳题干。

典型例题

1　有些参加化学竞赛的选手也参加物理竞赛。因此，参加化学竞赛的选手都参加生物竞赛。以下哪项如果为真，最能反驳上述结论？

A. 不参加物理竞赛的选手都参加生物竞赛。

B. 参加物理竞赛的选手都不参加生物竞赛。

C. 有些不参加物理竞赛的选手参加了化学竞赛。

D. 有些参加生物竞赛的选手未参加化学竞赛。

E. 参加生物竞赛的一些选手参加了物理竞赛。

【第1步　识别命题形式】

题干由一个性质命题构成的前提和一个性质命题构成的结论组成（皆可画成箭头），提问方式为“最能反驳上述结论”，故此题为隐含三段论的反驳。

【第 2 步　套用母题方法】

步骤 1：将题干中的前提符号化。

前提①：有的化学→物理。

步骤 2：写题干结论的矛盾命题。

题干的结论为：参加化学竞赛的选手都参加生物竞赛。

由①中的"有的"不可能串联出结论中的"都"，故需要先反驳结论，即方法一。

题干结论的矛盾命题为：有的参加化学竞赛的选手不参加生物竞赛。

即：有的化学→┐生物。

步骤 3：补充从前提到题干结论的矛盾命题的箭头，从而反驳题干的结论。

易知，补充前提②：物理→┐生物。

即可与前提①串联得：有的化学→物理→┐生物，从而得到题干结论的矛盾命题。

故答案为前提②：参加物理竞赛的选手都不参加生物竞赛，即 B 项正确。

【答案】B

2　没有一个成功的企业家未经历过挫折，所有惧怕风险的人都没有经历过挫折。不惧怕风险的人都能抓住成功的机遇。因此，所有心高气傲的人都不能抓住成功的机遇。

以下哪项如果为真，最能反驳上述结论？

A. 心高气傲的人都不是成功的企业家。

B. 所有未经历过挫折的人也能抓住成功的机遇。

C. 惧怕风险的人不能抓住成功的机遇。

D. 有的心高气傲的人是成功的企业家。

E. 失败的企业家都没有抓住成功的机遇。

【第 1 步　识别命题形式】

题干由三个性质命题构成的前提和一个性质命题构成的结论组成，提问方式为"以下哪项如果为真，最能反驳上述结论？"，故此题为隐含三段论的反驳。

【第 2 步　套用母题方法】

步骤 1：将题干中的前提符号化。

前提①：没有一个成功的企业家未经历过挫折，等价于：所有成功的企业家都经历过挫折，即：成功的企业家→经历过挫折。

前提②：惧怕风险→┐经历过挫折，等价于：经历过挫折→┐惧怕风险。

前提③：┐惧怕风险→能抓住成功的机遇。

步骤 2：将题干中的前提进行串联。

串联前提①、②和③可得：④成功的企业家→经历过挫折→┐惧怕风险→能抓住成功的机遇。

步骤 3：写题干结论的矛盾命题。

题干的结论为：所有心高气傲的人都不能抓住成功的机遇。

由题干中的"能抓住成功的机遇"，难以推出"不能抓住成功的机遇"，故先写出题干结论的矛盾命题，即方法一。

题干结论的矛盾命题为：有的心高气傲的人能抓住成功的机遇。

即：有的心高气傲→能抓住成功的机遇。

步骤 4：补充从前提到题干结论的矛盾命题的箭头，从而反驳题干的结论。

易知，补充前提⑤：有的心高气傲→成功的企业家。

即可与前提④串联得：有的心高气傲→成功的企业家→经历过挫折→┐惧怕风险→能抓住成功的机遇，从而得到题干结论的矛盾命题。

故答案为前提⑤：有的心高气傲的人是成功的企业家，即 D 项正确。

【答案】D

3 所有的哲学家都善于分析；所有善于分析的人都拥有很强的逻辑思维能力。所以，哲学家都具有深入思考的能力。

以下哪项如果为真，最能说明上述论证不成立？

A. 善于分析的人都具有深入思考的能力。

B. 有的善于分析的人具有深入思考的能力。

C. 拥有很强逻辑思维能力的人都具有深入思考的能力。

D. 有的拥有很强逻辑思维能力的人不具有深入思考的能力。

E. 有的不具有深入思考能力的人逻辑思维能力也很弱。

【第 1 步 识别命题形式】

题干由两个性质命题构成的前提和一个性质命题构成的结论组成，提问方式为“最能说明上述论证不成立”，故此题为隐含三段论的反驳。

【第 2 步 套用母题方法】

步骤 1：将题干中的前提符号化。

前提①：哲学家→善于分析。

前提②：善于分析→拥有很强的逻辑思维能力。

步骤 2：将题干中的前提进行串联。

串联前提①和②可得：③哲学家→善于分析→拥有很强的逻辑思维能力。

步骤 3：将题干中的结论符号化。

结论：哲学家→深入思考的能力。

由③可以直接补充箭头，得到结论，故此题应该使用方法二，即先串联出结论，再反驳串联所需要的条件。

步骤 4：补充从前提到结论的箭头，从而得到结论。

根据“成对出现”的原则，可知答案涉及“拥有很强的逻辑思维能力”和“深入思考的能力”。

易知，补充前提④：拥有很强的逻辑思维能力→深入思考的能力。

即可串联得：哲学家→善于分析→拥有很强的逻辑思维能力→深入思考的能力，从而得到题干的结论。

补充的前提④等价于：拥有很强的逻辑思维能力的人都具有深入思考的能力。

故，我们只要反驳前提④即可说明题干的论证不成立，即 D 项正确。

【答案】D

母题模型 10 推理结构相似模型

母题技巧

第 1 步 识别命题形式	（1）题干特点 题干中出现简单命题、假言命题等（可以用箭头表示）。 （2）提问方式 “以下哪项与题干的推理最为类似？” “以下哪项与题干所犯的逻辑错误最为相似？”
第 2 步 套用母题方法	解题步骤： 步骤 1：将题干的推理结构符号化。 步骤 2：将选项的推理结构符号化，找和题干最为类似的。 注意： 题干中的推理可能是正确的，也可能是错误的。如果题干的推理正确，则正确选项应该选推理正确的；如果题干的推理错误，则正确选项应该选和题干犯了相同推理错误的。

典型例题

1 若在一墓穴中发掘出墓主的印章和墓志铭，就能确定该墓穴是墓主的真墓。在西高穴大墓中，没有发掘出曹操的印章和墓志铭，故西高穴大墓不是真的曹操墓。

以下哪项的推理与题干最为类似？

A. 若在墓穴中发现刻有“魏武王”之类字样的随葬品，就能说明那个墓穴是曹操的。在西高穴大墓中发现了刻有“魏武王常所用格虎大戟”的石碑等随葬品，故该墓是曹操墓。

B. 十八岁的人还没有面对过社会上的问题，而任何没有面对过这些问题的人不能够进行投票。所以，十八岁的人不能够进行投票。

C. 只有持有深水合格证，才能进入深水池。高亮没有深水合格证，所以，他不能进入深水池。

D. 如果我有翅膀，我就能飞翔。我没有翅膀，所以，我不能飞翔。

E. 所有炒股的人都是贪婪的，有些贪婪的人拥有很多财富。因此，有些拥有很多财富的人是炒股的。

【第 1 步 识别命题形式】

题干中出现假言命题，提问方式为“以下哪项的推理与题干最为类似?”，故此题为推理结构相似模型。先将题干符号化，再将选项与题干一一对应即可解题。

【第 2 步 套用母题方法】

题干：发掘出墓主的印章和墓志铭(A)→真墓(B)。没有发掘出曹操的印章和墓志铭(¬ A)，故西高穴大墓不是真的曹操墓(¬ B)。

题干符号化为：A→B。┐A，因此，┐B。

A项，A→B。A，因此，B。故此项与题干不同。

B项，A→B，B→C。因此，A→C。故此项与题干不同。

C项，A←B。┐A，因此，┐B。故此项与题干不同。

D项，A→B。┐A，因此，┐B。故此项与题干相同。

E项，A→B，有的B→C。因此，有的C→A。故此项与题干不同。

【答案】D

2 有些批判性思维能力很强的人是围棋高手，所有逻辑学家都有很强的批判性思维能力，因此，有些逻辑学家是围棋高手。

以下哪项在论证方式上的错误与上文中的最为相似？

A. 没有脊索动物是导管动物，所有的翼龙都是导管动物，所以，没有翼龙属于脊索动物。

B. 有些高校教师有博士学位，所有高校教师都具有很高的教学和科研水平，所以，有些获得博士学位的人具有很高的教学和科研水平。

C. 所有贪婪的人都会炒股，有些贪婪的人都是有才华的人，因此，有些有才华的人会炒股。

D. 有些哲学家可以预测未来，有些可以预测未来是有特异功能的人，因此有些哲学家是有特异功能的人。

E. 有些成功的人是固执的。因为所有成功的人都有坚定的信念，而有些有坚定信念的人是固执的。

【第1步　识别命题形式】

题干中出现性质命题(可画箭头)，提问方式为“以下哪项在论证方式上的错误与上文中的最为相似?”，故此题为推理结构相似模型。先将题干符号化，再将选项与题干一一对应即可解题。

【第2步　套用母题方法】

题干：有些批判性思维能力很强的人(A)是围棋高手(B)，所有逻辑学家(C)都有很强的批判性思维能力(A)，因此，有些逻辑学家(C)是围棋高手(B)。

题干符号化为：有的A→B，C→A，因此，有的C→B。

A项，A→┐B，C→B，因此，C→┐A。故此项与题干不同。

B项，有的A→B，A→C，所以，有的B→C。故此项与题干不同。

C项，A→B，有的A→C，因此，有的C→B。故此项与题干不同。

D项，有的A→B，有的B→C，因此，有的A→C。故此项与题干不同。

E项，有的A→B，C→A，因此，有的C→B。故此项与题干相同。(注意：此项是“论点前置”结构，解题时，考生需注意论据和论点的位置。)

【答案】E

3 最近，新西兰恒天然乳业集团向政府报告，发现其一个原料样本中含有肉毒杆菌。事实上，新西兰和中国的乳粉检测项目中均不包括肉毒杆菌，也没有相关产品致病的报告。恒天然自曝家丑，或者是出于该企业的道德良心，或者是担心受到处罚；新西兰的企业都担心会受到处罚。由此可见，恒天然自曝家丑并非真的出于企业的道德良心。

以下哪项推理与上述推理有相同的逻辑错误？

A. 鱼和熊掌不可兼得，因此，取熊掌而舍鱼也。

B. 作案人或者是甲或者是乙。现已查明作案人是乙，所以，作案人不是甲。

C. 如果一个人沉湎于世俗生活，就不能成为哲学家。所以，如果你想成为哲学家，就应当放弃普通人的生活方式。

D. 衣食足知荣辱，故衣食不足不知荣辱。

E. 获得此次竞赛第一的学员是赵嘉或者钱宜。赵嘉并未获得第一，因此，钱宜获得第一。

【第 1 步　识别命题形式】

题干中出现选言命题(可画箭头)，提问方式为“以下哪项推理与上述推理有相同的逻辑错误?”，故此题为推理结构相似模型。先将题干符号化，再将选项与题干一一对应即可解题。

【第 2 步　套用母题方法】

题干：恒天然自曝家丑，或者是出于该企业的道德良心(A)，或者是担心受到处罚(B)；新西兰的企业都担心会受到处罚(B)。由此可见，恒天然自曝家丑并非真的出于企业的道德良心(¬ A)。

题干符号化为：A∨B，B，因此，¬ A。

A 项，¬ (A∧B)，因此，¬ A∧B。故此项与题干不同。

B 项，A∨B，B，因此，¬ A。故此项与题干相同。

C 项，A→B，因此，¬ B→C。故此项与题干不同。

D 项，A→B，因此，¬ A→¬ B。故此项与题干不同。

D 项，A∨B，¬ A，因此，B。故此项与题干不同。

【答案】B

4 科学离不开测量，测量离不开长度单位。千米、米、分米、厘米等基本长度单位的确立完全是一种人为约定。因此，科学的结论完全是一种人的主观约定，谈不上客观的标准。

以下哪项与题干的论证最为类似?

A. 建立良好的社会保障体系离不开强大的综合国力，强大的综合国力离不开一流的国民教育。因此，要建立良好的社会保障体系，必须有一流的国民教育。

B. 做规模生意离不开做广告，做广告就要有大额资金投入。不是所有人都能有大额资金投入。因此，不是所有人都能做规模生意。

C. 游人允许坐公园的长椅，要坐公园长椅就要靠近它们，靠近长椅的一条路径要踩踏草地。因此，允许游人踩踏草地。

D. 具备扎实的舞蹈基本功必须经过常年不懈的艰苦训练。在春节晚会上演出的舞蹈演员必须具备扎实的基本功。常年不懈的艰苦训练是乏味的。因此，在春节晚会上演出是乏味的。

E. 家庭离不开爱情，爱情离不开信任。信任是建立在真诚的基础上的。因此，对真诚的背离是家庭危机的开始。

【第 1 步　识别命题形式】

题干中，“离不开”的意思是必要条件，提问方式为“以下哪项与题干的论证最为类似?”，故此题为推理结构相似模型。先将题干符号化，再将选项与题干一一对应即可解题。

【第 2 步　套用母题方法】

题干：科学(A)离不开测量(B)，测量(B)离不开长度单位(C)。长度单位(C)是人为约定(D)。因此，科学(A)是人为约定(D)。

题干符号化为：A离不开B，B离不开C。C有性质D。因此，A有性质D。

A项，A离不开B，B离不开C。因此，要有A，必须有C。故此项与题干不同。

B项，A离不开B，B离不开C。不是所有人都C。因此，不是所有人都A。故此项与题干不同。

C项，A可以B，B需要C，C需要D。因此，A可以D。故此项与题干不同。

D项，B必须有(离不开)C，A必须有(离不开)B。C有性质D。因此，A有性质D。故此项与题干相同。

E项，A离不开B，B离不开C。C需要D。因此，不D是不A的开始。故此项与题干不同。

【答案】D

5 玉皇大帝若有灵，则齐景公派人去向玉皇大帝祈祷是无用的；玉皇大帝若没有灵，则齐景公派人去向玉皇大帝祈祷也是无用的。玉皇大帝或者有灵，或者没有灵。因此，齐景公派人去向玉皇大帝祈祷是无用的。

以下哪项论证的方式与题干的最为类似？

A. 这酒若真是“不死之酒”，则您杀不死我；这酒若不是“不死之酒”，则您何必为假酒而杀我。这酒或者是真酒或者是假酒。因此，您或者杀不死我或者不必杀我。

B. 你若工作，则整日忙碌而不得安闲；你若不工作，则没有收入，也不得安闲。你或者工作或者不工作。因此，你都不得安闲。

C. 若他的盾最坚固，则他的矛将不能刺穿他的盾；若他的矛最锋利，则他的矛将能刺穿他的盾。他的矛或者能刺穿他的盾，或者不能刺穿他的盾。因此，他互相矛盾。

D. 若某人是罪犯，则他有作案动机；若某人是罪犯，则他有作案时间。某人或者没有作案动机，或者没有作案时间。因此，某人不是罪犯。

E. 如果他贪污数额巨大，那么他构成犯罪；如果他受贿数额巨大，那么他也构成犯罪。他或者贪污数额不大，或者受贿数额不大。因此，他不构成犯罪。

【第1步 识别命题形式】

题干中出现假言命题和选言命题(可画箭头)，提问方式为“以下哪项论证的方式与题干的最为类似？”，故此题为推理结构相似模型。先将题干符号化，再将选项与题干一一对应即可解题。

【第2步 套用母题方法】

题干：玉皇大帝若有灵(A)，则齐景公派人去向玉皇大帝祈祷是无用的(B)；玉皇大帝若没有灵(¬A)，则齐景公派人去向玉皇大帝祈祷也是无用的(B)。玉皇大帝或者有灵(A)，或者没有灵(¬A)。因此，齐景公派人去向玉皇大帝祈祷是无用的(B)。

题干符号化为：A→B；¬A→B。A∨¬A。因此，B。

A项，A→B；¬A→C。A∨¬A。因此，B∨C。故此项与题干不同。

B项，A→B；¬A→B。A∨¬A。因此，B。故此项与题干相同。

C项，A→B；C→¬B。B∨¬B。因此，D。故此项与题干不同。

D项，A→B；A→C。¬B∨¬C。因此，¬A。故此项与题干不同。

E项，A→B；C→B。¬A∨¬C。因此，¬B。故此项与题干不同。

【答案】B

6 湖队是不可能进入决赛的。如果湖队进入决赛，那么太阳就从西边出来了。

以下哪项与上述的论证方式最为相似？

A. 今天天气不冷。如果冷，湖面怎么没结冰？

B. 张三昨天不可能杀人。如果张三昨天下午杀人了，他不可能在我们公司开一整天会。

C. 老吕的学生不可能考不上研究生。如果有些老吕的学生确实没考上研究生，那么一定是太平洋干涸了。

D. 天上是不会掉馅饼的。如果你不相信这一点，那上当受骗是迟早的事。

E. 古典音乐不流行。如果流行，那就说明大众的音乐欣赏水平大大提高了。

【第 1 步 识别命题形式】

题干中出现假言命题，提问方式为"以下哪项与上述的论证方式最为相似?"，故此题为推理结构相似模型。先将题干符号化，再将选项与题干一一对应即可解题。

【第 2 步 套用母题方法】

题干：湖队是不可能进入决赛的(¬ A)。如果湖队进入决赛(A)，那么太阳就从西边出来了(B)。

题干符号化为：¬ A。如果 A，那么 B(B 为荒谬的结论)。

A 项，今天天气不冷(¬ A)。如果冷(A)，湖面怎么没结冰(B：暗含与现实矛盾，但不是荒谬的结论)。故此项与题干不同。

B 项，张三昨天不可能杀人(¬ A)。如果张三昨天下午杀人了(A)，他不可能在我们公司开一整天会(B：暗含与现实矛盾，但不是荒谬的结论)。故此项与题干不同。

C 项，老吕的学生不可能考不上研究生(¬ A)。如果有些老吕的学生确实没考上研究生(A)，那么一定是太平洋干涸了(B：是荒谬的结论)。故此项与题干相同。

D 项，天上是不会掉馅饼的(¬ A)。如果你不相信这一点(A)，那上当受骗是迟早的事(B：不是荒谬的结论)。故此项与题干不同。

E 项，古典音乐不流行(¬ A)。如果流行(A)，那就说明大众的音乐欣赏水平大大提高了(B：不是荒谬的结论)。故此项与题干不同。

【答案】C

母题模型 11 真假话模型

母题变式 11.1 经典真假话问题

母题技巧

第 1 步 识别命题形式	题干特点：题干中出现几个断定，已知这些断定"N假 1 真""N真 1 假""N真 2 假"等。

续表

第2步 套用母题方法	解题方法： 步骤1：优先找矛盾。 利用矛盾关系必为“一真一假”的特性，结合题干的真假数量，判断其他已知条件的真假。例如： 若题干为“N假1真”，则其他已知条件均为假。 若题干为“N真1假”，则其他已知条件均为真。 步骤2：找其他对当关系。 当题干中没有矛盾关系时，解题思路一般如下： N真1假：优先反对，再考虑推理。 ①若题干中有反对关系：由于反对关系的两个判断至少一假，又因为题干已知“只有一假”，故可知题干中的其他判断均为真。 ②题干中无反对关系时，则可以考虑找推理关系。若条件①为假能推出条件②也为假，则与题干中的已知条件“只有一假”矛盾，因此，“①为假”不成立，故①为真。 N假1真：优先下反对，再考虑推理。 ①若题干中有下反对关系：由于下反对关系的两个判断至少一真，又因为题干已知“只有一真”，故可知题干中的其他判断均为假。 ②题干中无反对关系时，则可以考虑找推理关系，例如： 若题干中有推理关系①→②：假设①为真，则②也为真，与题干中的已知条件“只有一真”矛盾，故，“①为真”不成立，故①为假。

复杂对当关系的识别技巧

（1）反对关系的识别技巧：一肯一否只有且。

即：矛盾的双方A（一肯）、¬A（一否）均为联言命题的肢命题，这样的两个判断构成反对关系。

例如：“①A∧B”和“②¬A∧C”。

证明过程：

由于“A”和“¬A”必有一假。当“A”为假时，命题①为假；当“¬A”为假时，命题②为假。故命题①、②至少有一个为假，二者为反对关系。

（2）下反对关系的识别技巧：一肯一否只有或。

即：矛盾的双方A（一肯）、¬A（一否）均为选言命题的肢命题，这样的两个判断构成下反对关系。

例如：“①A∨B”和“②¬A∨C”。

证明过程：

由于“A”和“¬A”必有一真。当“A”为真时，命题①为真；当“¬A”为真时，命题②为真。故命题①、②至少有一个为真，二者为下反对关系。

（3）推理关系的识别技巧：找完全重复的元素。

若两个不同判断之间有完全重复的元素（元素一致、肯否一致），则二者可能为推理关系。

例如：“①A∨B”和“②A”。

若②为真，则①也为真；若①为假，则②也为假。

典型例题

1 某公司研发部准备在赵嘉、钱宜、孙斌和李玎中挑选一人或多人参与新系统的研发。有四个人对选择情况进行了如下预测：

甲：李玎是业务骨干，肯定会被选择。

乙：如果选择赵嘉，那么就不会选择钱宜。

丙：如果没选择李玎，那么孙斌也没选择。

丁：赵嘉和钱宜都会选择。

最终结果显示，上述四个预测中只有一个符合事实。

根据上述信息，以下除哪项外，均可能为真？

A. 选择钱宜，没选择赵嘉。

B. 选择赵嘉，没选择孙斌。

C. 选择孙斌，没选择钱宜。

D. 赵嘉和钱宜都没选择。

E. 赵嘉和孙斌都选择。

【第 1 步　识别命题形式】

题干已知“四个预测中只有一个符合事实”，故此题为经典真假话问题。

【第 2 步　套用母题方法】

题干有以下信息：

①甲：李玎。

②乙：赵嘉→┐钱宜。

③丙：┐李玎→┐孙斌。

④丁：赵嘉∧钱宜。

步骤 1：找矛盾。

根据公式“A→B”与“A∧┐B”矛盾，可知②和④矛盾，必有一真一假。

步骤 2：判断其他已知条件的真假。

根据“只有一个符合事实”可知，①和③均为假。

步骤 3：推出结论。

由“①为假”可得：没选择李玎。

由“③为假”可得：没选择李玎∧选择孙斌。

所以，“没选择孙斌”必然为假，即 B 项必然为假，其余各项均可能为真。

【答案】B

2　老罗喜欢喝茶。某天他买茶回来，酱心问他：“罗老师，你买了什么种类的茶叶？”老罗说：

(1)绿茶与红茶至少购买一种。

(2)如果不购买绿茶，则一定购买白茶。

(3)不会购买红茶或绿茶。

(4)已购买绿茶。

如果老罗说的话两句为真，两句为假，则以下哪项一定为真？

A. 老罗购买了绿茶，未购买白茶。

B. 老罗未购买绿茶，购买了白茶。

C. 老罗既购买了绿茶，也购买了白茶。

D. 老罗未购买绿茶，也未购买红茶。

E. 老罗购买了绿茶、白茶、红茶三种。

【第 1 步　识别命题形式】

题干已知“四句话中两真两假”，故此题为经典真假话问题。

【第2步 套用母题方法】

题干有以下信息：

①绿茶∨红茶。

②┐绿茶→白茶，等价于：绿茶∨白茶。

③┐绿茶∧┐红茶。

④绿茶。

步骤1：找矛盾。

①和③为矛盾关系，故①和③一真一假。

根据“两真两假”可知，②和④一真一假。

步骤2：判断其他已知条件的真假。

④和②中有重复元素“绿茶”，观察易知二者构成推理关系，即：若④为真，则②也为真，与“②和④一真一假”矛盾，故④为假。因此，②为真。

步骤3：推出结论。

由“④为假”可得：没购买绿茶。

再结合“②为真”可知，┐绿茶→白茶，故购买白茶。

因此，B项正确。

【答案】B

3 某金库发生了失窃案。公安机关侦查确定，这是一起典型的内盗案，可以断定金库管理员甲、乙、丙、丁中至少有一人是作案者。办案人员对这四人进行了询问，四人的回答如下：

甲：“如果乙不是窃贼，我也不是窃贼。”

乙：“我不是窃贼，丙是窃贼。”

丙：“甲或者乙是窃贼。”

丁：“乙或者丙是窃贼。”

后来事实表明，他们四人中只有一人说了真话。

根据以上陈述，以下哪项一定为假？

A. 丙说的是假话。 B. 丙不是窃贼。 C. 乙不是窃贼。

D. 丁说的是真话。 E. 甲说的是真话。

【第1步 识别命题形式】

题干已知“四人中只有一人说了真话”，故此题为经典真假话问题。

【第2步 套用母题方法】

题干信息整理如下：

①甲：┐乙→┐甲＝乙∨┐甲。

②乙：┐乙∧丙。

③丙：甲∨乙。

④丁：乙∨丙。

步骤1：找矛盾。

题干中没有矛盾关系。

步骤 2：“一真无矛盾”，优先下反对，其次找推理。

若“甲”为真，则③为真；若“¬ 甲”为真，则①为真。故①和③至少一真，二者为下反对关系。又由于“四人中只有一人说了真话”，故①和③为一真一假、②和④均为假。

步骤 3：推出结论。

由“②为假”可得：乙 ∨ ¬ 丙。

由“④为假”可得：丁说的是假话，且乙和丙都不是窃贼。

因此，D 项必然为假。

【答案】D

4 小赵、小钱、小孙、小李、小王五人进入某赛事的决赛，这五人恰好获得该次比赛的前五名(没有并列名次)。关于他们每人的名次，现有如下几个预测：

(1)如果小赵是第三，那么小钱是第四。

(2)只有小赵不是第一，小孙才是第二。

(3)小钱不是第四，小王也不是第五。

(4)小赵不是第一。

(5)小孙是第二并且小钱是第四。

最终的统计表明，五个预测中只有一个预测符合事实，则排名第四的人是：

A. 小赵。 B. 小钱。 C. 小孙。

D. 小李。 E. 小王。

【第 1 步 识别命题形式】

题干已知“五个预测中只有一个预测符合事实”，故此题为经典真假话问题。

【第 2 步 套用母题方法】

题干有以下信息：

①¬ 小赵第三 ∨ 小钱第四。

②¬ 小赵第一 ∨ ¬ 小孙第二。

③¬ 小钱第四 ∧ ¬ 小王第五。

④¬ 小赵第一。

⑤小孙第二 ∧ 小钱第四。

步骤 1：找矛盾。

题干中无矛盾关系。

步骤 2：“一真无矛盾”，优先下反对，其次找推理。

⑤和①为推理关系，若⑤为真，则①也为真，与“只有一个预测符合事实”矛盾，故⑤为假。

④和②为推理关系，若④为真，则②也为真，与“只有一个预测符合事实”矛盾，故④为假。

步骤 3：推出结论。

由“⑤为假”可得：¬ 小孙第二 ∨ ¬ 小钱第四。

由“④为假”可得：小赵第一。

由“小赵第一”可知，①为真，故②和③均为假。

由“②为假”可得：小赵第一 ∧ 小孙第二。

由“③为假”可得：小钱第四 ∨ 小王第五。

由“小孙第二”并结合“¬ 小孙第二∨¬ 小钱第四”可得：¬ 小钱第四。

由“¬ 小钱第四”并结合“小钱第四∨小王第五”可得：小王第五。

综上，可得：小李第四、小钱第三。故D项正确。

【答案】D

5 某高校准备从校辩论队的甲、乙、丙和丁四名辩手中选择一人或者多人去参加全国大学生辩论赛。关于最终的人选，现有以下几条预测：

(1)甲和乙中至少选择一人。

(2)如果只选择甲和乙中的一人，那么选择丙。

(3)丙和丁中有且仅有一人入选。

(4)只有不选择甲，才不选择丁。

最终结果显示，四条预测中只有一条为真，那么一定会选择：

A. 甲。　　B. 乙。　　C. 丁。

D. 丙和乙。　　E. 丁和丙。

【第1步　识别命题形式】

题干已知“四条预测中只有一条为真”，故此题为经典真假话问题。

【第2步　套用母题方法】

题干有以下信息：

①甲∨乙。

②¬ (甲∀乙)∨丙。

③丙∀丁。

④丁∨¬ 甲。

步骤1：找矛盾。

题干中无矛盾关系。

步骤2：“一真无矛盾”，优先下反对，其次找推理。

①和④为下反对关系，至少一真。再结合“只有1真”可知，②、③均为假。

步骤3：推出结论。

由“②为假”可得：(甲∀乙)∧¬ 丙。

由“③为假”可得：(丙∧丁)∀(¬ 丙∧¬ 丁)。

由“¬ 丙”并结合“(丙∧丁)∀(¬ 丙∧¬ 丁)”可得：¬ 丙∧¬ 丁。

再由“甲∀乙”可知，①为真，故④为假。

由“④为假”可得：¬ 丁∧甲。

由“甲”并结合“甲∀乙”可得：¬ 乙。

故A项正确。

【答案】A

6 某市即将举行大学生运动会，清北大学田径队共有甲、乙、丙、丁、戊和己6位选手。教练组需要从中选择3位选手参赛。4位体能教练对于人选有如下猜测：

赵：一定会选择甲，但不会选择丁。

钱：如果不选择乙，那么一定会选择戊。

孙：甲和己有且仅有 1 人被选择。

李：丙和丁 2 人均会被选择。

最后结果显示，4 位体能教练中只有 1 位的预测为假，则以下哪项必然为真？

A. 甲和乙均被选择。　　B. 戊和丙均被选择。　　C. 己和戊均被选择。

D. 丁和己均不被选择。　　E. 乙和丙均不被选择。

【第 1 步　识别命题形式】

题干已知“4 位体能教练中只有 1 位的预测为假”，故此题为经典真假话问题。

【第 2 步　套用母题方法】

题干有以下信息：

①甲 ∧¬ 丁。

②戊 ∨ 乙。

③甲 ∀ 己。

④丙 ∧ 丁。

步骤 1：找矛盾。

题干中无矛盾关系。

步骤 2：“一假无矛盾”，优先找反对，其次是推理。

①和④为反对关系，至少一假。再结合“4 位体能教练中只有 1 位的预测为假”可知，②和③均为真。

步骤 3：推出结论。

由“②为真”可得：乙、戊中至少选择 1 人。

由“③为真”可得：甲、己中恰选择 1 人。

因此，甲、乙、戊、己 4 人中至少选择 2 人。

再结合“选择 3 位选手参赛”可知，丙、丁中至多选择 1 人。故，④为假、①为真。

由“①为真”可得：甲 ∧¬ 丁。由“甲”并结合“③甲 ∀ 己”可得：¬ 己。

故 D 项正确。

【答案】D

7～8 题基于以下题干：

有五支球队参加比赛，对于比赛结果，观众有如下议论：

(1)冠军队不是山南队，就是江北队。

(2)冠军队既不是山北队，也不是江南队。

(3)冠军队只能是江南队。

(4)冠军队不是山南队。

7 比赛结果显示，四条议论中只有一条议论是正确的。那么获得冠军的队是：

A. 山南队。　　B. 江南队。　　C. 山北队。

D. 江北队。　　E. 江东队。

8 比赛结果显示，四条议论中只有一条议论是错误的。那么获得冠军的队是：

A. 山南队。　B. 江南队。　C. 山北队。
D. 江北队。　E. 江东队。

【第 1 步　识别命题形式】

第 7 题：题干已知“四条议论中只有一条议论是正确的”，故此题为经典真假话问题。

第 8 题：同上题一致。

【第 2 步　套用母题方法】

题干有以下信息：

①¬ 山南队→江北队，等价于：山南队∨江北队。

②¬ 山北队∧¬ 江南队。

③江南队。

④¬ 山南队。

题干中没有矛盾关系。

第 7 题

根据“只有一条议论是正确的”可知，需要找题干中的下反对关系或推理关系。

①和④为下反对关系，至少有一真。

可用二难推理证明如下：

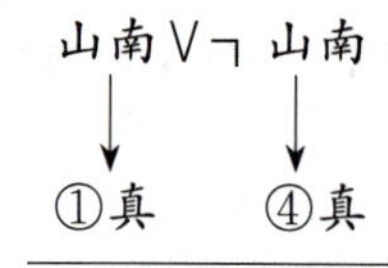

故有：①真∨④真。

再根据“只有一条议论是正确的”可知，②和③均为假。

由“③为假”可得：¬ 江南队。

再由“②为假”可得：山北队∨江南队，等价于：¬ 江南队→山北队。

故山北队是冠军队，即 C 项正确。

第 8 题

根据“只有一条议论是错误的”可知，需要找题干中的反对关系。

②和③为反对关系，至少有一假。

可用二难推理证明如下：

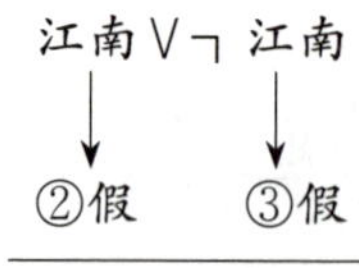

故有：②假∨③假。

再根据“只有一条议论是错误的”可知，①和④均为真。

由“④为真”可得：¬ 山南队。

再由“①为真”可得：¬ 山南队→江北队，故江北队是冠军队，即 D 项正确。

注意：这两道题皆可采用“选项代入法”快速选出正确答案。

【答案】C、D

母题变式 11.2 一人多判断模型

母题技巧

第 1 步 识别命题形式	题干特点： （1）题干中有多个人，每个人都做了两个或两个以上的判断。 （2）已知每个人的判断有几真几假或者已知总的真假数量。
第 2 步 套用母题方法	方法一：假设法。 即：直接假设某一人的某个判断为真，再结合题干的真假数量进行下一步推理。若推出矛盾，则假设错误；反之，则假设正确。 注意：此方法更适用于每人的断定相对较少（2～3 个）且每人的真假数量确定时。 方法二：极值法。 一人多判断模型的试题，往往题干中每个人都做了多个断定，且这些断定有真有假；不同的人在同一“位置”上做出的断定也是有真有假的。利用这个特性，即可确定同一位置上至多几真。 “真”的最大值 = 重复最多次元素的个数。 注意：若无重复元素，则至多 1 真；若是穷举，则恰有 1 真。 例如（节选自 2021—管综—35）： 王、陆、田 3 人拟到甲、乙、丙、丁、戊、己 6 个景点结伴游览。关于游览的顺序，3 人意见如下： （1）王：1 甲、2 丁、3 己、4 乙、5 戊、6 丙。 （2）陆：1 丁、2 己、3 戊、4 甲、5 乙、6 丙。 （3）田：1 己、2 乙、3 丙、4 甲、5 戊、6 丁。 【分析】 “1 号位”三人的猜测分别是“甲、丁、己”，无重复元素，则至多 1 真。 “6 号位”三人的猜测分别是“丙、丙、丁”，有 2 个“丙”，则至多 2 真。 【结论】 若题干中真假个数的“最大值”与题干的真假数量相等，要满足题意，则只能取最大值。 注意：若每人断定的数量不小于 4 时，可优先考虑此方法。 方法三：选项排除法、选项代入法。

典型例题

1 龙舟竞赛前，人们对参赛的红队、黄队、蓝队、绿队四个队的成绩做了三种预测：

(1)蓝队获得冠军，黄队获得亚军。

(2)蓝队获得亚军，绿队获得第三名。

(3)红队获得亚军，绿队获得第四名。

然而，实际的比赛结果显示，以上三种预测中，每一种均对了一半、错了一半，由此可推出，比赛结果第一名至第四名的顺序为：

A. 蓝队、绿队、黄队、红队。　　B. 绿队、黄队、红队、蓝队。

C. 蓝队、红队、绿队、黄队。　　D. 红队、黄队、蓝队、绿队。

E. 绿队、黄队、蓝队、红队。

【第 1 步　识别命题形式】

题干中有三种对成绩的预测，已知这三种预测“每一种均对了一半、错了一半”，故此题为一人多判断模型。

【第 2 步　套用母题方法】

此题的选项将四个队的成绩排名顺序进行了全排列，故优先考虑选项排除法。

方法一：选项排除法。

A 项，代入题干，(2)中的两个断定均为假，与题干“每一种预测均对了一半、错了一半”矛盾，故排除。

B 项，代入题干，(3)中的两个断定均为假，与题干“每一种预测均对了一半、错了一半”矛盾，故排除。

C 项，代入题干，符合题干要求，故此项正确。

D 项，代入题干，(2)中的两个断定均为假，与题干“每一种预测均对了一半、错了一半”矛盾，故排除。

E 项，代入题干，(3)中的两个断定均为假，与题干“每一种预测均对了一半、错了一半”矛盾，故排除。

方法二：假设法。

假设(1)的后半句“黄队获得亚军”为真，根据题意可知，“绿队获得第三名”“绿队获得第四名”均为真，与题干矛盾。故(1)的前半句“蓝队获得冠军”为真。

又根据“每一种预测均对了一半、错了一半”可知，“绿队获得第三名”“红队获得亚军”均为真。

综上，第一名至第四名的顺序为：蓝队、红队、绿队、黄队。故 C 项正确。

【答案】C

2　甲、乙、丙、丁 4 人计划一周内爬完四座山：华山、泰山、嵩山、衡山。但是对于爬山的先后顺序，4 人分别有如下猜测：

甲：华山、泰山、嵩山、衡山。

乙：泰山、衡山、嵩山、华山。

丙：衡山、泰山、华山、嵩山。

丁：嵩山、华山、泰山、衡山。

若上述 4 人的猜测中，恰有 1 人全对，其余 3 人均只对了 1 个，则正确的爬山顺序是：

A. 华山、泰山、嵩山、衡山。
B. 嵩山、泰山、衡山、华山。
C. 泰山、衡山、嵩山、华山。
D. 嵩山、华山、衡山、泰山。
E. 衡山、泰山、华山、嵩山。

【第 1 步　识别命题形式】

题干中每个人都做了 4 个断定，且这些断定有真有假，故此题为一人多判断模型。

【第 2 步　套用母题方法】

此题的选项将爬山顺序进行了全排列，故优先考虑选项排除法。

A 项，代入题干，甲猜测全对，乙、丙、丁 3 人均只对 1 个，符合题干，故此项正确。

B 项，代入题干，不满足“恰有 1 人全对”，故排除。

C 项，代入题干，丙、丁猜测全错，不满足“恰有 1 人全对，其余 3 人均只对 1 个”，故排除。

D 项，代入题干，甲、乙、丙猜测全错，不满足"恰有 1 人全对，其余 3 人均只对 1 个"，故排除。

E 项，代入题干，丙猜测全对，但甲、乙、丁不满足"其余 3 人均只对 1 个"，故排除。

综上，A 项正确。

【答案】A

3 赵、钱、孙、李和周 5 人一起做了 6 道推理题，每道推理题的正确答案是 A、B、C、D、E 五个选项中的一个。5 人的答案如下：

	第一题	第二题	第三题	第四题	第五题	第六题
赵	B	C	A	D	D	B
钱	A	A	B	C	A	C
孙	B	D	C	B	C	C
李	D	E	D	E	E	A
周	C	B	E	D	A	D

若每人恰对了 2 题，则可以得出以下哪项？

A. 第一题的正确答案是 C。

B. 第二题的正确答案是 D。

C. 第四题的正确答案是 B。

D. 第五题的正确答案是 A。

E. 第六题的正确答案是 E。

【第 1 步　识别命题形式】

题干中 5 人每个人都做了 6 个断定，且这些断定中有真有假，故此题为一人多判断模型。

【第 2 步　套用母题方法】

根据题意，题与正确答案之间为一一匹配关系。

分析每人对同一题作答情况的真假极值，可得下表：

	第一题	第二题	第三题	第四题	第五题	第六题
赵	B	C	A	D	D	B
钱	A	A	B	C	A	C
孙	B	D	C	B	C	C
李	D	E	D	E	E	A
周	C	B	E	D	A	D
重复元素	"B"2 次	无	无	"D"2 次	"A"2 次	"C"2 次
真假极值数	至多 2 真	至多 1 真	至多 1 真	至多 2 真	至多 2 真	至多 2 真

由上表可知，5人的断定中至多10真；结合“每人恰对了2题”（即：5人恰好对了10题）可知，只有取最大值时才能满足题意。

因此，第一题的正确答案是B、第四题的正确答案是D、第五题的正确答案是A、第六题的正确答案是C。

故D项正确。

【答案】D

4 在乐学喵举办的“618年中大促”上，为吸引学员，大促现场进行了抽奖活动。老吕在三个箱子里各放了一个奖品，让张珊、李思、王伍、赵陆四人猜一下各个箱子中放了什么奖品。

张珊说：“1号箱是vivo手机，2号箱是华为手机，3号箱是小米手机。”

李思说：“1号箱是OPPO手机，2号箱是华为手机，3号箱是荣耀手机。”

王伍说：“1号箱是谢谢参与，2号箱是vivo手机，3号箱是红米手机。”

赵陆说：“1号箱是OPPO手机，2号箱是荣耀手机，3号箱是谢谢参与。”

如果有一个人恰好猜对了两个，其余三人都只猜对了一个，那么2号箱子中放的是：

A. 华为手机。 B. OPPO手机。 C. 红米手机。

D. 谢谢参与。 E. vivo手机。

【第1步 识别命题形式】

题干中4人每个人都做了3个断定，且这些断定有真有假，故此题为一人多判断模型。

【第2步 套用母题方法】

根据题意，箱子与奖品之间为一一匹配关系。

分析每人对同一个箱子奖品猜测情况的真假极值，可得下表：

	1号箱	2号箱	3号箱
张珊	vivo手机	华为手机	小米手机
李思	OPPO手机	华为手机	荣耀手机
王伍	谢谢参与	vivo手机	红米手机
赵陆	OPPO手机	荣耀手机	谢谢参与
重复元素	“OPPO手机”2次	“华为手机”2次	无
真假极值数	至多2真	至多2真	至多1真

由上表可知，4人的12个断定中至多5个为真，结合题干“有一个人恰好猜对了两个，其余三人都只猜对了一个”可知，只有取最大值时，才能满足题干要求。

因此，1号箱是OPPO手机、2号箱是华为手机。故A项正确。

【答案】A

5 大学生运动会百米决赛之前，甲、乙、丙、丁、戊5位解说员对于最终夺冠选手的情况均有如下猜测：

甲：姓王，22岁，目前上大四，就读于北大，教练姓钱。

乙：姓张，18岁，目前上大一，就读于复旦，教练姓周。

丙：姓李，19 岁，目前上大二，就读于清华，教练姓刘。
丁：姓刘，20 岁，目前上大三，就读于复旦，教练姓刘。
戊：姓张，21 岁，目前上大二，就读于浙大，教练姓赵。
事实上，每人的猜测都有 1～2 个是正确的，5 人的猜测共计 9 条是正确的。
根据上述信息，以下关于夺冠选手的哪项描述一定为真？

A. 姓刘。　　B. 22 岁。　　C. 目前上大一。
D. 就读于清华。　　E. 教练姓周。

【第 1 步　识别命题形式】

题干中 5 人每个人都做了 5 个断定，且这些断定中有真有假，故此题为一人多判断模型。

【第 2 步　套用母题方法】

根据题干信息，可得下表：

猜测 解说员	该选手的姓氏	该选手的年龄	该选手的年级	该选手的学校	该选手教练的姓氏
甲	王	22 岁	大四	北大	钱
乙	张	18 岁	大一	复旦	周
丙	李	19 岁	大二	清华	刘
丁	刘	20 岁	大三	复旦	刘
戊	张	21 岁	大二	浙大	赵
重复元素	“张”2 次	无	“大二”2 次	“复旦”2 次	“刘”2 次
真假极值数	至多 2 真	至多 1 真	至多 2 真	至多 2 真	至多 2 真

由上表可知，5 人的猜测中至多 9 真；结合“5 人的猜测共计 9 条是正确的”可知，只有取最大值时才能满足题意。故，该选手姓张、目前上大二、就读于复旦、其教练姓刘。

再结合“每人的猜测都有 1～2 个是正确的”可知，该选手的年龄为 22 岁。

故 B 项正确。

【答案】B

6　某游乐场共有甲、乙、丙、丁、戊、己、庚等 7 个游玩项目。赵、钱、孙、李 4 人某天一同前往该游乐场游玩，按照计划准备将 7 个项目全部游玩一遍。对于 7 个项目游玩的先后顺序，他们有如下说法：

	第 1 个	第 2 个	第 3 个	第 4 个	第 5 个	第 6 个	第 7 个
赵	甲	己	庚	戊	丙	乙	丁
钱	乙	甲	丙	丁	己	戊	庚
孙	甲	丙	己	戊	乙	丁	庚
李	戊	丁	丙	甲	己	庚	乙

事实上，每人的猜测中均恰有3个是正确的。

根据上述信息，可以得出以下哪项？

A. 第一个是己。　　B. 第二个是丁。　　C. 第六个是丁。

D. 第七个是戊。　　E. 第四个是庚。

【第1步　识别命题形式】

题干中4人每个人都做了7个断定，且这些断定中有真有假，故此题为一人多判断模型。

【第2步　套用母题方法】

根据题意，项目与序号之间为一一匹配关系。

分析每人对同一个位置游玩项目猜测情况的真假极值，可得下表：

	第1个	第2个	第3个	第4个	第5个	第6个	第7个
赵	甲	己	庚	戊	丙	乙	丁
钱	乙	甲	丙	丁	己	戊	庚
孙	甲	丙	己	戊	乙	丁	庚
李	戊	丁	丙	甲	己	庚	乙
重复元素	“甲”2次	无	“丙”2次	“戊”2次	“己”2次	无	“庚”2次
真假极值数	至多2真	至多1真	至多2真	至多2真	至多2真	至多1真	至多2真

由上表可知，4人的断定中至多12真；结合“每人的猜测中均恰有3个是正确的”可知，只有取最大值时才能满足题意。

因此，第1个是甲、第3个是丙、第4个是戊、第5个是己、第7个是庚；再结合上表、“每人恰好对了3个”可得：第2个是丁、第6个是乙。

故B项正确。

【答案】B

母题变式11.3　真城假城模型

母题技巧

第1步 识别命题形式	题干特点：题干的已知条件中有两座城，分别是真城和假城，真城的人只说真话，假城的人只说假话。
第2步 套用母题方法	解题方法： 一般使用假设法。假设某人来自真城或假城。优先假设涉及“真城”或者“假城”的那个条件为真或者为假；若无明显的假设起点，可选择重复次数最多的元素。 注意：一般来说，若假设之后推出的结果与题干不矛盾，则假设正确；反之，则假设错误。

典型例题

1 张山、李思和王武参加篮球比赛，一共出场 4 次。

张山说："我出场 2 次，李思和王武每人出场 1 次。"

李思说："我出场 3 次，张山出场 1 次，王武没出场。"

王武说："我出场 2 次，张山出场 2 次，李思没出场。"

接着，张山说："李思说谎了。"

李思说："王武说谎了。"

王武说："张山和李思都说谎了。"

已知，说真话的人前后两句说的都是真话，说假话的人前后两句说的都是假话，则以下哪项为真？

A. 张山出场 2 次，李思出场 1 次，王武出场 1 次。

B. 张山出场 1 次，李思出场 3 次，王武出场 0 次。

C. 张山出场 1 次，李思出场 2 次，王武出场 1 次。

D. 张山出场 1 次，李思出场 1 次，王武出场 2 次。

E. 张山出场 2 次，李思出场 2 次，王武出场 0 次。

【第 1 步　识别命题形式】

题干中已知"说真话的人(相当于'真城的人')前后两句说的都是真话，说假话的人(相当于'假城的人')前后两句说的都是假话"，故此题为真城假城模型。

【第 2 步　套用母题方法】

由于不易判断谁说真话，不妨假设张山说真话。

故张山的话"李思说谎了"为真。由李思说谎可知，李思的话"王武说谎了"为假。故王武说真话，即："张山和李思都说谎了"为真。此时，"张山说谎"与假设矛盾，故假设不成立，即：张山说假话。

由"说假话的人前后两句说的都是假话"可知，张山的话"李思说谎了"为假，即：李思说真话。故，李思的话"我出场 3 次，张山出场 1 次，王武没出场"为真。故 B 项正确。

【答案】B

2 甲、乙、丙、丁四位运动员的姓氏是赵、钱、孙、李中的一个，各不重复；四人恰好喜欢唐诗、宋词、元曲、汉赋中的一种，互不相同。好奇心很重的吴纪想知道具体的情况，便让他们每人说一到两句话来阐述他们的姓氏和喜爱的古文类型。四人所说的话如下：

甲说："我不喜欢汉赋，乙的姓氏不是李。"

乙说："丙喜欢唐诗。"

丙说："丁的姓氏是钱，我喜欢宋词。"

丁说："乙说的话是错的。"

乙说："甲的姓氏不是赵。"

结果证实，喜欢唐诗的人说的任何一句话都是假话，其他人说的都是真话。

根据上述信息，以下哪项一定为真？

A. 甲姓孙，喜欢元曲。

B. 乙姓赵，喜欢唐诗。

C. 丙姓李，喜欢宋词。

D. 丁姓钱，喜欢元曲。

E. 甲姓李，喜欢汉赋。

【第1步　识别命题形式】

题干中已知“喜欢唐诗的人说的任何一句话都是假话(相当于‘假城的人’说的都是假话)，其他人说的都是真话(相当于‘真城的人’说的都是真话)”，故此题为真城假城模型。

【第2步　套用母题方法】

由“喜欢唐诗的人说的任何一句话都是假话”，定位到“乙的话”。

由“乙的第一句话”可知，丙喜欢唐诗。

再根据重复元素“乙”定位到“丁的话”。若丁喜欢唐诗，则丁说假话。结合“丁的话”可知，乙说真话。因此，若丁喜欢唐诗，则丙和丁都喜欢唐诗，与题干矛盾。故，丁不喜欢唐诗。

由“喜欢唐诗的人说的任何一句话都是假话，其他人说的都是真话”并结合“丁不喜欢唐诗”可知，丁说真话。

由“丁说真话”可知，乙说假话。故，甲和丙均说真话∧乙喜欢唐诗。

由“乙说假话”可得：¬丙喜欢唐诗∧甲姓赵。

由“甲说真话”可得：¬甲喜欢汉赋∧¬乙姓李。

由“丙说真话”可得：丙喜欢宋词∧丁姓钱。

由“乙喜欢唐诗∧丙喜欢宋词∧¬甲喜欢汉赋”可得：丁喜欢汉赋、甲喜欢元曲。

由“甲姓赵∧丁姓钱∧¬乙姓李”可得：乙姓孙、丙姓李。故C项正确。

【答案】C

第2节　其他综合推理母题模型

母题模型12　数独模型

母题技巧

第1步 识别命题形式	题干特点：题目中会出现一个由小方格组成的N×N的矩阵，要求在矩阵的小方格里填入一些元素，并且要求行、列、对角线或某些特殊区域中均不能有重复元素。

续表

第 2 步 套用母题方法	方法一：选项排除法。 一些数独题的选项中会完整列出行、列信息，此类题可使用选项排除法。 方法二：行列交点法。 找到信息最多的行、列、对角线，利用行、列、对角线不重复的原则，补充方格内容（交点处所对应的行、列、对角线中的已知信息越多，越容易是解题的突破口）。 方法三：重复元素法。 找到矩阵中重复最多次的元素，根据“不重复原则”补充方格内容。 注意：数独题一般采用“边推理边排除”的策略。

典型例题

1 有一个 6×6 的方阵，如下图所示，它所在的每个小方格中均可填入一个词(已有部分词填入)。现要求该方阵中的每行、每列中均含有“坚持”“道路”“制度”“理论”“文化”“自信”6 个词，不能重复也不能遗漏。

		坚持			
制度		文化			
道路	自信				制度
		自信		坚持	

根据上述要求，以下哪项是此方阵底行从左至右前 5 个空格依次应填入的词？

A. 坚持、文化、制度、理论、道路。
B. 坚持、自信、理论、制度、道路。
C. 文化、道路、理论、制度、坚持。
D. 制度、文化、自信、理论、道路。
E. 理论、制度、文化、道路、坚持。

【第 1 步 识别命题形式】

此题要求在方格中填入相应的词，易知此题为数独模型。

【第 2 步 套用母题方法】

由题干中确定的信息，结合“每列不重复”先进行选项排除：

由“第 1 列”已知信息中有“制度、道路”，可排除 D 项。

由“第 2 列”已知信息中有“自信”，可排除 B 项。

由“第 3 列”已知信息中有“文化”，可排除 E 项。

由“第 5 列”已知信息中有“坚持”，可排除 C 项。

综上，A 项正确。

【答案】A

2 有一个5×5的方阵，如下图所示，它所含的每个小方格中均可填入一个汉字(已有部分汉字填入)。现要求该方阵中的每行、每列及每个由粗线条围住的五个小方格组成的区域中均含有“德”“廉”“勤”“绩”“能”5个汉字，不能重复也不能遗漏。

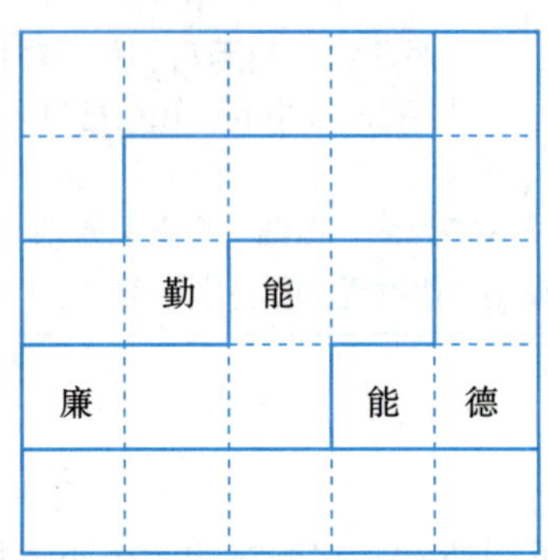

根据以上信息，该方阵底行从左至右依次填入：

A. 德、廉、绩、勤、能。　　B. 廉、能、德、勤、绩。

C. 绩、廉、德、能、勤。　　D. 德、勤、廉、绩、能。

E. 能、绩、廉、德、勤。

【第1步　识别命题形式】

此题要求在方格中填入相应的汉字，易知此题为数独模型。

【第2步　套用母题方法】

为了表达方便，将图中的行用A、B、C、D、E表示，列用1、2、3、4、5表示，如下图所示：

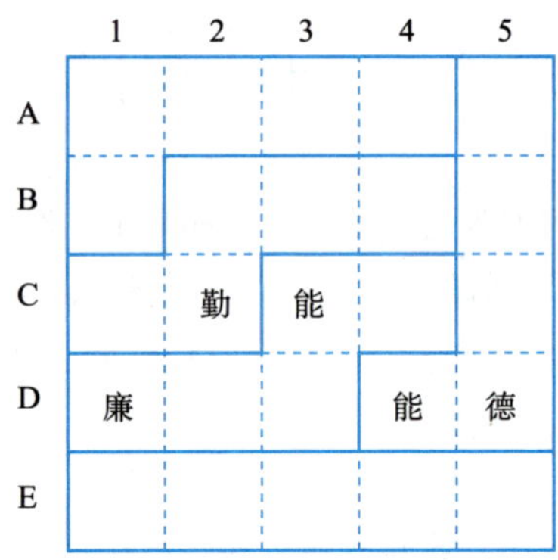

根据“每列不重复”可知，E1不是“廉”、E2不是“勤”、E4不是“能”，故排除B、D、C三项。

从信息最多的“D行”入手，根据“每行、每列不重复”可知，D2不是“勤”“廉”“能”“德”，因此，D2是“绩”。

再结合“每列不重复”可知，E2不是“绩”，故排除E项。

综上，A项正确。

【答案】A

3 有一个5×5的方阵，如下图所示，它所在的每个小方格中均可填入一个词(已有部分词填入)。现要求该方阵中的每行、每列及两条对角线中均含有“友善”“诚信”“法治”“公正”“平等”5个词，不能重复也不能遗漏。

②	诚信			
				公正
		公正		
	法治			友善
	①		平等	

根据上述要求，该方阵中①、②处依次应填入的词是：

A. 诚信、平等。　　B. 公正、平等。　　C. 诚信、平等。

D. 公正、友善。　　E. 平等、公正。

【第 1 步　识别命题形式】

此题要求在方格中填入相应的词，易知此题为数独模型。

【第 2 步　套用母题方法】

为了表达方便，将图中的行用 A、B、C、D、E 表示，列用 1、2、3、4、5 表示，如下图：

	1	2	3	4	5
A	②	诚信			
B					公正
C			公正		
D		法治			友善
E		①		平等	

根据“每行、每列及两条对角线均不重复”可知，E1、B4、D4、E5 均不能填“平等”，故 A5 是“平等”。

由“A5 是‘平等’”“D4、E5 均不能填‘平等’”结合“每行、对角线均不重复”可知，B2 是“平等”。

由“D5 是‘友善’”结合“每行、每列及两条对角线均不重复”可知，D4、E5 均不是“友善”，故 A1 是“友善”，即②处是“友善”。

由“C3 是‘公正’”“B2 是‘平等’”结合“每行、每列均不重复”可知，C2 不是“公正”，故 E2 是“公正”，即①处是“公正”。

故 D 项正确。

【答案】D

母题模型 13 两次与三次分类模型

母题变式 13.1 两次分类模型

母题技巧

第 1 步 识别命题形式	题干特点：题干将一个概念按照两个标准进行了两次分类。 例如： 某高校的大四学生中，男生多于女生，南方人多于北方人。 分析如下： 题干所涉及的概念：某高校的大四学生。 分类标准 1：性别（男生、女生）； 分类标准 2：区域（南方、北方）。
第 2 步 套用母题方法	方法一：九宫格法。 详见典型例题第 2 题。 方法二：大交大＞小交小。 例如： 已知：男生＞女生；南方人＞北方人。 可得：南方男生（大交大）＞北方女生（小交小）。

典型例题

1 S市一项针对全市所有务工人员的统计数据显示：67%的务工人员不具有本市户籍；城镇户口的务工人员少于农村户口的务工人员。

根据以上陈述，关于S市务工人员，以下哪项说法一定正确？

A. 农村户口的外来务工人员多于城镇户口的本市务工人员。

B. 城镇户口的外来务工人员多于城镇户口的本市务工人员。

C. 农村户口的本市务工人员多于城镇户口的本市务工人员。

D. 城镇户口的本市务工人员多于城镇户口的外来务工人员。

E. 以上说法均不一定为真。

【第 1 步 识别命题形式】

题干将“S 市务工人员”按照“是否为本市户籍”和“户口类型”这两个标准进行了两次分类，故此题为两次分类模型。

【第 2 步 套用母题方法】

题干有以下信息：

①67%的务工人员不具有本市户籍，即：外来＞本市。

②城镇户口的务工人员少于农村户口的务工人员，即：农村＞城镇。

根据母题口诀“大交大＞小交小”，可得：外来农村＞本市城镇。故 A 项正确。

【答案】A

2 在某次由中、美两国共同发起的文化交流活动上，一共有 120 名来自两国的正式代表出席。其中，男性代表共 75 人，美国代表共 55 人，中国男性代表共 35 人。

根据以上陈述，以下哪项关于出席会议的人员情况一定为真？

Ⅰ. 美国男性代表共 45 人。

Ⅱ. 中国女性代表共 30 人。

Ⅲ. 美国女性代表共 15 人。

A. 只有Ⅰ。　　B. 只有Ⅱ。　　C. 只有Ⅱ和Ⅲ。

D. 只有Ⅰ和Ⅲ。　　E. Ⅰ、Ⅱ和Ⅲ。

【第 1 步　识别命题形式】

题干将“120 名正式代表”按照“性别”和“国籍”两个标准进行了两次分类，故此题为两次分类模型。

【第 2 步　套用母题方法】

由题意可知，女性代表共 120－75＝45(人)，中国代表共 120－55＝65(人)。

此时，可得下表：

代表(120 人)	男性代表(75 人)	女性代表(45 人)
中国代表(65 人)	a	b
美国代表(55 人)	c	d

已知中国男性代表共 35 人，即 $a=35$，故有：

Ⅰ项，美国男性代表人数 $c=75-a=75-35=40$(人)，故此项一定为假。

Ⅱ项，中国女性代表人数 $b=65-a=65-35=30$(人)，故此项一定为真。

Ⅲ项，美国女性代表人数 $d=55-c=55-40=15$(人)，故此项一定为真。

综上，C 项正确。

【答案】C

3 在世界总人口中，男、女比例相当，但黄种人远超过黑种人，在除黄种人和黑种人以外其他肤色的人种中，男性比例大于女性。

如果上述断定为真，则可以推出以下哪项也是真的？

Ⅰ. 黄种人女性多于黑种人男性。

Ⅱ. 黄种人男性多于黑种人女性。

Ⅲ. 黄种人女性多于黑种人女性。

A. 仅Ⅰ。　　B. 仅Ⅱ。　　C. 仅Ⅲ。

D. 仅Ⅰ和Ⅱ。　　E. Ⅰ、Ⅱ和Ⅲ。

【第 1 步　识别命题形式】

题干虽然涉及黄种人、黑种人及其他肤色人种，但选项只针对黄种人和黑种人。所以，此题可看作将“人口”这个集合按照“性别”和“肤色”两个标准进行了两次分类，故此题为两次分类模型。

【第 2 步　套用母题方法】

题干有以下信息：

①世界总人口中，男、女比例相当。

②黄种人远超过黑种人。

③在除黄种人和黑种人以外其他肤色的人种中，男性比例大于女性。

由①、③可知，在黄种人和黑种人总人口中，女性比例大于男性。

故有④：黄种人和黑种人中：女性＞男性。

方法一：大交大＞小交小。

由②、④可知，黄种女性＞黑种男性，故A项正确。

方法二：九宫格法。

根据上述信息，可得下表：

人口	女性	男性
黄种人	a	b
黑种人	c	d

由题干信息②可得：$a+b>c+d$。

由题干信息④可得：$a+c>b+d$。

两式相加，可得：$2a+b+c>2d+b+c$，化简可得：$a>d$。

即：黄种女性＞黑种男性，故A项正确。

【答案】A

母题变式 13.2 三次分类模型

母题技巧

第1步 **识别命题形式**	题干特点：题干将一个概念按照三个标准进行了三次分类。 例如： 某高校的大四学生中，男生多于女生，南方人多于北方人，文科生多于理科生。 分析如下： 题干所涉及的概念：某高校的大四学生。 分类标准1：性别（男生、女生）； 分类标准2：区域（南方、北方）； 分类标准3：学科（文科、理科）。
第2步 **套用母题方法**	方法一：剩余法。 详见典型例题第1题。 方法二：双九宫格法。 详见典型例题第2题。

典型例题

1 某高校举办了一场学术论坛，共有800名来自世界各地的学者参加。其中参加此次论坛的男性数量为450人，来自国内的具有博士学位的学者共计200人，国外的女学者有170人，不具有博士学位的女学者有60人。

根据上述信息，以下哪项必然为真？

A. 不具有博士学位的国外男学者至多有 50 人。

B. 具有博士学位的国内男学者至多有 80 人。

C. 不具有博士学位的国内女学者至少有 70 人。

D. 具有博士学位的国内男学者至少有 90 人。

E. 具有博士学位的国外女学者至少有 60 人。

【第 1 步 识别命题形式】

题干将“800 名学者”按照“性别”“国内和国外”“是否具有博士学位”三个标准进行了三次分类，故此题为三次分类模型。

【第 2 步 套用母题方法】

根据题干已知信息，可得下表：

学者	国内博士	国内非博士	国外博士	国外非博士
男性	a	b	c	d
女性	x	y	z	w

由题干数据“男性数量为 450 人，来自国内的具有博士学位的学者共计 200 人，国外的女学者有 170 人，不具有博士学位的女学者有 60 人”，可得：

式①：男性＋国内博士＋国外女学者＋不具有博士学位的女学者＝$(a+b+c+d)+(x+a)+(z+w)+(y+w)=450+200+170+60=880$。

式②：总人数＝$a+b+c+d+x+y+z+w=800$。

由式①－式②可得：③$a+w=80$，则 $a\leqslant 80$，故 B 项正确。

【答案】B

2 某市实行人才强省战略，2010 年从国内外引进各类优秀人才 1 000 人，其中，管理类人才有 361 人，非管理类不具有博士学位的人才有 250 人，国外引进的非管理类人才有 206 人，国内引进的具有博士学位的人才有 252 人。

根据以上陈述，可以得出以下哪项？

A. 国内引进的具有博士学位的管理类人才少于 70 人。

B. 国内引进的具有博士学位的管理类人才多于 70 人。

C. 国外引进的具有博士学位的管理类人才少于 70 人。

D. 国外引进的具有博士学位的管理类人才多于 70 人。

E. 上述选项均不正确。

【第 1 步 识别命题形式】

题干将“1 000 名优秀人才”按照“引进的方式”“是否为管理类人才”“是否具有博士学位”三个标准进行了三次划分，故此题为三次分类模型。

【第 2 步 套用母题方法】

方法一：双九宫格法。

由题干可知，非管理类人才有 1 000－361＝639(人)。

根据题干信息，可得以下两表：

管理类人才(361 人)	博士	非博士
国内	a	b
国外	c	d

非管理类人才(639 人)	博士	非博士(250 人)
国内	x	y
国外(206 人)	z	w

故有：

非管理类博士人才：639－250＝389(人)。

非管理类国内人才：639－206＝433(人)。

补充进表格，可得：

非管理类人才(639 人)	博士(389 人)	非博士(250 人)
国内(433 人)	x	y
国外(206 人)	z	w

已知国内引进的具有博士学位的人才有 252 人，即：$a+x=252$，则 $a=252-x$。

由于 $z+w=206$，故 z 的最大值为 206，此时 x 的最小值为 389－206＝183。

此时 a 取到最大值，为 252－183＝69。

故国内引进的具有博士学位的管理类人才少于 70 人，即 A 项正确。

方法二：剩余法。

根据题干已知信息，可得下表：

	国内博士	国内非博士	国外博士	国外非博士
管理类	a	b	c	d
非管理类	x	y	z	w

根据题干数据“管理类人才有 361 人，非管理类不具有博士学位的人才有 250 人，国外引进的非管理类人才有 206 人，国内引进的具有博士学位的人才有 252 人”可得：

式①：管理类人才＋非管理类不具有博士学位的人才＋国外引进的非管理类人才＋国内引进的具有博士学位的人才＝$(a+b+c+d)+(y+w)+(z+w)+(a+x)=361+250+206+252=1\,069$。

式②：总人数＝$a+b+c+d+x+y+z+w=1\,000$。

由式①－式②可得：$a+w=69$。故 a 的最大值是 69，一定小于 70，故 A 项正确。

【答案】A

母题模型 14 // 复杂推理模型

在 2025 年联考逻辑真题中，有一些综合推理题在"识别命题模型"时的难度有所提升，考生难以对其进行准确识别，很容易陷入无从下手的尴尬境地。另外，还有个别试题将多类条件综合起来进行命题，这样的题难度很大，考生容易耗费大量的考试时间。

本母题模型将针对上述两个典型问题，教会大家在难以准确识别命题模型的情况下，如何高效拿分。

母题技巧

<table>
<tr><td>第 1 步
识别命题形式</td><td>题干特点：题干已知条件的类型过于多样，或者难以准确识别命题模型，导致不易直接套用命题模型的解法。
例如：
①题干中出现 5 大条件，但是条件类型过于多样，难以准确进行模型识别与命名。
②题干中无假言或只有个别假言，难以使用"串联找矛盾"等常规方法解题。</td></tr>
<tr><td>第 2 步
套用母题方法</td><td>解决复杂的综合推理题，核心问题是已知条件的优先级。
即，解题时，要知道先用哪个条件，后用哪个条件，哪个条件需要使用多次等。
条件优先级原则 1：数量关系优先算，数量矛盾出答案。
如果题干中出现数量关系，一般需要进行数量关系的计算。
常见的数量关系有：
<table><tr><th>常见的数量关系类型</th><th>计算方式</th></tr><tr><td>①从 N 个中选择 M 个。</td><td>淘汰个数 = N − M。</td></tr><tr><td>②匹配题中的数量范围（如 5 个人去 6 个城市，每个城市有 2 人前往，每人去 2～3 个城市）。</td><td>先计算总人次，再进行分配（6 × 2 = 12 人次，12 人次分配给 5 个人，可得：12 = 3 + 3 + 2 + 2 + 2）。</td></tr><tr><td>③数量限制（"上限""下限"或者其他限制）。</td><td>一般用于找矛盾，或者作为限定条件使用。</td></tr><tr><td>④数量之差、之和等。</td><td>当成数学题进行运算。</td></tr></table>另外，数量关系常作为限定条件使用，通过找到数量关系上的矛盾来推出事实。
例如：
已知 5 人中要入选 3 人。若甲入选，则乙、丙、丁都入选。此时，有 4 人入选，与"5 人中要入选 3 人"矛盾，故甲不能入选。
条件优先级原则 2：情况越少，优先级越高。
一个条件可能的情况数越少，则这个条件的优先级越高。常见的条件见下表：</td></tr>
</table>

续表

第 2 步 套用母题方法

条件类型	例子	情况数
①事实。	张三去南京。	1
②半事实：A∀B。	李四要么去北京，要么去西安。	2
③半事实：A∨B。	已知每人均前往多个城市，李四去北京或者西安。	3
④假言：A→B=¬A∨B。	已知从 5 人中选择 3 人；若不选王，则选赵。（若不选王，则选赵，等价于：王∨赵。）	3
⑤匹配。	5 个人去 5 座不同的城市，每座城市有其中的 1 人前往，每人去其中的 1 座城市。	$A_5^5=120$

根据上表，结合“情况越少，优先级越高”，可得：事实＞半事实＞假言＞匹配。

以上条件的解法遵守以下基本规律：

（1）事实出发。

（2）半事实分类讨论。另外，在一些题目中，选言命题可以作为数量关系使用，例如，已知“甲入选∀乙入选”为真，可得：甲、乙中入选 1 人淘汰 1 人。

（3）假言命题做串联、找矛盾。

（4）简单匹配做排除；复杂匹配画表格；多组匹配填空法。

条件优先级原则 3：重复元素重点看。

当不同的已知条件中出现重复元素时，一般有两种思路：一是联立出现重复元素的条件；二是元素重复次数越多，这个元素在分析时的优先级往往越高。

典型例题

1 （2024 年管理类联考真题）某单位举办两轮羽毛球单打表演赛，共有甲、乙、丙、丁、戊、己 6 位选手参加。每轮表演赛都按以下组合进行了 5 场比赛：甲对乙、甲对丁、丙对戊、丙对丁、戊对己。已知：

(1)每场比赛均决出胜负。

(2)每轮比赛中，各参赛选手均至多输一场。

(3)每轮比赛决出的冠军在该轮比赛中未有败绩，甲在第一轮比赛中获冠军。

(4)只有一组选手在第二轮比赛中的胜负结果与第一轮相同，其余任一组选手的两轮比赛结果均不同。

根据上述信息，可以得出第二轮表演赛的冠军是：

A. 乙。　　B. 丙。　　C. 丁。　　D. 戊。　　E. 己。

【第 1 步　识别命题形式】

本题中，涉及 6 位选手按照固定的组合进行对决，在形式上类似于“匹配”；但提问针对“第二轮表演赛的冠军”，也可以理解为“从 6 人中选出 1 人”。此题的条件多样化，难以准确识别命题模型，故此题属于复杂推理模型。

【第 2 步　套用母题方法】

题干中，条件(3)是确定事实，优先级最高。

从事实出发，由条件(3)可知，甲在第一轮比赛中未有败绩，且获得冠军。故结合条件(1)可得下表：

第一轮对阵双方	①甲对乙	②甲对丁	③丙对戊	④丙对丁	⑤戊对己
胜负情况	甲胜、乙负	甲胜、丁负			

从新推出的事实"①甲胜、②甲胜"出发，结合条件(4)中的"只有一组选手在第二轮比赛中的胜负结果与第一轮相同"可知，甲第二轮不可能全胜；再结合条件(2)可知，甲在第二轮比赛中一胜一负(即："第一轮与第二轮比赛中胜负结果相同的那一组选手中一定有甲")。

再从新推出的事实"①乙负、②丁负"出发，结合条件(2)可知，④丁胜、④丙负。

再从新推出的事实"甲在第二轮比赛中一胜一负"出发，结合条件(4)可得：第二轮比赛中的"丙对戊""丙对丁""戊对己"三场比赛的胜负结果均与第一轮不同。

再从新事实"④丁胜、④丙负"出发，结合条件(2)可知，③丙胜、③戊负；同理可得：⑤戊胜、⑤己负。

综上，结合"第二轮比赛中的'丙对戊''丙对丁''戊对己'三场比赛的胜负结果均与第一轮不同"可得下表：

第二轮对阵双方	甲对乙	甲对丁	丙对戊	丙对丁	戊对己
胜负情况			丙负、戊胜	丁负、丙胜	戊负、己胜

由上表结合条件(2)可知，"甲对丁"的比赛结果为丁胜、"甲对乙"的比赛结果为甲胜。故"第二轮比赛的胜负情况"如下：

第二轮对阵双方	甲对乙	甲对丁	丙对戊	丙对丁	戊对己
胜负情况	甲胜、乙负	丁胜、甲负	丙负、戊胜	丁负、丙胜	戊负、己胜

再结合条件(3)中"冠军在该轮比赛中未有败绩"可知，第二轮比赛的冠军是己。故 E 项正确。

【答案】E

2～3 题基于以下题干(2025 年管理类联考真题)：

某次考试中有 10 道选择题，小李、小王、小文 3 人均只答对其中 6 道题。已知：

(1)没有人连续答对 3 道题。

(2)小李第 2、4、9 题答错了，小王第 1、5、8 题答错了，小文第 3、6、9 题答错了。

2 根据以上信息，以下哪项是可能的？

A. 小李第 6 题答错了。　B. 小李第 10 题答错了。　C. 小王第 9 题答错了。

D. 小王第 10 题答错了。　E. 小王第 6 题答错了。

3 若有一题 3 人均答对了，有一题 3 人均答错了，则以下哪项一定是错误的？

A. 小李第 3 题答对了。　B. 小王第 2 题答对了。　C. 小王第 3 题答错了。

D. 小文第 2 题答错了。　E. 小文第 4 题答对了。

【第 1 步　识别命题形式】

第 2 题：题干中每人做了 10 道题，且均只答对 6 道题，这既是数量关系，同时也是真假个数；此外，题干中还涉及了"人"与"答题情况"的匹配关系。综上，本题属于复杂推理模型。

第 3 题：同上题一致。

【第2步 套用母题方法】

第2题

题干中，“每人10题中答对了6题”为数量关系，应当优先计算。此外，条件(1)是数量限制，但无法直接进行计算，条件(2)为事实(优先级较高)。

步骤1：数量关系优先算。

由“某次考试中有10道选择题，3人均只答对其中6道题”可知，每人均答错4道题。

步骤2：从事实出发解题。

根据条件(2)可得下表：

题号	1	2	3	4	5	6	7	8	9	10
小李		×		×					×	
小王	×				×			×		
小文			×			×			×	

由上述事实，无法展开下一步推理，故只能结合条件(1)进行分析。

由上表结合条件(1)可知，小李第5、6、7题中至少答错1题，小王第2、3、4题中至少答错1题。

再结合“每人均只答对其中6道题”可将上表补充如下：

题号	1	2	3	4	5	6	7	8	9	10
小李	√	×	√	×	√			√	×	√
小王	×				×	√	√	×	√	√
小文			×			×			×	

故A项正确。

第3题

本题新补充事实：有一题3人均答对了，有一题3人均答错了。

引用上题表格：

题号	1	2	3	4	5	6	7	8	9	10
小李	√	×	√	×	√			√	×	√
小王	×				×	√	√	×	√	√
小文			×			×			×	

从事实出发，由“有一题3人均答错了”结合上表可知，三人均答错的题为2∀4。

再结合“每人均只答对其中6道题”可知，小王第3题答对了。故此题选择C项。

【答案】A、C

4 （2023 年管理类联考真题）某台电脑的登录密码由 0～9 中的 6 个数字组成，每个数字最多出现一次，关于该 6 位密码，已知：

（1）741605 中，共有 4 个数字正确，其中 3 个位置正确，1 个位置不正确。

（2）320968 中，恰有 3 个数字正确且位置正确。

（3）417280 中，共有 4 个数字不正确。

根据上述信息，可以得出该登录密码的前两位是：

A. 71。　B. 42。　C. 72。　D. 31。　E. 34。

【第 1 步　识别命题形式】

题干中的“登录密码由 0～9 中的 6 个数字组成（即：10 个数字中选择 6 个）”为数量关系，同时，题干中还涉及“密码数字”与“密码位置”的匹配关系，故此题属于复杂推理模型。

【第 2 步　套用母题方法】

题干中，条件（1）、（2）和（3）均涉及数量关系，但条件（1）和（2）还涉及匹配关系，更为复杂。故优先考虑由条件（3）并结合“10 选 6”进行数量计算。

步骤 1：数量关系优先算。

由条件（3）结合“登录密码由 0～9 中的 6 个数字组成”可知，3、5、6、9 这 4 个数字均正确（新推出的事实）。

步骤 2：从事实出发解题。

从事实出发，由“3、6、9 这 3 个数字均正确”结合条件（2）可得：密码第一位是 3、第四位是 9、第五位是 6。

再由“密码第五位是 6”结合条件（1）可知，“741605”中的“6”数字正确但位置不正确；因此，其他 5 个数字中恰有 3 个位置正确且数字正确。

再结合“密码第一位是 3、第四位是 9、第五位是 6”可知，密码第二位是 4、第三位是 1、第六位是 5。

综上，E 项正确。

【答案】E

5 （2023 年管理类联考真题）入冬以来，天气渐渐寒冷。11 月 30 日，某地气象台对未来 5 天的天气预报显示：未来 5 天每天的最高气温从 4℃开始逐日下降至－1℃；每天的最低气温不低于－6℃；最低气温－6℃只出现在其中一天。预报还包含如下信息：

（1）未来 5 天中的最高气温和最低气温不会出现在同一天，每天的最高气温和最低气温均为整数。

（2）若 5 号的最低气温是未来 5 天中最低的，则 2 号的最低气温比 4 号的高 4℃。

（3）2 号和 4 号每天的最高气温与最低气温之差均为 5℃。

根据以上预报信息，可以得出以下哪项？

A. 1 号的最低气温比 2 号的高 2℃。

B. 3 号的最高气温比 4 号的高 1℃。

C. 4 号的最高气温比 5 号的高 1℃。

D. 3 号的最低气温为－6℃。

E. 2 号的最低气温为－3℃。

【第 1 步　识别命题形式】

题干中，条件(3)为一组数量关系，条件(2)为假言命题，条件(1)和“未来 5 天每天的最高气温从 4℃开始逐日下降至−1℃，每天的最低气温−6℃只出现在其中一天”均可视为事实。此外，题干还涉及“日期”与“最低气温、最高气温”的匹配关系，此题条件类型多样，故此题为复杂推理模型。

【第 2 步　套用母题方法】

题干中有数量关系，应当优先计算。其他条件中，“事实”的优先级最高，故计算后，再从事实出发解题。

步骤 1：数量关系优先算。

根据题干信息，并对 2 号、4 号的最高气温、最低气温进行赋值，可得下表：

时间	12 月 1 号	12 月 2 号	12 月 3 号	12 月 4 号	12 月 5 号
最高气温		a		c	
最低气温		b		d	

由上表结合条件(3)可得：a−b=c−d=5。

再由“a−b=c−d”可得：a−c=b−d。

步骤 2：从事实出发解题。

由“未来 5 天每天的最高气温从 4℃开始逐日下降至−1℃”可知，1 号的最高气温为 4℃、5 号的最高气温为−1℃；再结合“每天的最高气温逐日下降”和条件(1)可知，2 号的最高气温均为 3℃或者 2℃、4 号的最高气温均为 1℃或者 0℃，即 a=2∀3，c=0∀1，且 a>c。

再结合“a−c=b−d”可得：b−d≤3，故，条件(2)的后件为假，则其前件也为假，可得：5 号的最低气温不是未来 5 天中最低的。

由“a、c 均在 0℃～3℃之间”结合“a−b=c−d=5”可知，2 号和 4 号的最低气温均不是−6℃。

再由条件(1)中“未来 5 天中的最高气温和最低气温不会出现在同一天”可知，1 号的最低气温也不是−6℃。

综上，1 号、2 号、4 号、5 号的最低气温均不是−6℃(简单匹配做排除)，故 3 号的最低气温为−6℃。故 D 项正确。

【答案】D

6～7 题基于以下题干(2025 年管理类联考真题)：

某学院尚余 9 个考场的监考任务由甲、乙、丙、丁、戊 5 位老师选择。已知，每场考试 2 小时，每位老师均需监考 2～3 个考场；有 2 个考场要求其中 2 人共同监考；其余 7 个考场要求单独监考，各需 1 名监考人员。这 9 个考场的时间安排如下：

时间＼星期	星期一	星期二	星期三	星期四	星期五
上午 09：00～11：00	已安排	1 个考场	1 个考场	已安排	1 个考场
下午 14：00～16：00	已安排	无监考	例会	2 个考场	已安排
晚上 18：30～20：30	1 个考场 （2 人监考）	1 个考场	1 个考场	1 个考场 （2 人监考）	已安排

对于监考安排，丙、丁没有任何要求，但其他 3 位老师有如下要求：

(1)甲：我的监考需安排在晚上，但不要连续两个晚上都安排监考。

(2)乙：若我的监考没有都安排在前三天，则有一场需安排我和丙在同一天同一时间监考。

(3)戊：我想监考三场，但都不要安排在上午。

事后得知，这 3 位老师的要求均得到了满足。

6 若周五安排乙监考，则可以得出以下哪项？

A. 甲都是单独监考。
B. 乙有一场共同监考。
C. 丙都是共同监考。
D. 丁有一场共同监考。
E. 戊至少有一场共同监考。

7 若丁的监考都安排在晚上，则可以得出以下哪项？

A. 周一晚上甲有监考。
B. 周五上午乙有监考
C. 周四下午丙有监考。
D. 周三晚上丁有监考。
E. 周二晚上戊有监考。

【第 1 步 识别命题形式】

第 6 题：题干中，“周五安排乙监考”、条件(1)、条件(3)均为事实，条件(2)为假言命题，“每位老师均需监考 2～3 个考场”为数量关系，同时，题干中还涉及“人”与“监考时间”的匹配关系，故此题属于复杂推理模型。

第 7 题：同上题一致。

【第 2 步 套用母题方法】

第 6 题

题干中有数量关系，应当优先计算；其他条件中，事实的优先级最高，故计算后，从事实出发来解题。

步骤 1：数量关系优先算。

由题干表格可知，9 个考场安排的总监考人次为：2+2+1+1+1+1+1+1+1=11(人次)。

再由“每位老师均需监考 2～3 个考场”和“戊想监考三场”可得：甲、乙、丙、丁、戊监考的场次分别为 2、2、2、2、3。

步骤 2：从事实出发解题。

由“乙周五”可知，条件(2)的前件为真，则其后件也为真，可得：乙有一场和丙在同一天同一时间监考。

条件(1)、(3)这 2 个事实无法直接与其他条件联立，故不考虑。

由“乙有一场和丙在同一天同一时间监考”结合题干表格可知，有多种情况，即：此条件为半事实。

步骤3：从半事实出发进行分类讨论。

情况①：乙、丙均在星期四下午监考。

由“戊不在上午监考”结合上表可得：戊的3场监考均在晚上。

再结合上表可知，戊至少有1场是共同监考。

情况②：乙、丙均在星期一晚上监考。

此时，结合条件(1)可知，甲的2场为星期二晚上、星期四晚上。再结合“戊不在上午监考”“戊不能在周四下午同时监考2场”可得：戊在星期三晚上、星期四晚上监考。

情况③：乙、丙均在星期四晚上监考。

此时，结合条件(1)可知，甲的2场为星期一晚上、星期三晚上。再结合“戊不在上午监考”“戊不能在周四下午同时监考2场可”可得：戊在星期一晚上、星期二晚上监考。

综上，无论哪种情况，均可得：戊至少有1场是共同监考。

故E项正确。

第7题

引用上题数量计算的结果：甲、乙、丙、丁、戊监考的场次分别为2、2、2、2、3。

从事实出发，由“丁的监考都安排在晚上”、条件(1)和条件(3)可知，星期一至星期四晚上的4个考场安排的6人次为：甲2次、丁2次、其他人2次。

再由条件(3)结合“戊不能在周四下午同时监考2个考场”可知，戊至多在周四下午监考1场。因此，戊有2场是在晚上。

综上，可得下表：

时间＼星期	星期一	星期二	星期三	星期四	星期五
上午 09：00～11：00	已安排	1个考场	1个考场	已安排	1个考场
下午 14：00～16：00	已安排	无监考	例会	戊+?	已安排
晚上 18：30～20：30	2甲、2丁、2戊				已安排

由上表可知，乙、丙不可能在同一天的同一时间监考，故，条件(2)的后件为假，则其前件也为假，可得：乙的监考都安排在前三天。

综上，乙在周二上午和周三上午监考、丙在周四下午监考。故C项正确。

【答案】E、C

第 4 章　论证逻辑的底层方法论

① 本章重要吗?

本章是解所有论证逻辑题的基本思路，超级超级重要。

② 本章难吗?

纯粹学习本章的内容，你会觉得非常简单。但是，本章的难点在于理解和应用。换句话说，你能不能纠正自己的错误理解和错误的解题方法，能不能把本章的解题方法论应用到题目中，这是本章学习的关键，也是本章学习的难点。

③ 本章如何学?

先学本章的方法论，然后再学第 5、6、7 章中的方法论。

论证逻辑方法论全部学完并掌握后，再运用这些正确的方法论去做《刷题分册》中的论证逻辑题。

底层方法论 1　削弱题的基本方法

1. 论证的基本结构

论证就是用一些证据(论据)，来证明一个观点(论点)的过程。

一个论证的基本结构为：

论据 —论证过程→ 论点。

例①：

曹操文治武功卓越(论据)，因此，曹操是一代明君(论点)。

另外，有一些论证中存在隐含假设。所谓隐含假设，是指题干论证成立所必须具备的前提。例①中的隐含假设为：曹操是君主。如果曹操不是君主，则例①中的断定不成立。

2. 削弱题的基本方法

接下来，我们以例①为例，来说明削弱题的基本解题思路。

一般地，我们把论证对象称为"S"，把针对论证对象所做出的断定称为"P"。因此，例①中的论证可以表达为：

曹操(S)文治武功卓越(P1)，因此，曹操(S)是明君(P2)。

那么，如何削弱上述论证呢？有以下五种方法：

削弱方法 1：直接反驳题干的论点。

即：曹操不是明君。

这种方法相当于直接反驳了题干中的断定 P2，因此可称为"怼 P 法"。如果我们从拆桥搭桥的角度来理解，也可以认为是拆了"曹操(S)"与"明君(P2)"的桥，因此也可称为"SP 拆桥法"。

削弱方法 2：用反面论据来反驳题干的论点。

例如：曹操穷兵黩武，给老百姓带来了严重的伤害。

这种方法相当于用一些新的论据来"怼"题干中的断定 P2，因此可称为"反面论据怼 P 法"。

削弱方法 3：反驳题干的论证过程。

即指出题干的论证过程有问题、论证关系不成立。反驳论证关系最常用的方法是拆桥法。在例①中，论据与论点中的对象"S"是一样的，而"P1"与"P2"不一样，故我们可以割裂"P1"与"P2"的关系，即拆桥法：文治武功卓越不能代表是明君。

削弱方法 4：反驳题干的论据。

即指出题干论证中的论据不成立。这样，通过反驳题干的论据来间接地反驳题干的论点。

即：曹操并非文治武功卓越。

削弱方法 5：反驳题干的隐含假设。

即指出题干论证中的隐含假设不成立。

即：曹操不是君主。

以上方法可总结为下表：

思路	削弱方法	削弱力度
思路 1　论点	怼 P 法（SP 拆桥法）	大
思路 2　新论据	反面论据怼 P 法	较大
思路 3　论证过程	反驳论证过程（常用拆桥法）	大
思路 4　题干论据	反驳论据	较小
思路 5　隐含假设	反驳隐含假设	大

3. 削弱题基本方法的优先级

削弱题基本方法的优先级，主要取决于题干的提问方式，一般可分为以下两种情况：

若题干的提问方式针对"论点"，则优先考虑思路 1 和思路 2，但也可能考思路 3、4、5。

若题干的提问方式针对"论证"，则优先考虑思路 3，再考虑其他的命题模型，如现象原因模型、措施目的模型等。

思路 5 的削弱力度很大，但是在真题中出现的次数较少；思路 4 的削弱力度较小，在真题中出现的次数也较少。

为了让大家有一套流程化的解题思路，我们现将削弱题的解题步骤标准化总结如下：

第 1 步 识别命题形式	第 2 步　套用母题方法
第（1）步： 提问方式识别法	若提问方式针对"论点"，则优先使用怼 P 法（SP 拆桥法）、反面论据怼 P 法。这两种方法有时候统称为怼 P 法。 若提问方式针对"论证"，则优先考虑反驳论证过程（常用双 S 拆桥法、双 P 拆桥法）。
第（2）步： 一致性识别法	若题干论据与论点中的对象 S 不一致，则考虑双 S 拆桥法。 若题干论据与论点中的断定 P 不一致，则考虑双 P 拆桥法。
第（3）步： 触发词识别法	"现象原因模型"的常见触发词：这是因为、这是由于、造成了、导致了、与……有关，等等。 "求因果五法型"的常见触发词：实验组、对照组、实验结果显示，等等。 "预测结果模型"的常见触发词：将会、未来会、在不久的将来，等等。 "措施目的模型"的常见触发词：建议、计划、措施、方案、应该、方法等表措施的词；为了、以求、从而、达到等表目的的词。

说明：

①在解题过程中，若第（1）、（2）步能解题时，一般无须进行第（3）步；若第（1）、（2）步分析后，没有明显的"不一致"时，可直接进行第（3）步。

②此表格中涉及的方法、模型，你能理解最好，不理解也不用担心，在本书后文中会有详细解释。

典型例题

1 病毒性肺炎患者处于病毒感染时，精神心理上也会处在高度应激状态，对维生素C的生理需求量必然会加大，但此时患者很可能处于食欲不振状态，未必能够保证从膳食中得到足够的维生素C。因此，多服用维生素C可以帮助治疗病毒性肺炎。

以下哪项如果为真，最能质疑上述结论？

A. 维生素C偏酸性，若长期大量服用容易在体内形成尿路草酸钙结石和肾结石。

B. 维生素C是人体必需的营养，很多动物都可以在体内合成维生素C，唯独人类只能从食物中获得。

C. 病人和健康人的生理状态不一样，对没有患病的人来说，最好的维生素C来源于天然果蔬。

D. 研究显示，维生素C不能增强免疫力，也没有抗病毒的作用。

E. 多服用维生素C对预防病毒性肺炎几乎不起作用。

【第1步　识别命题形式】

第(1)步：提问方式识别法

本题的提问方式为“以下哪项如果为真，最能质疑上述结论？”，即提问针对论点，优先考虑怼P法(直接怼P或者用反面论据怼P)。

找到题干中的结论：多服用维生素C(S)可以帮助治疗病毒性肺炎(P)。

此时先用怼P法看选项中有没有答案，如果没有答案，则需要再考虑上述表格中的第(2)步和第(3)步。

【第2步　套用母题方法】

使用怼P法：只有D项明确指出“没有抗病毒的作用”，即不能治疗病毒性肺炎(怼P)，故此题可秒选D项。

A项，此项指出了长期大量服用维生素C的坏处，但不直接涉及“治疗病毒性肺炎”，故排除。

B项，此项讨论的是维生素C的“获得方法”，而题干讨论的是维生素C“能否治疗病毒性肺炎”，无关选项。(干扰项·话题不一致)

C项，此项的论证对象是“没有患病的人”，而题干的论证对象是“病毒性肺炎患者”，故排除。(干扰项·对象不一致)

D项，此项说明维生素C不能增强免疫力，也没有抗病毒的作用，故多服用维生素C不能帮助治疗病毒性肺炎，削弱题干的结论。

E项，此项涉及的是“预防”病毒性肺炎，而题干涉及的是“治疗”病毒性肺炎，故排除。(干扰项·概念不一致)

【答案】D

2 (2024年管理类联考真题)随着传播媒介的不断发展，其接收方式越来越多样。声音，作为一种接收门槛相对较低的传播媒介，它的“可听化”比视频的“可视化”受限制条件少，接收方式灵活。近来，各种有声读物、方言乡音等媒介日渐红火，一些听书听剧网站颇受欢迎，这让一些人看到了希望：会说话就行，用“声音”就可以获得财富。有专家就此认为，声媒降低了就业门槛，为人们提供了更多平等就业的机会。

以下哪项如果为真，最能质疑上述专家的观点？

A. 传媒接收门槛的降低并不意味着声媒准入门槛的降低。

B. 只有切实贯彻公平合理的就业政策，人们平等就业才有实现的可能。

C. 一个行业吸纳的就业人员越多，它所能提供的平均薪酬水平往往越低。

D. 有人愿意为听书付费，而有人不愿意，靠“声音”获得财富并不容易。

E. 有人天生一副好嗓子，而有人的嗓音则需通过训练才能达到播音标准。

【第 1 步　识别命题形式】

第(1)步：提问方式识别法

本题的提问方式为“以下哪项如果为真，最能质疑上述专家的观点?”，即提问针对论点，优先考虑怼 P 法(直接怼 P 或者用反面论据怼 P)。

找到专家的观点：声媒(S)降低了就业门槛(P1)，为人们提供了更多平等就业(P2)的机会。

此时先用怼 P 法看选项中有没有答案，如果没有答案，则需要再考虑上述表格中的第(2)步和第(3)步。

【第 2 步　套用母题方法】

先用怼 P 法，即找“就业门槛(P1)”和“平等就业(P2)”，重点分析带这两个关键词的选项。

A 项，涉及“门槛”，重点分析此项，发现此项并非直接怼 P。故进行第(2)步，分析是否涉及一致性问题。

将题干的论证补充完整：声音的接收门槛(P0)相对较低，因此，声媒降低了就业门槛(P1)。发现 P0 与 P1 不一致，符合拆桥法特征。而此项指出“接收门槛”与“准入门槛(就业门槛)”并不同，拆桥法削弱专家的观点。

B 项，此项出现关键词“平等就业”，但是题干并不涉及“就业政策”与“平等就业”之间的关系，话题不一致，故排除。

其余各项均不涉及“就业门槛”和“平等就业”，可迅速排除。(干扰项 · 话题不一致)

【答案】A

3　某公司自 2021 年起试行员工绩效评估体系。最近，人力资源部调查了员工对该评估体系的满意程度。数据显示：绩效评分高的员工对该评估体系的满意度都很高。人力资源部由此得出结论：表现优秀的员工对这个评估体系都很满意。

以下哪项如果为真，最能削弱上述论证?

A. 绩效评分低的员工对该评估体系普遍不满意。

B. 绩效评分高的员工未必是表现优秀的员工。

C. 并不是所有绩效评分低的员工对该评估体系都不满意。

D. 绩效评分高的员工受到该评估体系的激励，自觉改进了自己的工作方式。

E. 对于该评估体系，员工们今年的满意度不如去年的满意度高。

【第 1 步　识别命题形式】

第(1)步：提问方式识别法

本题的提问方式为“以下哪项如果为真，最能削弱上述论证?”，即提问针对论证，故优先考虑削弱论证关系，削弱论证关系的题目中最常用的方法为拆桥法。而拆桥法的关键是找题干论据与论点中的 S、P 是否一致。

第(2)步：一致性识别法

分析题干：绩效评分高的员工(S1)对该评估体系的满意度都很高(P)，因此，表现优秀的员工(S2)对这个评估体系都很满意(P)。

题干论据与论点中的论证对象S1与S2不一致，故指出"绩效评分高的员工"与"表现优秀的员工"不一致，即可削弱题干。

【第2步 套用母题方法】

使用拆桥法：只有B项明确指出"绩效评分高的员工(S1)未必是表现优秀的员工(S2)"，即S1与S2不一致，故此题可秒选B项。

分析其他选项：

A项，题干的论证对象是"绩效评分高的员工"，而此项的论证对象是"绩效评分低的员工"，偷换了题干的论证对象，不能削弱题干。(干扰项·对象不一致)

C项，此项等价于："有的绩效评分低的员工对该评估体系满意"，偷换了题干的论证对象，不能削弱题干。(干扰项·对象不一致)

D项，题干涉及的是对该评估体系的"满意度"，而此项涉及的是该评估体系的"作用"，无关选项。(干扰项·话题不一致)

E项，题干不涉及今年与去年的比较，无关选项。(干扰项·新比较)

【答案】B

4 (2014年管理类联考真题)不仅人上了年纪会难以集中注意力，就连蜘蛛也有类似的情况。年轻蜘蛛结的网整齐均匀，角度完美；年老蜘蛛结的网可能出现缺口，形状怪异。蜘蛛越老，结的网就越没有章法。科学家由此认为，随着时间的流逝，这种动物的大脑也会像人脑一样退化。

以下哪项如果为真，最能质疑科学家的上述论证？

A. 优美的蛛网更容易受到异性蜘蛛的青睐。

B. 年老蜘蛛的大脑较之年轻蜘蛛，其脑容量明显偏小。

C. 运动器官的老化会导致年老蜘蛛结网能力下降。

D. 蜘蛛结网只是一种本能的行为，并不受大脑控制。

E. 形状怪异的蛛网较之整齐均匀的蛛网，其功能没有大的差别。

【第1步 识别命题形式】

第(1)步：提问方式识别法

本题的提问方式为"以下哪项如果为真，最能质疑科学家的上述论证？"，即提问针对论证，故优先考虑削弱论证关系，削弱论证关系的题目中最常用的方法为拆桥法。

第(2)步：一致性识别法

科学家：蜘蛛(S)越老，结的网(P1)就越没有章法。因此，随着时间的流逝，这种动物(即蜘蛛)(S)的大脑会退化(P2)。

题干的论据与论点中的S相同，但P1与P2不同，故指出P1与P2没关系，即可削弱科学家的论证(即P1与P2拆桥)。

第(3)步：触发词识别法

题干中有触发词"越……越……"，符合共变法的命题特点。而共变法是找原因的方法，所以，我们将题干中的"因此"替换成"这是因为"，即：蜘蛛越老，结的网就越没有章法(现象)。因此(这是因为)，随着时间的流逝，这种动物的大脑会退化(原因)。

我们补充触发词“这是因为”后，可以发现它恰当地表达了题干的意思，故此题也是现象原因模型。现象原因模型的削弱方法有：否因削弱、因果倒置、因果无关、另有他因、有因无果、无因有果。

【第 2 步　套用母题方法】

A 项，题干不涉及蛛网的“作用”，无关选项。(干扰项 · 话题不一致)

B 项，此项指出年老蜘蛛的大脑较之年轻蜘蛛脑容量明显偏小，支持题干“随着时间的流逝，蜘蛛的大脑会退化”。

C 项，此项指出“运动器官老化”会导致年老蜘蛛结网能力下降，从而使得蜘蛛越老结的网就越没有章法，另有他因，削弱科学家的论证。

D 项，此项说明“结网(P1)”与“大脑(P2)”不相关，即 P1 与 P2 拆桥，削弱科学家的论证。

E 项，题干不涉及蛛网的“功能”，无关选项。(干扰项 · 话题不一致)

此时，我们发现 C 项和 D 项都可以削弱科学家的论证，那么应该选择哪个选项呢？

首先，对于提问方式为“质疑论证”的题目而言，拆桥法的优先级要高于其他方法，因此，D 项优于 C 项。

其次，C 项中，“运动器官老化”这一原因与题干中“大脑退化”这一原因是可以共存的，也就是说，虽然“运动器官老化”是结网变差的原因，但是“大脑退化”可能也是结网变差的原因，因此 C 项的削弱力度弱。

【答案】D

5 研究者将上百只蚊子分成两组，分别让它们能或不能接触到水，一段时间后检测其叮咬“宿主”的频率。这里的“宿主”是一块温暖的蜡质塑料薄膜，上面涂有人造汗液，里面填充鸡血。结果发现，没水喝的蚊子中，多达 30%都吸食了“宿主”的血液，而喝饱水的蚊子中仅有 5%吸食了“宿主”的血液。因此，研究者认为：口渴的蚊子更爱吸血。

以下哪项如果为真，最能削弱上述论证？

A. 与喝饱水的蚊子相比，口渴的蚊子在叮咬“宿主”后将释放更多毒素。

B. 在另一个实验中，高温状况下蚊子叮咬“宿主”的频率比低温高。

C. 一些蚊子会在水上产卵，这类蚊子处于缺水环境时会通过吸血来繁殖。

D. 只有雌蚊子会叮人，试验中缺水组多为雌蚊子，饱水组则以雄蚊子为主。

E. “缺水组”的蚊子数量大大多于“饱水组”。

【第 1 步　识别命题形式】

第(1)步：提问方式识别法

本题的提问方式为“以下哪项如果为真，最能削弱上述论证？”，即提问针对论证，故优先考虑削弱论证关系，削弱论证关系的题目中最常用的方法为拆桥法。

第(2)步：一致性识别法

题干论据与论点中的 S 与 P 没有明显的不一致，故此题中拆桥法失效。

第(3)步：触发词识别法

根据题干中“将上百只蚊子分成两组”，可知此题通过对比实验(求异法)得到因果关系：

没水喝的蚊子：多达30%都吸食了“宿主”的血液；

喝饱水的蚊子：仅有5%吸食了“宿主”的血液；

因此，口渴(原因)的蚊子更爱吸血(结果)。

在求异法的题目中若问“哪项最能削弱论证”，最常用的方法是：实验中还有其他差异因素，即变量不唯一。

【第2步 套用母题方法】

A项，题干不涉及哪一组蚊子在叮咬“宿主”后将“释放更多毒素”，话题不一致，故排除。

B项，此项涉及的是“另一个实验”，不是题干中的实验，故排除。

C项，此项说明有的蚊子处于缺水(口渴)环境时会吸血，支持题干的论点。

D项，此项说明两组实验对象存在性别上的差异(变量不唯一)，从而影响了实验结果，削弱题干。

E项，仅由蚊子数量的“多少”不能确定吸血的蚊子的“比例”，故排除。

【答案】D

6 (2012年在职MBA联考真题)人们经常使用微波炉给食品加热。有人认为，微波炉加热时食物的分子结构发生了改变，产生了人体不能识别的分子。这些奇怪的新分子是人体不能接受的，有些还具有毒性，甚至可能致癌。因此，经常吃微波食品的人或动物，体内会发生严重的生理变化，从而造成严重的健康问题。

以下哪项最能质疑上述观点?

A. 微波加热不会比其他烹调方式导致更多的营养流失。

B. 我国微波炉生产标准与国际标准、欧盟标准一致。

C. 发达国家使用微波炉也很普遍。

D. 微波只是加热食物中的水分子，食品并未发生化学变化。

E. 自1947年发明微波炉以来，还没有因微波炉食品导致癌变的报告。

【第1步 识别命题形式】

第(1)步：提问方式识别法

本题的提问方式为“以下哪项最能质疑上述观点?”，即提问针对论点，故优先考虑怼P法。

题干的论据与论点：微波炉加热时食物的分子结构发生了改变，产生的这些奇怪的新分子是人体不能接受的，有些还具有毒性，甚至可能致癌(论据)。因此，经常吃微波食品的人或动物，体内会发生严重的生理变化(P1)，从而造成严重的健康问题(P2)。

此时，我们要优先找直接怼P1或P2的选项。但如果题干中没有怼P1、P2的选项，也可以考虑其他的方法，例如：质疑题干的论证关系(常考拆桥)、质疑题干的论据、使用新的反面论据来反驳题干等，这些方法也是对论点P的反驳。

【第2步 套用母题方法】

A项，题干讨论的是“毒性”，而此项是对“营养”的比较，无关选项。

B项，我国微波炉生产标准是否与国际标准、欧盟标准一致，与其加热食物时是否有害无关，诉诸权威。

C项，微波炉在发达国家使用是否普遍，与其加热食物时是否有害无关，且“普遍”一词诉诸众人。

D项，此项指出微波只加热了水分子，食品并未发生化学变化，即分子结构并没有发生变化，反驳了题干的论据，削弱题干。

E项，没有因微波炉食品导致癌变的报告，不代表没有癌变，诉诸无知。

【答案】D

底层方法论 2　支持题的基本方法

1. 支持题的基本方法

接下来，我们以前文例①为例，一起来学习支持题的基本解题思路。

例①：

曹操(S)文治武功卓越(P1)，因此，曹操(S)是一代明君(P2)。

支持题的解题思路与削弱题的解题思路刚好一一对应，也是五种方法，分别为：

支持方法 1：直接支持题干的论点(直接肯 P 法)。

即：曹操确实是一代明君。

支持方法 2：用新的正面论据来支持题干的论点(间接肯 P 法)。

例如：曹操为三国的统一奠定了基础，这足以名留史册。

支持方法 3：支持题干的论证过程(常用搭桥法)。

即：文治武功卓越是判断明君的标准(P1 与 P2 搭桥)。

支持方法 4：支持题干的论据。

即：曹操确实文治武功卓越。

支持方法 5：补充题干的隐含假设。

即：曹操是君主。

以上方法可总结为下表：

思路	支持方法	支持力度
思路 1　论点	肯 P 法（SP 搭桥法）	大
思路 2　新论据	正面论据肯 P 法	较大
思路 3　论证过程	支持论证过程（常用搭桥法）	大
思路 4　题干论据	支持论据	较小
思路 5　隐含假设	补充隐含假设	力度不确定，有些假设的支持力度很大，但也有一些假设仅仅是补充了题干的必要条件，并不能保证题干的成立性，故而力度小

2. 支持题基本方法的优先级

与削弱题一样，支持题基本方法的优先级，也主要取决于题干的提问方式，一般可分为以下两种情况：

若题干的提问方式针对“论点”，则优先考虑思路 1 和思路 2，但也可能考思路 3、4、5。

若题干的提问方式针对“论证”，则优先考虑思路 3，再考虑其他命题模型，如现象原因模型、措施目的模型等。

为了让大家有一套流程化的解题思路，我们也将支持题的解题步骤标准化总结如下：

第 1 步 识别命题形式	第 2 步　套用母题方法
第（1）步： 提问方式识别法	若提问方式针对“论点”，则优先使用肯 P 法（SP 搭桥法）、新的正面论据肯 P 法。这两种方法有时候统称为肯 P 法。 若提问方式针对“论证”，则优先考虑支持论证过程（常用双 S 搭桥法、双 P 搭桥法）。
第（2）步： 一致性识别法	若题干论据与论点中的对象 S 不一致，则考虑双 S 搭桥法。 若题干论据与论点中的断定 P 不一致，则考虑双 P 搭桥法。
第（3）步： 触发词识别法	“现象原因模型”的常见触发词：这是因为、这是由于、造成了、导致了、与……有关，等等。 “求因果五法型”的常见触发词：实验组、对照组、实验结果显示，等等。 “预测结果模型”的常见触发词：将会、未来会、在不久的将来，等等。 “措施目的模型”的常见触发词：建议、计划、措施、方案、应该、方法等表措施的词；为了、以求、从而、达到等表目的的词。

说明：
①在解题过程中，若第（1）、（2）步能解题时，一般无须进行第（3）步；若第（1）、（2）步分析后，没有明显的“不一致”时，可直接进行第（3）步。
②此表格中涉及的方法、模型，你能理解最好，不理解也不用担心，在本书后文中会有详细解释。

典型例题

1 统计资料显示，在 2019—2020 学年内，全球商学院的申请数量同比下降了 3.1%。其中美国是下滑最严重的：申请数量下降了 9%。美国本地学生的申请数量下降了 3.6%，而国际学生的申请数量下降了 13%。实际上，商学院的毕业生仍然在全球人才市场中大受雇主欢迎。

以下哪项如果为真，最能支持上述观点？

A. 在中国，10%的大型企业雇用国内商学院毕业生的数量呈现逐年增长的态势。

B. 2019 年，亚洲商学院的平均录取率为 41%，而美国商学院的平均录取率为 1.9%。

C. 全美排名前 20 的商学院中，近年来国际学生和美国本地学生的申请人数仍然在稳步增长。

D. 全球排名在 100～200 名之间的商学院的毕业生质量，并不比前 100 名商学院的差。

E. 90%的全球 500 强公司更愿意雇用商学院毕业生，他们认为商学院的毕业生工作能力更强。

【第 1 步　识别命题形式】

第(1)步：提问方式识别法

本题的提问方式为“以下哪项如果为真，最能支持上述观点？”，即提问针对论点，优先考虑肯 P 法(直接肯 P 或者用新的正面论据肯 P)。

题干中的观点：商学院的毕业生(S)仍然在全球人才市场中大受雇主欢迎(P)。

此时先用肯 P 法看选项中有没有答案，如果没有答案，则需要再考虑上述表格中的第(2)步和第(3)步。

【第 2 步 套用母题方法】

使用“肯 P 法”：只有 E 项明确指出“受全球雇主欢迎”(肯 P)，故此题可秒选 E 项。

分析其他选项：

A 项，此项涉及的是“中国”的情况，而题干涉及的是“全球”的情况，无关选项。(干扰项 · 对象不一致)

B 项，此项涉及的是商学院的平均录取率，而题干涉及的是商学院的“毕业生”在全球人才市场中是否受雇主欢迎，无关选项。(干扰项 · 话题不一致)

C 项，此项指出商学院的申请人数增长，说明商学院受到“申请者”的欢迎，但无法说明商学院的毕业生受“雇主”欢迎，无关选项。(干扰项 · 话题不一致)

D 项，题干不涉及“排名在前 100 名”和“排名在 100～200 名之间”的商学院毕业生质量的对比，无关选项。(干扰项 · 新比较)

【答案】E

2 科学家们多年前就发现尘土从撒哈拉沙漠向亚马逊流域转移的现象。据估算，每年强风会吹起平均 1.82 亿吨的尘埃离开撒哈拉沙漠的西部边缘，这些尘埃会向西穿过大西洋，当接近南非沿岸时，空气中大约会保留 1.32 亿吨的尘埃，大约 2 800 万吨会降落到亚马逊流域。因此，科学家将亚马逊雨林的繁盛归因于来自撒哈拉沙漠的尘埃。

以下哪项如果为真，最能支持上述科学家的观点?

A. 许多来自撒哈拉沙漠的尘埃富含植物生长所必需的磷，而磷在亚马逊的土地中因常年降雨造成严重流失。

B. 撒哈拉沙漠的沙尘在抑制大西洋飓风的形成方面发挥关键作用。

C. 气象学研究表明：尘埃在许多时候是非常重要的，它们是地球系统的主要成分之一，并影响着气候的变化。

D. 多年前，亚马逊雨林遭到大面积砍伐后植被开始减少，大量的尘埃有助于稳固水土，但同时也加重了干旱。

E. 2007 年的观测数据显示，这一年亚马逊植被生长茂盛，雨林面积扩展了 2%。

【第 1 步 识别命题形式】

第(1)步：提问方式识别法

本题的提问方式为“以下哪项如果为真，最能支持上述科学家的观点?”，即提问针对论点，优先考虑肯 P 法。

第(2)步：触发词识别法

此题提问针对论点，因此我们先看题干的论点，发现论点中有触发词“归因于”，故此题为现象原因模型。

科学家：亚马逊雨林的繁盛(现象)归因于来自撒哈拉沙漠的尘埃(原因)。

现象原因模型的支持方法有：因果相关、排除他因、排除因果倒置、无因无果等。

【第 2 步 套用母题方法】

A 项，此项指出来自撒哈拉沙漠的尘埃富含植物生长所必需的磷，而亚马逊雨林缺失磷，因果相关，支持科学家的观点。

B 项，题干不涉及“抑制大西洋飓风形成”的相关情况，无关选项。(干扰项·话题不一致)

C 项，此项指出尘埃对地球系统、气候变化的重要性，但并未说明它对亚马逊雨林的影响，故排除。

D 项，此项说明大量的尘埃能稳固水土，但也会加重干旱，故无法确定来自撒哈拉沙漠的尘埃对亚马逊雨林究竟是有利还是有弊。(干扰项·不确定项)

E 项，此项指出 2007 年亚马逊雨林植被生长茂盛，但并未分析其原因，故排除。

【答案】A

底层方法论 3 假设题的基本方法

1. 假设题的核心方法：搭桥法

假设题的解题方法有很多，如搭桥法、排除他因、排除因果倒置等，但最核心的方法是搭桥法。因此，做假设题时应该优先考虑搭桥法。

例如：

题干：努力学习的学生(S1)能考上研究生(P)，因此，酱心(S2)能考上研究生(P)。

该题干的假设是：酱心是努力学习的学生(S1 与 S2 搭桥)。

典型例题

1 根据 2024 年的一项调查，某城市的共享单车平均每辆每天被使用 3～4 次。由此可以推断，在该城市新推出的电动滑板车 10 000 辆的背后，每天有 30 000 到 40 000 次的使用量。

下列哪项是上述估算的前提?

A. 大多数电动滑板车的使用者都是共享单车的用户。

B. 电动滑板车的使用频率与共享单车的使用频率相同。

C. 用户通常喜欢使用多种共享交通工具。

D. 共享单车的使用次数与电动滑板车的使用次数相近。

E. 大多数共享单车用户都喜欢与他人共享交通工具。

【第 1 步 识别命题形式】

第(1)步：提问方式识别法

本题的提问方式为“下列哪项是上述估算的前提?”，此题为假设题，优先考虑搭桥法。

第(2)步：一致性识别法

题干：共享单车(S1)平均每辆每天被使用 3～4 次(P)，因此，电动滑板车(S2)10 000 辆的背后每天有 30 000 到 40 000 次的使用量(P)。

题干中，S1 与 S2 不一致，搭建二者的桥梁，即为题干的隐含假设。

【第 2 步　套用母题方法】

根据以上分析，可知此题需要找同时涉及 S1 与 S2 的选项，故优先分析 B 项和 D 项。

B 项，此项搭建了“共享单车”与“电动滑板车”在使用频率上的相同关系，搭桥法，必须假设。

D 项，题干涉及的是“使用频率”，而不是“使用次数”，故排除此项。(干扰项 · 概念不一致)

分析其他选项：

A 项，题干论证的是电动滑板车的使用频率，而不是其使用者的身份，无关选项。(干扰项 · 话题不一致)

C 项，题干论证的是电动滑板车的使用频率，而不是用户的使用习惯，无关选项。(干扰项 · 话题不一致)

E 项，题干论证的是电动滑板车的使用频率，而不是共享单车用户的喜好，无关选项。(干扰项 · 话题不一致)

【答案】B

2. 取非验证法

隐含假设是指题干论证要成立的必要前提。而“必要”的意思是“没它不行”，也就是说，如果否定隐含假设会使题干的论证不成立。因此，我们对选项进行“取非验证”，否定正确的选项会使题干不成立。

典型例题

2　在西西里的一处墓穴里，发现了一只陶瓷花瓶。考古学家证实这只花瓶原产自希腊。墓穴主人生活在 2 700 年前，是当时的一个统治者。因此，这说明在 2 700 年前，西西里和希腊之间已有贸易往来。

以下哪项是上述论证必须假设的?

A. 西西里陶瓷匠人的水平不及希腊陶瓷匠人。

B. 在当时用来制造陶瓷的黏土，西西里产的和希腊产的很不一样。

C. 墓穴主人活着的时候，已经有大批船队能够往来于西西里和希腊。

D. 在西西里墓穴里发现的这只花瓶不是墓穴主人的后裔在后来放进去的。

E. 墓穴主人不是西西里皇族的成员。

【第 1 步　识别命题形式】

第(1)步：提问方式识别法

本题的提问方式为“以下哪项是上述论证必须假设的?”，此题为假设题，优先考虑搭桥法。

第(2)步：一致性识别法

题干中无明显的双 S 不一致或者双 P 不一致。

第(3)步：触发词识别法

题干中无明显触发词，我们补充触发词“这是因为”来试一下。

题干：在 2 700 年前的西西里墓穴里，发现原产自希腊的陶瓷花瓶(现象)，因此(这是因为)，在 2 700 年前，西西里和希腊之间已有贸易往来(原因)。

可见，此题为现象原因模型。现象原因模型的假设方法有：因果相关、排除他因、排除因果倒置、无因无果。

【第2步　套用母题方法】

A项，题干不涉及西西里与希腊陶瓷匠人水平的比较，无关选项。(干扰项·新比较)

B项，题干只涉及陶瓷花瓶与贸易往来之间的关系，不涉及制作陶瓷花瓶的材质，无关选项。

C项，假设过度。因为题干的论证想要成立，只要"有"船队或者其他商队即可，不必假设有"大批船队"。

D项，排除他因，必须假设。可用取非法验证：假设花瓶是墓穴主人的后裔在后来放进去的，那就不可能是2 700年前的花瓶，那么，就否定了"在2 700年前，西西里和希腊之间已有贸易往来"这一结论。

E项，题干不涉及墓穴主人的身份，无关选项。

【答案】D

3. 假设过度项

假设题的正确选项一般要与题干在程度上一致。而且，"假设"含有"最低限度"的意思，因此，如果一个选项超过了题干的需要，就是假设过度项。

例如，上题C项中的"大批"二字，就属于假设过度。

再如：

张珊是甲班的学生，因此，她考试及格了。

此例中的隐含假设是：甲班的学生考试及格了。但不必假设"所有学生考试及格了"，"所有"这个范围太大了，超出了题目的需要。

假设过度的选项一般是干扰项。但是，如果题干的问题是"以下哪项最可能是题干的隐含假设?"，并且无其他更好的选项时，假设过度项也可能是答案。

典型例题

3 有钱并不意味着幸福。有一项覆盖面相当广的调查显示，在自认为有钱的被调查者中，只有1/3的人感觉自己是幸福的。

要使上述论证成立，以下哪项必须为真?

A. 在不认为自己有钱的被调查者中，感觉自己是幸福的人多于1/3。

B. 在自认为有钱的被调查者中，其余的2/3都感觉自己很不幸福。

C. 许多自认为有钱的人，实际上并没有钱。

D. 上述调查的对象全部是有钱人。

E. 是否幸福的标准是当事人的自我感觉。

【第1步　识别命题形式】

第(1)步：提问方式识别法

本题的提问方式为"要使上述论证成立，以下哪项必须为真?"，此题为假设题，优先考虑搭桥法。

第(2)步：一致性识别法

题干：在自认为有钱的被调查者(S1)中，只有 1/3 的人感觉自己是幸福的(P1)，因此，有钱(S2)并不意味着幸福(P2)。

题干中，S1 与 S2、P1 与 P2 均不一致，搭建"S1 与 S2"或者"P1 与 P2"的桥梁即为题干的隐含假设。

【第 2 步　套用母题方法】

A 项，题干的论证不涉及"不认为自己有钱的被调查者"，无关选项。(干扰项 · 对象不一致)

B 项，题干指出在自认为有钱的被调查者中只有 1/3 的人感觉自己是幸福的，与"幸福"相反的词是"不幸福"，也就是说，其余 2/3 的人感觉自己"不幸福"，但未必感觉自己"很不幸福"，故此项不必假设。

C 项，此项指出许多"自认为有钱"的人实际上"没有钱"，S1 与 S2 拆桥，削弱题干。

D 项，假设过度，因为题干中的论证要成立，无须假设"全部"被调查者都是有钱人，只要"自认为有钱"的被调查者是有钱人就可以了。

E 项，此项说明"感觉幸福"的人确实是"幸福"的人，P1 与 P2 搭桥，必须假设。

【答案】E

4　根据一种心理学理论，一个人要想快乐就必须和周围的人保持亲密的关系，但是世界上伟大的画家往往是在孤独中度过了他们的大部分时光，并且没有亲密的人际关系。所以，这种心理学理论是不成立的。

以下哪项最可能是上述论证所假设的？

A. 该心理学理论是为了揭示内心体验与艺术成就的关系。

B. 有亲密人际关系的人几乎没有孤独的时候。

C. 孤独对于伟大的绘画艺术家来说是必需的。

D. 有些著名画家有亲密的人际关系。

E. 获得伟大成就的艺术家不可能不快乐。

【第 1 步　识别命题形式】

第(1)步：提问方式识别法

本题的提问方式为"以下哪项最可能是上述论证所假设的？"，此题为假设题，优先考虑搭桥法。

第(2)步：一致性识别法

题干中无明显的双 S 不一致或双 P 不一致。

第(3)步：触发词识别法

题干中出现"必须"二字，故此题为演绎论证，使用画箭头的方式来解题。

题干中的心理学理论：快乐→亲密的人际关系。

其矛盾命题为：快乐 ∧ ¬ 亲密的人际关系。

因此，如果以伟大的画家作为反例来反驳这一心理学理论，必须得有"伟大的画家快乐 ∧ ¬ 亲密的人际关系"。但题干仅说画家"没有亲密的人际关系"，所以要补充的假设为"伟大的画家快乐"。

【第2步　套用母题方法】

分析选项，发现A、B、C、D项均不涉及"快乐"。

分析E项：获得伟大成就的艺术家不可能不快乐，可以推出"伟大的画家快乐"，因此，若补充E项可以使题干的反驳成立。

需要注意的是，如果题干问的是"题干的论证要想成立，必须假设以下哪项"，则E项不能选，因为，题干只要求假设"伟大的画家快乐"即可，不要求假设"所有伟大的艺术家"都快乐。故E项其实是个假设过度的项。

【答案】E

底层方法论4　选项比较的4大原则

对于论证逻辑来说，选项比较有4大原则，见下表：

原则	含义及说明	适用范围
1. 一致性原则	一致性原则指选项与题干中的论证对象、比较对象、话题、概念、性质、时间、地点、程度、范围等要尽可能一致。 若选项与题干中的上述内容存在不一致，则大概率为错误选项。 例外：类比或对照组的对象可以与题干不同。	所有论证逻辑的题型。
2. 相关性原则	（1）相关性原则用于靠一致性原则无法解决的选项。 （2）相关性原则是指选项与题干中的话题要有相关性。若选项与题干不存在相关性，则为无关选项。	适合所有论证逻辑的题型。尤其适用于判断削弱题中的另有他因、新的反面论据；支持题中的排除他因和新的正面论据。
3. 确定性原则	（1）选项本身的结果最好是确定的。 （2）选项对题干的削弱、支持、解释等作用最好也是确定的。 在绝大多数题目中，不确定项是干扰项；但是，在极少数题目中，没有其他更好的选项时，我们可以选相对更好的不确定项。	削弱题、支持题、解释题等题型。
4. 力度词原则	（1）在削弱题、支持题中，含有较强力度词的选项要优于含有弱力度词的选项。 （2）在假设题中，正确选项的力度词应该与题干中的力度词一致。	（1）削弱题、支持题 （2）假设题

典型例题

1 某市主要干道上的摩托车车道的宽度为 2 米，很多骑摩托车的人经常在汽车道上抢道行驶，严重破坏了交通秩序，使交通事故频发。有人向市政府提出建议：应当将摩托车车道扩宽为 3 米，让骑摩托车的人有较宽的车道，从而消除抢道的现象。

以下哪项如果为真，最能削弱上述论点？

A. 摩托车车道宽度增加后，摩托车车速将加快，事故也许会随着增多。

B. 摩托车车道变宽后，汽车车道将会变窄，汽车驾驶者会有意见。

C. 当摩托车车道扩宽后，有些骑摩托车的人仍会在汽车车道上抢道行驶。

D. 扩宽摩托车车道的办法对汽车车道上的违章问题没有什么作用。

E. 扩宽摩托车车道的费用太高，需要进行项目评估。

【第 1 步　识别命题形式】

本题的提问方式为“以下哪项如果为真，最能削弱上述论点？”，即提问针对论点，优先考虑怼 P 法。

题干的论点：应当将摩托车车道扩宽为 3 米(措施 M)，让骑摩托车的人有较宽的车道，从而消除抢道的现象(目的 P)。

【第 2 步　套用母题方法】

锁定题干论点中的“抢道”二字，可秒选 C 项。

A 项，此项指出事故“也许”会随着增多，可以削弱题干，但“也许”是弱化词，“也许”增多，那么也有可能不会增多，故此项不符合“确定性原则”，可称为“不确定项”。另外，根据“力度词原则”，“也许”是弱力度词，故此项削弱力度弱。

B 项，此项指出扩宽摩托车车道会引发汽车驾驶者的意见，但不涉及“消除抢道”这一目的，故排除。

C 项，此项说明摩托车车道扩宽后，仍会有抢道现象，措施达不到目的(MP 拆桥)，是力度最强的削弱。要注意，题干结论中的“消除”是绝对化词，只要指出有反例即可削弱，故此项中的“有些”不影响力度。如果结论中的“消除”改为“减少”，则此项无法削弱题干。

D 项，题干的论证不涉及“汽车车道上的违章问题”，故为无关选项。

E 项，“需要进行项目评估”，那么就存在经过评估后证明可行的可能，也存在经过评估后证明不可行的可能，故此项不符合“确定性原则”，可称为“不确定项”。

【答案】C

2 (2021 年管理类联考真题)孩子在很小的时候，对接触到的东西都要摸一摸、尝一尝，甚至还会吞下去。孩子天生就对这个世界抱有强烈的好奇心，但随着孩子慢慢长大，特别是进入学校之后，他们的好奇心越来越少。对此有教育专家认为，这是由于孩子受到外在的不当激励所造成的。

以下哪项如果为真，最能支持上述专家的观点？

A. 现在许多孩子迷恋电脑、手机，对书本知识感到索然无味。

B. 野外郊游可以激发孩子的好奇心，长时间宅在家里就会产生思维惰性。

C. 老师和家长只看考试成绩，导致孩子只知道死记硬背书本知识。

D. 现在孩子所做的很多事情大多迫于老师、家长等的外部压力。

E. 孩子助人为乐能获得褒奖，损人利己往往受到批评。

【第1步 识别命题形式】

本题的提问方式为"以下哪项如果为真，最能支持上述专家的观点?"，即提问针对论点，优先考虑肯P法。

教育专家的观点：随着孩子慢慢长大，特别是进入学校之后，他们的好奇心越来越少(现象)，这是由于孩子受到外在的不当激励(原因)所造成的。

【第2步 套用母题方法】

题干强调的现象是"特别是进入学校之后"，根据相关性原则，与"学校"相关的是"老师"，故锁定C项和D项。其余三项的内容均与学校无关，故排除。

C项，此项指出是由于老师和家长只看考试成绩(属于"不当外在激励"，且与题干中"特别是进入学校之后"具备高度的相关性)，导致孩子只知道死记硬背书本知识("好奇心越来越少"的近义改写)，因果相关，支持专家的观点。

D项，此项说明确实存在"外在的不当激励"(外部压力)，但是，不确定这些外部压力产生的结果如何，故此项为不确定项，排除。

【答案】C

第 5 章　论证逻辑：4 大核心母题模型

① “4 大核心母题模型”在论证逻辑真题中的占比

管理类联考共 30 道逻辑题，2024 年及以前论证逻辑题的数量占比约为 40%，2025 年占比为 50%。2025 年的 15 道论证逻辑题中，“4 大核心母题模型”试题的数量为 13 道题。

经济类联考共 20 道逻辑题，2021—2024 年论证逻辑题的数量占比约为 40%，2025 年占比为 45%。2025 年的 9 道论证逻辑题中，“4 大核心母题模型”试题的数量为 7 道题。

可见，本章的内容能帮你解决约 80%的论证逻辑题。

② 论证逻辑的考试题型与母题模型

在近几年的联考真题中，论证逻辑最常见的题型为削弱题、支持题、假设题和解释题。

但需要注意的是，削弱、支持、假设、解释等题型是真题的命题形式，而不是考查内容。这就像数学题可能会考选择题、计算题，但你不能认为一道数学题的考查内容是选择、是计算，其真正的考查内容是：这道题在考哪个知识点、哪个公式、哪个原理。

通过分析近几年联考逻辑真题的命题规律和考查频次，总结出论证逻辑的“4 大核心母题模型”为：拆桥搭桥模型、现象原因模型、预测结果模型和措施目的模型。即：削弱、支持、假设、解释是考试形式，“4 大核心母题模型”才是真正的考试内容。

其他模型如统计论证模型、转折模型、绝对化结论模型等也会偶尔考到，这些偶考模型会在本书第 6 章中为大家进行讲解。

③ 本章难吗?

现象原因模型的命题方式较多，难度较大。拆桥搭桥模型、预测结果模型和措施目的模型难度中等。学会识别命题形式后，套用对应的母题方法就可以轻松秒杀。

通过对近 10 年管综真题和近 5 年经综真题模型考查频次的分析，现将本章母题模型总结如下：

核心母题模型	难度	重要程度
母题模型 15　拆桥搭桥模型	★★★★	★★★★★
母题模型 16　现象原因模型	★★★★★	★★★★★
母题模型 17　预测结果模型	★★★★	★★★★

续表

核心母题模型	难度	重要程度
母题模型 18　措施目的模型	★★★★	★★★★

说明：
①难度说明：★★为简单，★★★为中档，★★★★为中档偏上，★★★★★为难。
②"4 大核心母题模型"基本均为每年的必考模型。其中，"母题模型 15"在联考论证逻辑真题中占比最高。从近些年的命题来看，命题方式也有所变化：从考查"拆桥搭桥模型(双 S 型、双 P 型)"为主逐步转变为考查"拆桥搭桥模型(SP 型)"为主。其他三种核心母题模型在联考真题中平均每年考查 1～2 题。

如果你学本章感觉特别困难，可以采用以下建议：

(1)一定要用老师所讲的方法做题，而不是凭自己的感觉。

(2)记住：所有题都优先考虑"怼 P 法"和"拆桥搭桥法"，这样你的解题速度会更快，正确率也会提高。

(3)遇到两个选项让你难以抉择时，选与题干关系更直接、相关性更强的项。可以复盘本书第 4 章"底层方法论 4"的内容，或者复盘《联考逻辑要点 7 讲》第 6 讲中干扰项判断的相关知识。

母题模型 15　拆桥搭桥模型

母题变式 15.1　论点内部 SP 拆桥搭桥(怼 P 肯 P 法)

母题技巧

第 1 步 识别命题形式	(1)题干特点 形式 1：题干中无论据，且提问针对"论点"。 形式 2：题干中有论据，且提问针对"论点"。 (2)提问方式 "以下哪项如果为真，最能支持上述研究人员的观点/推断/断定/预测？" "以下哪项如果为真，最能削弱上述研究人员的观点/推断/断定/预测？"
第 2 步 套用母题方法	SP 拆桥搭桥法： 一般来说，我们可以将题干中的论证对象记为"S"，针对论证对象所做出的断定记为"P"。论点内部拆桥其实就是削弱"S"与"P"的关系；论点内部搭桥其实就是搭建"S"与"P"的关系。 例如： 题干：松弛感(S)有助于心理健康(P)。

续表

第 2 步 套用母题方法	提问方式： 削弱：松弛感不影响心理健康（SP 拆桥）。 支持：松弛感能减少人的压力，而压力减少有助于心理健康（以“压力减少”为媒介，对 SP 进行了搭桥）。 怼 P 肯 P 法： SP 拆桥的本质是说明题干的断定 P 不成立；SP 搭桥的本质是说明题干的断定 P 成立。因此，如果题目要求我们削弱题干的断定，我们只需要削弱或否定 P 即可，简称“怼 P 法”。同理，如果题目要求我们支持题干的断定，我们只需要支持或肯定 P 即可，简称“肯 P 法”。 所以，在解题时，可以先找到题干论点中的 P，然后直接找否定 P 或肯定 P 的选项即可快速求解。 注意：“SP 拆桥搭桥法”与“怼 P 肯 P 法”没有本质的区别，可以认为是同一种方法的不同思维角度。

典型例题

1 某城市在处理城市绿化废弃物(如树枝、树叶等)时，传统方式主要是焚烧和填埋。焚烧会产生大量有害气体，污染空气；填埋则占用大量土地资源。最近，某环保公司尝试利用蚯蚓来处理城市绿化废弃物。该公司在试验田中投放了 100 万条蚯蚓，每天可分解 5 吨绿化废弃物。有专家据此认为，用“蚯蚓分解废弃物”这一生物处理方式解决城市绿化废弃物十分环保。

以下哪项如果为真，最能质疑上述专家的观点？

A. 焚烧绿化废弃物产生的热量可以用于发电，虽然会产生有害气体，但可以通过技术手段进行处理。

B. 大量蚯蚓在分解废弃物过程中会产生大量粪便，这些粪便如果处理不当，会污染土壤和地下水。

C. 政府对环保公司的试验项目给予了资金支持，但项目尚未经过全面的环境影响评估。

D. 蚯蚓分解废弃物后产生的有机肥料在市场上需求旺盛，公司计划扩大生产规模以满足市场需求。

E. 该公司正在扩大试验范围，计划投放更多蚯蚓，但目前的试验田面积有限，无法满足整个城市绿化废弃物的处理需求。

【第 1 步　识别命题形式】

本题的提问方式为“以下哪项如果为真，最能质疑上述专家的观点？”，此题提问针对论点，故优先考虑 SP 拆桥搭桥(怼 P 肯 P 法)。

专家的观点：用“蚯蚓分解废弃物”这一生物处理方式解决城市绿化废弃物(S)十分环保(P)。

【第 2 步　套用母题方法】

此题为削弱题，可考虑怼 P 法快速解题。只有 B 项明确指出“污染环境”，即不环保(怼 P)，故可秒选 B 项。

A 项，此项不涉及 S(蚯蚓分解废弃物)和 P(环保)，故排除。(干扰项 • 话题不一致)

B 项，此项指出蚯蚓分解废弃物会产生大量粪便，可能污染土壤和地下水，即说明这种方式不环保(怼 P)，削弱专家的观点。

C 项，此项指出项目尚未经过全面的环境影响评估，但评估结果不确定，故排除。(干扰项·不确定项)

D 项，此项说明蚯蚓分解废弃物有经济利益，但不涉及 P(环保)，故排除。(干扰项·话题不一致)

E 项，此项说明试验田面积有限，无法满足整个城市的需求，虽然质疑了专家观点的可行性，但并未直接涉及 P(环保)，故不能削弱专家的观点。

【答案】B

2 最近，某医疗科技公司尝试利用虚拟现实技术(VR)辅助治疗慢性疾病。该公司在试验中发现，使用 VR 技术的患者康复时间缩短了 30%。有专家据此认为，用“VR 技术辅助治疗”这一创新方式解决慢性疾病的治疗问题，既高效又安全。

以下哪项如果为真，最能质疑上述专家的观点？

A. 药物治疗虽然有副作用，但通过调整剂量可以有效控制。

B. VR 设备在使用过程中可能会导致部分患者出现晕动症，影响患者的健康。

C. 物理疗法可以安全高效地治疗一些慢性疾病。

D. VR 技术辅助治疗后，患者反馈满意度较高，公司计划扩大应用范围。

E. VR 技术辅助治疗可以用于一些急性疾病。

【第 1 步 识别命题形式】

本题的提问方式为“以下哪项如果为真，最能质疑上述专家的观点？”，此题提问针对论点，故优先考虑 SP 拆桥搭桥(怼 P 肯 P 法)。

题干：某公司使用 VR 技术的患者康复时间缩短了 30%(论据)，专家据此认为，用“VR 技术辅助治疗”这一创新方式解决慢性疾病的治疗问题(S)，既高效(P1)又安全(P2)。

【第 2 步 套用母题方法】

此题为削弱题，可考虑怼 P 法快速解题。只有 B 项明确指出“影响患者的健康”，即不安全(怼 P2)，故可秒选 B 项。

A 项，此项不涉及 S(VR 技术辅助治疗)，故排除。(干扰项·对象不一致)

B 项，此项指出 VR 设备(S)可能会导致部分患者出现晕动症，影响患者的健康(影响 P2)，S 与 P2 拆桥，质疑专家的观点。

C 项，此项不涉及 S(VR 技术辅助治疗)，故排除。(干扰项·对象不一致)

D 项，此项说明患者反馈满意度较高，但不直接涉及 P1 与 P2，故排除。(干扰项·不确定项)

E 项，此项涉及的是急性疾病，而题干涉及的是慢性疾病，故排除。(干扰项·话题不一致)

【答案】B

3 普通话是国家通用语言，除普通话外，还有粤语、吴语等方言。近年来，用各种方言演绎的段子大量涌入影视作品、短视频和网络综艺节目，这些作品生动有趣，让那些即使是从小生长在普通话环境里的人也会觉得亲切，兴起了一股学习方言的热潮。对此，有专家认为，各种方言作品大行其道，其实不利于普通话在全国范围内的使用和推广。

以下哪项如果为真，最能质疑上述专家的观点？

A. 婴幼儿从小说方言必然对其今后学习普通话造成负面影响。

B. 保护传承方言是国家语言文字事业的重要组成部分，也是社会大众的共同愿望。

C. 短时间内让方言恢复自身活力或使用频率，既缺乏可行性，也没有必要性。

D. 方言多用于家庭等非正式场合，不会损害普通话在公共场所等正式场合的应用。

E. 每个人都有自己的故乡，方言承载着人们的乡土之情，是普通话的根。

【第 1 步　识别命题形式】

本题的提问方式为“以下哪项如果为真，最能质疑上述专家的观点？”，此题提问针对论点，故优先考虑 SP 拆桥搭桥(怼 P 肯 P 法)。

专家的观点：各种方言作品大行其道(S)，其实不利于普通话在全国范围内的使用和推广(P)。

【第 2 步　套用母题方法】

此题为削弱题，可考虑怼 P 法快速解题。只有 A 项和 D 项涉及 P，故优先分析这两项。

A 项，此项涉及的是“婴幼儿从小说方言对其今后学普通话的影响”，而题干涉及的是“方言作品大行其道对普通话的使用和推广的影响”，故排除。(干扰项 · 话题不一致)

D 项，此项指出“方言”与“普通话”的使用场景不同，方言的使用不会对普通话的使用产生影响，SP 拆桥，削弱专家的观点。

B 项、C 项、E 项，均不涉及 P(对普通话推广的影响)，故排除。

【答案】D

4 最近，主打白噪音的助眠产品引起很多人的兴趣。有人认为，白噪音可以掩盖环境中干扰性的刺激，有助于促进睡眠、改善睡眠质量。但研究者对此持怀疑态度，认为白噪音可改善睡眠的研究证据不足，持续白噪音甚至会对睡眠造成影响。

以下哪项如果为真，不能支持上述研究者的观点？

A. 持续暴露在白噪音下，听觉系统会不断将声音信号转换成神经信号，上传大脑，大脑会持续保持活跃，无法充分休息。

B. 持续的白噪音会引起听力的损害，甚至会导致认知功能障碍，严重者还会导致失眠或嗜睡。

C. 白噪音会使健康志愿者睡眠期间脑电波的循环交替模式显著改变，这意味着健康人睡眠结构受到干扰。

D. 白噪音不仅可以掩盖环境中干扰性的刺激，也会掩盖环境中有意义的声音，这可能会对人的生活甚至生命造成威胁。

E. 长时间听白噪音会引起脑部神经异常，干扰正常的睡眠周期。

【第 1 步　识别命题形式】

本题的提问方式为“以下哪项如果为真，不能支持上述研究者的观点？”，此题提问针对论点，故优先考虑 SP 拆桥搭桥(怼 P 肯 P 法)。

题干：研究者对此持怀疑态度，认为白噪音可改善睡眠的研究证据不足(对他人观点的否定)，持续白噪音甚至会对睡眠造成影响(研究者自己的观点)。

故研究者的观点：持续白噪音(S)会对睡眠造成影响(P)。

【第2步 套用母题方法】

此题的提问为“不能支持”，可考虑怼P法快速解题。只有D项不涉及“对睡眠造成影响”（与P无关），故可秒选D项。

A项，此项指出持续暴露在白噪音下(S)，大脑会持续保持活跃，无法充分休息(P)，即持续白噪音会影响睡眠，SP搭桥，支持研究者的观点，故排除。

B项，此项指出持续的白噪音(S)会引起听力的损害，严重者还会导致失眠或嗜睡(P)，即持续白噪音会影响睡眠，SP搭桥，支持研究者的观点，故排除。

C项，此项说明白噪音(S)会使健康人睡眠结构受到干扰(P)，即持续白噪音会影响睡眠，SP搭桥，支持研究者的观点，故排除。

D项，此项指出白噪音可能会对“人的生活甚至生命”产生威胁，但并未说明白噪音是否会对“睡眠”造成影响，不能支持研究者的观点。

E项，此项说明长时间听白噪音(S)干扰正常的睡眠周期(P)，即持续白噪音会影响睡眠，SP搭桥，支持研究者的观点，故排除。

【答案】D

5 一项对准父亲饮食状况对后代影响的追踪研究发现，作为准父亲的男性，如果在有下一代之前，因饮食过量出现了肥胖症，那么他的孩子更容易出现肥胖症，而这一概率与母亲的体重关系不大；而当准父亲饮食匮乏并经历了饥饿的威胁时，那么他的孩子更容易出现心血管疾病。据此，该研究认为：准父亲的饮食状况会影响后代的健康。

以下哪项如果为真，最能支持上述结论？

A. 有不少体重严重超标的孩子，其父亲并没有出现体重超标的情况。

B. 准母亲的饮食状况不会影响后代的健康。

C. 父亲的营养状况塑造其传递的生殖细胞的信息，这影响孩子的生理机能。

D. 如果孩子的父亲患有心血管疾病，那么这个孩子成年后得该病的概率会大大增加。

E. 准父亲如果年龄过大或者有抽烟等不良生活习惯，其孩子出现新生儿缺陷的概率就会增加。

【第1步 识别命题形式】

本题的提问方式为“以下哪项如果为真，最能支持上述结论？”，此题提问针对论点，故优先考虑SP拆桥搭桥（怼P肯P法）。

题干中的结论：准父亲的饮食状况(S)会影响后代的健康(P)。

【第2步 套用母题方法】

此题为支持题，可考虑肯P法快速解题。涉及P的选项较多，故逐项分析。

A项，此项指出许多体重超标的孩子其父亲并没有体重超标，但并未说明其父亲的饮食状况，故排除。（干扰项·话题不一致）

B项，此项的论证对象是“准母亲”，而题干的论证对象是“准父亲”，故排除。（干扰项·对象不一致）

C项，此项指出父亲的营养状况会影响孩子的生理机能，即搭建了“准父亲的饮食状况”和“后代的健康”之间的关系，SP搭桥，支持题干的结论。

D 项，此项涉及的是“父亲患病”对孩子健康的影响，而题干涉及的是“准父亲的饮食状况”对孩子健康的影响，故排除。（干扰项 · 话题不一致）

E 项，此项涉及的是准父亲的“年龄过大或不良生活习惯”对孩子健康的影响，而题干涉及的是准父亲的“饮食状况”对孩子健康的影响，故排除。（干扰项 · 话题不一致）

【答案】C

6 许多人在拍照时喜欢摆出“剪刀手”动作。对此，有人认为，如果手离镜头足够近，相机分辨率足够高，拍出的照片一旦上网，黑客就能通过照片放大技术和人工智能增强技术将照片中的人物指纹信息还原出来，这会让指纹认证及个人身份信息无密可保。因此，拍照时摆出“剪刀手”动作存在安全风险。

以下哪项如果为真，最能质疑上述结论？

A. 目前智能手机虽在高速发展，但是分辨率还不足以拍出清晰的指纹。

B. 即使是高清网传照片，通过它还原指纹信息也存在一定的技术门槛。

C. 实验证明，网络照片受自身清晰度影响不满足识别指纹信息的条件。

D. 从电子照片中提取到用户指纹信息的相关报道，实为愚人节新闻。

E. 拍照时应该尽量避免像“剪刀手”这样的动作。

【第 1 步 识别命题形式】

本题的提问方式为“以下哪项如果为真，最能质疑上述结论？”，此题提问针对论点，故优先考虑 SP 拆桥搭桥（怼 P 肯 P 法）。

题干：有人认为，如果手离镜头足够近，相机分辨率足够高，拍出的照片一旦上网，黑客就能通过照片放大技术和人工智能增强技术将照片中的人物指纹信息还原出来，这会让指纹认证及个人身份信息无密可保。因此，拍照时摆出“剪刀手”动作(S)存在安全风险(即泄露指纹信息)(P)。

【第 2 步 套用母题方法】

此题为削弱题，可考虑怼 P 法快速解题。只有 C 项明确指出“网络照片不满足识别指纹信息的条件”，即不会泄露指纹信息(怼 P)，故可秒选 C 项。

A 项，此项说明智能手机的分辨率还不足以拍出清晰的指纹，但不能确定黑客能否通过照片放大技术和人工智能增强技术把指纹信息还原出来并带来安全风险。（干扰项 · 不确定项）

B 项，此项指出还原指纹信息存在一定的技术门槛，但并不代表不能实现，不能削弱题干。（干扰项 · 不确定项）

C 项，此项指出网络照片受自身清晰度影响不满足识别指纹信息的条件，直接说明“剪刀手(S)”不会泄露指纹信息，因此很可能并不会产生“安全风险(P)”，SP 拆桥，削弱题干。

D 项，此项指出“从电子照片中提取到用户指纹信息的相关报道”为“愚人节新闻”，只能说明该报道本身不真实，不能确定事实上是否能“从电子照片中提取到用户指纹信息”，不能削弱题干。（干扰项 · 不确定项）

E 项，此项给出一个建议，但不能由此确定拍照时摆出“剪刀手”动作是否存在安全风险。（“建议”出现在选项中一般可认为是“非事实项”）

【答案】C

母题变式 15.2 论据论点拆桥搭桥(双 S 型、双 P 型)

母题技巧

<table>
<tr><td>第 1 步
识别命题形式</td><td>提问方式:
形式 1:提问针对“论证”,优先考虑论据论点拆桥搭桥(双 S/双 P 拆桥搭桥)。
形式 2:此题为“假设题”,一般优先考虑搭桥法(双 S/双 P 搭桥)。
题干论证的特点:
情况 1:题干中论据的论证对象 S1 与论点的论证对象 S2 存在不一致。
情况 2:题干中论据的断定 P1 与论点的断定 P2 存在不一致。
注意:
(1)在真题中,情况 1 与情况 2 一般是单独出现的,但也有少数题目中情况 1 与情况 2 同时出现。
(2)提问方式针对论点的题目,若论据与论点间存在对象 S 不一致,或断定 P 不一致,也可以优先考虑论据论点拆桥搭桥(双 S/双 P 拆桥搭桥)。</td></tr>
<tr><td>第 2 步
套用母题方法</td><td>支持/假设:指出 S1 与 S2 相同或相似;或指出 P1 与 P2 相同或相似。(搭桥法)
削弱:指出 S1 与 S2 不同;或指出 P1 与 P2 不同。(拆桥法)
例如:
题干:酱宝(S)喜欢酱心(P1),因此,酱宝(S)爱酱心(P2)。
支持/假设:喜欢是爱(P1 与 P2 搭桥)。
削弱:喜欢不是爱(P1 与 P2 拆桥)。
【论据论点拆桥搭桥模型的母题技巧】
对象断定有变化,此题就考拆和搭。
支持假设就搭桥,削弱就要找差异。</td></tr>
</table>

典型例题

1 针对地球冰川的研究发现,当冰川之下的火山开始喷发后,会快速产生蒸汽流,爆炸式穿透冰层,释放灰烬进入高空,并且产生出沸石、硫化物和黏土等物质。日前人们发现,在火星表面的一些圆形平顶山丘也探测到这些矿物质,它们广泛而大量地存在。因此,人们推测火星早期是覆盖着冰原的,那里曾有过较多的火山活动。

要得到上述结论,需要补充的前提是以下哪项?

A. 近日火星侦察影像频谱仪发现,火星南极存在火山。

B. 火星地质活动不活跃,地表地貌大部分形成于远古较活跃的时期。

C. 沸石、硫化物和黏土这三类物质是仅在冰川下的火山活动后才会产生的独特物质。

D. 在火星平顶山丘的岩石中发现了某种远古细菌,说明这里很可能曾经有水源。

E. 人们对火星早期地质活动的推测尚未证实。

【第 1 步 识别命题形式】

本题的提问方式为“要得到上述结论,需要补充的前提是以下哪项?”,此题为假设题,故优先考虑搭桥法。

题干:研究发现,当冰川之下的火山开始喷发后,会产生出沸石、硫化物和黏土等物质。在火星(S)表面探测到大量沸石、硫化物和黏土等物质(P1)。因此,人们推测火星(S)早期是覆盖着冰原的，那里曾有过较多的火山活动(P2)。

题干中，P1 与 P2 不一致，故此题为拆桥搭桥模型(双 P 型)。

【第 2 步　套用母题方法】

A 项，题干推测的是火星“早期”的情况，而此项说明的是火星“近日”的情况。(干扰项 · 时间不一致)

B 项，题干讨论的是火星地表地貌的形成“原因”，而此项讨论的是火星地表地貌的形成“时期”。(干扰项 · 话题不一致)

C 项，此项等价于：只有在冰川下的火山活动后，才会产生沸石、硫化物和黏土这三类物质。即：沸石、硫化物和黏土→冰川下的火山活动，双 P 搭桥，故此项是题干需要补充的前提。

D 项，题干的论证并未涉及“某种远古细菌”和“水源”之间的联系。(干扰项 · 话题不一致)

E 项，“尚未证实”即有可能真也有可能假，故排除。(干扰项 · 不确定项)

【答案】C

2 人类学家发现早在旧石器时代，人类就有了死后复生的信念。在发掘出的那个时代的古墓中，死者的身边有衣服、饰物和武器等陪葬物，这是最早的关于人类具有死后复生信念的证据。

以下哪项是上述议论所假设的？

A. 死者身边的陪葬物是死者生前所使用过的。

B. 死后复生是大多数宗教信仰的核心信念。

C. 宗教信仰是大多数古代文明社会的特征。

D. 放置陪葬物是后人表示对死者的怀念与崇敬。

E. 陪葬物是为了死者在复生后使用而准备的。

【第 1 步　识别命题形式】

本题的提问方式为“以下哪项是上述议论所假设的？”，此题为假设题，故优先考虑搭桥法。

题干：在旧石器时代的古墓中，死者(S)的身边有衣服、饰物和武器等陪葬物(P1)，因此，当时的人类(S)具有死后复生的信念(P2)。

题干中，P1 与 P2 不一致，故此题为拆桥搭桥模型(双 P 型)。

【第 2 步　套用母题方法】

A 项，此项说明陪葬物并非用于死后复生，而是死者生前所用，削弱题干。

B、C 两项，题干不涉及“宗教信仰”，均为无关选项，而且“大多数”一词假设过度。

D 项，此项说明陪葬物并非用于死后复生，而是用于表示后人对死者的怀念与崇敬，削弱题干。

E 项，此项建立了“陪葬物”与“死后复生的信念”之间的联系，双 P 搭桥，必须假设。

【答案】E

3 人们通常认为，良好的社交关系能够增进心理健康、有利于情绪稳定，而孤独则是心理问题的直接原因。但最近有研究人员对 5 000 多人的心理状况进行调查后发现，社交活跃与否并不意味着心理问题的风险会相应地变得更低或者更高。他们由此指出，心理问题可能会导致孤独感，但孤独本身并不会对心理健康造成损害。

以下哪项如果为真，最能质疑上述研究人员的论证？

A. 社交活跃程度是个体的一种主观感受，要求被调查对象准确断定其社交活跃程度有一定的难度。

B. 有些心理健康状况良好的人很少参与社交活动，他们过得相对孤独。

C. 有些患有严重心理问题的人通过积极的社交活动改善了自己的心理状况，他们的孤独感较低。

D. 心理问题风险低并不意味着心理健康状况好，心理问题风险高也不意味着心理健康状况差。

E. 少数个体心理问题风险的高低难以进行准确评估。

【第 1 步　识别命题形式】

本题的提问方式为“以下哪项如果为真，最能质疑上述研究人员的论证?”，质疑论证的题目优先考虑拆桥法。

研究人员：社交活跃与否(S1)不意味着心理问题风险变高或变低(P1)，因此，孤独(S2)不会对心理健康造成损害(P2)。

题干中，S1 与 S2、P1 与 P2 均不一致，故此题为拆桥搭桥模型(双 S 型＋双 P 型)。

【第 2 步　套用母题方法】

拆桥法：指出“S1 与 S2 不一致”或“P1 与 P2 不一致”即可秒杀。因此，此题可秒选 D 项。

A 项，此项指出题干中的调查有难度，但“有难度”不代表“做不到”，因此不能削弱题干。(干扰项·存在难度)

B 项，此项指出“有些”心理健康状况良好的人很少参与社交活动，他们过得相对孤独，但“有些”仅仅是个别情况，一般不能反驳调查结论。(干扰项·有的/有的不)

C 项，此项中“有些”仅仅是个别情况，一般不能反驳调查结论。(干扰项·有的/有的不)

D 项，此项指出心理问题风险低并不意味着心理健康状况好，心理问题风险高也不意味着心理健康状况差，说明“心理问题风险”与“心理健康状况”二者不一致，P1 与 P2 拆桥，削弱力度最强。

E 项，“少数”个体的情况，不能反驳调查结论。(干扰项·有的/有的不)

【答案】D

干扰项·有的/有的不

(1)“有的/有的不”作为反例，可反驳一般性、绝对化结论。

例如：

“有的人没考上”可以反驳“所有人考上了”。

“张三没考上”可以反驳“张三必然考上”。

(2)“有的/有的不”作为反例，不能反驳多数人的情况、不能反驳平均值、不能反驳调查结论(除非这个调查结论是针对所有人的)。

例如：

“有的人没考上”不能反驳“多数人考上了”。

“张三没考上”不能反驳“有的人考上了”。

“张三是研究生，但收入不高”不能反驳“研究生的平均收入很高”。

4 在第 29 届 LG 杯世界围棋棋王战决赛中，中国棋手柯洁因未按照韩国棋院规则将提掉的“死子”放入棋盒盖内，被裁判判罚犯规并最终导致比赛失利。对此，有网友认为，他将“死子”放在棋盘边是多年的习惯，并非故意违反规则，因此不应被判罚。

以下哪项如果成立，最能支持网友的观点？

A. 在此前的比赛中，柯洁从未因类似的“死子”放置问题被处罚。

B. 在围棋比赛中，只有棋手的故意违规行为，才能成为判罚的依据。

C. 韩国棋院的这一规则在国际上并未得到广泛认可。

D. 柯洁在比赛中表现得非常专注，裁判对其早有不满。

E. 如果柯洁的棋艺足够高超，那么他不应该被扣分。

【第 1 步　识别命题形式】

提问方式：“以下哪项如果成立，最能支持网友的观点？”

网友的观点：柯洁将“死子”放在棋盘边(S)是习惯性动作，并非故意违规(P1)，因此，(他的这一行为 S)不应被判罚(P2)。

题干中，P1 与 P2 不一致，故此题为拆桥搭桥模型(双 P 型)。

【第 2 步　套用母题方法】

此题为支持题，故用搭桥法，搭 P1 和 P2 的桥，即：

并非故意违规 ——→ 不应被判罚

故此题可秒选 B 项。

A 项，此前未被处罚与此次是否应被处罚无关，无关选项。

C 项，规则是否被广泛认可与柯洁是否应被处罚无关，无关选项。

D 项，柯洁在比赛中表现得专注是对柯洁本人状态的描述，与其是否应被处罚无关，无关选项。

E 项，题干不涉及柯洁的棋艺是否高超，且与其是否应被处罚无关，无关选项。

【答案】B

5 张珊：不同于“刀”“枪”“剑”“戟”，“之”“乎”“者”“也”这些字无确定所指。

李思：我同意。因为“之”“乎”“者”“也”这些字无意义。因此，应当在现代汉语中废止。

以下哪项最有可能是李思认为张珊的断定所蕴含的意思？

A. 除非一个字无意义，否则一定有确定所指。

B. 如果一个字有确定所指，则它一定有意义。

C. 如果一个字无确定所指，则应当在现代汉语中废止。

D. 只有无确定所指的字，才应当在现代汉语中废止。

E. 大多数的字都有确定所指。

【第 1 步　识别命题形式】

本题的提问方式为“以下哪项最有可能是李思认为张珊的断定所蕴含的意思？”，蕴含的意思即隐含的假设，故此题为假设题，优先考虑搭桥法。

张珊认为：“之”“乎”“者”“也”这些字(S)无确定所指(P1)。

李思认为：“之”“乎”“者”“也”这些字(S)无意义(P2)，因此，这些字(S)应当废止(P3)。

题干中，P1、P2、P3 不一致，故此题为拆桥搭桥模型(双 P 型)。

【第2步 套用母题方法】

要注意，此题问的不是李思的断定所蕴含的意思，而是"李思认为的张珊的意思"。张珊认为这些字"无确定所指(P1)"，而李思却认为这些字"无意义(P2)"，二者存在不一致，故应该搭P1与P2的桥。

A项，此项符号化为：¬一个字无意义→有确定所指，等价于：无确定所指→无意义，建立了"无确定所指"与"无意义"的关系，P1与P2搭桥，必须假设。

B项，有确定所指→有意义，等价于：无意义→无确定所指，与题干所蕴含的推理的箭头方向相反，推不出题干的观点，故排除。

C、D两项，"废止"是李思提出的观点，而不是她认为"张珊的断定所蕴含的意思"，故排除这两项。

E项，"大多数"一词在假设题中一般为干扰项，故排除。(干扰项·范围不一致)

【答案】A

干扰项·范围不一致

假设题有一个基本要求，就是正确选项应该与题干保持对象一致、话题一致、概念一致、范围一致、程度一致等。

因此，当题干中没有出现"大多数""少部分""绝大部分""近5年"等表示范围或数量的词时，选项中出现这样的词一般为干扰项。

例如：

努力学习的人可以考上研究生，因此，今年会有老吕VIP协议弟子班的学员考上研究生。

此例中，只要假设"会有(即至少一位)"老吕VIP协议弟子班的学员努力学习即可，不必假设"大多数"老吕VIP协议弟子班的学员努力学习。

母题变式15.3 论据论点拆桥搭桥(类比论证)

母题技巧

第1步 识别命题形式	题干特点: (1)论据中的论证对象是A(S1)，论点中的论证对象是B(S2)。二者之间存在一定的相似性，但并不相同。如下图所示: 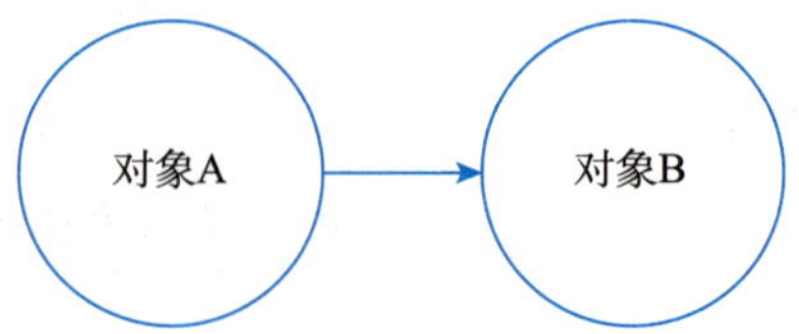

续表

<table>
<tr><td>第 1 步
识别命题形式</td><td>（2）题干中常出现以下类比形式：
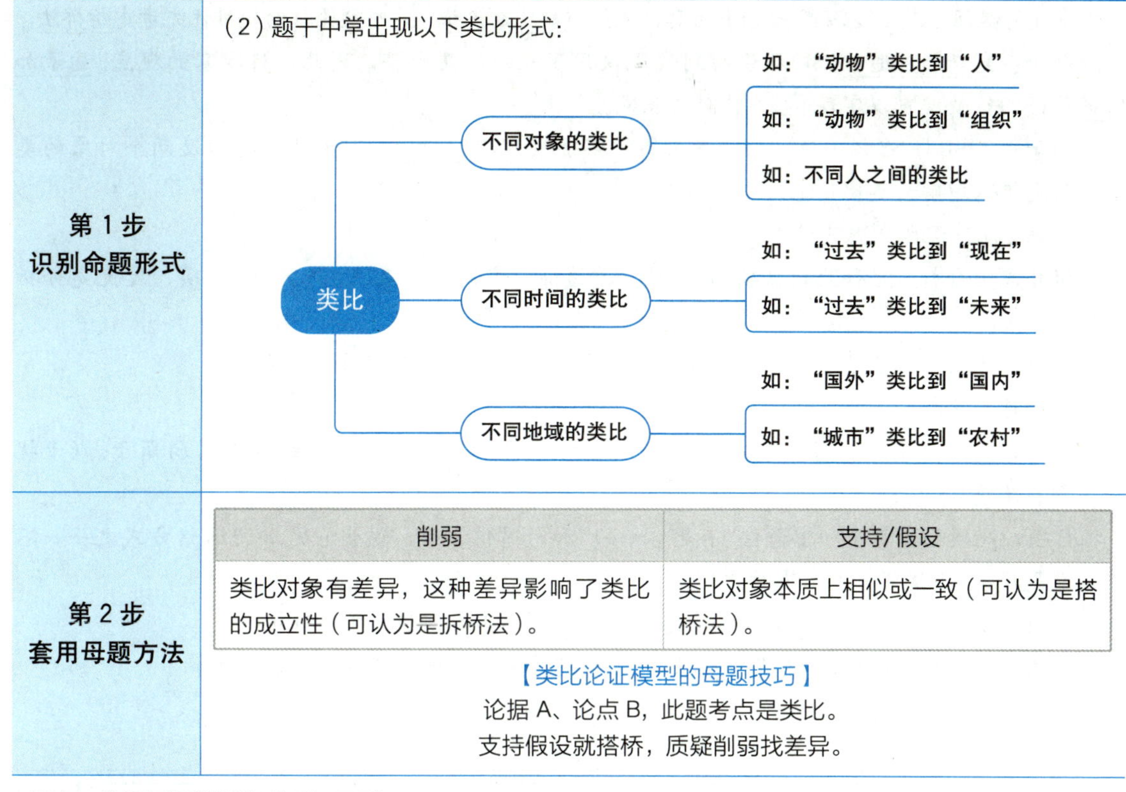
</td></tr>
<tr><td>第 2 步
套用母题方法</td><td><table><tr><th>削弱</th><th>支持/假设</th></tr><tr><td>类比对象有差异，这种差异影响了类比的成立性（可认为是拆桥法）。</td><td>类比对象本质上相似或一致（可认为是搭桥法）。</td></tr></table>【类比论证模型的母题技巧】
论据 A、论点 B，此题考点是类比。
支持假设就搭桥，质疑削弱找差异。</td></tr>
</table>

类比与普通拆桥搭桥的联系与区别：
①类比是拆桥搭桥模型的一种，即拆桥搭桥模型（双 S 型）。
②类比的对象一般具备一定的相似性（如不同的人之间，动物与人之间），而普通拆桥搭桥的命题方式则更多，如：不同对象的拆搭桥（双 S 型）、不同断定的拆搭桥（双 P 型）等。
③完全相同的类比对象是不存在的，有时候，类比对象之间的一些无关紧要的差异并不影响类比的成立性。例如：我头发多、康哥头发少，但这种区别并不影响我们的教学质量。

典型例题

1 有科学家认为，量子加密通信很快就可以实现。在科学家的设想中，量子密钥分发能够使通信双方共同拥有一个随机、安全的密钥，来加密和解密信息，从而保证通信安全。在量子密钥分发机制里，给定两个处于量子纠缠的粒子，假设通信双方各自接收到其中一个粒子，由于测量其中任意一个粒子会摧毁这对粒子的量子纠缠，任何窃听动作都会被通信双方侦测发觉。光纤加密通信从设想到实现仅用了短短的几十年，可见，科学家的上述观点也并非空穴来风。

以下哪项如果为真，最能质疑上述论证？

A. 实现量子加密通信存在一定的难度。

B. 量子加密通信不是唯一的加密通信方式。

C. 量子加密通信只有少数国家能够掌握。

D. 量子加密通信在技术上的复杂程度远远超过光纤通信。

E. 量子加密通信的研发费用很高。

【第 1 步　识别命题形式】

本题的提问方式为“以下哪项如果为真，最能质疑上述论证?”，质疑论证的题目优先考虑拆桥法。

题干：光纤加密通信(S1)从设想到实现仅用了短短的几十年，因此，科学家的观点[量子加密通信(S2)很快就可以实现]也并非空穴来风。

题干中，S1 与 S2 不一致，故此题为拆桥搭桥模型(双 S 型)。因为此题也涉及两个对象的类比，故也可以理解为类比论证。

【第 2 步　套用母题方法】

根据以上分析，可知此题需要拆 S1 与 S2 的桥，找同时涉及 S1 与 S2 的选项，故优先分析 D 项。

D 项，此项指出了题干中的类比对象有差异(双 S 拆桥)，可以削弱题干。

其他选项分析：

A 项，实现量子加密通信“存在一定的难度”不代表其不能实现，故不能削弱题干。(干扰项·存在难度)。

B 项，此项指出量子加密通信“不是唯一的”加密通信方式，说明它是加密通信方式之一，不能削弱题干。(干扰项·否定绝对化)

C 项，题干的论证不涉及量子加密通信可以被多少国家掌握，无关选项。

E 项，量子加密通信的“研发费用很高”不代表其不能实现，故不能削弱题干。

【答案】D

干扰项·否定绝对化

看以下两个断定:

①你喜欢我，我长得帅肯定是最重要的原因。

②你喜欢我，我长得帅肯定是原因之一。

“帅不是最重要的原因”可以质疑①，但不能质疑②，因为“不是最重要的原因”与“是原因之一”并不矛盾。

可见:

“不仅仅”只可以削弱“仅仅”。

“不是唯一的”只可以削弱“唯一”。

“不是最重要的”只可以削弱“最重要”。

“不完全”只可以削弱“完全”。

其中，“仅仅”“唯一”“最重要”“完全”均为绝对化词，故如果选项中出现“不仅仅”“不是唯一的”“不是最重要的”“不完全”，则称这个选项为“否定绝对化”，常用作削弱题的干扰项。

2 Z 国反对建设大型风力发电场的人认为，这样做会干扰鸟类的迁徙路线，从而导致当地生态环境的破坏。然而，这一观点难以成立。以丹麦为例，该国在过去 30 年中建设了大量风力发电场，但并未对鸟类迁徙产生显著影响。因此，Z 国可以放心地建设大型风力发电场。

以下哪项如果为真，能最强有力地支持题干的论证?

A. 数十年来，全球各地的鸟类迁徙路线都处于或大或小的变动之中，某些鸟类种群从这种变动中获益。

B. 丹麦建设风力发电场的地区与 Z 国未建设风力发电场的地区在生态环境上基本相似。

C. 未来几年中 Z 国生态环境破坏的最大威胁来自城市化进程的加速。

D. Z 国的风力资源远远大于其他常年建设风力发电场的国家。

E. 风力发电场的建设将使 Z 国的能源供应更加清洁。

【第 1 步　识别命题形式】

本题的提问方式为"以下哪项如果为真，能最强有力地支持题干的论证?"，支持论证的题目优先考虑搭桥法。

题干：丹麦(S1)在过去 30 年中建设了大量风力发电场，未对鸟类迁徙产生显著影响。因此，Z 国(S2)可以放心地建设大型风力发电场。

题干中，S1 与 S2 不一致，故此题为拆桥搭桥模型(双 S 型)。因为此题也涉及两个对象的类比，故也可以理解为类比论证。

【第 2 步　套用母题方法】

根据以上分析，可知此题需要搭建 S1 与 S2 的桥，找同时涉及 S1 与 S2 的选项，故优先分析 B 项。

B 项，此项指出类比对象具有相似性(双 S 搭桥)，支持题干。

其他选项分析：

A 项，"某些鸟类种群从迁徙路线的变动中获益"和"建设风力发电场是否影响鸟类迁徙"并不直接相关，无关选项。(干扰项 • 话题不一致)

C 项，城市化进程的加速会造成生态环境破坏，与建设风力发电场是否影响鸟类迁徙无关，无关选项。(干扰项 • 话题不一致)

D 项，题干不涉及风力资源丰富程度的比较，无关选项。(干扰项 • 新比较)

E 项，建设风力发电场是否有"能源供应清洁化"的好处与建设风力发电场是否影响"鸟类迁徙"无关，无关选项。(干扰项 • 话题不一致)

【答案】B

母题变式 15.4　论据论点拆桥搭桥(归纳论证)

母题技巧

<table>
<tr><td>第 1 步
识别命题形式</td><td>题干特点：
(1) 论据中的论证对象（s）是论点中论证对象（S）的子集。也就是说，论据的对象（小集合）与论点的对象（大集合）存在不一致。如下图所示：
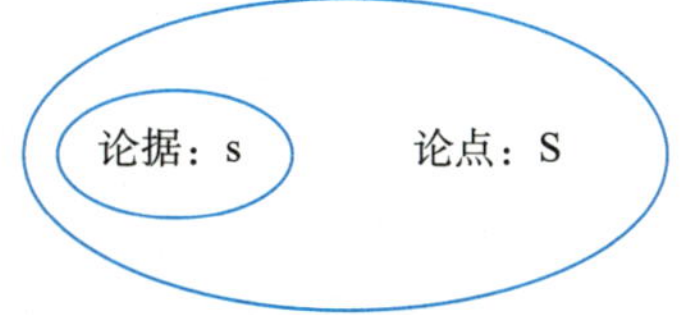

(2) 论据中常出现问卷调查或者是某个人的见闻。</td></tr>
</table>

续表

<table>
<tr><td rowspan="4">第 2 步
套用母题方法</td><td>削弱</td><td>支持/假设</td></tr>
<tr><td>样本没有代表性（数量太少、广度不够、样本不是随机选取），即以偏概全。</td><td>样本有代表性（数量多、广度大、样本随机选取）。</td></tr>
<tr><td>调查机构不中立。</td><td>调查机构中立（力度小，调查机构中立并不能保证一个调查的准确性）。</td></tr>
<tr><td colspan="2">【归纳论证模型的母题技巧】
论据小、论点大，此题考点是归纳。
数量广度随机性，调查机构中立吗?</td></tr>
</table>

典型例题

1 为了预测消费者对新能源汽车的购买意向，《汽车消费报告》杂志在消费者中进行了一次问卷调查，结果显示，超过半数的答卷都把新能源汽车作为首选的购车选项。这说明，随着新能源汽车技术的成熟和续航里程的提升，消费者普遍不愿意购买新能源汽车的现象已经成为过去。

以下哪项如果为真，将严重削弱上述结论?

A. 目前新能源汽车的平均续航里程，和传统燃油汽车相比，仍然较短。

B. 被调查者虽然遍布全国 100 多个城市，但总人数不过 1 000 多人。

C. 被调查者的半数是环保组织的成员。

D.《汽车消费报告》并不是一份很有影响的杂志。

E. 上述调查问卷的回收率超过 90%。

【第 1 步 识别命题形式】

本题的提问方式为“以下哪项如果为真，将严重削弱上述结论?”，此题为削弱题，且提问针对论点，可以优先考虑怼 P 法。

题干：调查结果显示，超过半数的答卷(受访消费者 s)都把新能源汽车作为首选的购车选项，因此，消费者(S)普遍不愿意购买新能源汽车的现象已经成为过去。

题干论据中的论证对象 s 和论点中的论证对象 S 不一致，且 s 是 S 的子集，故此题为拆桥搭桥模型(归纳论证)。

【第 2 步 套用母题方法】

A 项，题干不涉及“新能源汽车”与“传统燃油汽车”关于平均续航里程的比较，无关选项。(干扰项·新比较)

B 项，此项指出样本数量只有 1 000 多人，即试图说明因为样本数量不足导致样本没有代表性，但由于 1 000 多人也不算是很小的样本，而且这 1 000 多人遍及 100 多个城市，说明样本在广度上还是有一定的代表性的，故此项的削弱力度小。

C 项，此项指出被调查者的半数是环保组织的成员，环保组织的成员当然更有意愿购买新能源汽车，他们的意见无法代表其他消费者的情况，故样本没有代表性(s 不能代表 S)，削弱题干结论。

D 项，《汽车消费报告》杂志本身是否有影响力，与其做的调查是否真实有效无关，无关选项。

E 项，对于一项调查来说，问卷的回收率越高越好，故此项支持题干。

【答案】C

2 根据近几年的调查发现，随着人类社会不断进步，物质生活水平不断提高，人们越来越重视心理健康问题。成年人中患抑郁症的比例在逐年减少。但是，这还不足以得出抑郁症发病率在逐年下降的结论。

以下哪项如果为真，最能加强上述推论？

A. 近年来未成年人得抑郁症的比例明显增加了。

B. 女性患抑郁症的概率比男性高。

C. 近年来防治抑郁症的医疗条件有了很大改善。

D. 比起癌症、心血管疾病，近年来对抑郁症的防治缺乏重视。

E. 对抑郁症的治疗目前还有难度，患者不可能在短期内得到治愈。

【第 1 步 识别命题形式】

本题的提问方式为"以下哪项如果为真，最能加强上述推论?"，此题为支持题，且提问针对论点，可以优先考虑肯 P 法。

题干：成年人(s)中患抑郁症的比例在逐年减少。但是，这还不足以得出(人们)(S)抑郁症发病率在逐年下降的结论。

题干论据中的论证对象 s 和论点中的论证对象 S 不一致，且 s 是 S 的子集，故此题为拆桥搭桥模型(归纳论证)。

【第 2 步 套用母题方法】

A 项，此项指出未成年人得抑郁症的比例明显增加，那么即使成年人中患抑郁症的比例在逐年减少，人们抑郁症发病率也可能不会降低，即成年人的情况不足以代表人们的整体情况，支持题干的结论。

B 项，题干不涉及男性和女性"患抑郁症的概率"的比较，无关选项。(干扰项 · 新比较)

C 项，此项说明"近年来防治抑郁症的医疗条件有了很大改善"，这有助于说明抑郁症发病率下降，削弱题干的结论。

D 项，题干不涉及防治"癌症、心血管疾病"和"抑郁症"之间的比较，无关选项。(干扰项 · 新比较)

E 项，题干不涉及抑郁症的"治愈时长"，无关选项。(干扰项 · 话题不一致)

【答案】A

3 20 世纪 50 年代以来，人类丢弃了多达 10 亿吨塑料，这种垃圾可能存在数百年甚至数千年。近日，一个科研小组在亚马逊雨林中发现了一种名为内生菌的真菌，它能降解普通的聚氨酯塑料。科研人员认为利用这种真菌的特性，将大大减少塑料垃圾所带来的威胁。

科研人员的判断还需基于以下哪一项前提？

A. 塑料垃圾是人类活动产生的最主要的废弃物种类。

B. 内生菌在任何条件下都可以很好地降解塑料制品。

C. 目前绝大多数塑料垃圾都属于普通的聚氨酯塑料。

D. 这种真菌在地球上其他所有地区都能正常地存活生长。

E. 内生菌在降解塑料时会造成地下水的富营养化。

【第 1 步 识别命题形式】

本题的提问方式为"科研人员的判断还需基于以下哪一项前提?"，此题为假设题，优先考虑搭桥法。

题干：内生菌具有能降解普通的聚氨酯塑料(s)的特性，因此，它将大大减少塑料(S)垃圾所带来的威胁。

题干论据中的论证对象 s 和论点中的论证对象 S 不一致，且 s 是 S 的子集，故此题为拆桥搭桥模型(归纳论证)。

【第2步 套用母题方法】

A项，题干只涉及“塑料垃圾”，不涉及“废弃物种类”，无关选项。

B项，题干的论证要成立只需确保内生菌能降解塑料制品即可，“任何条件”假设过度。

C项，此项说明普通的聚氨酯塑料可以代表当前的塑料垃圾情况，必须假设。

D项，“其他所有地区”假设过度。

E项，此项指出措施有恶果，故此项削弱题干而不是题干的假设。

【答案】C

4 现在的美国人比1965年的美国人的运动量减少了32%，预计到2030年将减少46%；在中国，与1991年相比，人们的运动量减少了45%，预计到2030年将减少51%。缺少运动已经成为一个全球性的问题。

以下哪项陈述如果为真，最能支持上述观点？

A. 在运动量方面，中国和美国分别是亚洲和美洲最有代表性的国家。

B. 人们保持健康的方式日益多样化，已不仅局限于运动。

C. 中国人与美国人相比，运动量更少一些。

D. 其他国家人们的运动量情况和中国、美国大致相同。

E. 中国和美国都是运动量缺乏这一问题较为严重的国家。

【第1步 识别命题形式】

本题的提问方式为“以下哪项陈述如果为真，最能支持上述观点？”，此题为支持题，且提问针对论点，可以优先考虑肯P法。

题干：中国人和美国人(s)缺少运动，因此，缺少运动已经成为一个全球性的(S)问题。

题干论据中的论证对象s和论点中的论证对象S不一致，且s是S的子集，故此题为拆桥搭桥模型(归纳论证)。

【第2步 套用母题方法】

A项，此项只能说明“缺少运动”这一问题在亚洲和美洲比较突出，但并不能说明这是全球性的问题，故此项不能支持题干。

B项，此项涉及的是人们保持健康的方式，而题干涉及的是缺少运动是否成为全球性的问题，无关选项。

C项，题干不涉及中国人和美国人关于运动量的比较，无关选项。(干扰项·新比较)

D项，此项说明中国和美国的运动量情况在全世界范围内都是具有代表性的，故此项有力地支持了题干。

E项，此项说明题干以中国和美国做样本没有普遍的代表性，削弱题干。

【答案】D

母题变式15.5 论据论点拆桥搭桥(演绎论证)

母题技巧

第1步 识别命题形式	题干特点： 情况(1)：论据是一般性的，论点是个别性的。 例如假言论证：论据中出现假言命题(一般性的)，然后得出某个具体的结论(个别性的)。 其公式是： $A \to B$，A，因此B。 $\neg A \to \neg B$，$\neg A$，因此$\neg B$。

续表

<table>
<tr><td>第 1 步
识别命题形式</td><td>情况（2）：论据的论证对象 S 范围大；论点的论证对象 s 范围小。后者是前者的子集。如下图所示：
论据：S　论点：s
例如三段论论证：
S 都有性质 a，所以 s 有性质 a。
情况（3）：选言论证。
A∨B，¬A，因此 B。</td></tr>
<tr><td>第 2 步
套用母题方法</td><td>【演绎论证模型的母题技巧】
论据大、论点小，此题考点是演绎。
这种题目很简单，画画箭头出答案。</td></tr>
</table>

典型例题

1 一些物理学家认为，量子纠缠是一种奇怪的量子力学现象，处于纠缠态的两个量子不论相距多远都存在一种关联，其中一个量子状态发生改变，另一个的状态会瞬时发生相应改变。在很长一段时间里，以爱因斯坦为代表的部分物理学家对量子纠缠持怀疑态度，爱因斯坦称其为“鬼魅般的超距作用”。他们认为量子理论是“不完备”的，纠缠的粒子之间存在着某种人类还没观察到的相互作用或信息传递，也就是“隐变量”。如果想证明量子力学是错误的，就得找到某种“隐变量”。因此，法国科学家阿兰·阿斯佩、美国科学家约翰·克劳泽和奥地利科学家安东·蔡林格等科学家的实验可以证明量子力学是正确的。

以下哪项最可能是上述论证的假设？

A. 上述科学家的实验能说明任意两个粒子之间都不存在“隐变量”。

B. 上述科学家的实验能说明纠缠的粒子之间不存在相互作用。

C. 上述科学家的实验能证明量子纠缠是正确的。

D. 上述科学家的实验能说明纠缠的粒子之间不存在相互作用或信息传递。

E. 上述科学家的实验能说明纠缠的粒子之间不存在信息传递。

【第 1 步　识别命题形式】

本题的提问方式为“以下哪项最可能是上述论证的假设？”，此题为假设题，优先考虑搭桥法。

题干：如果量子力学是错误的，纠缠的粒子之间肯定存在某种“隐变量”（相互作用或信息传递）。因此，三位科学家的实验可以证明量子力学是正确的。

题干中的论据是一个假言命题，故此题为拆桥搭桥模型（演绎论证）。

【第 2 步　套用母题方法】

演绎论证模型的解题方法是“画箭头”。

论据：量子力学是错误的→存在某种“隐变量”。

逆否可得：①不存在某种“隐变量”→量子力学是正确的。

根据题干中隐变量的定义，可知①等价于：②不存在(相互作用∨信息传递)→量子力学是正确的。

等价于：③不存在相互作用∧不存在信息传递→量子力学是正确的。

A项，题干的论证只涉及“纠缠的粒子”，而此项涉及的是“任意两个粒子之间”，即所有粒子，假设过度。

B项，由②、③可知，此项仅涉及“不存在相互作用”，不能推出量子力学是正确的，故排除。

C项，题干要证明的是“量子力学”，而此项证明的是“量子纠缠”，二者不一致，故排除。(干扰项·概念不一致)

D项，由②可知，此项是题干的隐含假设。

E项，由②、③可知，此项仅涉及“不存在信息传递”，不能推出量子力学是正确的，故排除。

【答案】D

2 据报道，全球的可再生能源仅占总能源供应的15%，其中大部分为太阳能和风能。由于技术限制和地理条件，有60%的可再生能源难以稳定利用。人类真正能够稳定利用的可再生能源仅占总能源供应的6%。因此，很多城市都存在能源供应不稳定的问题。对于这样的城市来说，实施能源补贴政策对提高能源利用效率可以产生很重要的推动作用。因此，为了提高能源利用效率，Z市也应该实施能源补贴政策。

以下哪项是上述论证的隐含假设?

A. 实施能源补贴政策可以提高能源利用效率。

B. 补贴政策一般足以对能源用户产生经济激励。

C. 有相当数量的能源浪费是因为能源价格偏高而造成的。

D. Z市存在能源供应不稳定的问题。

E. 能源补贴政策的实施不会引起用户的不满。

【第1步 识别命题形式】

本题的提问方式为“以下哪项是上述论证的隐含假设?”，此题为假设题，优先考虑搭桥法。

题干：对于这样的城市(能源供应不稳定的城市)(S)，实施能源补贴政策可以提高能源利用效率。因此，为了提高能源利用效率，Z市(s)也应该实施能源补贴政策。

题干符合“论据大、论点小，此题考点是演绎”，故此题为拆桥搭桥模型(演绎论证)。

【第2步 套用母题方法】

A项，此项仅重复了题干中的论据，不是题干论证的隐含假设，故排除。

B项，此项支持题干中的措施，但不是题干论证的隐含假设，故排除。

C项，此项支持题干中的措施，但不是题干论证的隐含假设，故排除。

D项，此项指出Z市存在能源供应不稳定的问题，是题干论证的隐含假设。

能源供应不稳定的城市→实施能源补贴政策可以提高能源利用效率；

Z市→能源供应不稳定的城市(D项)；

因此，Z市→实施能源补贴政策可以提高能源利用效率。

E项，此项支持题干中的措施，但不是题干论证的隐含假设，故排除。

【答案】D

3 由于智能手机的普及，其安全性问题一直备受关注。2024 年 1 月，某知名智能手机品牌 Brand X 在一个月内出现了 5 次诸如自动关机、数据丢失等故障，引发了人们对这一品牌在安全方面的质疑。智能手机出现故障，可能是手机本身的质量问题、意外事件、软件漏洞等三方面的原因。近期 Brand X 的几次故障显然不是意外事件引发的，因此，有专家认为很可能是这一品牌出现了质量问题。

以下哪项陈述如果为真，最能支持该专家的观点？

A. 自动关机是由于电池老化导致的。

B. 只有通过质量检测后，取得安全认证的智能手机，才会被允许上市。

C. 经调查可以确定，近期 Brand X 的故障不是由于软件漏洞。

D. 一位资深技术专家表示："Brand X 确实存在质量问题。"

E. 已经有多个国家的消费者保护组织开始对 Brand X 品牌进行质量调查。

【第 1 步　识别命题形式】

本题的提问方式为"以下哪项陈述如果为真，最能支持该专家的观点？"，此题为支持题，且提问针对论点，可以优先考虑肯 P 法。

题干：Brand X 出现故障的原因可能有质量问题、意外事件、软件漏洞三种。不是由于意外事件，因此，可能是因为质量问题。

题干的论据中出现一个选言命题(即三种原因)，结论为其中一个选言肢(即确定其中一个原因)，故此题为拆桥搭桥模型(选言论证)。

【第 2 步　套用母题方法】

A 项，此项仅解释了自动关机的原因，但并不能说明其余故障的原因，无法支持该专家的观点。

B 项，此项等价于：允许上市→通过了质量检测，削弱该专家的观点。

C 项，根据选言论证公式：$A \vee B \vee C = \neg A \wedge \neg B \rightarrow C$，即，排除其中两种可能的原因，则可以肯定余下的一种原因。题干中排除了"意外事件"，此项排除了"软件漏洞"，故可以确定是"质量问题"，支持力度最强。

D 项，此项是某个人的主观观点，未必是事实，不能很好地支持该专家的观点。(干扰项 · 非事实项)

E 项，"开始进行质量调查"不能证明过去的故障是由于质量问题，故排除。

【答案】C

干扰项 · 非事实项/主观项

用缺少论据的主观观点来削弱或支持客观事实是没有力度的。

比如："老吕认为自己长得帅"无法反驳"事实上，老吕长得丑"。

4 某城市的科技创业公司想要筹集资金，只有两种手段，即向风险投资公司融资或者通过众筹平台来筹集更多的资金。该市的蓝海科技公司没有通过众筹平台的资质审核，可见，蓝海科技公司将无法筹集到更多的资金。

以下哪项如果为真，最能支持上述论证？

A. 有的创业公司在众筹后未能按时交付产品，使得投资者心存疑虑。

B. 创业公司无法从政府补贴项目中取得资金。

C. 投资者对新兴科技项目的风险评估较为谨慎。

D. 部分创业公司在众筹后延期交付，使得很多投资者对众筹平台心存疑虑。

E. 没有风险投资公司愿意向蓝海科技公司投资。

【第1步　识别命题形式】

本题的提问方式为“以下哪项如果为真，最能支持上述论证？”，支持论证的题目优先考虑搭桥法。

题干：科技创业公司筹集资金的手段有两种：风险投资公司融资∨众筹平台融资。没有通过众筹平台的资质审核，因此，无法筹集到更多的资金。

题干中筹集资金的方式有两种，可认为是个选言命题，故此题为拆桥搭桥模型（选言论证）。

【第2步　套用母题方法】

A项，此项说明众筹的风险，但与蓝海科技公司是否能筹集到资金无关，故排除。

B项，此项说明创业公司无法从政府补贴项目中取得资金，但题干中并未提及政府补贴项目，故排除。

C项，此项说明投资者对新兴科技项目的风险评估较为谨慎，但并未直接说明蓝海科技公司是否能获得投资，故排除。

D项，此项说明众筹平台的风险，但与蓝海科技公司是否能筹集到资金无关，故排除。

E项，有两种筹集资金的手段，题干中已经指出了“众筹平台融资”这一手段无效，而此项说明“风险投资公司融资”这一手段无效，故两种手段均无效，说明该公司无法筹集到资金，支持题干。

【答案】E

母题模型16　现象原因模型

母题变式16.1　现象原因模型：基本型

母题技巧：削弱

第1步 识别命题形式	题干特点： 多数题目中，题干中的现象已经发生了（过去时）。 题干结构（1）：摆现象、析原因。 题干先摆出一个现象，然后分析这一现象的原因。此时题干中的结论标志词（如“因此”“所以”“这说明”）可替换成“这是因为”或“其原因是”。 例如： 酱心考上了研究生，这说明，老吕的课有效。 可替换为：酱心考上了研究生（摆现象），这是因为，老吕的课有效（析原因）。 题干结构（2）：前因后果。 题干直接出现某原因“导致了/引发了/引起了/造成了”某结果。

续表

<table>
<tr><td>第 1 步
识别命题形式</td><td>例如：
在人群中看了你一眼（前因），导致了我再也不能忘记你容颜（后果）。
此例可改写为：
我再也不能忘记你容颜（摆现象），是因为我在人群中看了你一眼（析原因）。</td></tr>
<tr><td>第 2 步
套用母题方法</td><td>假设题干结构为：原因 Y 导致了结果 G；或者，现象 G 的出现是因为原因 Y。则常见的削弱方式有：
<table>
<tr><th>削弱方式</th><th>内容说明</th><th>力度大小</th></tr>
<tr><td>因果拆桥
（因果无关）</td><td>直接指出题干中的原因 Y 和结果 G 无关。</td><td>力度大。</td></tr>
<tr><td>因果倒置</td><td>指出不是 Y 导致 G，而是 G 导致 Y。</td><td>力度大。</td></tr>
<tr><td>否因削弱</td><td>直接否定题干中的原因 Y。</td><td>力度大。</td></tr>
<tr><td>另有他因</td><td>是其他原因导致了题干中的结果 G。</td><td>力度取决于选项中的原因与题干中的原因的排他性。</td></tr>
<tr><td>有因无果</td><td>在某些场合中，出现了原因 Y，但没有出现结果 G。</td><td>力度取决于选项中的对象与题干中的对象的相似性。</td></tr>
<tr><td>无因有果</td><td>在某些场合中，没有出现原因 Y，但出现了结果 G。</td><td>力度取决于选项中的对象与题干中的对象的相似性。</td></tr>
</table>
【现象原因模型的削弱技巧】
摆现象、析原因，拆桥倒置和否因。
另有他因看排斥，有无因果看相似。</td></tr>
</table>

典型例题

1 不仅人类在学习新技能时会随着年龄增长而变得困难，动物也有类似的情况。年轻鹦鹉能够快速学会复杂的叫声和语言，而老年鹦鹉则往往难以掌握新的语言技能。鹦鹉越老，学习新语言的能力就越差。科学家由此认为，随着时间的流逝，鹦鹉的大脑也会像人脑一样逐渐退化。

以下哪项如果为真，最能质疑科学家的上述论证？

A. 能够学会复杂叫声的鹦鹉更容易在群体中获得领导地位。

B. 老年鹦鹉的大脑较之年轻鹦鹉，其脑容量明显偏小。

C. 听力下降会导致老年鹦鹉学习语言的能力下降。

D. 鹦鹉学习语言只是一种本能行为，并不受大脑控制。

E. 老年鹦鹉虽然学习新语言的能力下降，但它们的记忆力仍然很强。

【第 1 步 识别命题形式】

本题的提问方式为“以下哪项如果为真，最能质疑科学家的上述论证？”，质疑论证的题目优先考虑拆桥法。

题干：鹦鹉(S)越老，学习新语言的能力就越差(P1)，由此认为，随着时间的流逝，鹦鹉(S)的大脑也会像人脑一样逐渐退化(P2)。

思路1：题干中，P1与P2不一致，故此题为折桥搭桥模型(双P型)。

思路2：题干中的论据是一个现象(鹦鹉学习新语言能力下降)，论点是对该现象原因的分析(大脑退化)。此时，我们可以将题干中的"由此认为"替换为"这是因为"，故此题也为现象原因模型。

【第2步 套用母题方法】

A项，题干涉及的是鹦鹉学习新语言能力下降的原因，而此项涉及的是学会复杂叫声的鹦鹉在群体中的地位，无关选项。(干扰项·话题不一致)

B项，此项指出老年鹦鹉的大脑较之年轻鹦鹉脑容量明显偏小，支持题干"随着时间的流逝，鹦鹉的大脑会逐渐退化"。

C项，此项指出听力下降会导致老年鹦鹉学习语言的能力下降，从而使得鹦鹉越老学习新语言的能力就越差，另有他因，可以削弱题干。但是，"听力下降"与"大脑退化"是可以共存的，有可能是这两种原因共同导致老年鹦鹉学习语言能力下降。故此项并非必然的削弱，削弱力度小。

D项，此项说明"学习语言"与"大脑"不相关，因果无关(P1与P2拆桥)，削弱科学家的论证，且削弱力度大于C项。

E项，此项说明老年鹦鹉的大脑并非完全退化，但并未直接质疑学习语言能力下降的原因是否与大脑退化有关，故排除。

【答案】D

2 研究表明，在某沿海城市，居民患关节炎的比例高于内陆城市的居民。因此，研究人员认为，沿海城市的潮湿气候更容易引发关节炎。

以下哪项最能反驳上述论证?

A. 气候只是影响关节炎的众多因素之一。

B. 该沿海城市的医疗条件更发达，能诊断出更多的关节炎病例。

C. 关节炎的发生与遗传因素密切相关。

D. 尚无确凿证据表明潮湿气候会导致关节炎。

E. 该沿海城市的气候并非全年都潮湿。

【第1步 识别命题形式】

本题的提问方式为"以下哪项最能反驳上述论证?"，质疑论证的题目优先考虑拆桥法。

题干：沿海城市居民患关节炎的比例较高(现象)，由此认为，潮湿气候(原因Y)更容易引发关节炎(结果G)。

题干中不涉及S与P的不一致问题，故应用现象原因模型的解题方法。

【第2步 套用母题方法】

A项，此项实际上肯定了气候是影响关节炎的因素之一，故排除。(干扰项·明否暗肯)

B项，此项指出是由于医疗条件更发达(另有他因)，导致沿海地区有更多病例被确诊，削弱题干。

C 项，此项指出遗传因素可能影响关节炎的发生，但并未直接指出这对于沿海地区的关节炎发病率的影响，故排除。(干扰项 · 不直接项)

D 项，此项指出没有证据证明潮湿气候会导致关节炎，由此并不能直接说明二者无关，属于诉诸无知。

E 项，气候是否全年潮湿与题干中的因果关系无关。(干扰项 · 话题不一致)

【答案】B

3 有人再三声称使用无人机进行农药喷洒不会对附近的居民造成威胁。如果这种说法正确，那么禁止在人口密集地区使用无人机进行农药喷洒就显得毫无道理。然而，目前的政策是将无人机农药喷洒作业限制在人口稀少的地区，这一做法表明，政策制定者们对于无人机农药喷洒，至少在安全方面还是有些担忧的。

以下哪项如果为真，最能严重地削弱上述论证？

A. 如果发生事故，除了在人口稀少的地区外，无人机的紧急避让方案不可能得以顺利实施。

B. 如果发生事故，人口稀少地区的受害人数肯定比人口稠密地区的少。

C. 在人口稀少的地区使用无人机进行农药喷洒所带来的经济和环境问题要比人口稠密地区的少。

D. 使用化学农药也有危险，所以应将其喷洒限制在人口稀少的地区。

E. 无论在任何地方，都不应该允许使用无人机进行农药喷洒。

【第 1 步　识别命题形式】

本题的提问方式为“以下哪项如果为真，最能严重地削弱上述论证？”，质疑论证的题目优先考虑拆桥法。

题干：将无人机农药喷洒作业限制在人口稀少的地区的做法(现象 G)表明，政策制定者们对于无人机农药喷洒，至少在安全方面还是有些担忧的(原因 Y)。

故此题为现象原因模型。

【第 2 步　套用母题方法】

A 项，此项说明将无人机农药喷洒作业限制在人口稀少的地区有助于发生事故时的紧急避让，即确实有安全方面的考虑，支持题干。

B 项，此项说明将无人机农药喷洒作业限制在人口稀少的地区是为了减少发生事故时的受害人数，即确实有安全方面的考虑，支持题干。

C 项，此项说明将无人机农药喷洒作业限制在人口稀少的地区是出于经济和环境问题的考虑，而不是出于安全方面的考虑，另有他因，削弱题干。

D 项，此项说明了化学农药的危险性，对题干的观点有支持作用。

E 项，题干讨论的是已经出现的“无人机农药喷洒作业限制在人口稀少的地区”这一做法的原因，而此项讨论的是“是否应该允许使用无人机进行农药喷洒(规范命题)”，无关选项。(干扰项 · 话题不一致)。

【答案】C

规范命题

规范命题亦称“道义命题”“规范模态命题”，是指含有“必须（不允许不）”“禁止（不允许）”“可以（允许）”“可以不（允许不）”“应该”“不应该”等这类规范词的命题。它是用来给人（规范的承受者）的行动提出某种命令或规定的命题。

例如：

行人必须遵守交通规则。

禁止随地吐痰。

大学生可以（允许）谈恋爱。

大学生可以（允许）不谈恋爱。

规范命题可以削弱规范命题，但不能削弱因果关系。

例如：

“大学生不应该结婚”可以削弱“大学生应该结婚”，但不能削弱“大学生张珊和李思结婚的原因是他们相爱”。

4 一般认为，大角鹿是从欧洲迁入亚洲的。大角鹿是大型草食性哺乳动物，其显著特征是具有巨大的分支鹿角，体形庞大，四肢强壮，适合在开阔地带奔跑。大角鹿的角非常复杂，这表明它能适应多种环境。在亚洲的许多地方都有证据显示史前人类捕捉过大角鹿。由此可以推测，大角鹿的灭绝可能与人类的过度捕杀有密切关系。

以下哪项如果为真，最能反驳上述结论？

A. 史前动物之间经常发生大规模相互捕杀的现象。

B. 大角鹿在遇到人类攻击时缺乏自我保护能力。

C. 大角鹿也存在由亚洲进入欧洲的回迁现象。

D. 由于气候变化，大型肉食动物难以生存。

E. 幼年大角鹿的角结构比较简单，自我生存能力弱。

【第 1 步　识别命题形式】

本题的提问方式为“以下哪项如果为真，最能反驳上述结论？”，此题为削弱题，且提问针对论点，可以优先考虑怼 P 法。

题干：在亚洲的许多地方都有证据显示史前人类捕捉过大角鹿（论据）。由此可以推测，大角鹿的灭绝（结果 G）可能与人类的过度捕杀（原因 Y）有密切关系。

故此题为现象原因模型。

【第 2 步　套用母题方法】

A 项，此项说明有可能是史前动物之间经常发生的大规模相互捕杀导致了大角鹿的灭绝，另有他因，削弱题干。

B 项，此项说明了大角鹿为什么会因为人类捕杀而灭绝，支持题干。

C 项，大角鹿的“回迁现象”与其“灭绝”无关，无关选项。（干扰项·话题不一致）

D 项，题干的论证对象是“大角鹿”，而此项的论证对象是“大型肉食动物”，无关选项。（干扰项·对象不一致）

E 项，大角鹿幼年时自我生存能力弱，不代表它们不能生存并因此灭绝，削弱力度小。

【答案】A

5 有研究人员认为，人类脱发是由于营养不均衡导致的，当人体无法吸收到均衡的营养，毛囊就会萎缩，从而导致脱发。但是，有反对者认为，事实并非如此，脱发是由于毛囊受损导致的。当毛囊受损后，处于"假性死亡"状态，毛囊退化并萎缩，导致毛发停止生长，逐渐枯萎脱落。

以下哪项如果为真，最能削弱反对者的观点？

A. 营养不均衡会导致患者体内缺失过多的免疫成分，从而容易发生感染性疾病。

B. 使用洗发水也会对毛囊造成一定程度的损害。

C. 毛囊受损是由营养不均衡导致的。

D. 毛囊受损使其不能从头皮中吸收营养，从而导致脱发。

E. 如果能够经常做头皮护理，就可以缓解脱发的现象。

【第 1 步 识别命题形式】

本题的提问方式为"以下哪项如果为真，最能削弱反对者的观点？"，此题为削弱题，且提问针对论点，可以优先考虑怼 P 法。

反对者的观点：脱发(现象 G)是由于毛囊受损(原因 Y)导致的。当毛囊受损后，处于"假性死亡"状态，毛囊退化并萎缩，导致毛发停止生长，逐渐枯萎脱落。

锁定关键词"导致"，可知此题为现象原因模型。

【第 2 步 套用母题方法】

A 项，题干没有涉及"营养不均衡"与"感染性疾病"之间的关系，无关选项。(干扰项 · 话题不一致)

B 项，题干并未讨论"洗发水"是否会对毛囊有损害，无关选项。(干扰项 · 话题不一致)

C 项，此项说明是"营养不均衡"导致了"毛囊受损"，进而导致了毛发停止生长，逐渐枯萎脱落，削弱反对者的观点。

D 项，此项说明毛囊受损(因)确实会导致脱发(果)，因果相关(YG 搭桥)，支持反对者的观点。

E 项，题干并未讨论缓解脱发的措施，无关选项。(干扰项 · 话题不一致)

【答案】C

母题技巧：支持

第 1 步 识别命题形式	题干结构：与"现象原因模型的削弱"相同。即： (1) 摆现象、析原因。 (2) 前因后果。
第 2 步 套用母题方法	假设题干结构为：原因 Y 导致了结果 G；或者，现象 G 的出现是因为原因 Y。则常见的支持方式有：

续表

	支持方式	内容说明	力度大小
第 2 步 套用母题方法	因果搭桥 （因果相关）	直接说明题干中的因果关系成立。	力度大。
	排除他因	排除是其他原因导致结果 G 的可能。	力度大小取决于是否将所有其他可能的原因全部排除。 例如：若只有 2 种可能的原因，我们排除了 1 种，就能确定另外 1 种；若有 10 种可能的原因，我们排除了其中 1 种，对题干中的原因的支持作用并不大，但如果我们排除了 9 种，那支持力度就相当大了。
	排除因果倒置	排除 G 是 Y 的原因这种可能。	力度其实不大，但是，从历年真题来看，出现这个选项的一般都是支持题的正确选项。
	无因无果 （即求异法中的对照组）	在某些场合中，没有出现原因 Y，也没有出现结果 G。	力度取决于选项中的对象与题干中的对象的相似性。

说明：
①无因无果的原理是求异法，求异法将在本书母题变式 16.2 中讲解。
②现象原因模型的支持题中，出现两个选项都可以支持题干的题目相对较少，因此，在支持力度上不必过多纠结。

典型例题

1 3 年来，在河南信阳息县淮河河滩上，连续发掘出 3 艘独木舟。其中，2010 年息县城郊乡徐庄村张庄组的淮河河滩下发现的第一艘独木舟，被证实为目前我国考古发现最早、最大的独木舟之一。该艘独木舟长 9.3 米，最宽处 0.8 米，高 0.6 米。根据碳-14 测定，这些独木舟的选材竟和云南热带地区所产的木头一样。这说明，3 000 多年前的古代，河南的气候和现在热带的气候很相似。淮河中下游两岸气候温暖湿润，林木高大茂密，动植物种类繁多。

以下哪项如果为真，最能支持以上论证？

A. 这些独木舟的原料不可能从遥远的云南原始森林运来，只能就地取材。

B. 这些独木舟在水中浸泡了上千年，十分沉重。

C. 刻舟求剑故事的发生地，就是包括当今河南许昌以南在内的楚地。

D. 独木舟舟体两头呈尖状，由一根完整的原木凿成，保存较为完整。

E. 在淮河流域的原始森林中，如今仍然生长着一些热带植物。

【第 1 步 识别命题形式】

本题的提问方式为“以下哪项如果为真，最能支持以上论证？”，支持论证的题目优先考虑搭桥法。

题干：在河南发现的古代独木舟的选材和云南热带地区所产的木头一样，这说明，古代河南的气候和现在热带的气候很相似。

观察题干可知，论据是一个现象，论点是对该现象原因的分析。此时，我们可以将题干中的“这说明”替换为“这是因为”，故此题为现象原因模型。

【第 2 步　套用母题方法】

A 项，此项排除了在河南发现的古代独木舟是由云南地区的木材制作的可能，排除他因，支持题干。

B、C、D 三项，显然与题干的论证无关，均为无关选项。

E 项，“如今”的情况不能说明“3 000 多年前”的情况，无关选项。（干扰项 · 时间不一致）

【答案】A

2 抚仙湖虫是泥盆纪澄江动物群中的一种，属于真节肢动物中比较原始的类型，成虫体长 10 厘米，有 31 个体节，外骨骼分为头、胸、腹三部分，它的背、腹分节数目不一致。泥盆纪直虾是现代昆虫的祖先，抚仙湖虫化石与直虾类化石类似，这间接表明了抚仙湖虫是昆虫的远祖。研究者还发现，抚仙湖虫的消化道充满泥沙，这表明它是食泥的动物。

以下除哪项外，均能支持上述论证？

A. 昆虫的远祖也有不是食泥的生物。

B. 泥盆纪直虾的外骨骼分为头、胸、腹三部分。

C. 凡是与泥盆纪直虾类似的生物都是昆虫的远祖。

D. 昆虫是由真节肢动物中比较原始的生物进化而来的。

E. 抚仙湖虫消化道中的泥沙不是在化石形成过程中由外界渗透进去的。

【第 1 步　识别命题形式】

提问方式：以下除哪项外，均能支持上述论证？

本题涉及多个论证，分析如下：

①背景介绍：抚仙湖虫是真节肢动物中比较原始的类型；抚仙湖虫外骨骼分为头、胸、腹三部分。

②类比论证模型：泥盆纪直虾是现代昆虫的祖先，抚仙湖虫化石与直虾类化石类似，因此，抚仙湖虫是昆虫的远祖。

③现象原因模型：抚仙湖虫的消化道充满泥沙，这表明，抚仙湖虫是食泥的动物。

【第 2 步　套用母题方法】

A 项，由“有的不是食泥的生物”无法判断“有的是食泥的生物”的真假，不能支持题干。

B 项，支持论证②，补充论据，说明泥盆纪直虾和抚仙湖虫类似。

C 项，支持论证②，此项与②构成三段论：“与泥盆纪直虾类似的生物→昆虫的远祖”，所以“抚仙湖虫与泥盆纪直虾类似→抚仙湖虫是昆虫的远祖”。

D 项，支持论证②，由此项可知，昆虫是由真节肢动物中比较原始的生物进化而来的，再由①可知，昆虫可能是由抚仙湖虫进化而来的。

E 项，此项指出泥沙不是由外界渗透进去的，排除他因，支持论证③。

【答案】A

母题技巧：假设

<table>
<tr><td>第 1 步
识别命题形式</td><td>题干结构：与“现象原因模型的削弱”相同。即：
（1）摆现象、析原因。
（2）前因后果。</td></tr>
<tr><td>第 2 步
套用母题方法</td><td>假设题干结构为：原因 Y 导致了结果 G；或者，现象 G 的出现是因为原因 Y。则常见的假设方式有：
<table>
<tr><th>假设方式</th><th>内容说明</th><th>其他说明</th></tr>
<tr><td>因果搭桥（因果相关）</td><td>直接说明题干中的因果关系成立。</td><td>即搭桥法，搭建题干中因与果的桥梁。</td></tr>
<tr><td>排除他因</td><td>排除是其他原因导致结果 G 的可能。</td><td>如果是别的原因导致题干中的结果，就影响了题干中因果关系的成立性，因此必须假设没有他因。</td></tr>
<tr><td>排除因果倒置</td><td>排除 G 是 Y 的原因这种可能。</td><td>出现此类选项必选。</td></tr>
<tr><td>无因无果</td><td>没有出现原因 Y，就没有结果 G。</td><td>①如果题干认为“原因 Y 导致了结果 G”，不必假设无因无果。
例如：张三被车撞死了。即，车祸导致了张三的死亡。此时，我们并不假设“没有车祸张三不会死（无因无果）”，因为，没有车祸，可能会有其他原因（如癌症、跳楼、凶杀）导致张三死亡。
②如果题干认为“事件 G 的发生一定是因为原因 Y”，那么，有 G 一定有 Y，逆否可得：没有 Y 就没有 G（无因无果）。此时，无因无果需要假设。而且真正的考点是“Y 是 G 的必要条件”。</td></tr>
</table></td></tr>
</table>

典型例题

1 近些年来，电视剧的资本投入越来越大，数量和类型也越来越丰富，但真正能够走入并留存于观众内心的荧屏形象却越来越少，并未能如以前一样对观众产生较为深刻的影响。这种现象背后的根本原因是电视剧的质量不如以往。

以下哪项最可能是上述论证的假设？

A. 电视剧的高资本投入不能带来高质量。

B. 近些年来，电视剧只有通过严格的质量把关，才能正式上映。

C. 经典电视剧难以超越。

D. 电视剧的质量与其能否对观众产生深刻影响紧密相关。

E. 电视剧的资本投入越大，数量和类型就越丰富。

【第 1 步　识别命题形式】

本题的提问方式为“以下哪项最可能是上述论证的假设？”，此题为假设题，优先考虑搭桥法。

题干：近些年来，电视剧的资本投入越来越大，数量和类型也越来越丰富，但真正能够走入并留存于观众内心的荧屏形象却越来越少，并未能如以前一样对观众产生较为深刻的影响（现象 G），这种现象背后的根本原因是电视剧的质量不如以往（原因 Y）。

锁定关键词“根本原因”，可知此题为现象原因模型。

【第 2 步　套用母题方法】

A 项，题干不涉及“资本投入”与“电视剧质量”之间的关系，无关选项。

B 项，此项说明近些年来上映的电视剧质量并没有下降，否因削弱，削弱题干。

C 项，题干不涉及“经典电视剧能否被超越”，无关选项。（干扰项 · 话题不一致）

D 项，此项说明电视剧的质量与其能否对观众产生深刻影响紧密相关，因果相关（YG 搭桥），必须假设。

E 项，题干不涉及“电视剧的资本投入”与“电视剧的数量和类型”之间的关系，无关选项。（干扰项 · 话题不一致）

【答案】D

2　随着气温上升，热带雨林遭受闪电雷击并引发大火的概率也会上升。然而，目前的监测表明，美洲热带雨林虽然更频繁地受到闪电雷击，却没有引发更多的森林大火。研究者认为，这可能与近年来雨林中藤蔓植物大量增加有关。

以下哪项最可能是上述论证的假设？

A. 闪电雷击常常引起温带森林大火，但热带雨林因为湿度较大，并不会产生较大火灾。

B. 1968 年热带雨林中藤蔓植物的覆盖率是 32%，当前其覆盖率已经高达 60%，有的地区甚至超过 75%。

C. 藤蔓茎干相对树枝电阻更小，能像建筑上的避雷针那样传导闪电，让大部分电流从自己的茎干传导。

D. 雷击这样大规模、速度极快地放电，先摧毁了外部的藤蔓植物，中间的树木得到了保护。

E. 藤蔓植物具有发达的根系，可以起到保持水土的作用。

【第 1 步　识别命题形式】

本题的提问方式为“以下哪项最可能是上述论证的假设？”，此题为假设题，优先考虑搭桥法。

题干：美洲热带雨林虽然更频繁地受到闪电雷击，却没有引发更多的森林大火（现象 G）。研究者认为，这可能与近年来雨林中藤蔓植物大量增加有关（原因 Y）。

锁定关键词“与……有关”，可知此题为现象原因模型。

【第 2 步　套用母题方法】

A 项，此项说明可能是因为热带雨林的湿度较大导致没有产生较大火灾，另有他因，削弱题干。

B 项，此项只能说明藤蔓植物的覆盖率提高了，但是并没有说明其能否阻止火灾的发生。（干扰项 · 不确定项）

C项，此项说明藤蔓茎干因电阻更小才导致不会因闪电引发火灾，因果相关(YG搭桥)，必须假设。

D项，此项说明藤蔓植物在雷击时可以保护中间的树木，但是，其是否能阻止火灾的发生不得而知。(干扰项·不确定项)

E项，“保持水土”与“阻止火灾”无关，无关选项。(干扰项·话题不一致)

【答案】C

母题变式 16.2 现象原因模型：求因果五法

母题技巧

第 1 步 识别命题形式

题干特点:
情况 1: 题干中出现对比实验(求异法)。
情况 2: 题干的不同场合中出现相同因素(求同法)。
情况 3: 题干中出现共生、共变现象，或题干中出现三组对象的对比(共变法)。
情况 4: 题干中使用排除法来确定因果关系(剩余法)。
情况 5: 题干中既有对比实验，也有相同因素(求同求异共用法)。

第 2 步 套用母题方法

在涉及“求因果五法”的题目中，常见以下分析角度:

思路	削弱	支持	假设
思路 1: 对象的一致性	拆桥法	搭桥法	搭桥法
思路 2: 参与者的中立性	不中立	中立	/
思路 3: 变量的唯一性	另有其他变量 求异法: 差异因素 求同法: 共同因素 共变法: 共变因素	排除其他变量 求异法: 差异因素 求同法: 共同因素 共变法: 共变因素	排除其他变量 求异法: 差异因素 求同法: 共同因素 共变法: 共变因素
思路 4: 现象原因模型	同母题变式 16.1	同母题变式 16.1	同母题变式 16.1

注意: 求因果五法型的题目，题干的论点中常出现“措施+目的”，此时的“措施”一般对应题干中实验的“原因”，而“目的”一般对应题干中实验的“结果”。

典型例题

1 某研究团队使用先进的基因测序技术，对30名25～30岁长期从事高强度脑力劳动的科研人员和此年龄段40名长期从事体力劳动的工人进行了基因检测。结果发现，从事高强度脑力劳动的科研人员的特定基因变异频率比从事体力劳动的工人高。这些基因与大脑的认知、决策和创新能力区彼此相连。研究者认为，长期从事高强度脑力劳动改变了基因表达过程，这一改变将对科研人员产生终身影响。

以下哪项最能质疑研究者的结论？

A. 这些特定基因变异与高强度脑力劳动的关联性尚未得到广泛认可。

B. 长期从事高强度脑力劳动的科研人员其基因表达明显受到环境因素的影响。

C. 先天携带这些特定基因变异的人，更容易从事高强度脑力劳动并表现出色。

D. 科研人员因职业需求而从事高强度脑力劳动，随着年龄增长会逐渐减少工作强度。

E. 科研人员对高强度脑力劳动的依赖程度与特定基因的活动情况之间有着强烈的关联。

【第 1 步　识别命题形式】

本题的提问方式为“以下哪项最能质疑研究者的结论？”，此题为削弱题，且提问针对论点，可优先考虑怼 P 法。

题干：

从事高强度脑力劳动的科研人员：特定基因变异频率相对较高；

从事体力劳动的工人：特定基因变异频率相对较低；

故：长期从事高强度脑力劳动改变了基因表达过程，这一改变将对科研人员产生终身影响。

题干通过两组对象的对比实验，得出一个因果关系，故此题为现象原因模型(求异法型)。

【第 2 步　套用母题方法】

A 项，“广泛认可”是主观观点，不能确定事实如何。(干扰项 · 非事实项/主观项)

B 项，此项说明长期从事高强度脑力劳动的科研人员其基因表达明显受到环境因素(即其他因素)的影响，另有他因，削弱研究者的结论。

C 项，此项说明是特定基因变异导致了从事高强度脑力劳动，而不是从事高强度脑力劳动导致了特定基因变异，因果倒置，削弱研究者的结论且削弱力度大于 B 项。

D 项，题干不涉及科研人员从事高强度脑力劳动的原因，无关选项。

E 项，题干涉及的是“特定基因变异频率”，而非“特定基因的活动情况”，无关选项。

【答案】C

2　一项研究表明，定期进行冥想有助于提高注意力集中度。250 名上班族接受了调查，在定期进行冥想的上班族中，80%称自己在工作中能够保持高度的注意力集中，而在不进行冥想的上班族中，只有 30%称自己在工作中能够保持高度的注意力集中。研究者认为，冥想能够显著提高上班族的注意力集中度。

以下陈述都能削弱上述结论，除了：

A. 那些定期进行冥想的上班族通常也进行其他放松活动，如瑜伽或深呼吸，这些活动有助于提高注意力集中度。

B. 参与调查的上班族可能因为对冥想的积极预期而报告更高的注意力集中度，这种心理暗示可能影响了调查结果。

C. 像“安慰剂效应”一样，冥想被认为可以提高注意力集中度的说法激发了上班族的一系列心理和精神活动，让他们感觉注意力更集中了。

D. 冥想通过调节大脑的神经活动，有助于提高注意力集中度。

E. 该调查得到了一家冥想应用开发公司的资助。

【第 1 步 识别命题形式】

本题的提问方式为“以下陈述都能削弱上述结论，除了”，提问针对论点，且问的是“不能削弱”，故可优先考虑肯 P 法。

题干：

定期进行冥想的上班族：80%的人称自己能够保持高度的注意力集中；

不进行冥想的上班族：30%的人称自己能够保持高度的注意力集中；

故：冥想能够显著提高上班族的注意力集中度。

题干通过两组对象的对比实验，得出一个因果关系，故此题为现象原因模型(求异法型)。

【第 2 步 套用母题方法】

A 项，此项指出定期进行冥想的上班族通常也进行其他放松活动，这些活动有助于提高注意力集中度，另有他因，可以削弱题干。

B 项，此项指出被调查者可能因为心理暗示而报告更高的注意力集中度，从而影响了调查结果，可以削弱题干。

C 项，此项指出是心理作用导致题干中的实验结果，另有他因，可以削弱题干。

D 项，此项说明冥想能够提高注意力集中度，支持题干。

E 项，此项指出调查者不中立，可以削弱题干。

【答案】D

3 美国的一项心理健康研究发现，通过认知行为疗法(CBT)，有助于缓解焦虑症状。研究者选取了 120 名长期患有广泛性焦虑症的患者和 80 名患有社交焦虑症的患者，对他们进行了为期 6 周的 CBT 训练。结果显示，广泛性焦虑症患者中有 75%、社交焦虑症患者中有 60%的人焦虑症状有所减轻。

以下哪项如果为真，最不能削弱上述论证的结论?

A. 参与者在接受治疗前被告知这些方法非常有效，这种心理暗示可能影响了他们的感受。

B. 参与者为了取悦研究者，即使没有实际改善，也会报告说感觉变好。

C. 多数参与者在研究期间减少了工作量，这可能使他们感到压力减轻，从而改善了焦虑症状。

D. 参与实验的人中，广泛性焦虑症患者和社交焦虑症患者人数选择不等，实验设计需要进行调整。

E. 认知行为疗法期间，这些患者减少了社交活动时间，这使得他们的病情有所改善。

【第 1 步 识别命题形式】

本题的提问方式为“以下哪项如果为真，最不能削弱上述论证的结论?”，提问针对论点，且问的是“不能削弱”，故可优先考虑肯 P 法。

题干：使用认知行为疗法(CBT)后，120 名广泛性焦虑症患者中有 75%、80 名社交焦虑症患者中有 60%的人焦虑症状有所减轻。因此，CBT 有助于缓解焦虑症状。

题干通过前后对比的实验得出一个因果关系，故此题为现象原因模型(求异法型)。

【第 2 步 套用母题方法】

A 项，此项指出可能是心理作用影响了实验结果，另有他因，削弱题干。

B 项，此项指出被调查者不中立，影响了实验结果，削弱题干。

C 项，此项指出可能是工作量的减少缓解了焦虑症状，另有他因，削弱题干。

D 项，该实验涉及的是两类患者治疗前后的比较，不涉及两类患者之间的比较，因此两组患者的人数是否相等并不影响实验结果的有效性，不能削弱题干。

E 项，此项指出可能是社交活动时间的减少缓解了焦虑症状，另有他因，削弱题干。

【答案】D

4 早期人类遗骸化石显示，我们的祖先很少有现代人常见的牙齿疾病。因此，早期人类的饮食很可能和现代人有很大的不同。

以下哪项如果为真，最能削弱上述论证？

A. 早期人类的寿命比现代人短得多，而人的牙病通常出现在 50 岁以后。

B. 健康的饮食有利于保护牙齿的健康。

C. 饮食是影响牙齿健康的最重要因素。

D. 遗骸化石显示，有些早期人类有相当多的龋齿洞。

E. 和现代人一样，早期人类主要以熟食为主。

【第 1 步　识别命题形式】

本题的提问方式为"以下哪项如果为真，最能削弱上述论证?"，削弱论证的题目优先考虑折桥法。

题干：早期人类遗骸化石显示，我们的祖先很少有现代人常见的牙齿疾病(现象)。因此，早期人类的饮食很可能和现代人有很大的不同(原因)。

此题为现象原因模型。不过需要注意的是，此题的结果是现代人与早期人类在牙齿疾病方面的差异(差果)，原因则是现代人与早期人类在饮食上的差异(差因)。这种题虽然不是直接考求异法，但是解题思路与求异法类似，即要找到其他差异因素。

【第 2 步　套用母题方法】

A 项，此项说明寿命的差异可能导致了题干中牙齿疾病方面的差异，即早期人类可能活不到牙病高发年龄，另有差因，削弱题干。

B 项，此项说明了健康饮食的作用，但无法解释题干中的结果差异，无关选项。

C 项，此项说明确实可能是饮食的不同导致了题干中牙齿疾病方面的差异，支持题干。

D 项，有些人的情况难以削弱整体发病率，故排除。(干扰项 · 有的/有的不)

E 项，此项指出早期人类和现代人的食物都是熟食，无法解释题干中的结果差异，无关选项。

【答案】A

5 在一项研究中，51 名中学生志愿者被分成测试组和对照组，进行同样的数学能力培训。在为期 5 天的培训中，研究人员使用一种称为经颅随机噪声刺激的技术对 25 名测试组成员脑部被认为与运算能力有关的区域进行轻微的电击。此后的测试结果表明，测试组成员的数学运算能力明显高于对照组成员。而令他们惊讶的是，这一能力提高的效果至少可以持续半年时间。研究人员由此认为，脑部微电击可提高大脑运算能力。

以下哪项如果为真，最能支持上述研究人员的观点？

A. 这种非侵入式的刺激手段成本低廉，且不会给人体带来任何痛苦。

B. 对脑部进行轻微电击后，大脑神经元间的血液流动明显增强，但多次刺激后又恢复常态。

C. 在实验之前，两个组学生的数学成绩相差无几。

D. 脑部微电击的受试者更加在意自己的行为，测试时注意力更集中。

E. 测试组和对照组的成员数量基本相等。

【第1步　识别命题形式】

本题的提问方式为“以下哪项如果为真，最能支持上述研究人员的观点?”，此题为支持题，且提问针对论点，可优先考虑肯P法。

题干：

测试组：对脑部进行微电击，成员的数学运算能力相对较高，且提高的效果至少可持续半年；

对照组：未对脑部进行微电击，成员的数学运算能力相对较低；

所以，脑部微电击可提高大脑运算能力。

题干通过两组对象的对比实验，得出一个因果关系，故此题为现象原因模型(求异法型)。

【第2步　套用母题方法】

A项，此项指出脑部微电击不会给人体带来任何痛苦，但不涉及脑部微电击是否可提高大脑运算能力，不能支持研究人员的观点。

B项，由此项无法确定“大脑神经元间的血液流动明显增强”与大脑运算能力的关系；而且，题干也未提及“多次刺激”。故此项不能支持研究人员的观点。

C项，此项排除了实验前两个组学生的数学成绩不同的可能，排除差因，支持研究人员的观点。

D项，此项说明可能是因为注意力更集中导致测试组成员的数学运算能力更高，另有他因，削弱研究人员的观点。

E项，对比实验中，测试组和对照组的人数是否相等并不直接影响实验结果，不能支持研究人员的观点。

【答案】C

6　研究发现，昆虫是通过它们身体上的气孔系统来“呼吸”的。气孔连着气管，而且由上往下又附着更多层越来越小的气孔，由此把氧气送到全身。在目前大气的氧气含量水平下，气孔系统的总长度已经达到极限；若总长度超过这个极限，供氧的能力就会不足。因此，可以判断，氧气含量的多少可以决定昆虫的体形大小。

以下哪项如果为真，最能支持上述论证?

A. 对海洋中的无脊椎动物的研究也发现，在更冷和氧气含量更高的水中，那里的生物体积也更大。

B. 石炭纪时期地球大气层中氧气的浓度高达35%，比现在的21%要高很多，那时地球上生活着许多巨型昆虫，蜻蜓翼展接近一米。

C. 小蝗虫在低含氧量环境中尤其是氧气浓度低于15%的环境中就无法生存，而成年蝗虫则可以在2%的氧气含量环境下生存下来。

D. 在氧气含量高、气压也高的环境下，接受试验的果蝇生活到第五代，身体尺寸增长了20%。

E. 在同一座山上，生活在山脚下的动物总体上比生活在山顶的同种动物要大。

【第 1 步　识别命题形式】

本题的提问方式为"以下哪项如果为真，最能支持上述论证？"，支持论证的题目优先考虑搭桥法。

题干：①昆虫是通过它们身体上的气孔系统来"呼吸"的。②在目前大气的氧气含量水平下，气孔系统的总长度已经达到极限；若总长度超过这个极限，供氧的能力就会不足。因此，氧气含量的多少可以决定昆虫的体形大小。

题干通过对昆虫气孔系统总长度长短的对比，得出一个因果关系，故此题为现象原因模型(求异法型)。

【第 2 步　套用母题方法】

A 项，题干的论证对象是"昆虫"，而此项的论证对象是"海洋中的无脊椎动物"，无关选项。(干扰项 · 对象不一致)

B 项，此项说明大气层中的氧气浓度比现在高时，昆虫的体形比现在大，即通过对比支持题干。

C 项，题干比较的是同种昆虫在不同氧气浓度下的体形大小，而此项比较的是"小蝗虫"与"成年蝗虫"在不同氧气浓度下的生存问题，无关选项。(干扰项 · 新比较)

D 项，此项有两个差异因素"氧气含量高"和"气压高"，无法确定到底是哪个差异因素在起作用，故此项不能支持题干。

E 项，题干涉及的是"昆虫"，而此项涉及的是"动物"，无关选项。(干扰项 · 对象不一致)

【答案】B

7　胼胝体是将大脑两个半球联系起来的神经纤维集束。平均而言，音乐家的胼胝体比非音乐家的胼胝体大。与成年的非音乐家相比，7 岁左右开始训练的成年音乐家，胼胝体在体积上的区别特别明显。因此，音乐训练，特别是从幼年开始的音乐训练，会导致大脑结构上的某种变化。

以下哪项是上述论证所依赖的假设？

A. 在音乐家开始训练之前，他们的胼胝体并不比同年龄的非音乐家的胼胝体大。

B. 在生命晚期进行的音乐训练不会引起大脑结构上的变化。

C. 对任何两个从 7 岁左右开始训练的音乐家而言，他们的胼胝体有差不多相同的体积。

D. 成年的非音乐家在其童年时代没有参与过任何能够促进胼胝体发育的活动。

E. 对各种艺术的学习会引起大脑结构上的变化。

【第 1 步　识别命题形式】

本题的提问方式为"以下哪项是上述论证所依赖的假设？"，此题为假设题，优先考虑搭桥法。

题干：

从小接受音乐训练：胼胝体较大；

没有接受过音乐训练：胼胝体较小；

所以，音乐训练，特别是从幼年开始的音乐训练，会导致大脑结构上的某种变化。

题干通过两组对象的对比实验，得出一个因果关系，故此题为现象原因模型(求异法型)。

【第2步 套用母题方法】

A项，排除在音乐家训练之前，他们的胼胝体就比同年龄的非音乐家的胼胝体大的可能性，排除差因，必须假设。

B项，题干不涉及在“生命晚期”进行的音乐训练是否会引起大脑结构上的变化，无关选项。(干扰项·时间不一致)

C项，题干比较的是“音乐家和非音乐家”，而此项比较的是“两个音乐家”，无关选项。(干扰项·新比较)

D项，“任何”一词过于绝对，假设过度。

E项，题干只涉及“音乐”，而此项涉及“各种艺术的学习”，扩大了论证范围，假设过度。

【答案】A

百分比对比模型

命题特点：

(1)论据特点

论据中有百分比。

(2)论点特点

论点中直接给出明确的因果关系或者分析原因。

(3)选项特点

选项中也有百分比。

答案特点：

同比削弱：

题干：爱吃甜食的人 28%肥胖

选项：不爱吃甜食的人 27.8%肥胖

此选项说明是否爱吃甜食对肥胖的影响不大，故能削弱“爱吃甜食会引起肥胖”。

差比加强：

题干：爱吃甜食的人 28%肥胖

选项：不爱吃甜食的人 2.6%肥胖

此选项说明不爱吃甜食的人肥胖率更低，故能支持“爱吃甜食会引起肥胖”。

8 二手烟环境会增加空气中的不健康颗粒，其中包括尼古丁和其他有毒物质。与居住在无烟环境中的孩子相比，居住在二手烟环境中的孩子患中耳炎的概率更大。一项调查结果显示：80%的儿童中耳炎患者均来自二手烟家庭。因此，父母等家人吸烟是造成儿童罹患中耳炎的重要原因。

以下哪项如果为真，最能削弱上述论述？

A. 调查还显示，无烟家庭的比率呈逐年上升的趋势。

B. 研究证明，二手烟家庭中儿童中耳炎的治愈率较高。

C. 门诊数据显示，儿童中耳炎就诊人数下降了4.6%。

D. 在这次调查的人群中，只有五分之一的儿童来自无烟家庭。

E. 成年中耳炎患者来自二手烟家庭的比例只有30%。

【第 1 步　识别命题形式】

本题的提问方式为“以下哪项如果为真，最能削弱上述论述?”，提问针对“论述”，可能考怼 P 法或拆桥法。

题干：调查结果显示，80%的儿童中耳炎患者均来自二手烟家庭，因此，父母等家人吸烟是造成儿童罹患中耳炎的重要原因。

观察题干可知，论据是一个现象，论点是对该现象原因的分析。同时，题干的论据和选项均涉及百分比，这种题是求异法的一种特殊考法，可称为现象原因模型(百分比对比型)。

【第 2 步　套用母题方法】

A 项，题干不涉及无烟家庭占比的变化趋势，无关选项。

B 项，题干不涉及二手烟家庭中儿童中耳炎的治愈率，无关选项。

C 项，题干不涉及儿童中耳炎就诊人数的变化情况，无关选项。

D 项，此项说明在所有被调查儿童中，80%的儿童来自吸烟家庭，同比削弱，故此项可以削弱题干。

使用赋值法证明：假设共有 1 000 名儿童，其中 200 人患中耳炎，则未患中耳炎的共有 800 人，由 D 项可知，吸烟家庭的儿童数量也恰好为 800 人，则有下表：

1 000 名儿童	患中耳炎 200 人	未患中耳炎 800 人
吸烟家庭	160 人	640 人
不吸烟家庭	40 人	160 人

故，吸烟家庭儿童中耳炎发病率为 $\frac{160}{800}\times 100\%=20\%$，不吸烟家庭儿童中耳炎发病率为 $\frac{40}{200}\times 100\%=20\%$。可见，吸烟家庭和不吸烟家庭中，儿童中耳炎的发病率是一致的，即：父母等家人吸烟并没有影响到儿童中耳炎的发病率，故可以削弱题干。(同比削弱)

E 项，题干的论证对象是“儿童中耳炎患者”，而此项的论证对象是“成年中耳炎患者”，无关选项。(干扰项 · 对象不一致)

【答案】D

9 据世界卫生组织 1995 年的调查报告显示，70%的肺癌患者有吸烟史，其中有 80%的人吸烟史多于 10 年。这说明吸烟会增加人们患肺癌的危险。

以下哪项最能支持上述论断?

A. 1950 年至 1970 年期间男性吸烟者人数增加较快，女性吸烟者也有增加。

B. 虽然各国对“吸烟有害健康”进行了大力宣传，但自 20 世纪 50 年代以来，吸烟者所占的比例还是呈明显的逐年上升趋势。到 20 世纪 90 年代，成人吸烟者达到成人数的 50%。

C. 没有吸烟史的人数在 1995 年超过了人口总数的 40%。

D. 1995 年未成年吸烟者的人数也在增加，成为一个令人挠头的社会问题。

E. 医学科研工作者已经用动物实验发现了尼古丁的致癌作用，并从事开发预防药物的研究。

【第 1 步　识别命题形式】

本题的提问方式为“以下哪项最能支持上述论断?”，提问针对“论断”，可能考肯 P 法或搭桥法。

题干：70%的肺癌患者有吸烟史，其中有80%的人吸烟史多于10年，这说明，吸烟会增加人们患肺癌的危险。

观察题干可知，论据是一个现象，论点是对该现象原因的分析。同时，题干的论据和选项均涉及百分比，这种题是求异法的一种特殊考法，为现象原因模型(百分比对比型)。

【第2步　套用母题方法】

百分比对比型的题目，可直接使用口诀“同比削弱，差比加强”快速解题。

肺癌患者：70%有吸烟史；

所有人：约60%有吸烟史(C项)；

差比加强，支持：吸烟会增加人们患肺癌的危险。

A、B、D三项中的“女性吸烟者”“成人吸烟者”“未成年吸烟者”，都是部分人的情况，难以说明所有吸烟者的情况，故均不能支持题干。

E项，此项说明尼古丁可以致癌，但题干讨论的是吸烟是否可以致癌，而由此项不能确定尼古丁与吸烟的关系，故此项不能支持题干。

【答案】C

10 汉武市进行了一项针对喝酒与肝癌的调查。被调查者被分为三组：第一组对象的饮酒史为20年以上；第二组对象的饮酒史为10～20年；第三组对象的饮酒史为10年以下。调查结果显示，三组对象的肝癌发病率分别为1.2%、0.7%和0.5%。因此，肝癌的发病率与喝酒有关。

以下哪项如果为真，最能削弱以上结论？

A. 医生尚不能说明为什么喝酒会导致肝癌。

B. 三组调查对象的人数分别为1 980人、1 480人、1 200人。

C. 停止喝酒并不能帮助肝癌的治疗。

D. 被调查对象的年龄均在60岁以上。

E. 三组调查对象的父辈中，肝癌的发病率分别为2.3%、1.7%和0.8%。

【第1步　识别命题形式】

本题的提问方式为“以下哪项如果为真，最能削弱以上结论？”，此题为削弱题，且提问针对论点，可优先考虑怼P法。

题干：三组对象中，饮酒史越长，肝癌的发病率越高，因此，肝癌的发病率与喝酒有关。

论据中出现三组实验对象的共变关系，故此题为现象原因模型(共变法型)。

【第2步　套用母题方法】

A项，此项中医生不能确定的是喝酒会导致肝癌的“原因”，但是肯定了“喝酒会导致肝癌”，支持题干。

B项，计算发病率时需要用到总人数，但总人数的多少不是影响肝癌发病率的原因，无关选项。

C项，题干讨论的是肝癌的“原因”，而此项讨论的是肝癌的“治疗”，无关选项。(干扰项·话题不一致)

D项，此项排除了年龄差异导致肝癌发病率不同的可能，排除其他共变因素，支持题干。

E项，父辈肝癌的发病率不同，说明可能是遗传因素导致了肝癌发病率不同，另有其他共变因素，削弱题干。

【答案】E

11 经过长时间的统计研究，人们发现了一个极为有趣的事实：大部分的国际象棋特级大师都是长子。有人由此认为，长子天生的棋艺才华相对而言更强些。但是，近年来科学家的研究结果却推翻了这种观点。显然，存在别的某种原因造成了这种现象。

以下哪项如果为真，能支持上述结论？

A. 女性中也有很多人有很高的棋艺才华。

B. 长子受到了更好的家庭教育。

C. 长子能够接受更多的来自父母的棋艺能力的遗传。

D. 著名的国际象棋特级大师卡尔森的长子并没有成为棋手。

E. 长子中有很多人并没有成为国际象棋特级大师。

【第 1 步　识别命题形式】

本题的提问方式为“以下哪项如果为真，能支持上述结论?”，此题为支持题，且提问针对论点，可优先考虑肯 P 法。

题干：科学家的研究结果推翻了这种观点(长子天生的棋艺才华相对而言更强些)，因此，存在别的某种原因造成了这种现象。

题干中排除了一种原因，推出还有其他原因，故此题为现象原因模型(剩余法型)。

【第 2 步　套用母题方法】

A 项，“女性中也有很多人有很高的棋艺才华”不能解释为什么大部分的国际象棋特级大师都是长子，无关选项。

B 项，此项指出长子受到了更好的家庭教育(另有他因)，从而使他们更多的成为国际象棋特级大师，说明确实存在别的原因，直接支持题干的结论。

C 项，此项支持了题干中“长子天生的棋艺才华相对而言更强些”这一观点，从而削弱了题干的结论。

D 项，此项是个例，不能很好地支持题干。

E 项，“长子中有很多人并没有成为国际象棋特级大师”不能解释“大部分的国际象棋特级大师都是长子”，这是两个不同的比例，无关选项。

【答案】B

12 有人认为，成人慢性荨麻疹主要是由某种特定食物过敏引起的。为了验证这一观点，一些患者尝试停止食用疑似过敏的食物，例如海鲜、坚果或牛奶。然而，即使这些患者完全避免了这些食物，他们的荨麻疹症状仍然没有明显改善。因此，可以得出结论：成人慢性荨麻疹并非主要由食物过敏引起，而是由其他原因导致的。

以下哪项如果为真，最能削弱上述结论？

A. 精神因素、系统性疾病同样可能导致成人罹患慢性荨麻疹。

B. 成人慢性荨麻疹是一种顽症，症状的缓解通常需要较长时间。

C. 成人慢性荨麻疹的患者大多数情况需要同时进行药物治疗和物理治疗。

D. 与湿疹相比，慢性荨麻疹的治疗周期更长。

E. 成人慢性荨麻疹大多发生在有过敏体质的人群中。

【第 1 步　识别命题形式】

本题的提问方式为“以下哪项如果为真，最能削弱上述结论?”，此题为削弱题，且提问针对论点，可优先考虑怼 P 法。

题干：成人慢性荨麻疹患者完全避免了过敏食物，他们的荨麻疹症状仍然没有明显改善。因此，可以得出结论：成人慢性荨麻疹并非主要由食物过敏引起，而是由其他原因导致的。

题干通过排除是“过敏食物”引起成人慢性荨麻疹，从而肯定“存在别的某种原因”引起成人慢性荨麻疹，故此题为现象原因模型(剩余法型)。

【第2步 套用母题方法】

A项，此项说明确实存在其他原因引起成人慢性荨麻疹，支持题干。

B项，此项如果为真，说明有可能是“过敏食物”导致成人患慢性荨麻疹后一直未治愈，所以此时避免这些食物，症状也不会消失，从而说明题干的论证并没有排除“过敏食物”这一原因，削弱题干。

C项，题干不涉及成人慢性荨麻疹的治疗方案，无关选项。

D项，题干不涉及“湿疹”和“慢性荨麻疹”治疗周期的比较，无关选项。(干扰项·新比较)

E项，此项说明有可能是“过敏体质”这一其他原因引起成人慢性荨麻疹，支持题干。

【答案】B

13 某研究人员分别用新鲜的蜂王浆和已经存放了30天的蜂王浆喂养蜜蜂幼虫，结果显示：用新鲜蜂王浆喂养的幼虫成长为蜂王。进一步研究发现，新鲜蜂王浆中有一种叫作“royalactin”的蛋白质能促进生长激素的分泌量，使幼虫出现体格变大、卵巢发达等蜂王的特征，研究人员用这种蛋白质喂养果蝇，果蝇也同样出现体长、产卵数和寿命等方面的增长，说明这一蛋白质对生物特征的影响是跨物种的。

以下哪项如果为真，可以支持上述研究人员的发现?

A. 蜂群中的工蜂、蜂王都是雌性且基因相同，其幼虫没有区别。

B. 蜜蜂和果蝇的基因差别不大，它们有许多相同的生物学特征。

C. “royalactin”只能短期存放，时间一长就会分解为别的物质。

D. 能成长为蜂王的蜜蜂幼虫的食物是蜂王浆，而其他幼虫的食物只是花粉和蜂蜜。

E. 名为“royalactin”的这种蛋白质具有雌性激素的功能。

【第1步 识别命题形式】

提问方式：以下哪项如果为真，可以支持上述研究人员的发现?

题干中有三个研究：

研究1是对比实验：

第一组：喂新鲜的蜂王浆，成长为蜂王；

第二组：喂存放了30天的蜂王浆，没有成长为蜂王；

所以，新鲜的蜂王浆可使蜜蜂幼虫成长为蜂王。

研究2：新鲜蜂王浆中的“royalactin”蛋白质能促进生长激素的分泌量，使幼虫出现蜂王特征。也就是说，研究人员认为，是“royalactin”蛋白质使蜜蜂幼虫出现蜂王特征。

研究3：用“royalactin”蛋白质喂养果蝇，果蝇也出现体长、产卵数和寿命等方面的增长，说明这一蛋白质对生物特征的影响是跨物种的。

研究1构造两组对比实验，利用求异法得到因果关系，研究2又再次确定了该因果关系，多组不同的实验进行求同，可确定“royalactin”蛋白质的作用，故此题为现象原因模型(求同求异共用法型)。

【第 2 步　套用母题方法】

快速秒杀方法：

观察题干的三个研究，可以发现这些研究是为了确定“royalactin”蛋白质的作用，锁定这个论证对象，可以排除 A、B、D 三项。E 项将题干中的“生长激素”偷换成了“雌性激素”，可排除。故可秒选 C 项。

逐项分析：

A 项，此项排除工蜂和蜂王的区别是基因所致的可能性，排除他因，支持题干，但力度较小。

B 项，此项说明蜜蜂和果蝇的基因差别不大，但并不能由此肯定“royalactin”蛋白质的作用，故此项不能很好地支持题干。

C 项，此项指出“royalactin”只能短期存放，时间一长就会分解为别的物质，这就解释了为什么新鲜蜂王浆可以让蜜蜂成长为蜂王而存放了 30 天的蜂王浆则不能，故支持题干中的研究。

D 项，题干涉及的是“新鲜的蜂王浆”与“存放了 30 天的蜂王浆”之间的对比，而此项涉及的是“蜂王浆”与“花粉和蜂蜜”之间的对比，无关选项。

E 项，此项将题干中的“生长激素”偷换成了“雌性激素”，二者不一致。(干扰项・概念不一致)

【答案】C

排除他因的力度判断

排除他因的力度大小，关键在于是否将所有的可能全部排除。看下面两个例子：

例 1. 张三的死因只有两种可能：自杀或者他杀。警方通过调查后排除了张三自杀的可能（排除他因），因此，张三死于他杀。

【分析】此例中的排除他因是非常有力度的，因为死因只有两种可能，排除了其中一种就肯定了另外一种。

例 2. 张三不是死于肺癌（排除他因），因此，张三死于心脏病。

【分析】此例中的排除他因没有力度，因为，张三的死因有很多可能，即使不是死于肺癌，他也未必死于心脏病。例如他可能死于脑血栓、车祸、跳楼，等等。

母题变式 16.3　现象原因模型的专有题型：解释题

第 1 步 识别命题形式	提问方式： “以下哪项如果为真，最有助于解释上述表面上的矛盾现象？” “以下哪项如果为真，最有助于解释上述现象？” “以下哪项如果为真，最有助于解释上述差异？”

续表

第 2 步 套用母题方法	(1) 解释差异 此类题的题干中会出现两个不同的对象，同一事件在这两个对象上发生时，产生了结果上的差异。此时的解法为：找差异，即找到两个对象之间的差异点，这个差异点会导致题干中结果的差异。 (2) 解释矛盾 此类题的题干中会出现两个看似矛盾、实则不矛盾的现象。我们要找到题干的矛盾点在哪里，正确的选项可以化解这个矛盾。 (3) 解释现象 题干中直接描述一种现象。我们要找到题干中现象的原因。

说明：
解释题一般默认题干中的差异、矛盾、现象已经发生，是已知事实。我们要解释题干差异、矛盾、现象发生的原因，而非支持或削弱题干。

典型例题

1 如今越来越多的企业认识到中欧班列具有时效更高、周转更快等优势，从而选择通过中欧班列发运货物。例如，在广州大朗站，2021 年前 9 个月已开行出口中欧班列 97 列、发运标箱 9 698个、货值 29.47 亿元，同比分别增长 25.97%、33.80%、19.94%。尽管大朗站的工作人员数量没有明显增加，但有不少企业发现，大朗站的货物通关效率比去年更高了。

以下哪项如果为真，最能解释上述现象？

A. 珠三角地区增设了多个通关口岸。

B. 当地海关简化了通关流程。

C. 中欧班列的列车运行速度有所提高。

D. 当地货物通关时间较去年有所减少。

E. 大朗站的平均货物价值与去年相比大大提高。

【第 1 步　识别命题形式】

本题的提问方式为“以下哪项如果为真，最能解释上述现象?”，故此题为解释题。

待解释的现象：大朗站的工作人员数量没有明显增加，但大朗站的货物通关效率比去年更高了。

【第 2 步　套用母题方法】

A 项，此项涉及的是“珠三角地区通关口岸”的情况，而题干涉及的是“大朗站”的情况。(干扰项·对象不一致)

B 项，此项指出“当地海关简化了通关流程”，因此可以在没有增加工作人员数量的情况下提高通关效率，可以解释上述现象。

C 项，此项涉及的是“中欧班列的列车运行速度”，而题干涉及的是“货物通关效率”。(干扰项·话题不一致)

D 项，此项重复了题干中的现象“大朗站的货物通关效率比去年更高了”，但是未说明为什么在工作人员数量没有明显增加的情况下会产生这种现象，不能解释题干。

E 项，此项涉及的是“平均货物价值”，而题干涉及的是“货物通关效率”。(干扰项·话题不一致)

【答案】B

2 在人们的印象中，H 国的生态环境非常好，无论是空气还是水，都没有什么污染；而且住在这里的人们生活节奏慢、压力小、心情舒缓……这些因素都可以有效预防阿尔茨海默病。但事实让我们大跌眼镜，据统计，H 国的阿尔茨海默病发病率非常高。

以下哪项如果为真，最能解释上述现象？

A. 全世界各个国家的阿尔茨海默病发病率都非常高。

B. H 国人们的平均寿命很长，而阿尔茨海默病是一种老年病。

C. 罹患阿尔茨海默病的患者，大多生活节奏快、压力大。

D. 特定的基因变异也会导致阿尔茨海默病。

E. 目前的医学技术尚不能预防和治愈阿尔茨海默病。

【第 1 步　识别命题形式】

本题的提问方式为“以下哪项如果为真，最能解释上述现象?”，故此题为解释题。

待解释的现象：H 国的生态环境好、生活节奏慢、压力小、心情舒缓等因素可以有效预防阿尔茨海默病，但据统计，H 国的阿尔茨海默病发病率非常高。

【第 2 步　套用母题方法】

A 项，此项涉及的是“全世界各个国家”的情况，而题干仅涉及“H 国”。(干扰项 · 对象不一致)

B 项，此项说明 H 国的阿尔茨海默病发病率高是因为人们的平均寿命很长(年龄大)，可以解释题干。

C 项，此项说明生活节奏快、压力大容易导致罹患阿尔茨海默病，而题干中的 H 国生活节奏慢、压力小，那么 H 国的阿尔茨海默病发病率应该比较低，此项加剧了题干中的矛盾。

D 项，此项说明特定的基因变异也会导致阿尔茨海默病，但不确定 H 国居民是否存在这样的基因变异，故不能解释题干。(干扰项 · 不确定项)

E 项，题干只涉及阿尔茨海默病的“发病率”，不涉及阿尔茨海默病的“预防和治愈”，无关选项。(干扰项 · 话题不一致)

【答案】B

3 所有的幼儿园都面临同一个问题：就是对于那些在幼儿园放学之后不能及时来接孩子的家长，幼儿园老师除了等待别无他法，因此许多幼儿园都向晚接孩子的家长收取费用。然而，有调查显示，收取费用后晚接孩子的家长数量并未因此减少，反而增加了。

以下哪项如果为真，最能解释上述调查结果?

A. 收费标准太低，对原本经常晚来接孩子的家长没有太大的约束力。

B. 有个别家长对收费行为不满，有时会故意以晚接孩子的行为来抗议。

C. 有些家长因工作忙碌，常常不能及时来接孩子。

D. 收费后，更多的家长认为即使晚来接孩子也不必愧疚，只要付费即可。

E. 许多家长未准点接孩子，占用了老师的私人时间，影响到了老师的生活。

【第 1 步　识别命题形式】

本题的提问方式为“以下哪项如果为真，最能解释上述调查结果?”，故此题为解释题。

待解释的现象：许多幼儿园都向晚接孩子的家长收取费用。然而，有调查显示，收取费用后晚接孩子的家长数量并未因此减少，反而增加了。

【第2步　套用母题方法】

A项，此项指出收费标准太低，对原本经常晚来接孩子的家长没有太大的约束力，可以解释“收取费用后晚接孩子的家长数量并未减少”，但不能解释为什么“收取费用后晚接孩子的家长数量反而增加了”。

B项，此项指出有个别家长对收费行为不满，有时会故意以晚接孩子的行为来抗议，可以解释，但“个别家长”“有时”解释力度较弱。

C项，题干不涉及家长不能及时来接孩子的原因，无关选项。

D项，此项指出收费后，更多的家长认为即使晚来接孩子也不必愧疚，只要付费即可，说明有“更多”家长会因此晚接孩子，可以解释。

E项，题干不涉及家长未准点接孩子对老师的影响，无关选项。

【答案】D

4 大气和云层既可以折射也可以吸收部分太阳光，约有一半照射到地球的太阳光能被地球表面的土地和水面吸收，这一热能值十分巨大。由此可以得出：地球将会逐渐升温以致融化。然而，幸亏有一个可以抵消此作用的因素，使得地球并没有融化。

以下哪项最好地解释了为什么地球并没有融化?

A. 地球发散到外空的热能值与其吸收的热能值相近。

B. 通过季风与洋流，地球赤道的热向两极方向扩散。

C. 在日食期间，由于月球的阻挡，照射到地球的太阳光线明显减少。

D. 地球核心因为热能积聚而一直呈熔岩状态。

E. 由于二氧化碳排放增加，地球的温室效应引人关注。

【第1步　识别命题形式】

本题的提问方式为“以下哪项最好地解释了为什么地球并没有融化?”，故此题为解释题。

待解释的现象：什么样的抵消因素能防止地球将会逐渐升温以致融化?

【第2步　套用母题方法】

A项，此项指出地球发散的热能值与其吸收的热能值相近，热量散发是热量吸收的抵消因素，故此项可以解释题干。

B项，“地球赤道的热向两极方向扩散”是热量在地球自身的内部循环，因此，此项只是在地球内部分配热量，无法实现与外部的抵消作用，故此项不能解释题干。

C项，日食期间是特例，很少发生，且“照射到地球的太阳光线明显减少”也只能说明日食期间地球吸收的热量减少，不是热量吸收的抵消因素，故此项不能解释题干。

D项，题干讨论的是“地球表面”吸收的热量，而此项讨论的是“地球核心”的热量，无关选项。

E项，“温室效应”引人关注，说明地球的温度并未被抵消(即降低)，反而升高，故此项不能解释题干。

【答案】A

5 近期的干旱和高温导致海湾盐度增加，引起了许多鱼的死亡。虾虽然可以适应高盐度，但盐度高也给养虾场带来了不幸。

以下哪项如果为真，最能解释上述现象?

A. 一些鱼会游到低盐度的海域去，来逃脱死亡的厄运。

B. 持续的干旱会使海湾的水位下降，这已经引起了有关机构的注意。

C. 幼虾吃的有机物在盐度高的环境下几乎难以存活。

D. 水温升高会使虾更快速地繁殖。

E. 鱼多的海湾往往虾也多，虾少的海湾鱼也少。

【第 1 步　识别命题形式】

本题的提问方式为“以下哪项如果为真，最能解释上述现象?”，故此题为解释题。

待解释的现象：虾虽然可以适应高盐度，但盐度高也给养虾场带来了不幸。

【第 2 步　套用母题方法】

A 项，题干讨论的是“虾”，而不是“鱼”，无关选项。

B 项，由此项不能确定水位下降对养虾场的影响，不能解释。

C 项，此项说明盐度高会造成幼虾没有食物可吃，从而给养虾场带来了不幸，可以解释题干。

D 项，题干讨论的是“盐度高”对养虾场的影响，而此项讨论的是“水温高”，无关选项。

E 项，此项描述了鱼和虾数量的关系，但不涉及“盐度高”对养虾场的影响，无关选项。

【答案】C

6 某大学经济系最近做的一次调查表明，教师的加薪常伴随着全国范围内平均酒类消费量的增加。从 2005 年到 2010 年，教师工资平均上涨 12%，酒类销售量增加 11.5%。从 2011 年到 2015 年，教师工资平均上涨 14%，酒类销售量增加 13.4%。从 2016 年到 2020 年，酒类销售量增加 15%，而教师平均工资也上涨 15.5%。

以下哪项最为恰当地说明了文中引用的调查结果?

A. 当教师有了更多的可支配收入，他们喜欢把多余的钱花费在饮酒上。

B. 教师所得越多，花在买书上的钱就越多。

C. 由于教师增加了，人口也就增加了，酒类消费者也会因此而增加。

D. 在文中所涉及的时期里，乡镇酒厂增加了很多。

E. 从 2005 年至 2020 年，人民生活水平提高了，酒类消费量和教师工资也增加了。

【第 1 步　识别命题形式】

本题的提问方式为“以下哪项最为恰当地说明了文中引用的调查结果?”，故此题为解释题。

待解释的现象：为什么教师的加薪常伴随着全国范围内平均酒类消费量的增加?

【第 2 步　套用母题方法】

题干中两个现象存在共变关系：教师收入越高，酒类消费量越多。根据共变法的相关知识，可知共变的两个现象，常见两种可能：(1)两个现象之间有因果关系；(2)有另外一种原因导致了这两个现象的发生。

A 项，教师仅仅是酒类消费人群中很小的一部分，如果仅仅是教师收入增加这一原因，无法推动酒类消费同比例增长。

B 项，题干不涉及“买书”，无关选项。

C 项，题干讨论的是“教师收入增加”，而此项讨论的是“教师人数增加”，无关选项。

D 项，此项只能解释酒类的供给增加了，但无法解释教师收入和酒类消费量的共变关系。

E 项，此项说明是人民生活水平提高(共因)导致了教师的加薪和酒类消费量的增加，可以解释题干。

【答案】E

7 为了争夺殖民地，在巴西、菲律宾等地爆发了美国与西班牙的战争。在此期间，美国海军曾经广为散发海报，招募兵员。当时最有名的一个海军广告是这样说的：美国海军的死亡率比纽约市民的死亡率还要低。海军的官员就这个广告解释说："据统计，现在纽约市民的死亡率是每千人有16人，而尽管是战时，美国海军士兵的死亡率每千人也不过只有9人。"

如果海军官员的资料为真，则以下哪项最能解释上述这种看起来很让人怀疑的结论？

A. 在战争期间，海军士兵的死亡率要低于陆军士兵。

B. 纽约市民中包括生存能力较差的婴儿和老人。

C. 敌军打击美国海军的手段和途径没有打击普通市民的手段和途径来得多。

D. 美国海军的这种宣传主要是为了鼓动入伍，所以，要考虑其中夸张的成分。

E. 尽管是战时，纽约的犯罪仍然很猖獗，报纸的头条不时地有暴力和色情的报道。

【第1步 识别命题形式】

本题的提问方式为"如果海军官员的资料为真，则以下哪项最能解释上述这种看起来很让人怀疑的结论?"，故此题为解释题。

待解释的现象：美国海军的死亡率比纽约市民的死亡率还要低。据统计，现在纽约市民的死亡率是每千人有16人，而尽管是战时，美国海军士兵的死亡率每千人也不过只有9人。

【第2步 套用母题方法】

A项，题干不涉及"海军士兵"与"陆军士兵"死亡率的比较，无关选项。

B项，此项指出纽约市民中包括生存能力较差的婴儿和老人，这类人群的自然死亡率高；而美国海军基本由健康的青壮年组成，这些人群的自然死亡率低，这就解释了题干中的现象。

C项，由题干可知，美西战争在巴西、菲律宾等地爆发而非在美国本土爆发，因此，不能用敌军打击普通市民的手段多少来解释纽约市民的死亡率，故排除此项。

D项，题干假设了海军官员的资料是真的，与此项"表达中包含夸张成分"矛盾，故此项无法解释题干。

E项，犯罪可能是纽约市民死亡率高的原因，但犯罪不必然导致死亡，故此项解释力度小。

【答案】B

母题模型17 预测结果模型

母题技巧

第1步 识别命题形式	题干特点： 题干中出现"将会""会""未来会"等表示对未来结果断定的词汇。
第2步 套用母题方法	削弱：给出理由，说明结果预测错误。 常使用怼P法。 支持：给出理由，说明结果预测正确。 常使用肯P法。 假设：优先考虑搭桥法，说明结果确实会发生；或者指出结果发生的前提。

注意：

有一些题目中虽然出现了"会""就会"等词汇，但并不是强调对结果的预测，而是强调对因果关系的确定。

例如：

张珊做了《逻辑母题800练》，这让她的逻辑的正确率显著提高（过去的现象）。可见，《逻辑母题800练》（因）会提高学生的逻辑成绩（果）（确定因果关系）。

典型例题

1 近日，顺丰无人机进驻江南大学，打造了全国首个“无人配送”示范高校。无人机快递、无人超市等服务形式的出现，代替了很多人工操作。因此有人认为，自动化设备将代替人类完成各种服务工作。

下列哪项如果为真，最能削弱上述论断？

A. 有些服务工作需要有更多的情感交流来提高服务质量，而冰冷的机器无法提供。

B. 人工智能让机器具有更多的人类情感。

C. 最近关闭了好几家无人超市。

D. 有人担心人工智能会抢占大量岗位，造成大批人员失业。

E. 无人机管控法规现在还没有出台。

【第 1 步　识别命题形式】

本题的提问方式为“下列哪项如果为真，最能削弱上述论断？”，提问针对“论断”，可能考怼 P 法或拆桥法。

题干：无人机快递、无人超市等服务形式的出现，代替了很多人工操作。因此有人认为，自动化设备(S)将代替人类完成各种服务工作(P)。

锁定关键词“将”，可知此题为预测结果模型。

【第 2 步　套用母题方法】

A 项，此项指出有的服务工作自动化设备无法提供，是题干论点的矛盾命题，削弱题干。

B 项，题干的论证不涉及“人类情感”。(干扰项 · 话题不一致)

C 项，几家无人超市被关闭只是个例，由此无法说明自动化设备不能代替人类完成各种服务工作。(干扰项 · 有的不)

D 项，此项是部分人的主观观点，未必是事实，无法削弱题干。(干扰项 · 非事实项)

E 项，此项涉及的是“现在”，而题干涉及的是“将来”。(干扰项 · 时间不一致)

【答案】A

2 2024 年全球咖啡消费量出现较大幅度的增长。然而，有市场分析师预测，2025 年全球咖啡需求前景转弱，将导致咖啡价格不会出现大幅度增长的态势。

以下哪项如果为真，最能支持上述预测？

A. 2025 年主要咖啡生产国的产量预计减少，而其他地区的产量预期保持稳定。

B. 2025 年全球咖啡产量将受到气候变化、库存水平等诸多因素的影响，咖啡价格波动或将加剧。

C. 全球咖啡的消费增速与全球 GDP 变化呈正相关，预计 2025 年全球 GDP 增速将较 2024 年上升。

D. 目前气候条件正常，但咖啡豆的种植情况存在较大不确定性，需持续关注天气变化。

E. 一种味道与咖啡近似但成本较低的新型植物基饮品生产技术，在 2024 年年末趋于成熟并得到大规模应用。

【第 1 步　识别命题形式】

本题的提问方式为“以下哪项如果为真，最能支持上述预测？”，此题为支持题，且提问针对论点，可优先考虑肯 P 法。

有市场分析师预测：2025年咖啡价格(S)将不会出现大幅度增长的态势(P)。

锁定关键词“预测”，可知此题为预测结果模型。

【第2步 套用母题方法】

A项，此项说明全球咖啡产量预计减少，那就有可能出现供给不足，有助于说明咖啡价格上涨，削弱题干。

B项，此项指出咖啡价格波动或将加剧，但不确定价格是往上波动还是往下波动。(干扰项·不确定项)

C项，此项说明全球咖啡的消费增速将较2024年上升，削弱题干中“2025年全球咖啡需求前景转弱”这一断定。

D项，此项说明咖啡豆的种植情况存在较大不确定性，故咖啡价格是增长还是下降并不明确。(干扰项·不确定项)

E项，此项指出新型植物基饮品与咖啡近似，即“咖啡”存在替代品，支持题干中“2025年全球咖啡需求前景转弱”这一断定。

【答案】E

3 随着自动化技术的发展，许多工厂开始引入机器人来完成一些重复性高、劳动强度大的工作任务。在机器人技术成熟后，它们甚至能够比人工更高效、更准确地完成这些任务。有人据此认为，工厂中的传统人工岗位将会很快消失。

以下哪项最无法削弱上述论断？

A. 机器人的研发和部署成本高于雇用数名工人。

B. 机器人无法与人类进行有效的交流，难以处理需要较多协调的工作。

C. 机器人在处理复杂任务时的灵活性不如人类工人。

D. 机器人的技术完善需要相对漫长的过程。

E. 机器人无法主动适应突发情况，这可能会在某些情况下导致工作效率低下。

【第1步 识别命题形式】

本题的提问方式为“以下哪项最无法削弱上述论断?”，提问针对“论断”，可能考肯P法或搭桥法。

题干：工厂中的传统人工岗位(S)将会很快消失(P)。

锁定关键词“将会”，可知此题为预测结果模型。

【第2步 套用母题方法】

A项，此项指出机器人的“研发和部署成本高”，但由此无法确定使用机器人是利大于弊还是弊大于利，故此项不能削弱题干。(干扰项·不确定项)

B项，此项指出机器人无法与人类进行有效的交流，难以处理需要较多协调的工作，说明机器人无法完全替代人工，削弱题干。

C项，此项指出机器人在处理复杂任务时的灵活性不如人类工人，说明机器人无法完全替代人工，削弱题干。

D项，此项指出机器人的技术完善需要相对漫长的过程，说明机器人无法很快完全替代人工，削弱题干。

E项，此项指出机器人无法主动适应突发情况，这可能会导致工作效率低下，说明机器人无法完全替代人工，削弱题干。

【答案】A

4 当前，随着数字化技术的发展，数字化阅读越来越流行。更多的人愿意利用电脑、手机及各种阅读器来阅读电子图书。而且电子图书具有存储量大、检索便捷、便于保存、成本低廉等优点。因此，王研究员认为，传统的纸质图书最终将会被电子图书所取代。

以下哪项如果为真，最能削弱王研究员的观点？

A. 阅读电子图书虽然有很多方便之处，但由于需要长时间注视发光屏幕，更容易损害视力。

B. 有些读者习惯阅读纸质图书，不喜欢数字化方式阅读。

C. 许多畅销书刚一出版，短期内就会售完，可见，纸质图书还是有很大市场的。

D. 只有在纸质图书出版的前提下才允许流通相应的电子图书。

E. 当前，纸质图书的市场仍然十分巨大，很多人仍然习惯于阅读纸质图书。

【第 1 步　识别命题形式】

本题的提问方式为"以下哪项如果为真，最能削弱王研究员的观点?"，此题为削弱题，且提问针对论点，可优先考虑怼 P 法。

王研究员的观点：传统的纸质图书最终将会被电子图书所取代。

锁定关键词"将会"，可知此题为预测结果模型。

【第 2 步　套用母题方法】

A 项，此项说明阅读电子图书容易对视力造成损害，但不确定这种损害是否会影响人们的选择，故不能削弱王研究员的观点。(干扰项 · 不确定项)

B 项，有些读者不喜欢数字化方式阅读并不意味着他一定不选择数字化阅读，不能削弱王研究员的观点。(干扰项 · 非事实项)

C 项，"畅销书"的情况不能代表所有纸质图书的情况，故不能削弱王研究员的观点。

D 项，此项说明如果不出版纸质版图书，相应的电子图书不会被允许流通，直接说明纸质图书不会被电子图书所取代，说明预测错误，削弱王研究员的观点。

E 项，"当前"纸质图书的市场和人们的阅读习惯未必会影响"未来"的情况，故不能削弱王研究员的观点。(干扰项 · 时间不一致)

【答案】D

5 天然钻石一般是在火山爆发的过程中来到地球表面的，它在地球深处的高温高压环境下形成，然后被岩浆带到地球的表面。近日，有研究团队研发出新的人造钻石培育技术，在实验室环境下，一星期就可以"培育"出一颗 1 克拉大小的钻石。人造钻石和天然钻石在成分和结构上并无差别，但其成本只有天然钻石市场价格的 1/6。有人据此预测，全球市场的天然钻石价格将大幅下降。

以下哪项如果为真，最能质疑上述预测？

A. 人造钻石凝结的劳动价值远高于天然钻石。

B. 钻石消费者认为人造钻石不是值得购买的"真正的钻石"。

C. 结婚率的大幅度下降，可能导致钻石需求量有所下降。

D. 虽然天然钻石价格会下降，但不可能降低到原价格的 1/6。

E. 在工业和科研所需的精密仪器制造中，人造钻石需求量大。

【第 1 步　识别命题形式】

本题的提问方式为"以下哪项如果为真，最能质疑上述预测?"，此题为削弱题，且提问针对论点，可优先考虑怼 P 法。

题干：人造钻石和天然钻石在成分和结构上并无差别，但其成本只有天然钻石市场价格的1/6。有人据此预测，全球市场的天然钻石价格(S)将大幅下降(P)。

锁定关键词“预测”“将”，可知此题为预测结果模型。

【第2步 套用母题方法】

A项，此项指出人造钻石凝结的劳动价值远高于天然钻石，那么人造钻石就具备了低成本、高价值的特性，说明题干预测合理，支持题干。

B项，此项说明人造钻石不被消费者认可，那么天然钻石可能不会受人造钻石的影响而价格大幅下降，削弱题干。

C项，钻石需求量有所下降，那么有可能因此导致天然钻石价格的下降，支持题干。

D项，此项肯定了天然钻石的价格确实会下降，支持题干。(干扰项·明否暗肯)

E项，此项指出在某些领域人造钻石的需求量大，但由此不能确定“天然钻石”的价格情况，故排除。

【答案】B

6 为防止利益冲突，国会可以禁止政府高层官员在离开政府部门后三年内接受院外游说集团提供的职位。然而，一个这种类型的官员得出这样的结论：这种禁止是不幸的，因为它将阻止政府高层官员在这三年里谋求生计。

这个官员的结论，从逻辑上讲依赖于以下哪项假设?

A. 法律不应限制前政府官员的行为。

B. 院外游说集团主要是那些以前曾担任过政府高层官员的人。

C. 当政府底层官员离开政府部门后，他们一般不会成为院外游说集团的成员。

D. 离开政府部门的政府高层官员只能靠做院外游说集团的成员来谋生。

E. 政府高层官员通常享有丰厚的退休金。

【第1步 识别命题形式】

本题的提问方式为“这个官员的结论，从逻辑上讲依赖于以下哪项假设?”，此题为假设题，优先考虑搭桥法。

题干：国会禁止离职高官三年内接受院外游说集团的职位，某官员认为这将阻止政府高层官员在这三年里谋求生计。因此，这种禁止是不幸的。

锁定关键词“将”，可知此题为预测结果模型。

【第2步 套用母题方法】

A项，此项中“官员的行为”这一概念是个普遍概念，即官员的所有行为，而题干仅涉及“禁止离职高官三年内接受院外游说集团的职位”这一行为，假设过度。

B项，题干讨论的是离职高官三年内“是否应该”进入院外游说集团，而此项讨论的是院外游说集团人员的“构成”，无关选项。(干扰项·话题不一致)

C项，题干讨论的是“高层官员”，而此项讨论的是“底层官员”，无关选项。(干扰项·对象不一致)

D项，此项说明该禁令确实会影响离职高官谋生，必须假设。

E项，此项说明即使离职高官不接受院外游说集团的职位，也有退休金保证其生计，削弱题干。

【答案】D

7 通常的高山反应是由高海拔地区空气中缺氧造成的，当缺氧条件改变时，症状可以很快消失。急性脑血管梗阻也具有脑缺氧的病症，如不及时恰当处理，会危及生命。由于急性脑血管梗阻的症状和普通高山反应相似，因此，在高海拔地区，得急性脑血管梗阻这种病特别危险。

以下哪项最可能是上述论证所假设的？

A. 普通高山反应和急性脑血管梗阻的医疗处理是不同的。

B. 高山反应不会诱发急性脑血管梗阻。

C. 急性脑血管梗阻如果及时恰当处理，则不会危及生命。

D. 高海拔地区缺少抢救和医治急性脑血管梗阻的条件。

E. 高海拔地区的缺氧可能会影响医生的工作，降低其诊断的准确性。

【第 1 步　识别命题形式】

本题的提问方式为“以下哪项最可能是上述论证所假设的？”，此题为假设题，优先考虑搭桥法。

题干：由于急性脑血管梗阻的症状和普通高山反应相似，因此，在高海拔地区，得急性脑血管梗阻这种病特别危险。

题干对“在高海拔地区得急性脑血管梗阻”这种病的结果进行了断定，认为这“特别危险”，故此题为预测结果模型。

【第 2 步　套用母题方法】

A 项，由题干可知两种病的症状差不多，所以急性脑血管梗阻可能会被误诊为高山反应；而二者的医疗处理方式不同，那么，当急性脑血管梗阻被误诊为高山反应时，就会特别危险，故此项必须假设。

B 项，题干并不涉及高山反应是否会诱发急性脑血管梗阻，无关选项。

C 项，题干中虽然也有“急性脑血管梗阻不及时恰当处理，会危及生命”，但这些内容在背景介绍部分，故此项为无关选项。

D、E 两项，均支持“在高海拔地区，得急性脑血管梗阻这种病特别危险”这一结论，但是与题干的论证“症状相似导致其特别危险”无关。

【答案】A

母题模型 18 措施目的模型

母题技巧

第 1 步 识别命题形式	题干特点： （1）题干中出现“为了”“能”“可以”“以求”等表示目的的词汇。另外，“目的”有时也被称为“效果”，目的可以用 P（Purpose）来表示。 （2）题干中出现“计划”“建议”“方法”“手段”“应该”“通过”等表达措施的词汇。措施可以用 M（Measure）来表示。

续表

第 2 步
套用母题方法

假设题干结构为：计划采取措施 M，以求达到目的 P。

常见的削弱方式有：

削弱方式	内容说明	力度大小
措施达不到目的（措施目的拆桥）	指出由于某个原因，即使采取了措施 M，也无法达到目的 P。	力度大。
措施不可行	指出由于某个原因导致措施 M 无法实施。	力度大。
措施弊大于利	指出措施 M 弊端太大，采取措施 M 得不偿失。	力度大。
措施有副作用	指出措施 M 会产生一定的副作用。	力度小，因为再好的措施也是有一定的代价的。
削弱因果	有些措施目的的题目中暗含因果关系，可以削弱这个因果关系。	参考“现象原因模型”的削弱。

常见的支持方式有：

支持方式	内容说明	力度大小
措施可达目的（措施目的搭桥）	指出采取题干中的措施，可以达到题干中的目的。	力度大。
措施可行	指出措施具备实施的可行性。	力度较小。因为措施可行不能证明措施的有效性。 例如： “喝热水”这一措施具备可行性，但用这一措施来治疗感冒未必有效。
措施利大于弊	指出采取题干中的措施是利大于弊的。	力度大，但真题很少用这种方式命题。
措施没有副作用	指出采取题干中的措施不会产生副作用。	力度非常小。因为即使措施没有副作用，也无法说明措施可以达到目的。 例如： “喝热水”这一措施没有什么副作用，但无法说明它能治疗感冒。
措施有必要	指出采取这一措施的必要性或原因。	力度大。因为措施有必要相当于具体说明了采取这一措施的原因。

续表

<table>
<tr><td rowspan="7">第 2 步
套用母题方法</td><td colspan="3">常见的假设方式有：</td></tr>
<tr><td>方式</td><td>是否假设</td><td>说明</td></tr>
<tr><td>措施可以达到目的
（措施目的搭桥）</td><td>必须假设</td><td>采用取非法，若措施达不到目的，就没必要采取此措施。</td></tr>
<tr><td>措施可行</td><td>必须假设</td><td>采用取非法，若措施不可行，就无法采取此措施。</td></tr>
<tr><td>措施利大于弊</td><td>必须假设</td><td>采用取非法，若措施不是利大于弊的，采取此措施就得不偿失。</td></tr>
<tr><td>措施没有副作用</td><td>不必假设</td><td>措施的有效性与措施有无副作用并不直接相关。</td></tr>
<tr><td>措施有必要</td><td>必须假设</td><td>既然是措施“有必要”，当然必须假设。</td></tr>
</table>

注意：
在措施目的模型的题目中，常出现由于某个原因，导致我们需要采取某种措施。此时，这个原因必须是成立的，否则，如果原因找错了，措施也就无效了。因此，措施目的模型的题目常与现象原因模型联合考查。

典型例题

1 不少车辆在交通高峰期只有一人使用，极大浪费了有限的道路资源。因此，有人提出设置“多乘员车辆专用车道”(HOV)，该车道只允许乘坐 2 人及以上车辆进入，只有驾驶员一人的“单身车”不得在工作日的某些时间段内进入该车道，以此提高道路使用效率、缓解交通拥堵。

以下哪项如果为真，最能质疑上述设想？

A. 因出发地或目的地不同等原因，“单身车”车主找人合乘不易。

B. 拓宽摩托车车道也能提高道路使用效率、缓解交通拥堵。

C. 设置 HOV 后，增加了车辆的变道难度，容易加剧交通拥堵。

D. 有些“单身车”驾驶员可能以遮蔽车窗等手段逃避监管，侵占 HOV。

E. 通过鼓励乘坐公共交通工具出行的方法，更能提高道路使用效率。

【第 1 步　识别命题形式】

本题的提问方式为“以下哪项如果为真，最能质疑上述设想？”，根据“设想”，可知此题为措施目的模型。

题干：有人提出设置“多乘员车辆专用车道”(HOV)(措施 M)，以此提高道路使用效率、缓解交通拥堵(目的 P)。

【第 2 步　套用母题方法】

A 项，此项指出“单身车”车主找人合乘不易，但由此无法确定“多乘员”车辆专用车道能否提高道路使用效率、缓解交通拥堵，故排除。(干扰项 · 存在难度/不确定项)

B 项，拓宽摩托车车道能否提高道路使用效率、缓解交通拥堵与设置 HOV 是否有效无关。

C项，此项指出设置HOV不但不能缓解交通拥堵，反而会加剧交通拥堵，措施达不到目的(MP拆桥)，削弱题干。

D项，此项指出有的"单身车"驾驶员可能会侵占HOV，但某些人的情况不能说明HOV的有效性，故排除。(干扰项·有的不)

E项，题干不涉及HOV与其他措施的比较，无关选项。(干扰项·新比较)

【答案】C

2 据商务部数据显示，每年中国游客在境外消费约1.2万亿元人民币，全年中国人买走全球46%的奢侈品。有观点认为，内需外流的主要原因是境内外商品存在价格差，因此，应当降低关税拉平奢侈品价格，吸引境外消费"回流"。

下列哪项如果为真，最能质疑以上观点？

A. 关税在奢侈品价格中所占的比重之低，甚至超出了人们的想象。

B. 商品在进口环节征税，是以进口报关价格为基础，而不是以零售价作为征税依据。

C. 降低进口关税有助于满足国内消费升级需求、促进提升市场竞争环境。

D. 奢侈品的定价，是以减少商品供给制造出"稀缺性"，并通过高定价来抬高"身价"。

E. 中国曾降低部分化妆品的关税，但近些年这些进口化妆品的价格却不断上涨。

【第1步　识别命题形式】

本题的提问方式为"下列哪项如果为真，最能质疑以上观点？"，此题为削弱题，且提问针对论点，可优先考虑怼P法。

有观点认为：内需外流的主要原因是境内外商品存在价格差(原因Y)，因此，应当降低关税(措施M)拉平奢侈品价格(目的P1)，吸引境外消费"回流"(目的P2)。

此题涉及措施目的的分析，可知此题为措施目的模型。

【第2步　套用母题方法】

A项，此项指出关税在奢侈品价格中所占的比重非常低，那么即使降低关税也无法拉平奢侈品价格，进而可能无法吸引境外消费"回流"，措施达不到目的(MP拆桥)，削弱题干。

B项，由此项无法确定降低关税能否拉平奢侈品价格，吸引境外消费"回流"。(干扰项·不确定项)

C项，此项涉及的是降低进口关税的"好处"，而题干涉及的是降低进口关税能否"拉平奢侈品价格，吸引境外消费'回流'"，无关选项。(干扰项·话题不一致)

D项，题干不涉及奢侈品定价高的原因，无关选项。(干扰项·话题不一致)

E项，此项涉及的是"有的进口化妆品"，而题干涉及的是"奢侈品"，无关选项。(干扰项·对象不一致)。

【答案】A

3 一些城市，由于作息时间比较统一，加上机动车太多，很容易形成交通早高峰和晚高峰，市民们在高峰时间上下班很不容易。为了缓解人们上下班的交通压力，某政府顾问提议采取不同时间段上下班制度，即不同单位可以在不同的时间段上下班。

以下哪项如果为真，最可能使该顾问的提议无法取得预期效果？

A. 有些上班时间段与员工的用餐时间冲突，会影响他们生活的乐趣，从而影响他们的工作积极性。

B. 许多上班时间段与员工的正常作息时间不协调，他们需要较长一段时间来调整适应，这段时间的工作效率难以保证。

C. 许多单位的大部分工作通常需要员工们在一起讨论，集体合作才能完成。

D. 该市的机动车数量持续增加，即使不在早晚高峰期，交通拥堵也时有发生。

E. 有些单位员工的住处与单位很近，步行即可上下班。

【第 1 步　识别命题形式】

本题的提问方式为“以下哪项如果为真，最可能使该顾问的提议无法取得预期效果?”，根据“效果”，可知此题为措施目的模型。

某政府顾问：采取不同时间段上下班制度(措施 M)，以此缓解人们上下班的交通压力(目的/效果 P)。

【第 2 步　套用母题方法】

A 项，此项指出措施会影响有些人的工作积极性，但不直接涉及效果 P，故排除。

B 项，此项指出措施短期内会影响工作效率，但不直接涉及效果 P，故排除。

C 项，题干中的措施是“不同单位”在不同时间段上下班，而此项涉及的是“同一单位”不能同时上下班的影响。(干扰项 · 话题不一致)

D 项，此项说明即使采取了不同时间段上下班的措施避开早高峰和晚高峰，交通拥堵仍然会经常发生，措施达不到目的，削弱题干。

E 项，题干中指出交通拥堵是“机动车太多”造成的，与“有些”步行上下班的人无关。(干扰项 · 有的/有的不)

【答案】D

4 校园欺凌是当今社会高度关注的现象。为了防止校园欺凌，有人建议在校园内显著位置张贴公布校园欺凌的求助电话，学生遭遇欺凌后，可以拨打求助电话，获得老师的帮助。

以下哪项如果为真，最能削弱上述建议的实施效果?

A. 很多教师面对实施欺凌的学生，缺乏有效的教育训诫手段。

B. 校园欺凌多发生在夜间，求助电话无人接听。

C. 校园欺凌者会恐吓被欺凌者，不要试图向教师或家长求助。

D. 部分未成年受害者认为“告状”可耻，不愿寻求成人的帮助。

E. 学校和家长应该共同关注学生的心理健康和社交行为，防止校园欺凌的发生。

【第 1 步　识别命题形式】

本题的提问方式为“以下哪项如果为真，最能削弱上述建议的实施效果?”，根据“建议”“效果”，可知此题为措施目的模型。

题干：为了防止校园欺凌(目的/效果 P)，有人建议在校园内显著位置张贴公布校园欺凌的求助电话，学生遭遇欺凌后，可以拨打求助电话，获得老师的帮助(措施 M)。

【第 2 步　套用母题方法】

A 项，此项指出教师缺乏有效的教育手段，与学生拨打求助电话获得老师的帮助无关。

B 项，此项指出校园欺凌的求助电话无人接听，说明无法通过打求助电话防止校园欺凌，措施达不到目的，削弱上述建议的实施效果。

C 项，欺凌者的恐吓可能会影响或减少被欺凌者的求助，但不能说明被欺凌者不会求助，故排除。（干扰项·不确定项）

D 项，此项是“部分”未成年人的情况，未必有普遍的代表性，故削弱力度弱。（干扰项·有的/有的不）

E 项，此项为建议项，不能削弱题干。（干扰项·非事实项）

【答案】B

5 全国政协常委、著名社会学家、法律专家钟万春教授认为：我们应当制定全国性的政策，用立法的方式规定父母每日与未成年子女共处的时间下限，这样的法律能够减少子女平日的压力。因此，这样的法律也就能够使家庭幸福。

以下哪项如果为真，最能够加强上述推论？

A. 父母有责任抚养好自己的孩子，这是社会对每一个公民的起码要求。

B. 大部分的孩子平常都能够与父母经常在一起。

C. 这项政策的目标是降低孩子们在平日生活中的压力。

D. 未成年孩子较高的压力水平是成长过程中以及长大后家庭幸福很大的障碍。

E. 父母现在对孩子多一份关心，就会减少日后父母很多的操心。

【第 1 步　识别命题形式】

提问方式：以下哪项如果为真，最能够加强上述推论？

钟万春教授：用立法的方式规定父母每日与未成年子女共处的时间下限（措施 M），以求减少子女平日的压力，使家庭幸福（目的 P）。

题干涉及措施目的的分析，故此题为措施目的模型。

【第 2 步　套用母题方法】

A 项，此项只能说明家长“有责任”抚养好孩子，但“有责任”不代表需要通过立法来规定相处时间，不能支持题干。

B 项，既然大部分孩子已经能够与父母经常在一起，那就没必要通过立法来规定相处时间了，即措施没有必要，削弱题干。

C 项，此项只是重复了题干中这一措施的目标，不能说明措施有效。

D 项，此项指出未成年孩子的压力阻碍了家庭幸福，那么减少未成年孩子的压力会对家庭幸福有帮助，措施有必要，支持题干。

E 项，此项只能说明父母需要对孩子多一些关心，但不代表需要通过立法来规定相处时间，不能支持题干。

【答案】D

6 某市的志愿者管理采用注册制，其中活跃志愿者约占 20%。为进一步增强志愿者服务力量，提高活跃志愿者数量，该市管理部门制定了以下政策：鼓励所有政府部门及公益组织的工作人员注册成为志愿者。

以下哪项是该部门制定政策时的假设？

A. 该城市还有大量的社会活动没有得到足够的志愿者支持。

B. 政府部门及公益组织的工作人员的志愿服务意愿都很强。

C. 一直以来该市制定的各项政策都得到了市民的积极响应。

D. 与该市相邻的其他城市的活跃志愿者与注册志愿者的比例不高于该市。

E. 活跃志愿者的数量会随着注册志愿者人数的增加而增加。

【第 1 步　识别命题形式】

本题的提问方式为“以下哪项是该部门制定政策时的假设?”，此题为假设题，优先考虑搭桥法。

题干：为进一步增强志愿者服务力量，提高活跃志愿者数量(目的 P)，该市管理部门制定了以下政策：鼓励所有政府部门及公益组织的工作人员注册成为志愿者(措施 M)。

锁定关键词“为”，可知此题为措施目的模型。

【第 2 步　套用母题方法】

A 项，此项涉及的是“该城市许多社会活动缺乏足够的志愿者”，而题干涉及的是“制定政策提高活跃志愿者数量”，无关选项。(干扰项 · 话题不一致)

B 项，此项中政府部门及公益组织的工作人员的志愿服务意愿“都”很强，假设过度。

C 项，题干不涉及“以往的政策”，无关选项。(干扰项 · 话题不一致)

D 项，题干不涉及该市与相邻城市“活跃志愿者与注册志愿者的比例”的比较，无关选项。(干扰项 · 新比较)

E 项，活跃志愿者的数量会随着注册志愿者人数的增加而增加，措施可以达到目的(MP 搭桥)，必须假设。

【答案】E

7　新一年电影节的影片评比，准备打破过去只有一部最佳影片的限制，而按照历史片、爱情片等几种专门的类型分别评选最佳影片，这样可以使电影工作者的工作得到更为公平的对待，也可以使观众和电影爱好者对电影的优劣有更多的发言权。

根据以上信息，这种评比制度的改革隐含了以下哪项假设?

A. 划分影片类型，对于规范影片拍摄有重要的引导作用。

B. 每一部影片都可以按照这几种专门的类型来进行分类。

C. 观众和电影爱好者在进行电影评论时喜欢进行类型的划分。

D. 按照类型来进行影片的划分，不会使有些冷门题材的影片被忽视。

E. 过去因为只有一部最佳影片，影响了电影工作者参加电影节评比的积极性。

【第 1 步　识别命题形式】

本题的提问方式为“根据以上信息，这种评比制度的改革隐含了以下哪项假设?”，此题为假设题，优先考虑搭桥法。

题干：将影片分类评选最佳影片(措施 M)，可以使电影工作者的工作得到更为公平的对待，也可以使观众和电影爱好者对电影的优劣有更多的发言权(目的 P)。

锁定关键词“可以使”，可知此题为措施目的模型。

【第 2 步　套用母题方法】

A 项，题干不涉及“规范影片拍摄”，无关选项。(干扰项 · 话题不一致)

B 项，此项说明“将影片分类”这一措施可行，必须假设。

C 项，“电影节影片评比”与“电影评论”是不同的概念，无关选项。(干扰项 · 话题不一致)

D项，题干不涉及“冷门题材”的电影，无关选项。（干扰项·对象不一致）

E项，题干中的“公平对待”与电影工作者的“积极性”是不同的概念，无关选项。（干扰项·话题不一致）

【答案】B

8 在美国，比较复杂的民事审判往往超过陪审团的理解力，结果，陪审团对此做出的决定经常是错误的。因此，有人建议，涉及较复杂的民事审判由法官而不是陪审团来决定，这将提高司法部门的服务质量。

上述建议依据下列哪项假设？

A. 大多数民事审判的复杂性超过了陪审团的理解力。

B. 法官在决定复杂民事审判的时候，对那些审判的复杂性，比陪审团的人员有更好的理解。

C. 在美国以外一些具有相同法系的国家，也早就有类似的提议，并有付诸实施的记录。

D. 即使涉及不复杂的民事审判，陪审团的决定也常常出现差错。

E. 赞成由法官决定民事审判的唯一理由是想象法官的决定几乎总是正确的。

【第1步　识别命题形式】

提问方式：上述建议依据下列哪项假设？

题干：有人建议，涉及较复杂的民事审判由法官而不是陪审团来决定（措施M），这将提高司法部门的服务质量（目的P）。

锁定关键词“建议”，可知此题为措施目的模型。

【第2步　套用母题方法】

A项，题干涉及的是“比较复杂的民事审判”，而不是“大多数”民事审判的复杂性。（干扰项·对象不一致）

B项，既然题干中的建议是用法官来代替陪审团，那么法官对复杂的民事审判的理解力必须得优于陪审团，此项肯定了法官的这种能力，必须假设。

C项，题干仅讨论“美国”的情况，与其他国家无关。（干扰项·对象不一致）

D项，题干仅涉及“比较复杂的民事审判”，不涉及“不复杂的民事审判”。（干扰项·对象不一致）

E项，题干的论证并不要求“法官的决定几乎总是正确的”，只要求“法官的决定正确性优于陪审团”即可，假设过度。

【答案】B

第 6 章　论证逻辑：3 大低频母题模型

❶ "3 大低频母题模型"在论证逻辑真题中的占比

本章内容在联考真题中的考查频次较低。在近 10 年的管综真题中，本章内容平均每年考查 0.4 道题；在近 5 年的经综真题中，本章内容平均每年考查 0.2 道题。

根据上述统计数据，本章内容虽然在论证逻辑真题中的占比不高，但随着 2025 年联考逻辑真题考查范围扩大的命题趋势，该章内容仍然较为重要，切不可掉以轻心。此外，在备考过程中，特别要注意以下几点：

(1)"统计论证模型"要加以重视。该模型涉及数学知识，解题时通常需要进行数量计算。而且，从近些年的命题情况来看，涉及数量关系的试题明显增加。

(2)"绝对化结论模型"在实际的命题过程中可以结合措施目的模型、拆桥搭桥模型、现象原因模型等综合考查。

例如：

论点是"如果采取这种方法，就可以达到某个目的。"

【分析】

该论点是假言命题，可视为绝对化结论模型；同时，该论点也涉及措施目的的分析，故也为措施目的模型。

再如：

导致小张长胖的原因必然是他缺乏运动。

【分析】

锁定关键词"必然"，可知本例为绝对化结论模型；同时，锁定关键词"导致"，可知本例也为现象原因模型。

❷ 论证逻辑的低频模型有哪些？

在近几年联考真题中，论证逻辑主要考查以下低频模型：统计论证模型、转折模型和绝对化结论模型。

③ 本章难吗?

本章模型中，“统计论证模型”会涉及数学知识，难度较大；“转折模型”和“绝对化结论模型”较为简单。

通过对近 10 年管综真题和近 5 年经综真题模型考查频次的分析，现将本章母题模型总结如下：

低频母题模型	难度	重要程度
母题模型 19　统计论证模型	★★★★★	★★★
母题模型 20　转折模型	★★★★	★★★
母题模型 21　绝对化结论模型	★★★★	★★★
难度说明：★★为简单，★★★为中档，★★★★为中档偏上，★★★★★为难。		

母题模型 19 统计论证模型

母题变式 19.1 统计论证模型：收入利润型

母题技巧

第 1 步 识别命题形式	题干特点：题干中出现“利润”“收入”“成本”等字样。
第 2 步 套用母题方法	使用以下公式解题： 总收入 = 单位收入 × 总数量。 利润 = 收入 − 成本。 利润率 = $\frac{利润}{成本}\times 100\% = \frac{收入-成本}{成本}\times 100\%$。 注意：若题干仅因为收入增加就认为利润增长，我们就用“成本增加”进行削弱；同理，若题干仅因为成本增加就认为利润减少，我们就用“收入增加”进行削弱。

典型例题

1 在电子产品的生产过程中，芯片采购成本一直是影响电子产品制造商利润的关键因素，因为大部分芯片需要依赖国际市场进口。近年来，国际市场上芯片价格的持续上涨，使得某终端公司面临着显著增加的采购成本。基于这一现状，有人推测，该公司的利润将会受到严重影响，甚至可能出现大幅减少的情况。

以下哪项如果为真，最能削弱这一推测？

A. 芯片成本仅占电子产品制造商总成本的 20%，且其他成本并未发生变化。

B. 该公司大幅提高了产品的售价，且销量呈持续增长的状态。

C. 与其他公司相比，该公司的芯片需求量较低。

D. 除了芯片采购成本增加外，电子产品生产的其他成本也有所提高。

E. 该公司的绝大部分芯片来自国内供应商，这部分芯片价格稳定，且不受国际市场价格的影响。

【第 1 步　识别命题形式】

本题的提问方式为“以下哪项如果为真，最能削弱这一推测？”，此题为削弱题，且提问针对论点，可优先考虑怼 P 法。

题干：某终端公司面临着显著增加的采购成本。基于这一现状，有人推测，该公司的利润将会受到严重影响，甚至可能出现大幅减少的情况。

锁定关键词“成本”“利润”，可知此题为统计论证模型（收入利润型）。另外，锁定关键词“将会”二字，可知此题也为预测结果模型。

【第2步 套用母题方法】

根据公式“利润＝收入－成本”，只要说明“收入增加”即可削弱题干的推测。

A项，芯片成本增加的同时，其他成本不变，那么总成本还是增加了，但在不确定收入的情况下，无法判断利润会如何变化。(干扰项·不确定项)

B项，根据公式“销售收入＝单价×销量”可知，该公司的收入增加，削弱题干的推测。

C项，题干不涉及“该公司”与“其他公司”在芯片需求量上的比较。(干扰项·新比较)

D项，此项说明成本确实提高了，支持题干。

E项，此项指出该公司受国际市场价格波动影响“较小”，说明还是受到了影响，不能削弱题干的推测。

【答案】B

2 由于邮费上涨，广州《周末画报》杂志为了减少成本、增加利润，准备将每年发行52期改为每年发行26期，但每期文章的质量、每年的文章总数和每年的定价都不变。市场研究表明，杂志的订户和在杂志上刊登广告的客户的数量均不会下降。

以下哪项如果为真，最能说明该杂志社的目标难以实现？

A. 在新的邮资政策下，每期的发行费用将比原来高1/3。

B. 该杂志的大部分订户较多地关心文章的质量，而较少地关心文章的数量。

C. 即使邮费上涨，许多杂志的长期订户仍将继续订阅。

D. 在该杂志上购买广告页的多数广告商将继续在每一期上购买同过去一样多的页数。

E. 该杂志的设计、制作成本预期将保持不变。

【第1步 识别命题形式】

本题的提问方式为“以下哪项如果为真，最能说明该杂志社的目标难以实现?”，根据“实现目标”，可知此题为措施目的模型。

题干：由于邮费上涨(原因)，《周末画报》计划将每年发行52期改为每年发行26期，但每期文章的质量、每年的文章总数和每年的定价都不变(措施M)，杂志的订户和在杂志上刊登广告的客户的数量均不会下降，因此，可以减少成本、增加利润(目的P)。

锁定关键词“成本”“利润”，可知此题也为统计论证模型(收入利润型)。

【第2步 套用母题方法】

题干试图通过减少发行期数、降低邮费总额来获取更多利润。根据公式“利润＝收入－成本”，我们只要说明收入下滑或者其他成本增加，即可说明该杂志社的目标难以实现(削弱题干)。

A项，此项说明该杂志社确实是由于发行费用上涨所以才通过减少发行期数来减少成本、增加利润，支持题干。

B项，题干已经指出文章的“质量”和“数量”都不变，所以无论订户关心文章的质量还是数量，都不影响利润，故不能削弱题干。

C项，题干讨论的是“《周末画报》杂志”的情况，而此项讨论的是“许多杂志”的普遍情况，无关选项。

D项，此项说明广告商购买的广告页数也会减少，从而降低利润，故此项可以削弱题干。

E项，其他成本不变，不影响利润，故此项不能削弱题干。

【答案】D

母题变式 19.2 统计论证模型：数量比率型

母题技巧

第 1 步 识别命题形式	命题情况 1：题干论据中出现数量，论点中直接做出断定。 命题情况 2：题干论据中出现比率，论点中直接做出断定。 命题情况 3：用数量推断比率，或用比率推断数量。
第 2 步 套用母题方法	列出题干中的比率或比例公式，根据公式解题即可。

典型例题

1 塑料垃圾因为难以被自然分解一直令人类感到头疼。近年来，许多易于被自然分解的塑料代用品纷纷问世，这是人类为减少塑料垃圾所作的一种努力。但是，这种努力几乎没有成效，因为据全球范围内大多数垃圾处理公司统计，近年来，它们每年填埋的垃圾中塑料垃圾的比例，不但没有减少，反而有所增加。

以下哪项如果为真，最能削弱上述论证？

A. 近年来，由于实行了垃圾分类，越来越多过去被填埋的垃圾被回收利用了。

B. 塑料代用品利润很低，生产商缺乏投资的积极性。

C. 近年来，用塑料包装的商品品种有了很大的增长。

D. 上述垃圾处理公司绝大多数属于发达或中等发达国家。

E. 由于燃烧时会产生有毒污染物，塑料垃圾只适合填埋于地下。

【第 1 步　识别命题形式】

本题的提问方式为“以下哪项如果为真，最能削弱上述论证？”，削弱论证的题目优先考虑拆桥法。

题干：据全球范围内大多数垃圾处理公司统计，近年来，它们每年填埋的垃圾中塑料垃圾的比例有所增加，因此，这种努力（减少塑料垃圾）几乎没有成效。

锁定关键词“塑料垃圾的比例”，可知此题为统计论证模型（数量比率型）。

【第 2 步　套用母题方法】

$$\text{塑料垃圾的比例}=\frac{\text{塑料垃圾量}}{\text{垃圾量}}=\frac{\text{塑料垃圾量}}{\text{塑料垃圾量}+\text{其他垃圾量}}。$$

故题干通过塑料垃圾的比例增加（率），来证明塑料垃圾量没有减少（量），但这不一定正确，塑料垃圾的比例增加可能是因为其他垃圾量减少了。故 A 项正确。

B 项，生产商缺乏投资的积极性，无法直接说明塑料垃圾的比例问题，无关选项。

C 项，此项指出了塑料垃圾比例增加的原因，但题干并不涉及对原因的分析，无关选项。

D 项，此项试图用“发达或中等发达国家”的情况进行削弱，诉诸权威。（干扰项 · 诉诸权威）

E 项，塑料垃圾是否填埋并不影响塑料垃圾的量，无关选项。

【答案】A

2 普通牛奶中通常含有3%左右的脂肪，而脱脂牛奶借助脱脂加工工艺能够将牛奶中的脂肪含量降低至0.5%以下。由于过度摄入脂肪是人体肥胖的原因之一，因此，对于每天喝牛奶的人而言，相较于饮用普通牛奶，饮用脱脂牛奶的人更不容易肥胖。

要使上述推论成立，以下哪项必须假设？

A. 脱脂牛奶与普通牛奶的口感差别不大。

B. 脱脂加工工艺不会显著增加牛奶的生产成本。

C. 牛奶经过脱脂加工后不会产生对人体有害的物质。

D. 不管选择哪种牛奶，人们每天的牛奶摄入量基本一致。

E. 脱脂牛奶在希望控制体重的人群中广受欢迎。

【第1步 识别命题形式】

本题的提问方式为"要使上述推论成立，以下哪项必须假设?"，此题为假设题，优先考虑搭桥法。

题干：脱脂牛奶中的脂肪含量(0.5%以下)比普通牛奶(3%左右)低，而过度摄入脂肪是人体肥胖的原因之一。因此，相较于饮用普通牛奶，饮用脱脂牛奶的人更不容易肥胖。

题干论据中出现"3%左右""0.5%以下"等含量数据，可知此题为统计论证模型(数量比率型)。

【第2步 套用母题方法】

根据公式"牛奶摄入的总脂肪量＝单位牛奶中的脂肪含量×牛奶的摄入量"，要使题干推论成立，必须假设"牛奶的摄入量基本一致"。因此，此题可秒选D项。

A项，题干的论证不涉及牛奶的"口感"。(干扰项·话题不一致)

B项，题干的论证不涉及牛奶的"生产成本"。(干扰项·话题不一致)

C项，牛奶经过脱脂加工后是否产生有害物质，与它是否让人更不容易"肥胖"无关。(干扰项·话题不一致)

E项，"受欢迎"是一种主观态度，并非事实，不必假设。(干扰项·非事实项)

【答案】D

3 如果一个儿童体重与身高的比值超过本地区80%的儿童的水平，就称其为肥胖儿。根据历年的调查结果，近15年来，临江市肥胖儿的数量一直在稳定增长。

如果以上断定为真，则以下哪项也必然为真？

A. 临江市每一个肥胖儿的体重都超过全市儿童的平均体重。

B. 近15年来，临江市的儿童体育锻炼越来越不足。

C. 临江市的非肥胖儿的数量近15年来不断增长。

D. 近15年来，临江市体重不足标准体重的儿童数量不断下降。

E. 临江市每一个肥胖儿的体重与身高的比值都超过全市儿童的平均值。

【第1步 识别命题形式】

本题的提问方式为"如果以上断定为真，则以下哪项也必然为真?"，故此题为推论题。同时，题干中出现百分比和数量，可知此题也为统计论证模型(数量比率型)。

【第2步 套用母题方法】

由题干信息可知：①肥胖儿数量＝儿童总数×20%。②肥胖儿数量稳定增长，说明儿童总数稳定增长。

又有：非肥胖儿数量＝儿童总数×80%，故非肥胖儿数量稳定增长，即C项正确。

A、E 两项，题干信息不涉及全市儿童体重以及体重与身高比值的平均值，故排除。

B 项，题干信息不涉及该市儿童的锻炼情况，故排除。

D 项，题干信息不涉及“标准体重”，故排除。

【答案】C

母题变式 19.3 统计论证模型：其他数量型

母题技巧

第 1 步 识别命题形式	（1）平均值型：题干中出现平均值。 （2）增长率型：题干中出现增长率。 （3）其他数量关系型：题干中出现其他数量关系。
第 2 步 套用母题方法	（1）平均值型 ①平均值不能代表每个个体的值。 例如： 美国人均收入高，并不能说明每个美国人收入高，由于贫富差距的存在，可能使得美国也有很多穷人。 ②个体值无法说明平均值。 例如： 老吕的学员中，每年都有一些同学考了 270 分左右，但无法说明老吕学员的平均分能达到 270 分左右。 （2）增长率型 根据公式：现值 = 原值 ×（1 + 增长率）^{n}。 可知：只根据原来的值或只根据增长率，无法确定现在的值。 （3）其他数量关系型 无论题干中出现什么数量关系，都要优先列出数量关系公式，再进行解题。

典型例题

1 做了为期一年研究项目工作的研究人员发现，一根大麻香烟在吸食者的肺部沉积的焦油量是一根烟草香烟的 4 倍还要多。研究人员由此断定，大麻香烟吸食者比烟草香烟吸食者更有可能患上由焦油导致的肺癌。

下面哪项如果为真，将对上文中研究者的结论构成最有力的削弱？

A. 研究中使用的大麻香烟比典型吸食者所用的大麻香烟要小很多。

B. 没有一个该研究项目的参与者在过去曾经吸食过大麻或烟草。

C. 在该研究项目的早期研究过去 5 年后所进行的一次跟踪检查表明，没有一名该研究项目的参与者得了肺癌。

D. 研究中使用的烟草香烟含有的焦油量比典型吸食者所用的烟草香烟略高。

E. 典型的大麻香烟吸食者吸食大麻香烟的频率比典型的烟草香烟吸食者低很多。

【第 1 步 识别命题形式】

本题的提问方式为“下面哪项如果为真，将对上文中研究者的结论构成最有力的削弱?”，此题为削弱题，且提问针对论点，可优先考虑怼 P 法。

题干：一根大麻香烟在吸食者的肺部沉积的焦油量是一根烟草香烟的 4 倍还要多，因此，大麻香烟吸食者比烟草香烟吸食者更有可能患上由焦油导致的肺癌。

题干的论据中出现数量关系，故此题为统计论证模型(其他数量关系型)。

【第 2 步 套用母题方法】

根据公式“焦油总量＝一根香烟的焦油含量×吸烟数量”，只要指出“大麻香烟的吸烟数量少”即可削弱题干。因此，此题可秒选 E 项。

A 项，如果此项为真，说明典型吸食者所用的大麻香烟的焦油含量更高，从而推出他们更可能患上由焦油导致的肺癌，支持题干。

B 项，该研究项目的参与者是否吸食过这两类香烟，与这两类香烟是否易于引发肺癌无关，无关选项。

C 项，题干研究项目只是为期一年，另外 4 年中，参与者的具体情况不得而知，故不能削弱题干。(干扰项·不确定项)

D 项，如果此项为真，说明典型吸食者所用的烟草香烟的焦油含量更低，从而推出他们更不可能患上由焦油导致的肺癌，支持题干。

【答案】E

2 与 2020 年相比，2021 年德国与 A 国的贸易总额只增长了 2.7%，而其他欧洲国家与 A 国的贸易总额最低也增长了 3.9%，这说明，2021 年德国与 A 国的贸易总额已经落后于其他欧洲国家。

以下哪项如果为真，最能质疑以上论证?

A. 2021 年，A 国从德国的进口总额超过了其他所有国家。

B. 德国与 A 国达成了战略伙伴关系。

C. 很多亚洲国家与 A 国的贸易也增长迅速。

D. 2020 年，德国与 A 国的贸易总额超过了 1 000 亿美元，而其他欧洲国家与 A 国的贸易总额最多不过 800 亿美元。

E. 专家预计，2022 年德国与 A 国的贸易总额会有大幅提高。

【第 1 步 识别命题形式】

本题的提问方式为“以下哪项如果为真，最能质疑以上论证?”，质疑论证的题目优先考虑拆桥法。

题干：与 2020 年相比，2021 年德国与 A 国的贸易总额只增长了 2.7%，而其他欧洲国家与 A 国的贸易总额最低也增长了 3.9%，因此，2021 年德国与 A 国的贸易总额已经落后于其他欧洲国家。

题干的论据是“增长率”，论点是“总额”，故此题为统计论证模型(增长率型)。

【第 2 步 套用母题方法】

根据公式“2021 年贸易总额＝2020 年贸易总额×(1＋增长率)”可知，若 2020 年德国的贸易总额更高，则可削弱题干，故此题可秒选 D 项。

A 项，进口额仅是贸易总额的一部分，不能削弱题干。

B 项，达成战略伙伴关系不能直接说明贸易总额的多少，无关选项。

C 项，题干讨论的是德国及其他欧洲国家的情况，不涉及亚洲国家，无关选项。

E 项，题干讨论的是 2021 年的情况，不涉及 2022 年的情况，无关选项。

【答案】D

母题模型 20 转折模型

母题技巧

第 1 步 识别命题形式	题干结构 1：背景介绍 + 但是 + 论据论点。 例如： 你人很好（背景介绍，无用信息），但是，我不能做你女朋友（论点），因为我有对象了（论据）。 题干结构 2：他人的观点 + 对这一观点的否定 + 否定理由。 例如： 有人认为老吕很帅（他人观点），这一观点是荒谬的（对这一观点的否定，即老吕不帅），因为老吕鼻孔太大（否定理由，即论据）。
第 2 步 套用母题方法	题干结构 1：直接锁定“但是”后面的部分。 题干结构 2：重点是对他人观点的否定。 注意：如果转折词后面有代词，需要将代词进行还原。

典型例题

1 在人类成功登陆月球以后，许多人认为，人类下一个外太空的登陆目标应该是火星的卫星“火卫一”，而不是火星。因为虽然从地球到二者的飞行时间差不多，但完成登陆探测“火卫一”所需的燃料只是完成登陆探测火星所需的一半。然而，这一观点并不可取，因为除了燃料消耗，登陆还需要考虑很多其他的因素。

以下哪项最为准确地概括了题干所要论证的结论？

A. 登陆外太空目标时，首先需要考虑的因素是燃料消耗。

B. 下一个外太空登陆目标可以是太阳系中的其他几大行星。

C. 在“火卫一”和“火星”两个外太空天体中，优先选择登陆“火卫一”是错误的。

D. 优先选择登陆“火卫一”可将其作为太空中转站，更容易展开对火星的探测。

E. 燃料的消耗与登陆外太空目标的难度成正比。

【第 1 步　识别命题形式】

提问方式：以下哪项最为准确地概括了题干所要论证的结论？

题干：在人类成功登陆月球以后，许多人认为，人类下一个外太空的登陆目标应该是火星的卫星“火卫一”，而不是火星（他人的观点）。因为虽然从地球到二者的飞行时间差不多，但完成登陆探测“火卫一”所需的燃料只是完成登陆探测火星所需的一半（他人观点的论据）。然而，这一观点并不可取（否定他人的观点），因为除了燃料消耗，登陆还需要考虑很多其他的因素（否定他人观点的理由）。

题干结构为：“某人认为A，但是这一提议是荒谬的，因为B”，故此题为转折模型。

【第2步 套用母题方法】

题干的问题是“以下哪项最为准确地概括了题干所要论证的结论？”，即找论点，题干的论点为“这一观点并不可取”，即“人类下一个外太空的登陆目标应该是火星的卫星‘火卫一’，而不是火星”是不可取的，故此题可秒选C项。

A、E两项，此题要求概括结论，而“燃料的消耗”是论据中出现的概念，不是结论，故排除。

B项，题干并未涉及太阳系的“其他行星”，无关选项。

D项，此项说明优先登陆火卫一更有利于探索火星，支持有些人的观点，削弱题干的结论。

【答案】C

2 一项关于W国咖啡领域的调查显示，过去W国咖啡领域的融资金额高达5亿元。今年年初，该国许多知名企业跨界进入咖啡领域，本土咖啡品牌在快速崛起，企业的管理者们由此认为，W国今年的本土咖啡品牌的销量将显著上升。但是，经济学家对此却看衰，因为，咖啡在W国居民中不是很受欢迎。

以下哪项如果为真，最能支持经济学家的观点？

A. W国个别线下门店提供的速溶咖啡添加了植脂末、白砂糖等成分，摄入过多不利于身体健康。

B. W国本土咖啡品牌的咖啡单价很高，口感也更差，而单价和口感是消费者购买咖啡时要考虑的因素。

C. W国的一些企业开始向咖啡液、速溶咖啡、袋泡咖啡等全品类进军，并占据了很大的市场份额。

D. W国的咖啡文化非常成熟，无论是年轻人，还是老年人都将咖啡视为每日必需的饮品。

E. W国的一些居民不愿意购买咖啡，更倾向于购买奶茶等饮品。

【第1步 识别命题形式】

本题的提问方式为“以下哪项如果为真，最能支持经济学家的观点？”，此题为支持题，且提问针对论点，可优先考虑肯P法。

题干：企业的管理者们认为，W国今年的本土咖啡销量将显著上升（他人的观点）。但是，经济学家对此却看衰（否定他人的观点），因为，咖啡在W国居民中不是很受欢迎（否定他人观点的理由）。

题干结构为：“某人认为A，但是这一提议是荒谬的，因为B”，故此题为转折模型。

【第2步 套用母题方法】

A项，个别线下门店的情况未必有代表性，不能支持经济学家的观点。

B项，此项说明由于W国本土咖啡单价贵、口感差，导致其不受消费者欢迎，支持经济学家的观点。

C项，此项指出咖啡液、速溶咖啡、袋泡咖啡等占据了很大的市场份额，说明咖啡并不是不受W国居民欢迎，削弱经济学家的观点。

D 项，此项指出"无论是年轻人，还是老年人都将咖啡视为每日必需的饮品"，说明咖啡并不是不受 W 国居民欢迎，削弱经济学家的观点。

E 项，W 国的一些居民不愿意购买咖啡，略支持经济学家的观点，但无法确定这些人的情况能不能代表该国的整体情况。

【答案】B

母题模型 21 绝对化结论模型

母题技巧

第 1 步 识别命题形式	题干特点：题干的论点中出现绝对化的断定。 例如："必须""只有……才……""如果……那么……"等。
第 2 步 套用母题方法	此模型主要在削弱题中考查。这类模型本质上考查的是形式逻辑中的矛盾命题，用形式逻辑的思维解题即可。

典型例题

1 近年来，全世界的水稻田中陆续出现了杂草稻，它们直接导致稻田减产、品质下降，灾害严重的稻田甚至大面积绝收。这种杂草稻是通过基因组变异去驯化并适应环境的，有着正常水稻所不具备的强大生长优势。有专家指出，它们的存在必然会加大田间管理难度和成本，还会使得正常水稻的产量骤降。

以下哪项如果为真，最能支持专家的观点？

A. 杂草稻的存在会使得正常水稻的结穗率提高至少三分之一。

B. 杂草稻米粒口感坚硬粗糙，收割时混入这种"假米"，会影响稻米的品质。

C. 杂草稻的存在可能会使得病虫害频发，从而导致农户使用更多的药剂；为全面拔除田间的杂草稻，还可能增加雇用的人数。

D. 杂草稻主要分布在广东、湖南、江苏、东北等我国主要的水稻主产区。

E. 杂草稻会抢占正常水稻的生长空间，影响正常水稻的阳光吸收，抢夺田间养分以致正常水稻产量会显著降低。

【第 1 步　识别命题形式】

本题的提问方式为"以下哪项如果为真，最能支持专家的观点？"，此题为支持题，且提问针对论点，可优先考虑肯 P 法。

专家的观点：它们（杂草稻）的存在必然会加大田间管理难度和成本，还会使得正常水稻的产量骤降。

锁定"必然"一词，可知此题为绝对化结论模型。

【第 2 步　套用母题方法】

A 项，此项说明杂草稻不仅不会降低正常水稻的产量，反而会促进正常水稻产量提升，削弱专家的观点。

B项，此项指出杂草稻的品质低，但并不涉及专家观点中的两种不利之处，无关选项。

C项，此项说明杂草稻不仅会增加田间的管理难度，还会造成管理成本增加，支持专家的观点，但“可能”是弱化词，故此项支持力度较弱。

D项，此项涉及的是杂草稻的主要分布地，并未提及杂草稻的危害，无关选项。

E项，此项说明杂草稻确实会使得正常水稻的产量显著降低，支持专家的观点，且此项的力度词是“显著”，故E项的支持力度大于C项。

【答案】E

2 某奥运会金牌得主在分享自己的成功秘诀时曾表示“秘密武器是每天睡10个小时”。因此有人表示，长时间的睡眠是迈向成功之路不可或缺的因素之一。

以下哪项如果为真，最能削弱上述结论？

A. 某上市公司CEO张伟表示他创业期间每天仅睡4个小时。

B. 有研究发现，成年人每天睡6.5～7.4个小时死亡率最低。

C. 身体长时间处于睡眠状态会导致心脏部位的健康受到威胁。

D. 良好的睡眠是绝好的调适压力的良药，可以帮助人恢复体能。

E. 长期睡眠过多，导致大脑功能衰退，甚至会增加患抑郁症的概率。

【第1步 识别命题形式】

本题的提问方式为“以下哪项如果为真，最能削弱上述结论？”，此题为削弱题，且提问针对论点，可优先考虑怼P法。

题干：某奥运会金牌得主的成功秘诀是“每天睡10个小时”（论据）。因此有人表示，长时间的睡眠是迈向成功之路不可或缺的因素之一（论点）。

本题有两个母题模型：

模型1：题干论据中的对象是“某奥运会金牌得主”（小范围），论点是一般性的结论（大范围），故此题为归纳论证模型。

模型2：题干的论点中出现绝对化词“不可或缺”，故此题为绝对化结论模型。直接找结论的矛盾命题即可反驳。

【第2步 套用母题方法】

A项，成功 $\wedge\neg$ 长时间的睡眠，与题干的论点矛盾，故此项最能削弱题干的结论。

B项，题干论证的是充足的睡眠对成功的影响，而此项论证的是睡眠与死亡率的关系，无关选项。（干扰项·话题不一致）

C项，题干论证的是充足的睡眠对成功的影响，而此项论证的是长时间的睡眠与健康的关系，无关选项。（干扰项·话题不一致）

D项，此项说明良好的睡眠有助于缓解压力，但是这对于成功的帮助并不明确，无关选项。（干扰项·不确定项）

E项，题干论证的是充足的睡眠对成功的影响，而此项论证的是长时间的睡眠对大脑及抑郁症发病率的影响，无关选项。（干扰项·话题不一致）

【答案】A

第 7 章　论证逻辑：7 大低频题型

❶ “7 大低频题型”在论证逻辑真题中的占比

在联考逻辑真题中，论证逻辑“低频题型”总体而言考查占比不大，合计每年考查 1～2 道题。
在 2025 年管理类联考中，论证逻辑共考查 15 道题，其中，“低频题型”考查 2 道题；
在 2025 年经济类联考中，论证逻辑共考查 9 道题，其中，“低频题型”考查 2 道题。

❷ 论证逻辑的低频题型有哪些?

在近几年联考真题中，论证逻辑主要考查以下低频题型：论证结构题、论证与反驳方法题、结构相似题、关键问题题、推论题及语义理解题、争论焦点题和逻辑谬误题等。

❸ 本章难吗?

本章题型中，论证与反驳方法题、推论题难度较大，其他题型难度中等。

通过对近 10 年管综真题和近 5 年经综真题模型考查频次的分析，现将本章低频题型总结如下：

低频题型	难度	重要程度
低频题型 1　论证结构题	★★★★	★★★
低频题型 2　论证与反驳方法题	★★★★★	★★
低频题型 3　结构相似题	★★★★	★★★★
低频题型 4　关键问题题	★★★	★★
低频题型 5　推论题及语义理解题	★★★★★	★★★★
低频题型 6　争论焦点题	★★★★	★★★★
低频题型 7　逻辑谬误题	★★★★	★★★

难度说明：★★为简单，★★★为中档，★★★★为中档偏上，★★★★★为难。

低频题型1 论证结构题

母题技巧

第1步 识别命题形式	提问方式： “以下哪项对上述论证结构的表示最为准确？”
第2步 套用母题方法	步骤1：找论证标志词。 论点标志词：因此……，所以……，可见……，这表明……，实验表明……，据此推断……，由此认为……，我认为……，这样说来……，简而言之……，显然……，等等。 论据标志词：例如……，因为……，由于……，依据……，据统计……，等等。 步骤2：找逻辑关系。 如并列关系、转折关系、递进关系。 步骤3：若通过步骤1和步骤2不能解题，则根据语句的内容进行判断。 论点：有所断定。 论据：一般为事实描述。

典型例题

1 有一论证(相关语句用序号表示)如下：

①故曰：中华传统美德，于今世犹有大用焉。

②古之贤者，重义轻利，此美德也。

③昔者，季布一诺千金，人皆敬之；今之商业，契约精神，亦由此化焉。

④古之贤者，尊师重道，此美德也。

⑤往昔，孔门弟子三千，贤者七十二；今之学校，师道尊严，犹存古风焉。

如果用“甲→乙”表示甲支持(或证明)乙，则以下哪项对上述论证基本结构的表示最为准确？

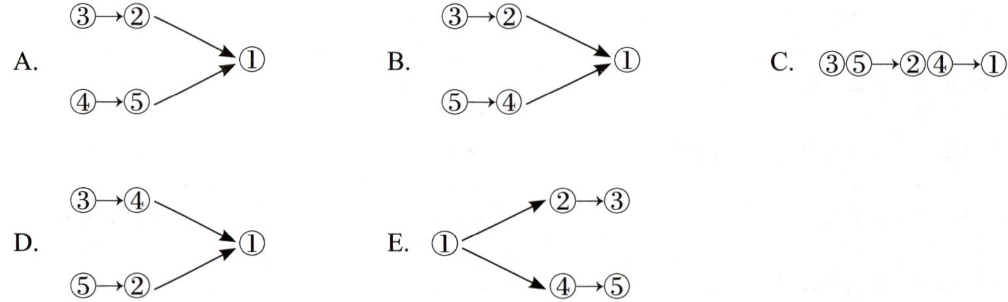

【第1步 识别命题形式】

本题的提问方式为“以下哪项对上述论证基本结构的表示最为准确”，故此题为论证结构题。

【第2步 套用母题方法】

锁定关键词“故曰”，可知句①是核心论点。

读其余四句话可知，句②、④中均出现“此……也”，均为断定，是分论点；句③、⑤是例子，故为论据。

句③是“诚信、契约精神”的实例，故支持句②中的“重义轻利”；句⑤是“贤者、师道”的实例，故支持句④中的“尊师重道”。即：③→②、⑤→④，故 B 项正确。

【答案】B

2 有一论证(相关语句用序号表示)如下：

①臣闻吏议逐客，窃以为过矣。

②昔缪公求士，西取由余于戎，东得百里奚于宛，迎蹇叔于宋，来丕豹、公孙支于晋。此五子者，不产于秦，而缪公用之，并国二十，遂霸西戎。

③孝公用商鞅之法，移风易俗，民以殷盛，国以富强，百姓乐用，诸侯亲服，获楚、魏之师，举地千里，至今治强。

④惠王用张仪之计，拔三川之地，西并巴、蜀，北收上郡，南取汉中，包九夷，制鄢、郢，东据成皋之险，割膏腴之壤，遂散六国之从，使之西面事秦，功施到今。

⑤昭王得范雎，废穰侯，逐华阳，强公室，杜私门，蚕食诸侯，使秦成帝业。此四君者，皆以客之功。

⑥由此观之，客何负于秦哉！

⑦向使四君却客而不内，疏士而不用，是使国无富利之实，而秦无强大之名也。

如果用“甲→乙”表示甲支持(或证明)乙，则以下哪项对上述论证基本结构的表示最为准确？

A. ①→②→③→④→⑤→⑥→⑦

B. ①→②③④⑤→⑥→⑦

C. ②③④⑤→⑥→⑦→①

D. ②③④⑤→①→⑥→⑦

E. ②→③→④→⑤→⑥→⑦→①

【第 1 步 识别命题形式】

本题的提问方式为“以下哪项对上述论证基本结构的表示最为准确”，故此题为论证结构题。

【第 2 步 套用母题方法】

题干中，句②、③、④和⑤显然是 4 个并列的例子，故排除 A 项和 E 项。

句①是全文的论点，故排除 B 项和 D 项。

综上，C 项正确。

【答案】C

3 有一论证(相关语句用序号表示)如下：

①天行有常，不为尧存，不为桀亡。

②应之以治则吉，应之以乱则凶。

③强本而节用，则天不能贫；养备而动时，则天不能病；修道而不贰，则天不能祸。

④故水旱不能使之饥，寒暑不能使之疾，袄怪不能使之凶。

⑤本荒而用侈，则天不能使之富；养略而动罕，则天不能使之全；倍道而妄行，则天不能使之吉。

⑥故水旱未至而饥，寒暑未薄而疾，祆怪未至而凶。

如果用“甲→乙”表示甲支持(或证明)乙，则以下哪项对上述论证基本结构的表示最为准确？

C. ①→②→③→④→⑤→⑥　　　D. ①→②→④→③→⑥→⑤

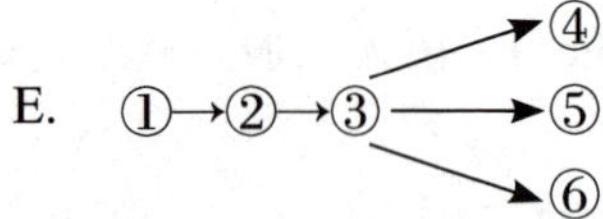

【第 1 步　识别命题形式】

本题的提问方式为“以下哪项对上述论证基本结构的表示最为准确”，故此题为论证结构题。

【第 2 步　套用母题方法】

锁定关键词“故”，可知句④和句⑥是两个并列的结论。

观察选项，只有 A 项符合，故 A 项正确。

【答案】A

低频题型 2　论证与反驳方法题

母题技巧

第 1 步 识别命题形式	提问方式： “以下哪项最为恰当地概括了题干的论证方法？” “以下哪项最为恰当地概括了题干的质疑方法？”
第 2 步 套用母题方法	(1)评论论证方法题 ①论证方法：归纳论证、类比论证、演绎论证；选言证法、反证法。 ②找因果的方法：求因果五法。 (2)评论反驳方法题 常用的反驳方法：反驳对方的论据、反驳隐含假设、提出反面论据、指出另有他因、指出因果倒置，等等。

典型例题

1　朱红：红松鼠在糖松的树皮上打洞以吸取树液。既然糖松的树液主要是由水和少量的糖组成的，那么大致可以确定红松鼠是为了寻找水或糖。水在松树生长的地方很容易通过其他方式获得。因此，红松鼠不会是因为找水而费力地打洞，它们可能是在寻找糖。

林娜：一定不是在寻找糖，而是在寻找其他什么东西，因为糖松树液中糖的浓度太低了，红松鼠必须饮用大量的树液才能获得一点点糖。

朱红的论证是通过以下哪种方式展开的？

A. 陈述了一个一般规律，该论证是运用这个规律的一个实例。

B. 对更大范围的一部分可观察行为作出了描述。

C. 根据被清楚理解的现象和未被解释的现象之间的相似性进行类推。

D. 排除对一个被观察现象的一种解释，得出了另一种可能的解释。

E. 运用一个实例来补充一个一般性的见解。

【第 1 步　识别命题形式】

本题的提问方式为“朱红的论证是通过以下哪种方式展开的？”，故此题为评论论证方法题。

【第 2 步　套用母题方法】

朱红：①红松鼠是为了寻找水或糖。②水在松树生长的地方很容易通过其他方式获得。因此，红松鼠可能是在寻找糖。

朱红的论证方式为选言证法：水∨糖，非水，因此糖。即，在对一种现象的两种解释中，排除一种解释，得出另一种可能的解释，故 D 项正确。

A 项，演绎论证；B 项，题干不涉及“更大范围”；C 项，类比论证；E 项，归纳论证。因此，A、B、C、E 项均不正确，故排除。

【答案】D

2　在一场以“在线教育是否优于传统教育？”为辩题的辩论赛中，反方辩手发言：“对方辩友认为在线教育能够提供更加灵活的学习时间和个性化的学习路径。但我方认为，如果按照对方这个逻辑推理下去，我们就不需要学校和教师了，因为在线教育可以完全取代他们，这成立吗？”

以下哪项最为准确地概括了反方反驳正方所使用的方法？

A. 指出了对方论证中的因果关系存在倒置。

B. 通过构造一个类比论证来反驳对方的观点。

C. 提出了一个反例来反驳对方的一般性结论。

D. 指出对方在一个关键概念的运用上自相矛盾。

E. 假设对方逻辑是正确的，会推导出一个荒谬的结论，以此证明对方的错误。

【第 1 步　识别命题形式】

本题的提问方式为“以下哪项最为准确地概括了反方反驳正方所使用的方法？”，故此题为评论反驳方法题。

【第 2 步　套用母题方法】

反方：如果按照对方这个逻辑推理下去，我们就不需要学校和教师了，因为在线教育可以完全取代他们，这成立吗？

反方先假设了正方的逻辑正确，由此推出“我们就不需要学校和教师了”的荒谬结论，因此可以证明正方的论证不成立，即使用了“归谬法”，故 E 项正确。

【答案】E

3 在古代，人类主要依赖狩猎和采集获取食物。然而，随着人口的增长和资源的减少，古人类不得不面对食物短缺的问题。有学者认为，古人类通过身体的进化，如更强的肌肉和更快的奔跑速度，来提高狩猎效率，从而解决食物短缺的问题。但是，反对者则认为，即便存在上述进化，古人类在当时已经发展出了较为复杂的技术。考古证据表明，他们发明了更高效的狩猎工具和食物保存方法来应对食物短缺。因此，技术的发展才是古人类能够解决食物短缺问题的真正原因。

以下哪项最为恰当地概括了反对者在反驳时所使用的方法？

A. 通过质疑上述学者的论据以反驳他的观点。

B. 对上述学者阐述的现象提出一种新的解释。

C. 在承认上述学者观点的基础上展开论证。

D. 提出一个新的论据以反驳上述学者的观点。

E. 陈述了一个一般规律，该论证是运用这个规律的一个实例。

【第 1 步 识别命题形式】

本题的提问方式为“以下哪项最为恰当地概括了反对者在反驳时所使用的方法？”，故此题为评论反驳方法题。

【第 2 步 套用母题方法】

有学者认为：古人类身体的进化（原因 Y1）使人类能够解决食物短缺问题。

反对者认为：技术的发展（原因 Y2）才是古人类能够解决食物短缺问题的真正原因。

反对者使用的方法是“另有他因”，即提出了一个新的解释来替代原有的解释。因此，B 项正确。

【答案】B

4 张教授：在西方经济萧条时期，由汽车尾气造成的空气污染状况会大大改善，因为开车上班的人大大减少了。

李工程师：情况恐怕不是这样的。在萧条时期买新车的人大大减少，而车越老，排放的超标尾气造成的污染越严重。

以下哪项最为准确地概括了李工程师的反驳所运用的方法？

A. 运用了一个反例，质疑张教授的论据。

B. 做出一个断定，只要张教授的结论不成立，则该断定一定成立。

C. 提出一种考虑，虽然不否定张教授的论据，但能削弱这一论据对其结论的支持。

D. 论证一个见解，张教授的论证虽然缺乏说服力，但其结论是成立的。

E. 运用归谬法反驳张教授的结论，即如果张教授的结论成立，会得出荒谬的推论。

【第 1 步 识别命题形式】

本题的提问方式为“以下哪项最为准确地概括了李工程师的反驳所运用的方法？”，故此题为评论反驳方法题。

【第 2 步 套用母题方法】

李工程师并没有否定张教授的论据（开车上班的人减少），而是指出，萧条时期道路上会有更多的老车，而老车会造成更严重的污染。因此，即使开车的人减少，也会造成更严重的污染，从而削弱张教授的论据对其结论的支持。故 C 项最为准确。

【答案】C

5 人们已经认识到，除了人以外，一些高级生物不仅能适应环境，而且能改变环境以利于自己的生存。其实，这种特性很普遍。例如，一些低级浮游生物会产生一种气体，这种气体在大气层中转化为硫酸盐颗粒，这些颗粒使水蒸气浓缩而形成云。事实上，海洋上空云层的形成很大程度上依赖于这种颗粒。较厚的云层意味着较多的阳光被遮挡，意味着地球吸收较少的热量。因此，这些低级浮游生物使地球变得凉爽，而这有利于它们的生存，当然也有利于人类的生存。

以下哪项最为准确地概括了上述议论所运用的方法？

A. 基于一般性的见解说明一个具体的事例。

B. 运用一个反例来反驳一个一般性的见解。

C. 运用一个具体事例来补充一个一般性的见解。

D. 运用一个具体事例来论证一个一般性的见解。

E. 对某种现象进行分析，并对这种现象产生的条件及其意义进行一般性的概括。

【第 1 步 识别命题形式】

本题的提问方式为“以下哪项最为准确地概括了上述议论所运用的方法？”，故此题为评论论证方法题。

【第 2 步 套用母题方法】

题干先提出一个一般性的见解，即“高级生物可以改变环境”，然后又通过一个例子论证了低级生物也可以改变环境，补充了前面的一般性见解。故 C 项正确。

A 项，演绎论证，不符合题干，故排除。

B 项，题干不是反驳“高级生物可以改变环境”这个一般性结论，而是对它进行了补充，故此项不如 C 项准确。

D 项，题干不是直接论证“高级生物可以改变环境”这个一般性结论，而是对它进行了补充，故此项不如 C 项准确。

E 项，归纳法，不符合题干，故排除。

【答案】C

低频题型 3 结构相似题

母题技巧

第 1 步 识别命题形式	提问方式： “上述论证方式和以下哪项最为类似？” “以下哪项论证中出现的逻辑错误与题干中出现的类似？”
第 2 步 套用母题方法	步骤 1：找到题干中的论证方法或逻辑错误。 步骤 2：选出一个和题干中的论证方法或逻辑错误最为相似的选项。

典型例题

1 在相邻的两块农田里，土壤质地、光照、灌溉条件都相同。在一块田里种植常规水稻品种，另一块种植新研发的水稻品种。收获时发现，种植新水稻品种的农田产量明显更高。由此可以得出，新水稻品种是产量提高的原因。

以下各项除哪项外的论证方式均与上述论证相似？

A. 选取两组身体状况相似的实验小白鼠，给它们提供相同的饮食和生活环境。对其中一组小白鼠注射某种新型药物，另一组不注射。一段时间后，注射药物的小白鼠体内的特定病毒数量大幅减少，而未注射的那组小白鼠病毒数量没有变化。这表明该新型药物是使病毒数量减少的原因。

B. 在同一个班级里，教师教学方法、教学时间都相同。一部分学生每天课后额外花一小时做练习题，另一部分学生课后不做额外练习。经过一个月的学习，进行相同的测试，发现课后做额外练习的学生的成绩普遍高于不做额外练习的学生。由此可以推断，课后额外做练习题是成绩提高的一个重要因素。

C. 同一条生产线上，生产设备、操作流程都相同。在周一至周三使用 A 品牌的原材料进行生产，在周四至周五使用 B 品牌的原材料进行生产。结果发现，使用 A 品牌原材料生产出来的产品次品率明显低于 B 品牌。由此可以认为，原材料品牌的差异是导致产品次品率不同的原因。

D. 某公司最近有几名员工出现了严重的过敏反应。公司调查了这些员工的饮食和生活习惯，发现他们虽然在不同的部门工作，吃的食物也不同，但都有一个共同点——他们最近都使用了新品牌的空气清新剂。

E. 小李和小张在同一家公司工作，年龄相仿，工作压力相似。小李每天坚持运动，每周至少进行三次有氧运动，每次 30 分钟。小张则很少运动，工作之余大部分时间都坐在沙发上。经过一年的观察，小李的身体状况良好，体检指标正常，而小张则出现了体重增加、血压升高等健康问题。

【第 1 步　识别命题形式】

本题的提问方式为“以下各项除哪项外的论证方式均与上述论证相似？”，故此题为结构相似题。

【第 2 步　套用母题方法】

题干：通过两组对比实验，得出一个因果关系，即求异法。

A 项，一组注射新型药物，另一组不注射新型药物，通过两组对比得出因果关系，即求异法，与题干相同。

B 项，一部分额外做练习题，另一部分不额外做练习题，通过两组对比得出因果关系，即求异法，与题干相同。

C 项，一组用 A 品牌的原材料，另一组用 B 品牌的原材料，通过两组对比得出因果关系，即求异法，与题干相同。

D 项，通过找到共同因素（“使用了新品牌的空气清新剂”）来找原因，即求同法，与题干不同。

E 项，一人运动，另一人不运动，通过两组对比得出因果关系，即求异法，与题干相同。

【答案】D

2 某市公共卫生部门调查发现，在该市的高污染工业区，居民的哮喘发病率远高于其他地区。此外，这些工业区空气中的二氧化硫含量也明显高于其他地区。因此，公共卫生部门推测，空气中的二氧化硫含量高可能是导致该市哮喘高发的主要原因。

以下哪项的论证方式与上述论证最为相似?

A. 某研究机构调查了南京市居民的饮食习惯与肥胖率，发现快餐消费比例较高的人群，肥胖率也较高。因此，研究人员推测，与南京市距离较近的合肥市也是如此。

B. 某公司调查了员工的工作时间与工作效率，发现每天加班的员工，其平均工作效率并未明显高于不加班的员工。因此，公司认为，加班时间长并不一定能提高工作效率。

C. 某校调查了学生的学习习惯与考试成绩，发现成绩优异的学生中，大多数人每天额外学习至少两小时。因此，学校建议，学习成绩不好的同学也应该每天额外学习两小时。

D. 某市调查了不同年龄段居民的运动习惯，发现年轻人更喜欢高强度运动，而老年人更倾向于低强度运动。因此，调查人员认为，不同的人群喜欢不同的运动。

E. 某地区研究人员调查发现，使用某品牌化妆品的人群，皮肤过敏的比例远高于未使用该品牌化妆品的人群。因此，他们推测，该品牌化妆品可能是导致人们皮肤过敏的主要原因。

【第 1 步　识别命题形式】

本题的提问方式为“以下哪项的论证方式与上述论证最为相似?”，故此题为结构相似题。

题干：通过高污染工业区与其他地区的对比，得到因果关系，即求异法。

【第 2 步　套用母题方法】

A 项，由南京市的情况类比到合肥市的情况，类比论证，与题干不同。

B 项，此项认为“加班时间长并不一定能提高工作效率”，即否定了因果关系，而题干是肯定因果关系，故此项与题干不同。

C 项，此项中存在建议，而题干中不存在建议，故此项与题干不同。

D 项，“不同的人群喜欢不同的运动”是一项客观描述，而不是因果关系，与题干不同。

E 项，此项通过对使用某品牌化妆品的人群与未使用某品牌化妆品的人群进行对比，得到因果关系，即求异法，与题干相同。

【答案】E

3 标准抗生素通常只含有一种活性成分，而草本抗菌药物却含有多种。因此，草本药物在对抗新的抗药菌时，比标准抗生素更有可能维持其效用。对菌株来说，它对草本药物产生抗性的难度，就像厨师难以做出一道能同时满足几十位客人口味的菜肴一样，而做出一道满足一位客人口味的菜肴则容易得多。

以下哪项中的推理方式与上述论证中的最相似?

A. 如果你在银行有大量存款，你的购买力就会很强。如果你的购买力很强，你就会幸福。所以，如果你在银行有大量存款，你就会幸福。

B. 足月出生的婴儿在出生后所具有的某种本能反应到 2 个月时就会消失，这个婴儿已经 3 个月了，还有这种本能反应。所以，这个婴儿不是足月出生的。

C. 根据规模大小的不同，超市可能需要 1 至 3 个保安来防止偷窃。如果哪个超市决定用 3 个保安，那么它肯定是个大超市。

D. 电流通过导线如同水流通过管道。由于大口径的管道比小口径的管道输送的流量大，所以，较粗的导线比较细的导线输送的电量大。

E. 如果今天天气晴朗，我就去打球。我今天没有去打球。所以，今天下雨了。

【第 1 步 识别命题形式】

本题的提问方式为“以下哪项中的推理方式与上述论证中的最相似?”，故此题为结构相似题。

【第 2 步 套用母题方法】

题干将“草本药物和标准抗生素对新的抗药菌的效用”类比为“厨师对客人口味的满足”，即类比论证。

D 项，此项将“电流通过导线”类比为“水流通过管道”，即类比论证，与题干相同。

其余各项均不是类比论证，均与题干不同。

【答案】D

4 海拔越高，空气越稀薄。因为西宁的海拔高于西安，因此，西宁的空气比西安的空气稀薄。以下哪项中的推理与题干的最为类似?

A. 一个人的年龄越大，他就变得越成熟。老张的年龄比他的儿子大，因此，老张比他的儿子成熟。

B. 一棵树的年头越长，它的年轮越多。老张院子中槐树的年头比老李家的槐树年头长，因此，老张家的槐树比老李家的槐树年轮多。

C. 今年马拉松冠军的成绩比前年好。张华是今年的马拉松冠军，因此，他今年的马拉松成绩比他前年的好。

D. 在竞争激烈的市场上，产品质量越高并且广告投入越多，产品需求就越大。甲公司投入的广告费比乙公司的多，因此，对甲公司产品的需求量比对乙公司产品的需求量大。

E. 一种语言的词汇量越大，越难学。英语比意大利语难学，因此，英语的词汇量比意大利语大。

【第 1 步 识别命题形式】

本题的提问方式为“以下哪项中的推理与题干的最为类似?”，故此题为结构相似题。

【第 2 步 套用母题方法】

题干：海拔越高，空气越稀薄。因为西宁的海拔高于西安，因此，西宁的空气比西安的空气稀薄。

“海拔越高，空气越稀薄”对于任何城市来说都是成立的，是一般性结论，因此，题干的论证正确。

A 项，“一个人的年龄越大，他就变得越成熟”是和自身进行比较，而此项后面比较的是不同的两个人，故此项与题干不同。

B 项，“树的年头越长，年轮越多”对于任何树木来说都是成立的，是一般性结论，故此项的论证正确，与题干相同。

C 项，“今年马拉松冠军的成绩比前年好”比较的是今年和前年的不同选手，而此项后面比较的是张华今年和前年的成绩，故此项与题干不同。

D 项，产品质量越高并且广告投入越多，则产品需求就越大。可见，广告费仅是影响产品需求的一个因素，故此项的论证不正确，与题干不同。

E 项，倒置了“难学”与“词汇量大”的因果关系，故此项与题干不同。

【答案】B

低频题型4 关键问题题

母题技巧

第1步 识别命题形式	提问方式： “回答以下哪个问题对评价以上陈述最有帮助？” “了解以下哪项，对评价上述论证最为重要？”
第2步 套用母题方法	此类题就是要求我们找到一个关键问题，这一关键问题的回答会直接影响到题干论证的成立性。即，对这个问题做正面回答，可以使题干成立；对这个问题做反面回答，可以使题干不成立。 常用“设计对比实验”法。

典型例题

1 世界卫生组织报告说，全球每年有数百万人死于各种医疗事故。在任何一个国家的医院，医疗事故致死的概率都不低于0.3%。因此，即使是癌症患者也不应当去医院治疗，因为去医院治疗会增加死亡的风险。

为了评估上述论证，对以下哪个问题的回答最为重要？

A. 在因医疗事故死亡的癌症患者中，即使不遭遇医疗事故最终也会死于癌症的人占多大比例？

B. 去医院治疗的癌症患者和不去医院治疗的癌症患者的死亡率分别是多少？

C. 医疗事故致死的概率是否因医院管理水平的提高而正在下降？

D. 患者能否通过自身的努力来减少医疗事故的发生？

E. 医院的医疗事故能否通过医生的努力而下降？

【第1步 识别命题形式】

本题的提问方式为“为了评估上述论证，对以下哪个问题的回答最为重要？”，故此题为关键问题题。

【第2步 套用母题方法】

要评价的论证是：去医院治疗会增加死亡的风险，因此，癌症患者不应当去医院治疗。

A项，在因医疗事故死亡的癌症患者中，即使不遭遇医疗事故最终也会死于癌症的人占很小的比例，也只能说明医疗事故是造成癌症患者死亡的原因之一，不足以说明癌症患者去医院治疗会增加死亡的风险，故排除。

B项，如果去医院治疗的癌症患者的死亡率更高，说明去医院治疗确实会增加死亡的风险，支持题干；反之，则削弱题干。因此，回答B项的问题对于评价题干中的论证最为重要。

C项，题干的论证不涉及影响医疗事故致死的因素，无关选项，故排除。

D项，题干的论证不涉及患者自身的努力对医疗事故发生情况的影响，无关选项，故排除。

E项，题干的论证不涉及医生的努力对医疗事故发生情况的影响，无关选项，故排除。

【答案】B

2 自 2003 年 B 市取消强制婚前检查后，该市的婚前检查率从 10 年前的接近 100%降至 2011 年的 7%，成为全国倒数第一。与此同时，该市的新生儿出生缺陷率上升了一倍。由此可见，取消强制婚前检查制度导致了新生儿出生缺陷率的上升。

对以下各项问题的回答都与评价上述论证相关，除了：

A. 近十年来该市的生存环境(空气和水的质量等)是否受到破坏？

B. 近十年来在该市育龄人群中，熬夜、长时间上网等不健康的生活方式是否大量增加？

C. 近十年来该市妇女是否推迟生育，高龄孕妇的比例是否有较大提高？

D. 近十年来该市流动人口的数量是增加还是减少了？

E. 近十年来该市妊娠期妇女进行孕检的比例是增加还是减少了？

【第 1 步　识别命题形式】

本题的提问方式为“对以下各项问题的回答都与评价上述论证相关，除了”，故此题为关键问题题。

【第 2 步　套用母题方法】

要评价的论证是：取消强制婚前检查制度导致了新生儿出生缺陷率的上升。

A 项，如果生存环境受到破坏，则新生儿出生缺陷率可能上升，另有他因，削弱题干；反之，则支持题干。故此项与题干的论证相关。

B 项，如果该市育龄人群中不健康的生活方式大量增加，则新生儿出生缺陷率可能上升，另有他因，削弱题干；反之，则支持题干。故此项与题干的论证相关。

C 项，如果高龄孕妇的比例有较大提高，则新生儿出生缺陷率可能上升，另有他因，削弱题干；反之，则支持题干。故此项与题干的论证相关。

D 项，流动人口的多少并不影响新生儿的健康，无关选项。

E 项，如果妊娠期妇女进行孕检的比例减少，则新生儿出生缺陷率可能上升，另有他因，削弱题干；反之，则支持题干。故此项与题干的论证相关。

【答案】D

低频题型 5 推论题及语义理解题

母题技巧

第 1 步 识别命题形式	此类题要求通过对题干的理解及归纳总结，推断正确的选项，常见两种形式： （1）概括论点题 提问方式： “以下哪项如果为真，最能概括题干所要表达的结论？” （2）普通推论题 提问方式： “如果上述断定为真，则以下哪项断定必然为真？” “如果上述断定为真，最能推出以下哪项结论？” “如果上述断定为真，最能支持以下哪项结论？”

续表

第 2 步 套用母题方法	(1) 概括论点题 分析题干的论证结构，找到题干的论点即可。可参考母题模型 20“转折模型”的解题方法。 (2) 普通推论题 普通推论题与形式逻辑中的推理题以及综合推理题的提问方式是相同的。因此： 情况 1：题干中有诸如“如果……那么……”“只有……才……”等逻辑关联词，此题为推理题，应用推理题的相关解法解题。 情况 2：题干中没有以上逻辑关联词，则用论证、因果等相关知识解题。 (3) 判断干扰项的方法 主要考虑以下内容：对象的一致性、话题的一致性、量词的一致性、程度的一致性。

典型例题

1 牙医在治疗龋齿时，先要去除牙齿龋坏的部分，再填充材料以修补缺损的牙体。但是，10%至15%的补牙会失败，且所用的填充物并不具备使牙齿自愈的功能，甚至还有一定的副作用。有鉴于此，研究人员研发出一种用合成生物材料制成的填充物，可以刺激牙髓中干细胞的生长，修复受损部位，这种填充物能刺激干细胞的增殖，并分化成牙本质。如果未来补牙的填充物都用这样的再生材料制成，将会降低补牙失败率，也可减少蛀牙患者治疗牙髓之苦。

根据上述信息，以下哪项做出的论断最为准确?

A. 未来人们将不再患上蛀牙病。

B. 未来人们将不再受治疗牙髓之苦。

C. 新研发的补牙填充物能刺激受损牙齿自愈。

D. 新研发的补牙填充物能避免牙本质在未来产生损伤。

E. 蛀牙患者可以负担得起这种新研发的补牙填充物的费用。

【第 1 步　识别命题形式】

本题的提问方式为“根据上述信息，以下哪项做出的论断最为准确?”，故此题为推论题。

【第 2 步　套用母题方法】

A 项，由题干信息可知，未来可能会减少蛀牙患者治疗牙髓之苦，但“减少蛀牙患者治疗牙髓之苦”不等于“不再患蛀牙病”，故此项无法由题干推出。此外，此项表述过于绝对。

B 项，题干指出，通过题干中的手段可以“减少”治疗牙髓之苦，而不是“不受”治疗牙髓之苦，故此项推断过度。

C 项，由题干信息可知，新研发的补牙填充物可以刺激牙髓中干细胞的生长，修复受损部位，说明此种填充物可以刺激牙齿自愈，故此项可以由题干推出。

D 项，题干指出新研发的补牙填充物能刺激干细胞的增殖，并“分化成牙本质”，但这并不代表它能“避免牙本质在未来产生损伤”，故此项无法由题干推出。

E 项，题干未涉及“费用”，无关选项。

【答案】C

2 最新研究显示，早期地球不断遭受外来物体碰撞，碰撞产生的热和放射性元素形成巨大的岩浆洋。研究还显示，早期地球被富含氢分子的大气层包围。研究人员利用数学建模探究氢分子大气层与岩浆洋之间的物质交换，发现大量氢向岩浆洋运动、融合，产生了大量的水。

根据以上叙述，最有可能推出以下哪项？

A. 地球上大量的水源于富氢大气层与地球形成初期的岩浆洋之间相互作用。

B. 早期地球岩浆洋与氢分子原始大气层间相互作用可能产生了水和氧化物。

C. 即使岩石物质都干燥，氢分子大气层与岩石相互作用也会产生丰富的水。

D. 地球上的水可能源于富氢大气层与地球形成初期的岩浆洋之间相互作用。

E. 氢分子大气层与岩浆洋之间特定的比例使得这二者可以相互作用产生水。

【第 1 步　识别命题形式】

本题的提问方式为“根据以上叙述，最有可能推出以下哪项？”，故此题为推论题。

【第 2 步　套用母题方法】

A 项与 D 项具有相似性，进行比较分析：

题干中，研究人员模拟了早期地球环境，从而产生了大量的水，这有助于说明早期地球上的水可能也是由类似的方式产生。但是，这仅仅是一个类似的实验，而不是确定的证据，故 D 项与 A 项相比，用“可能”这一程度词更加准确。故 D 项正确。

B 项，题干只涉及“水”，不涉及“氧化物”，故此项无法由题干推出。

C 项，题干不涉及“岩石物质都干燥”时的情况，故此项无法由题干推出。

E 项，题干不涉及氢分子大气层与岩浆洋相互作用产生水是否需要“特定的比例”，故此项无法由题干推出。

【答案】D

3 给狗穿戴触觉背心后，操控者可通过网络控制背心震动的位置和持续时间，向狗发出不同指令。研究表明，狗对震动指令的反应并不亚于对声音指令的反应，有时甚至更好。目前狗在接受训练后，能够学会根据震动指令做出准确反应，如“转身”“后退”等。

根据以上信息，可以得出以下哪项？

A. 狗对震动指令的反应比对声音指令的反应更好。

B. 触觉背心与已有训练设备一起使用，能起到更好的效果。

C. 在使用者无法直接触摸物体时，此类技术可用于模拟触摸等感觉。

D. 让狗穿戴触觉背心，可实现人类对狗的远程指挥。

E. 使用触觉背心训练的狗，在搜救、军事作业中比通过其他方式训练的狗表现更好。

【第 1 步　识别命题形式】

本题的提问方式为“根据以上信息，可以得出以下哪项？”，故此题为推论题。

【第 2 步　套用母题方法】

A 项，题干指出“狗对震动指令的反应并不亚于对声音指令的反应，有时甚至更好”，“有时”只是个别性情况，无法由此得出一般性结论，故此项无法由题干推出。

B 项，题干并未讨论触觉背心与已有训练设备一起使用的效果，无关选项。

C 项，题干并未讨论这项技术的其他应用，无关选项。

D 项，由题干信息“给狗穿戴触觉背心后，操控者可通过网络向狗发出不同指令”可知，此项可以由题干推出。

E 项，题干并未涉及“使用触觉背心训练的狗”和“通过其他方式训练的狗”的比较，无关选项。（干扰项・新比较）

【答案】D

4 据《科学日报》消息，1998 年 5 月，瑞典科学家在有关领域的研究中首次提出，一种对防治老年痴呆症有特殊功效的微量元素，只有在未经加工的加勒比椰果中才能提取。

如果《科学日报》的上述消息是真实的，那么以下哪项不可能是真实的？

Ⅰ. 1997 年 4 月，芬兰科学家在相关领域的研究中提出过，对防治老年痴呆症有特殊功效的微量元素，除了未经加工的加勒比椰果，不可能在其他对象中提取。

Ⅱ. 荷兰科学家在相关领域的研究中证明，在未经加工的加勒比椰果中，并不能提取对防治老年痴呆症有特殊功效的微量元素，这种微量元素可以在某些深海微生物中提取。

Ⅲ. 著名的苏格兰医生查理博士在相关的研究领域中证明，该微量元素对防治老年痴呆症并没有特殊功效。

A. 仅Ⅰ。　　B. 仅Ⅱ。　　C. 仅Ⅲ。

D. 仅Ⅱ和Ⅲ。　　E. Ⅰ、Ⅱ和Ⅲ。

【第 1 步　识别命题形式】

本题的提问方式为“如果《科学日报》的上述消息是真实的，那么以下哪项不可能是真实的？”，故此题为推论题。

结合题干中的关联词“只有……才……”，可知此题本质上是形式逻辑中的推理题。

【第 2 步　套用母题方法】

已知《科学日报》的上述消息是真实的，说明的确有瑞典科学家在有关领域的研究中“首次提出”了此观点，因此，不可能在更早的时间有科学家提出相同的观点，故Ⅰ项不可能为真。

《科学日报》的上述消息是真实的，只能说明的确有瑞典科学家提出此观点，但这种观点未必正确，故Ⅱ、Ⅲ项的真假无法确定。

综上，A 项正确。

【答案】A

5 随着心脏病成为人类健康的“第一杀手”，人体血液中的胆固醇含量越来越引起人们的重视。一个人血液中的胆固醇含量越高，患致命的心脏病的风险也就越大。至少有三个因素会影响人的血液中的胆固醇含量，它们是抽烟、饮酒和运动。

如果上述断定为真，则以下哪项一定为真？

Ⅰ. 某些生活方式的改变，会影响一个人患致命的心脏病的风险。

Ⅱ. 如果一个人血液中的胆固醇含量不高，那么他患致命的心脏病的风险也不大。

Ⅲ. 血液中的胆固醇含量高是造成当今人类死亡的主要原因。

A. 仅Ⅰ。　　B. 仅Ⅱ。　　C. 仅Ⅰ和Ⅱ。

D. 仅Ⅰ和Ⅲ。　　E. Ⅰ、Ⅱ和Ⅲ。

【第 1 步　识别命题形式】

本题的提问方式为“如果上述断定为真，则以下哪项一定为真？”，锁定题干中第二句话中的关键词“就”可知，此条件为假言命题。但此题还涉及其他条件，故此题是一道综合型的推论题。

【第2步 套用母题方法】

Ⅰ项，由题干信息可知，至少有三个因素会影响一个人患致命的心脏病的风险，它们是抽烟、饮酒和运动。由于这三个因素均为生活方式的一种，故此项为真。

Ⅱ项，由题干信息可知，胆固醇含量高→患致命的心脏病的风险大，根据“逆否原则”及“箭头指向原则”可知，由题干无法推出“胆固醇含量不高→患致命的心脏病的风险不大”，故此项可真可假。

Ⅲ项，推理过度，心脏病是人类健康的“第一杀手”，不代表血液中的胆固醇含量高是造成当今人类死亡的“主要原因”。

综上，A项正确。

【答案】A

6 各品种的葡萄中都存在着一种化学物质，这种物质能有效地减少人血液中的胆固醇。这种物质也存在于各类红酒和葡萄汁中，但白酒中不存在。红酒和葡萄汁都是用完整的葡萄做原料制作的；白酒除了用粮食做原料外，也用水果做原料，但和红酒不同，白酒在用水果做原料时，必须除去其表皮。

以上信息最能支持以下哪项结论？

A. 用作制酒的葡萄的表皮都是红色的。

B. 经常喝白酒会增加血液中的胆固醇。

C. 食用葡萄本身比饮用由葡萄制作的红酒或葡萄汁更有利于减少血液中的胆固醇。

D. 能有效地减少血液中胆固醇的化学物质只存在于葡萄之中，不存在于粮食作物之中。

E. 能有效地减少血液中胆固醇的化学物质只存在于葡萄的表皮之中，而不存在于葡萄的其他部分中。

【第1步 识别命题形式】

本题的提问方式为“以上信息最能支持以下哪项结论?”，当提问方式为“支持以下哪项”时，此题的题型是推论题而不是支持题。同时，题干中给出了两组对象的对比，故此题也为求异法模型。

【第2步 套用母题方法】

题干使用求异法：

红酒和葡萄汁：用完整的葡萄做原料(有葡萄皮)，含有能减少血液中胆固醇的化学物质；

白酒：用去皮的葡萄做原料，不含能减少血液中胆固醇的化学物质；

故：能有效地减少血液中胆固醇的化学物质，只存在于葡萄的表皮之中。

故E项正确。

A项，题干不涉及葡萄表皮的颜色，无关选项。

B项，题干不涉及经常喝白酒是否会增加血液中的胆固醇，无关选项。

C项，题干不涉及“食用葡萄”的影响，无关选项。

D项，题干强调“必须去其表皮”，即题干中的主要变量为“是否含有表皮”，故此项不如E项恰当。

【答案】E

7 在试飞新设计的超轻型飞机时，经验丰富的老飞行员似乎比新手碰到了更多的麻烦。有经验的飞行员已经习惯了驾驶重型飞机，当他们驾驶超轻型飞机时，总是会忘记驾驶要则的提示而忽视风速的影响。

以下哪项作为题干蕴含的结论最为恰当？

A. 重型飞机比超轻型飞机在风中更易于驾驶。

B. 超轻型飞机的安全性不如重型飞机。

C. 风速对重型飞机的飞行不会产生影响。

D. 飞行员新手在驾驶重型飞机时不会忽视风速的影响。

E. 新飞行员比老飞行员对超轻型飞机更为熟悉。

【第 1 步　识别命题形式】

本题的提问方式为“以下哪项作为题干蕴含的结论最为恰当？”，故此题为推论题。

【第 2 步　套用母题方法】

题干中出现新飞行员、老飞行员的对比和重型飞机、超轻型飞机的对比，故应该通过对比对象的不同来解题。

A 项，习惯了驾驶重型飞机后，驾驶超轻型飞机就容易忽略风速的影响，这说明重型飞机比超轻型飞机在风中更易于驾驶，故此项正确。

B 项，推理过度，影响飞机安全性的因素有很多，不仅仅只有风速这一个因素。因此，不能仅仅因为风速的情况，就推出超轻型飞机的安全性不如重型飞机。

C 项，推理过度，由题干只能推出风速对重型飞机的影响“小于”对超轻型飞机的影响，但不能推出风速对重型飞机的飞行“不会”产生影响。

D 项，题干中比较的是老飞行员和新飞行员试飞“超轻型”飞机时的情况，无法推出新飞行员驾驶“重型”飞机时的情况。

E 项，题干中新飞行员和老飞行员表现不同的原因是“老飞行员习惯了重型飞机”，但是，题干未提及新飞行员和老飞行员是否熟悉超轻型飞机，无关选项。

【答案】A

8 清朝雍正年间，市面上流通的铸币，其金属构成是铜六铅四，即六成为铜、四成为铅。不少商人出以利计，纷纷融币取铜，使得市面上的铸币严重匮乏，不少地方出现以物易物的现象。但朝廷征于市民的赋税，须以铸币缴纳，不得代以实物或银子。市民只得以银子向官吏购兑铸币用以纳税，不少官吏因此大发了一笔。这种情况，在雍正之前的明、清两朝历代从未出现过。

从以上陈述中可以推出以下哪项结论？

Ⅰ. 上述铸币中所含铜的价值要高于该铸币的面值。

Ⅱ. 上述用银子购兑铸币的交易中，不少并不按朝廷规定的比价成交。

Ⅲ. 雍正以前明、清两朝历代，铸币的铜含量均在六成以下。

A. 仅Ⅰ。　　B. 仅Ⅱ。　　C. 仅Ⅲ。

D. 仅Ⅰ和Ⅱ。　　E. Ⅰ、Ⅱ和Ⅲ。

【第 1 步　识别命题形式】

本题的提问方式为“从以上陈述中可以推出以下哪项结论？”，故此题为推论题。

锁定关键词“大发了一笔”，即：有利润，可知此题也为统计论证模型（收入利润型）。

【第2步 套用母题方法】

Ⅰ项，由“商人出以利计，纷纷融币取铜”可知，融币取铜有利可图，则铸币中铜的价值必然高于币值，故此项可以从题干中推出。

Ⅱ项，由“不少官吏因此大发了一笔”可知，此项可以从题干中推出，否则，如果上述用银子购兑铸币的交易都能严格按朝廷规定的比价成交，官吏就没有获利的空间。

Ⅲ项，雍正之前的明、清两朝历代从未出现过题干中的现象的原因可能有很多，例如：铜价太低，融币取铜无利可图；有严刑酷法，使商人和官员不敢徇私舞弊等，故此项不能从题干中推出。

【答案】D

9 法官：原告提出的所有证据，不足以说明被告的行为已构成犯罪。

如果法官的上述断定为真，则以下哪项相关断定也一定为真？

Ⅰ. 原告提出的证据中，至少没包括这样一个证据，有了它，足以断定被告有罪。

Ⅱ. 原告提出的证据中，至少没包括这样一个证据，没有它，不足以断定被告有罪。

Ⅲ. 原告提出的证据中，至少有一个与事实不符。

A. 仅Ⅰ。　　B. 仅Ⅱ。　　C. 仅Ⅲ。

D. 仅Ⅰ和Ⅱ。　　E. Ⅰ、Ⅱ和Ⅲ。

【第1步 识别命题形式】

本题的提问方式为“如果法官的上述断定为真，则以下哪项相关断定也一定为真?”，故此题为推论题。

【第2步 套用母题方法】

Ⅰ项，此项中“足以”的意思是“足够、充分”，题干中“不足以”即“缺少充分条件”，故此项必然为真。

Ⅱ项，“没有它，不足以断定被告有罪”，可知此项是“没它不行”，即必要条件，故此项不符合法官的断定。

Ⅲ项，不必然为真。法官说的是证据不足，而不是证据“与事实不符”。

【答案】A

10 随着数字化办公的普及，越来越多的企业开始面临办公软件使用效率低下的问题。尤其是在一些大型企业，由于软件系统过于复杂，员工操作不熟练，导致工作效率大打折扣。虽然目前市场上办公软件种类繁多，但与国际先进水平相比，我国企业在软件应用和培训方面仍有差距。如何提高企业办公软件的使用效率？有几位专家分别建议如下：

甲：企业应重视软件系统的用户体验，优化现有软件的界面设计，使其更符合员工的操作习惯，从而提高工作效率。

乙：企业可以利用现有的内部资源，如会议室或培训室，定期组织软件操作培训课程，帮助员工快速掌握软件功能。

丙：企业应与软件供应商合作，优化软件的性能和功能模块，减少不必要的复杂操作，提升软件的易用性。

丁：企业可以利用在线学习平台，为员工提供软件操作的视频教程和在线答疑服务，帮助员工在业余时间提升技能。

戊：企业应定期收集员工对软件使用的反馈，根据反馈优化软件功能，同时为员工提供针对性的培训内容。

根据上述信息，专家们的建议可分为以下哪两类？

A. 简化与赋能。

B. 分散与整合。

C. 优化与培训。

D. 提效与分流。

E. 分解与协同。

【第 1 步　识别命题形式】

此题本质上是要求我们去概括 5 位专家的观点，并将其分成两大类，故此题为推论题(概括论点型)。

【第 2 步　套用母题方法】

甲的建议是：优化现有软件的界面设计。

乙的建议是：定期组织软件操作培训课程。

丙的建议是：优化软件的性能和功能模块。

丁的建议是：为员工提供软件操作的视频教程和在线答疑服务(本质就是“培训”)。

戊的建议是：优化软件功能，同时为员工提供针对性的培训内容。

综上，甲、丙的建议涉及优化软件界面、性能和功能；乙、丁的建议涉及通过内部培训或在线教程提升员工技能；戊的建议同时涉及“优化”和“培训”。

故 C 项正确。

【答案】C

低频题型 6　争论焦点题

母题技巧

第 1 步 识别命题形式	题干特点：题干中出现两个人的争论。 提问方式： “以下哪项最为恰当地概括了上述争论的问题？” “以下哪项是上述争论的焦点？”
第 2 步 套用母题方法	三大解题原则： （1）双方表态原则。 争论的焦点必须是双方均明确表态的部分。如果一方对一个观点表态，另外一方对此观点没有表态，则此观点不是争论的焦点。 （2）双方差异原则。 争论的焦点必须是二者观点不同的部分，即有差异的部分。 （3）论点优先原则。 论据服务于论点，所以当反方质疑对方论据时，往往是为了说明对方论点不成立，这时争论的焦点一般是双方的论点不同。在双方论点相同，质疑对方的论据时，争论的焦点才是论据。

典型例题

1 各地的个人所得税起征点是否应该相同？对于这个问题，两个评论员分别发表了自己的看法。

评论员甲：全国统一的个人所得税起征点是否公平？对于东部和西部地区，收入水平不完全相同，我觉得为了公平起见，个人所得税的起征点应该考虑到各地区收入水平的差距，而不应该全国统一。

评论员乙：各个地区的平均收入水平不一样。如果按照行政区划区别对待，会产生一个问题：如果东部地区抬高了个人所得税起征点，大家都会涌入这些地区，从而影响了劳动力要素流动的市场调节机制。因此，我认为个人所得税的起征点应该全国统一。

以下哪项最为恰当地概括了评论员甲和乙争论的焦点？

A. 个人所得税起征点调整是否弊大于利？

B. 确定个人所得税起征点的标准是单一的还是复合的？

C. 确定个人所得税起征点应该是公平优先还是效果优先？

D. 东部和西部地区收入水平是否完全相同？

E. 确定个人所得税起征点是否应该按照行政区划区别对待？

【第1步　识别命题形式】

本题的提问方式为"以下哪项最为恰当地概括了评论员甲和乙争论的焦点？"，故此题为争论焦点题。

【第2步　套用母题方法】

评论员甲的观点：个人所得税的起征点应该考虑到各地区收入水平的差距，而不应该全国统一。

评论员乙的观点：按照行政区划区别对待，会产生问题。因此，个人所得税的起征点应该全国统一。

因此，二人争论的焦点是：确定个人所得税起征点是否应该按照行政区划区别对待(是否应该全国统一)。故E项正确。

【答案】E

2 陈先生：未经许可侵入别人的电脑，就好像开偷来的汽车撞伤了人，这些都是犯罪行为。但后者性质更严重，因为它既侵占了有形财产，又造成了人身伤害。而前者只是在虚拟世界中捣乱。

林女士：我不同意。例如，非法侵入医院的电脑，有可能扰乱医疗数据，甚至危及病人的生命。因此，非法侵入电脑同样会造成人身伤害。

以下哪项最为准确地概括了两人争论的焦点？

A. 非法侵入别人电脑和开偷来的汽车是否同样会危及人的生命？

B. 非法侵入别人电脑和开偷来的汽车伤人是否同样构成犯罪？

C. 非法侵入别人电脑和开偷来的汽车伤人是否是同样性质的犯罪？

D. 非法侵入别人电脑的犯罪性质是否和开偷来的汽车伤人一样严重？

E. 是否只有侵占有形财产才构成犯罪？

【第 1 步　识别命题形式】

本题的提问方式为“以下哪项最为准确地概括了两人争论的焦点？”，故此题为争论焦点题。

【第 2 步　套用母题方法】

陈先生的论证是一个“转折模型”，他的观点是“后者（开偷来的汽车撞伤了人）性质更严重”；林女士不同意这一观点，并给出了论据。故，二人争论的焦点是：非法侵入别人电脑的犯罪性质和开偷来的汽车伤人的犯罪性质哪个更严重。故此题可秒选 D 项。

A 项，只有林女士的论据中涉及“危及人的生命”，违反双方表态原则和论点优先原则，故排除。

B 项，陈先生对“是否构成犯罪”有明确表态，但林女士并未对此发表看法，违反双方表态原则，故排除。

C 项，陈先生、林女士均未对“是否是同样性质的犯罪”这一问题表态，违反双方表态原则，故排除。

E 项，只有陈先生的论据中涉及“是否侵占有形财产才构成犯罪”，违反双方表态原则和论点优先原则，故排除。

【答案】D

3　陈先生：有的学者认为，蜜蜂飞舞时发出的嗡嗡声是一种交流方式，例如蜜蜂在采花粉时发出的嗡嗡声，是在给同一蜂房的伙伴传递它们正在采花粉位置的信息。但事实上，蜜蜂不必通过这样费劲的方式来传递这样的信息。它们从采花粉处飞回蜂房时留下的气味踪迹，足以引导同伴找到采花粉的地方。

贾女士：我不完全同意你的看法。许多动物在完成某种任务时都可以有多种方式。例如，有些蜂类可以根据太阳的位置，也可以根据地理特征来辨别方位，同样，对于蜜蜂来说，气味踪迹只是它们的一种交流方式，而不是唯一的交流方式。

以下哪项最为恰当地概括了陈先生和贾女士所争论的问题？

A. 关于动物行为方式的一般性理论，是否能只基于对某种动物的研究？

B. 气味踪迹是否为蜜蜂交流的方式？

C. 是否只有蜜蜂才有能力向同伴传递位置信息？

D. 蜜蜂在采花粉时发出的嗡嗡声，是否在给同一蜂房的伙伴传递所在位置的信息？

E. 气味踪迹是否为蜜蜂的主要交流方式？

【第 1 步　识别命题形式】

本题的提问方式为“以下哪项最为恰当地概括了陈先生和贾女士所争论的问题？”，故此题为争论焦点题。

【第 2 步　套用母题方法】

陈先生的论证是一个“转折模型”，他的观点是“蜜蜂不必通过这样费劲的方式来传递这样的信息”；贾女士不同意这一观点，并给出了论据。故，二人争论的焦点是：蜜蜂在采花粉时发出的嗡嗡声是否是在给同一蜂房的伙伴传递它们正在采花粉位置的信息。此题可秒选 D 项。

A 项，陈先生、贾女士均未对“动物行为方式的一般性理论是否能只基于对某种动物的研究”这一问题表态，违反双方表态原则，故排除。

B 项，陈先生、贾女士均认可“气味踪迹是蜜蜂的交流方式”，在该问题上二人并不存在争议，违反双方差异原则，故排除。

C 项，陈先生、贾女士均未对“是否只有蜜蜂才有能力向同伴传递位置信息”这一问题表态，违反双方表态原则，故排除。

E 项，陈先生、贾女士均未对“气味踪迹是否为蜜蜂的主要交流方式”这一问题表态，违反双方表态原则，故排除。

【答案】D

4 在第 16 届喀山世界游泳锦标赛中，宁泽涛以 47 秒 84 的成绩夺得男子 100 米自由泳决赛冠军，获得本人首枚世锦赛金牌。对此，网友评论不一。

张珊：宁泽涛今晚只是运气好而已，他今天游了 47 秒 84，但这只是一个很一般的成绩，他去年曾经游出过 46 秒 9 的成绩。

李思：我不同意。这就像一个人以 718 分拿了高考状元，但你却说他考得不好，因为他在一次模考中曾经考过 725 分。

以下哪项最为恰当地概括了张珊和李思争论的焦点？

A. 高考状元是否真的优秀？

B. 宁泽涛是否是最优秀的运动员？

C. 张珊论据所引用的数据是否准确？

D. 是否应该通过历史成绩来断定运动员的大赛表现？

E. 张珊对宁泽涛的评价是否合理？

【第 1 步　识别命题形式】

本题的提问方式为“以下哪项最为恰当地概括了张珊和李思争论的焦点？”，故此题为争论焦点题。

【第 2 步　套用母题方法】

A 项，仅仅是李思的观点，违反双方表态原则，故排除。

B 项，二人均未提及“最优秀的运动员”，违反双方表态原则，故排除。

C 项，李思没有对张珊所引用的数据进行质疑，违反双方表态原则，故排除。

D 项，题干的论证对象是“宁泽涛”，而此项的论证对象是“运动员”，扩大了论证范围，故排除。

E 项，张珊对宁泽涛的评价是“这只是一个很一般的成绩”，李思不同意这个观点，并构造了一个类比论证来反驳这一观点，故二人的争论焦点是张珊认为宁泽涛“这只是一个很一般的成绩”的这一评价是否合理，故此项正确。

【答案】E

5 张教授：在南美洲发现的史前木质工具存在于 13 000 年以前。有的考古学家认为，这些工具是其祖先从西伯利亚迁徙到阿拉斯加的人群使用的。这一观点难以成立，因为要到达南美洲，这些人群必须在 13 000 年前经历长途跋涉，而在阿拉斯加到南美洲之间，从未发现 13 000 年前的木质工具。

李研究员：您恐怕忽视了这些木质工具是在泥煤沼泽中发现的，北美很少有泥煤沼泽。木质工具在普通的泥土中几年内就会腐烂化解。

以下哪项最为准确地概括了张教授与李研究员所讨论的问题？

A. 上述史前木质工具是否是其祖先从西伯利亚迁徙到阿拉斯加的人群使用的？

B. 张教授的论据是否能推翻上述考古学家的结论？

C. 上述人群是否可能在 13 000 年前完成从阿拉斯加到南美洲的长途跋涉？

D. 上述木质工具是否只有在泥煤沼泽中才不会腐烂化解？

E. 上述史前木质工具存在于 13 000 年以前的断定是否有足够的根据？

【第 1 步　识别命题形式】

本题的提问方式为“以下哪项最为准确地概括了张教授与李研究员所讨论的问题？”，故此题为争论焦点题。

【第 2 步　套用母题方法】

张教授：在阿拉斯加到南美洲之间，从未发现 13 000 年前的木质工具，因此，考古学家的观点是不成立的(即这些工具不是从西伯利亚迁徙到阿拉斯加的人群使用的)。

李研究员：北美很少有泥煤沼泽，而木质工具在普通的泥土中几年内就会腐烂化解。即李研究员认为，没有发现木质工具，可能是木质工具腐烂化解了。

A 项，张教授认为，这些工具不是从西伯利亚迁徙到阿拉斯加的人群使用的。但李研究员对此没有明确的表态，违反双方表态原则，故排除。

B 项，张教授认为，考古学家的观点不成立；李研究员指出，张教授的论据未必能推翻考古学家的观点，故此项正确。

C 项，题干中二人的论述均未提及上述人群能否在 13 000 年前完成从阿拉斯加到南美洲的长途跋涉，违反双方表态原则，故排除。

D 项，“史前木质工具是否只有在泥煤沼泽中才不会腐烂化解”是李研究员的论据，张教授的论述中没有涉及，违反双方表态原则，故排除。

E 项，“在南美洲发现的史前木质工具存在于 13 000 年以前”是张教授论证的背景信息，李研究员没有对此进行争论，违反双方表态原则，故排除。

【答案】B

低频题型 7　逻辑谬误题

母题技巧

第 1 步 识别命题形式	提问方式： “以下哪项对于题干的评价最为恰当？” “以下哪项最为准确地指出了题干的逻辑漏洞？”
第 2 步 套用母题方法	（1）解题步骤 步骤 1：分析题干的论证结构。 步骤 2：找到题干的逻辑漏洞。 （2）常见的逻辑漏洞 不当类比、自相矛盾、模棱两不可、非黑即白、偷换概念、转移论题、以偏概全、循环论证、因果倒置、不当假设、推不出（论据不充分、虚假论据、必要条件与充分条件混用、推理形式不正确等）、诉诸权威、诉诸人身、诉诸众人、诉诸情感、诉诸无知、合成与分解谬误、数量关系错误等。

典型例题

1 有位青年到杂志社询问投稿结果。编辑说："你的稿子我看过了，总的来说有一些基础，不过在语言表达上仍不够成熟，流于幼稚。"青年问："那能不能把它当作儿童文学作品呢？"

下列哪项与青年所犯的逻辑错误相同？

A. 甲到处宣扬说："我从来不炫耀自己的优点。"

B. 姐姐："我不是叫你回来的时候顺带买包盐吗？你怎么没买？"弟弟："你一天天就知道给我找事，烦！"

C. 甲说："人生太短暂，我们应该珍惜时间，抓住机会，尽情挥霍。"

D. 甲问："我能用蓝笔墨水写出红字，你信吗？"乙答："不信。"甲就提笔在纸上写了一个"红"字。

E. 甲开车撞到了行人乙，二人争执起来，甲说："我有多年驾驶经验，责任不可能在我。"

【第1步 识别命题形式】

本题的提问方式为"下列哪项与青年所犯的逻辑错误相同？"，故此题为结构相似题（逻辑谬误题）。

【第2步 套用母题方法】

题干中编辑说的"流于幼稚"指的是语言表达不成熟，而青年表达中的"儿童文学作品"指的是提供给小朋友阅读的作品，显然二者概念不同，青年犯了"偷换概念"的逻辑错误。

A项，此项中甲的这一行为本身就是在炫耀自己的优点，犯了"自相矛盾"的逻辑错误，与题干不同。

B项，此项中弟弟和姐姐讨论的不是同一个话题，犯了"转移论题"的逻辑错误，与题干不同。

C项，此项中"珍惜时间"与"尽情挥霍"自相矛盾，与题干不同。

D项，此项甲表达中的"红字"指的是红颜色的字，而甲写的"红"字是指汉字"红"，此项犯了"偷换概念"的逻辑错误，与题干相同。

E项，此项甲犯了"诉诸人身"的逻辑错误，与题干不同。

【答案】D

2 研究表明，严重失眠者中有90%爱喝浓茶。老张爱喝浓茶，因此，他很可能严重失眠。

以下哪项最为恰当地指出了上述论证的漏洞？

A. 它忽视了这种可能性：老张属于喝浓茶中10%不严重失眠的那部分人。

B. 它忽视了引起严重失眠的其他原因。

C. 它忽视了喝浓茶还可能引起其他不良后果。

D. 它依赖的论据并不涉及爱喝浓茶的人中严重失眠者的比例。

E. 它低估了严重失眠对健康的危害。

【第1步 识别命题形式】

本题的提问方式为"以下哪项最为恰当地指出了上述论证的漏洞？"，故此题为逻辑谬误题。

【第2步 套用母题方法】

题干由"老张爱喝浓茶"得出"他很可能严重失眠"的结论，为使结论成立，应当补充的前提是"爱喝浓茶的人中严重失眠者的比例"，而题干给出的论据却是"严重失眠者中爱喝浓茶的比例"，故D项正确。

【答案】D

3 违法必究，但几乎看不到违反道德的行为受到惩治，如果这成为一种常规，那么，民众就会失去道德约束。道德失控对社会稳定的威胁并不亚于法律失控。因此，为了维护社会的稳定，任何违反道德的行为都不能不受惩治。

以下哪项对上述论证的评价最为恰当？

A. 上述论证是成立的。

B. 上述论证有漏洞，它忽略了有些违法行为并未受到追究。

C. 上述论证有漏洞，它忽略了由违法必究，推不出缺德必究。

D. 上述论证有漏洞，它夸大了违反道德行为的社会危害性。

E. 上述论证有漏洞，它忽略了由否定“违反道德的行为都不受惩治”，推不出“违反道德的行为都要受惩治”。

【第 1 步　识别命题形式】

本题的提问方式为“以下哪项对上述论证的评价最为恰当？”，同时观察选项，可知此题为逻辑谬误题。

【第 2 步　套用母题方法】

题干：违反道德的行为都不受惩治→引起道德失控→威胁社会稳定。

由题干可得：维护社会的稳定→¬ 违反道德的行为都不受惩治。

“¬ 违反道德的行为都不受惩治”=“有的违反道德的行为受惩治”，而不是“任何违反道德的行为都要受惩治”，故 E 项正确。

【答案】E

4 甲：什么是生命？

乙：生命是有机体的新陈代谢。

甲：什么是有机体？

乙：有机体是有生命的个体。

以下哪项与上述的对话最为类似？

A. 甲：什么是真理？

　乙：真理是符合实际的认识。

　甲：什么是认识？

　乙：认识是人脑对外界的反应。

B. 甲：什么是逻辑学？

　乙：逻辑学是研究思维形式结构规律的科学。

　甲：什么是思维形式结构的规律？

　乙：思维形式结构的规律是逻辑规律。

C. 甲：什么是家庭？

　乙：家庭是以婚姻、血缘或收养关系为基础的社会群体。

　甲：什么是社会群体？

　乙：社会群体是在一定社会关系基础上建立起来的社会单位。

D. 甲：什么是命题？

乙：命题是用语句表达的判断。

甲：什么是判断？

乙：判断是对事物有所判定的思维形式。

E. 甲：什么是人？

乙：人是有思想的动物。

甲：什么是动物？

乙：动物是生物的一部分。

【第 1 步 识别命题形式】

本题的提问方式为“以下哪项与上述的对话最为类似？”，故此题为结构相似题（逻辑谬误题）。

【第 2 步 套用母题方法】

题干用“有机体”定义“生命”，又用“生命”定义“有机体”，犯了“循环定义”的逻辑错误。

A 项，分别解释了“真理”和“认识”，不是循环定义。

B 项，用“思维形式结构的规律”定义“逻辑”，又用“逻辑”定义“思维形式结构的规律”，犯了“循环定义”的逻辑错误，与题干相同。

C 项，分别解释了“家庭”和“社会群体”，不是循环定义。

D 项，分别解释了“命题”和“判断”，不是循环定义。

E 项，分别解释了“人”和“动物”，不是循环定义。

【答案】B

你能从我这里得到什么？

基础知识的复盘巩固

题型技巧的系统讲解

真题同源的母题训练

综推/论证的专项攻关

全题型的仿真模考

带学打卡

按以下步骤加入 800 练"带学打卡群"，参与打卡活动，领取专属奖品，与研友一起交流进步！

① 扫描右侧二维码 ② 添加助教微信 ③ 回复关键词"800练"

学习 技巧分册 第1章 P2-P20

基础题型 1-4

今日重难点：
- 基础题型 3 箭摩根公式
- 基础题型 4 简单命题的对当关系

学习 技巧分册 第1章 P20-P37

基础题型 5-9

今日重难点：
- 基础题型 5 简单命题的负命题
- 基础题型 6 假言命题的负命题
- 基础题型 8 集合概念与类概念

 复盘日

- **母题复盘** 把本章中的基础知识点做复盘，记不清的，一定要重新再过一遍
- **错题整理** 整理回顾本章中的错题，出错多的地方一定要重学一遍对应知识点

练习 刷题分册 P2-P21

专项训练 1

复盘日

错题整理 整理回顾专项训练 1 中的错题，出错多的地方一定要重学一遍对应技巧部分

学习 技巧分册 第 2 章 P38-P59

5 大条件与母题模型的识别

母题模型 1

今日重难点：
- 推理题的 5 大条件
- 母题模型 1 事实假言模型

学习 技巧分册 第 2 章 P60-P76

母题模型 2-3

今日重难点：
- 母题模型 2 假言推假言模型
- 母题模型 3 半事实假言推事实模型

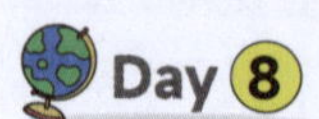

学习 技巧分册 第 2 章 P76-P104

母题模型 4

今日重难点：
- 母题模型 4 假言推事实模型

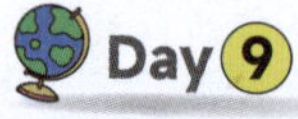

学习 技巧分册 第 2 章 P105-P124

母题模型 5-7

今日重难点：
- 母题模型 5 假言命题的矛盾命题模型
- 母题模型 6 匹配模型
- 母题模型 7 数量关系模型

- 母题复盘 把本章中的母题模型做复盘，包括每个母题变式及其母题方法，记不清的，一定要重新再过一遍
- 错题整理 整理回顾本章中的错题，出错多的地方一定要重学一遍对应母题模型

Day 12-13

学习 刷题分册 P22-P63

专项训练 2-3

Day 14 复盘日

- **母题复盘** 把专项训练 2-3 做复盘，回顾错题中涉及的每个母题变式及其母题方法，记不清的，一定要重新再过一遍对应技巧部分
- **错题整理** 整理回顾本章中的错题，出错多的地方一定要重学一遍对应母题模型

Day 15

学习 技巧分册 第 3 章 P125-P140

母题模型 8

今日重难点：· 母题模型 8 性质串联模型

Day 16

学习 技巧分册 第 3 章 P140-P151

母题模型 9-10

Day 17

学习 技巧分册 第 3 章 P151-P166

母题模型 11

今日重难点：· 母题变式 11.2 一人多判断模型

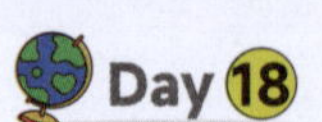

Day 18

学习 技巧分册 第 3 章 P166-P174

母题模型 12-13

今日重难点：• 母题模型 12 数独模型

Day 19

学习 技巧分册 第 3 章 P175-P182

母题模型 14

今日重难点：• 母题模型 14 复杂推理模型

Day 20-21

复盘日

• 母题复盘 把本章中的母题模型做复盘，包括每个母题变式及其母题方法，记不清的，一定要重新再过一遍

• 错题整理 整理回顾本章中的错题，出错多的地方一定要重学一遍对应母题模型

Day 22-23

刷题

学习 刷题分册 P64-P110

专项训练 4-5

- 母题复盘 把专项训练 4-5 做复盘，回顾错题中涉及的每个母题变式及其母题方法，记不清的，一定要重新再过一遍对应技巧部分
- 错题整理 整理回顾本章中的错题，出错多的地方一定要重学一遍对应母题模型

学习 技巧分册 第 4 章 P183-P200

底层方法论 1-4

今日重难点：
- 底层方法论 1 削弱题的基本方法
- 底层方法论 2 支持题的基本方法
- 底层方法论 3 假设题的基本方法
- 底层方法论 4 选项比较的 4 大原则

- 母题复盘 把本章中的底层方法论做复盘，记不清的，一定要重新再过一遍
- 错题整理 整理回顾本章中的错题，出错多的地方一定要重学一遍对应底层方法论

学习 技巧分册 第 5 章 P201-P212

母题模型 15

今日重难点：
- 母题变式 15.1 论点内部 SP 拆桥搭桥（怼 P 肯 P 法）
- 母题变式 15.2 论据论点拆桥搭桥（双 S 型、双 P 型）

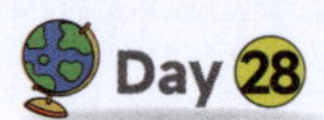

Day 28

学习 技巧分册 第 5 章 P212-P222

母题模型 15

今日重难点：
- 母题变式 15.3 论据论点拆桥搭桥（类比论证）
- 母题变式 15.4 论据论点拆桥搭桥（归纳论证）
- 母题变式 15.5 论据论点拆桥搭桥（演绎论证）

Day 29

学习 技巧分册 第 5 章 P222-P232

母题模型 16

今日重难点：
- 母题变式 16.1 现象原因模型：基本型

Day 30

学习 技巧分册 第 5 章 P232-P248

母题模型 16

今日重难点：
- 母题变式 16.2 现象原因模型：求因果五法
- 母题变式 16.3 现象原因模型的专有题型：解释题

Day 31

学习 技巧分册 第 5 章 P248-P260

母题模型 17-18

今日重难点：
- 母题模型 17 预测结果模型
- 母题模型 18 措施目的模型

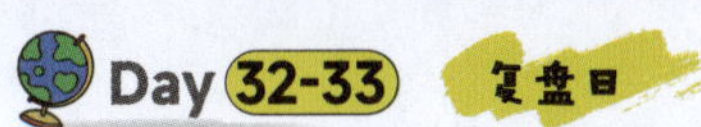

- 母题复盘 把本章中的母题模型做复盘，包括每个母题变式及其母题方法，记不清的，一定要重新再过一遍
- 错题整理 整理回顾本章中的错题，出错多的地方一定要重学一遍对应母题模型

学习 技巧分册 第 6 章 P261-P272

母题模型 19-21

今日重难点：
- 母题模型 19 统计论证模型
- 母题模型 20 转折模型

学习 技巧分册 第 7 章 P273-P282

低频题型 1-3

今日重难点：
- 低频题型 1 论证结构题
- 低频题型 2 论证与反驳方法题

学习 技巧分册 第 7 章 P283-P298

低频题型 4-7

今日重难点：
- 低频题型 4 关键问题题
- 低频题型 6 争论焦点题

Day 37-38 复盘日

- **母题复盘** 把 4-7 章中的内容做复盘，包括每个母题题型的识别及其母题方法，记不清的，一定要重新再过一遍
- **错题整理** 整理回顾 4-7 章中的错题，出错多的地方一定要重学一遍对应母题题型

Day 39 刷题

练习 刷题分册 P111-P132

专项训练 6

Day 40 刷题

练习 刷题分册 P133-P154

专项训练 7

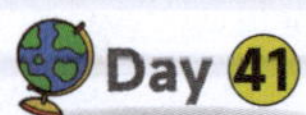

Day 41 刷题

练习 刷题分册 P155-P176

专项训练 8

Day 42 刷题

练习 刷题分册 P177-P196

专项训练 9

Day 43-44 复盘日

- **母题复盘** 把专项训练 6-9 做复盘，回顾错题中涉及的每个母题变式及其母题方法，记不清的，一定要重新再过一遍对应技巧部分
- **错题整理** 整理回顾本讲中的错题，出错多的地方一定要重学一遍对应母题模型

Day 45 模考

练习 刷题分册 199 管理类联考逻辑模拟卷 1 P198-P220

- **错题整理** 整理回顾本次模考中的错题，出错多的地方一定要重学一遍对应母题模型

Day 46 模考

练习 刷题分册 199 管理类联考逻辑模拟卷 2 P221-P242

- **错题整理** 整理回顾本次模考中的错题，出错多的地方一定要重学一遍对应母题模型

练习 刷题分册 199 管理类联考逻辑模拟卷 3 P243-P265

错题整理 整理回顾本次模考中的错题，出错多的地方一定要重学一遍对应母题模型

练习 刷题分册 199 管理类联考逻辑模拟卷 4 P266-P287

错题整理 整理回顾本次模考中的错题，出错多的地方一定要重学一遍对应母题模型

练习 刷题分册 396 经济类联考逻辑模拟卷 1-2 P288-316

错题整理 整理回顾本次模考中的错题，出错多的地方一定要重学一遍对应母题模型

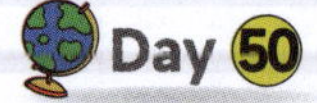

练习 刷题分册 396 经济类联考逻辑模拟卷 3-4 P317-P348

错题整理 整理回顾本次模考中的错题，出错多的地方一定要重学一遍对应母题模型

联考逻辑用书·总第12版

乐学喵教育

管理类、经济类

联考逻辑母题800练

主编 吕建刚

21个母题 43个变式 800道习题 讲练测得高分

4大论证底层方法论 300+道经典例题 270道专项训练 200道仿真模考

刷题分册

副主编 ◎ 张杰 任松

中国政法大学出版社

2025 · 北京

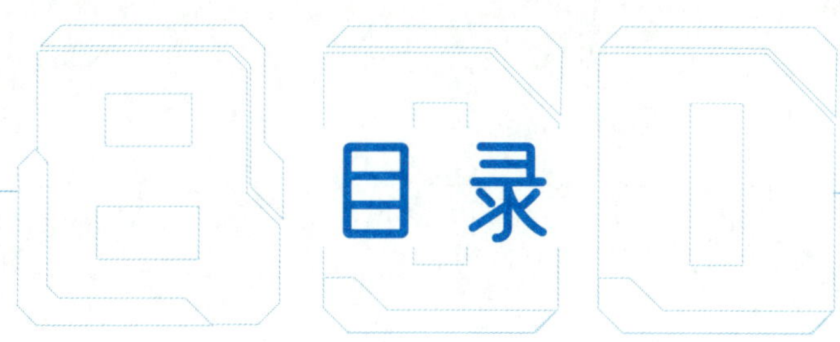

目录

第2部分　专项训练

第3部分　仿真模考

第2部分

专项训练

专项训练 1 ▸ 推理基础

共 30 小题，每小题 2 分，共 60 分，建议用时 40～50 分钟

你的得分是________

说明：本套试题与真题考法完全一致，试题主要基于真题进行原创或改编。总体而言，试题难度较低。在历年真题中，此类题型的直接考查频率并不高，每年最多出现 1～2 题。

1. 双碳目标是指我国向全球承诺减排二氧化碳等温室气体的两个阶段奋斗目标，即：二氧化碳排放力争于 2030 年达到峰值，努力争取 2060 年实现碳中和。只要能明确绿色低碳的重点支持领域、完善政府绿色采购政策并设立国家低碳转型基金，就能有力促进可再生能源规模化发展。
根据以上陈述，可以得出以下哪项？
A. 只有能有力促进可再生能源规模化发展，才能完善政府绿色采购政策并设立国家低碳转型基金。
B. 如果能明确绿色低碳的重点支持领域但不能完善政府绿色采购政策，则不能设立国家低碳转型基金。
C. 如果能有力促进可再生能源规模化发展，则设立了国家低碳转型基金。
D. 若不能完善政府绿色采购政策，就不能有力促进可再生能源规模化发展。
E. 如果不能有力促进可再生能源规模化发展，则不能明确绿色低碳的重点支持领域或者没有完善政府绿色采购政策或者没有设立国家低碳转型基金。

2. 误解性危机，是指企业自身的工作或产品质量等方面没有什么问题，并且社会上没有出现任何损害公众的事件，但是由于种种原因，被公众误解怀疑，受到公众无端指责，企业由此而陷入危机之中。受害性危机，是指他人未经许可，假冒企业的包装式样、商标、名义推销伪劣产品，使企业的形象受到损害，名誉遭受损失。事故性危机，是指由于企业自身的失职、失误，或者管理工作中出现问题，或者产品质量上出现问题，而引发的危机事件。
根据上述定义，下列属于误解性危机的是：
A. 某品牌奶粉因含有过量的三聚氰胺而遭到公众退货。
B. 某工厂的许多生产设备在玉树大地震中严重受损，导致该工厂停产。
C. 甲企业仿造乙企业商标生产了大量的不合格产品，导致公众排斥该品牌产品。
D. 在许多杂志转载了种植花卉可能对人体造成伤害的不实报道后，花卉行业惨遭损失。
E. 某集团因使用违规原料，导致其生产的纯牛奶致癌物严重超标，引起了社会上的公愤。

3. 某个会议与会人员的情况如下：
(1)3 人是由基层提升上来的。
(2)4 人是北方人。
(3)2 人是黑龙江人。
(4)5 人具有博士学位。
(5)上述情况包含了与会的所有人员。
那么，与会人员的人数是：
A. 最少 9 人，最多 14 人。　B. 最少 5 人，最多 14 人。　C. 最少 7 人，最多 12 人。
D. 最少 7 人，最多 14 人。　E. 最少 5 人，最多 12 人。

4. 老张、老李家都是 2019 年长丰县重点扶贫家庭，年末县里召开大会，讨论脱贫指标。

副县长说："要么老张家脱贫，要么老李家脱贫。"

团委书记说："老张家脱贫，或者老李家脱贫。"

县长说："你们两人不用争论了，你们的说法一对一错。"

如果上述为真，则以下哪项也一定为真？

A. 老李家不脱贫。

B. 老张家脱贫或者老李家脱贫。

C. 老李家脱贫并且老张家不脱贫。

D. 老李家不脱贫并且老张家脱贫。

E. 老李家不脱贫并且老张家不脱贫。

5. 舌尖现象：在问题解决过程中通常会遇见的体验是所谓的"舌尖现象"，这是一种"几乎就有了"的感受，答案就在嘴边，我们能够清晰地感觉到，却没有办法把它说出口，或加以具体的描述。这是因为大脑对记忆内容的暂时性抑制所造成的，这种抑制受多方面因素影响。

根据上述定义，以下现象属于"舌尖现象"的是：

A. 小欣做了一份非常漂亮的策划方案纸稿，却在展示时没法运用恰当的语言表述出方案中的精华部分，最后还是同事帮忙才得以过关。

B. 老林在逛街时遇到多年前的同学，由于时间太过久远，印象模糊，导致他怎么也叫不出该同学的名字。

C. 小轩为了准备即将到来的 GRE 考试，突击强记英语词汇，但早晨刚记忆的 200 个词汇，到了晚上就忘记大半。

D. 小茜参加数学竞赛时，有道很熟悉的大题，记得老师辅导时讲过，但就是想不起来怎么做，交了卷刚出考场，就回忆起老师讲过的解法。

E. 李局长在向市人大汇报工作时，讲到最近发生在本市并引起全国轰动的特大贪污腐败案的主人公李四时，他无法想起该腐败分子是叫李四还是李五，导致他会后受到多家媒体指责。

6. 某新能源汽车公司组织了一场关于新能源电动汽车技术的研讨会，出席此次研讨会的总人数共计 160 人。会议主办方在统计时发现：其中 70 人是工程师，65 人是新能源汽车车主，还有 40 人是高校教授。

根据上述信息，以下哪项必然为真？

A. 有的工程师是新能源汽车车主。

B. 有的新能源汽车车主是高校教授但不是工程师。

C. 有的工程师是高校教授。

D. 有的高校教授不是新能源汽车车主。

E. 有的新能源汽车车主不是高校教授但是工程师。

7. 并非有些南方人不可能不喜欢吃辣椒。

以下哪项最接近于上述断定的含义？

A. 所有南方人都可能不喜欢吃辣椒。

B. 所有南方人都可能喜欢吃辣椒。

C. 所有南方人都必然不喜欢吃辣椒。

D. 所有南方人都必然喜欢吃辣椒。

E. 有些南方人必然不喜欢吃辣椒。

8. 经济学家区别正常品和低档品的唯一方法，就是看消费者对收入变化的反应如何。如果人们的收入增加了，对某种东西的需求反而变小，这样的东西就是低档品。类似地，如果人们的收入减少了，他们对低档品的需求就会变大。

以下哪项陈述与经济学家区别正常品和低档品的描述最相符？

A. 学校里的穷学生经常吃方便面，他们毕业找到工作后就经常下饭馆了。对这些学生来说，方便面就是低档品。

B. 在家庭生活中，随着人们收入的减少，对食盐的需求并没有变大，毫无疑问，食盐是一种低档品。

C. 在一个日趋老龄化的社区，对汽油的需求越来越小，对家庭护理服务的需求越来越大。与汽油相比，家庭护理服务属于低档品。

D. 当人们的收入增加时，家长会给孩子多买几件名牌服装，收入减少时就少买点。名牌服装不是低档品，也不是正常品，而是高档品。

E. 高档社区的大人经常给孩子买昂贵的汽车模型作玩具，而棚户区的孩子几乎没有玩具。

9.

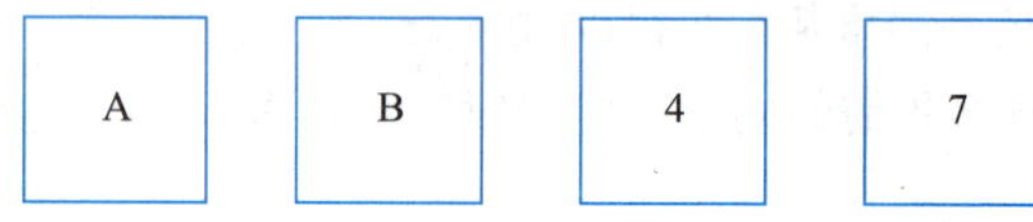

以上四张卡片，一面是大写英文字母，另一面是阿拉伯数字。主持人断定，若一面是A，则另一面是4。

如果试图推翻主持人的断定，但只允许翻动以上的两张卡片，则正确的选择是：

A. 翻动A和4。

B. 翻动A和7。

C. 翻动A和B。

D. 翻动B和7。

E. 翻动B和4。

10. 近日，某集团高层领导研究了发展方向问题。在研讨中，与会者发言如下：

(1)甲："既要发展纳米技术，也要发展生物医药技术。"

(2)乙："发展纳米技术或者不发展生物医药技术。"

(3)丙："不发展纳米技术或者发展生物医药技术。"

(4)丁："或者不发展纳米技术或者不发展生物医药技术。"

根据上述讨论，董事会最终做出了合理的决定，以下哪项是可能的？

A. 甲、乙的意见符合决定，丙的意见不符合决定。

B. 乙、丙的意见均不符合决定，丁的意见符合决定。

C. 上述4人中只有1人的意见符合决定。

D. 上述4人中有3人的意见符合决定。

E. 上述4人的意见均不符合决定。

11. 不可能所有的香港人都会说普通话，不是所有的广东人都会说粤语。

如果以上陈述为真，则以下哪项一定为真？

Ⅰ. 有些香港人可能不会说普通话。

Ⅱ. 有的会说粤语的是广东人。

Ⅲ. 如果可能所有的香港人都会说普通话，则有的广东人不会说粤语。

A. 仅Ⅰ。 B. 仅Ⅱ。

C. 仅Ⅲ。 D. 仅Ⅰ和Ⅲ。

E. Ⅰ、Ⅱ和Ⅲ。

12. 过去，我们在道德宣传上有很多不切实际的高调，以至于不少人口头说一套，背后做一套，发生人格分裂现象。通过对此种现象的思考，有的学者提出，我们只应该要求普通人遵守“底线伦理”。

根据你的理解，以下哪项作为“底线伦理”的定义最合适？

A. 底线伦理就是不偷盗、不杀人。

B. 底线伦理是作为一个社会普通人所应遵守的一些最起码、最基本的行为规范和准则。

C. 底线伦理不是要求人无私奉献的伦理。

D. 如果把人的道德比作一座大厦，底线伦理就是该大厦的基础部分。

E. 以上选项均不合适。

13. 汉乐府民歌《饶歌》中的一首情歌，是一位痴情女子对爱人的热烈表白。小张阅读过后，把该民歌总结为：“山无棱，水断流，方敢与君绝。”

以下哪项如果为真，能说明小张的总结为假？

A. 如果与君绝，那么或者山有棱，或者水长流。

B. 如果或者山有棱，或者水长流，那么与君绝。

C. 不与君绝，或者山无棱且水断流。

D. 不与君绝，或者山无棱且水长流。

E. 水长流，山无棱，但与君绝。

14. 很多快乐的人并不幸福，但是没有一个幸福的人是不快乐的。

以下各项都可以从上述论述中推出，除了：

A. 有些不幸福的人是快乐的。 B. 有些幸福的人不快乐。

C. 有些快乐的人是幸福的。 D. 没有一个不快乐的人是幸福的。

E. 不可能幸福但是不快乐。

15. 不可能有某位老师会做所有的试题。

以下哪项与上述断定的含义最为接近？

A. 有某位老师可能不会做所有的试题。

B. 任何老师都可能有他不会做的试题。

C. 任何老师都必然有他会做的试题。

D. 任何老师都必然有他不会做的试题。

E. 有些老师可能有他不会做的试题。

16. 社区组织的活动有两种类型：养生型和休闲型。组织者对所有参加者进行统计时发现：社区老人有的参加了所有养生型活动，有的参加了所有休闲型活动。

根据这个统计，以下哪项一定为真？

A. 社区组织的有些活动没有社区老人参加。

B. 有些社区老人没有参加社区组织的任何活动。

C. 社区组织的任何活动都有社区老人参加。

D. 社区的中年人也参加了社区组织的活动。

E. 有些社区老人参加了社区组织的所有活动。

17. 国际足联一直坚称，世界杯冠军队所获得的"大力神"杯是实心的纯金奖杯。某教授经过精密测量和计算认为，世界杯冠军奖杯——实心的"大力神"杯不可能是纯金制成的，否则球员根本不可能将它举过头顶并随意挥舞。

以下哪项与这位教授的意思最为接近？

A. 若球员能够将"大力神"杯举过头顶并随意挥舞，则它很可能是空心的纯金杯。

B. 只有"大力神"杯是实心的，它才可能是纯金的。

C. 若"大力神"杯是实心的纯金杯，则球员不可能将它举过头顶并随意挥舞。

D. 只有球员能够将"大力神"杯举过头顶并随意挥舞，它才是由纯金制成，并且不是实心的。

E. 若"大力神"杯是由纯金制成，则它肯定是空心的。

18. 培光中学有的受到希望工程捐助的学生不努力学习，这使该校所有的教师感到痛心。

已知上述断定为真，那么以下哪项断定不能确定真假？

Ⅰ. 不是所有受到希望工程捐助的学生都努力学习，使该校所有的教师感到痛心。

Ⅱ. 有些未受到希望工程捐助的学生不努力学习，并不使该校有些教师感到痛心。

Ⅲ. 有些受到希望工程捐助的学生不努力学习，并不使该校有些教师感到痛心。

A. Ⅰ、Ⅱ和Ⅲ。

B. 仅Ⅰ和Ⅱ。

C. 仅Ⅰ。

D. 仅Ⅱ。

E. 仅Ⅲ。

19. 某著名画家新近谈道："我年纪大了，精力跟不上了，没时间去想新的创意，也没心思去想；再者，又不是只有我一个人没有新的创意而别人都有新的创意。"

从该画家的话中，只能合乎逻辑地推出下面哪个陈述？

A. 除该画家之外的其他人也都没有新的创意。

B. 如果该画家有新的创意，那么其他人也都有新的创意。

C. 有的人有新的创意。

D. 如果该画家没有新的创意，则至少有些别的人也没有新的创意。

E. 所有人都没有新的创意。

20. 近期流感肆虐，一般流感患者可采用抗病毒药物治疗。虽然并不是所有流感患者均需接受达菲等抗病毒药物的治疗，但出现严重症状的患者都需要住院治疗。

如果以上陈述为真，则以下哪项一定为真？

Ⅰ. 有些流感患者需要接受达菲等抗病毒药物的治疗。

Ⅱ. 有的流感患者不需要接受抗病毒药物的治疗。

Ⅲ. 有的出现严重症状的患者需要住院治疗。

A. 仅Ⅰ。

B. 仅Ⅱ。

C. 仅Ⅲ。

D. 仅Ⅰ和Ⅱ。

E. 仅Ⅱ和Ⅲ。

21. 必然所有产品都进行了检查，但没有发现假冒伪劣产品。

如果上述断定为假，则以下哪项为真？

Ⅰ. 如果必然所有产品都进行了检查，那么发现了假冒伪劣产品。

Ⅱ. 或者有的产品尚未进行检查，或者发现了假冒伪劣产品。

Ⅲ. 必然有的产品尚未进行检查，但发现了假冒伪劣产品。

A. 仅Ⅰ。

B. 仅Ⅱ。

C. 仅Ⅲ。

D. 仅Ⅰ和Ⅱ。

E. 仅Ⅱ和Ⅲ。

22. 教育专家李教授指出：每个人在自己的一生中，都要不断地努力，否则就会像龟兔赛跑的故事一样，一时跑得快并不能保证一直领先。如果你本来基础好又能不断努力，那你肯定能比别人更早取得成功。

如果李教授的陈述为真，则以下哪项一定为假？

A. 不论是谁，只有不断努力，才可能取得成功。

B. 只要不断努力，任何人都可能取得成功。

C. 小王本来基础好并且能不断努力，但也可能比别人更晚取得成功。

D. 人的成功是有衡量标准的。

E. 一时不成功并不意味着一直不成功。

23. 学者张某说："所有的凡夫俗子一生之中都将面临许多问题，但有的人很好地掌握了分析问题的方法与技巧，所有华尔街的分析大师都是趾高气扬的。"

以下哪项如果为真，最能反驳张某的观点？

A. 有些凡夫俗子可能不需要掌握分析问题的方法与技巧。

B. 有些凡夫俗子一生之中将要面临的问题并不多。

C. 所有人都很好地掌握了分析问题的方法与技巧。

D. 掌握分析问题的方法与技巧对多数人来说很重要。

E. 华尔街的分析大师们大都掌握分析问题的方法与技巧。

24. 张云、李华、王涛都收到了明年二月初赴北京开会的通知。他们可以选择乘坐飞机、高铁与大巴等交通工具进京。他们对这次进京方式有如下考虑：

(1)张云不喜欢坐飞机，如果有李华同行，他就选择乘坐大巴。

(2)李华不计较方式，如果高铁比飞机便宜，他就选择乘坐高铁。

(3)王涛不在乎价格，除非预报二月初北京有雨雪天气，否则他就选择乘坐飞机。

(4)李华和王涛家住得较近，如果航班时间合适，他们将一同乘飞机出行。

如果上述3人的考虑都得到满足，则可以得出以下哪项？

A. 如果李华没有选择乘坐高铁或飞机，则他肯定和张云一起乘坐大巴进京。

B. 如果张云和王涛乘坐高铁进京，则二月初北京有雨雪天气。

C. 如果三人都乘坐飞机进京，则飞机票价比高铁便宜。

D. 如果王涛和李华乘坐飞机进京，则二月初北京没有雨雪天气。

E. 如果三人都乘坐大巴进京，则预报二月初北京有雨雪天气。

25. 一般认为，企业发展的初期阶段主要靠创新引擎驱动。只有创新能力足够强，才能更快地打开市场和扩大客户群体，才能在短期内实现销售额的快速增长。而当企业发展到一定阶段时，就需要创新与管理双轮驱动，甚至以管理驱动为主。

根据上述信息，可以得出以下哪项？

A. 如果创新能力足够强，就能在短期内实现销售额的快速增长。

B. 如果能实现创新与管理双轮驱动，就能更快地打开市场和扩大客户群体。

C. 只有更快地打开市场和扩大客户群体，才能在短期内实现销售额的快速增长。

D. 如果创新能力不够强，就不能更快地打开市场和扩大客户群体。

E. 或者创新能力不是足够强，或者不能在短期内实现销售额的快速增长。

26. 根据某位国际问题专家的调查统计可知：有的国家希望与某些国家结盟，有三个以上的国家不希望与某些国家结盟；至少有两个国家希望与每个国家建交，有的国家不希望与任一国家结盟。

根据上述统计，可以得出以下哪项？

A. 每个国家都有一些国家希望与之建交。

B. 每个国家都有一些国家希望与之结盟。

C. 有些国家之间希望建交但是不希望结盟。

D. 至少有一个国家，既有国家希望与之结盟，也有国家不希望与之结盟。

E. 至少有一个国家，既有国家希望与之建交，也有国家不希望与之建交。

27. 唐代韩愈在《师说》中指出："孔子曰：三人行，则必有我师。是故弟子不必不如师，师不必贤于弟子，闻道有先后，术业有专攻，如是而已。"

根据上述韩愈的观点，可以得出以下哪项？

A. 有的弟子必然不如师。

B. 有的弟子可能不如师。

C. 有的师不可能贤于弟子。

D. 有的弟子可能不贤于师。

E. 有的师可能不贤于弟子。

28. 在 2017—2018 赛季欧洲冠军联赛 1/4 决赛罗马对阵巴塞罗那的比赛中，罗马 3∶0 力克来犯强敌，以总比分 4∶4 昂首挺进四强。巴塞罗那无缘四强使巴塞罗那的球迷小李十分伤心，他去论坛上发帖称“巴塞罗那早已不是欧洲强队，所以巴塞罗那的球员也不强。”

以下哪项与题干所犯的逻辑错误相同？

A. 近年长三角等地区频频出现“用工荒”现象，2015 年第二季度我国岗位空缺与求职人数的比率均为 1.06，这表明，我国劳动力市场需求大于供给。

B. 金砖是由原子构成的，原子不是肉眼可见的，所以金砖不是肉眼可见的。

C. 甲：什么是男人？乙：男人就是不是女人的人。

甲：什么是女人？乙：女人就是不是男人的人。

D. 某律所以为刑事案件的被告进行有效辩护而著称，成功率达 90%以上，因此，该律所的张律师非常擅长为刑事案件的被告进行有效辩护。

E. 郑强知道数字 87654321，陈梅家的电话号码正好是 87654321，所以郑强知道陈梅家的电话号码。

29. 由于硼是唯一和碳一样具有可以无限延伸自身的能力(连接能力仅略弱于碳)，同时氢化物稳定性不受原子数目制约的元素，并拥有比碳更高的成键多样性，因此有人认为可能存在以硼为核心元素的硼基生命。与此同时，也有人认为存在硅基生命，这种生命是以含有硅以及硅的化合物为主的物质构成的生命。两位研究人员对这两种生命作出了如下断定：

(1)要么存在硼基生命，要么存在硅基生命。

(2)或者不存在硼基生命，或者不存在硅基生命。

如果上述两种断定中只有一种为真，则可以得出以下哪项结论？

A. 存在硼基生命，并且存在硅基生命。

B. 不存在硼基生命，但是存在硅基生命。

C. 存在硼基生命，但是不存在硅基生命。

D. 既不存在硼基生命，也不存在硅基生命。

E. 如果存在硼基生命，就不存在硅基生命。

30. 如果能有效地利用互联网、能快速方便地查询世界各地的信息，对科学研究、商业往来乃至寻医求药都能带来很大的好处。然而，如果上网成瘾，就会有许多弊端，还可能带来严重的危害。上网成瘾的典型特征就是荒废学业、影响工作。为了解决这一问题，某个网点上登载了“互联网瘾”自我测试办法。

以下各项提问，除了哪项，都与“互联网瘾”的表现形式有关？

A. 你是否有时上网到深夜并为链接某个网站时间过长而着急？

B. 你是否曾一再试图限制、减少或停止上网而无果？

C. 你试图减少或停止上网时，是否会感到烦躁、压抑或容易动怒？

D. 你是否曾因上网而危及一段重要关系或一份工作机会？

E. 你现在是否向家人、治疗师或其他人谎称你并未沉迷互联网？

专项训练 1 ▸ 推理基础

答案详解

答案速查

1～5 EDEBD	6～10 DAABD	11～15 DBEBD
16～20 CCDDE	21～25 DCBED	26～30 AEDDA

1. E

【第 1 步 识别命题形式】

题干中出现假言命题，单个假言命题无法串联，故此题考查的是简单假言推理。

【第 2 步 套用母题方法】

步骤 1：画箭头。

题干：①明确重点支持领域∧完善政策∧设立基金→规模化发展。

步骤 2：逆否。

题干的逆否命题为：②¬规模化发展→¬明确重点支持领域∨¬完善政策∨¬设立基金。

步骤 3：找答案。

A 项，完善政策∧设立基金→规模化发展，由①可知，此项可真可假。

B 项，明确重点支持领域∧¬完善政策→¬设立基金，由①可知，此项可真可假。

C 项，规模化发展→设立基金，由①可知，此项可真可假。

D 项，¬完善政策→¬规模化发展，由②可知，此项可真可假。

E 项，¬规模化发展→¬明确重点支持领域∨¬完善政策∨¬设立基金，等价于②，故此项必然为真。

2. D

【第 1 步 识别命题形式】

题干中给出了“误解性危机”的定义，故此题为定义题。

【第 2 步 套用母题方法】

“误解性危机”的定义要点是：①企业自身的工作或产品质量等方面没有什么问题；②社会上没有出现任何损害公众的事件；③被公众误解怀疑，受到公众无端指责，企业由此而陷入危机之中。

A 项，产品质量存在问题，不符合①，故排除。

B 项，并没有被公众误解或者怀疑，不符合③，故排除。

C 项，“生产了大量的不合格产品，导致公众排斥该品牌产品”，说明对公众造成了损害，不符合②，故排除。

D 项，满足“误解性危机”的定义要点，故此项正确。

E 项，“使用违规原料，导致其生产的纯牛奶致癌物严重超标”，不符合①，故排除。

3. E

【第 1 步　识别命题形式】

题干中出现关于几个人身份的概念，要求根据这些概念计算人数，故此题考查的是概念间的关系。

【第 2 步　套用母题方法】

因为“黑龙江人”和“北方人”是“种属关系”，故北方人一共有 4 个，其中包含黑龙江人。

当其他概念不存在交叉时，人数取到最大值，最大值为：3(基层)+4(北方人)+5(博士)=12(人)。

要想人数最少，则身份要尽可能交叉，故与会人员的人数最少为：5(博士)=5(人)。其中 3 个基层提升上来的人、4 个北方人均与这 5 人的身份交叉。

综上，与会人员的人数最少 5 人，最多 12 人，故 E 项正确。

4. B

【第 1 步　识别命题形式】

题干中出现两个选言命题，故此题考查的是简单联言选言推理。又已知这两个命题一真一假，故此类试题可通过画“真值表”求解答案。

【第 2 步　套用母题方法】

根据题干，画如下真值表：

情况	肢命题		干命题	
	老张	老李	老张∨老李	老张∀老李
情况①	√	√	√	×
情况②	√	×	√	√
情况③	×	√	√	√
情况④	×	×	×	×

根据题干“你们两人的说法一对一错”可知，只有情况①能满足要求。

因此，老张、老李家均脱贫。故 B 项正确。

注意：B 项是相容选言命题，其中的肢命题“老张家脱贫”为真，故 B 项整体为真。

5. D

【第 1 步　识别命题形式】

题干中给出了“舌尖现象”的定义，故此题为定义题。

【第 2 步　套用母题方法】

“舌尖现象”的定义要点是：①答案就在嘴边，能够清晰地感觉到；②无法说出口或加以具体的描述；③大脑对记忆内容的暂时性抑制。

A 项，并没有指明小欣后面想起来了，因此无法断定是否满足③，故排除。

B 项，并不能清晰感觉到，不满足①，故排除。

C 项，“忘记大半”不满足①、③，故排除。

D 项，符合“舌尖现象”的定义要点，故此项正确。

E 项，并没有指明李局长最后是否想起来了，因此无法断定是否满足③，故排除。

6. D

【第 1 步 识别命题形式】

题干中出现多个概念，选项是判断这些概念之间是否存在交叉，故此题考查的是概念间的关系。

【第 2 步 套用母题方法】

根据题干可知，参会总人数为 160 人，其中 70 人是工程师，65 人是新能源汽车车主，还有 40 人是高校教授。

若高校教授都是新能源汽车车主，则共有 70＋65＝135(人)，与“参会总人数为 160 人”矛盾，因此，并非高校教授都是新能源汽车车主，等价于：有的高校教授不是新能源汽车车主。

故 D 项正确。

7. A

【第 1 步 识别命题形式】

题干中出现对性质命题的否定，故此题考查的是简单命题的负命题。

【第 2 步 套用母题方法】

由“不可能不＝必然”可知，题干等价于：并非有些南方人必然喜欢吃辣椒。

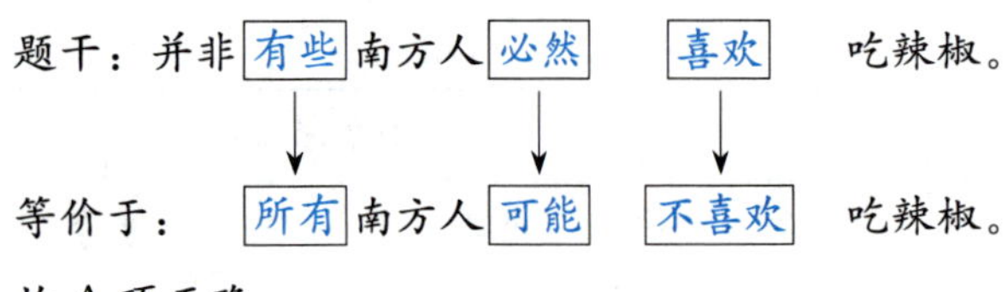

故 A 项正确。

8. A

【第 1 步 识别命题形式】

题干中给出了“低档品”的定义，故此题为定义题。

【第 2 步 套用母题方法】

“低档品”的定义要点是：①收入增加，低档品的需求量减少；②收入减少，低档品的需求量增加。

A 项，穷的时候，方便面的需求量增加；有钱后，方便面的需求量减少。故此项符合“低档品”的定义要点。

B 项，收入减少，食盐的需求量没有变大，不符合②，故排除。

C 项，只体现需求，没有说明收入情况，不符合“低档品”的定义要点。

D 项，指出名牌服装是高档品，并未涉及正常品和低档品，故排除。

E 项，“有钱”和“没钱”不等于收入增加或者减少，不符合“低档品”的定义要点。

9. B

【第 1 步 识别命题形式】

题干中，主持人的断定是一个假言命题，提问方式为“试图推翻主持人的断定”，故此题考查的是假言命题的负命题。

【第 2 步 套用母题方法】

主持人：一面 A→另一面 4。

其矛盾命题为：一面 A∧另一面不是 4。
因此，要翻动的卡片是“A”和“7”。
若“A”的反面不是 4，此时的情况满足“一面 A∧另一面不是 4”，则能推翻主持人的断定；
若“7”的反面是 A，此时的情况满足“一面 A∧另一面不是 4”，也能推翻主持人的断定。
故 B 项正确。

10. D

【第 1 步　识别命题形式】

题干中出现联言、选言命题，故此题考查的是简单联言选言推理。题干要求判断各命题的真假情况，故此类试题可通过画“真值表”求解答案。

【第 2 步　套用母题方法】

根据题干，画如下真值表：

情况	肢命题		干命题			
	纳米	生物	甲 纳米∧生物	乙 纳米∨¬生物	丙 ¬纳米∨生物	丁 ¬纳米∨¬生物
情况①	√	√	√	√	√	×
情况②	√	×	×	√	×	√
情况③	×	√	×	×	√	√
情况④	×	×	×	√	√	√

由上表可知，D 项正确。

11. D

【第 1 步　识别命题形式】

题干中出现对性质命题的否定，故此题考查的是简单命题的负命题。

【第 2 步　套用母题方法】

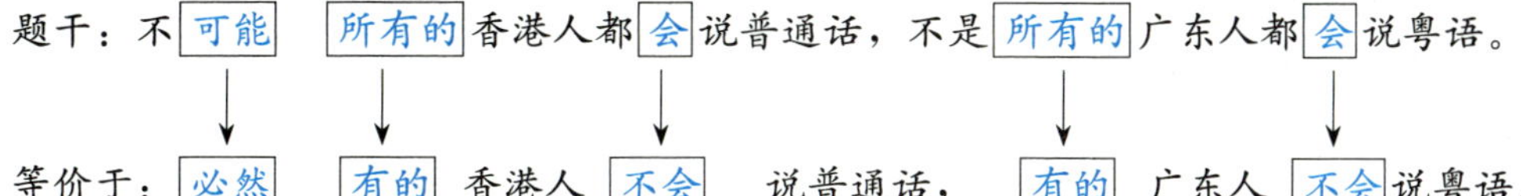

故有：①必然有的香港人不会说普通话；②有的广东人不会说粤语。
Ⅰ项，“必然”与“可能”为推理关系，根据口诀“上真下必真”，由①可知，此项必然为真。
Ⅱ项，有的粤语→广东人，等价于：有的广东人→粤语，与②(“有的不会”)为下反对关系，根据口诀“一真另不定”可知，此项可真可假。
Ⅲ项，可能所有的香港人都会说普通话→有的广东人不会说粤语＝必然有的香港人不会说普通话∨有的广东人不会说粤语，由①、②为真可知，此项必然为真。
综上，Ⅰ项和Ⅲ项一定为真。故 D 项正确。

12. B

【第 1 步 识别命题形式】

题干的提问方式为"以下哪项作为'底线伦理'的定义最合适"，故此题考查的是概念与定义。

【第 2 步 套用母题方法】

对某个概念下定义时，需要遵守如下 5 个规则：

①定义项不得直接包含被定义项；

②定义项不得间接包含被定义项；

③定义项的外延和被定义项的外延必须完全相等；

④定义不应包括含混的概念，不能用比喻句；

⑤定义不应当是否定的。

A 项，"不偷盗、不杀人"只是底线伦理中的两条，即不符合规则③，犯了"定义过窄"的逻辑错误，故排除。

B 项，符合定义的 5 个规则，故此项正确。

C 项，不符合规则⑤"定义不应当是否定的"，故排除。

D 项，不符合规则④"定义不能用比喻句"，故排除。

E 项，明显是错误的，故排除。

13. E

【第 1 步 识别命题形式】

题干中出现一个假言命题，提问方式为"以下哪项如果为真，能说明小张的总结为假?"，故此题考查的是假言命题的负命题。

【第 2 步 套用母题方法】

题干：与君绝→山无棱∧水断流。(注意："方"等价于"才"，故题干是必要条件。)

题干的矛盾命题为：与君绝∧(¬山无棱∨¬水断流)，等价于：与君绝∧(山有棱∨水不断流)。

故以下 5 种情况均可说明小张的总结为假：

①与君绝∧山有棱。

②与君绝∧水不断流。

③与君绝∧山有棱∧水不断流。

④与君绝∧山有棱∧水断流。

⑤与君绝∧山无棱∧水不断流。

故 E 项正确。

14. B

【第 1 步 识别命题形式】

题干中出现对性质命题的否定，故此题考查的是简单命题的负命题。

【第 2 步 套用母题方法】

题干：

①很多快乐的人并不幸福，即：有的快乐的人不幸福。

②没有一个幸福的人是不快乐的，即：所有幸福的人都是快乐的，可符号化为：幸福→快乐。

A 项，根据"'有的'互换原则"可知，此项等价于：有的快乐的人不幸福，等价于题干信息①，故此项一定为真。

B 项，与题干信息②矛盾，故此项一定为假。

C 项，根据题干信息②，由"推理关系"中的"所有→有的"可知，有的幸福的人是快乐的。再根据"'有的'互换原则"可知，有的快乐的人是幸福的，故此项一定为真。

D 项，此项等价于：所有不快乐的人都是不幸福的，符号化为：¬ 快乐→¬ 幸福，等价于：幸福→快乐，等价于题干信息②，故此项一定为真。

E 项，此项等价于：¬（幸福∧¬ 快乐）=¬ 幸福∨快乐=幸福→快乐，等价于题干信息②，故此项一定为真。

15. D

【第 1 步　识别命题形式】

题干中出现对性质命题的否定，故此题考查的是简单命题的负命题。

【第 2 步　套用母题方法】

等价于：任何老师都必然有他不会做的试题。

故 D 项与题干意思最为接近。

16. C

【第 1 步　识别命题形式】

题干中出现多个性质命题，要求由此判断其他性质命题的真假，故此题考查的是简单命题的对当关系。

【第 2 步　套用母题方法】

题干有以下信息：

①社区组织的活动有两种类型：养生型和休闲型。

②社区有的老人参加了所有养生型活动。

③社区有的老人参加了所有休闲型活动。

题干信息②等价于：所有的养生型活动都有老人参加。

题干信息③等价于：所有的休闲型活动都有老人参加。

可见，所有的养生型活动和所有的休闲型活动都有老人参加，即所有的社区活动都有老人参加，故 C 项正确。

17. C

【第 1 步　识别命题形式】

题干中，教授的观点是一个假言命题，单个假言命题无法串联，选项均为假言命题，故此题考查的是简单假言推理，使用三步解题法。

【第 2 步　套用母题方法】

步骤 1：画箭头。

题干：①¬ 不是实心的纯金杯→不能将它举过头顶并随意挥舞＝实心的纯金杯→不能将它举过头顶并随意挥舞。

步骤 2：逆否。

题干的逆否命题为：②能将它举过头顶并随意挥舞→不是实心的纯金杯。

等价于：③能将它举过头顶并随意挥舞→不是实心的(即空心的)∨不是纯金的。

步骤 3：找答案。

A 项，根据③，由“能将它举过头顶并随意挥舞”，可以推出三种可能：可能是空心的纯金杯、可能是实心的且不是纯金的、可能是空心的且不是纯金的。此项中，“空心的纯金杯”是有可能的，但无法推出这种可能是“很可能”，故排除此项。

B 项，由题干无法直接断定“实心”与“纯金”的关系，故排除。

C 项，实心的纯金杯→不能将它举过头顶并随意挥舞，由①可知，此项必然为真。

D 项，纯金∧¬ 实心(即：空心的纯金杯)→能将它举过头顶并随意挥舞，根据箭头指向原则，由“空心的纯金杯”推不出任何结论，故此项可真可假。

E 项，由题干无法直接断定“纯金”与“空心”的关系，故排除。

18. D

【第 1 步　识别命题形式】

题干条件为性质命题，要求由此判断其他性质命题的真假，故此题考查的是简单命题的对当关系。

【第 2 步　套用母题方法】

题干：有的受到希望工程捐助的学生不努力学习，这使该校所有的教师感到痛心。

Ⅰ项，等价于：有的受到希望工程捐助的学生不努力学习，使该校所有的教师感到痛心，与题干等价，故此项为真。

Ⅱ项，题干并未提及“未受到希望工程捐助的学生”的状况，故此项真假不定。

Ⅲ项，此项中“并不使有些教师感到痛心”与题干中“所有的教师都感到痛心”矛盾，故此项必然为假。

综上，Ⅱ项不能确定真假，故 D 项正确。

19. D

【第 1 步　识别命题形式】

题干中出现对联言命题的否定，故此题考查的是联言命题的负命题(德摩根公式)。此外，联言命题中又涉及性质命题，故此题还考查了简单命题的负命题。

【第 2 步　套用母题方法】

画家：¬ (我没有新的创意∧别人都有新的创意)＝我有新的创意∨¬ 别人都有新的创意。

¬ 别人都有新的创意＝有的别人没有新的创意。

因此，¬ (我没有新的创意∧别人都有新的创意)＝我有新的创意∨有的别人没有新的创意＝我没有新的创意→有的别人没有新的创意。

故 D 项正确。

20. E

【第 1 步　识别命题形式】

题干条件为性质命题，要求由此判断其他性质命题的真假，故此题考查的是简单命题的对当关系。

【第 2 步　套用母题方法】

题干：

①并不是所有流感患者均需接受达菲等抗病毒药物的治疗，等价于：有的流感患者不需要接受达菲等抗病毒药物的治疗。

②出现严重症状的患者都需要住院治疗。

Ⅰ项，“有的”与“有的不”为下反对关系，根据口诀“一真另不定”，由①可知，此项可真可假。

Ⅱ项，此项等价于①，故必然为真。

Ⅲ项，“所有”与“有的”为推理关系，根据口诀“上真下必真”，由②可知，此项必然为真。

综上，Ⅱ项和Ⅲ项必然为真。故 E 项正确。

21. D

【第 1 步　识别命题形式】

题干条件为联言命题，提问方式为“如果上述断定为假”，故此题考查的是联言命题的负命题(德摩根公式)。此外，联言命题中又涉及性质命题，故此题还考查了简单命题的负命题。

【第 2 步　套用母题方法】

由“题干的断定为假”可得：¬(必然所有产品进行检查∧没有发现假冒伪劣产品)。

等价于：可能有的产品未进行检查∨发现了假冒伪劣产品。

等价于：必然所有产品进行检查→发现了假冒伪劣产品。

故Ⅰ项和Ⅱ项必然为真，即 D 项正确。

22. C

【第 1 步　识别命题形式】

题干中出现假言命题，提问方式为“以下哪项一定为假”，故此题考查的是假言命题的负命题。

【第 2 步　套用母题方法】

李教授：基础好∧不断努力→肯定更早取得成功。

其矛盾命题为：基础好∧不断努力∧¬肯定更早取得成功。

故，“基础好并且能不断努力，但并非肯定比别人更早取得成功(即可能比别人更晚取得成功)”为假，即 C 项正确。

23. B

【第 1 步　识别命题形式】

题干中，张某的观点均为性质命题，提问方式为“最能反驳张某的观点”，故此题考查的是简单命题的负命题。

【第 2 步　套用母题方法】

张某的观点：

①所有的凡夫俗子一生之中都将面临许多问题。

②有的人很好地掌握了分析问题的方法与技巧。

③所有华尔街的分析大师都是趾高气扬的。

张某观点的矛盾命题分别为：

④有的凡夫俗子一生之中不会面临许多问题。

⑤所有的人都没有很好地掌握分析问题的方法与技巧。

⑥有的华尔街的分析大师不是趾高气扬的。

A项，题干并未涉及凡夫俗子是否需要掌握分析问题的方法与技巧，故此项不能反驳张某的观点。

B项，"有些凡夫俗子一生之中将要面临的问题并不多"等价于④，与①矛盾，故此项最能反驳张某的观点。

C项，根据"所有→有的"可知，此项支持观点②，故排除。

D项，题干并未涉及掌握分析问题的方法与技巧是否重要，故此项不能反驳张某的观点。

E项，"华尔街的分析大师们大都掌握分析问题的方法与技巧"与观点②并不矛盾，故此项不能反驳张某的观点。

24. E

【第1步 识别命题形式】

题干中出现假言命题，且无法串联，选项均为假言命题，故此题考查的是简单假言推理。

【第2步 套用母题方法】

题干：

①张云：李华同行→大巴。

②李华：高铁比飞机便宜→高铁。

③王涛：¬预报北京有雨雪天气→飞机，等价于：¬飞机→预报北京有雨雪天气。

④李华和王涛：航班合适→飞机。

A项，李华没有选择乘坐高铁或飞机，则由题干"他们可以选择乘坐飞机、高铁与大巴等交通工具进京"可知，李华不一定会乘坐大巴，而且未必与张云一起乘坐大巴进京，故此项可真可假。

B项，可知王涛没有乘坐飞机，由③可得："预报"北京有雨雪天气，但此项说"有雨雪天气"，偷换概念，故此项可真可假。

C项，可知李华乘坐飞机进京，即没有乘坐高铁，由②可得：¬高铁→¬高铁比飞机便宜。故飞机比高铁便宜或者价格一样，故此项可真可假。

D项，根据箭头指向原则，由④可知，"王涛和李华乘坐飞机"后无箭头指向，故此项可真可假。

E项，可知王涛没有乘坐飞机，由③可知，预报二月初北京有雨雪天气，故此项必然为真。

25. D

【第1步 识别命题形式】

题干中出现假言命题，且无法串联，选项为假言命题和选言命题，故此题考查的是简单假言推理。

【第 2 步　套用母题方法】

步骤 1：画箭头。

题干中出现一个"只有 A，才 B，才 C"的句式，可符号化为：

①打开市场和扩大客户群体→创新能力足够强。

②销售额快速增长→创新能力足够强。

步骤 2：逆否。

题干的逆否命题为：

③¬ 创新能力足够强→ ¬ 打开市场和扩大客户群体。

④¬ 创新能力足够强→ ¬ 销售额快速增长。

步骤 3：找答案。

A 项，创新能力足够强→销售额快速增长，根据箭头指向原则，由①、②可知，"创新能力足够强"之后无箭头指向，故此项可真可假。

B 项，题干不涉及"实现创新与管理双轮驱动"和"更快打开市场和扩大客户群体"之间的推理关系，故此项可真可假。

C 项，销售额快速增长→打开市场和扩大客户群体，由②可知，此项可真可假。

D 项，¬ 创新能力足够强→ ¬ 打开市场和扩大客户群体，等价于③，故此项必然为真。

E 项，¬ 创新能力足够强 ∨ ¬ 销售额快速增长，等价于：创新能力足够强→ ¬ 销售额快速增长，根据箭头指向原则，由①、②可知，"创新能力足够强"之后无箭头指向，故此项可真可假。

26. A

【第 1 步　识别命题形式】

题干条件均为性质命题，要求由此判断其他性质命题的真假，故此题考查的是简单命题的对当关系。

【第 2 步　套用母题方法】

题干信息整理如下：

①有的国家希望与某些国家结盟。

②有三个以上的国家不希望与某些国家结盟。

③至少有两个国家希望与每个国家建交。

④有的国家不希望与任一国家结盟。

A 项，由③可知，每个国家都有至少两个想与之建交的国家，故此项必然为真。

B 项，由①可知，"某些"无法推出"每个"，故此项可真可假。

由于无法确定题干条件中的"有的国家""三个以上的国家""至少两个国家"等对象是否有交集，故无法确定 C 项、D 项和 E 项的真假。

27. E

【第 1 步　识别命题形式】

题干中出现对简单命题的否定，故此题考查的是简单命题的负命题。

【第 2 步　套用母题方法】

弟子不必不如师＝弟子不必然不如师；师不必贤于弟子＝师不必然贤于弟子。

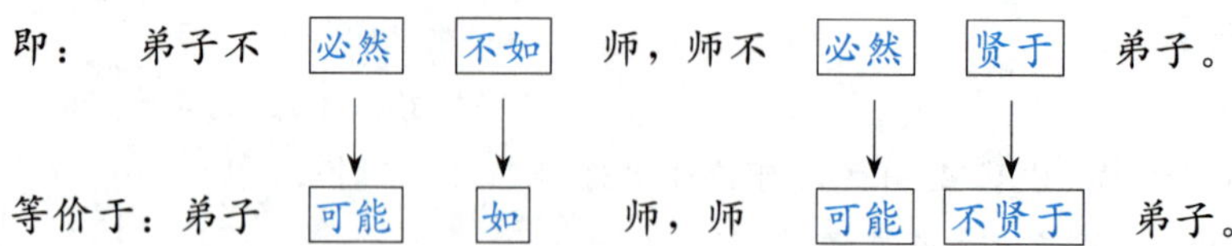

故：弟子可能如师，师可能不贤于弟子。

再根据对当关系中的“所有→有的”，由“师可能不贤于弟子”可得：有的师可能不贤于弟子。故E项正确。

28. D

【第1步 识别命题形式】

题干的提问方式为“以下哪一项与题干所犯的逻辑错误相同?”，故此题为评价逻辑错误题。

【第2步 套用母题方法】

小李认为：球队不强，那么球队中的球员也不强。即：集体具有的属性，集体中的个体也必定具有，犯了分解谬误的逻辑错误。

A项，“长三角等地区”的情况不能代表“我国”整体的情况，犯了以偏概全的逻辑错误，与题干不同。

B项，通过原子的情况，来推断由原子构成的金砖的情况，犯了合成谬误的逻辑错误，与题干不同。

C项，乙用“不是女人的人”给男人下定义，同时又用“不是男人的人”来定义女人，犯了用否定句下定义的逻辑错误，与题干不同。

D项，此项认为集体(某律所)具有的性质，个体(该律所的张律师)也一定具有，犯了分解谬误的逻辑错误，与题干相同。

E项，此项中的数字“87654321”和电话号码“87654321”不是同一概念，犯了偷换概念的逻辑错误，与题干不同。

29. D

【第1步 识别命题形式】

题干中出现两个选言命题，故此题考查的是简单联言选言推理。又已知这两个命题“只有一真”，故此题也为母题模型11 经典真假话问题。

【第2步 套用母题方法】

题干有以下断定：

(1)要么存在硼基生命，要么存在硅基生命。符号化为：硼基∀硅基。

(2)或者不存在硼基生命，或者不存在硅基生命。符号化为：¬硼基∨¬硅基。

方法一：对当关系法。

“硼基∀硅基”有两种可能：①硼基真、硅基假；②硼基假、硅基真。这两种可能均可以使“¬硼基∨¬硅基”为真。

即，若断定(1)为真，则断定(2)也为真，与题干“两种断定只有一种为真”矛盾。故断定(1)为假，因此断定(2)为真。

由断定(1)为假可得：¬(硼基∀硅基)=(硼基∧硅基)∨(¬硼基∧¬硅基)。

又由于断定(2)为真，故必有：¬硼基∧¬硅基，即D项正确。

方法二：真值表法。

根据题干，画如下真值表：

情况	肢命题		干命题	
	硼基	硅基	断定(1) 硼基∀硅基	断定(2) ¬硼基∨¬硅基
情况①	√	√	×	×
情况②	√	×	√	√
情况③	×	√	√	√
情况④	×	×	×	√

由上表可知，只有情况④成立时，断定(1)、(2)满足一真一假。故必有：¬硼基∧¬硅基，即D项正确。

30. A

【第 1 步　识别命题形式】

题干中给出了“互联网瘾”的定义，故此题为定义题。

【第 2 步　套用母题方法】

“互联网瘾”的定义要点是：上网成瘾，而且可能荒废学业、影响工作。

A项，“‘有时’上网到深夜”显然不是“上网成‘瘾’”的表现形式，而且没有由此产生荒废学业、影响工作等危害，故此项正确。

B项、C项，这两项讲的是对上网欲罢不能(即上网成瘾)，显然与“互联网瘾”的表现形式有关。

D项，“因上网而危及一段重要关系或一份工作机会”，即上网成瘾的危害，故此项与“互联网瘾”的表现形式有关。

E项，“谎称你并未沉迷互联网”，说明“你正沉迷于互联网”，故此项与“互联网瘾”的表现形式有关。

专项训练 2 ▸ 5 大条件类推理题（一）

共 30 小题，每小题 2 分，共 60 分，建议用时 60～75 分钟

你的得分是________

说明：本套试题的内容均为联考逻辑推理部分的核心内容（考查频率较高），命题风格高度贴合真题，整体难度较大（与 2024、2025 年管综推理题基本一致），其中部分试题的难度高于真题。

1. 学习规划和学习兴趣对于学习的重要性不言而喻。只有践行多元化的教学方式，才能激发学生们的学习兴趣；只有合理规划学习时间，才能提高学习效率；如果教学方式和方法不当，就无法让学生们保持对学习的兴趣。

由此可以推出：

A. 如果教学方式和方法得当，就能激发学生们的学习兴趣。

B. 如果践行多元化的教学方式，就能让学生们保持对学习的兴趣。

C. 如果无法让学生们保持对学习的兴趣，就无法合理规划学习时间。

D. 若不能提高学习效率，就说明教学方式和方法不当。

E. 除非践行多元化的教学方式，否则不能激发学生们的学习兴趣。

2. 甲、乙、丙、丁和戊五位研究生新生决定去大明湖、千佛山、趵突泉、灵岩寺和红叶谷这五个景点游玩，每人只去一个景点，每个景点只有一个人去。已知：

(1)若甲去趵突泉或者灵岩寺，则乙去千佛山或者趵突泉。

(2)如果丙和戊均不去大明湖，那么丁去千佛山。

(3)若丁不去大明湖，则丙和戊去趵突泉或者红叶谷。

若丁没去大明湖，则以下哪项一定为真？

A. 乙去灵岩寺。

B. 丁去红叶谷。

C. 甲去千佛山。

D. 丙去红叶谷。

E. 戊去趵突泉。

3. 为更好地了解各项目组的工程进度，某建筑公司老板王某将从甲、乙、丙、丁、戊、己、庚、辛 8 个工地中选择 3 个进行实地视察。已知：

(1)如果不选择甲或者选择庚，则一定选择戊。

(2)若不选择乙，则选择辛。

(3)若不选择丙，则选择己但不选择庚。

根据上述信息，可以得出以下哪项？

A. 一定选择己。

B. 一定选择丙。

C. 一定选择甲。

D. 一定不选择丁。

E. 一定不选择辛。

4. 某公司计划采购一批饮品，现有乌龙茶、冰红茶、红茶、绿茶、茉莉蜜茶、青柑普洱这 6 种饮品可供选择。已知：

(1)如果不选择乌龙茶，那么要选择红茶。

(2)如果选择绿茶或者红茶，那么就必须选择茉莉蜜茶。

(3)茉莉蜜茶和青柑普洱中至多选择一种。

(4)除非不选择茉莉蜜茶，否则要选择青柑普洱。

根据上述信息，以下哪项一定为真？

A. 选择冰红茶。　　B. 选择茉莉蜜茶。　　C. 选择绿茶。

D. 选择红茶。　　E. 选择乌龙茶。

5. 在某科室公开选拔副科长的招录考试中，共有甲、乙、丙、丁、戊、己、庚 7 人报名。已知：

(1)7 人的最高学历分别是本科和博士，其中博士毕业的有 3 人，女性有 3 人。

(2)甲、乙、丙的学历层次相同，己、庚的学历层次不同。

(3)戊、己、庚的性别相同，甲、丁的性别不同。

(4)最终录用的是 1 名女博士。

根据以上陈述，可以得出以下哪项？

A. 甲是男博士。　　B. 己是女博士。　　C. 庚不是男博士。

D. 丙是男博士。　　E. 丁是女博士。

6. 美食博主赵嘉应粉丝要求，准备购买不同类型的饮品进行品鉴。已知：

(1)若购买生椰拿铁或者焦糖奶茶，则不购买香草拿铁。

(2)若不购买伯牙绝弦但购买樱花乌龙，则购买生椰拿铁和青沫观音。

(3)除非购买焦糖奶茶，否则购买杨枝甘露。

(4)如果购买杨枝甘露或者多肉葡萄，那么购买伯牙绝弦或者购买樱花乌龙。

事实上，赵嘉购买了香草拿铁，则以下哪项一定为真？

A. 赵嘉购买了生椰拿铁。　　B. 赵嘉购买了伯牙绝弦。　　C. 赵嘉购买了焦糖奶茶。

D. 赵嘉购买了樱花乌龙。　　E. 赵嘉购买了多肉葡萄。

7～8 题基于以下题干：

某足球队管理层决定从二线队的首发队员甲、乙、丙、丁、戊、己、庚、辛、壬这 9 人中挑选多人提拔至一线队，随队参加剩余阶段的联赛。已知：

(1)若不选择辛，则一定选择乙但不选择壬。

(2)若甲、己中至少有 1 人被选择，则一定不选择庚但选择辛。

(3)若乙、丙中至少有 1 人被选择，则一定不选择戊但选择己。

7. 根据上述信息，可以得出以下哪项？

A. 选择甲。　　B. 选择丁。　　C. 选择丙。

D. 选择辛。　　E. 选择乙。

8. 若最终选择了 6 人，那么以下哪项一定为真？

A. 甲、壬均被选择。　　B. 丙、戊均被选择。　　C. 甲、己中恰有 1 人被选择。

D. 庚、己中恰有 1 人被选择。　　E. 乙、丙中恰有 1 人被选择。

9. 一个人如果是智者，那么他一定是一位谦虚的人；而一个人只有认识到自己的不足，他才会谦虚。但是，如果一个人听不进别人的意见，那么他就不会认识到自己的不足。

由此可以推出：

A. 一个人如果认识到自己的不足，他就是一位智者。

B. 一个人除非听进别人的意见，否则他不是一位智者。

C. 一个人如果听得进别人的意见，他就会认识到自己的不足。

D. 一个人如果认识不到自己的不足，他一定听不进别人的意见。

E. 一个人除非是智者，否则听不进别人的意见。

10～11 题基于以下题干：

为保持宿舍卫生整洁，一宿舍制定了下周一至周五的值日表。该宿舍正好有五位成员：小张、小李、小方、小郭和小田。同时，以下条件必须满足：

(1)每天有且只有一位宿舍成员值日。

(2)每位宿舍成员值日的天数不能超过两天。

(3)没有宿舍成员连续两天值日。

(4)小张的值日早于小田。

(5)如果小方值日，则次日一定是小李值日。

10. 如果小张值日两天，小田在周四值日，则以下哪项可能为真？

A. 小张周二值日。　B. 小李周二值日。　C. 小方周二值日。

D. 小李周三值日。　E. 小方周三值日。

11. 如果小李不值日，则以下哪项一定为真？

A. 小张恰值日一天。　B. 小张恰值日两天。　C. 小郭恰值日一天。

D. 小郭恰值日两天。　E. 小田恰值日一天。

12. 某集团现对外招聘会计、出纳、审计、行政和人事 5 个岗位的从业者，有甲、乙、丙、丁和戊 5 人前来应聘。每人只选择 1 个岗位应聘，且每个岗位都有其中 1 人前来应聘。已知：

(1)如果甲不应聘人事，则乙应聘出纳。

(2)如果丙不应聘出纳，则丁应聘审计。

(3)如果戊不应聘行政，则戊应聘人事。

(4)如果丁不应聘会计，则乙应聘行政。

根据上述信息，以下哪项一定为真？

A. 丙应聘会计。　B. 乙应聘审计。　C. 丁应聘行政。

D. 戊应聘人事。　E. 甲应聘会计。

13. 静海欢乐园共有“火山探险”“椰树攀爬”“欢乐转马”“激流勇进”“高空蹦极”“凌霄飞舞”和“滑板冲浪”7 个景点。甲、乙、丙、丁四位同学相约一起去游玩，他们的想法如下：

甲：如果游玩“火山探险”，就要游玩“椰树攀爬”。

乙：“凌霄飞舞”和“滑板冲浪”至多有一个不游玩。

丙：“激流勇进”和“滑板冲浪”至少有一个不游玩。

丁：除非不游玩“椰树攀爬”，否则游玩“激流勇进”。

如果上述四位同学的想法都实现了，则以下哪项不可能为真？

A.“火山探险”和“凌霄飞舞”都游玩。

B. 没游玩“火山探险”，也没游玩“激流勇进”。

C.“椰树攀爬”和“滑板冲浪”都没游玩。

D. 游玩了“火山探险”，但没游玩“凌霄飞舞”。

E. 没游玩“激流勇进”，游玩了“凌霄飞舞”。

14. 警官学院派甲、乙、丙、丁、戊、已、庚、辛 8 位学员到公安局实习，他们恰好被安排在宿舍楼同一排从左往右分别为 1～8 号的 8 个房间。已知：

(1)甲房间的左边至少还有 3 个房间。

(2)乙和已中间隔着 2 人，戊的宿舍在已的左边。

(3)丁的房间在庚的左边，他们中间隔着 4 人。

(4)辛的房间在甲的右边，但辛的右边至少还有 3 个房间。

根据以上信息，以下哪项必然为真？

A. 已、庚的房间相邻。　B. 乙、辛的房间相邻。　C. 丁、已的房间相邻。

D. 丁、戊的房间相邻。　E. 甲、丙的房间相邻。

15. 甲、乙、丙、丁、戊、已 6 位体育爱好者分别喜欢跳水、射箭、体操、篮球、短跑、排球 6 种运动项目中的一种，各不重复。已知：

(1)甲或者已喜欢射箭。

(2)如果丙不喜欢跳水，那么已喜欢体操。

(3)如果甲不喜欢体操，那么丙喜欢短跑或者排球。

(4)如果已喜欢射箭或者体操，则乙喜欢排球且丁喜欢篮球。

根据以上信息，以下哪项一定为真？

A. 甲喜欢篮球。　B. 乙喜欢排球。　C. 丙喜欢短跑。

D. 已喜欢体操。　E. 戊喜欢跳水。

16. 某自由贸易试验区新引进了甲、乙、丙、丁、戊五家公司。这五家公司的总部办公大楼将分别设置在该试验区的东部、南部、西部、北部和中部中的一处，各不重复。还已知：

(1)如果甲公司总部设置在北部或西部，那么戊公司总部设置在南部。

(2)如果丁公司总部不设置在中部，那么丙公司总部设置在东部或北部。

(3)若乙公司总部不设置在北部，则丁公司总部设置在南部且甲公司总部设置在西部。

如果戊公司总部设置在东部，则可以得出以下哪项？

A. 乙公司总部设置在东部。　B. 丙公司总部设置在西部。

C. 丁公司总部设置在南部。　D. 甲公司总部设置在北部。

E. 乙公司总部设置在中部。

17～18 题基于以下题干：

某市新媒体中心本周一到周五安排了 11 场活动，共邀请了甲、乙、丙、丁、戊和己 6 位嘉宾。已知，每位嘉宾均需参加 2～3 场活动；有 2 场活动各需 2 位嘉宾参与；其余 9 场活动均只需 1 位嘉宾单独参与；每人每天至多参加 1 场活动。具体活动安排如下：

时间＼星期	周一	周二	周三	周四	周五
上午	1场活动	无安排	2场活动	1场活动	1场活动（2人参加）
下午	2场活动	无安排	无安排	1场活动	无安排
晚上	1场活动（2人参加）	1场活动	无安排	无安排	1场活动

此外，还需满足以下要求：

(1)甲的活动都安排在晚上，但不要连续两天都安排活动。

(2)已的活动都安排在上午，丁的活动都没有安排在晚上。

(3)若乙的活动没有都安排在最后两天，则他参加3场活动并且恰有2场活动是与戊共同出席。

17. 若周一安排乙参加活动，则可以得出以下哪项？

A. 已周一上午参加活动。　B. 乙周三上午参加活动。　C. 丙周四下午参加活动。
D. 丁周四下午参加活动。　E. 已周三上午参加活动。

18. 若戊参加了3场活动，且有2场是在周三和周四，则可以得出以下哪项？

A. 丁周一上午参加活动。　B. 丙周二晚上参加活动。　C. 丁周三上午参加活动。
D. 丙周四下午参加活动。　E. 已周五上午参加活动。

19. 为加强文学修养，赵嘉新购进了《论语》《孟子》《春秋》《尚书》《左传》《史记》和《诗经》7本书。但由于时间关系，赵嘉今年只能从中选择4本书进行阅读。已知：

(1)除非不选择《尚书》，否则选择《史记》。

(2)若选择《史记》，则一定选择《孟子》。

(3)若选择《孟子》或者《诗经》，则一定选择《左传》但不选择《论语》。

(4)《春秋》《诗经》和《论语》这3本书中恰好选择了2本。

根据上述信息，可以得出以下哪项？

A. 一定选择《史记》和《左传》。B. 一定选择《孟子》和《诗经》。C. 一定选择《论语》和《尚书》。
D. 一定选择《春秋》和《史记》。E. 一定选择《诗经》和《尚书》。

20～21题基于以下题干：

省立东院呼吸科每周安排甲、乙、丙三位专家进行出诊，目前已知：

	周一	周二	周三	周四	周五	周六	周日
甲专家		休诊		休诊			休诊
乙专家				休诊		休诊	出诊
丙专家		出诊		出诊			休诊

并且还已知如下信息：

(1)每位专家每周出诊四天。

(2)每周有一天会诊日，所有专家都不能休诊。

(3)没有一位专家连续三天出诊。

(4)乙专家周二出诊。

20. 根据上述信息，每周哪一天是会诊日？

A. 周一。　B. 周二。　C. 周三。　D. 周五。　E. 周六。

21. 如果甲专家是短发女专家，乙专家是长发女专家，丙专家是短发男专家，则以下哪项判断为真？

A. 周六有 2 位专家出诊。

B. 周一只有 1 位短发专家出诊。

C. 若某天有 2 位女专家出诊，则男专家不出诊。

D. 若某天男专家不出诊，则一定有女专家出诊。

E. 若某天只有 1 位女专家出诊，则男专家一定会出诊。

22～23 题基于以下题干：

某高校学生会有电竞、滑板、攀岩和游泳 4 个社团。应用化学系的甲、乙、丙、丁、戊和己 6 位新生每人各加入了其中的 2 个社团，每个社团恰有其中的 3 人参加。另外，还已知：

(1)若丙和丁中至少有 1 人加入电竞或者滑板社团，则乙和丁均加入滑板社团。

(2)若甲未加入攀岩社团或己未加入滑板社团，则戊加入滑板社团且丁加入电竞社团。

(3)若戊至多加入攀岩、电竞社团中的 1 个，则丁未加入滑板社团且甲加入游泳社团。

22. 根据上述信息，可以得出以下哪项？

A. 甲加入电竞社团。　B. 乙加入攀岩社团。　C. 丙加入游泳社团。

D. 丁加入攀岩社团。　E. 己加入滑板社团。

23. 如果戊加入了滑板社团，则可以得出以下哪项？

A. 甲加入滑板社团和游泳社团。　B. 乙加入滑板社团和电竞社团。

C. 丁加入攀岩社团和滑板社团。　D. 戊加入游泳社团和电竞社团。

E. 丙加入电竞社团和攀岩社团。

24. 张研究员要在甲、乙、丙、丁、戊、己、庚 7 个村中选取 4 个进行乡村文明建设调研。因为地点、时间、经费原因，选择还要符合以下条件：

(1)如果不选择甲，就要选择乙。

(2)如果选择丙，则不能选择乙。

(3)如果选择丁，则不能选择庚。

(4)如果选择戊，则不能选择丁。

(5)己和庚中有且只有 1 个入选。

根据以上信息，以下哪项可能是张研究员选择的 4 个村？

A. 甲、丙、丁、戊。　B. 甲、乙、丁、己。　C. 丙、丁、戊、己。

D. 乙、丙、戊、庚。　E. 乙、丁、戊、庚。

25～26 题基于以下题干：

某高校会计专业的甲、乙、丙、丁、戊 5 名研究生准备校招，她们都将在普华永道、毕马威、德勤、安永中进行选择，每个公司都有其中的 3 人投递简历，甲和乙投递的公司都不相同。已知：

(1)若乙、丙中至少有 1 人投递了安永，则乙和丙均投递了普华永道。

(2)若丁投递了安永，则丙、丁和戊 3 人均投递了德勤。

(3)若甲、乙和丙 3 人中至少有 2 人投递了普华永道，则她们都投递了毕马威。

25. 根据上述信息，可以得出以下哪项？

A. 甲没有投递德勤。 B. 乙没有投递毕马威。 C. 丙没有投递普华永道。

D. 丁没有投递安永。 E. 戊没有投递德勤。

26. 若丁、戊投递的简历数不相同，则以下哪项一定为真？

A. 甲投递了毕马威。 B. 乙投递了普华永道。 C. 丙投递了毕马威。

D. 丁投递了 4 份简历。 E. 戊投递了 4 份简历。

27～28 题基于以下题干：

在一次全国网球比赛中，来自湖北、广东、辽宁、北京和上海五省、市的五名运动员一起比赛，他们的名字是张全蛋、牛彩霞、刘少芬、白崇凡、刘健。已知：

(1)张全蛋只和其他两名运动员比赛过。

(2)上海运动员和其他三名运动员比赛过。

(3)牛彩霞没有和广东运动员比赛过，辽宁运动员和刘少芬比赛过。

(4)广东、辽宁和北京的三名运动员都相互比赛过。

(5)白崇凡只与一名运动员比赛过。

27. 根据以上信息，对于各位运动员来自哪个省、市，以下哪项说法成立？

A. 刘健来自广东。 B. 张全蛋来自湖北。 C. 白崇凡来自上海。

D. 刘少芬来自北京。 E. 牛彩霞来自辽宁。

28. 根据题干信息，对于各位运动员各与哪几位运动员比赛过，以下哪项说法成立？

A. 刘健与白崇凡比赛过。 B. 张全蛋与白崇凡比赛过。 C. 白崇凡与牛彩霞比赛过。

D. 牛彩霞与张全蛋比赛过。 E. 刘少芬与白崇凡比赛过。

29～30 题基于以下题干：

国庆假期期间，某教育公司的甲、乙、丙、丁、戊、己和庚 7 位老师需要前往南京、泰州、徐州、无锡、济南和北京这 6 个城市的分校授课，每人均只前往其中 2 个城市，每个城市均有 2～3位老师前往。已知：

(1)若甲、乙和丁 3 位老师中至多有 2 人前往南京授课，则戊和己均前往南京和无锡授课。

(2)若乙、己和丁 3 位老师中至少有 1 人前往无锡或者徐州授课，则丁、戊和甲 3 人均前往北京授课。

(3)若丁、乙和己 3 位老师中至少有 1 人前往南京授课，则丙、戊和己前往的城市均在泰州、徐州和济南之中。

29. 根据上述信息，可以得出以下哪项？

A. 甲前往北京授课。 B. 戊前往徐州授课。 C. 丁前往无锡授课。

D. 庚前往济南授课。 E. 己前往泰州授课。

30. 若乙和戊均前往某个城市授课，则以下哪项一定为真？

A. 戊和乙前往济南授课。 B. 丙和庚前往徐州授课。 C. 庚和己前往北京授课。

D. 丙和戊前往徐州授课。 E. 庚和戊前往济南授课。

专项训练 2 ▸ 5 大条件类推理题（一）

答案详解

答案速查

1～5　EADEE	6～10　BDDBB	11～15　DBDDB
16～20　BABBD	21～25　DEBBA	26～30　CDCED

1. E

【第 1 步　识别命题形式】

题干由多个假言命题组成，且这些假言命题中无重复元素，选项均为假言命题，故此题为母题模型 2　假言推假言模型(无重复元素)。

【第 2 步　套用母题方法】

步骤 1：画箭头。

题干：

①激发学生们的学习兴趣→践行多元化的教学方式。

②提高学习效率→合理规划学习时间。

③教学方式和方法不当→┐让学生们保持对学习的兴趣。

步骤 2：找答案。

A 项，教学方式和方法得当→激发学生们的学习兴趣，由③可知，此项可真可假。

B 项，践行多元化的教学方式→让学生们保持对学习的兴趣，由①可知，此项可真可假。

C 项，┐让学生们保持对学习的兴趣→┐合理规划学习时间，由③可知，此项可真可假。

D 项，┐提高学习效率→教学方式和方法不当，由②可知，此项可真可假。

E 项，┐践行多元化的教学方式→┐激发学生们的学习兴趣，由①可知，此项必然为真。

2. A

【第 1 步　识别命题形式】

题干中，“丁没去大明湖”为事实，条件(1)、(2)和(3)均为假言命题，故本题的主要命题形式为母题模型 1　事实假言模型。同时，题干中还涉及“人”与“景点”的一一匹配关系，故此题为事实假言＋匹配模型。

【第 2 步　套用母题方法】

从事实出发，由“┐丁大明湖”可知，条件(3)的前件为真，则其后件也为真，可得：丙和戊去趵突泉或者红叶谷。

由“丙和戊去趵突泉或者红叶谷”可知，条件(2)的前件为真，则其后件也为真，可得：丁去千佛山。

由“丙和戊去趵突泉或者红叶谷”和“丁去千佛山”可知，乙大明湖∨乙灵岩寺。

因此，条件(1)的后件为假，则其前件也为假，可得：¬ 甲趵突泉∧¬ 甲灵岩寺。
再结合“丙和戊去趵突泉或者红叶谷”和“丁去千佛山”可得：甲去大明湖。
再结合“乙大明湖∨乙灵岩寺”可知，乙去灵岩寺。故A项正确。

3. D

【第1步 识别命题形式】
题干中，条件(1)、(2)和(3)均为假言命题，选项均为事实，故本题的主要命题形式为母题模型4 假言推事实模型。同时，题干中还涉及数量关系(8选3)，故此题为假言推事实+数量模型。
【第2步 套用母题方法】
由条件(1)可得：(4)¬ 甲→戊。
由条件(2)可得：(5)¬ 乙→辛。
由条件(3)可得：(6)¬ 丙→已。
条件(4)、(5)和(6)均为“前否后肯式”假言，故，甲、乙、丙、戊、己、辛6个工地中至少选择3个。再结合“8选3”可得：¬ 丁∧¬ 庚。
故D项正确。

4. E

【第1步 识别命题形式】
题干中，条件(3)为半事实，条件(1)、(2)和(4)均为假言命题，选项均为事实，故此题为母题模型3 半事实假言推事实模型。
【第2步 套用母题方法】
从半事实出发，由条件(3)可知，分如下三种情况讨论：①茉莉蜜茶∧¬ 青柑普洱；②¬ 茉莉蜜茶∧青柑普洱；③¬ 茉莉蜜茶∧¬ 青柑普洱。
若情况①为真，则条件(4)的后件为假，则其前件也为假，可得：¬ 茉莉蜜茶，与情况①矛盾。因此，情况①不成立。
结合情况②和③可得：¬ 茉莉蜜茶。
由“¬ 茉莉蜜茶”可知，条件(2)的后件为假，则其前件也为假，可得：¬ 绿茶∧¬ 红茶。
由“¬ 红茶”可知，条件(1)的后件为假，则其前件也为假，可得：乌龙茶。
故E项正确。

5. E

【第1步 识别命题形式】
题干已知7人中最终录用1人，故此题为母题模型7 数量关系模型。
【第2步 套用母题方法】
由条件(1)、(2)可知，己、庚的学历层次不同，即己和庚1人是博士，1人是本科。
根据条件(2)“甲、乙、丙的学历层次相同”，若“甲、乙、丙3人是博士”，则有4名博士，与题干中“博士毕业的有3人”矛盾，因此，甲、乙、丙均为本科。再结合条件(4)“最终录用的是1名女博士”，故这3人均排除。
由条件(1)、(3)可知，甲、丁的性别不同，即甲和丁1男1女。

根据条件(3)"戊、己、庚的性别相同"，若"戊、己、庚3人是女性"，则有4名女性，与题干中"女性有3人"矛盾，因此，戊、己、庚均为男性。再结合条件(4)"最终录用的是1名女博士"，故这3人均排除。

综上，最终录用的女博士是丁。故E项正确。

6. B

【第1步 识别命题形式】

题干中，"赵嘉购买了香草拿铁"为事实，条件(1)、(2)、(3)和(4)均为假言命题，故此题为母题模型1 事实假言模型。

【第2步 套用母题方法】

从事实出发，由"赵嘉购买了香草拿铁"可知，条件(1)的后件为假，则其前件也为假，可得：¬生椰∧¬焦糖。

由"¬生椰"可知，条件(2)的后件为假，则其前件也为假，可得：①伯牙∨¬樱花。

由"¬焦糖"可知，条件(3)的前件为真，则其后件也为真，可得：杨枝。

由"杨枝"可知，条件(4)的前件为真，则其后件也为真，可得：②伯牙∨樱花。

根据二难推理，由①、②可得：

①伯牙∨¬樱花，等价于：樱花→伯牙；

②伯牙∨樱花，等价于：¬樱花→伯牙；

因此，一定购买了伯牙绝弦。

故B项正确。

7. D

【第1步 识别命题形式】

题干中，条件(1)、(2)和(3)均为假言命题，选项均为事实，故此题为母题模型4 假言推事实模型。

【第2步 套用母题方法】

由条件(1)、(3)和(2)串联可得：¬辛→乙∧¬壬→¬戊∧己→¬庚∧辛。

可见，由"¬辛"出发推出了"辛"。因此，"¬辛"为假，即：一定选择辛。

故D项正确。

8. D

【第1步 识别命题形式】

"9选6"为数量关系，其他已知条件同上题一致，故此题为母题模型4 假言推事实+数量模型。

【第2步 套用母题方法】

本题的数量关系为"9选6"，即有3人不被选择。

由条件(3)和(2)串联可得：乙∨丙→¬戊∧己→甲∨己→¬庚∧辛；逆否可得：庚∨¬辛→¬甲∧¬己→¬乙∧¬丙。

可见，若"庚∨¬辛"为真，则甲、乙、丙、己均不被选择，这与"有3人不被选择"矛盾。因此，"庚∨¬辛"为假，即：一定不选择庚、选择辛。

再由条件(3)可得：¬己→¬乙∧¬丙；可见，若“¬己”为真，则乙、丙、己均不被选择，再结合“一定不选择庚”可知，至少不选择4人，这与“有3人不被选择”矛盾。因此，一定选择己。

故D项正确。

9. B

【第1步 识别命题形式】

题干由多个假言命题组成，且这些假言命题中有重复元素，选项均为假言命题，故此题为母题模型2 假言推假言模型(有重复元素)。

【第2步 套用母题方法】

步骤1：画箭头。

题干：

①智者→谦虚。

②谦虚→认识到自己的不足。

③¬听进别人的意见→¬认识到自己的不足，等价于：认识到自己的不足→听进别人的意见。

步骤2：串联。

由①、②和③串联可得：④智者→谦虚→认识到自己的不足→听进别人的意见。

步骤3：逆否。

④逆否可得：⑤¬听进别人的意见→¬认识到自己的不足→¬谦虚→¬智者。

步骤4：找答案。

A项，认识到自己的不足→智者，由④可知，此项可真可假。

B项，¬听进别人的意见→¬智者，由⑤可知，此项必然为真。

C项，听进别人的意见→认识到自己的不足，由④可知，此项可真可假。

D项，¬认识到自己的不足→¬听进别人的意见，由⑤可知，此项可真可假。

E项，¬智者→¬听进别人的意见，由⑤可知，此项可真可假。

10. B

【第1步 识别命题形式】

题干中出现“5个人”与“5天”的匹配关系，故此题为母题模型6 匹配模型。

【第2步 套用母题方法】

本题新补充事实：小张值日两天，小田在周四值日。

从事实出发，结合条件(3)、(4)可知，小张在周一和周三值日。故排除A、D、E三项。

再由条件(5)可知，若小方值日，则小李的值日时间紧跟其后；结合“张1∧张3∧田4”可知，无法满足。因此，小方不值日，故排除C项。

综上，B项正确。

11. D

【第1步 识别命题形式】

与上题一致。

【第2步 套用母题方法】

本题新补充事实：小李不值日。

由“小李不值日”可知，条件(5)的后件为假，则其前件也为假，可得：小方不值日。

因此，小郭、小张、小田 3 人共计值日 5 天；再结合条件(2)可知，3 人的值日天数分别为 2 天、2 天、1 天(具体不定)。

此时，可分为如下三种情况进行讨论：①小郭值日 1 天；②小张值日 1 天；③小田值日 1 天。

若情况①为真，则小张、小田均值日 2 天；结合条件(3)和(4)可知，小张只能在周一和周三值日；此时，小田只能在周四和周五值日，与条件(3)矛盾。因此，情况①不成立。

故小郭必值日 2 天，即 D 项正确。

12. B

【第 1 步　识别命题形式】

题干中，条件(1)、(2)、(3)和(4)均为假言命题，选项均为事实，故本题的主要命题形式为母题模型 4　假言推事实模型。同时，题干还涉及“人”与“岗位”的匹配关系，故此题为假言推事实＋匹配模型。

【第 2 步　套用母题方法】

由条件(1)、(2)和(4)串联可得：¬ 甲人事→乙出纳→¬ 丙出纳→丁审计→¬ 丁会计→乙行政。

可见，由“¬ 甲人事”出发推出了“乙行政∧乙出纳”，与“每人只选择 1 个岗位应聘”矛盾，故，“¬ 甲人事”为假，即：甲人事。

由“甲人事”可知，条件(3)的后件为假，则其前件也为假，可得：戊行政。

由“戊行政”可知，条件(4)的后件为假，则其前件也为假，可得：丁会计。

由“丁会计”可知，条件(2)的后件为假，则其前件也为假，可得：丙出纳。

再结合“每人只选择 1 个岗位应聘，每个岗位都有其中 1 人前来应聘”可得：乙审计。

故 B 项正确。

13. D

【第 1 步　识别命题形式】

题干中出现多个假言命题，提问方式为“以下哪项不可能为真”，故此题为母题模型 5　假言命题的矛盾命题模型。

【第 2 步　套用母题方法】

题干有以下信息：

①火山探险→椰树攀爬。

②¬ 凌霄飞舞→滑板冲浪，等价于：¬ 滑板冲浪→凌霄飞舞。

③激流勇进→¬ 滑板冲浪。

④椰树攀爬→激流勇进。

由①、④、③和②串联可得：火山探险→椰树攀爬→激流勇进→¬ 滑板冲浪→凌霄飞舞。

D 项中，“火山探险∧¬ 凌霄飞舞”与“火山探险→凌霄飞舞”矛盾，故此项一定为假。

14. D

【第 1 步　识别命题形式】

题干中出现“8 位学员”与“8 个房间”之间的匹配关系，故此题为母题模型 6　匹配模型。

【第2步　套用母题方法】

由条件(1)和(4)可得：甲4∧辛5。

由条件(3)可知，丁、庚的位置只能分别为(1、6)∨(2、7)∨(3、8)；情况较少，可进行分类讨论。

由上述信息，可得下表：

情况	1号	2号	3号	4号	5号	6号	7号	8号
情况①	丁			甲	辛	庚		
情况②		丁		甲	辛		庚	
情况③			丁	甲	辛			庚

由条件(2)可知，乙和己中间隔着2人；再结合上表可知，只有情况②能满足。此时，乙、己住在3号、6号(具体不定)。再结合条件(2)中"戊的宿舍在己的左边"可知，戊住在1号、丙住在8号。

综上，可得下表：

房间	1号	2号	3号	4号	5号	6号	7号	8号
人	戊	丁	乙∀己	甲	辛	己∀乙	庚	丙

故D项正确。

15. B

【第1步　识别命题形式】

题干中，条件(1)为半事实，条件(2)、(3)和(4)均为假言命题，选项均为事实，故本题的主要命题形式为母题模型3　半事实假言推事实模型。同时，题干中还涉及"人"与"运动项目"的匹配关系，故此题为半事实假言推事实＋匹配模型。

【第2步　套用母题方法】

从半事实出发，由条件(1)可知，可分为如下两种情况进行讨论：①甲射箭∧¬乙射箭；②¬甲射箭∧己射箭。

若情况①为真，由"甲射箭"可知，条件(3)的前件为真，则其后件也为真，可得：丙短跑∨丙排球。

由"丙短跑∨丙排球"可知，条件(2)的前件为真，则其后件也为真，可得：己体操。

由"己体操"可知，条件(4)的前件为真，则其后件也为真，可得：乙排球∧丁篮球。

由"乙排球"结合"丙短跑∨丙排球"可得：丙短跑。因此，戊跳水。

若情况②为真，由"己射箭"可知，条件(4)的前件为真，则其后件也为真，可得：乙排球∧丁篮球。

综上，两种情况下均可得"乙排球∧丁篮球"。故，"乙排球∧丁篮球"一定为真，即B项正确。

16. B

【第1步　识别命题形式】

题干中，"戊公司总部设置在东部"为事实，条件(1)、(2)和(3)均为假言命题，故本题的主要命题形式为母题模型1　事实假言模型。同时，题干还涉及"公司大楼"与"方位"的匹配关系，故此题为事实假言＋匹配模型。

【第 2 步　套用母题方法】

从事实出发，由"戊东部"可知，条件(1)的后件为假，则其前件也为假，可得：¬ 甲北部∧¬ 甲西部。

由"¬ 甲西部"可知，条件(3)的后件为假，则其前件也为假，可得：乙北部。

由"戊东部∧乙北部"可知，条件(2)的后件为假，则其前件也为假，可得：丁中部。

根据题意，由"戊东部∧乙北部∧丁中部"结合"¬ 甲西部"可得：甲南部∧丙西部。

故 B 项正确。

17. A

【第 1 步　识别命题形式】

题干中，"周一安排乙参加活动"、条件(1)和条件(2)均为事实，条件(3)为假言命题，"每位嘉宾均需参加 2～3 场活动"为数量关系，同时，题干中还涉及"嘉宾"与"活动时间"的匹配关系，故此题为母题模型 14　复杂推理模型。

【第 2 步　套用母题方法】

题干中有"数量关系"，应当优先计算；其他条件中，"事实"的优先级最高，故计算后，从事实出发来解题。

步骤 1：数量关系优先算。

由"有 2 场活动各需 2 位嘉宾参与，其余 9 场活动均只需 1 位嘉宾单独参与"可知，11 场活动安排的嘉宾共计 13 人次。再结合"每位嘉宾均需参加 2～3 场活动"可知，13＝2＋2＋2＋2＋2＋3，即：有 5 位嘉宾各参加了 2 场活动、有 1 位嘉宾参加了 3 场活动。

步骤 2：从事实出发解题。

由"周一安排乙参加活动"可知，条件(3)的前件为真，则其后件也为真，可得：乙参加 3 场活动并且恰有 2 场活动是与戊共同出席。

由"乙参加 3 场活动"结合数量计算的结果可知，甲、丙、丁、戊、己均只参加 2 场活动。

再由"甲参加 2 场活动"结合条件(1)可知，甲在周二晚上和周五晚上参加活动。

再由"乙恰有 2 场活动是与戊共同出席""周一安排乙参加活动"结合题干表格可知，乙、戊均在周一晚上、周五上午参加活动。

综上，再由条件(2)中"己的活动都安排在上午"结合"每人每天至多参加 1 场活动"可知，丙、丁参加周一下午的活动。

综上，可得下表：

星期 时间	周一	周二	周三	周四	周五
上午	1 场活动	无安排	2 场活动	1 场活动	1 场活动 （乙、戊参加）
下午	2 场活动 （丙、丁参加）	无安排	无安排	1 场活动	无安排
晚上	1 场活动 （乙、戊参加）	1 场活动 （甲参加）	无安排	无安排	1 场活动 （甲参加）

由上表，结合“甲、丙、丁、戊、己均只参加2场活动”和“每人每天至多参加1场活动”可知，己周一上午参加活动。故A项正确。

18. B

【第1步　识别命题形式】

同上题一致。

【第2步　套用母题方法】

题干中有“数量关系”，应当优先计算；其他条件中，“事实”的优先级最高，故计算后，从事实出发来解题。

步骤1：数量关系优先算。

由上题可知，13＝2＋2＋2＋2＋2＋3，即：有5位嘉宾各参加了2场活动、有1位嘉宾参加了3场活动。

步骤2：从事实出发解题。

由“戊参加了3场活动”结合数量关系可知，条件(3)的后件为假，则其前假也为假，可得：乙的活动都安排在最后两天；再结合“每人每天至多参加1场活动”可知，乙只参加了2场活动，并且一定是周四参加1场活动、周五参加1场活动。

再由条件(1)结合“每人每天至多参加1场活动”可知，甲一定在周五晚上参加活动；再结合“乙在周五参加1场活动”可知，乙在周五上午参加活动。

再由“乙在周四参加1场活动”“戊有2场是在周三和周四”可知，乙、戊在周四上午、下午参加活动(人与时间并非一一对应)。

综上，可得下表：

<table>
<tr><th>时间＼星期</th><th>周一</th><th>周二</th><th>周三</th><th>周四</th><th>周五</th></tr>
<tr><td>上午</td><td>1场活动—1人</td><td>无安排</td><td>2场活动—2人
（戊、？参加）</td><td rowspan="2">2场活动—2人
（乙、戊参加）</td><td>1场活动—2人
（乙、？参加）</td></tr>
<tr><td>下午</td><td>2场活动—2人</td><td>无安排</td><td>无安排</td><td>无安排</td></tr>
<tr><td>晚上</td><td>1场活动—2人</td><td>1场活动—1人</td><td>无安排</td><td>无安排</td><td>1场活动—1人
（甲参加）</td></tr>
</table>

由上表结合“每人每天至多参加1场活动”、乙只参加了2场活动可知，甲、丙、丁、戊、己均在周一参加活动；再结合条件(1)、(2)可知，甲在周一晚上参加活动、己在周一上午参加活动、丙在周二晚上参加活动。故B项正确。

19. B

【第1步　识别命题形式】

题干中，条件(1)、(2)和(3)均为假言命题，选项均为事实，故本题的主要命题形式为母题模型4　假言推事实模型。同时，题干中还涉及数量关系[“7选4”和条件(4)]，故此题为假言推事实＋数量模型。

【第2步　套用母题方法】

步骤1：数量关系优先算。

由“7选4”结合条件(4)可得：(5)《孟子》《尚书》《左传》和《史记》4本书中需要选择2本。

步骤 2：按“假言推事实模型”的思路解题。

由条件(2)、(3)串联可得：《史记》→《孟子》→《左传》∧┐《论语》。

可见，若“《史记》”为真，则《史记》《孟子》和《左传》3 本书均被选择，与条件(5)矛盾。因此，不选择《史记》。

由“不选择《史记》”可知，条件(1)的后件为假，则其前件也为假，可得：不选择《尚书》。再结合条件(5)可知，《左传》和《孟子》均被选择。

由“《孟子》被选择”可知，条件(3)的前件为真，则其后件也为真，可得：选择《左传》但不选择《论语》。

由“不选择《论语》”结合条件(4)可得：选择《春秋》和《诗经》。

故 B 项正确。

20. D

【第 1 步　识别命题形式】

题干中出现“三位专家”与“出诊时间”的匹配关系，故此题为母题模型 6　匹配模型。

【第 2 步　套用母题方法】

从事实出发，由条件(4)“乙专家周二出诊”可知，若乙周一也出诊，则乙在周日、周一、周二连续三天出诊，与题干条件(3)矛盾。故，乙周一休诊。

由条件(3)结合题干表格可知，丙周三休诊。

综上，再结合条件(1)、(3)可得下表：

	周一	周二	周三	周四	周五	周六	周日
甲专家	出诊	休诊	出诊	休诊	出诊	出诊	休诊
乙专家	休诊	出诊	出诊	休诊	出诊	休诊	出诊
丙专家	出诊	出诊	休诊	出诊			休诊

由上表结合条件(2)可知，会诊日是周五。故 D 项正确。

21. D

【第 1 步　识别命题形式】

观察选项发现，A、B 两项均为事实，C、D、E 三项均为假言命题，故此题为母题模型 1　选项事实假言模型。优先代入含假言的选项进行验证。

【第 2 步　套用母题方法】

由题干及上题推理结果，可得下表：

	周一	周二	周三	周四	周五	周六	周日
甲专家(短发女)	出诊	休诊	出诊	休诊	出诊	出诊	休诊
乙专家(长发女)	休诊	出诊	出诊	休诊	出诊	休诊	出诊
丙专家(短发男)	出诊	出诊	休诊	出诊	出诊	休诊	休诊

验证假言选项：
假设C项的前件为真，结合上表可知，有2位女专家出诊的时间是周三和周五，而周五有男专家出诊。可见，由C项的前件无法推出其后件，故排除。
假设D项的前件为真，结合上表可知，男专家不出诊的时间是周三、周六和周日，这三天均有女专家出诊。可见，由D项的前件可以推出其后件，故D项正确。
此时已确定D项正确，无须再验证E项。

22. E

【第1步 识别命题形式】

题干中，条件(1)、(2)和(3)均为假言命题，选项均为事实，故本题的主要命题形式为母题模型4 假言推事实模型。同时，题干中还涉及“人”与“社团”的匹配关系，故此题为假言推事实＋匹配模型。

【第2步 套用母题方法】

由条件(2)、(1)和(3)串联可得：¬甲攀岩∨¬己滑板→戊滑板∧丁电竞→乙滑板∧丁滑板→戊电竞∧戊攀岩。
可见，由“¬甲攀岩∨¬己滑板”出发推出了“戊滑板∧戊电竞∧戊攀岩”，与“每人各加入了其中的2个社团”矛盾。故有：甲攀岩∧己滑板。因此，E项正确。

23. B

【第1步 识别命题形式】

“戊加入了滑板社团”为事实，其他已知条件同上题一致，故此题为母题模型1 事实假言＋匹配模型。

【第2步 套用母题方法】

引用上题推理结果：甲攀岩∧己滑板。
从事实出发，由“己滑板”和“戊滑板”可知，条件(1)的后件为假，则其前件也为假，可得：¬丙电竞∧¬丁电竞∧¬丙滑板∧¬丁滑板。
再结合“每人各加入了其中的2个社团”可得：丙、丁均加入攀岩和游泳社团。
由“戊滑板”结合“每人各加入了其中的2个社团”可知，条件(3)的前件为真，则其后件也为真，可得：¬丁滑板∧甲游泳。
综上，结合“每人各加入了其中的2个社团，每个社团恰有其中的3人参加”可得下表：

人＼社团	电竞	滑板	攀岩	游泳
甲	×	×	√	√
乙	√	√	×	×
丙	×	×	√	√
丁	×	×	√	√
戊	√	√	×	×
己	√	√	×	×

故B项正确。

24. B

【第 1 步　识别命题形式】

题干中，条件(1)、(2)、(3)、(4)和(5)均为假言命题，选项均为事实，故本题的命题形式为母题模型 4　假言推事实模型。同时，题干中还涉及数量关系“7 选 4”，故此题为假言推事实+数量模型。另外，此题的选项均以排列组合的形式呈现，故优先考虑选项排除法。

【第 2 步　套用母题方法】

根据题干条件(1)，可排除 C 项。

根据题干条件(2)，可排除 D 项。

根据题干条件(3)，可排除 E 项。

根据题干条件(4)，可排除 A 项。

综上，B 项正确。

25. A

【第 1 步　识别命题形式】

题干中，“甲和乙投递的公司都不相同”为事实，条件(1)、(2)和(3)均为假言命题，故本题的主要命题形式为母题模型 1　事实假言模型。同时，题干中还涉及“人”与“公司”的匹配关系，故此题为事实假言+匹配模型。

【第 2 步　套用母题方法】

从事实出发，由“甲和乙投递的公司都不相同”可知，条件(3)的后件为假，则其前件也为假，可得：甲、乙和丙中至多有 1 人投递了普华永道。

再结合“每个公司都有其中的 3 人投递简历”可知，丁、戊均投递普华永道。

由“甲、乙和丙中至多有 1 人投递了普华永道”可知，条件(1)的后件为假，则其前件也为假，可得：乙、丙均未投递安永。

再结合“每个公司都有其中的 3 人投递简历”可知，甲、丁、戊均投递安永。

由“丁投递安永”可知，条件(2)的前件为真，则其后件也为真，可得：丙、丁、戊均投递德勤。再结合“每个公司都有其中的 3 人投递简历”可知，甲、乙均未投递德勤。

故 A 项正确。

26. C

【第 1 步　识别命题形式】

与上题一致。

【第 2 步　套用母题方法】

引用上题推理结果，可得下表：

人＼公司	普华永道	毕马威	德勤	安永
甲			×	√
乙			×	×
丙			√	×
丁	√		√	√
戊	√		√	√

由上表结合“丁、戊投递的简历数不相同”可知，丁、戊中有且仅有1人投递毕马威。
结合“甲和乙投递的公司都不相同”可知，甲、乙中至多有1人投递毕马威。
再结合“每个公司都有其中的3人投递简历”可知，丙一定投递毕马威。
故C项正确。

27. D

【第1步　识别命题形式】

题干中出现“运动员”与“籍贯”的匹配关系，故此题为母题模型6　匹配模型。

【第2步　套用母题方法】

已知条件中，条件(5)“白崇凡只与一名运动员比赛过”最为特殊，故优先分析“白崇凡”。
由条件(2)可知，上海运动员和其他三名运动员比赛过，故白崇凡不是来自上海。
由条件(4)可知，广东、辽宁和北京的三名运动员都相互比赛过，故白崇凡不是来自广东、辽宁或北京。
综上可知，白崇凡来自湖北。可得下表：

运动员＼地区	湖北	广东	辽宁	北京	上海
张全蛋	×				
牛彩霞	×				
刘少芬	×				
白崇凡	√	×	×	×	×
刘健	×				

由条件(1)可知，张全蛋只和其他两名运动员比赛过；由条件(2)可知，上海运动员和其他三名运动员比赛过。故张全蛋不是来自上海。
由条件(3)可知，牛彩霞没有和广东运动员比赛过(即牛彩霞不是来自广东)、辽宁运动员和刘少芬比赛过(即刘少芬不是来自辽宁)。
由条件(4)可知，辽宁和北京的运动员与广东的运动员比赛过，故，牛彩霞不是来自辽宁或北京。
综上可知，牛彩霞来自上海。可得下表：

运动员＼地区	湖北	广东	辽宁	北京	上海
张全蛋	×				×
牛彩霞	×	×	×	×	√
刘少芬	×		×		×
白崇凡	√	×	×	×	×
刘健	×				×

既然确定了“牛彩霞来自上海”，故找重复信息“上海”，由条件(2)可知，牛彩霞和三名运动员比赛过。

再结合条件(3)可知，牛彩霞没有和广东运动员比赛过，故牛彩霞和湖北、辽宁、北京的运动员都比赛过。

由条件(4)可知，广东、辽宁和北京的运动员两两比赛过，故来自这三个地方的运动员至少比赛两场。

又由于辽宁、北京的运动员还与来自上海的牛彩霞比赛过，故这两个地方的运动员至少比赛三场。

再结合条件(1)可知，张全蛋只和其他两名运动员比赛过，故张全蛋不是来自辽宁或北京。因此张全蛋来自广东。可得下表：

地区 运动员	湖北	广东	辽宁	北京	上海
张全蛋	×	√	×	×	×
牛彩霞	×	×	×	×	√
刘少芬	×	×	×		×
白崇凡	√	×	×	×	×
刘健	×	×			×

综上，可知刘健来自辽宁、刘少芬来自北京。

故 D 项正确。

28. C

【第 1 步　识别命题形式】

与上题一致。

【第 2 步　套用母题方法】

由上题分析可知，牛彩霞与湖北、辽宁、北京的运动员比赛过，由于白崇凡来自湖北，且只与一名运动员比赛过，故白崇凡只与牛彩霞比赛过，故 C 项成立，A、B、E 三项均不成立。

由“张全蛋来自广东”和条件(3)“牛彩霞没有和广东运动员比赛过”可知，牛彩霞与张全蛋没有比赛过，故 D 项不成立。

29. E

【第 1 步　识别命题形式】

题干中，条件(1)、(2)和(3)均为假言命题，选项均为事实，故本题的主要命题形式为母题模型 4　假言推事实模型。同时，题干中还涉及数量关系和匹配关系，故此题为假言推事实+数量+匹配模型。

【第 2 步　套用母题方法】

步骤 1：数量关系优先算。

由“每人均只前往其中 2 个城市”可知，6 个城市共计有 14 位老师前往。再根据“每个城市均有 2～3 位老师前往”可知，14=3+3+2+2+2+2，即：6 个城市中，2 个城市各有 3 位老师前往，4 个城市各有 2 位老师前往。

步骤 2：按“假言推事实模型”的思路解题。

由条件(1)和(2)串联可得：甲、乙和丁中至多有 2 人前往南京→戊南京 ∧ 戊无锡 ∧ 己南京 ∧

己无锡→丁北京∧戊北京∧甲北京。

可见，由“甲、乙和丁中至多有2人前往南京”出发推出了“戊南京∧戊无锡∧戊北京”，与“每人均只前往其中2个城市”矛盾。因此，“甲、乙和丁中至多有2人前往南京”为假，即：甲、乙和丁均前往南京。

由“乙南京∧丁南京”可知，条件(3)的前件为真，则其后件也为真，可得：丙、戊和己前往的城市均在泰州、徐州和济南之中(即丙、戊和己均不前往南京、无锡和北京)。

由“戊前往的城市均在泰州、徐州和济南之中”可知，条件(2)的后件为假，则其前件也为假，可得：¬己无锡∧¬乙无锡∧¬丁无锡∧¬己徐州∧¬乙徐州∧¬丁徐州。

综上，结合“每人均只前往其中2个城市，每个城市均有2～3位老师前往”可得下表：

城市 老师	南京	泰州	徐州	无锡	济南	北京
甲	√	×	×	√	×	×
乙	√		×	×		
丙	×			×		×
丁	√		×	×		
戊	×			×		×
己	×	√	×	×	√	×
庚	×			√		

故E项正确。

30. D

【第1步　识别命题形式】

“乙和戊均前往某个城市授课”为事实，其他已知条件同上题一致，故此题为母题模型1　事实假言＋数量＋匹配模型。

【第2步　套用母题方法】

引用上题表格：

城市 老师	南京	泰州	徐州	无锡	济南	北京
甲	√	×	×	√	×	×
乙	√		×	×		
丙	×			×		×
丁	√		×	×		
戊	×			×		×
己	×	√	×	×	√	×
庚	×			√		

由上表结合“乙和戊均前往某个城市授课”“每人均只前往其中2个城市”可知，乙和戊同时前往的城市为泰州、济南中的某个。再结合“乙南京”可知，乙不前往北京。

综上，结合“每人均只前往其中2个城市，每个城市均有2～3位老师前往”可得下表：

老师＼城市	南京	泰州	徐州	无锡	济南	北京
甲	√	×	×	√	×	×
乙	√		×	×		×
丙	×		√	×		×
丁	√	×	×	×	×	√
戊	×		√	×		×
己	×	√	×	×	√	×
庚	×	×	×	√	×	√

故D项正确。

专项训练3 ▸ 5大条件类推理题（二）

共30小题，每小题2分，共60分，建议用时60～75分钟

你的得分是________

说明：本套试题的内容均为联考逻辑推理部分的核心内容(考查频率较高)，命题风格高度贴合真题，整体难度较大(与2024、2025年管综推理题基本一致)，其中部分试题的难度高于真题。

1. 当今世界，科学技术日益渗透到经济发展、社会进步和人类生活的方方面面，成为生产发展的决定性因素。如果科学技术发展缓慢，就无法提高劳动生产率和经济产出。只有大力推动基础教育科学发展，才能促进科学的进步。

根据以上陈述，可以得出以下哪项？

A. 如果科学技术发展不缓慢，就能促进科学的进步。

B. 只要大力推动基础教育科学发展，就可以提高劳动生产率和经济产出。

C. 一个国家的综合实力与科学技术发展息息相关。

D. 如果可以提高劳动生产率和经济产出，说明科学技术发展很迅速。

E. 如果无法大力推动基础教育科学发展，就不能促进科学的进步。

2. 光华管理学院的甲、乙、丙、丁、戊、己、庚、辛8位新生每人均需在投资学、管理学、经济法、审计学4门课程中选择1门课程，每门课程都有人选择。他们发现：

(1)投资学仅有甲、乙、丙、戊选择。

(2)戊、庚、辛3人选择2门课程。

根据以上信息，可以得出以下哪项一定为假？

A. 庚选择管理学。

B. 辛选择经济法。

C. 丁选择审计学。

D. 辛和庚选择的课程相同。

E. 丁和己选择的课程相同。

3. 目前许多数据仍处于“孤岛”状态，单一或少数领域的大数据不仅价值有限，还存在片面性的危险。只有打破行业领域间的界限，数据的准确性才能提高。要想打破行业领域间的界限，就必须建立全新的数据共享机制。但是，打通数据“孤岛”，融合数据，还要走很长的路。另外，数据的收集、存储和搬运虽然越来越便利，但建立有效的监管体系仍然是建立全新的数据共享机制的前提。

从上述分析中能得出下列哪项结论？

A. 打破行业领域间的界限，数据的准确性就会提高。

B. 如果不能提高数据的准确性，就无法建立全新的数据共享机制。

C. 只要建立全新的数据共享机制，就能打破行业领域间的界限。

D. 如果不能建立有效的监管体系，则不能提高数据的准确性。

E. 如果建立有效的监管体系，就能实现数据融合、降低数据滥用带来的风险。

4. 甲、乙、丙、丁和戊 5 人参与某“速答比赛”，5 人一共回答了 199 道试题，共计答错 10 题，已知：

(1)丁和戊答错的数量一致，甲的错题数比丁少。

(2)乙、丙和丁共计答错了 6 题。

(3)甲、戊和乙共计答错了 7 题。

如果上述条件为真，则以下哪个选项也一定为真？

A. 甲答错 1 题。　　B. 乙答错 2 题。　　C. 丙答错 3 题。

D. 丁答错 2 题。　　E. 戊答错 1 题。

5. 周武家中翻新了一块菜地，他将从茄子、白菜、玉米、高粱、红薯、土豆和南瓜 7 种作物中挑选 1 种或多种种植。已知：

(1)如果种植茄子且不种植土豆，则一定种植玉米。

(2)若种植南瓜，则一定种植高粱。

(3)若不种植茄子，则一定种植白菜和高粱。

(4)若种植土豆，则一定种植南瓜和红薯。

若周武家未种植玉米，则以下哪项一定为真？

A. 周武家种植白菜。　　B. 周武家种植红薯。　　C. 周武家种植高粱。

D. 周武家种植玉米。　　E. 周武家种植茄子。

6. 为了了解研究员的研究进展情况，第一研究小组的组长陈教授组织了一场组会。他与甲、乙、丙、丁、戊五位研究员恰好围坐在一张正六边形的桌子旁(座位安排如下图所示)。此外，还已知：

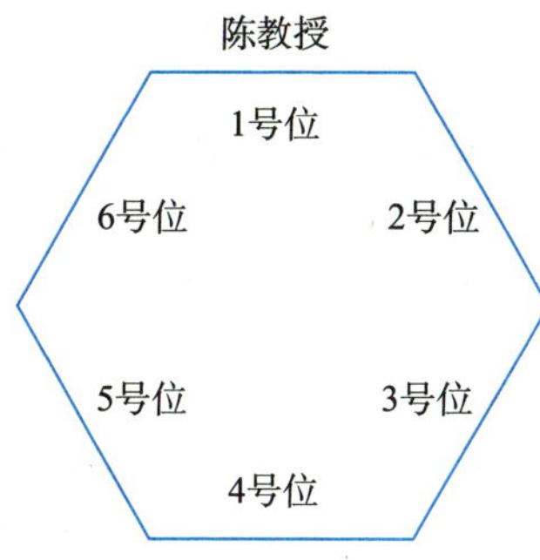

(1)甲、戊两人相对而坐。

(2)丁和甲的座位不相邻。

(3)乙不坐在 2 号位，也不坐在 3 号位。

根据以上信息，以下哪项一定为真？

A. 甲坐在 2 号位。

B. 若乙坐在丙左边第二个位置，则陈教授和戊的座位相邻。

C. 乙坐在 4 号位。

D. 戊坐在 6 号位。

E. 若丁坐在 5 号位，则戊、丙两人的座位相邻。

7. 某考研线下集训营开营之际，班主任为新学员们准备了周边礼盒。现有 6 种小礼品，分别是台历、文具、错题本、帆布袋、贴纸和闹钟，需从中选择 3 种组成礼盒。已知：

(1)如果错题本和闹钟中至多选择 1 种，那么不选择台历。

(2)若闹钟、文具和台历 3 种礼品中至少选择 1 种，则台历和文具要么都选，要么都不选。

(3)台历、文具和错题本 3 种礼品中至多选择 1 种。

(4)如果不选择台历，那么也不选择贴纸。

根据上述信息，可以得出以下哪项？

A. 选择文具，但不选择闹钟。
B. 选择文具，但不选择错题本。
C. 选择贴纸，但不选择帆布袋。
D. 选择帆布袋，但不选择错题本。
E. 选择帆布袋，但不选择贴纸。

8. 如果无能力晋升，当然不谋求晋升；如果有能力晋升，但无能力胜任，也决不谋求晋升。

如果以下五人都认同以上断定，则哪种情况不可能出现？

A. 甲知道自己有能力晋升，但不谋求晋升。
B. 乙知道自己有能力胜任，但不谋求晋升。
C. 丁谋求晋升，但对自己是否有能力晋升缺乏把握。
D. 丙谋求晋升，并且有能力晋升，但知道自己无能力胜任。
E. 戊有能力晋升，也有能力胜任，但不谋求晋升。

9～10 题基于以下题干：

小赵、小钱、小孙、小李、小周、小吴、小王七名同学参加学校的年度“优秀学生干部”颁奖典礼。在合影环节，他们就座于第一排从左到右的第一到第七个座位，各不重复。关于他们的位置(不考虑朝向)，已知：

(1)若小赵或小李坐在最左边的位置，则小王坐在第三个位置且小吴坐在第六个位置。

(2)若小孙不坐在最右边的位置或者小吴和小钱的位置不相邻，则小钱坐在第四个位置且小李不坐在第六个位置。

(3)若小钱和小王的位置相邻或小孙和小钱的位置相邻，则小赵和小王之间间隔两人。

9. 若小李坐在第一个位置上，则以下哪项一定为真？

A. 小赵的位置与小李相邻。
B. 小周的位置与小李相邻。
C. 小周的位置与小王相邻。
D. 小赵的位置与小钱相邻。
E. 小周的位置与小钱相邻。

10. 若小孙坐在第三个位置上，则以下哪项一定为真？

A. 小赵坐在第一个位置上。
B. 小周坐在第二个位置上。
C. 小王坐在第四个位置上。
D. 小吴坐在第六个位置上。
E. 小李坐在第七个位置上。

11. 某公司拟将白掌、竹芋、芦荟、火棘、绿萝、吊兰、芍药这 7 种盆栽放入从左至右的 7 个花坛中，每个花坛中只放 1 种盆栽，各不重复。还已知：

(1)芦荟在最右边的花坛中。

(2)若白掌在第 3 个花坛或火棘不在第四个花坛，则吊兰在第 6 个花坛。

(3)芦荟与竹芋相邻。

(4)绿萝和吊兰中间摆放了另外2种盆栽。

根据以上信息，以下哪项一定正确？

A. 白掌在第3个花坛。　　B. 芍药在第3个花坛。　　C. 绿萝在第5个花坛。

D. 吊兰在第5个花坛。　　E. 绿萝在第2个花坛。

12. 文化数字化战略的开展是文化与科技之间的深度融合。实施文化数字化战略是建设文化强国的前提。如果实施文化数字化战略，那么不仅要以数字服务带动产业发展，而且要开放文化数字化成果给人民共享。只有实施文化数字化战略，才能实现文化繁荣兴盛。

根据以上陈述，可以得出以下哪项？

A. 如果以数字服务带动产业发展，就能建设文化强国。

B. 如果能实现文化繁荣兴盛，则要开放文化数字化成果给人民共享。

C. 如果文化没能实现繁荣兴盛，那么没有实施文化数字化战略。

D. 只有实施文化数字化战略，才能把握数字文化发展先机。

E. 只有建设文化强国，才能实施文化数字化战略。

13～14题基于以下题干：

甲、乙、丙和丁四位专员受某公司董事会委托，将去天和、怡情、丰硕、环宇、日丽和振华这六个分公司巡查。每人去其中的两个分公司，每个分公司至少有一人前往。还已知：

(1)甲和乙中仅有一人去振华。

(2)若振华和天和两个分公司中乙至多去一个，则甲去日丽并且丙去丰硕。

(3)若丁至多去环宇和振华两个分公司中的一个，则乙去振华且甲去天和。

(4)若丙去丰硕或者怡情，则乙去环宇且丁去日丽。

13. 根据上述信息，可以得出以下哪项？

A. 乙去振华。　　B. 丙去日丽。　　C. 乙去丰硕。

D. 丁和乙去相同的分公司。　　E. 乙和丙去相同的分公司。

14. 若丙去怡情，则以下哪项一定为真？

A. 甲去日丽。　　B. 丁去怡情。　　C. 乙去天和。

D. 丙去环宇。　　E. 丁去丰硕。

15. 某校即将举办第一届艺术节，此次活动受到了该校师生的热烈欢迎，各个学院的师生均踊跃报名。关于此次艺术节最终的表演项目类型，已知：

(1)如果小品和音乐类节目中至少有一类，那么也会有京剧类节目和钢琴类节目。

(2)若舞蹈和相声类节目都没有，则不会有京剧类节目。

(3)音乐、舞蹈、相声和歌唱四类节目中仅有两类。

(4)若小提琴、舞蹈和相声三类节目中至少有一类，则不会有钢琴类节目但是有歌唱类节目。

根据上述信息，关于此次艺术节最终的表演项目类型，以下哪个说法一定为真？

A. 京剧和钢琴类节目都有。　　B. 小品和相声类节目都有。　　C. 舞蹈和相声有且仅有一类。

D. 舞蹈和歌唱有且仅有一类。　E. 歌唱和相声有且仅有一类。

16～17 题基于以下题干：

五一假期即将来临，甲、乙、丙、丁、戊、己6人计划前往西安、北京、三亚、昆明、敦煌旅游。每个城市都有其中的3人前往，每人前往其中的2～3个城市。已知：

(1)甲和丙去的城市完全不一致，丙没去敦煌。

(2)若丁和戊去的城市不完全相同，则丙没去三亚。

(3)丁去的城市均在西安、三亚和昆明之中。

(4)丙去的城市均在北京、三亚和敦煌之中。

16. 根据以上信息，可以得出以下哪项？

A. 甲前往西安。　B. 乙前往昆明。　C. 丙前往三亚。
D. 丁前往敦煌。　E. 戊前往西安。

17. 若有2个城市甲和戊均未前往，则可以得出以下哪项？

A. 甲前往昆明。　B. 戊前往三亚。　C. 乙前往西安。
D. 丁前往北京。　E. 己前往西安。

18～19 题基于以下题干：

老罗是资深茶叶爱好者，某天他前往公司楼下的天福茶楼购买茶叶。该店售卖的茶叶有龙井、碧螺春、铁观音、普洱、安吉白茶、正山小种、大红袍。已知：

(1)若碧螺春、大红袍中至多购买1种，则购买了龙井或者铁观音。

(2)若碧螺春、龙井中至少购买1种，则一定购买铁观音和正山小种。

(3)若购买正山小种或者普洱，则一定购买安吉白茶。

18. 若老罗并未购买安吉白茶，则可以得出以下哪项？

A. 老罗购买了龙井。　B. 老罗购买了普洱。　C. 老罗购买了大红袍。
D. 老罗购买了铁观音。　E. 老罗购买了正山小种。

19. 若老罗购买了3种茶叶，则可以得出以下哪项？

A. 老罗购买了龙井和正山小种。　B. 老罗购买了铁观音和安吉白茶。
C. 老罗购买了大红袍和碧螺春。　D. 老罗购买了普洱和安吉白茶。
E. 老罗购买了正山小种和普洱。

20～21 题基于以下题干：

某公司新购进了甲、乙、丙、丁、戊、己、庚和辛8个不同品牌的摄像头，该公司安保科计划将这8个摄像头安装在公司新建园区的东、南、西、北4个门处，每个门至少安装1个摄像头。此外，还已知：

(1)若辛、甲和戊3个中至多有2个安装在西门，则庚和丙安装在西门。

(2)如果丙不安装在北门或者己不安装在南门，那么丁和己安装在东门。

(3)若乙、丁中至多有1个安装在北门，则庚安装在南门。

20. 根据上述信息，可以得出以下哪项？

A. 乙安装在东门。　B. 辛安装在西门。　C. 庚安装在南门。
D. 丙安装在北门。　E. 戊安装在东门。

21. 若庚安装在东门，则4个门安装的摄像头的数量之比为(按照题干的顺序)：

A. 1∶1∶3∶3。　B. 3∶1∶3∶1。　C. 1∶1∶4∶2。

D. 2∶1∶3∶2。　E. 1∶2∶3∶2。

22. 赵嘉、钱宜、孙斌、李玎、吴纪五人的职业恰好是医生、记者、教师、律师、作家中的某个，每人的职业互不重复。已知：

(1)孙斌、作家、教师三人一起打篮球。

(2)赵嘉和作家是高中同学。

(3)钱宜和李玎都不认识赵嘉。

根据上述信息，作家是：

A. 李玎。　B. 钱宜。　C. 赵嘉。　D. 吴纪。　E. 孙斌。

23～24题基于以下题干：

甲、乙、丙、丁和戊5位摄影爱好者准备前往黄山、西湖、洱海、蓬莱、丹巴和婺源6个地点中的1个或多个取景拍摄。每个地点仅有2位摄影师前往，还已知：

(1)若丹巴和婺源2个地点中甲至多前往1个，则乙前往洱海和蓬莱。

(2)如果丹巴和西湖2个地点中丙至少前往1个，那么戊不前往黄山但前往洱海。

(3)如果乙前往西湖或者蓬莱，那么丙前往婺源和丹巴。

(4)如果戊前往西湖或者洱海，那么乙和戊前往的地点完全不同。

23. 根据上述信息，以下哪项一定为真？

A. 乙前往丹巴和洱海。　B. 戊前往丹巴和婺源。　C. 甲前往丹巴和婺源。

D. 丙前往洱海和蓬莱。　E. 丁前往西湖和婺源。

24. 如果乙和戊均前往黄山拍摄，那么以下哪项一定为真？

A. 甲前往黄山。　B. 丁前往西湖。　C. 戊前往西湖。

D. 丙前往蓬莱。　E. 丁前往婺源。

25. 赵嘉计划将7盒茶叶放入刚购买的甲、乙、丙、丁、戊、己、庚、辛8个箱子中，后来发现只有5个箱子中有茶叶。已知：

(1)在甲、乙、丙、丁4个箱子中共有5盒茶叶。

(2)在丁、戊、己3个箱子中共有4盒茶叶。

(3)在丙、丁2个箱子中共有2盒茶叶。

根据以上信息，可以得出下列哪项？

A. 庚箱中恰有1盒。　B. 乙箱中恰有2盒。　C. 戊箱中恰有1盒。

D. 己箱中恰有0盒。　E. 甲箱中恰有2盒。

26～27题基于以下题干：

某安保公司新招聘了赵、钱、孙、李、周、吴、郑、王、陈、刘10名安保人员。他们将被分配至甲、乙、丙3个安保工作组，每人只能被分配至1个安保工作组。已知：

(1)若王、陈和孙3人中至多有2人被分配至丙组，则钱和刘都被分配至乙组。

(2)若周未被分配至丙组或者郑未被分配至乙组，则赵和陈都被分配至甲组。

(3)若刘和李中至少有1人未被分配至甲组，则吴被分配至丙组且郑被分配至乙组。

26. 根据上述信息，可以得出以下哪项？

A. 赵未被分配至甲组。
B. 李未被分配至乙组。
C. 周未被分配至丙组。
D. 吴未被分配至乙组。
E. 郑未被分配至甲组。

27. 若每组至少分配3人，且吴被分配至甲组，则可以得出以下哪项？

A. 赵和李被分配至甲组。
B. 周和郑被分配至乙组。
C. 郑和陈被分配至丙组。
D. 吴和孙被分配至甲组。
E. 钱和赵被分配至乙组。

28. 小张是某企业研发部门的核心技术人员，工作三年以来，有一笔丰厚的存款。新婚将近，他的存款恰好用在买车、买房、装修、婚礼4个方面，每个方面均有支出，且关于每方面费用在这笔存款中的占比，已知：

(1)若买房费用占总存款的比例低于1/3，则婚礼、买车的费用之和占总存款的比例为1/6。

(2)如果婚礼费用占总存款的比例高于1/5，那么装修费用占总存款的比例超过1/3。

(3)如果买房和婚礼费用之和占总存款的比例不低于1/2，那么装修和买房的费用之和占总存款的3/5。

(4)婚礼费用占总存款的比例不低于1/5。

根据上述信息，可以得出以下哪项？

A. 婚礼费用占总存款的比例为1/6。
B. 装修费用占总存款的比例为1/5。
C. 买车费用占总存款的比例为1/5。
D. 买房费用占总存款的比例为2/5。
E. 婚礼费用占总存款的比例为1/3。

29～30题基于以下题干：

某商场举行大促销活动，甲、乙、丙、丁、戊、己和庚7人前往该商场购物，在薯片、辣条、饮料和坚果4种零食中，他们每人均购买1～2种。其中2人购买薯片、2人购买坚果、3人购买辣条、3人购买饮料。另外，还知道：

(1)如果甲、乙和戊3人中至多有2人购买饮料，那么丙购买薯片且己购买坚果。

(2)若庚购买薯片或者辣条，则乙和戊均购买坚果。

(3)如果庚和己中至少有1人购买坚果，那么庚和丁均购买饮料和辣条。

29. 根据上述信息，可以得出以下哪项？

A. 丁购买饮料。
B. 戊购买坚果。
C. 甲购买坚果。
D. 庚购买辣条。
E. 乙购买薯片。

30. 若丙和庚均未购买辣条，则可以得出以下哪项？

A. 戊购买薯片。
B. 乙购买辣条。
C. 甲购买薯片。
D. 己购买辣条。
E. 丁购买薯片。

专项训练 3 ▶ 5 大条件类推理题（二）

答案详解

答案速查

1～5 EEDAC	6～10 BEDCE	11～15 BBAAC
16～20 CADBB	21～25 ADCBC	26～30 EECBD

1. E

【第 1 步 识别命题形式】

题干由多个假言命题组成，且这些假言命题中无重复信息，选项多为假言命题，故此题为母题模型 2 假言推假言模型(无重复元素)。

【第 2 步 套用母题方法】

步骤 1：画箭头。

题干：

①科学技术发展缓慢→┐提高劳动生产率和经济产出。

②促进科学的进步→大力推动基础教育。

步骤 2：找答案。

A 项，┐科学技术发展缓慢→促进科学的进步，由①可知，此项可真可假。

B 项，大力推动基础教育→提高劳动生产率和经济产出，由②可知，此项可真可假。

C 项，题干不涉及“国家综合实力”与“科学技术发展”之间的关系，故此项可真可假。

D 项，提高劳动生产率和经济产出→科学技术发展很迅速，由①可知，提高劳动生产率和经济产出→┐科学技术发展缓慢，“┐科学技术发展缓慢”不必然等价于“科学技术发展很迅速”，故此项可真可假。

E 项，┐大力推动基础教育→┐促进科学的进步，由②可知，此项必然为真。

2. E

【第 1 步 识别命题形式】

题干中出现“人”与“课程”的匹配关系，故此题为母题模型 6 匹配模型。

【第 2 步 套用母题方法】

从事实出发，由条件(1)结合“8 个人选择 4 门课程”可知，丁、己、庚、辛选择了管理学、经济法、审计学(具体不定)。

由条件(2)结合条件(1)戊选择投资学可知，庚、辛选择同一门课程。

综上，丁、己分别选择另外 2 门课程，每人 1 门且互不重复。

故 E 项正确。

3. D

【第1步　识别命题形式】

题干由多个假言命题组成，且这些假言命题中有重复信息，选项均为假言命题，故此题为母题模型2　假言推假言模型(有重复元素)。

【第2步　套用母题方法】

步骤1：画箭头。

题干：

①数据的准确性提高→打破行业领域间的界限。

②打破行业领域间的界限→建立全新的数据共享机制。

③建立全新的数据共享机制→建立有效的监管体系。

步骤2：串联。

由①、②和③串联可得：④数据的准确性提高→打破行业领域间的界限→建立全新的数据共享机制→建立有效的监管体系。

步骤3：逆否。

④逆否可得：⑤¬建立有效的监管体系→¬建立全新的数据共享机制→¬打破行业领域间的界限→¬数据的准确性提高。

步骤4：找答案。

A项，打破行业领域间的界限→数据的准确性提高，由④可知，此项可真可假。

B项，¬数据的准确性提高→¬建立全新的数据共享机制，由⑤可知，此项可真可假。

C项，建立全新的数据共享机制→打破行业领域间的界限，由④可知，此项可真可假。

D项，¬建立有效的监管体系→¬数据的准确性提高，由⑤可知，此项必然为真。

E项，题干不涉及“实现数据融合、降低数据滥用带来的风险”，故此项可真可假。

4. A

【第1步　识别命题形式】

题干由数量关系组成，故此题为母题模型7　数量关系模型。

【第2步　套用母题方法】

由条件(2)和条件(3)相加可得：甲+2乙+丙+丁+戊=13。

再结合“5人共计答错10题”可知，乙答错3题。

由“乙答错3题”结合条件(2)、(3)可得：丙和丁共答错3题、甲和戊共答错4题。

再由“丙和丁共答错3题”结合条件(1)中“丁和戊答错的数量一致”进行如下分类讨论：

情况		甲	乙	丁	戊
情况①	丙答错0题	答错1题	答错3题	答错3题	答错3题
情况②	丙答错1题	答错2题	答错3题	答错2题	答错2题
情况③	丙答错2题	答错3题	答错3题	答错1题	答错1题
情况④	丙答错3题	答错4题	答错3题	答错0题	答错0题

由上表结合条件(1)中“甲的错题数比丁少”可知只有情况①符合，即：甲、乙、丙、丁和戊5人答错的试题数分别为1题、3题、0题、3题、3题。

故A项正确。

5. C

【第 1 步　识别命题形式】

题干中，“周武家未种植玉米”为事实，条件(1)、(2)、(3)和(4)均为假言命题，故此题为母题模型 1　事实假言模型。

【第 2 步　套用母题方法】

从事实出发，由“周武家未种植玉米”可知，条件(1)的后件为假，则其前件也为假，可得：┐茄子∨土豆。

“┐茄子∨土豆”可看作半事实条件，故进行分类讨论：

情况①：若“┐茄子”为真。

由“┐茄子”可知，条件(3)的前件为真，则其后件也为真，可得：白菜∧高粱。

情况②：若“土豆”为真。

由“土豆”可知，条件(4)的前件为真，则其后件也为真，可得：南瓜∧红薯。

由“南瓜”可知，条件(2)的前件为真，则其后件也为真，可得：高粱。

综上，无论哪种情况都可以推出“高粱”，故周武家种植高粱，即 C 项正确。

6. B

【第 1 步　识别命题形式】

观察选项，发现 B 项、E 项均为假言命题，其余各项均为事实，故此题为母题模型 1　选项事实假言模型。优先代入含假言的选项(B 项、E 项)进行验证。

【第 2 步　套用母题方法】

验证 B 项：

把 B 项的前件看作已知事实，则有：乙坐在丙左边第二个位置。

由“乙坐在丙左边第二个位置”结合条件(3)及题干图形可知，共有如下三种情况：①丙 2∧乙 4；②丙 3∧乙 5；③丙 4∧乙 6。

由条件(1)可知，甲、戊的座位共有两种情况：(2 号、5 号)∀(3 号、6 号)。因此，情况②必然为假。

若情况①为真，结合条件(1)和(2)可知，甲坐在 3 号位、戊坐在 6 号位、丁坐在 5 号位。

若情况③为真，结合条件(1)和(2)可知，甲坐在 5 号位、戊坐在 2 号位、丁坐在 3 号位。

综上，无论哪种情况为真，均可得：陈教授和戊的座位相邻。

可见，由 B 项的前件可以推出其后件，故 B 项正确。

此时，此题已选出正确答案，故无须再验证 E 项。

7. E

【第 1 步　识别命题形式】

题干中，条件(1)、(2)和(4)均为假言命题，选项均为事实，故本题的主要命题形式为母题模型 4　假言推事实模型。同时，题干中还涉及数量关系，即“6 选 3”和条件(3)，故此题为假言推事实+数量模型。

【第 2 步　套用母题方法】

步骤 1：数量关系优先算。

由“6 选 3”并结合条件(3)可得：帆布袋、贴纸和闹钟 3 种礼品中至少选择 2 种。

步骤 2：按“假言推事实模型”的思路解题。

由条件(1)和(4)串联可得：¬ 错题本 ∨ ¬ 闹钟→ ¬ 台历→ ¬ 贴纸。

若“¬ 闹钟”为真，则闹钟和贴纸均不选择，与“帆布袋、贴纸和闹钟 3 种礼品中至少选择 2 种”矛盾。因此，一定选择闹钟。

由“一定选择闹钟”可知，条件(2)的前件为真，则其后件也为真，可得：(台历 ∧ 文具) ∀ (¬ 台历 ∧ ¬ 文具)。

由“(台历 ∧ 文具) ∀ (¬ 台历 ∧ ¬ 文具)”并结合条件(3)可得：¬ 台历 ∧ ¬ 文具。

由“¬ 台历”可知，条件(4)的前件为真，则其后件也为真，可得：¬ 贴纸。

再结合“6 选 3”可得：一定选择错题本、帆布袋和闹钟。故 E 项正确。

8. D

【第 1 步　识别命题形式】

题干中出现多个假言命题，提问方式为“哪种情况不可能出现”，故此题为母题模型 5　假言命题的矛盾命题模型。

【第 2 步　套用母题方法】

题干：

①无能力晋升→不谋求晋升。

②有能力晋升 ∧ 无能力胜任→不谋求晋升。

题干的矛盾命题为：

③无能力晋升 ∧ 谋求晋升。

④有能力晋升 ∧ 无能力胜任 ∧ 谋求晋升。

A 项，有能力晋升 ∧ 不谋求晋升，与题干的矛盾命题不等价，故此项可能为真。

B 项，有能力胜任 ∧ 不谋求晋升，与题干的矛盾命题不等价，故此项可能为真。

C 项，若丁有能力晋升，则与题干并不矛盾，故此项可能为真。

D 项，谋求晋升 ∧ 有能力晋升 ∧ 无能力胜任，等价于④，故此项一定为假。

E 项，有能力晋升 ∧ 有能力胜任 ∧ 不谋求晋升，与题干的矛盾命题不等价，故此项可能为真。

9. C

【第 1 步　识别命题形式】

题干中，“小李坐在第一个位置上”为事实，条件(1)、(2)和(3)均为假言命题，故本题的主要命题形式为母题模型 1　事实假言模型。同时，题干中还涉及“人”与“位置”的匹配关系，故此题为事实假言＋匹配模型。

【第 2 步　套用母题方法】

从事实出发，由“小李坐在第一个位置上”可知，条件(1)的前件为真，则其后件也为真，可得：小王 3 ∧ 小吴 6。

由“小王 3 ∧ 小吴 6”可知，条件(3)的后件为假，则其前件也为假，可得：小钱和小王不相邻 ∧ 小孙和小钱不相邻。

由“小钱和小王不相邻”并结合“小王 3”可得：¬ 小钱 2 ∧ ¬ 小钱 4。

由“¬ 小钱 4”可知，条件(2)的后件为假，则其前件也为假，可得：小孙坐在最右边(即：小孙 7) ∧ 小吴和小钱相邻。

由“小吴 6”并结合“小孙 7∧小吴和小钱相邻”可得：小钱 5。

综上，可得下表：

第一个	第二个	第三个	第四个	第五个	第六个	第七个
小李		小王		小钱	小吴	小孙

由上表可知，小赵和小周的位置均与小王相邻。故 C 项正确。

10. E

【第 1 步　识别命题形式】

同上题一致。

【第 2 步　套用母题方法】

从事实出发，由“小孙坐在第三个位置上”可知，条件(1)的后件为假，则其前件也为假，可得：¬ 小赵最左∧¬ 小李最左，即：¬ 小赵 1∧¬ 小李 1。

由“小孙坐在第三个位置上”还可知，条件(2)的前件为真，则其后件也为真，可得：小钱 4∧¬ 小李 6。

由“小孙 3∧小钱 4”可知，条件(3)的前件为真，则其后件也为真，可得：小赵和小王之间间隔两人。

综上，可得下表：

第一个	第二个	第三个	第四个	第五个	第六个	第七个
¬ 小赵、 ¬ 小李		小孙	小钱		¬ 小李	

由“小赵和小王之间间隔两人”并结合上表可知，小赵和小王坐在第二个、第五个位置上(具体位置不定)。

再结合“¬ 小李 1∧¬ 小李 6”可得：小李 7。故 E 项正确。

11. B

【第 1 步　识别命题形式】

题干中出现“花坛”与“盆栽”的匹配关系，故此题为母题模型 6　匹配模型。

【第 2 步　套用母题方法】

由条件(1)和条件(3)可知，芦荟 7∧竹芋 6。

由“竹芋 6”可知，条件(2)的后件为假，则其前件也为假，可得：¬ 白掌 3∧火棘 4。

根据上述信息，可得下表：

第一个	第二个	第三个	第四个	第五个	第六个	第七个
			火棘		竹芋	芦荟

由上表结合条件(4)可知，绿萝、吊兰放在第二个和第五个(具体不定)。

再结合“¬ 白掌 3”可得：白掌 1∧芍药 3。

故 B 项正确。

12. B

【第 1 步 识别命题形式】

题干由多个假言命题组成，且这些假言命题中有重复元素，选项均为假言命题，故此题为母题模型 2 假言推假言模型(有重复元素)。

【第 2 步 套用母题方法】

步骤 1：画箭头。

题干：

①建设文化强国→实施文化数字化战略。

②实施文化数字化战略→带动∧开放。

③实现文化繁荣兴盛→实施文化数字化战略。

步骤 2：串联。

由①、②串联可得：④建设文化强国→实施文化数字化战略→带动∧开放。

由③、②串联可得：⑤实现文化繁荣兴盛→实施文化数字化战略→带动∧开放。

步骤 3：找答案。

A 项，带动→建设文化强国，由④、⑤均可知，此项可真可假。

B 项，实现文化繁荣兴盛→开放，由⑤可知，此项必然为真。

C 项，¬ 实现文化繁荣兴盛→ ¬ 实施文化数字化战略，由③可知，此项可真可假。

D 项，题干不涉及“把握数字文化发展先机”，故此项可真可假。

E 项，实施文化数字化战略→建设文化强国，由①可知，此项可真可假。

13. A

【第 1 步 识别命题形式】

题干中，条件(1)为半事实，条件(2)、(3)和(4)均为假言命题，选项均为事实，故本题的主要命题形式为母题模型 3 半事实假言推事实模型。同时，题干中还涉及“专员”与“分公司”的匹配关系，故此题为半事实假言推事实＋匹配模型。

【第 2 步 套用母题方法】

半事实分类讨论，由条件(1)可知，有如下两种情况：①甲振华∧¬ 乙振华；②乙振华∧¬ 甲振华。若情况①为真，由“¬ 乙振华”可知，条件(2)的前件为真，则其后件也为真，可得：甲日丽∧丙丰硕。

由“丙丰硕”可知，条件(4)的前件为真，则其后件也为真，可得：乙环宇∧丁日丽。

由“丁日丽”和“每人去其中的两个分公司”可知，条件(3)的前件为真，则其后件也为真，可得：乙振华∧甲天和。此时，与“¬ 乙振华”矛盾，故情况①不成立。

因此，情况②成立，即：乙振华∧¬ 甲振华。故 A 项正确。

14. A

【第 1 步 识别命题形式】

“丙去怡情”为事实，其他已知条件同上题一致，故此题为母题模型 1 事实假言＋匹配模型。

【第 2 步 套用母题方法】

引用上题推理结果：乙振华∧¬ 甲振华。

从事实出发，由“丙去怡情”可知，条件(4)的前件为真，则其后件也为真，可得：乙环宇∧丁日丽。

由“丁日丽”和“每人去其中的两个分公司”可知，条件(3)的前件为真，则其后件也为真，可得：乙振华∧甲天和。

由“乙环宇∧乙振华”并结合“每人去其中的两个分公司”可知，条件(2)的前件为真，则其后件也为真，可得：甲日丽∧丙丰硕。

故 A 项正确。

15. C

【第 1 步　识别命题形式】

题干中，条件(1)、(2)和(4)均为假言命题，选项均为事实，故本题的主要命题形式为母题模型 4　假言推事实模型。同时，题干中还涉及数量关系，即条件(3)，故此题为假言推事实＋数量模型。

【第 2 步　套用母题方法】

步骤 1：数量关系优先算。

由条件(3)可得：(5)音乐、舞蹈、相声和歌唱中恰有 2 类不选。

步骤 2：按“假言推事实模型”的思路解题。

由条件(2)和(1)串联可得：¬ 舞蹈∧¬ 相声→¬ 京剧→¬ 小品∧¬ 音乐。

可见，若“¬ 舞蹈∧¬ 相声”为真，则舞蹈、相声、音乐类节目均没有，与条件(4)矛盾。因此，“¬ 舞蹈∧¬ 相声”为假，即：“舞蹈∨相声”为真。

由“舞蹈∨相声”可知，条件(4)的前件为真，则其后件也为真，可得：¬ 钢琴∧歌唱。

由“¬ 钢琴”可知，条件(1)的后件为假，则其前件也为假，可得：¬ 小品∧¬ 音乐。

由“舞蹈∨相声”“歌唱”“¬ 音乐”并结合条件(3)可得：舞蹈和相声有且仅有一类。

故 C 项正确。

16. C

【第 1 步　识别命题形式】

题干中，条件(1)、(3)和(4)均为事实，条件(2)为假言命题，“每人前往其中的 2～3 个城市”为数量关系，同时，题干中还涉及“人”与“城市”的匹配关系，故此题为母题模型 14　复杂推理模型。

【第 2 步　套用母题方法】

步骤 1：数量关系优先算。

由“每个城市都有其中的 3 人前往”可知，6 人共计前往 15 个城市。

再结合“每人前往其中的 2～3 个城市”可知，15＝3＋3＋3＋2＋2＋2。即：有 3 人各前往 3 个城市、有 3 人各前往 2 个城市。

步骤 2：从事实出发解题。

由条件(4)结合条件(1)可知，丙只去了北京和三亚。

由“丙去三亚”可知，条件(2)的后件为假，则其前件也为假，可得：丁、戊去的城市完全相同。

又由条件(3)可知，丁没有去北京，也没有去敦煌。

再结合“丁、戊去的城市完成相同”可得：¬ 戊北京∧¬ 戊敦煌。

此时，可得下表：

人＼城市	西安	北京	三亚	昆明	敦煌
甲					
乙					
丙	×	√	√	×	×
丁		×			×
戊		×			×
己					

由条件(1)中“甲和丙去的城市完全不一致”再结合“每个城市都有其中的3人前往，每人前往其中的2～3个城市”可得下表：

人＼城市	西安	北京	三亚	昆明	敦煌
甲		×	×		√
乙		√			√
丙	×	√	√	×	×
丁		×			×
戊		×			×
己		√			√

故C项正确。

17. A

【第1步　识别命题形式】

同上题一致。

【第2步　套用母题方法】

引用上题推理结果：丁、戊去的城市完全相同。

引用上题表格：

人＼城市	西安	北京	三亚	昆明	敦煌
甲		×	×		√
乙		√			√
丙	×	√	√	×	×
丁		×			×
戊		×			×
己		√			√

由上表结合“有2个城市甲和戊均未前往”“每个城市都有其中的3人前往”“丁、戊去的城市完全相同”可知，甲和戊均未前往三亚。

再结合“丁、戊去的城市完全相同”

“每个城市都有其中的3人前往，每人前往其中的2～3个城市”可将上表补充如下：

城市 人	西安	北京	三亚	昆明	敦煌
甲	√	×	×	√	√
乙	×	√	√	×	√
丙	×	√	√	×	×
丁	√	×	×	√	×
戊	√	×	×	√	×
己	×	√	√	×	√

故 A 项正确。

18. D

【第 1 步　识别命题形式】

题干中，“老罗并未购买安吉白茶”为事实，条件(1)、(2)和(3)均为假言命题，故此题为母题模型 1　事实假言模型。

【第 2 步　套用母题方法】

从事实出发，由“老罗并未购买安吉白茶”可知，条件(3)的后件为假，则其前件也为假，可得：¬ 正山小种 ∧ ¬ 普洱。

由“¬ 正山小种”可知，条件(2)的后件为假，则其前件也为假，可得：¬ 碧螺春 ∧ ¬ 龙井。

由“¬ 碧螺春”可知，条件(1)的前件为真，则其后件也为真，可得：龙井 ∨ 铁观音。

由“¬ 龙井”结合“龙井 ∨ 铁观音”可得：铁观音。故 D 项正确。

19. B

【第 1 步　识别命题形式】

“老罗购买了 3 种茶叶”为数量关系，其他已知条件同上题一致，故此题为母题模型 1　事实假言＋数量模型。

【第 2 步　套用母题方法】

由条件(2)和(3)串联可得：碧螺春 ∨ 龙井→铁观音 ∧ 正山小种→安吉白茶。

若“碧螺春 ∨ 龙井”为真，则至少购买 4 种茶叶，与“老罗购买了 3 种茶叶”矛盾。因此，碧螺春、龙井均不购买。

由“¬ 碧螺春”可知，条件(1)的前件为真，则其后件也为真，可得：龙井 ∨ 铁观音；再结合“¬ 龙井”可得：铁观音。

综上，若条件(3)的后件为假，则正山小种、普洱和安吉白茶均不购买，此时无法满足“购买了 3 种茶叶”。因此，条件(3)的后件为真，即：一定购买了安吉白茶。

综上，B 项正确。

20. B

【第 1 步　识别命题形式】

题干中，条件(1)、(2)和(3)均为假言命题，选项均为事实，故本题的主要命题形式为母题模型 4　假言推事实模型。同时，题干中还涉及“摄像头”与“门”的匹配关系，故此题为假言推事实＋匹配模型。

【第2步 套用母题方法】

由条件(1)、(2)和(3)串联可得：辛、甲和戊至多2个西门→庚西∧丙西→¬丙北→丁东∧己东→¬丁北→庚南。

可见，由"辛、甲和戊至多2个西门"出发推出了"庚西∧庚南"。因此，"辛、甲和戊至多2个西门"为假，可得：辛、甲、戊均安装在西门。

故B项正确。

21. A

【第1步 识别命题形式】

"庚安装在东门"为事实，其他已知条件同上题一致，故此题为母题模型1 事实假言＋匹配模型。

【第2步 套用母题方法】

引用上题推理结果：辛、甲、戊均安装在西门。

从事实出发，由"庚安装在东门"可知，条件(3)的后件为假，则其前件也为假，可得：乙北∧丁北。

由"丁北"可知，条件(2)的后件为假，则其前件也为假，可得：丙北∧己南。

综上，东、南、西、北4个门安装的摄像头数量之比为1∶1∶3∶3。

故A项正确。

22. D

【第1步 识别命题形式】

题干中出现"人"与"职业"的匹配关系，故此题为母题模型6 匹配模型。

【第2步 套用母题方法】

由条件(1)可知，孙斌不是作家，也不是教师。

由条件(2)结合条件(3)可知，赵嘉、钱宜、李玎均不是作家。

因此，吴纪是作家(排除了4人，则余下的1人是答案)。故D项正确。

23. C

【第1步 识别命题形式】

题干中，条件(1)、(2)、(3)和(4)均为假言命题，选项均为事实，故本题的主要命题形式为母题模型4 假言推事实模型。同时，题干中还涉及"人"与"地点"的匹配关系，故此题为假言推事实＋匹配模型。

【第2步 套用母题方法】

由条件(1)、(3)、(2)和(4)串联可得：¬甲丹巴∨¬甲婺源→乙洱海∧乙蓬莱→丙婺源∧丙丹巴→¬戊黄山∧戊洱海→乙和戊前往的地点完全不同。

可见，由"¬甲丹巴∨¬甲婺源"出发推出了"乙洱海∧戊洱海∧乙和戊前往的地点完全不同"，即推出了矛盾。因此，"¬甲丹巴∨¬甲婺源"为假，即："甲丹巴∧甲婺源"为真。故C项正确。

24. B

【第1步 识别命题形式】

"乙和戊均前往黄山拍摄"为事实，其他已知条件同上题一致，故此题为母题模型1 事实假言＋匹配模型。

【第 2 步　套用母题方法】

引用上题推理结果：甲丹巴∧甲婺源。

从事实出发，由“乙和戊均前往黄山拍摄”可知，条件(4)的后件为假，则其前件也为假，可得：¬ 戊西湖∧¬ 戊洱海。

由“¬ 戊洱海”可知，条件(2)的后件为假，则其前件也为假，可得：¬ 丙丹巴∧¬ 丙西湖。

由“¬ 丙丹巴”可知，条件(3)的后件为假，则其前件也为假，可得：¬ 乙西湖∧¬ 乙蓬莱。

综上，结合“每个地点仅有 2 位摄影师前往”可得下表：

地点 摄影师	黄山	西湖	洱海	蓬莱	丹巴	婺源
甲	×	√			√	√
乙	√	×		×		
丙	×	×			×	
丁	×	√				
戊	√	×	×			

故 B 项正确。

25. C

【第 1 步　识别命题形式】

题干由数量关系组成，故此题为母题模型 7　数量关系模型。

【第 2 步　套用母题方法】

题干：

①7 盒茶叶放入 5 个箱子中。

②甲＋乙＋丙＋丁＝5。

③丁＋戊＋己＝4。

④丙＋丁＝2。

由②、④可得：⑤甲＋乙＝3。

由①、③、⑤可得：丁＋戊＋己＋甲＋乙＝7。即：8 个箱子中，有茶叶的箱子为丁、戊、己、甲、乙，故丙、庚、辛箱子中均没有茶叶。

再结合④可得：丁＝2。再根据③可得：戊＋己＝2。

又知“戊、己箱子中均有茶叶”，因此戊、己 2 个箱子中恰各有 1 盒茶叶。

故 C 项正确。

26. E

【第 1 步　识别命题形式】

题干中，条件(1)、(2)和(3)均为假言命题，选项均为事实，故本题的主要命题形式为母题模型 4　假言推事实模型。同时，题干中还涉及“人”与“工作组”的匹配关系，故此题为假言推事实＋匹配模型。

【第 2 步　套用母题方法】

由条件(2)、(1)和(3)串联可得：¬ 周丙∨¬ 郑乙→赵甲∧陈甲→王、陈和孙中至多有 2 人丙→钱乙∧刘乙→ ¬ 刘甲→吴丙∧郑乙。

可见，由“¬ 郑乙”出发推出了“郑乙”。因此，“¬ 郑乙”为假，即：“郑乙”为真。

故E项正确。

27. E

【第1步 识别命题形式】

“每组至少分配3人”为数量关系，“吴被分配至甲组”为事实，其他已知条件同上题一致，故此题为母题模型1 事实假言＋数量＋匹配模型。

【第2步 套用母题方法】

引用上题推理结果：郑乙。

步骤1：数量关系优先算。

由“10人被分配至甲、乙、丙3个安保工作组”和“每人只能被分配至1个安保工作组，每组至少分配3人”可知，10＝3＋3＋4。即：有2个组各分配了3人、有1个组分配了4人。

步骤2：按“假言推事实模型”的思路解题。

由“吴甲”可知，条件(3)的后件为假，则其前件也为假，可得：刘甲∧李甲。

由“刘甲”可知，条件(1)的后件为假，则其前件也为假，可得：王丙∧陈丙∧孙丙。

由“陈丙”可知，条件(2)的后件为假，则其前件也为假，可得：周丙∧郑乙。

再结合“有2个组各分配了3人、有1个组分配了4人”可得：赵和钱均被分配至乙组。

故E项正确。

28. C

【第1步 识别命题形式】

题干中，条件(1)、(2)和(3)均为假言命题，条件(4)为事实，故此题为母题模型1 事实假言模型。

【第2步 套用母题方法】

从事实出发，由条件(4)可知，条件(1)的后件为假，则其前件也为假，可得：买房费用比例不低于1/3。

再结合条件(4)可知，条件(3)的前件为真，则其后件也为真，可得：装修和买房费用之和比例为3/5。

由“买房费用比例不低于1/3”和“装修和买房费用之和比例为3/5”可知，条件(2)的后件为假，则其前件也为假，可得：婚礼费用比例不高于1/5。再结合条件(4)可得：婚礼费用比例恰为1/5。

再结合“装修和买房费用之和比例为3/5”，可得：买车费用比例为1/5。

故C项正确。

29. B

【第1步 识别命题形式】

题干中，条件(1)、(2)和(3)均为假言命题，选项均为事实，故本题的主要命题形式为母题模型4 假言推事实模型。同时，题干中还涉及数量关系和匹配关系，故此题为假言推事实＋数量＋匹配模型。

【第2步 套用母题方法】

步骤1：数量关系优先算。

由“2人购买薯片、2人购买坚果、3人购买辣条、3人购买饮料”可知，7人共计购买10种零食。再结合“每人均购买1～2种”可知，10＝1＋1＋1＋1＋2＋2＋2。即：有4人各购买1种零食，有3人各购买2种零食。

步骤 2：按“假言推事实模型”的思路解题。

由条件(1)、(3)和(2)串联可得：甲、乙和戊至多有 2 人购买饮料→丙薯片∧己坚果→庚辣条∧丁辣条∧庚饮料∧丁饮料→乙坚果∧戊坚果。

可见，由“甲、乙和戊至多有 2 人购买饮料”出发推出了“己坚果∧乙坚果∧戊坚果”，与“2 人购买坚果”矛盾。故“甲、乙和戊至多有 2 人购买饮料”为假，即“甲、乙和戊均购买饮料”为真。

由“甲、乙和戊均购买饮料”结合“3 人购买饮料”可知，条件(3)的后件为假，则其前件也为假，可得：¬ 庚坚果∧¬ 己坚果。

由“¬ 庚坚果”结合“甲、乙和戊均购买饮料”可知，庚购买薯片或辣条。因此，条件(2)的前件为真，则其后件也为真，可得：乙坚果∧戊坚果。

故 B 项正确。

30. D

【第 1 步　识别命题形式】

“丙和庚均未购买辣条”为事实，其他已知条件同上题一致，故此题为母题模型 1　事实假言＋数量＋匹配模型。

【第 2 步　套用母题方法】

引用上题推理结果：甲、乙和戊均购买饮料、¬ 庚坚果∧¬ 己坚果、乙坚果∧戊坚果。

由“丙和庚均未购买辣条”结合“2 人购买薯片、2 人购买坚果、3 人购买辣条，3 人购买饮料”，可得下表：

人＼零食	薯片(2 人)	坚果(2 人)	辣条(3 人)	饮料(3 人)
甲		×		√
乙	×	√	×	√
丙		×	×	×
丁		×		×
戊		√		√
己		×		×
庚		×	×	×

再结合“每人均购买 1～2 种”可知，丙、庚均购买薯片。

可将上表补充如下：

人＼零食	薯片(2 人)	坚果(2 人)	辣条(3 人)	饮料(3 人)
甲	×	×	√	√
乙	×	√	×	√
丙	√	×	×	×
丁	×	×	√	×
戊	×	√	×	√
己	×	×	√	×
庚	√	×	×	×

故 D 项正确。

专项训练 4 ▸ 非 5 大条件类推理题

共 30 小题，每小题 2 分，共 60 分，建议用时 50～60 分钟
你的得分是________

说明：本套试题均是根据近 5 年真题考法进行原创或者改编的试题。整体难度与近 5 年联考逻辑真题中的同类试题基本一致，其中部分试题难度略大于真题。

1. 乐学喵集训营开营之后，酱缸哥哥对所有学员的前期学习情况进行了调查。调查发现，没有一位集训学员学完《逻辑要点 7 讲》配套课程；所有学完语法基础课程的学员都学完了《数学要点 7 讲》配套课程；所有没有学完《逻辑要点 7 讲》配套课程的学员也没有学完《数学要点 7 讲》配套课程。

   如果上述判断为真，则以下哪项一定为真？

   A. 有的学完语法基础课程的学员未学完《数学要点 7 讲》配套课程。

   B. 有的集训学员学完了语法基础课程。

   C. 所有集训学员都学完了《数学要点 7 讲》配套课程。

   D. 未学完语法基础课程的学员都没有学完《逻辑要点 7 讲》配套课程。

   E. 所有学完语法基础课程的学员都不是集训学员。

2. 所有品鉴会嘉宾都持有门票。如果一个人持有品鉴会门票，那么他一定是高级会员。高级会员都享有优先选座的权利。所有享有优先选座权利的嘉宾一定是高端付费人士。

   如果上述判断为真，则以下哪项一定为真？

   A. 所有品鉴会嘉宾都是高级会员。

   B. 享有优先选座权利的嘉宾都持有门票。

   C. 持有品鉴会门票的嘉宾不都是高级会员。

   D. 有的品鉴会嘉宾未享有优先选座的权利。

   E. 所有不是高级会员的人都不是高端付费人士。

3. 某校学生会将举行换届选举，计划在甲、乙、丙、丁、戊和己 6 位学生会部长中选择 3 人组成新一届学生会主席团。对于这 6 人最终的当选情况，有如下断定：

   (1)甲和丙都当选。

   (2)如果己不当选，那么丁一定会当选。

   (3)戊和乙有且仅有 1 人当选。

   (4)乙和甲都不会当选。

   后来事实表明，上述 4 个断定中只有 1 个为假。

   根据以上陈述，以下哪项一定为真？

   A. 丙当选。　　B. 戊当选。　　C. 己当选。

   D. 丁当选。　　E. 乙当选。

4. 有一个5×5的方阵，如右图所示，它所含的每个小方格中均可填入一个汉字(已有部分汉字填入)。现要求该方阵中的每行、每列及每个由粗线条围住的五个小方格组成的区域中均含有“青”“赤”“黄”“白”“黑”5个汉字，不能重复也不能遗漏。用英文字母A、B、C、D、E表示行，用数字1、2、3、4、5表示列(例：图中“白”的位置为A1)。

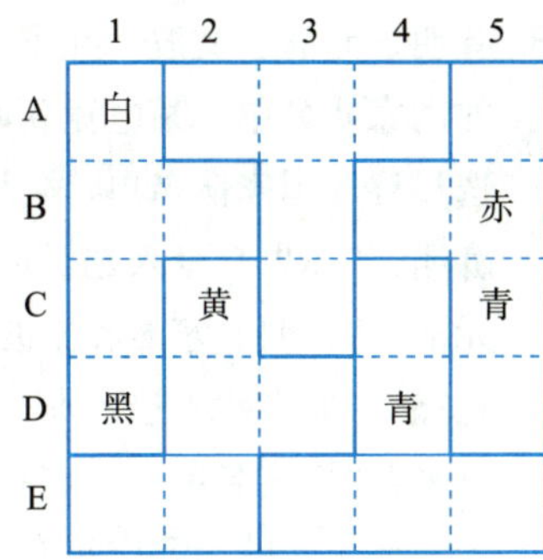

根据以上信息，“青”一定会在以下哪个位置出现?

A. A2。

B. B3。

C. A3。

D. B1。

E. E2。

5. 对某培训公司的一项调查发现：所有30岁以上的老师都拥有稳定的收入或者丰富的授课经验。每一个有稳定收入的老师都有丰富的授课技巧。但是，有的30岁以上的老师授课技巧并不丰富。

根据以上陈述，可以得出以下哪项?

A. 拥有丰富的授课经验就可以拥有稳定的收入。

B. 有些老师拥有稳定的收入但是没有丰富的授课经验。

C. 有的30岁以下的老师授课经验也很丰富。

D. 有的没有稳定收入的老师拥有丰富的授课经验。

E. 有些没有丰富的授课技巧的老师授课经验也不丰富。

6. 如果全球原油价格上涨，那么汽油价格也将上涨；如果汽油价格出现上涨，那么就会导致私家车的车辆使用成本加重。不论是什么原因造成车辆使用成本加重，都会导致人们的出行意愿减少。因此，如果全球原油价格上涨，就会造成户外消费总量下降。

以下哪项最可能是以上论述的假设?

A. 有的户外消费活动不需要开私家车。

B. 如果人们的出行意愿减少，就会造成汽油的消耗减少。

C. 如果户外消费总量没有发生下降，那么就说明人们的出行意愿没有减少。

D. 如果汽油价格没有出现上涨，那么户外消费总量就不会发生下降。

E. 如果户外消费总量下降，那么就说明全球原油价格上涨。

7. 如果企业不重视对研发人才的保护，那么不能维持创新能力，也不能提高企业的核心竞争力。因此，如果企业提高了核心竞争力且重视对研发人才的保护，那么一定能维持创新能力。

以下哪项与上述推理的逻辑结构一致?

A. 若周日天气晴朗并且不堵车，则小吴一定会开车出游。因此，如果小吴开车出游但是周日天气晴朗，那么周日那天一定堵车了。

B. 当且仅当付出努力且方法恰当时，小明才能考上研究生。因此，如果小明方法恰当但是并不努力，那么小明不能考上研究生。

C. 若水质良好或者日光充足，则这批树苗的存活率会非常高。因此，如果这批树苗的存活率较低，那么说明水质良好但日光不充足。

D. 若梅家坞的龙井没有达到采摘标准，则去年冬天那里的日光不充足，且今年春天的雨水不充沛。因此，如果今年春天的雨水充沛且梅家坞的龙井达到了采摘标准，那么去年冬天那里的日光充足。

E. 如果这支球队能赢得总冠军，说明他们的战术合理或者球员配合密切。因此，如果这支球队战术合理但是配合不密切，那么不能赢得总冠军。

8. 森明、元浩、文波、礼杰、自豪、家浩 6 人参加杭州亚运会集训队选拔，其中有 2 人入选最终的国家队名单。某电竞新闻工作者询问参会的森明、元浩、礼杰、自豪，他们同期 6 人中谁入选最终的国家队名单，4 人的回答如下：

森明："如果自豪入选，那么礼杰也会入选。"

元浩："森明、家浩和文波 3 人均不入选。"

礼杰："如果我入选，那么森明或文波也会入选。"

自豪："最终名单中一定有元浩或者家浩。"

若上述 4 人的回答中只有 1 个为真，则可以得出上述 6 人中入选最终国家队名单的一定有：

A. 文波。 B. 元浩。

C. 自豪。 D. 森明。

E. 礼杰。

9. 一项关于阅读对个人认知能力影响的研究表明，喜欢读书的人通常具备一些特定的特点：所有喜欢读书的人都有较高的文学素养；所有喜欢读书的人都淡泊名利；如果一个人有较高的文学素养，那么一定生性洒脱。

如果以上断定为真，那么以下哪项也一定为真？

A. 有的喜欢读书的人不是生性洒脱的。

B. 有的有较高的文学素养的人并不淡泊名利。

C. 有些淡泊名利的人生性洒脱。

D. 所有喜欢读书的人都不是生性洒脱的。

E. 所有淡泊名利的人都不是生性洒脱的。

10. 所有参与此次研讨会的人都是行业内的专家。也有一些国外高校的教授参与了此次研讨会。没有一个国外高校的教授未获得博士学位。

若上述信息为真，则以下哪项不必然为真？

A. 有些国外高校的教授是行业内的专家。

B. 有些获得博士学位的是行业内的专家。

C. 并非所有的专家都不参与此次研讨会。

D. 未获得博士学位的都不是国外高校的教授。

E. 有的行业内的专家并未获得博士学位。

11. 某医疗机构对某地居民进行了一次肺癌患病调查。此次调查共有 1 988 人参加，其中女性共有 957 人。而在这 1 988 人中，肺癌的发病人数为 518 人，占调查人数的 26%。

如果上述断定为真，则可以推出以下哪项？

A. 此次调查中，男性发病人数比女性发病人数多。

B. 此次调查中，男性发病人数比男性未发病人数多。

C. 此次调查中，女性未发病人数比男性未发病人数多。

D. 此次调查中，女性未发病人数比男性发病人数多。

E. 此次调查中，女性未发病人数比女性发病人数多。

12. 哺乳动物是动物世界中形态结构最高等、生理机能最完善的动物。所有的哺乳动物都是脊椎动物。有的用肺呼吸的动物是哺乳动物。因此，所有用肺呼吸的动物都是两栖动物。

以下哪项如果为真，最能反驳上述结论？

A. 用肺呼吸的动物都是两栖动物。

B. 脊椎动物都是两栖动物。

C. 脊椎动物都不是两栖动物。

D. 有的脊椎动物不是两栖动物。

E. 不是两栖动物就一定不是哺乳动物。

13. 某集团研发部共有 1 100 名研发人员，他们都是理科或者工科博士。其中理科博士共有 531 人，外籍男博士有 431 人，工科女博士有 264 人，非外籍工科博士有 248 人。

根据上述信息，可以得出以下哪项？

A. 外籍工科男博士至多 56 人。

B. 外籍工科女博士至少 36 人。

C. 外籍理科男博士至多 374 人。

D. 非外籍理科男博士至少 101 人。

E. 非外籍理科女博士至少 167 人。

14. 人类社会是一个多元化的社会，其中存在着各种各样的人。有些快乐的人并不幸福，有的幸福的人并不快乐。所有不幸福的人都会痛苦，所有幸福的人都积极生活。

根据以上陈述，以下哪项不可能为真？

A. 并非所有快乐的人都幸福。

B. 有的不快乐的人积极生活。

C. 所有痛苦的人都不积极生活。

D. 有的积极生活的人快乐。

E. 所有积极生活的人都快乐。

15. 某校宿舍共有甲、乙、丙、丁和戊五人。已知这五人中至少有一人参加了上周在本校举办的文艺演出。他们对参加的情况做了如下断定：

甲：“若我没有参加，则乙一定没有参加。”

乙：“如果戊没有参加，那么丁一定没有参加。”

丙：“如果丁没有参加，那么甲没有参加。”

丁：“乙参加了，但是甲没有参加。”

戊：“我没有参加此次文艺演出。”

后来事实表明，上述五个断定中只有两个为真。

根据以上陈述，以下哪项一定为真？

A. 丙和丁参加了。

B. 乙和丁参加了。

C. 甲和戊参加了。

D. 丙说的是真话。

E. 戊说的是真话。

16. 根据昆虫学的界定，我们可以了解到，所有生活在地球这个大生态环境中的昆虫都属于节肢动物。不论一个昆虫是什么种属的，只要是节肢动物，就一定是无脊椎动物。自然界中，所有的无脊椎动物都保留着动物的原始形态。因此，熊蜂保留着动物的原始形态。

以下哪项最可能是以上论述的假设？

A. 熊蜂是不是无脊椎动物目前并不确定。

B. 有的节肢动物并不是熊蜂。

C. 有的熊蜂属于无脊椎动物。

D. 在昆虫学的范畴中，把熊蜂归为蜜蜂总科。

E. 在昆虫学的范畴中，把熊蜂认定为昆虫。

17. 成功的因素有很多。所有的成功人士都有积极的心态。用积极的态度面对人生中的每个挑战，能够不断突破自我，迈向更高峰。而那些没有坚决态度的人，无一例外，都没有积极的心态。任何一个有坚决态度的人，都不会畏惧未知的风险。

如果上述判断为真，那么以下哪个选项一定为真？

A. 所有不会畏惧未知风险的人都会取得闪耀的成绩。

B. 任何一个非成功人士都没有坚决的态度。

C. 任何一个会畏惧未知风险的人都没有积极的心态。

D. 有的有坚决态度的人，也会畏惧未知的风险。

E. 有的成功人士也会畏惧未知的风险。

18. 甲、乙、丙、丁、戊、己、庚、辛 8 人在一次男子百米比赛中都进入了决赛。赵、钱、孙、李 4 人对他们最终的名次做了如下预测：

	第一名	第二名	第三名	第四名	第五名	第六名	第七名	第八名
赵	甲	戊	丁	辛	丙	己	乙	庚
钱	己	甲	辛	丁	乙	丙	庚	戊
孙	戊	己	甲	辛	庚	丁	乙	丙
李	庚	丁	己	甲	丙	戊	乙	辛

事实上，4 人的预测中恰好对了 12 个。

根据上述信息，可以得出以下哪项？

A. 庚获得第五名。

B. 丙获得第三名。

C. 己获得第四名。

D. 乙获得第七名。

E. 辛获得第二名。

19. 甲、乙、丙、丁、戊 5 人的职业恰好是医生、律师、教师、记者、警察中的某一种，5 人的职业互不相同。好奇心很重的赵嘉想知道具体的情况，便让他们每人说 1～2 句话来阐述自己的职业。甲、乙、丙、戊 4 人有如下发言：

甲说："丙是医生，我不是教师。"

乙说："戊不是医生。"

丙说："甲和乙都不是教师。"

戊说："甲是医生，丁不是记者。"

结果证实，只有医生说真话，其他人说的每句话都是假话。

根据上述信息，以下哪项为真？

A. 甲是教师。

B. 乙是记者。

C. 丙是医生。

D. 丁是警察。

E. 戊是律师。

20. 勤奋且不惧艰难险阻的人未必都能取得成功，张三没能取得成功，因此，张三从未遇到艰难险阻。

以下哪项与上述推理的逻辑结构一致？

A. 资质良好且正常经营的企业未必都能获批银行贷款，天和公司向某银行申请的贷款未获批，因此，天和公司的经营不正常。

B. 精通德语的人未必都精通英语和法语，赵嘉不精通法语，因此，赵嘉精通英语和德语。

C. 组织架构不完善且盈利低的企业未必都倒闭，丰硕公司没有倒闭，因此，丰硕公司从未亏损。

D. 勇于面对困难的人都能战胜困难，张珊战胜了所有的困难，因此，张珊勇于面对困难。

E. 知难而退的人未必会失败，李思认为张珊是个知难而退的人，因此，张珊未必会失败。

21. 某顶尖高校欲举办一场学术交流会议。该校管理学院的甲、乙、丙、丁、戊和己六位老师中至少有一人参加此次交流会议。关于这六位老师的参加情况，赵、钱、孙、李四位学生有如下猜测：

赵："乙、丙和丁三人中至多有一人参加。"

钱："如果乙参加，那么甲也参加。"

孙："戊和丁中至少有一人参加。"

李："乙或者己参加。"

后来事实表明，四位学生中只有一人说了真话。

根据以上陈述，以下哪项一定为真？

A. 孙说的是真话。

B. 甲不参加。

C. 己参加。

D. 李说的是假话。

E. 钱说的是真话。

22. 近日，杭州亚运会电子竞技项目“英雄联盟”集训队大名单正式对外公布。所有集训队员均拥有丰富的大赛经验。有的集训队员获得过世界大赛冠军。任何一个拥有丰富大赛经验的集训队员都是征战多年的“老将”。而获得过世界大赛冠军的集训队员都拥有游戏内的专属皮肤。

如果上述判断为真，那么无法推出以下哪项？

A. 有的世界大赛冠军是征战多年的“老将”。

B. 有的集训队员拥有游戏内的专属皮肤。

C. 所有拥有游戏内专属皮肤的电竞选手都是集训队员。

D. 所有不是征战多年的“老将”都不是集训队员。

E. 并非所有的集训队员都没有游戏内的专属皮肤。

23. 有一个5×5的方阵，如下图所示，它所含的每个小方格中均可填入一个词(已有部分词填入)。现要求该方阵中的每行、每列及每个由粗线条围住的五个小方格组成的不规则区域中均含有“道路”“制度”“理论”“文化”“自信”5个词，不能重复也不能遗漏。

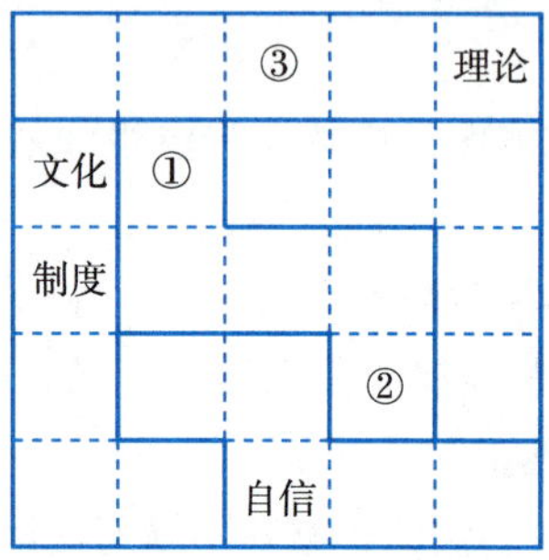

根据以上信息，依次填入方阵中①、②、③处的3个词应是：

A. 制度、文化、道路。

B. 理论、道路、制度。

C. 自信、制度、文化。

D. 道路、自信、文化。

E. 自信、道路、道路。

24. 某项测试共有6道题，每道题有A、B、C、D、E、F 6个选项，其中只有1项是正确答案。现有赵、钱、孙、李、周5人参加了测试，他们的答题情况和测试结果如下：

答题者	第一题	第二题	第三题	第四题	第五题	第六题	测试结果
赵	A	E	B	F	B	E	对2题
钱	E	C	C	F	C	D	对2题
孙	C	F	D	E	D	C	对1题
李	D	C	E	D	D	E	对3题
周	B	B	A	C	A	B	对2题

根据以上信息，可以得出以下哪项？

A. 第二题的正确答案是B。

B. 第四题的正确答案是C。

C. 第六题的正确答案是F。

D. 第三题的正确答案是A。

E. 第五题的正确答案是E。

25. 某高校经济学院准备从该学院的老师中选择 1 人或者多人参加即将开幕的高校学术交流会议，甲、乙、丙、丁和戊 5 位院领导有如下意见：

①甲："要么选择张老师，要么选择李老师。"

②乙："张老师和李老师中至少选择 1 人。"

③丙："如果选择王老师，那么选择李老师。"

④丁："王老师和李老师中至少选择 1 人。"

⑤戊："选择赵老师，但不选择孙老师。"

如果上述 5 个意见中恰有 2 个被采纳，则以下哪项一定为真？

A. 选择李老师。　　B. 选择王老师。　　C. 选择张老师。

D. 选择赵老师。　　E. 选择孙老师。

26. 某高校 2024 年的学生分布报告显示，该校在校学生总数为 12 000 人，其中研究生有 3 000 人，本科生有 9 000 人。从学院分布情况来看，该校管理学院学生总数为 3 500 人，居各学院之首；经济学院学生总数为 2 500 人，位居第二。同时，这两个学院也是该校研究生较多的学院，这两个学院的研究生总数为 1 500 人，占全校研究生总数的 50%。

根据以上陈述，可以得出以下哪个选项？

A. 管理学院的本科生比经济学院的研究生多。

B. 经济学院的本科生比管理学院的研究生少。

C. 经济学院的本科生比经济学院的研究生多。

D. 管理学院的研究生比管理学院的本科生多。

E. 其他各学院的研究生数量都没有管理学院或经济学院的多。

27. 极限运动作为一种越来越流行的娱乐项目，如跳伞、滑雪、冲浪等已经变得司空见惯。所有喜欢极限运动的人都是拥有较高的身体素质和体能水平的人。所有喜欢极限运动的人都有冒险精神。如果拥有较高的身体素质或者有冒险精神，那么一定也具备快速反应的能力。

如果以上断定为真，那么以下哪项也一定为真，除了：

A. 有的拥有较高身体素质的人具备快速反应的能力。

B. 有的拥有较高体能水平的人具备快速反应的能力。

C. 有的具备快速反应能力的人没有拥有较高的体能水平。

D. 喜欢极限运动的人都具备快速反应的能力。

E. 有的具备快速反应能力的人喜欢极限运动。

28. 对某艺术高校一个全优班级的调查显示：该班级中所有女生都会用美声唱歌；所有该班级会用美声唱歌的学生都会使用尤克里里弹奏歌曲；所有保送进该全优班的学生都会弹钢琴。但是，在该班级里还发现有一些男生不会弹钢琴。

关于该班级，以下哪项能从上述陈述中得出？

A. 所有不会弹钢琴的学生都不会用美声唱歌。

B. 所有的男生都不是保送进该班级的。

C. 有的学生不是保送进该班级的。

D. 有的女生不会使用尤克里里弹奏歌曲。

E. 有些会用美声唱歌的学生不会使用尤克里里弹奏歌曲。

29. 乐学喵年终盛典上，小王、小罗、小郭、小刘和小赵5位老师共斩获16个奖项，每人至少获得1个奖项。关于这5人获得的奖项数量，其他老师有如下说法：

丰哥："小王和小赵共斩获6个奖项。"

康哥："小王和小郭共斩获5个奖项。"

宇哥："小罗和小郭共斩获5个奖项。"

酱缸："小王、小郭和小刘共斩获9个奖项。"

酱心："小刘和小赵共斩获6个奖项。"

若上述5人的说法中只有1个为假，则五人(按照题干的顺序)获奖的数量比是：

A. 3∶5∶1∶5∶2。　B. 4∶5∶1∶4∶2。　C. 2∶5∶1∶4∶4。

D. 2∶5∶3∶4∶2。　E. 4∶4∶2∶4∶2。

30. 乐学喵教育研究院共有199名管综和英语教师。其中女教师89人，英语男教师45人，来自南方的管综教师35人，来自北方的管综教师60人。

根据上述信息，以下哪项必然为真？

A. 来自南方的管综男教师至少15人。

B. 来自南方的管综女教师至多30人。

C. 来自北方的英语男教师至少16人。

D. 来自北方的管综女教师至少10人。

E. 来自南方的英语女教师至少25人。

专项训练 4 ▸ 非 5 大条件类推理题

答案详解

答案速查

1～5 EABCD	6～10 CDCCE	11～15 DCCEC
16～20 ECDAC	21～25 BCCDD	26～30 ACCBB

1. E

【第 1 步　识别命题形式】

题干由全称命题组成，且这些命题中存在重复元素可以实现串联，故此题为母题模型 8　性质串联模型。

【第 2 步　套用母题方法】

步骤 1：画箭头。

题干：

①没有一位集训学员学完《逻辑要点 7 讲》配套课程，等价于：所有集训学员都没有学完《逻辑要点 7 讲》配套课程，即：集训学员→┐逻辑。

②语法基础→数学。

③┐逻辑→┐数学。

步骤 2：串联。

由①、③和②串联可得：④集训学员→┐逻辑→┐数学→┐语法基础，等价于：⑤语法基础→数学→逻辑→┐集训学员。

步骤 3：找答案。

A 项，有的语法基础→┐数学，此项与②为矛盾关系，故此项必然为假。

B 项，有的集训学员→语法基础，由④可得：集训学员→┐语法基础，与此项为矛盾关系，故此项必然为假。

C 项，集训学员→数学，由④可得：集训学员→┐数学，与此项为反对关系，一真另必假，故此项必然为假。

D 项，┐语法基础→┐逻辑，由④可知，此项可真可假。

E 项，语法基础→┐集训学员，由⑤可知，此项必然为真。

2. A

【第 1 步　识别命题形式】

题干由全称命题和假言命题组成，且这些命题中存在重复元素可以实现串联，故此题为母题模型 8　性质串联模型。

【第 2 步　套用母题方法】

步骤 1：画箭头。

题干：

①嘉宾→门票。

②门票→高级会员。

③高级会员→优先选座。

④优先选座→高端。

步骤2：串联。

由①、②、③和④串联可得：⑤嘉宾→门票→高级会员→优先选座→高端，等价于：⑥¬高端→¬优先选座→¬高级会员→¬门票→¬嘉宾。

步骤3：找答案。

A项，嘉宾→高级会员，由⑤可知，此项必然为真。

B项，优先选座→门票，由⑤可知，此项可真可假。

C项，此项等价于：有的持有品鉴会门票的嘉宾不是高级会员，即：有的门票→¬高级会员，此项与②构成矛盾关系，故此项一定为假。

D项，有的嘉宾→¬优先选座，此项与⑤"嘉宾→优先选座"构成矛盾关系，故此项一定为假。

E项，¬高级会员→¬高端，由⑥可知，此项可真可假。

3. B

【第1步　识别命题形式】

题干已知"上述4个断定中只有1个为假"，故此题为母题模型11　经典真假话问题。

【第2步　套用母题方法】

题干中无矛盾关系，根据"只有1假"，优先找反对关系。

断定(1)和断定(4)为反对关系，至少一假。再结合"只有1个为假"可知，断定(2)和断定(3)均为真。

由"断定(2)为真"可得：己∨丁，即：己、丁中至少有1人当选。

由"断定(3)为真"可得：戊∀乙。

再结合"在6位学生会部长中选择3人组成新一届学生会主席团"可知，断定(1)必然为假。因此，断定(4)为真，即：¬乙∧¬甲。

由"¬乙"并结合"戊∀乙"可得：戊。故B项正确。

4. C

【第1步　识别命题形式】

此题要求确定汉字"青"能填入哪个空格，故此题为母题模型12　数独模型。

【第2步　套用母题方法】

从"青"出发，由"D4是青、C5是青"结合"每行、每列及每个由粗线条围住的区域内均不重复"可知，C1、C3、D3、A4、E3均不是青。

由"C1不是青"结合"每个由粗线条围住的区域内均有青"可知，B1、B2中有一个方格是青；再由"每行不重复"可知，B3不是青。

综上，B3、C3、D3、E3均不是青。再根据"每列不遗漏"可知，A3是青。故C项正确。

5. D

【第1步　识别命题形式】

题干由特称命题和全称命题组成，且这些命题中存在重复元素可以实现串联，故此题为母题模型8　性质串联模型(带"有的"型)。

【第 2 步　套用母题方法】

题干有以下信息：

①30 岁以上→稳定的收入 ∨ 经验。

②稳定的收入→技巧。

③有的 30 岁以上→ ┐ 技巧。

条件③中有“有的”，故从条件③开始串联。

由③、②串联可得：④有的 30 岁以上→ ┐ 技巧→ ┐ 稳定的收入。

故有：有的 30 岁以上→没有稳定的收入，等价于：⑤有的没有稳定的收入→30 岁以上。

由⑤、①串联可得：有的没有稳定的收入→30 岁以上→稳定的收入 ∨ 经验。

故有：有的没有稳定的收入→经验，即 D 项正确。

6. C

【第 1 步　识别命题形式】

题干由三个假言命题构成的前提和一个假言命题构成的结论组成，提问方式为“以下哪项最可能是以上论述的假设?”，故此题为母题模型 9　隐含三段论模型。

【第 2 步　套用母题方法】

将题干中的信息符号化：

前提①：原油价格上涨→汽油价格上涨。

前提②：汽油价格上涨→私家车成本加重。

前提③：私家车成本加重→出行意愿减少。

结论：原油价格上涨→户外消费总量下降。

根据隐含三段论模型“词项成对出现”原则，将题干中出现的两个“原油价格上涨”“汽油价格上涨”“私家车成本加重”均消掉，余下的“出行意愿减少”和“户外消费总量下降”二者做串联即可得到答案。故迅速锁定 C 项。

7. D

【第 1 步　识别命题形式】

题干中出现由假言命题构成的推理，提问方式为“以下哪项与上述推理的逻辑结构一致?”，故此题为母题模型 10　推理结构相似模型。

【第 2 步　套用母题方法】

题干：如果企业不重视对研发人才的保护(A)，那么不能维持创新能力(B)，也不能提高企业的核心竞争力(C)。因此，如果企业提高了核心竞争力(┐ C)且重视对研发人才的保护(┐ A)，那么一定能维持创新能力(┐ B)。

题干符号化为：A→B∧C。因此，┐ C∧┐ A→ ┐ B。

A 项，A∧B→C。因此，C∧A→ ┐ B。故此项与题干不同。

B 项，A∧B↔C。因此，B∧┐ A→ ┐ C。故此项与题干不同。

C 项，A∨B→C。因此，D(注意：“非常高”和“较低”不是矛盾关系)→A∧┐ B。故此项与题干不同。

D 项，A→B∧C。因此，┐ C∧┐ A→ ┐ B。故此项与题干相同。

E 项，A→B∨C。因此，B∧┐ C→ ┐ A。故此项与题干不同。

8. C

【第1步 识别命题形式】

题干已知“上述4人的回答中只有1个为真”，故此题为母题模型11 经典真假话问题。

【第2步 套用母题方法】

题干有以下信息：

①森明：¬自豪∨礼杰。

②元浩：¬森明∧¬家浩∧¬文波。

③礼杰：¬礼杰∨森明∨文波。

④自豪：元浩∨家浩。

步骤1：找矛盾。

题干中无矛盾关系。

步骤2：“一真无矛盾”，优先下反对，其次找推理。

①和③为下反对关系，至少一真。再结合“上述4人的回答中只有1个为真”可知，②和④均为假。

步骤3：推出结论。

由“②为假”可得：⑤森明∨家浩∨文波。

由“④为假”可得：⑥¬元浩∧¬家浩。

再由“¬家浩”并结合“⑤森明∨家浩∨文波”可得：森明∨文波。

由“森明∨文波”可知，③为真。再结合“上述4人的回答中只有1个为真”可知，①为假。

由“①为假”可得：自豪∧¬礼杰。

故C项正确。

9. C

【第1步 识别命题形式】

题干由性质命题和假言命题组成，且“所有喜欢读书的人都有较高的文学素养”与“所有喜欢读书的人都淡泊名利”这两个条件符合双A串联公式，故此题为母题模型8 性质串联模型(双A串联型)。

【第2步 套用母题方法】

步骤1：画箭头。

题干有以下信息：

①喜欢读书→有较高的文学素养。

②喜欢读书→淡泊名利。

③有较高的文学素养→生性洒脱。

步骤2：串联。

观察①和②，符合双A串联公式，可得：④有的有较高的文学素养→淡泊名利，等价于：有的淡泊名利→有较高的文学素养。

再与③串联可得：⑤有的淡泊名利→有较高的文学素养→生性洒脱。

由①和③串联可得：⑥喜欢读书→有较高的文学素养→生性洒脱。

步骤 3：找答案。

A 项，有的喜欢读书→┐生性洒脱，由⑥可知，喜欢读书→生性洒脱，与此项构成矛盾关系，故此项一定为假。

B 项，有的有较高的文学素养→┐淡泊名利，由④可得：有的有较高的文学素养→淡泊名利，与此项构成下反对关系，一真另不定，故此项可真可假。

C 项，有的淡泊名利→生性洒脱，由⑤可知，此项必然为真。

D 项，喜欢读书→┐生性洒脱，由⑥可知，喜欢读书→生性洒脱，与此项构成反对关系，一真另必假，故此项一定为假。

E 项，淡泊名利→┐生性洒脱，由⑤可知，有的淡泊名利→生性洒脱，与此项构成矛盾关系，故此项一定为假。

10. E

【第 1 步　识别命题形式】

题干由特称命题和全称命题组成，且这些命题中存在重复元素可以实现串联，故此题为母题模型 8　性质串联模型(带“有的”型)。

【第 2 步　套用母题方法】

步骤 1：画箭头。

题干有以下断定：

①研讨会→专家。

②有的国外高校的教授→研讨会。

③国外高校的教授→博士。

步骤 2：从“有的”开始做串联。

由②和①串联可得：有的国外高校的教授→研讨会→专家，故有：④有的国外高校的教授→专家，等价于：有的专家→国外高校的教授。

再与③串联可得：⑤有的专家→国外高校的教授→博士。

步骤 3：找答案。

A 项，有的国外高校的教授→专家，由④可知，此项必然为真。

B 项，有的博士→专家，由⑤可知，此项必然为真。

C 项，有的专家→研讨会，等价于：有的研讨会→专家，由①可知，此项必然为真。

D 项，┐博士→┐国外高校的教授，由③可知，此项必然为真。

E 项，有的专家→┐博士，由⑤可知，有的专家→博士，与此项构成下反对关系，一真另不定，故此项可真可假。

11. D

【第 1 步　识别命题形式】

题干将“被调查的人员”按照“性别”和“是否发病”两个标准进行了两次分类，故此题为母题模型 13　两次分类模型。

【第 2 步　套用母题方法】

由题干“此次调查中共有 1 988 人参加，其中女性共有 957 人”可知，此次调查中男性的人数为 1 988－957＝1 031(人)。

由题干“在这1 988人中，肺癌的发病人数为518人”可知，未发病人数为1 988－518＝1 470(人)。

设男性的发病人数为a人，未发病人数为b人；女性的发病人数为c人，未发病人数为d人。结合题干信息，可得下表：

发病与否 / 性别	发病(518人)	未发病(1 470人)
男性(1 031人)	a	b
女性(957人)	c	d

由上表可得：$\begin{cases}a+b=1\ 031\\b+d=1\ 470\end{cases}$，两式相减可得：$d-a=439$。

即：女性未发病人数比男性发病人数多。故D项正确。

12. C

【第1步　识别命题形式】

题干由两个性质命题构成的前提和一个性质命题构成的结论组成，提问方式为“以下哪项如果为真，最能反驳上述结论?”，故此题为母题模型9　隐含三段论的反驳。

【第2步　套用母题方法】

将题干中的信息符号化：

前提①：哺乳动物→脊椎动物。

前提②：有的用肺呼吸的动物→哺乳动物。

题干的结论为：③所有用肺呼吸的动物都是两栖动物。

题干结论的矛盾命题为：④有的用肺呼吸的动物→┐两栖动物。

根据隐含三段论模型“词项成对出现”原则，将题干中出现的两个“有的用肺呼吸的动物”“哺乳动物”均消掉，余下的“脊椎动物”和“┐两栖动物”二者做串联即可得到答案。

故“脊椎动物→┐两栖动物”最能反驳题干。因此，C项正确。

13. C

【第1步　识别命题形式】

题干将“1 100名研发人员”按照“性别”“理科与工科”“外籍与非外籍”三个标准进行了三次分类，故此题为母题模型13　三次分类模型，可使用“双九宫格法”和“剩余法”解题。

【第2步　套用母题方法】

根据题意可知，工科博士共有1 100－531＝569(人)，工科男博士有569－264＝305(人)，外籍工科博士有569－248＝321(人)。

根据题干已知信息，可得以下两表：

理科(531人)	男生	女生
外籍	a	b
非外籍	c	d

工科(569 人)	男生(305 人)	女生(264 人)
外籍(321 人)	x	y
非外籍(248 人)	z	w

故有：$\begin{cases}x+z=305\\w+z=248\end{cases}$，两式相减可得：$x-w=57$，即 $x=57+w$。

外籍男博士：$x+a=431$，则 $a=431-x$。

当 x 取最小值 57 时，a 取到最大值 374。因此，C 项正确。

14. E

【第 1 步　识别命题形式】

题干由特称命题和全称命题组成，且这些命题中存在重复元素可以实现串联，故此题为母题模型 8　性质串联模型(带“有的”型)。

【第 2 步　套用母题方法】

步骤 1：画箭头。

题干有以下断定：

①有的快乐→┐幸福。

②有的幸福→┐快乐。

③┐幸福→痛苦。

④幸福→积极生活。

步骤 2：从“有的”开始做串联。

由①、③串联可得：⑤有的快乐→┐幸福→痛苦。

由②、④串联可得：⑥有的不快乐→幸福→积极生活。

步骤 3：找答案。

A 项，此项等价于：有的快乐→┐幸福，由①可知，此项必然为真。

B 项，有的不快乐→积极生活，由⑥可知，此项必然为真。

C 项，痛苦→┐积极生活，由③、⑤可知，此项可真可假。

D 项，有的积极生活→快乐，由⑥可知，有的积极生活→┐快乐，与此项为下反对关系，一真另不定，故此项可真可假。

E 项，积极生活→快乐，由⑥可知，有的积极生活→┐快乐，与此项为矛盾关系，故此项一定为假。

综上，正确答案为 E 项。

15. C

【第 1 步　识别命题形式】

题干已知“上述五个断定中只有两个为真”，故此题为母题模型 11　经典真假话问题。

【第 2 步　套用母题方法】

题干有以下断定：

①甲 ∨┐乙。

②戊∨¬丁。

③丁∨¬甲。

④乙∧¬甲。

⑤¬戊。

步骤1：找矛盾。

①和④为矛盾关系，必有一真一假。再结合“上述五个断定中只有两个为真”可知，②、③和⑤为两假一真。

步骤2：找下反对关系，推真假。

②和⑤为下反对关系，至少一真。再结合“②、③和⑤为两假一真”可知，③为假。

步骤3：推出结论。

由“③为假”可得：¬丁∧甲。

由“¬丁”可知，②为真，则⑤为假。

由“⑤为假”可得：戊。

由“甲”可知，①为真、④为假。

综上，C项正确。

16. E

【第1步 识别命题形式】

题干由两个性质命题和一个假言命题构成的前提与一个性质命题构成的结论组成，提问方式为“以下哪项最可能是以上论述的假设?”，故此题为母题模型9 隐含三段论模型。

【第2步 套用母题方法】

将题干中的信息符号化：

前提①：昆虫→节肢动物。

前提②：节肢动物→无脊椎动物。

前提③：无脊椎动物→保留着动物的原始形态。

结论：熊蜂→保留着动物的原始形态。

根据隐含三段论模型“词项成对出现”原则，将题干中出现两个的“节肢动物”“无脊椎动物”“保留着动物的原始形态”均消掉，余下的“熊蜂”和“昆虫”二者做串联即可得到答案。

故迅速锁定E项。

17. C

【第1步 识别命题形式】

题干由多个性质命题组成，且这些命题中存在重复元素可以实现串联，故此题为母题模型8 性质串联模型。

【第2步 套用母题方法】

步骤1：画箭头。

题干有以下论断：

①成功人士→积极的心态。

②¬坚决的态度→¬积极的心态。

③坚决的态度→¬畏惧未知的风险。

步骤2：串联。

由①、②和③串联可得：④成功人士→积极的心态→坚决的态度→¬畏惧未知的风险。

步骤3：逆否。

④逆否可得：⑤畏惧未知的风险→¬坚决的态度→¬积极的心态→¬成功人士。

步骤4：找答案。

A项，题干不涉及“会取得闪耀的成绩”，故此项可真可假。

B项，¬成功人士→¬坚决的态度，由⑤可知，此项可真可假。

C项，畏惧未知的风险→¬积极的心态，由⑤可知，此项必然为真。

D项，有的坚决的态度→畏惧未知的风险，与③构成矛盾关系，故此项一定为假。

E项，有的成功人士→畏惧未知的风险，由④可知，成功人士→¬畏惧未知的风险，与此项构成矛盾关系，故此项一定为假。

18. D

【第1步　识别命题形式】

题干中，4人均给出了1～8名的猜测，并且已知4人的正确个数，故此题为母题模型11　一人多判断模型。

【第2步　套用母题方法】

根据题意，人与名次之间为一一匹配关系。

分析每人对同一名次的预测，可得下表：

	第一名	第二名	第三名	第四名	第五名	第六名	第七名	第八名
赵	甲	戊	丁	辛	丙	己	乙	庚
钱	己	甲	辛	丁	乙	丙	庚	戊
孙	戊	己	甲	辛	庚	丁	乙	丙
李	庚	丁	己	甲	丙	戊	乙	辛
重复元素	无	无	无	“辛”2次	“丙”2次	无	“乙”3次	无
真假极值数	至多1真	至多1真	至多1真	至多2真	至多2真	至多1真	至多3真	至多1真

由上表可知，4人的断定中至多12真；结合“4人的预测中恰好对了12个”可知，只有取最大值时才能满足题意。

因此，第四名的人选有2人猜对，即：第四名是辛；同理可得：第五名是丙、第七名是乙。

故D项正确。

19. A

【第1步　识别命题形式】

题干中提及“只有医生说真话(相当于真城的人说真话)，其他人说的每句话都是假话(相当于假城的人说假话)”，故此题为母题模型11　真城假城模型。使用假设法解题。

【第2步 套用母题方法】

假设“甲是医生”，则甲说真话，可得：丙医生∧¬甲教师，与“5人的职业互不相同”矛盾。因此，甲说假话、甲不是医生。

由“甲不是医生”可知，戊说假话、戊不是医生。

由“戊不是医生”可知，乙说真话。因此，乙是医生。

由“乙是医生”结合“5人的职业互不相同”“只有医生说真话，其他人说的每句话都是假话”可知，丙说假话。

由“丙说假话”可得：甲教师∨乙教师；再结合“乙是医生”可得：甲是教师。

故A项正确。

20. C

【第1步 识别命题形式】

提问方式为“以下哪项与上述推理的逻辑结构一致?”，故此题为母题模型10 推理结构相似模型。

【第2步 套用母题方法】

题干：勤奋(A)且不惧艰难险阻(B)的人未必都能取得成功(C)，张三没能取得成功(¬C)，因此，张三从未遇到艰难险阻(¬D)。(注意：“不惧艰难险阻”≠“从未遇到艰难险阻”)

题干符号化为：A∧B未必都C，¬C，因此，¬D。

A项，A∧B未必都C，¬C，因此，¬B。故此项与题干不同。

B项，A未必都B∧C，¬C，因此，A∧B。故此项与题干不同。

C项，A∧B未必都C，¬C，因此，¬D(注意：“盈利低”≠“从未亏损”)。故此项与题干相同。

D项，A→B，B，因此，A。故此项与题干不同。

E项，A未必会B，李思认为张珊A，因此，张珊未必会B。故此项与题干不同。

21. B

【第1步 识别命题形式】

题干已知“四位学生中只有一人说了真话”，故此题为母题模型11 经典真假话问题。

【第2步 套用母题方法】

题干有以下信息：

①乙、丙和丁中至多有一人。

②¬乙∨甲。

③戊∨丁。

④乙∨己。

步骤1：找矛盾。

题干中无矛盾关系。

步骤2：“一真无矛盾”，优先下反对，其次找推理。

②和④为下反对关系，至少一真。再结合“四位学生中只有一人说了真话”可知，①和③均为假。

步骤3：推出结论。

由“①为假”可得：乙、丙和丁中至少有两人参加。

由"③为假"可得：¬ 戊∧¬ 丁，再结合"乙、丙和丁中至少有两人参加"可得：乙、丙两人均参加。

由"乙"可知，④为真。因此，②为假。

由"②为假"可得：乙∧¬ 甲。故 B 项正确。

22. C

【第 1 步　识别命题形式】

题干由特称命题和全称命题组成，且这些命题中存在重复元素可以实现串联，故此题为母题模型 8　性质串联模型(带"有的"型)。

【第 2 步　套用母题方法】

步骤 1：画箭头。

题干：

①集训队员→丰富的大赛经验。

②有的集训队员→世界大赛冠军。

③丰富的大赛经验→老将。

④世界大赛冠军→专属皮肤。

步骤 2：从"有的"开始做串联。

由②、①和③串联可得：⑤有的世界大赛冠军→集训队员→丰富的大赛经验→老将。

由②和④串联可得：⑥有的集训队员→世界大赛冠军→专属皮肤。

步骤 3：逆否(注意：带"有的"的项不逆否)。

⑤逆否可得：⑦¬ 老将→ ¬ 丰富的大赛经验→ ¬ 集训队员。

⑥逆否可得：⑧¬ 专属皮肤→ ¬ 世界大赛冠军。

步骤 4：找答案。

A 项，有的世界大赛冠军→老将，由⑤可知，此项可以推出。

B 项，有的集训队员→专属皮肤，由⑥可知，此项可以推出。

C 项，专属皮肤→集训队员，由④和⑥均可知，此项无法由题干推出。

D 项，¬ 老将→ ¬ 集训队员，由⑦可知，此项可以推出。

E 项，此项等价于：有的集训队员→专属皮肤，由⑥可知，此项可以推出。

23. C

【第 1 步　识别命题形式】

此题要求在方格中填入相应的词，易知此题为母题模型 12　数独模型。

【第 2 步　套用母题方法】

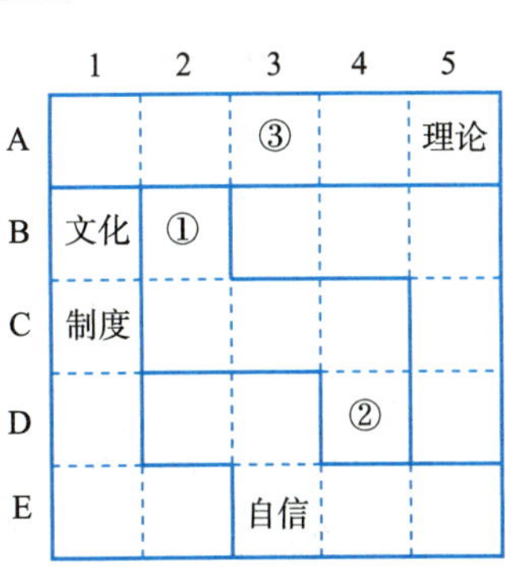

为了表达方便，将图中的行用 A、B、C、D、E 表示，列用 1、2、3、4、5 表示，如右图所示：

根据"每行不重复"可知，C2、C3、C4 均不填入"制度"。

再根据"每个不规则区域内不重复也不能遗漏"可知，①、②所在的不规则区域中，①和②其中一个需填入"制度"，故可排除 B、D、E 三项。

由"每行不重复"可知，E1、E2 均不填入"自信"，再结合"每个不规则区域内不重复也不能遗漏”可知，D1填入“自信”。

再根据“每列、每行均不重复”可知，A1填入“道路”；再结合“每行不重复”可知，③不填入“道路”，故排除A项。

综上，C项正确。

24. D

【第1步 识别命题形式】

题干中5人每个人都对6道题进行了作答，且这些答案有对有错，故此题为母题模型11 一人多判断模型。

【第2步 套用母题方法】

分析第一题的答题情况，5人的答案各不相同，故至多1个为真。

分析第二题的答题情况，钱和李2人的作答相同，故至多2个为真。

分析第三题的答题情况，5人的答案各不相同，故至多1个为真。

分析第四题的答题情况，赵和钱2人的作答相同，故至多2个为真。

分析第五题的答题情况，孙和李2人的作答相同，故至多2个为真。

分析第六题的答题情况，赵和李2人的作答相同，故至多2个为真。

综上可知，6道题的作答至多10真，而题干答对10题(即恰好10真)，故只有取最大值时才能满足题干要求。

因此，第二题的正确答案是C、第四题的正确答案是F、第五题的正确答案是D、第六题的正确答案是E。

再结合“周答对2题”可知，第一题的正确答案是B、第三题的正确答案是A。

故D项正确。

25. D

【第1步 识别命题形式】

题干已知“上述五个意见中恰有两个被采纳”，故此题为母题模型11 经典真假话问题。

【第2步 套用母题方法】

步骤1：找矛盾。

题干中无矛盾关系。

步骤2：找下反对关系或推理关系。

③和④为下反对关系，至少一真。

①和②为推理关系，若①为真，则②也为真；再结合“③、④至少一真”，与“上述五个意见中恰有两个被采纳”矛盾。因此，①为假。

步骤3：推出结论。

由“①为假”可得：(张∧李)∨(¬张∧¬李)。

若“张∧李”为真，则②、③、④均为真，与“上述五个意见中恰有两个被采纳”矛盾。因此，¬张∧¬李。

故，②为假、③和④一真一假。再结合“上述五个意见中恰有两个被采纳”可知，⑤为真。

故D项正确。

26. A

【第 1 步 识别命题形式】

题干将“管理学院和经济学院学生”按照“本科生与研究生”和“学院”这两个标准进行了两次分类，故此题为母题模型 13 两次分类模型。

【第 2 步 套用母题方法】

由题干“该校在校学生总数为 12 000 人，其中研究生有 3 000 人，本科生有 9 000 人”可知，该高校学生包括本科生和研究生。

设管理学院的研究生为 a 人，本科生为 b 人；经济学院的研究生为 c 人，本科生为 d 人。结合题干信息，可得下表：

	研究生 1 500 人	本科生
管理学院 3 500 人	a	b
经济学院 2 500 人	c	d

由上表可得：$\begin{cases}a+b=3\ 500\\a+c=1\ 500\end{cases}$，两式相减可得：$b-c=2\ 000$。

故该校管理学院的本科生比经济学院的研究生多，即 A 项正确。

27. C

【第 1 步 识别命题形式】

题干由性质命题和假言命题组成，且“所有喜欢极限运动的人都是拥有较高的身体素质和体能水平的人”与“所有喜欢极限运动的人都有冒险精神”这两个条件符合双 A 串联公式，故此题为母题模型 8 性质串联模型(双 A 串联型)。

【第 2 步 套用母题方法】

步骤 1：画箭头。

题干有以下信息：

①喜欢极限运动→拥有较高的身体素质∧拥有较高的体能水平。

②喜欢极限运动→有冒险精神。

③拥有较高的身体素质∨有冒险精神→具备快速反应的能力。

步骤 2：串联。

观察①和②，符合双 A 串联公式，可得：有的拥有较高的身体素质→有冒险精神；有的拥有较高的体能水平→有冒险精神。

再分别与③串联可得：

④有的拥有较高的身体素质→有冒险精神→具备快速反应的能力。

⑤有的拥有较高的体能水平→有冒险精神→具备快速反应的能力。

由①和③串联可得：⑥喜欢极限运动→拥有较高的身体素质→具备快速反应的能力。

步骤 3：找答案。

A 项，有的拥有较高的身体素质→具备快速反应的能力，由④可知，此项必然为真。

B 项，有的拥有较高的体能水平→具备快速反应的能力，由⑤可知，此项必然为真。

C 项，有的具备快速反应的能力→┐拥有较高的体能水平，由⑤可得：有的具备快速反应的能力→拥有较高的体能水平，与此项构成下反对关系，一真另不定，故此项可真可假。

D项，喜欢极限运动→具备快速反应的能力，由⑥可知，此项必然为真。

E项，有的具备快速反应的能力→喜欢极限运动，等价于：有的喜欢极限运动→具备快速反应的能力，由⑥可知，此项必然为真。

28. C

【第1步　识别命题形式】

题干由特称命题+全称命题组成，且这些命题中存在重复元素可以实现串联，故此题为母题模型8　性质串联模型(带“有的”型)。

【第2步　套用母题方法】

步骤1：画箭头。

题干有以下论断：

①女生→美声唱歌。

②美声唱歌→弹尤克里里。

③保送进全优班→会弹钢琴。

④有的男生→┐会弹钢琴。

步骤2：从“有的”开始做串联。

由④和③串联可得：⑤有的男生→┐会弹钢琴→┐保送进全优班。

由①和②串联可得：⑥女生→美声唱歌→弹尤克里里。

步骤3：找答案。

A项，题干不涉及“会弹钢琴”与“美声唱歌”之间的推理关系，故此项可真可假。

B项，男生→┐保送进全优班，由⑤可知，有的男生→┐保送进全优班，“有的”推不出“所有”，故此项可真可假。

C项，有的学生→┐保送进全优班，由⑤可知，此项必然为真。

D项，有的女生→┐弹尤克里里，此项与⑥“女生→弹尤克里里”构成矛盾关系，故此项一定为假。

E项，有的美声唱歌→┐弹尤克里里，此项与②“美声唱歌→弹尤克里里”构成矛盾关系，故此项一定为假。

29. B

【第1步　识别命题形式】

题干已知“5人的说法中只有1个为假”，故此题为母题模型11　经典真假话问题。但此题与经典真假话问题不太一致，题干的已知条件均为数量关系，故本题可找数量矛盾。

【第2步　套用母题方法】

题干有以下信息：

①小王+小赵=6。

②小王+小郭=5。

③小罗+小郭=5。

④小王+小郭+小刘=9。

⑤小刘+小赵=6。

步骤 1：找矛盾。

由②、③和⑤相加可得：小王＋小郭＋小罗＋小郭＋小刘＋小赵＝(小王＋小郭＋小罗＋小刘＋小赵)＋小郭＝16，与题干“5 位老师共斩获 16 个奖项”矛盾。故，②、③和⑤中至少 1 假。

步骤 2：判断其他已知条件的真假。

由“②、③和⑤中至少 1 假”并结合“5 人的说法中只有 1 个为假”可知，①和④均为真。

步骤 3：推出结论。

由“④为真”并结合“5 位老师共斩获 16 个奖项”可得：⑥小罗＋小赵＝7。

由①和⑥相减可得：小罗＝小王＋1。

观察五个选项可知，只有 B 项满足，故 B 项正确。

30. B

【第 1 步　识别命题形式】

题干将“199 名教师”按照“性别”“管综与英语”“南方与北方”三个标准进行了三次分类，故此题为母题模型 13　三次分类模型。

【第 2 步　套用母题方法】

本题使用剩余法。

根据题干已知信息，可得下表：

	英语男教师	英语女教师	管综男教师	管综女教师
南方	a	b	c	d
北方	x	y	z	w

由题干数据“共有 199 名教师，其中女教师 89 人，英语男教师 45 人，来自南方的管综教师 35 人，来自北方的管综教师 60 人”，可得：

式①：女教师＋英语男教师＋来自南方的管综教师＋来自北方的管综教师＝$(b+y+d+w)+(x+a)+(c+d)+(z+w)=89+45+35+60=229$。

式②：总人数＝$a+b+c+d+x+y+z+w=199$。

由①－②可得：③$d+w=30$，则 $d\leqslant 30$，故 B 项正确。

专项训练 5 ▸ 推理综合测试

共 30 小题，每小题 2 分，共 60 分，限时 50～60 分钟

你的得分是________

说明：本套试题囊括了几乎所有的推理母题模型，旨在综合检验母题的掌握情况。整体难度与近 3 年管综推理真题相仿(难度较高)。

1. 创新是企业成功的核心因素，是企业可持续发展的“法宝”。只有建立完善的创新机制，才能提高企业的市场竞争力；只有增加研发投入，才能维持企业的创新能力；如果能维持企业的创新能力，就能提高企业的市场竞争力。

   根据上述信息，可以得出以下哪项？

   A. 若企业能提高市场竞争力，则企业能维持创新能力。

   B. 只有增加研发投入、建立完善的创新机制，才能维持企业的创新能力。

   C. 只要坚持创新，就能提高企业的市场竞争力。

   D. 若企业增加研发投入但未建立完善的创新机制，则企业也能维持创新能力。

   E. 如果建立完善的创新机制，就能提高企业的市场竞争力。

2. 新年伊始，关于小张一家正月初一那天的行程，已知：

   (1)如果小张一家前往亲戚家拜年，那么他们一定会去看电影。

   (2)如果小张和他的妹妹都没有收到红包，则说明他们一家是开车前往亲戚家的。

   (3)小张一家要么开车前往亲戚家，要么步行前往。

   (4)如果小张一家去看了电影，那么小张未收到红包。

   (5)如果小张的妹妹收到了红包，那么一定是舅舅或者外婆给的。

   若小张一家正月初一步行前往其外公家拜年，那么可以得出：

   A. 小张收到了红包。

   B. 小张的妹妹收到了红包。

   C. 小张一家并未去看电影。

   D. 小张妹妹的红包是外婆给的。

   E. 小张妹妹的红包是舅舅给的。

3. 某公司计划从甲、乙、丙、丁、戊、己、庚和辛 8 个人中提拔 4 人，已知：

   (1)甲、乙、辛中至多提拔 1 人。

   (2)己、丙、庚中至多提拔 1 人。

   (3)甲、己、丁恰好提拔了 1 人。

   根据上述信息，以下哪项一定为真？

   A. 乙、庚均被提拔。

   B. 丙、辛均被提拔。

   C. 乙、甲均被提拔。

   D. 丙、庚、甲中恰好提拔 1 人。

   E. 戊、丙、乙中恰好提拔 1 人。

4. 清北大学的数学学院、化学学院、物理学院、管理学院、经济学院、机械学院、艺术学院共有14位老师获得了今年清北市的“最佳教师”奖项，每个学院最多有3位老师获奖。此外，还已知：

(1)数学学院、管理学院、经济学院共有4位老师获奖。

(2)若数学学院和物理学院至多共有5位老师获奖，则管理学院的老师均未获奖。

(3)若化学学院和机械学院均有老师获奖，则艺术学院和数学学院共有2位老师获奖。

根据以上陈述，可以推出以下哪项？

A. 数学学院和物理学院共有2位老师获奖。

B. 艺术学院和机械学院共有3位老师获奖。

C. 管理学院和机械学院共有4位老师获奖。

D. 经济学院和机械学院共有5位老师获奖。

E. 管理学院和机械学院共有3位老师获奖。

5. 甲、乙、丙、丁、戊、己、庚7人将分别前往上海、北京、苏州、西安、重庆、三亚、南京中的某个城市考察调研。每人只去1个城市，每个城市只有1人前往。已知：

(1)如果甲去上海，那么乙去重庆且丙去南京。

(2)如果甲不去上海，那么丁去南京且戊去苏州。

(3)若戊不去三亚或者丁不去苏州，则己去三亚。

(4)如果戊不去南京，那么己去重庆或者西安。

根据上述信息，可以得出以下哪项？

A. 甲去苏州。

B. 乙去西安。

C. 己去重庆。

D. 丁去三亚。

E. 庚去北京。

6. 某小区的甲、乙、丙、丁、戊5人均是健身爱好者。他们每人恰好各喜欢骑行、跑步、游泳、跳操、篮球5项运动中的1项，互不重复。已知：

(1)若丁不喜欢篮球，则丙喜欢游泳且戊喜欢跑步。

(2)若丙和戊中至少有1人喜欢游泳，则乙喜欢骑行且甲喜欢篮球。

(3)如果甲不喜欢跳操，则丁喜欢游泳。

根据以上信息，可以得出以下哪项？

A. 甲喜欢篮球。

B. 乙喜欢游泳。

C. 丙喜欢跑步。

D. 丁喜欢跳操。

E. 戊喜欢骑行。

7. 有一个5×5的方阵，如下图所示，它所含的每个小方格中均可填入一个词(已有部分词填入)。现要求该方阵中的每行、每列以及两条对角线的5个小方格中均含有“春节”“元宵”“端午”“清明”“中秋”5个词，不能重复也不能遗漏。

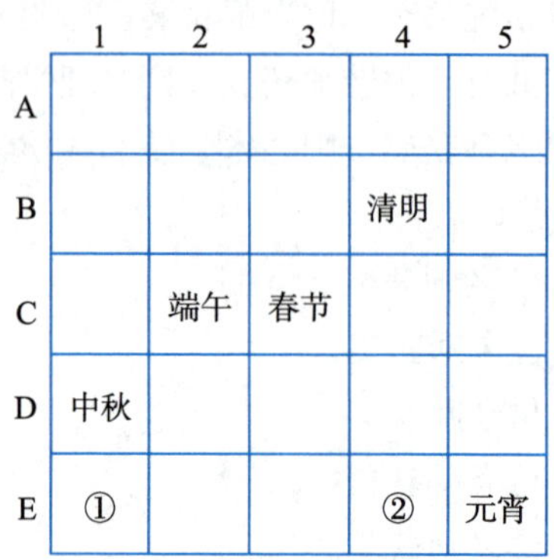

	1	2	3	4	5
A					
B				清明	
C		端午	春节		
D	中秋				
E	①			②	元宵

根据以上信息，方阵中①和②处依次填入的2个词应是：

A. 端午、春节。
B. 端午、清明。
C. 清明、春节。
D. 中秋、春节。
E. 端午、中秋。

8. 第16届“最佳足球运动员”评审在某地举行。赵嘉、钱宜、孙斌和李玎每人获得了最佳前锋、最佳中场、最佳后卫、最佳门将这四个奖项中的一个，各不相同。已知：

(1)若赵嘉不是最佳前锋，则钱宜是最佳中场。

(2)若李玎不是最佳后卫，则李玎是最佳门将。

(3)若钱宜不是最佳门将，则孙斌是最佳后卫。

根据以上信息，以下哪项符合题干断定？

A. 若李玎是最佳门将，则孙斌是最佳中场。
B. 若赵嘉是最佳前锋，则孙斌是最佳后卫。
C. 若孙斌是最佳后卫，则李玎不是最佳门将。
D. 若赵嘉是最佳前锋，则孙斌不是最佳后卫。
E. 若李玎不是最佳门将，则赵嘉是最佳前锋。

9. 某高校研究生赵嘉为完成实践课题研究计划，准备了解几个节目的收视率及观众评价。但限于经费，最终只能在《动物世界》《海峡两岸》《开讲啦》《今日说法》《舌尖上的中国》五个节目中选取三个。此外，选取的节目还需满足如下要求：

(1)如果选取《开讲啦》，就不选取《海峡两岸》。

(2)不选取《今日说法》，否则不选取《舌尖上的中国》。

(3)只有不选取《动物世界》，才选取《海峡两岸》。

若上述信息为真，则关于赵嘉选取节目的情况，以下哪项一定为真？

A. 不选取《动物世界》。
B. 不选取《海峡两岸》。
C. 不选取《今日说法》。
D. 不选取《开讲啦》。
E. 不选取《舌尖上的中国》。

10. 甲、乙、丙、丁、戊、己、庚、辛、壬 9 位运动员中有 5 人将参加某比赛。关于最终的人选，4 位教练有如下断定：

(1)赵：甲、乙、丙、己中至多有 1 人参加该比赛。

(2)钱：甲、丙、壬、戊中至多有 1 人参加该比赛。

(3)孙：戊、庚、辛、壬中至多有 2 人参加该比赛。

(4)李：壬、戊、丁中至少有 2 人参加该比赛。

若上述 4 人的判断中仅有 1 句不符合最终事实，则去参加该比赛的运动员一定有：

A. 壬。　　B. 丁。　　C. 丙。　　D. 戊。　　E. 辛。

11. 清北市卫生与健康委员会就运动、饮食对健康的影响举行了一场研讨会。与会专家陈教授陈述了如下事实：

(1)所有注重饮食卫生的人都能保持健康的身体。

(2)那些能保持健康身体的人都经常进行体育锻炼。

(3)有的在校大学生喜欢清淡的饮食。

根据上述情况，小李作出判断：有的在校大学生经常进行体育锻炼。

以下哪项是小李作出上述判断所需要的前提?

A. 所有喜欢清淡饮食的人都注重饮食卫生。

B. 有的注重饮食卫生的人喜欢清淡的饮食。

C. 能保持健康身体的人都喜欢清淡的饮食。

D. 有的人能保持健康的身体但不注重饮食卫生。

E. 经常进行体育锻炼的人都不注重饮食卫生。

12. 1912 年 4 月 15 日凌晨 2 时 20 分左右，泰坦尼克号船体断裂成两截后沉入大西洋底 3 700 米处。据统计，船上男性人员的数量较之于女性更多；此次事件中约有 1 500 人遇难，多于幸存人数。

如果上述断定为真，则可以推出以下哪项?

A. 男性遇难的人数比女性遇难的人数多。

B. 男性遇难的人数比女性幸存的人数多。

C. 男性幸存的人数比女性幸存的人数少。

D. 男性幸存的人数比男性遇难的人数多。

E. 男性幸存的人数和女性遇难的人数一样多。

13. 某游泳锦标赛正在火热进行中，已知：

(1)如果小孙未获得男子四百米自由泳冠军或者小覃未获得男子百米蛙泳冠军，那么小潘未获得男子百米自由泳冠军。

(2)若小汪和小陈均未获得男子两百米自由泳冠军，则小覃未获得男子百米蛙泳冠军。

(3)如果小孙或者小李获得男子四百米自由泳冠军，那么小陈未在此次比赛中夺冠。

若小潘获得男子百米自由泳冠军，则以下哪项一定为真?

A. 小汪获得男子两百米自由泳冠军。　　B. 小陈获得男子两百米自由泳冠军。

C. 小覃未获得男子百米蛙泳冠军。　　D. 小孙未获得男子四百米自由泳冠军。

E. 小汪获得男子百米蛙泳冠军。

14～15 题基于以下题干：

某次会议上，主席台上设有从左往右的1～8号座位。甲、乙、丙、丁、戊、己、庚、辛8人在主席台就座(不考虑朝向)。每人只有1个座位，互不重复，且己的左边至少还坐了3个人。已知：

(1)戊坐在丙左边的第3个座位。

(2)辛坐在1号或者8号座位。

(3)丁和庚两人的座位相邻。

(4)甲坐在己右边的第3个座位。

14. 若己坐在编号为奇数的座位上，则可以得出以下哪项？

A. 丁坐在3号座位。　B. 庚坐在2号座位。　C. 戊坐在3号座位。
D. 乙坐在6号座位。　E. 丙坐在4号座位。

15. 若己紧挨在乙左侧，则以下哪项一定为真？

A. 丁坐在2号座位。
B. 辛坐在1号座位。
C. 辛和庚之间至少间隔1人。
D. 丁和乙之间至少间隔2人。
E. 甲和辛之间至少间隔3人。

16. 巨力公司直播事业部计划组织部门团建，共有烧烤、网球、羽毛球、飞盘、唱歌、逛公园6项活动可供选择，部门可以选择其中的1项或多项。已知：

(1)若选择唱歌或烧烤，则也要选择网球和羽毛球。

(2)除非选择飞盘，否则不选择烧烤。

(3)若选择网球，则羽毛球和飞盘中至少有1项不选择。

(4)若不选择烧烤，则选择羽毛球和逛公园。

若上述断定为真，则以下哪项必然为真？

A. 选择烧烤。　B. 选择网球。　C. 选择逛公园。
D. 不选择飞盘。　E. 不选择羽毛球。

17～18 题基于以下题干：

某汽车公司质检部门的甲、乙、丙3人将在本月1号～9号前往该汽车公司的生产工厂驻守，抽检新车并给出质检报告。3人连续休息2天及以上的次数均不得多于1次，没有人连续3天都排班。此外，还已知：

(1)1号～4号每天至少安排1人。

(2)甲1号、3号、4号不排班，丙4号、8号需要回公司向分管领导述职。

(3)乙1号和7号因为要去参加仪式不能排班，但5号排班了。

17. 根据上述信息，可以得出以下哪项？

A. 甲5号排班。　B. 乙2号排班。　C. 丙6号排班。
D. 甲8号排班。　E. 乙3号排班。

18. 若每人恰好排班 5 天，且恰有 1 天 3 人都排班，则以下哪项必然为假？

A. 丙 5 号排班。

B. 甲 2 号排班。

C. 丙 7 号排班。

D. 甲 5 号排班。

E. 甲 6 号排班。

19～20 题基于以下题干：

在某次表彰大会上，王、李、赵、钱、吴、孙、周 7 位学生代表在主席台就座，7 人恰好坐在从左到右的 7 个位置上(不考虑朝向)，已知：

(1)如果周不坐在第 5 个座位，那么钱坐在第 3 个座位且孙不坐在第 6 个座位。

(2)若王不坐在第 3 个座位或者李坐在第 1 个座位，则赵坐在第 2 个座位且钱不坐在第 4 个座位。

(3)若吴坐在第 4 个座位或者李和孙之间至少间隔 2 人，则钱和孙两人的位置相邻。

(4)若钱和李两人的位置不相邻，则李和吴两人的位置相邻。

19. 若李坐在第 3 个座位，则以下哪项一定为真？

A. 王坐在第 1 个座位。

B. 周坐在第 4 个座位。

C. 吴坐在第 5 个座位。

D. 孙坐在第 6 个座位。

E. 钱坐在第 7 个座位。

20. 如果吴坐在第 2 个座位，那么以下哪项一定为真？

A. 周坐在第 1 个座位。

B. 孙坐在第 4 个座位。

C. 赵坐在第 5 个座位。

D. 钱坐在第 6 个座位。

E. 孙坐在第 7 个座位。

21. 某医院安排甲、乙、丙、丁、戊、己、庚 7 位医生在本周值班，每人值班一天，每天只安排一人，已知：

(1)甲在周三值班，丙和丁在相邻的两天值班。

(2)丙和己值班的时间均晚于戊。

(3)乙值班的时间早于甲，但晚于庚。

根据以上信息，可以得出以下哪项？

A. 丙在周日值班。

B. 乙在周一值班。

C. 丁在周五值班。

D. 戊在周四值班。

E. 己在周六值班。

22. 清北大学运动队的甲、乙、丙、丁、戊5位同学一同商讨运动会的报名项目。每人恰好报名短跑、跳高、跳远、铅球、游泳这5个项目中的1个，各不重复。关于每人具体报名的运动项目，有如下几个猜测：

(1)丁报名短跑或者丙不报名游泳。

(2)如果甲报名铅球，那么乙不报名短跑。

(3)如果丁报名短跑，那么乙报名跳远。

(4)丙和戊均未报名铅球。

(5)如果丙报名铅球，则甲不报名跳高。

如果上述5个猜测中只有2个为真，则以下哪项一定为真？

A. 甲报名短跑，丙报名跳远。

B. 乙报名游泳，戊报名跳远。

C. 丙报名跳高，丁报名短跑。

D. 丁报名短跑，戊报名游泳。

E. 甲报名跳高，乙报名跳远。

23. 陈教授欲从其门下的11位研究生甲、乙、丙、丁、戊、己、庚、辛、壬、癸和赵中选择5人组队参加某项科技竞赛，为求比赛时队员的协同能力最强，选拔还需满足以下条件：

(1)壬、乙、丙3人中必须选择2人。

(2)丁、戊、己3人中必须选择1人。

(3)若不选择辛，则选择甲但不选择己。

(4)若选择癸，则选择赵和丙。

根据上述断定，可以得出以下哪项？

A. 选择辛。

B. 选择甲。

C. 不选择癸。

D. 不选择赵。

E. 不选择庚。

24. 所有运动员都渴望获得金牌，但有些运动员并未保持良好的竞技状态，因此，未保持良好竞技状态的运动员未能获得金牌。

以下哪项和题干的推理结构最为相似？

A. 所有的企业家都不惧怕艰难险阻，但是有的企业家并不关注企业的研发进度，因此，不关注企业研发进度的企业家都没有勇气面对艰难险阻。

B. 有些自重的人不尊重他人，不尊重他人的都不被人尊重，因此，有些自重的人不被人尊重。

C. 所有芯片研发工程师都拥有博士学历，所有芯片研发工程师都拥有丰富的工作经验，因此，有的拥有博士学历的人拥有丰富的工作经验。

D. 有的嫌疑人是真正的罪犯，有的嫌疑人有作案动机，因此，真正的罪犯都有作案动机。

E. 所有的金属都能导电，有些有机物也能导电，因此，有的有机物属于金属。

25. 甲、乙、丙、丁、戊和己 6 人共同参与某次研讨会，根据主办方的安排，6 人恰好住在某酒店 6 楼从左到右的 1 号～6 号房间(具体不定)，各不重复。对于他们具体的房间号，有如下几组猜测：

(1)甲 2 号、乙 3 号、丙 1 号、丁 6 号、戊 4 号、己 5 号。

(2)甲 4 号、乙 6 号、丙 1 号、丁 2 号、戊 5 号、己 3 号。

(3)甲 5 号、乙 6 号、丙 3 号、丁 2 号、戊 4 号、己 1 号。

(4)甲 3 号、乙 2 号、丙 6 号、丁 1 号、戊 4 号、己 5 号。

若每组猜测中均有 3 个为真，则以下哪项也一定是真的？

A. 甲住在 3 号房间。　B. 丙住在 2 号房间。　C. 乙住在 4 号房间。

D. 戊住在 6 号房间。　E. 丁住在 1 号房间。

26. 某高校近期新开设了"诗词鉴赏""恋爱心理学""审美修养""哲学与生活"4 门课程。孔智、孟睿、荀慧、庄聪、墨灵、韩敏 6 人从中选择自己喜欢的课程，每人选择 2 门课程，每门课程都有 3 个人选择。已知：

(1)若孔智选择"诗词鉴赏"或者庄聪不选择"哲学与生活"，则荀慧和韩敏选择的课程完全相同。

(2)若孟睿和庄聪中至少有 1 人选择"诗词鉴赏"，则两人选择的课程完全相同。

(3)若荀慧和韩敏中至多有 1 人选择"恋爱心理学"，则孔智和墨灵均选择"诗词鉴赏"。

(4)如果韩敏不选择"审美修养"，那么墨灵和庄聪也不选择"审美修养"。

若荀慧不选择"审美修养"，则可以得出以下哪项？

A. 墨灵选择"恋爱心理学"。

B. 韩敏选择"哲学与生活"。

C. 荀慧选择"诗词鉴赏"。

D. 庄聪选择"审美修养"。

E. 孔智选择"审美修养"。

27～28 题基于以下题干：

某高校成立了一个读书小组，该小组由来自该高校经济学院、物理学院、管理学院、机械学院的甲、乙、丙、丁、戊、己、庚、辛和壬 9 名学生组成。每个学院均有 2～3 人加入该读书小组，每位学生只来自一个学院。此外，还已知：

(1)若壬、丁中至少有 1 人来自管理学院，则戊和庚均来自机械学院。

(2)若甲、乙中至多有 1 人来自经济学院，则己来自机械学院且丁来自管理学院。

(3)若丙、辛中至多有 1 人来自物理学院，则甲来自管理学院且庚来自经济学院。

27. 根据以上条件，以下哪项一定为真？

A. 己来自机械学院。　B. 庚来自管理学院。　C. 乙来自经济学院。

D. 辛来自物理学院。　E. 戊来自管理学院。

28. 若庚来自物理学院，则以下哪项一定为真？

A. 戊来自管理学院。　B. 丁来自经济学院。　C. 乙来自管理学院。

D. 己来自机械学院。　E. 壬来自经济学院。

29～30 题基于以下题干：

甲、乙、丙、丁、戊5人计划出游，现有北方城市(北京、长春、敦煌)、南方城市(上海、三亚、成都、重庆、桂林)共8个可供选择，每人均选择了其中的2个城市，每个城市至少有1人前往。已知：

(1)甲和丁去的城市恰有一个相同，且这个城市不是南方的。

(2)若丙、乙、戊中至多有1人去长春，则甲和戊均去桂林和敦煌。

(3)若甲和丁并未都去长春，则丙去三亚且戊去桂林。

29. 根据上述信息，可以得出以下哪项？

A. 甲去长春。

B. 乙去三亚。

C. 丙去敦煌。

D. 丁去重庆。

E. 戊去桂林。

30. 若补充条件“如果丙、丁中至少有1人去三亚或者上海，那么乙去北京和重庆且甲不去成都”，则可以得出以下哪项？

A. 甲去上海。

B. 乙去长春。

C. 丙去敦煌。

D. 丁去上海。

E. 戊去成都。

专项训练 5 ▸ 推理综合测试

答案详解

答案速查

1~5 BBDEE	6~10 BAEBB	11~15 ABADD
16~20 CBAAB	21~25 DBCAA	26~30 EDAEA

1. B

【第 1 步 识别命题形式】

题干中出现多个假言命题，且这些假言命题中有重复元素，选项均为假言命题，故此题为母题模型 2 假言推假言模型(有重复元素)。

【第 2 步 套用母题方法】

步骤 1：画箭头。

题干：

①提高竞争力→建立机制。

②维持创新能力→增加投入。

③维持创新能力→提高竞争力。

步骤 2：串联。

由③和①串联可得：④维持创新能力→提高竞争力→建立机制。

步骤 3：找答案。

A 项，提高竞争力→维持创新能力，由①、③均可知，此项可真可假。

B 项，维持创新能力→增加投入∧建立机制，由④可得：维持创新能力→建立机制，再联立②可得：维持创新能力→增加投入∧建立机制，故此项必然为真。

C 项，题干不涉及“坚持创新”，故此项可真可假。

D 项，增加投入∧¬ 建立机制→维持创新能力，由④可得：维持创新能力→建立机制，再联立②可得：维持创新能力→增加投入∧建立机制，故此项可真可假。

E 项，建立机制→提高竞争力，由④可知，此项可真可假。

2. B

【第 1 步 识别命题形式】

题干中，“小张一家正月初一步行前往其外公家拜年”为事实，条件(1)、(2)、(3)、(4)和(5)均为假言命题，故此题为母题模型 1 事实假言模型。

【第 2 步 套用母题方法】

从事实出发，由“小张一家正月初一步行前往其外公家拜年”结合条件(3)可得：¬ 开车。

由“¬ 开车”可知，条件(2)的后件为假，则其前件也为假，可得：小张红包∨小张妹妹红包。

由"小张一家正月初一步行前往其外公家拜年"还可知，条件(1)的前件为真，则其后件也为真，可得：看电影。

由"看电影"可知，条件(4)的前件为真，则其后件也为真，可得：¬小张红包。

由"¬小张红包"结合"小张红包∨小张妹妹红包"可得：小张妹妹红包。

由"小张妹妹红包"可知，条件(5)的前件为真，则其后件也为真，可得：舅舅给的∨外婆给的。

综上，B项正确。

3. D

【第1步 识别命题形式】

题干由数量关系组成，故此题为母题模型7 数量关系模型。

【第2步 套用母题方法】

由条件(1)和(2)可得：甲、乙、丙、辛、己、庚6人中至多提拔2人；再结合"8选4"可知，丁、戊均被提拔。

由"丁被提拔"结合条件(3)可知，甲、己均不被提拔。

再结合条件(1)可得：乙、辛中恰好提拔1人。

再结合条件(2)可得：丙、庚中恰好提拔1人。

综上，D项正确。

4. E

【第1步 识别命题形式】

题干中，条件(2)和(3)均为假言命题，选项均为事实，故本题的主要命题形式为母题模型4 假言推事实模型。同时，题干中还涉及数量关系，故此题为假言推事实+数量模型。

【第2步 套用母题方法】

由条件(1)和"共有14位老师获奖"可知，化学学院、物理学院、机械学院、艺术学院共有10位老师获奖。

再结合"每个学院最多有3位老师获奖"可知，化学学院、物理学院、机械学院、艺术学院均有老师获奖；故条件(3)的前件为真，则其后件也为真，可得：艺术学院和数学学院共有2位老师获奖。

由"艺术学院和数学学院共有2位老师获奖"和"每个学院最多有3位老师获奖"可知，条件(2)的前件为真，则其后件也为真，可得：管理学院的老师均未获奖；再结合条件(1)可得：数学学院和经济学院共有4位老师获奖。

再由"每个学院最多有3位老师获奖"可知，数学学院和经济学院均有老师获奖。

再结合"艺术学院有老师获奖""艺术学院和数学学院共有2位老师获奖"可知，艺术学院和数学学院均只有1位老师获奖。

综上，可得下表：

学院	数学学院	化学学院	物理学院	管理学院	经济学院	机械学院	艺术学院
获奖人数	1	3	3	0	3	3	1

故E项正确。

5. E

【第1步 识别命题形式】

题干中，条件(1)、(2)、(3)和(4)均为假言命题，选项均为事实，故本题的主要命题形式为母题模型4 假言推事实模型。同时，题干中还涉及“人”与“城市”的匹配关系，故此题为假言推事实＋匹配模型。

【第2步 套用母题方法】

由条件(1)可得：①甲上海→丙南京；由条件(2)可得：②┐甲上海→丁南京。

根据二难推理公式，由①和②可得：

①：甲上海→丙南京；

②：┐甲上海→丁南京；

因此，丙南京∨丁南京。

由“丙南京∨丁南京”可知，条件(4)的前件为真，则其后件也为真，可得：己重庆∨己西安。

由“己重庆∨己西安”可知，条件(3)的后件为假，则其前件也为假，可得：戊三亚∧丁苏州。

由“丁苏州”可知，条件(2)的后件为假，则其前件也为假，可得：甲上海。

由“甲上海”可知，条件(1)的前件为真，则其后件也为真，可得：乙重庆∧丙南京。

由“乙重庆”结合“己重庆∨己西安”可得：己西安。

综上，庚去北京。故E项正确。

6. B

【第1步 识别命题形式】

题干中，条件(1)、(2)和(3)均为假言命题，选项均为事实，故本题的主要命题形式为母题模型4 假言推事实模型。同时，题干中还涉及“人”与“运动项目”的匹配关系，故此题为假言推事实＋匹配模型。

【第2步 套用母题方法】

由条件(2)、(3)串联可得：丙游泳∨戊游泳→乙骑行∧甲篮球→丁游泳。

故有：丙游泳∨戊游泳→丁游泳，与题干矛盾。因此，┐丙游泳∧┐戊游泳。

由“┐丙游泳”可知，条件(1)的后件为假，则其前件也为假，可得：丁篮球。

由“丁篮球”可知，条件(3)的后件为假，则其前件也为假，可得：甲跳操。

综上可得：乙喜欢游泳。故B项正确。

7. A

【第1步 识别命题形式】

此题要求在方格中填入相应的词，易知此题为母题模型12 数独模型。

【第2步 套用母题方法】

由“每行、每列以及两条对角线均不重复”可知，D2应填入“元宵”。

再由“D2是元宵”结合“对角线不重复、每列不重复”可知，E1填入端午、A5填入中秋。故排除C、D两项。

由“A5填入中秋”结合“每行、每列不重复”可知，C5填入清明。

再根据“每行、每列不重复”可知，C4填入中秋；

根据“每列不重复”可知，②不是清明，也不是中秋。故排除B、E两项。

综上，A项正确。

8. E

【第1步 识别命题形式】

题干中出现多个假言命题，且这些假言命题中存在重复元素，选项均为假言命题，故此题为母题模型2 假言推假言模型(有重复元素)。

【第2步 套用母题方法】

步骤1：画箭头。

题干：

①¬赵嘉是最佳前锋→钱宜是最佳中场。

②¬李玎是最佳后卫→李玎是最佳门将。

③¬钱宜是最佳门将→孙斌是最佳后卫。

步骤2：串联。

由①、③和②串联可得：④¬赵嘉是最佳前锋→钱宜是最佳中场→¬钱宜是最佳门将→孙斌是最佳后卫→¬李玎是最佳后卫→李玎是最佳门将。

逆否可得：⑤¬李玎是最佳门将→李玎是最佳后卫→¬孙斌是最佳后卫→钱宜是最佳门将→¬钱宜是最佳中场→赵嘉是最佳前锋。

步骤3：找答案。

A项，李玎是最佳门将→孙斌是最佳中场，由④可知，此项不符合题干断定。

B项，赵嘉是最佳前锋→孙斌是最佳后卫，由⑤可知，此项不符合题干断定。

C项，孙斌是最佳后卫→¬李玎是最佳门将，由④可知，此项不符合题干断定。

D项，赵嘉是最佳前锋→¬孙斌是最佳后卫，由⑤可知，此项不符合题干断定。

E项，¬李玎是最佳门将→赵嘉是最佳前锋，由⑤可知，此项必然为真。

9. B

【第1步 识别命题形式】

题干中，条件(1)、(2)和(3)均为假言命题，选项均为事实，故本题的主要命题形式为母题模型4 假言推事实模型。同时，题干中还涉及数量关系(“5选3”)，故此题为假言推事实+数量模型。

【第2步 套用母题方法】

由条件(1)可得：¬《开讲啦》∨¬《海峡两岸》。

由条件(2)可得：¬《今日说法》∨¬《舌尖上的中国》。

因此，《开讲啦》《海峡两岸》《今日说法》《舌尖上的中国》这四个节目中至少有两个不选取。

再结合“在五个节目中选取三个”可知，一定选取《动物世界》。

由“一定选取《动物世界》”结合条件(3)可知，不选取《海峡两岸》。

故B项正确。

10. B

【第1步 识别命题形式】

题干已知“4人的判断中仅有1句不符合最终事实”，故此题为母题模型11 经典真假话问题。

【第 2 步　套用母题方法】

注意：题干的已知条件均为数量关系，因此，本题需寻找数量矛盾而非常见的对当关系。

步骤 1：找数量矛盾。

若条件(1)和(3)全部为真，则甲、乙、丙、已、戊、庚、辛、壬 8 人中至多有 3 人参加该比赛，这与“9 位运动员中有 5 人将参加某比赛”矛盾。因此，条件(1)、(3)中至少一假。

步骤 2：推出结论。

根据“仅有 1 句不符合最终事实”可知，条件(2)、(4)均为真。

由条件(4)可得：壬和戊中至少有 1 人参加；再结合条件(2)可得：壬和戊中恰有 1 人参加、甲和丙均不参加。再结合条件(4)可得：丁参加。

故 B 项正确。

11. A

【第 1 步　识别命题形式】

题干由三个性质命题构成的前提和一个性质命题构成的结论组成，提问方式为“以下哪项是小李作出上述判断所需要的前提?”，故此题为母题模型 9　隐含三段论模型。

【第 2 步　套用母题方法】

题干中的前提：

①饮食卫生→健康的身体。

②健康的身体→经常锻炼。

③有的在校大学生→清淡饮食。

由①、②串联可得：④饮食卫生→健康的身体→经常锻炼。

题干中的结论：有的在校大学生→经常锻炼。

要从③、④得到题干结论，只需补充：清淡饮食→饮食卫生，从而可得：有的在校大学生→清淡饮食→饮食卫生→健康的身体→经常锻炼，故有：有的在校大学生→经常锻炼。

故 A 项正确。

12. B

【第 1 步　识别命题形式】

题干将“泰坦尼克号船上的人员”按照“男性与女性”和“遇难与幸存”两个标准进行了两次分类，故此题为母题模型 13　两次分类模型。

【第 2 步　套用母题方法】

题干有以下信息：

①船上男性人员的数量较之于女性更多，即：男性＞女性。

②此次事件中约有 1 500 人遇难，多于幸存人数，即：遇难＞幸存。

根据秒杀口诀“大交大＞小交小”，可得：男性遇难＞女性幸存。故 B 项正确。

13. A

【第 1 步　识别命题形式】

题干中，“小潘获得男子百米自由泳冠军”为事实，条件(1)、(2)和(3)均为假言命题，故此题为母题模型 1　事实假言模型。

【第 2 步 套用母题方法】

从事实出发，由“小潘获得男子百米自由泳冠军”可知，条件(1)的后件为假，则其前件也为假，可得：小孙获得男子四百米自由泳冠军∧小覃获得男子百米蛙泳冠军。

由“小孙获得男子四百米自由泳冠军”可知，条件(3)的前件为真，则其后件也为真，可得：小陈未在此次比赛中夺冠。

由“小覃获得男子百米蛙泳冠军”可知，条件(2)的后件为假，则其前件也为假，可得：小汪获得男子两百米自由泳冠军∨小陈获得男子两百米自由泳冠军；再结合“小陈未在此次比赛中夺冠”可得：小汪获得男子两百米自由泳冠军。

故 A 项正确。

14. D

【第 1 步 识别命题形式】

题干中出现“8 个人”与“8 个座位”的匹配关系，故此题为母题模型 6 匹配模型。

【第 2 步 套用母题方法】

从提问中新补充的信息出发，由“己坐在编号为奇数的座位上”并结合“己的左边至少还坐了 3 个人”和条件(4)可知，己坐在 5 号座位、甲坐在 8 号座位。

由“甲坐在 8 号座位”结合条件(2)可知，辛坐在 1 号座位。

综上并结合条件(1)可知，戊和丙的座位有(戊 3∧丙 6)、(戊 4∧丙 7)两种情况。故，可得下表：

情况	1 号	2 号	3 号	4 号	5 号	6 号	7 号	8 号
情况①	辛		戊		己	丙		甲
情况②	辛			戊	己		丙	甲

若情况①为真，无法满足条件(3)。因此，情况②为真。结合条件(3)可得：丁和庚坐在 2 号、3 号座位(具体不定)、乙坐在 6 号座位。故 D 项正确。

15. D

【第 1 步 识别命题形式】

同上题一致。

【第 2 步 套用母题方法】

由条件(4)“甲坐在己右边的第 3 个座位”结合“己的左边至少还坐了 3 个人”可知，己、甲的座位有如下两种情况：①己 4∧甲 7；②己 5∧甲 8。

综上，再结合“己紧挨在乙左侧”可得下表：

情况	1 号	2 号	3 号	4 号	5 号	6 号	7 号	8 号
情况①					己	乙		甲
情况②				己	乙		甲	

若情况①为真，由上表结合条件(2)可得：辛 1。再结合条件(1)可得：戊 4∧丙 7，故丁、庚坐在 2 号、3 号座位(具体不定)。

若情况②为真，由上表结合条件(1)可得：戊 3∧丙 6。再结合条件(3)可知，丁和庚坐在 1 号和 2 号座位(具体不定)、辛坐在 8 号座位。

综上，可得下表：

情况	1号	2号	3号	4号	5号	6号	7号	8号
情况①	辛	丁、庚		戊	己	乙	丙	甲
情况②	丁、庚		戊	己	乙	丙	甲	辛

故 D 项正确。

16. C

【第 1 步　识别命题形式】

题干中，条件(1)、(2)、(3)和(4)均为假言命题，选项均为事实，故此题为母题模型 4　假言推事实模型。

【第 2 步　套用母题方法】

由条件(1)、(3)和(2)串联可得：唱歌 ∨ 烧烤→网球 ∧ 羽毛球→ ┐ 飞盘→ ┐ 烧烤。

可见，若“烧烤”为真，则推出了“┐ 烧烤”，故“烧烤”为假，即“┐ 烧烤”为真。

由“┐ 烧烤”可知，条件(4)的前件为真，则其后件也为真，可得：羽毛球 ∧ 逛公园。

故 C 项正确。

17. B

【第 1 步　识别命题形式】

题干中出现“3 个人”与“排班时间”的匹配关系，故此题为母题模型 6　匹配模型。

【第 2 步　套用母题方法】

从事实出发，由条件(2)和(3)可得下表：

时间 / 人	1号	2号	3号	4号	5号	6号	7号	8号	9号
甲	×		×	×					
乙	×				√		×		
丙				×				×	

由上表结合条件(1)可知，丙 1 号排班、乙 4 号排班。

由“乙 4 号、5 号均排班”结合“没有人连续 3 天都排班”可知，乙 3 号、6 号均不排班。

综上，结合“没有人连续 3 天都排班”和“3 人连续休息 2 天及以上的次数均不得多于 1 次”可将上表补充如下：

时间 / 人	1号	2号	3号	4号	5号	6号	7号	8号	9号
甲	×		×	×					
乙	×	√	×	√	√	×	×		
丙	√	×	√	×				×	

故 B 项正确。

18. A

【第1步 识别命题形式】

同上题一致。

【第2步 套用母题方法】

引用上题推理结果，可得下表：

人＼时间	1号	2号	3号	4号	5号	6号	7号	8号	9号
甲	×		×	×					
乙	×	√	×	√	√	×	×		
丙	√	×	√	×				×	

由上表结合“每人恰好排班5天”可知，乙8号、9号均排班。

由上表结合“每人恰好排班5天”可知，甲在2号、5号、6号、7号、8号、9号中只有1天不排班，再结合“没有人连续3天都排班”可得：甲7号不排班，2号、5号、6号、8号、9号均排班。

此时，可得下表：

人＼时间	1号	2号	3号	4号	5号	6号	7号	8号	9号
甲	×	√	×	×	√	√	×	√	√
乙	×	√	×	√	√	×	×	√	√
丙	√	×	√	×				×	

由上表结合“恰有1天3人都排班”可知，这一天是5号或者9号。再结合“每人恰好排班5天”和“没有人连续3天都排班”可得：丙5号不排班，6号、7号、9号均排班。

综上，可将上表补充如下：

人＼时间	1号	2号	3号	4号	5号	6号	7号	8号	9号
甲	×	√	×	×	√	√	×	√	√
乙	×	√	×	√	√	×	×	√	√
丙	√	×	√	×	×	√	√	×	√

故此题选A项。

19. A

【第1步 识别命题形式】

题干中，“李坐在第3个座位”为事实，条件(1)、(2)、(3)和(4)均为假言命题，故本题的主要命题形式为母题模型1 事实假言模型。同时，题干中还涉及“人”与“座位”的匹配关系，故此题为事实假言+匹配模型。

【第 2 步　套用母题方法】

从事实出发，由“李坐在第 3 个座位”可知，条件(1)的后件为假，则其前件也为假，可得：周 5。

由“李坐在第 3 个座位”还可知，条件(2)的前件为真，则其后件也为真，可得：赵 2∧¬ 钱 4。

再由“¬ 钱 4∧李 3∧赵 2”可知，条件(4)的前件为真，则其后件也为真，可得：李和吴两人的位置相邻，即：吴 4。

综上，可得下表：

座位	第 1 个	第 2 个	第 3 个	第 4 个	第 5 个	第 6 个	第 7 个
人		赵	李	吴	周		

由“吴 4”可知，条件(3)的前件为真，则其后件也为真，可得：钱和孙两人的位置相邻。

由“钱和孙两人的位置相邻”结合上表可知，钱、孙坐在第 6 个、第 7 个座位(具体不定)。

因此，王坐在第 1 个座位。

故 A 项正确。

20. B

【第 1 步　识别命题形式】

同上题一致。

【第 2 步　套用母题方法】

从事实出发，由“吴坐在第 2 个座位”可知，条件(2)的后件为假，则其前件也为假，可得：王 3∧¬ 李 1。

由“王 3”可知，条件(1)的后件为假，则其前件也为假，可得：周 5。

由“王 3∧吴 2∧¬ 李 1”可知，条件(4)的后件为假，则其前件也为假，可得：钱和李两人的位置相邻。

由“王 3∧吴 2∧周 5”结合“钱和李两人的位置相邻”可知，钱、李坐在第 6 个、第 7 个座位(具体不定)。

综上，可得下表：

座位	第 1 个	第 2 个	第 3 个	第 4 个	第 5 个	第 6 个	第 7 个
人		吴	王		周	钱、李	

由“钱、李坐在第 6 个、第 7 个座位”和“周 5”可知，条件(3)的后件为假，则其前件也为假，可得：¬ 吴 4∧李和孙至多间隔 1 人。

由上表结合“李和孙至多间隔 1 人”可得：孙 4∧李 6∧钱 7∧赵 1。

故 B 项正确。

21. D

【第 1 步　识别命题形式】

题干中出现“7 位医生”与“7 天”的匹配关系，故此题为母题模型 6　匹配模型。

【第 2 步　套用母题方法】

从事实出发，由条件(1)中的“甲在周三值班”结合条件(3)可知，庚在周一值班、乙在周二值班。

再由条件(2)结合条件(1)中的“丙和丁在相邻的两天值班”可知，戊的值班在丙、丁、己之前。综上，戊在周四值班。故D项正确。

22. B

【第1步　识别命题形式】

题干已知“5个猜测中只有2个为真”，故此题为母题模型11　经典真假话问题。

【第2步　套用母题方法】

题干有以下信息：

①丁短跑∨¬丙游泳。

②甲铅球→¬乙短跑，等价于：¬甲铅球∨¬乙短跑。

③丁短跑→乙跳远，等价于：¬丁短跑∨乙跳远。

④¬丙铅球∧¬戊铅球。

⑤丙铅球→¬甲跳高，等价于：¬丙铅球∨¬甲跳高。

步骤1：找矛盾。

题干中无矛盾关系。

步骤2：找下反对关系或推理关系。

①和③为下反对关系，至少1真。结合“只有2个为真”可知，②、④、⑤中至多1真。

④和⑤为推理关系，若④为真，则⑤也为真，与“②、④、⑤中至多1真”矛盾。因此，④为假。

步骤3：推出结论。

由“④为假”可得：丙铅球∨戊铅球。

由“丙铅球∨戊铅球”结合“每人报名的项目各不重复”可得：¬甲铅球。故，②为真。因此，⑤为假。

由“⑤为假”可得：丙铅球∧甲跳高。

由“丙铅球”结合“每人报名的项目各不重复”可得：¬丙游泳。因此，①为真。故，③为假。

由“③为假”可得：丁短跑∧¬乙跳远。

综上，结合“每人报名的项目各不重复”可得：戊跳远、乙游泳。

故B项正确。

23. C

【第1步　识别命题形式】

题干中，条件(3)和(4)均为假言命题，选项均为事实，故本题的主要命题形式为母题模型4　假言推事实模型。同时，题干中还涉及数量关系，故此题为假言推事实+数量模型。

【第2步　套用母题方法】

由条件(3)可得：(5)¬辛→甲，等价于：辛∨甲，即：甲、辛2人中至少选择1人。

再结合条件(1)、条件(2)和“11选5”可知，癸、赵和庚3人中至多选择1人。

若条件(4)的前件为真，则癸和赵均被选择，与“癸、赵和庚3人中至多选择1人”矛盾。故条件(4)的前件为假，即：不选择癸。

因此，C项正确。

24. A

【第 1 步　识别命题形式】

题干可以用箭头表示，提问方式为“以下哪项和题干的推理结构最为相似？”，故此题为母题模型 10　推理结构相似模型。

【第 2 步　套用母题方法】

题干：所有运动员(A)都渴望获得金牌(B)，但有些运动员(A)并未保持良好的竞技状态(¬ C)，因此，未保持良好的竞技状态的运动员(¬ C)未能获得金牌(¬ D)。

将题干符号化：A→B，但有的 A→¬ C，因此，¬ C→¬ D。

A 项，A→B，但有的 A→¬ C，因此，¬ C→¬ D。故此项与题干相同。

B 项，有的 A→B，B→C，因此，有的 A→C。故此项与题干不同。

C 项，A→B，A→C，因此，有的 B→C。故此项与题干不同。

D 项，有的 A→B，有的 A→C，因此，B→C。故此项与题干不同。

E 项，A→B，有的 C→B，因此，有的 C→A。故此项与题干不同。

25. A

【第 1 步　识别命题形式】

题干中，每组猜测都有 6 个断定，且这些断定有真有假，故此题为母题模型 11　一人多判断模型。

【第 2 步　套用母题方法】

由题意可知，“人”与“房间”为一一匹配关系。分析每组猜测的真假极值，可得下表：

猜测	甲	乙	丙	丁	戊	己
猜测(1)	2	3	1	6	4	5
猜测(2)	4	6	1	2	5	3
猜测(3)	5	6	3	2	4	1
猜测(4)	3	2	6	1	4	5
重复元素	无	“6”2 次	“1”2 次	“2”2 次	“4”3 次	“5”2 次
真假极值数	至多 1 真	至多 2 真	至多 2 真	至多 2 真	至多 3 真	至多 2 真

由上表可知，4 组猜测中至多 12 真；结合“每组猜测中均有 3 个为真”(即共有 12 真)可知，只有取最大值时，才能满足题意。故，乙住在 6 号房间、丙住在 1 号房间、丁住在 2 号房间、戊住在 4 号房间、己住在 5 号房间。

再结合“每人的房间各不重复”可知，甲住在 3 号房间。

故 A 项正确。

26. E

【第 1 步　识别命题形式】

题干中，“荀慧不选择审美修养”为事实，条件(1)、(2)、(3)和(4)均为假言命题，故本题的主要命题形式为母题模型 1　事实假言模型。同时，题干中还涉及“人”与“课程”的匹配关系，故此题为事实假言＋匹配模型。

【第2步 套用母题方法】

从事实出发，由“荀慧不选择审美修养”并结合条件(4)可知，若条件(4)的前件为真，则至少有4个人不选择审美修养，此时最多有2个人选择审美修养，与“每门课程都有3个人选择”矛盾。故韩敏选择审美修养。

由“韩审美∧¬荀审美”可知，条件(1)的后件为假，则其前件也为假，可得：¬孔诗词∧庄哲学。

由“¬孔诗词”可知，条件(3)的后件为假，则其前件也为假，可得：荀恋爱∧韩恋爱。

由“每人选择2门课程”可知，韩敏不选择诗词鉴赏；再结合“¬孔诗词”和“每门课程都有3个人选择”可知，条件(2)的前件为真，则其后件也为真，可得：庄聪和孟睿选择的课程完全相同。故，孟睿选择哲学与生活。

综上，可得下表：

课程 人	诗词鉴赏	恋爱心理学	审美修养	哲学与生活
孔智	×			
孟睿				√
荀慧		√	×	
庄聪				√
墨灵				
韩敏	×	√	√	×

根据上表，由“每门课程都有3个人选择”和“庄聪和孟睿选择的课程完全相同”可知，孟睿和庄聪选择诗词鉴赏。继而可将表格补充如下：

课程 人	诗词鉴赏	恋爱心理学	审美修养	哲学与生活
孔智	×		√	
孟睿	√	×	×	√
荀慧		√	×	
庄聪	√	×	×	√
墨灵			√	
韩敏	×	√	√	×

故E项正确。

27. D

【第1步 识别命题形式】

题干中，条件(1)、(2)和(3)均为假言命题，选项均为事实，故本题的主要命题形式为母题模型4 假言推事实模型。同时，题干中还涉及数量关系和匹配关系，故此题为假言推事实+数量+匹配模型。

【第 2 步　套用母题方法】

步骤 1：数量关系优先算。

由“4 个学院共 9 名学生，每个学院均有 2～3 人加入该读书小组”可知，9=2+2+2+3，即：有 3 个学院各有 2 位学生加入该读书小组，有 1 个学院有 3 位学生加入该读书小组。

步骤 2：按“假言推事实模型”的思路解题。

由条件(3)、(2)和(1)串联可得：¬ 丙物理 ∨¬ 辛物理→甲管理 ∧ 庚经济→ ¬ 甲经济 ∨¬ 乙经济→己机械 ∧ 丁管理→戊机械 ∧ 庚机械。

可见，从“¬ 丙物理 ∨¬ 辛物理”出发推出了“庚经济 ∧ 庚机械”，与“每位学生只来自一个学院”矛盾。因此，“¬ 丙物理 ∨¬ 辛物理”为假，即“丙物理 ∧ 辛物理”为真。

故 D 项正确。

28. A

【第 1 步　识别命题形式】

“庚来自物理学院”为事实，其他已知条件同上题一致，故此题为母题模型 1　事实假言+数量+匹配模型。

【第 2 步　套用母题方法】

引用上题推理结果：丙物理 ∧ 辛物理；有 3 个学院各有 2 位学生加入该读书小组，有 1 个学院有 3 位学生加入该读书小组。

从事实出发，由“庚物理”可知，条件(1)的后件为假，则其前件也为假，可得：¬ 壬管理 ∧¬ 丁管理。

由“¬ 丁管理”可知，条件(2)的后件为假，则其前件也为假，可得：甲经济 ∧ 乙经济。

综上，可得下表：

学院	学生
经济学院	甲、乙
物理学院	丙、辛、庚
管理学院	¬ 壬 ∧¬ 丁
机械学院	

由上表，结合“有 3 个学院各有 2 位学生加入该读书小组，有 1 个学院有 3 位学生加入该读书小组”可得：壬和丁来自机械学院、戊和己来自管理学院。

故 A 项正确。

29. E

【第 1 步　识别命题形式】

题干中，条件(2)和(3)均为假言命题，条件(1)和选项均为事实，故本题的主要命题形式为母题模型 4　假言推事实模型。同时，题干中还涉及数量关系和匹配关系，故此题为假言推事实+数量+匹配模型。

【第 2 步　套用母题方法】

步骤 1：数量关系优先算。

由“每人均选择了其中的 2 个城市”可知，5 人选择的城市数量之和为 10。再结合“每个城市至少有1人前往”可知，10=1+1+1+1+1+1+1+3或者10=1+1+1+1+1+1+2+2。

步骤2：按“假言推事实模型”的思路解题。

由条件(1)结合数量关系“10=1+1+1+1+1+1+1+3或者10=1+1+1+1+1+1+2+2”可知，条件(2)的后件为假，则其前件也为假，可得：丙、乙、戊中至少有2人去长春。

由“丙、乙、戊中至少有2人去长春”结合数量关系可知，条件(3)的前件为真，则其后件也为真，可得：丙三亚∧戊桂林。

故E项正确。

30. A

【第1步 识别命题形式】

上题的推理结果“丙三亚∧戊桂林”“丙、乙、戊中至少有2人去长春”可视为事实，新补充的条件为假言命题，其他已知条件同上题一致，故此题为母题模型1 事实假言+数量+匹配模型。

【第2步 套用母题方法】

引用上题推理结果：丙三亚∧戊桂林；丙、乙、戊中至少有2人去长春。

本题新补充条件：(4)丙、丁至少1人去三亚或者上海→乙北京∧乙重庆∧¬甲成都。

从事实出发，由“丙三亚”可知，条件(4)的前件为真，则其后件也为真，可得：乙北京∧乙重庆∧¬甲成都。

由“乙北京∧乙重庆”“每人选择其中的2个城市”“丙、乙、戊中至少有2人去长春”可得：丙长春∧戊长春。

综上，结合“每人均选择了其中的2个城市”、条件(1)以及数量关系，可得下表：

人	城市
甲	上海、敦煌
乙	北京、重庆
丙	长春、三亚
丁	成都、敦煌
戊	长春、桂林

故A项正确。

专项训练6 ▸ 削弱题

共30小题，每小题2分，共60分，建议用时60～75分钟

你的得分是________

说明：本套试题以考查联考论证逻辑“4大核心母题模型”为主(真题中考查频率较高)，其他母题模型根据近5年的考查频次设置了试题，整体难度高于真题。

1. 某中学自2010年起试行学生行为评价体系。最近，校学生处调查了学生对该评价体系的满意程度。数据显示：得分高的学生对该评价体系的满意度都很高。校学生处由此得出结论：表现好的学生对这个评价体系都很满意。

   以下哪项如果为真，最能削弱上述论证？

   A. 得分低的学生对该评价体系普遍不满意。
   B. 得分高的学生未必是表现好的学生。
   C. 并不是所有得分低的学生对该评价体系都不满意。
   D. 得分高的学生受到该评价体系的激励，自觉改进了自己的行为方式。
   E. 对于该评价体系，学生们今年的满意度不如去年的满意度高。

2. 为了解当下大学生对军事的关注程度，某教授列举了20种军事装备，请30位大学生识别。结果显示，多数人只识别出2～6种装备，极少数人识别出15种以上，甚至有人全部都不能识别。其中“海鹞战斗机”的辨识率最高，30人中有19人识别正确；“舰载式战斗机”所有人都未能识别。20种军事装备的整体识别错误率超过75%。该实验者由此得出，当代大学生对军事的关注程度并没有提高，甚至有所下降。

   以下哪项如果为真，最能对该教授的结论构成质疑？

   A. 该教授选取的20种军事装备不具有代表性。
   B. 该教授选取的30位大学生均不是军事院校的学生。
   C. “舰载式战斗机”这种战斗装备有些军事迷也未能识别。
   D. 该教授选取的30位大学生中约有50%对军事不感兴趣。
   E. 该教授选取的30位大学生中有一半以上为独生子女。

3. 近日，有研究团队通过对44个反刍动物物种的基因组测序研究，创建了一个反刍动物的系统进化树，从而解释大量反刍动物的演化史。结果显示，在近10万年前，反刍动物种群发生大幅衰减，而这些种群数减少的时期与人类向非洲之外迁徙的时间相符。有人据此认为，这佐证了早期人类活动造成了反刍动物种群的衰减。

   以下哪项如果为真，最能质疑上述结论？

   A. 反刍动物种群衰减后，植被愈加茂盛，为人类提供了更多食物。
   B. 反刍动物通常有角，在遇到人类攻击时能发挥一定的防御作用。
   C. 同一时期的马、驴等奇蹄目动物的种群也出现大幅衰减的现象。
   D. 同一时期大型猫科动物繁盛，它们大规模捕杀反刍动物。
   E. 对于人类而言，反刍动物比奇蹄目动物更难捕杀。

4. 近年来，立氏化妆品的销量有了明显的增长，同时，该品牌用于广告的费用也有同样明显的增长。业内人士认为，立氏化妆品销量的增长，得益于其广告的促销作用。

以下哪项如果为真，最能削弱上述结论？

A. 立氏化妆品的广告费用，并不多于其他化妆品。

B. 立氏化妆品的购买者中，很少有人注意到该品牌的广告。

C. 注意到立氏化妆品广告的人中，很少有人购买该产品。

D. 消协收到的对立氏化妆品的质量投诉多于其他化妆品。

E. 近年来，化妆品的销售总量有明显增长。

5. 近日，有研究人员开发了一种生发新技术，这种技术通过温和的低频电脉冲来刺激皮肤，诱使休眠的毛囊重新开始生长头发。这种技术的设备靠佩戴者的日常活动供电，因此不需要笨重的电池组成复杂的电子设备，以至于可以放在普通棒球帽的下面。研究人员据此预测，这种新技术将会彻底解决脱发问题。

以下哪项如果为真，最能质疑上述结论？

A. 这种新技术对毛囊已被破坏的病理性脱发效果不明显。

B. 目前这种新技术的设备处于实验室研发阶段，尚未商用。

C. 这种低频电脉冲有助于减少精神压力，改善睡眠质量。

D. 造成脱发的原因是多样的，遗传因素、免疫异常等都易造成脱发。

E. 这种技术的设备优化了组成结构，但还是有一定重量。

6. 近年来，科技的迅猛发展为科幻小说创作提供了启发，也为科幻小说创作提供了丰富的素材。科幻小说的主题是围绕着科技幻想、揭示科技发展带来的社会问题及其给人类带来的启示而展开的。因此科幻小说的蓬勃发展是科技发展的结果。

以下哪项如果为真，最能削弱上述结论？

A. 伴随着西方工业革命产生的科幻小说经历了初创、成熟和鼎盛三个历史时期。

B. 科技发展拓展了科幻小说的想象空间，科幻小说为科技发展提供了人文视角。

C. 科技只是科幻小说中的背景元素，科幻小说本质上还是要讲述一个完整的故事。

D. 通常情况下，科技工作者并不喜欢科幻小说。

E. 科幻小说展现了人类的愿望，最终推动科技发展将那些梦想变为现实。

7. 不用"管住嘴，迈开腿"就能成功瘦身，大概是很多人的梦想。然而一边吃得很饱一边掉体重却成了宇航员们的噩梦，因为这会使宇航员损失骨骼和肌肉，还会影响心血管系统的正常运作。宇航员总是表示已经吃饱了，然而与此同时，他们的体重却减轻了，为什么宇航员摄入的食物不够？一位航空研究所人员提出，这是因为食物在失重环境下不会像在地球上一样老实待在胃里，它们在胃里漂动，撑开胃部，会更快给大脑送去"你已经吃饱了，别再吃了"的信号。

以下哪项如果为真，最能驳斥这个研究员的解释？

A. 宇航员必须坚持每周六天的高强度锻炼，否则低重力环境会让肌肉萎缩，但这也意味着他们会消耗更多的热量。

B. 吃饭习惯于细嚼慢咽的人，通常在摄入过多的食物之前，大脑就会接收到饱胀感，从而降低食欲，避免进食过多。

C. 实验证明，在失重情况下，胃壁本身的张力并不会受到太大影响，胃的内部压力也没有太大变化。

D. 太空食物通常不需要太多咀嚼，研究显示，咀嚼次数越多，口腔活动会刺激体内消化和吸收活动更加活跃，热量消耗也越多。

E. 同样处于太空中失重环境下的实验鼠的体重不但没有下降，反而上升了。

8. 台风破坏力巨大，长期以来人们一直想找到控制台风的方法。在追踪台风的试验中，研究人员用飞机在台风的不同部位播撒碘化银、干冰、尿素等催化剂，结果发现台风眼区扩大了 6～7 倍，眼区周围风速也随之减弱。因此，研究人员认为上述播撒试验能较有效地干扰台风强度，削弱其力量。

以下哪项如果为真，最能削弱上述结论？

A. 播撒试验相当于把台风核心区域的能量分散，从而削减或抑制其发展。

B. 播撒试验会引发台风内部的能量重新分布，可能会改变台风传播的路径。

C. 不少研究者认为，无论是从物理学还是统计学角度分析，播撒试验并不可靠。

D. 进行播撒试验时正好处于台风自身减弱的演变期，因此才获得了成功。

E. 播撒碘化银、干冰、尿素等催化剂，可能会对环境造成污染。

9. 有调查显示，国产品牌奶粉在一线城市的市场占有率仅有 2%，而洋奶粉占 98%。在退守二、三线市场的同时，很多国产奶粉欲海外贴牌自救，即国内企业海外注册品牌，实际将国产奶粉销回国内，给国产奶粉披上洋奶粉的外衣，不少企业认为，海外贴牌有可能为国产奶粉生存提供一线生机。

以下哪项如果为真，最能反驳上述观点？

A. 海外贴牌奶粉走高端路线，会与本土奶粉拉开价格差距。

B. 贴牌“洋奶粉”销回国内后会对本土奶粉品牌造成冲击。

C. 贴牌“洋奶粉”的外衣被揭穿之后会引发更大的信任危机。

D. 国产奶粉海外贴牌之后一线城市市场占有率可达 5%。

E. 海外贴牌之后奶粉制作工艺和质量并未改变。

10. 某市今年进入夏天以来，不少市民发现蚊子越来越多，简直无法控制。之所以出现这种情况，有医学专家认为，由于该市今年气温比去年同期要高，而高温的天气有利于蚊子的生长，这就使得该市今年的蚊子比往年多。

以下哪项如果为真，最能削弱该专家的观点？

A. 该市前年同期气温更高，但是蚊子不多。

B. 也有部分市民觉得今年的蚊子不那么多。

C. 邻近某市今年气温不高，但蚊子也很多。

D. 蚊子的繁殖与蚊子所处环境的卫生有关。

E. 较高的温度可以促进蚊子的新陈代谢，加速幼虫的生长。

11. 中小学生“抬头不看黑板，低头手机平板”的现象屡见不鲜，对学生的学习和成长造成严重影响。因此有专家建议，所有中小学都应当制定校规，禁止中小学生在校园使用智能手机、平板电脑，从而避免这些电子产品影响孩子们在校园中的学习与生活。

以下哪项最能质疑该专家的建议？

A. 许多家长严格限制孩子使用电子产品的时间。

B. 中小学生在校外玩手机平板的现象比校内严重。

C. 学校将加强对中小学生带电子产品进入校园的检查。

D. 一些大学生带智能手机、平板电脑进课堂是为了方便学习，而不是休闲娱乐。

E. 中小学生需要在校内通过平板电脑学习某些课程。

12. 研究人员对 1 728 名抑郁症患者以及 7 199 名非抑郁症患者进行了检查，结果显示，在这些抑郁症患者中，有 65%的人患有复发性抑郁症。研究发现，患有复发性抑郁症的患者大脑中的海马体明显小很多。研究人员据此得出结论，海马体缩小是复发性抑郁症的原因。

以下哪项如果为真，最能削弱上述结论？

A. 血压病史、糖尿病、高脂血症等会引起老年人海马体缩小。

B. 轻度抑郁症患者的海马体未出现缩小的现象。

C. 存在认知障碍的中老年人的海马体也会缩小。

D. 复发性抑郁症患者普遍伴有注意力不集中的现象。

E. 社交越少，患精神类疾病的时间越长，其海马体萎缩越严重。

13. 为了解某地人民对建设创新社会的认识情况，当地知识产权局发放了调查问卷。问卷回收后发现，60%的被调查者对建设创新社会的意义有正确的认识，30%的被调查者能理解国家对创新社会的建设所作的投入。该地知识产权局由此得出结论，目前当地人民对于建设创新社会是能够认识并理解的。

下列哪项如果为真，最能削弱上述结论？

A. 能理解国家对创新社会的建设所作投入的被调查者均对建设创新社会的意义有正确的认识。

B. 正确认识与理解创新社会的建设离积极投入创新社会的建设还有相当的距离。

C. 当地大多数人民并没有从事创造性劳动。

D. 并非全国人民都接受了调查问卷，所以结论的可信度还值得怀疑。

E. 这批问卷的被调查者主要来自该地知识产权局及其相关单位。

14. 3D 立体技术代表了当前电影技术的尖端水准，由于使电影实现了高度可信的空间感，它可能成为未来电影的主流。3D 立体电影中的银幕角色虽然由计算机生成，但是那些包括动作和表情的电脑角色的“表演”，都以真实演员的“表演”为基础，就像数码时代的化妆技术一样。这也引起了某些演员的担心：随着计算机技术的发展，未来计算机生成的图像和动画会替代真人表演。

以下哪项如果为真，最能减弱上述演员的担心？

A. 所有电影的导演只能和真人交流，而不是和电脑交流。

B. 任何电影的拍摄都取决于制片人的选择，演员可以跟上时代的发展。

C. 3D 立体电影目前的高票房只是人们一时图新鲜的结果，未来尚不可知。

D. 掌握 3D 立体技术的动画专业人员不喜欢去电影院看 3D 电影。

E. 电影故事只能用演员的心灵、情感来表现，其表现形式与导演的喜好无关。

15. 气候科学家分析了1960年至2020年的降水和气温数据，设法将中亚地区分为11种气候类型，他们发现，自20世纪80年代末以来，沙漠气候地区不断扩展，如乌兹别克斯坦、中国西北部的准噶尔盆地周围，沙漠气候地区向北扩展了100公里。研究还发现，在过去的35年里整个中亚地区的气温都在上升。因此，科学家表示，气候变化加剧了中亚荒漠化。

以下哪项如果为真，最能削弱上述观点？

A. 北亚地区1990年至2020年期间的年平均气温比1960年至1979年期间至少高出5℃。

B. 位于中亚的中国西北部天山山脉，气温上升的同时伴随着以雨而非雪的形式产生的降水量增加。

C. 要得出沙漠不断扩张的确切结论，研究人员应该着眼于沙尘暴和热浪等指标，而不是仅仅依赖气候分类。

D. 中亚地区在1960年至2020年不合理的采矿、过度放牧和过度农垦等不合理的农业活动加剧了土地荒漠化。

E. 自然过程和人类活动的相互作用是气候变化的主要原因。

16. 某婚恋交友网站近日发布了关于国民婚姻情感指数的白皮书，全面分析了不同地区、不同阶段、不同人群的婚姻特点。调查显示，大学本科学历人群的情感得分指数是80.29，硕士及以上学历人群的情感得分指数是83.74，均高于国民情感指数平均分。因此，学历越高，婚后生活越幸福。

以下哪项如果为真，最能削弱上述结论？

A. 年龄越小的婚姻人群，对婚姻有更多的憧憬和期待。

B. 学历越高的人群，本身对婚姻关系的认知越清晰和理性，提升婚姻幸福度的方式也更多样。

C. 学历高的人群，相应收入也越高。

D. 丰裕的物质条件使得人们可以安心追求学历，同时也使得婚后生活更幸福和谐。

E. 高校教师的婚后生活幸福度普遍高于中小学教师。

17. 北方气候总体偏干旱，降水量相对较少，地表水的储存自然比南方要少。在北方，人们生活用水大多是抽取地下水，水质相对较“硬”。因此，某商家宣传其反渗透净水器时，宣称国内北方自来水水质偏硬，饮用硬度高的水会对人体健康造成危害，使用其产品软化水质后将促进健康。

以下哪项最不能质疑上述商家的说法？

A. 饮用水的硬度不足以对人体健康产生不良影响。

B. 硬水质的饮用水富含人体所需矿物质成分，是人们补充钙、镁等成分的一种重要渠道。

C. 长期饮用软水，人体从其他渠道摄入的重金属粒子无法有效中和，容易在人体蓄积。

D. 有的保健专家认为，要想促进身体健康，人们应该多喝苏打水。

E. 软水没有钙、镁离子，取而代之的就是大量的钠离子，钠离子含量过高会威胁人体健康。

18. 某研究将行走模式分为两类：一类是零星地短时间行走，另一类是不间断地行走10分钟以上。该研究追踪了某国16 732名66岁至78岁的女性，4年随访期间有804名女性去世。结果发现，不管是零星散步还是较长时间的不间断行走，步数更多的人寿命更长；在约4 500

步之后，这种效应趋于稳定。研究者提出，只要开始走路，就能降低老年女性的死亡风险。

以下哪项如果为真，不能质疑上述研究者的结论？

A. 中青年女性的生活方式和老年女性有很大不同，每天行走步数与死亡率没有显著关联。

B. 正确的走路方式，才能使身体变得健壮，不当的走路方式和姿势，会危害身体健康。

C. 在这个年龄段，每天能够自主行走达到一定步数，通常意味着有更好的整体健康状况。

D. 能够坚持走路的人，或者有更多的生活内容，或者有更好的健康意识，这两者均有益健康。

E. 该研究又追踪了该国 78 岁以上的 5 000 名女性，同样的 4 年随访结果却发现步数更多的人寿命反而更短。

19. 近几年，移民政策的放宽改善了 H 国的人口结构，使得劳动力人口的比例大大增加，弥补了由于生育率低下和人口老龄化所带来的劳动力缺口。但是，一些反对者认为，新移民的到来将会对 H 国社会造成严重的财政赤字以及经济负担，同时也会剥夺 H 国本土居民的就业机会。

以下哪项如果为真，最能削弱反对者的观点？

A. 提升移民门槛后，H 国的人移民至其他国家也不像原来一样简单。

B. 大量的移民涌入，对 H 国公共安全造成威胁。

C. H 国实行免费医疗和政府承担养老保险费用的政策，新移民同样享有这些服务。

D. 部分国家通过引进移民改善了人口结构，而劳动力的增加又带来了经济的快速发展。

E. H 国的福利制度决定了人们宁愿失业也不愿从事季节性的工作，而大量的移民主要从事季节性工作。

20. 有研究人员认为，一万年前，猛犸象的灭绝与染色体异常和癌症有关。他们发现猛犸象颈椎上有一块平坦的圆形区域，这意味着其颈骨处曾连着一块小肋骨，这种罕见的异常情况表明猛犸象有其他骨骼问题。如果人出现颈肋骨畸形的情况，90%的发病者活不到成年——死因并不是颈肋骨本身，而是由此导致的其他骨骼问题，而这种情况通常和染色体异常及癌症有关。

以下哪项如果为真，最能质疑上述结论？

A. 种群数量减少导致了猛犸象染色体异常和癌症多发。

B. 仅在部分地区的猛犸象化石中发现颈肋骨畸形现象。

C. 染色体异常使猛犸象无法抵御来自寄生虫的攻击。

D. 从很早的时候开始，癌症就是哺乳动物的多发疾病。

E. 相比于其他史前巨型动物，猛犸象并不是染色体异常及癌症的高发物种。

21. 研究者招募了一批学生并分成三组，要求每人完成智力测试，但在测试前有 10 分钟的准备时间；这期间，第一组听了莫扎特的乐曲，第二组听了普通流行音乐，第三组没有听任何音乐。之后让受试者答题，结果显示：第一组受试者得分明显比后两组要高。因此，研究者认为：听莫扎特的音乐可以有效提高人们在智力测试中的得分。

以下哪项如果为真，最能反驳上述结论？

A. 第一组受试者都很喜欢莫扎特的音乐。

B. 第一组受试者在尖子班中选取，后两组在普通班中选取。
C. 后两组受试者在进行智力测试时较为紧张、焦虑。
D. 智力测试的题目只有图形推理题，不能全面反映受试者的智力情况。
E. 所有的受试者在测试之前都从未接触过类似的智力测试试题。

22. 世界各地的大学都面临着同样的趋势：图书馆纸质书籍使用量急剧下降。在耶鲁大学的一座图书馆，大学生的图书借阅量在过去十年中下降了 64%。有人据此得出结论，与过去的大学生相比，现在的大学生普遍不爱阅读了。
以下哪项如果为真，最能削弱上述论证？
A. 有些大学生依然保持对阅读的热情，他们享受阅读所带来的乐趣。
B. 大学生更多选择便捷的电子文献而不是纸质书。
C. 据统计，在很多大学，教师的图书借阅量下降了近 50%。
D. 学生更多地从以书籍阅读为中心的领域流向注重实验研究的领域。
E. 一些图书馆改变了室内空间设计风格。

23. 中国传统的实用理性，直到现在仍没有发生根本性的改变，它在现代中国人精神领域中的一个突出表现就是：人们习惯于把“科学”和“技术”合在一起使用，谓之为“科技”。这样一来，“科技”的探究精神往往被剥离了，而“科技”就只剩下实用主义的“技术”了。
以下哪项如果为真，最能削弱上述结论？
A. 科技内在地包含“科学”和“技术”两个方面，无法剥离。
B. “科学”和“技术”合用不等于剥离探究精神。
C. 科学并不能等同于探究精神。
D. “科学”和“技术”的区别在于，科学解决理论问题，技术解决实际问题。
E. 科技要服务于社会，追求实用性并没有错。

24. 人参的生长与地理环境关系密切。一种观点认为，人参在针叶林里分布很少，而在阔叶林里分布更多、长得更好，这是因为针叶林的土壤成分相对单一，且能够透下更多光线，这对于属于半阴性植物的人参生长不利，而阔叶林的遮阳效果更好，并且，阔叶林地表的厚厚落叶，可以在冬季为人参提供保暖，有利于其存活。
以下哪项如果为真，最能削弱上述观点？
A. 人参在蒙古栎下长不好，是因为蒙古栎的落叶太厚，参苗长不出来。
B. 茫茫山区，不同类型的林地，多多少少存在不利于人参生长的因素。
C. 山坡的坡度太平，容易积水，导致人参烂根；坡度太陡，则人参吸收不到足够水分。
D. 人参在糠椴、紫椴树下生长较好，这两种树的叶子密，遮阴挡雨，风一吹动，又洒光。
E. 适合人参生长的土壤含水量一般保持在 40%～50%。

25. 宫观位于高山之巅，层峦拥翠，巉岩宿云，登临其上，顿感天近云低，有如离尘绝世。宫后有亭，登亭纵目，眼底群峦，尽伏槛下，清江如带，横呈天际，平畴庐舍，宛若图画。想到所见道观所在无不是名山大川，游览者小陈推测，古代道观的选址一定都在风景绝美之处。
下列哪项如果为真，最能质疑小陈的推测？
A. 不仅是道教建筑处于名山大川，其他宗教建筑大多也风景如画。

B. 由于长期以来环保意识薄弱，许多道观周边风景遭到了很大的破坏。

C. 周边景色一般的道观，往往地处城镇，历经战乱和改建，基本绝迹了。

D. “小隐隐于野，中隐隐于市，大隐隐于朝”，真正的道德之士追求的是精神的净土和心灵的宁静。

E. 古代寺庙的选址往往依据风水理论决定。

26. 某消费导向杂志在读者中做了一项调查，以预测明年的消费趋势。在被调查者中，有57%的人在明年有奢侈品项目消费的计划。该杂志由此推测：明年消费者的消费能力会很强。

以下哪项如果为真，最能削弱该杂志的推测？

A. 该刊物的读者要比一般消费者富有。

B. 并非所有该刊物的读者都对调查作了回答。

C. 大多没有奢侈品项目消费计划的人都打算存钱买房。

D. 计划购买的奢侈品大多是进口的，并不能刺激国内市场。

E. 去年有奢侈品项目消费计划的人今年的消费能力普遍较弱。

27. 我国有关法律规定，大中型危险化学品生产企业与居民建筑物应至少保持1 000米的安全红线，然而，随着城市的快速发展，很多原先地处偏远的危化品生产企业逐渐被居民区包围，一旦发生事故，会对周边居民的生命财产造成不可估量的损失。为防范危化品生产企业带给附近居民的风险，有专家建议在城市郊区设立化工园区，集中安置原本分散在城市各地的危化品生产企业，并严格遵守1 000米安全红线规定。

以下哪项如果为真，最能质疑上述专家的建议？

A. 危化品在销售废弃等环节无法远离居民区，这些环节也有可能发生事故。

B. 新建化工园区设备先进、管理严格，入驻企业的前期运营成本将大幅提高。

C. 化工企业集中安置容易引发连锁事故，可能威胁到数千米之外的居民安全。

D. 许多危化品生产企业考虑到运输和销售的便利性，并不愿意搬迁到郊区。

E. 集中安置原本分散在城市各地的危化品生产企业会花费大量的安置资金。

28. 今年夏天，街边冷饮摊上的冰激凌普遍涨价，多款畅销产品的价格都有不同程度的上涨。有人认为，这是因为冰激凌中的中高端品种越来越多，使消费者对价格较高的冰激凌有更高的接受度。

以下哪项最能削弱上述结论？

A. 中高端品种冰激凌刺激了其他品种冰激凌的市场价格上涨。

B. 低价冰激凌的品种同样越来越多，并且味道也很受欢迎。

C. 某家大型超市的冰激凌平均价格未出现明显上涨。

D. 厂家和经销商的经营成本、用工成本不断上涨。

E. 调查显示，广州、上海、北京等大城市购买冰激凌的人群更为集中。

29. 数字干预疗法需要患者登录一个软件或网站，进行阅读、观看。研究人员对83项测试数字干预疗法治疗抑郁症的研究进行分析，共涉及1.5万名参与者。研究人员发现，数字干预疗法减轻了患者的抑郁症状。因此，研究人员认为日常浏览电脑和智能手机等智能产品可以减轻抑郁症状。

以下哪项如果为真，最能削弱上述观点？

A. 1.5 万名参加随机实验的人员中有 80%是成年人，69.5%是女性。

B. 数字干预疗法为日益增多的抑郁症患者提供了替代方案。

C. 目前尚不清楚数字干预疗法是否与面对面的心理疗法一样有效果。

D. 日常浏览智能产品主要是为了工作和休闲，无法进行专业的心理干预。

E. 日常浏览电脑和智能手机对于一些没有智能设备的老年人来说是一件难事。

30. 随着智能手机的普及，手机银行和电子支付正在改变人们的日常生活。只需几次点击，人们就可以完成转账、查询和投资等各种金融操作，非常方便快捷。然而，电子支付的普及似乎也挤压了实体银行的生存空间。有专家指出，这种趋势将会导致金融欺诈更加泛滥。

以下哪项如果为真，最能质疑上述专家的观点？

A. 电子支付和手机银行的出现，使得人们可以更加方便地管理自己的财务。

B. 任何机构的管理制度总是落后于机构的发展，银行也不例外，但这并不意味着他们无法优化自己的管理制度。

C. 由于老年人普遍不会使用智能手机，实体银行仍然是他们进行金融活动的主要场所，而实体银行的监管机制能够有效防止金融欺诈。

D. 实体银行的生存空间被挤压意味着银行很难快速准确地识别金融数据，最终导致它们对金融安全问题有心无力。

E. 电子支付的普及可以使数据更加透明和易于追踪，从而有效预防金融欺诈。

专项训练 6 ▸ 削弱题

答案详解

答案速查

1～5　BADCA	6～10　ECDCA	11～15　EEEED
16～20　DDAEA	21～25　BBBAC	26～30　ACDDE

1. B

【第 1 步　识别命题形式】

提问方式：以下哪项如果为真，最能削弱上述论证？

题干：得分高的学生(S1)对该评价体系的满意度都很高(P)，因此，表现好的学生(S2)对这个评价体系都很满意(P)。

论据与论点中的论证对象 S1 与 S2 不一致，故此题为母题模型 15　拆桥搭桥模型(双 S 型)。

【第 2 步　套用母题方法】

A 项，题干的论证对象是“得分高的学生”，而此项的论证对象是“得分低的学生”，偷换了题干的论证对象，不能削弱题干。(干扰项·对象不一致)

B 项，此项说明“得分高的学生”与“表现好的学生”不一致，拆桥法(双 S 拆桥)，削弱题干。

C 项，此项等价于：“有的得分低的学生对该评价体系满意”，偷换了题干的论证对象，不能削弱题干。(干扰项·对象不一致)

D 项，题干涉及的是对该评价体系的“满意度”，而此项涉及的是该评价体系的“作用”，话题与题干不一致，无关选项。(干扰项·话题不一致)

E 项，题干不涉及今年与去年满意度的比较，无关选项。(干扰项·新比较)

2. A

【第 1 步　识别命题形式】

提问方式：以下哪项如果为真，最能对该教授的结论构成质疑？

题干：某教授请 30 位大学生(S1)识别 20 种军事装备(P1)，20 种军事装备的整体识别错误率超过 75%。因此，当代大学生(S2)对军事(P2)的关注程度并没有提高，甚至有所下降。

题干中，S1 是 S2 的子集，P1 是 P2 的子集，故此题为母题模型 15　拆桥搭桥模型(归纳论证)。

【第 2 步　套用母题方法】

A 项，此项指出样本没有代表性，削弱教授的结论。

B 项，此项指出选取的大学生“不是军事院校”的，有助于说明他们的情况可以代表普通大学生的情况，支持教授的结论。

C 项，此项的论证对象为“有些军事迷”，而题干的论证对象是“大学生”，无关选项。(干扰项·对象不一致)

D项，此项说明选择样本时既选取了对军事感兴趣的，也选取了对军事不感兴趣的，证明了样本选取的多样性，支持教授的结论。

E项，题干不涉及大学生的家庭情况，无关选项。(干扰项•话题不一致)

3. D

【第1步 识别命题形式】

提问方式：以下哪项如果为真，最能质疑上述结论？

题干：在近10万年前，反刍动物种群发生大幅衰减，而这些种群数减少的时期与人类向非洲之外迁徙的时间相符(共变现象)。有人据此认为，这佐证了早期人类活动(原因Y)造成了反刍动物种群的衰减(结果G)。

此题提问针对论点，故此题为母题模型15 拆桥搭桥模型(SP型)。另外，题干存在对原因的分析，故此题也为母题模型16 现象原因模型(共变法型)。

【第2步 套用母题方法】

A项，题干分析的是"衰减的原因"，与"衰减后的影响"无关，无关选项。(干扰项•话题不一致)

B项，此项说明反刍动物有一定防御人类攻击的手段，但人类活动未必就是攻击它们，故不能削弱题干。

C项，此项的论证对象是"马、驴等奇蹄目动物"，而题干的论证对象是"反刍动物"。(干扰项•对象不一致)

D项，此项说明可能是同一时期"大型猫科动物的大规模捕杀"导致了反刍动物种群的衰减，另有他因，削弱题干。

E项，题干不涉及反刍动物与奇蹄目动物关于捕杀难度的比较。(干扰项•新比较)

4. C

【第1步 识别命题形式】

提问方式：以下哪项如果为真，最能削弱上述结论？

题干：

立氏化妆品的销量有了明显的增长；
广告的费用也有同样明显的增长；
———————————————
故：广告的促销作用导致了立氏化妆品销量的增长。

题干论据中的两个现象同时出现，论点指出这两个现象之间有因果关系，故此题为母题模型16 现象原因模型(共变法型)。

【第2步 套用母题方法】

A项，题干不涉及立氏化妆品与其他化妆品关于广告费用的比较。(干扰项•新比较)

B项，此项指出立氏化妆品的购买者中(有果)，很少有人注意到该品牌的广告(无因)，可以削弱题干。

C项，此项指出看到了广告(有因)，但很少有人购买立氏化妆品(无果)，说明广告无效，削弱力度大。比较B项和C项的力度：B项指出有人没看广告，既然连广告都没看，就不能直接说明广告的作用；C项指出看了广告也不买，直接说明广告无效。故C项的削弱力度更大。

D项，题干不涉及立氏化妆品与其他化妆品关于质量投诉的比较，无关选项。(干扰项•新比较)

E项，此项指出化妆品的销售总量有明显增长，但由此无法确定“立氏化妆品”销量增长的原因是“化妆品总销量的增长”还是“广告的促销作用”。(干扰项·不确定项)

5. A

【第1步　识别命题形式】

提问方式：以下哪项如果为真，最能质疑上述结论？

题干：这种新技术(措施M)将会彻底解决脱发问题(目的P)。

锁定关键词“解决”，故此题为母题模型18　措施目的模型；另外，锁定关键词“将会”，可知此题也为母题模型17　预测结果模型。

【第2步　套用母题方法】

A项，此项说明这种新技术无法解决有的脱发问题，即：无法彻底解决脱发问题，措施达不到目的(MP拆桥)，削弱题干。

B项，“目前”无法商用不能说明“未来”也是如此，故此项不能削弱题干。(干扰项·时间不一致)

C项，此项说明这种低频电脉冲能改善睡眠质量，但并未说明其能否彻底解决“脱发问题”，无关选项。

D项，题干并未分析造成脱发的原因，无关选项。(干扰项·话题不一致)

E项，此项指出这种技术的设备有一定的重量，但这与其能否彻底解决脱发问题没有关系，无关选项。

6. E

【第1步　识别命题形式】

提问方式：以下哪项如果为真，最能削弱上述结论？

题干：科幻小说的蓬勃发展(现象G)是科技发展(原因Y)的结果。

锁定关键词“是……的结果”，可知此题为母题模型16　现象原因模型。

【第2步　套用母题方法】

A项，此项阐述的是科幻小说的发展周期，而题干分析的是科幻小说蓬勃发展的原因，无关选项。(干扰项·话题不一致)

B项，此项说明科技的发展促进了科幻小说的发展，因果相关(YG搭桥)，支持题干。

C项，此项说明科技是科幻小说的背景，但由此无法确定其是否能促进科幻小说的发展。(干扰项·不确定项)

D项，题干不涉及科技工作者是否喜欢科幻小说，无关选项。(干扰项·话题不一致)

E项，此项指出是“科幻小说”推动了“科技发展”，因果倒置，削弱题干。

7. C

【第1步　识别命题形式】

提问方式：以下哪项如果为真，最能驳斥这个研究员的解释？

研究员的解释：宇航员总是表示已经吃饱了，然而与此同时，他们的体重却减轻了(现象G)。这是因为食物在失重环境下不会像在地球上一样老实待在胃里，它们在胃里漂动，撑开胃部，会更快给大脑送去“你已经吃饱了，别再吃了”的信号(原因Y)。

锁定关键词“这是因为”，可知此题为母题模型16　现象原因模型。

【第 2 步　套用母题方法】

A 项，此项指出可能是每周六天的高强度锻炼让宇航员消耗了更多的热量，从而导致体重减轻了，另有他因，削弱研究员的解释。

B 项，此项指出“细嚼慢咽”可以降低食欲，避免进食过多，但不确定宇航员是否存在“细嚼慢咽”这一情况，故不能削弱研究员的解释。(干扰项 • 不确定项)

C 项，此项指出“失重状态下胃壁本身的张力并没有受到影响”，说明胃部并没有被“撑开”，直接反驳了题干的原因，否因削弱。与 A 项相比，此项的削弱力度更大。

D 项，题干不涉及“咀嚼次数”和“热量消耗”之间的关系，无关选项。(干扰项 • 话题不一致)

E 项，此项的论证对象是“实验鼠”，而题干的论证对象是“宇航员”。(干扰项 • 对象不一致)

8. D

【第 1 步　识别命题形式】

提问方式：以下哪项如果为真，最能削弱上述结论？

题干：播撒试验(措施 M)能较有效地干扰台风强度，削弱其力量(目的 P)。

锁定关键词“能”，可知此题为母题模型 18　措施目的模型。

【第 2 步　套用母题方法】

A 项，此项说明播撒实验确实能分散台风的能量、削弱台风的发展，即措施可达目的(MP 搭桥)，支持题干。

B 项，改变台风的传播路径未必会影响台风的强度，故此项不能削弱题干。(干扰项 • 不确定项)

C 项，“研究者的观点”是主观的，未必是事实，故不能削弱题干。(干扰项 • 非事实项)

D 项，此项指出是台风本身处于减弱的演变期才使得台风的强度、力量减弱，即：不是播撒实验有效，另有他因，削弱题干。

E 项，此项指出播撒试验可能会对环境造成污染，即措施可能有副作用，削弱力度较小。

9. C

【第 1 步　识别命题形式】

提问方式：以下哪项如果为真，最能反驳上述观点？

题干：国产品牌奶粉在一线城市的市场占有率仅有 2%，而洋奶粉占 98%。不少企业认为，海外贴牌(措施 M)有可能为国产奶粉生存提供一线生机(目的 P)。

题干涉及措施目的的分析，故此题为母题模型 18　措施目的模型。

【第 2 步　套用母题方法】

A 项，此项指出海外贴牌奶粉会与本土奶粉拉开价格差距，但不确定价格对奶粉的销量有何影响，故不能削弱题干。(干扰项 • 不确定项)

B 项，此项指出贴牌之后的国产奶粉能冲击本土奶粉，即贴牌确实能帮助国产奶粉抢占市场，支持题干。

C 项，此项指出贴牌“洋奶粉”可能会引发国产奶粉更大的信任危机，从而影响国产奶粉的发展，措施弊大于利，削弱题干。

D 项，此项说明海外贴牌能提高国产奶粉的市场占有率，支持题干。

E 项，此项指出贴牌洋奶粉在贴牌前后工艺和质量没有改变，而“工艺和质量没有改变”是否会对贴牌的效果产生影响并不明确，故不能削弱题干。(干扰项 • 不确定项)

10. A

【第 1 步　识别命题形式】

提问方式：以下哪项如果为真，最能削弱该专家的观点？

专家的观点：由于该市今年气温比去年同期要高(原因 Y)，而高温的天气有利于蚊子的生长，这就使得该市今年的蚊子比往年多(结果 G)。

题干涉及对现象原因的分析，故此题为母题模型 16　现象原因模型。

【第 2 步　套用母题方法】

A 项，此项指出该市前年同期气温更高(有因)，但是蚊子不多(无果)，有因无果，削弱专家的观点。

B 项，“觉得”是一种主观观点，不代表是事实，故排除。(干扰项・非事实项)

C 项，邻近某市今年气温不高(无因)，但蚊子也很多(有果)，无因有果，削弱专家的观点。但此项的论证对象与题干不一致，故削弱力度小于 A 项。

D 项，此项指出蚊子的繁殖与其所处环境的卫生有关，但是该市的卫生状况并不明确，故排除。(干扰项・不确定项)

E 项，此项说明高温确实有助于蚊子数量的增长，因果相关(YG 搭桥)，支持专家的观点。

11. E

【第 1 步　识别命题形式】

提问方式：以下哪项最能质疑该专家的建议？

专家的建议：所有中小学都应当制定校规，禁止中小学生在校园使用智能手机、平板电脑(措施 M)，从而避免这些电子产品影响孩子们在校园中的学习与生活(目的 P)。

锁定关键词“建议”，可知此题为母题模型 18　措施目的模型。

【第 2 步　套用母题方法】

A 项，此项中家长的做法与题干中的措施能否达到目的无关，无关选项。

B 项，此项涉及的是“校外”的情况，而题干涉及的是“校内”的情况，无关选项。

C 项，此项指出学校“将加强带电子产品进入校园的检查”，但不确定这样做能否达到题干中的目的。(干扰项・不确定项)

D 项，此项的论证对象是“一些大学生”，而题干的论证对象是“中小学生”，无关选项。(干扰项・对象不一致)

E 项，此项指出中小学生需要用平板电脑在校内学习，因此不应禁止其在校园使用平板电脑，削弱专家的建议。

12. E

【第 1 步　识别命题形式】

提问方式：以下哪项如果为真，最能削弱上述结论？

题干：海马体缩小(原因 Y)是复发性抑郁症(结果 G)的原因。

锁定关键词“原因”，可知此题为母题模型 16　现象原因模型。

【第 2 步　套用母题方法】

A 项，此项分析的是老年人海马体缩小的原因，而题干讨论的是复发性抑郁症的原因。(干扰项・话题不一致)

B 项，此项的论证对象是“轻度抑郁症患者”，而题干的论证对象是“复发性抑郁症患者”。（干扰项 • 对象不一致）

C 项，此项说明认知障碍会使得海马体缩小，但并不涉及复发性抑郁症的病因分析，无关选项。

D 项，题干不涉及复发性抑郁症患者的其他症状，无关选项。

E 项，此项指出患精神类疾病的时间越长，其海马体萎缩越严重，说明精神类疾病(复发性抑郁症)是海马体缩小的原因，因果倒置，削弱题干。

13. E

【第 1 步　识别命题形式】

提问方式：下列哪项如果为真，最能削弱上述结论？

题干：60%的被调查者对建设创新社会的意义有正确的认识，30%的被调查者能理解国家对创新社会的建设所作的投入。该地知识产权局由此得出结论，目前当地人民对于建设创新社会是能够认识并理解的。

题干论据中的论证对象为“被调查者”，论点中的论证对象为“当地人民”，前者是后者的子集，故此题为母题模型 15　拆桥搭桥模型(归纳论证)。

【第 2 步　套用母题方法】

A 项，题干不涉及能理解国家对创新社会的建设所作投入的被调查者是否均对建设创新社会的意义有正确的认识，无关选项。

B 项，题干不涉及对创新社会建设的“正确认识与理解”与“积极投入”之间的关系，无关选项。

C 项，题干不涉及当地人是否从事创造性劳动，无关选项。

D 项，此项指出“并非全国人民都接受了问卷调查”，而题干仅涉及“当地”的情况，故不能削弱题干。

E 项，此项指出这批问卷的被调查者“主要来自该地知识产权局及其相关单位”，样本没有代表性，削弱题干。

14. E

【第 1 步　识别命题形式】

提问方式：以下哪项如果为真，最能减弱上述演员的担心？

演员的担心：随着计算机技术的发展，未来计算机生成的图像和动画会替代真人表演(G)。

锁定关键词“未来”，可知此题为母题模型 17　预测结果模型。

【第 2 步　套用母题方法】

A 项，此项指出导演只能和“真人”交流，不代表导演只能和“演员”交流(干扰项 • 论证对象不一致)，比如，导演可以和电脑动画制作者交流，再由电脑动画制作者完成电影，可以削弱题干，但削弱力度较小。

B 项，此项说明拍摄都取决于制片人的选择，但是不确定制片人未来的选择中是否包含演员。(干扰项 • 不确定项)

C 项，“未来尚不可知”，说明结果不确定。(干扰项 • 不确定项)

D 项，某些人不喜欢看 3D 电影，不能说明电影行业的整体趋势。(干扰项 • 有的/有的不)

E 项，如果电影故事只能用演员的心灵、情感来表现，则由于计算机生成的图像和动画并没有心灵、情感等，所以未来不太可能会替代作为真人的演员来进行表演，故此项最能削弱演员的担心。

15. D

【第 1 步 识别命题形式】

提问方式：以下哪项如果为真，最能削弱上述观点？

题干的观点：科学家表示，气候变化(原因 Y)加剧了中亚荒漠化(结果 G)。

题干论据中的两种现象同时出现：①沙漠气候地区不断扩展；②气温上升。符合共变法模型的特点，故此题为母题模型 16 现象原因模型(共变法型)。

【第 2 步 套用母题方法】

A 项，题干的论证对象是“中亚地区”，而此项的论证对象是“北亚地区”，无关选项。(干扰项·对象不一致)

B 项，题干涉及的是“中亚”地区，而此项涉及的是“我国天山山脉”，对象不一致，故排除。

C 项，“应该如何得出确切结论”是建议而非事实，故排除。(干扰项·非事实项)

D 项，此项说明可能是不合理的采矿和不合理的农业活动加剧了土地荒漠化，另有他因，削弱题干。

E 项，此项分析的是气候变化的原因，而题干讨论的是荒漠化的原因，无关选项。(干扰项·话题不一致)

16. D

【第 1 步 识别命题形式】

提问方式：以下哪项如果为真，最能削弱上述结论？

题干的结论：学历越高(Y)，婚后生活越幸福(G)。

锁定关键词“越……越……”，可知此题为母题模型 16 现象原因模型(共变法型)。

【第 2 步 套用母题方法】

A 项，此项讨论的是年龄与婚姻的关系，而题干讨论的是学历与婚姻的关系。(干扰项·话题不一致)

B 项，此项说明学历有助于提升婚姻幸福度，因果相关(YG 搭桥)，支持题干。

C 项，此项讨论的是学历与收入之间的关系，而题干讨论的是学历与婚后生活幸福度之间的关系。(干扰项·话题不一致)

D 项，此项指出人们的高学历和幸福的婚后生活都是由丰裕的物质条件导致的，另有其他共同因素(共因削弱)，故此项削弱题干。

E 项，题干不涉及“高校教师”与“中小学教师”在婚后生活幸福度上的比较。(干扰项·新比较)

17. D

【第 1 步 识别命题形式】

提问方式：以下哪项最不能质疑上述商家的说法？

题干：某商家宣传其反渗透净水器时，宣称国内北方自来水水质偏硬，饮用硬度高的水(原因 Y)会对人体健康造成危害(结果 G)，使用其产品软化水质(措施 M)后将促进健康(目的 P)。

锁定关键词“造成”，可知此题为母题模型 16 现象原因模型；另外，锁定关键词“促进”，可知此题也为母题模型 18 措施目的模型。

【第 2 步　套用母题方法】

A 项，此项指出饮用硬度高的水不会影响人体健康，因果无关(YG 拆桥)，削弱题干。

B 项，此项说明饮用“硬水”能为人们补充矿物质元素，即对人体有益(YG 拆桥)，削弱题干。

C、E 两项，都说明长期饮用软水反而对人体健康有害，措施达不到目的(MP 拆桥)，削弱题干。

D 项，保健专家的观点是主观的，未必是事实，不能削弱题干。(干扰项 • 非事实项)

18. A

【第 1 步　识别命题形式】

提问方式：以下哪项如果为真，不能质疑上述研究者的结论？

研究者的结论：只要开始走路(原因 Y)，就能降低老年女性的死亡风险(结果 G)。

题干涉及对现象原因的分析，故此题为母题模型 16　现象原因模型。另外，研究者的结论中出现绝对化的断定(只要……就……)，故此题也为母题模型 21　绝对化结论模型。

【第 2 步　套用母题方法】

A 项，此项的论证对象是“中青年女性”，而题干的论证对象是“老年女性”，无关选项。(干扰项 • 对象不一致)

B 项，此项说明走路方式和姿势不当时会危害身体健康，那么即便开始走路了，也未必能降低死亡风险，故削弱题干。

C 项，此项说明是因为本身更健康才使得每天能行走达到一定的步数，因果倒置，削弱题干。

D 项，此项指出有可能是其他有益健康的行为导致了老年女性身体健康，另有他因，削弱题干。

E 项，此项指出步数更多(有因)的老年女性反而寿命更短(无果)，有因无果，削弱题干。

19. E

【第 1 步　识别命题形式】

提问方式：以下哪项如果为真，最能削弱反对者的观点？

反对者的观点：新移民的到来将会对 H 国社会造成严重的财政赤字以及经济负担，同时也会剥夺 H 国本土居民的就业机会。

锁定关键词“将会”，可知此题为母题模型 17　预测结果模型。

【第 2 步　套用母题方法】

A 项，此项的论证对象是“移民至其他国家的 H 国人”，而题干的论证对象是“移民至 H 国的其他国家的人”，无关选项。(干扰项 • 对象不一致)

B 项，题干不涉及大量的移民涌入是否会对 H 国“公共安全”造成威胁，无关选项。(干扰项 • 话题不一致)

C 项，此项指出 H 国政府要承担新移民的医疗费用和养老保险费用，即加重 H 国的经济负担，说明预测正确，支持反对者的观点。

D 项，此项的论证对象是“部分国家”，而题干的论证对象是“H 国”，无关选项。(干扰项 • 对象不一致)

E 项，此项指出移民主要从事的工作类型和 H 国本土居民不同，即移民不会对 H 国本土居民的就业造成影响，说明预测错误，削弱反对者的观点。

20. A

【第 1 步 识别命题形式】

提问方式：以下哪项如果为真，最能质疑上述结论？

题干论据①：猛犸象颈椎上有一块平坦的圆形区域，这意味着其颈骨处曾连着一块小肋骨，这种罕见的异常情况表明猛犸象有其他骨骼问题。

题干论据②：如果人出现颈肋骨畸形的情况，90%的发病者活不到成年——死因并不是颈肋骨本身，而是由此导致的其他骨骼问题，而这种情况通常和染色体异常及癌症有关。

题干论点：猛犸象的灭绝(结果 G)与染色体异常和癌症(原因 Y)有关。

题干涉及对现象原因的分析，故此题为母题模型 16 现象原因模型。另外，论据中的论证对象是“人”，论点中的论证对象是“猛犸象”，可知此题也为母题模型 15 拆桥搭桥模型(类比论证)。

【第 2 步 套用母题方法】

A 项，此项说明可能是因为种群数量的减少导致了染色体异常和癌症多发，而不是因为染色体异常和癌症导致了猛犸象的灭绝(种群数量减少)，因果倒置，削弱题干。

B 项，此项说明猛犸象确实存在肋骨畸形的情况，但不确定这与猛犸象的灭绝是否有关。(干扰项·不确定项)

C 项，此项说明猛犸象的灭绝确实与染色体异常有关，因果相关，支持题干。

D 项，此项指出癌症在“哺乳动物”中多发，但不确定这些“哺乳动物”中是否包括“猛犸象”。(干扰项·不确定项)

E 项，题干不涉及猛犸象与其他史前巨型动物之间的比较，无关选项。(干扰项·新比较)

21. B

【第 1 步 识别命题形式】

提问方式：以下哪项如果为真，最能反驳上述结论？

题干：

听莫扎特的乐曲：答题得分相对较高；

没听莫扎特的乐曲(听普通流行音乐、没有听任何音乐)：答题得分相对较低；

因此听莫扎特的音乐(原因 Y/措施 M)可以有效提高人们在智力测试中的得分(结果 G/目的 P)。

本题通过两组对比的实验，得出一个因果关系，故此题为母题模型 16 现象原因模型(求异法型)。另外，本题的结论也可认为是母题模型 18 措施目的模型。

【第 2 步 套用母题方法】

A 项，由此项无法确定“对莫扎特音乐的喜爱程度”与“智力测试得分”之间的关系，故不能削弱题干。(干扰项·不确定项)

B 项，此项说明两组实验对象之间存在其他影响测试成绩差异的因素，另有差因，削弱题干。

C 项，此项指出后两组受试者在测试时较为紧张、焦虑，但未说明第一组受试者的情况如何；此外，“紧张、焦虑”的情绪对测试成绩的影响并不明确。(干扰项·不确定项)

D 项，题干仅反映受试者“智力测试得分”情况，不涉及其“智力”情况(注意：“智力测试得分”与“智力”并非同一概念)，无关选项。

E 项，此项说明题干中的受试者对智力测试的熟悉程度基本一致，排除他们是由于熟悉程度不同导致其得分不同，排除他因，支持题干。

22. B

【第 1 步　识别命题形式】

提问方式：以下哪项如果为真，最能削弱上述论证？

题干：大学生(S)的纸质书籍使用量急剧下降(P1)，有人据此得出结论，与过去的大学生相比，现在的大学生(S)普遍不爱阅读了(P2)。

题干中，P1 与 P2 不一致，故此题为母题模型 15　拆桥搭桥模型(双 P 型)。

【第 2 步　套用母题方法】

A 项，“有的大学生”的情况不能削弱大学生的普遍情况。(干扰项・有的/有的不)

B 项，此项说明大学生的阅读方式发生了改变，更多选择电子阅读，即纸质书籍使用量下降不能说明大学生不爱阅读了，拆桥法(双 P 拆桥)，削弱题干。

C 项，此项的论证对象是“教师”，而题干的论证对象是“大学生”，无关选项。(干扰项・对象不一致)

D 项，由此项无法确定学生“领域的转变”与“喜爱阅读”之间的关系，可能注重实验研究的大学生依然普遍爱阅读，故此项不能削弱题干。(干扰项・不确定项)

E 项，由此项无法确定“图书馆空间设计风格”与“大学生是否喜爱阅读”之间的关系，不能削弱题干。(干扰项・不确定项)

23. B

【第 1 步　识别命题形式】

提问方式：以下哪项如果为真，最能削弱上述结论？

题干：人们习惯于把“科学”和“技术”合在一起使用(P1)，谓之为“科技”(S)。这样一来，“科技”(S)的探究精神往往被剥离了，而“科技”就只剩下实用主义的“技术”了(P2)。

题干中，P1 与 P2 不一致，故此题为母题模型 15　拆桥搭桥模型(双 P 型)。

【第 2 步　套用母题方法】

A 项，此项涉及的是“科学和技术”是否可以被剥离，而题干涉及的是“探究精神”是否可以被剥离，无关选项。(干扰项・话题不一致)

B 项，此项说明把“科学”和“技术”合用并不意味着剥离了探究精神，拆桥法(双 P 拆桥)，削弱题干。

C 项，题干不涉及“科学”和“探究精神”之间是否等同，无关选项。(干扰项・话题不一致)

D 项，题干不涉及“科学”和“技术”之间的区别，无关选项。(干扰项・话题不一致)

E 项，题干不涉及科技追求实用性是否正确，无关选项。(干扰项・话题不一致)

24. A

【第 1 步　识别命题形式】

提问方式：以下哪项如果为真，最能削弱上述观点？

题干：人参在针叶林里分布很少，而在阔叶林里分布更多、长得更好(现象 G)，这是因为针叶林的土壤成分相对单一，且能够透下更多光线，这对于属于半阴性植物的人参生长不利，而阔叶林的遮阳效果更好(原因 Y1)，并且，阔叶林地表的厚厚落叶，可以在冬季为人参提供保暖，有利于其存活(原因 Y2)。

题干涉及对现象原因的分析，故此题为母题模型 16　现象原因模型。

【第 2 步 套用母题方法】

A 项，此项指出人参在蒙古栎下长不好（无果），是因为蒙古栎的落叶太厚（有因），有因无果，削弱题干。

B 项，此项中“多多少少存在”不利于人参生长的因素，“多多少少存在”是弱化词，削弱力度弱，故排除。

C 项，题干不涉及“山坡的坡度对人参生长的影响”，无关选项。（干扰项·话题不一致）

D 项，此项说明遮阳效果好时确实有利于人参的生长，因果相关（Y1 和 G 搭桥），支持题干。

E 项，题干不涉及适合人参生长的“土壤含水量”的情况，无关选项。（干扰项·话题不一致）

25. C

【第 1 步 识别命题形式】

提问方式：下列哪项如果为真，最能质疑小陈的推测？

小陈的推测：古代道观的选址一定都在风景绝美之处。

此题提问针对论点，故此题为母题模型 15 拆桥搭桥模型（SP 型）。另外，锁定关键词“一定”，可知此题也为母题模型 21 绝对化结论模型。

【第 2 步 套用母题方法】

A 项，题干不涉及“其他宗教建筑”，无关选项。（干扰项·对象不一致）

B 项，此项指出许多道观周边风景“遭到了很大的破坏”，但并未说明这些道观选址时周边的景色是否绝美，不能削弱题干。

C 项，此项说明道观的选址也可以在景色一般的地方，削弱题干。

D 项，题干不涉及“道德之士的追求”，无关选项。（干扰项·话题不一致）

E 项，此项指出寺庙的选址依据是风水理论，但不确定风水与景色绝美之间的关系。（干扰项·不确定项）

26. A

【第 1 步 识别命题形式】

提问方式：以下哪项如果为真，最能削弱该杂志的推测？

题干：某消费导向杂志在读者中做了一项调查，有 57% 的人（S1）在明年有奢侈品项目消费的计划（P1）。该杂志由此推测：明年消费者（S2）的消费能力会很强（P2）。

题干中，S1 与 S2、P1 与 P2 均不一致，故此题为母题模型 15 拆桥搭桥模型（双 S＋双 P 型）。

【第 2 步 套用母题方法】

A 项，此项指出该刊物的读者（S1）要比一般消费者（S2）富有，即这些读者不能代表一般的消费者，拆桥法（双 S 拆桥），削弱题干。

B 项，对于一个调查来说，只需要样本有代表性即可，没必要调查所有对象，故此项不能削弱题干。

C 项，此项仅涉及“没有奢侈品消费计划的人”，这仅仅是一部分人的情况，故不能很好地削弱题干。（干扰项·有的不）

D 项，题干不涉及奢侈品的来源及其对国内市场的影响，无关选项。（干扰项·话题不一致）

E 项，此项涉及的是“今年”的情况，而题干涉及的是“明年”的情况，无关选项。（干扰项·时间不一致）

27. C

【第 1 步　识别命题形式】

提问方式：以下哪项如果为真，最能质疑上述专家的建议？

专家的建议：为防范危化品生产企业带给附近居民的风险(目的 P)，建议在城市郊区设立化工园区，集中安置原本分散在城市各地的危化品生产企业，并严格遵守 1 000 米安全红线规定(措施 M)。

锁定关键词“建议”，可知此题为母题模型 18　措施目的模型。

【第 2 步　套用母题方法】

A 项，此项涉及的是危化品的“销售废弃”等环节，而题干涉及的是危化品“生产企业”的位置，无关选项。(干扰项 • 话题不一致)

B 项，此项指出新建化工园区前期成本较高，即措施有副作用，削弱力度较弱。

C 项，此项说明集中安置化工企业会威胁到居民安全，措施达不到目的，削弱专家的建议。

D 项，“不愿意”并不意味着事实上不搬迁，不能削弱专家的建议。(干扰项 • 非事实项)

E 项，此项指出集中安置危化品生产企业会花费大量的安置资金，即措施有副作用，削弱力度较弱。

28. D

【第 1 步　识别命题形式】

提问方式：以下哪项最能削弱上述结论？

题干：街边冷饮摊上的冰激凌普遍涨价(现象 G)，有人认为，这是因为冰激凌中的中高端品种越来越多，使消费者对价格较高的冰激凌有更高的接受度(原因 Y)。

锁定关键词“这是因为”，可知此题为母题模型 16　现象原因模型。

【第 2 步　套用母题方法】

A 项，此项说明是中高端品种冰激凌导致了冰激凌普遍涨价，因果相关(YG 搭桥)，支持题干。

B 项，题干不涉及“低价冰激凌”的品种和味道的受欢迎程度，无关选项。(干扰项 • 话题不一致)

C 项，此项指出某家超市的冰激凌平均价格未上涨，但个例不能反驳整体的情况，故不能削弱题干。(干扰项 • 有的不)

D 项，此项说明可能是冰激凌的“成本上升”导致了其价格上涨，另有他因，削弱题干。

E 项，此项涉及的是“购买冰激凌的人群更集中的城市”，而题干涉及的是“冰激凌普遍涨价的原因”，无关选项。(干扰项 • 话题不一致)

29. D

【第 1 步　识别命题形式】

提问方式：以下哪项如果为真，最能削弱上述观点？

题干：研究人员发现数字干预疗法(S1)减轻了患者的抑郁症状(P)。因此，研究人员认为日常浏览电脑和智能手机等智能产品(S2)可以减轻抑郁症状(P)。

题干论据与论点中的 S1 与 S2 不一致，故此题为母题模型 15　拆桥搭桥模型(双 S 型)。

【第2步 套用母题方法】

A项，题干不涉及实验参与者年龄和性别的比例问题，无关选项。

B项，此项说明数字干预疗法确实可以帮助抑郁症患者，支持题干的论据。

C项，题干不涉及“数字干预疗法”与“面对面的心理疗法”效果的对比，无关选项。(干扰项·新比较)

D项，此项说明“日常浏览智能产品”不等同于“数字干预疗法”，拆桥法(双S拆桥)，削弱题干。

E项，此项说明有的老年人没有智能设备，但不涉及智能产品能否缓解抑郁症状。(干扰项·不确定项)

30. E

【第1步 识别命题形式】

提问方式：以下哪项如果为真，最能质疑上述专家的观点？

专家的观点：这种趋势(电子支付的普及)将会导致金融欺诈更加泛滥。

锁定关键词“将会”，可知此题为母题模型17 预测结果模型。

【第2步 套用母题方法】

A项，此项指出了电子支付的优点，即可以帮助人们更方便地管理自己的财务，但并未指出其是否会导致金融欺诈更加泛滥，无关选项。

B项，由此项无法确定“优化机构管理制度”与“预防金融欺诈”之间的关系，故此项不能削弱专家的观点。(干扰项·不确定项)

C项，此项指出“老年人”可能不会遭受金融欺诈，但不确定除老年人以外的其他人是否会面临金融欺诈的风险，故不能削弱专家的观点。(干扰项·不确定项)

D项，此项说明电子支付的普及会使得银行对金融安全有心无力，那么金融欺诈可能就更容易了，说明题干预测正确，支持专家的观点。

E项，此项直接指出电子支付的普及能够有效预防金融欺诈，说明题干预测错误，削弱专家的观点。

专项训练 7 ▸ 支持题

共 30 小题，每小题 2 分，共 60 分，建议用时 60～75 分钟

你的得分是________

说明：本套试题以考查联考论证逻辑“4 大核心母题模型”为主(真题中考查频率较高)，其他母题模型根据近 5 年的考查频次设置了试题，整体难度高于真题。

1. 研究人员研究了糖皮质激素在小鼠自身免疫性疾病中的作用。他们在正常小鼠和缺乏糖皮质激素受体的小鼠中诱导了脱发，两周后，研究人员看到了小鼠们之间的明显差异。正常小鼠的毛发重新长出，但缺乏糖皮质激素受体的小鼠几乎不能重新长出毛发。研究人员认为，小鼠的毛囊干细胞无法被激活，毛发因而不能重新长出。
以下哪项如果为真，最能支持研究人员的观点？
A. 正常的小鼠体内有糖皮质激素受体。
B. 糖皮质激素有助于激活毛囊干细胞。
C. 要长毛发必须要有糖皮质激素。
D. 毛囊干细胞最重要的特点之一就是具有无限多次细胞周期。
E. 糖皮质激素对机体的发育、生长、代谢起着重要调节作用。

2. 盲盒是指消费者不能提前得知包装盒内具体产品的销售方式。现在许多商家大量销售盲盒，文具盲盒、零食盲盒等“盲盒＋”商业模式迅速走红。对此，有专家指出，盲盒这种销售方式会给青少年的身心健康造成负面影响。
以下哪项如果为真，最能支持上述专家的观点？
A. 越来越多的青少年对盲盒已从单纯的猎奇逐步升级到追求美感、情感等价值层面。
B. 打开盲盒时的不确定性令身心发育不成熟的青少年沉迷，激发其跟风攀比之心。
C. 盲盒销售的价格通常远高于其实际价值，大大加重了青少年家长的经济负担。
D. 相比于文具盲盒，零食盲盒对青少年的吸引力更大。
E. 青少年开盲盒只是图一时新鲜，不会对青少年的身心健康有负面作用。

3. 发酵乳制品因为其丰富的营养和益生菌含量，给人们带来了广泛的健康益处。比如，益生菌中最突出的乳酸杆菌和双歧杆菌能够减少病理改变，刺激黏膜免疫与炎症介质相互作用和增强免疫系统。最近，有科学家通过对 190 多万人的研究得出，发酵乳制品能够降低癌症的发生风险。
以下哪项如果为真，最能支持上述结论？
A. 目前国内未有此类明确的专业报道。
B. 发酵物产生的益生菌都是对身体有益的。
C. 喝酸奶能够降低 19％的癌症发生风险，此说法受到权威专家的认可。
D. 发酵乳制品中的益生菌可以维持肠道稳态并发挥潜在的抗癌作用。
E. 发酵乳制品能抑制肠道内腐败菌的生长繁殖，对便秘和细菌性腹泻具有预防治疗作用。

4. 阳光公司是一家庞大的公司。它正在考虑在它所使用的房屋建筑内安装节能空调，这种节能空调与目前正在使用的传统空调拥有同样的功能，但是所需的电量仅是传统空调的一半。与此同时，这种节能空调的寿命也会比传统空调要长，因此，当传统空调坏掉时换上新的节能空调可以大大降低阳光公司的成本。

以下哪项如果为真，最能支持上述论证？

A. 换装这种节能空调后，阳光公司能够节约的电费远高于其采购费用。

B. 阳光公司最近签了一份合同，要扩张办公区域。

C. 生产这种节能空调的公司使用的新技术获得了专利，因此它享有生产节能空调独家权利。

D. 阳光公司发起了一项号召，鼓励员工每次在离开房间时关掉空调。

E. 换上新的节能空调的成本远远高于阳光公司降低的金钱成本。

5. 在司法审判中，所谓肯定性误判是指把无罪者判为有罪，否定性误判是指把有罪者判为无罪。肯定性误判就是所谓的错判，否定性误判就是所谓的错放。而司法公正的根本原则是“不放过一个坏人，不冤枉一个好人”。某法学家认为，目前衡量一个法院在办案中是否对司法公正的原则贯彻得足够好，就只需要看它的肯定性误判率是否足够低。

以下哪项如果为真，能最有力地支持上述法学家的观点？

A. 错放，只是放过了坏人；错判，则是既放过了坏人，又冤枉了好人。

B. 宁可错判，不可错放，是“左”的思想在司法界的反映。

C. 错放造成的损失，大多是可弥补的；错判对被害人造成的伤害，是不可弥补的。

D. 各个法院的办案正确率普遍有明显的提高。

E. 各个法院的否定性误判率基本相同。

6. 电子烟究竟对人体有没有危害？近期，通过对国内外电子烟市场所做的深入调查发现，电子烟烟液中添加了尼古丁等化学物质，加热后产生的蒸汽对人体健康一样有危害。在电子烟产生的烟雾中检测出的镍、铬等重金属含量，甚至比传统香烟产生的烟雾中的还要高。所以，改吸电子烟对吸烟者来说，所受到的危害并不比吸食传统香烟小。

以下哪项如果为真，能够支持上述论证？

A. 电子烟主要以网络销售为主，人们很容易购买到电子烟。

B. 与传统香烟相比，电子烟可以使吸烟者对尼古丁的依赖降低。

C. 受广告宣传的影响，吸烟者改吸电子烟后，吸烟量大幅增长。

D. 电子烟会导致尼古丁在空气中广泛传播，对他人健康构成威胁。

E. 传统香烟对于不少人来说，其实是一种情感寄托。

7. 地球磁场和大气可以很好地保护我们免受哪怕是最强大的太阳风暴带来的伤害，太阳风暴可能干扰雷达和无线电系统，也可能使卫星发生故障。但研究人员发现，最有害紫外线的辐射早在接触到人类皮肤前就在天空中被吸收掉了。

以下哪项如果为真，最能支持上述研究人员的观点？

A. 在强大的太阳辐射风暴期间，高能质子可以破坏卫星内的电子电路。

B. 研究表明，在地球大气保护范围外运行的卫星和空间站会因太阳风暴的撞击而引发故障。

C. 至今仍未有证据表明人类历史上最强的太阳风暴事件对人类或地球上其他生命的健康造成了明显伤害。

D. 当某些恒星耗尽燃料发生爆炸时，向周围数百万光年的空间释放的强大辐射，会对其他星体造成毁灭性损害。

E. 太阳风暴产生紫外线辐射的同时，将氧原子从氧分子中激活，对大气臭氧起到补充作用，进而吸收绝大部分的紫外线。

8. 一些“网红盐”以“天然”“特定原产地”“含有特殊矿物质”等为“卖点”，号称可补钙补锌“营养更均衡”，天花乱坠的广告宣传令其身价倍增。有关专家则指出，“吃盐补钙”的说法有悖科学，事实上，多吃盐不仅不能补钙，反而会导致钙质流失。

以下哪项如果为真，最有助于增强题干的结论？

A. 盐里的微量元素可以忽略不计，毕竟每天食盐摄入量太低。

B. 食盐含有钠离子，而钠和钙在人体中的代谢是有联系的。

C. 食用过多的盐可能导致体内钠和钙的平衡失调，从而增加了钙的排泄量。

D. 清淡饮食不仅可以减少身体的负担，还能够预防疾病以及延长寿命。

E. 按照《食品营养强化剂使用标准》，食盐不允许添加除碘以外的营养强化剂。

9. 2020 年 12 月，由探测器“隼鸟 2 号”搭载的为期 6 年的回收舱从 3 亿多公里外的小行星“龙宫”返回地球，并带回约 5.4 克行星表面样本。这些采集样本来自不受阳光或宇宙射线侵蚀的小行星地下物质，科学家团队在没有将其暴露于地球空气中的情况下进行样本分析后，从中检测到 20 多种氨基酸。有科学家据此认为，小行星“龙宫”可能存在地外生命。

以下哪项如果为真，最能支持上述论证？

A. 有一种理论认为，46 亿年前地球形成时氨基酸就已大量存在。

B. 包括氨基酸在内的有机物是化学反应自然形成的，这些化合物形成后就会附着在小行星中在宇宙中飘荡。

C. 氨基酸是一种有机小分子，可装配成为有机大分子，之后组成多分子体系，最终多分子体系相互组装形成生物。

D. 宇宙中其实可能充满了各种微生物，地球生命最初可能也起源于太空。

E. 科学家在以往陨石中发现的氨基酸和组成生命的氨基酸的构型并不相同。

10. 国内某研究团队自 2016 年开始，在近海采集了上千份塑料垃圾，经筛选发现部分塑料垃圾上附着了一种菌群。在随后的实验中，该菌群在含有塑料垃圾的培养基中能维持旺盛的生长能力。研究人员据此推断，这是一种能降解大部分塑料垃圾的菌群。

以下哪项如果为真，最能支持上述论证？

A. 该菌群可以降解部分聚乙烯对苯二甲酸酯塑料。

B. 该菌群喜好聚乙烯塑料，能够将其分解为碎片。

C. 该菌群是通过高效降解塑料以获得能量维持旺盛的生命力。

D. 为契合绿色环保理念，很多塑料生产厂商均使用新型可自行分解材料。

E. 为了保护环境，应该大力培养该菌群。

11. 维生素 B1 能驱蚊这个“偏方”，在网上和民间流传很久。据说，因为维生素 B1 很臭，很多人甚至觉得它的味道很恶心，如果身上带有维生素 B1 的味道，蚊子就会被熏跑。但有专家指出，维生素 B1 并不能有效驱蚊。

以下哪项如果为真，最能支持专家的观点？

A. 人觉得难闻的味道，蚊子未必不喜欢。

B. 维生素 B1 特别不稳定，怕光、怕热，喷在身上，很快就挥发了。

C. 有不少媒体专门辟谣：维生素 B1 驱蚊无科学依据，并不能保证安全和有效。

D. 维生素 B1 的味道至多能干扰蚊子的感官系统，暂时性地“迷惑”蚊子，使其不能迅速找到人。

E. 薄荷中不含有维生素 B1，但是它当中蕴含着丰富的薄荷油、薄荷酮等成分，驱蚊效果显著。

12. 科学家研究了过去 6 600 万年的古气候记录，发现地球气候的变暖事件比冷却事件温度变化更大。对这种变暖偏差的一个可能的解释在于“乘数效应”，即最初的变暖会引发一系列相应变化，自然地加速某些生物和化学过程，进而导致更多的变暖。研究小组观察到，在 500 万年前，大约在北半球开始形成冰原的时候，这种变暖的偏差消失了。但随着今天北极冰层的消退，科学家推测：乘数效应将会重新启动。

以下哪项如果为真，最能支持上述科学家的推测？

A. 500 万年前北极冰川形成时的地球正在经历冷却阶段。

B. 北极冰层正在缩小，并有可能作为人类行为的一个长期后果而消失。

C. 由变暖导致的北极冰层融化会进一步加剧碳循环的生物化学过程。

D. 地球古代历史上极端气候事件中变暖事件带来的长期影响更甚于变冷事件。

E. 反常的夏季风和冰层变薄造成了北极冰层的海冰大量消失。

13. 航油是航空公司最大的成本支出，三大国有航空公司的航油成本占总成本的 40%左右。近年来，随着油价的不断上涨，航空公司的经营成本不断增加。对此，有业内人士认为，尽管航空公司面临巨大的油价上涨压力，但不会调高机票的价格。

以下哪项最有力地支持了该业内人士的观点？

A. 机票价格以外的燃油附加费征收标准有所提高。

B. 许多航空公司开展“节油工程”，采用计算机精准测算飞机加油量。

C. 有些航空公司倾向于采用对冲的方式应对燃料价格的上升。

D. 为了避免恶性竞争，几家大的航空公司结成了价格联盟。

E. 由于经济形势的好转，航空市场的客源有可能增加。

14. 2012 年 9 月，欧盟对中国光伏电池发起反倾销调查。一旦欧盟决定对中国光伏产品设限，中国将失去占总销量 60%以上的欧洲市场。如果中国光伏产品失去欧洲市场，中国光伏企业将大量减产并影响数十万员工的就业。不过，一位中国官员表示：“欧盟若对中国光伏产品设限，将搬起石头砸自己的脚。”

以下哪项陈述如果为真，将给中国官员的断言以最强的支持？

A. 对于全球所有的国家而言，光伏产品的广泛应用有助于缓解对化石能源的依赖。

B. 欧盟若将优质低价的中国光伏产品挡在门外，其他国家的光伏产品商会加大在欧盟市场的宣传力度。

C. 中国光伏产业从欧洲大量购买原材料和设备，带动了欧盟大批光伏上下游企业的发展。

D. 目前欧洲债务问题继续恶化，德国希望争取中国为解决欧债危机提供更多的帮助。

E. 一些国家的光伏产品的竞争力持续上升，欧盟可以用其来替代中国的光伏产品。

15. 有研究团队收集蜘蛛网进行微塑料实验测试，发现所有的蜘蛛网都被微塑料污染过。有些蜘蛛网中，微塑料可达蜘蛛网总重量的十分之一。该团队研究员认为，可以通过确定特定区域内蜘蛛网上微塑料的含量来快速了解该区域的微塑料污染情况。

以下哪项陈述如果为真，可以支持上述观点？

A. 微塑料可以有许多来源，包括纺织品、水瓶、外卖容器和食品包装。

B. 飘浮在空气中的微塑料有可能被人类吸入并进入血液，从而造成健康风险。

C. 蜘蛛网可有效粘着空气中飘浮的微塑料，其含量与空气中的微塑料浓度成正比。

D. 目前有多种方法可对微塑料含量进行检测，但准确度和灵敏度并不一致。

E. 蜘蛛网的黏度较差致使微塑料只是被其短暂地黏住，微塑料会在较短的时间内掉落。

16. 今年入夏以来，全球持续出现高温天气。一种观点认为，入夏以来，持续高温天气的出现是由全球气候变暖造成的。在全球气候变暖的大背景下，高温这样的灾害性天气会有增多的趋势。反对者则认为持续高温天气的出现并不一定是由全球气候变暖造成的，而是与大气环流特征的变化相关。大气环流特征的变化会导致多种极端天气频繁发生，包括高温天气。

以下哪项如果为真，最能支持第一种观点？

A. 全球气候变暖是由大气环流特征变化导致的。

B. 持续的高温天气不仅会导致气候异常、海平面上升，也会对人类健康和生态系统造成巨大危害。

C. 高温天气是暖气团控制下的温度较高的炎热天气。

D. 全球气候变暖通过改变大气环流特征来改变高温等极端天气事件的强度和发生频率。

E. 气象学家们认为，造成持续高温天气的原因很复杂，既有直接原因，也有间接原因。

17. 人们感受气味通过嗅觉受体实现。研究发现：随着人类的演化，编码人类嗅觉受体的基因不断突变，许多在过去能强烈感觉气味的嗅觉受体已经突变为对气味不敏感的受体，与此同时，人类嗅觉受体的总体数目也随时间推移逐渐变少。由此可以认为，人类的嗅觉经历着不断削弱、逐渐退化的过程。

以下哪项如果为真，最能支持上述结论？

A. 随着人类进化，嗅觉中枢在大脑皮层中所占面积逐渐减少。

B. 相对于视觉而言，嗅觉在人类感觉系统中的重要性较低。

C. 人类有大约 1 000 个嗅觉受体相关基因，其中只有 390 个可以编码嗅觉受体。

D. 不同人群之间嗅觉存在很大差异，老年人的嗅觉敏感性明显低于年轻人。

E. 随着人类的进化，人们获得食物的方式越来越安全，不需要通过嗅觉去确定某一植株是否有毒。

18. 奥杜威峡谷是早期人类的活动地之一，也是火山活动活跃的地区。科学家对一些来自奥杜威峡谷的 170 万年前的火山沉积物进行了研究，意外地在火山沉积物中发现了一种由超嗜热细菌合成的脂类。科学家们据此推断，奥杜威峡谷在 170 万年前存在高温温泉，生活在这里的古人类很有可能借助这些温泉煮熟食物。

以下哪项如果为真，最能支持上述结论？

A. 在其他古人类遗址中也发现了借助温泉煮食物的遗迹。

B. 奥杜威峡谷是地质活动活跃的构造区，火山活动频繁。

C. 超嗜热细菌通常在水温超过 80℃的高温温泉中生长。

D. 在奥杜威峡谷的遗迹中发现了多处古人类的遗迹和遗骨化石。

E. 只有经过火山活动才能形成火山沉积物。

19. 专利法中所保护的外观设计是指对产品的形状、图案或者其结合以及色彩与形状、图案的结合所作出的富有美感并适于工业应用的新设计。在授予外观设计专利权之前，需要对其是否符合授予专利的条件进行审查。有人认为，应用 AI 技术能够代替专利审查员进行外观设计审查。

以下哪项如果为真，最能够支持上述观点？

A. 外观设计审查压力不断增大，案多人少的形势日益严峻，这一现实促使我们不得不采取更高效率的手段去应对。

B. AI 的自然语言处理技术可以对专利文献进行分类及索引，针对外观设计进行查找的图像识别技术还在研发之中，目前还无法实际应用。

C. 当前，AI 技术已广泛应用到第一、第二和第三产业中，在未来，AI 技术将与人类的工作和生活发生更加深度的融合。

D. AI 适合在规则明确、完备、清晰的环境下运行，专利法和专利审查指南是一套相对有限的、逻辑严谨的规则体系和知识体系。

E. 外观设计专利是为了促进商品的交流和经济的发展，所以授予专利的外观设计能在工业上应用。

20. 知道宇宙中恒星级质量黑洞的总数，可以帮助人类进一步理解宇宙这一“巨型怪兽”是如何从“轻种子”黑洞生长起来的，进而可以让人们对恒星演化、星系演化等基本天体物理过程有更深刻的认识。不久前，来自意大利的科学家首次计算出恒星级质量黑洞在整个宇宙中的数量及分布情况，推算出宇宙中恒星级质量黑洞的数量达到了 4 000 亿亿个。这意味着宇宙中有 4 000亿亿个恒星变成了黑洞。

以下哪项如果为真，最能支持上述论证？

A. 恒星经过一系列复杂的演化，在寿命走向终点后，最终会坍塌成恒星级质量黑洞。

B. 根据质量大小，黑洞可分为恒星级质量黑洞、中等质量黑洞及超大质量黑洞三类。

C. 黑洞互相之间常发生合并事件，合并后形成质量更大的黑洞，乃至超大质量黑洞。

D. 研究人员通过黑洞诞生的概率、恒星质量等指标评估得出恒星级质量黑洞的数据。

E. 估算跨越宇宙演化历程的黑洞分布和数量对于解释超大质量黑洞具有决定性作用。

21. 野生动物之间因病毒入侵会暴发传染病。最新研究发现：热带、亚热带或低海拔地区的动物，因生活环境炎热，一直有罹患传染病的风险；生活在高纬度或高海拔等低温环境的动物，过去因长久寒冬可免于病毒入侵。但现在冬季正变得越来越温暖，持续时间也越来越短，因此，气温升高将加剧野生动物传染病的暴发。

以下哪项如果为真，最能支持上述观点？

A. 无论气候如何变化，生活在炎热地带的动物始终面临着患传染病的风险。

B. 适应寒带和高海拔栖息地的动物物种遭遇传染病暴发的风险正在升高。

C. 潮湿的气候环境可能更易导致野生动物感染病毒。

D. 气温高低与野生动物患传染病风险之间存在正相关性，即气温越高，患病风险越高。

E. 不同种类的野生动物之间病毒是可以传染的。

22. “饿怒”是“饥饿”和“愤怒”两个词的合成词。最近，研究人员在欧洲招募了 64 位自愿受试者，在 21 天里，对他们在日常工作和生活环境中处于饥饿状态时的情绪变化数据进行了收集整理分析。得出的结论是：愤怒和易恼等情绪与饥饿之间存在被诱导的关系，也就是说，饥饿会使人们“饿怒”。

以下哪项如果为真，最能支持上述结论？

A. 受试者在饥饿状态下，能保持情绪愉悦的只有不到 10%。

B. 饥饿与更强烈的愤怒和易恼情绪以及更低的愉悦感有关。

C. 饥饿状态下，人体内的激素分泌会增多，过多的激素会使人容易变得易怒和焦躁。

D. 出现饥饿的时候空腹状态持续时间较长，容易引起脑部功能失调。

E. 许多人在出现愉悦情绪时会大大增加吃东西的欲望。

23. 研究人员在 2011 年至 2017 年间采集了 600 多名 60 岁以上老年人的身高、血压和饮食习惯等多项数据，随后，又对研究对象进行了神经心理评估和认知障碍评定。在排除吸烟、饮酒等风险因素后发现，那些每周吃两次、每次吃约 150 克蘑菇的老年人，比每周吃蘑菇少于一次的老年人患轻度认知障碍的风险低。研究人员解释说，这是因为蘑菇中含有一种特殊化合物——麦角硫因。因此，食用蘑菇可以降低老年人患轻度认知障碍的风险。

以下哪项如果为真，最能支持上述结论？

A. 研究发现，每周食用两次以上蘑菇的年轻人患心脏病的风险降低。

B. 轻度认知障碍老年患者血浆中麦角硫因的水平明显低于同龄健康人。

C. 上述研究中老年人主要食用的是金针菇、平菇等 6 种常见蘑菇。

D. 人体实际上无法自行合成麦角硫因，只能从食物中获取。

E. 经常食用蘑菇可以滋养青少年的脑细胞并改善记忆力。

24. 科学家选择了两块“受伤的雨林”———原生雨林被砍光，在失去土壤韧性后又被用来放牧，最终长满了一种被称为“栅栏草”的入侵植物，原生雨林没有机会喘息与再生。研究人员将其中一块地均匀覆盖上近半米高的咖啡果肉，另一块土地则什么也不做，任其自然生长。两年之后，两块地发生了迥然不同的剧变：被咖啡果肉覆盖的那块，“栅栏草”已经完全消失，取而代之的是本应属于这里的热带树种的年轻树冠；而另一块地则依然被“栅栏草”霸占着。由此可见，咖啡果肉有助于热带雨林的生态恢复。

以下除哪项外，均能支持以上结论？

A. 咖啡果肉下面的草叶会被抑制，窒息而亡后分解的残留物混合了一层营养丰富的咖啡果肉，形成供新植物成长的肥沃土壤。

B. 两块土地的土壤肥沃程度、日照程度基本相当，也均未使用除草剂。

C. 咖啡果肉是制作咖啡豆后的废料，其味道会吸引食草型动物前来觅食，改变周边的环境。

D. 咖啡果肉中富含碳、氮、磷等植物生长所需要的营养成分，能够为雨林修复按下“加速键”。

E. 半米高的咖啡果肉会形成密不透风的“隔绝”层，在重压之下“栅栏草”被抑制生长，窒息死亡。

25. 很多人在购物时，一看到其中有“卡拉胶”“瓜尔豆胶”“果胶”等字样就会担心其安全性。其实，我们无须闻“胶”色变，这些胶属于食品添加剂中的增稠剂，加“胶”追求的是口感，安全是有保障的。平常炒菜勾芡时用到的“生粉水”，在某种意义上也属于一种增稠剂。

以下哪项如果为真，最能支持以上观点？

A. 添加了食用胶的果冻、布丁等小零食，口感更加细腻、润滑。

B. 有些食品在包装上并未标明胶含量，但一般是符合食用安全标准的。

C. 通过添加增稠剂制成的“老酸奶”，其营养成分及价值与普通酸奶差别不大。

D. 常用的食用胶一般都是“天然产物”，是从有益菌或可食植物等提取而来的。

E. 有营养专家认为，市面上绝大部分“生粉水”不会危害人体的健康。

26. “创卫”是创建国家卫生城市的简称，“国家卫生城市”是一个城市综合功能和文明程度的重要标志。某省于去年开展了一年的“创卫”工作。在去年年底，有研究人员对比了某省几个城市的环境空气质量后，发现该省省会城市的环境空气质量处于较高水平。该研究人员由此认为，参与创建全国卫生城市有助于提升该市的环境空气质量。

以下哪项如果为真，最能支持上述结论？

A. 参与全国卫生城市创建能够获得更多的政府专项财政补助。

B. 众多城市考察团常常来该市学习创建全国卫生城市的经验。

C. 周边未参与全国卫生城市创建的城市在同时期环境空气质量有所下降。

D. 该市在创建全国卫生城市之后居民的健康水平显著提高。

E. 参与全国卫生城市创建之前，该省会城市的环境空气质量长期处于较差的状况。

27. 某研究团队招募了 53 名年龄在 45 岁到 64 岁之间的健康志愿者，参与一项为期两年的锻炼计划。结果发现，志愿者心脏健康指标特别是左心室功能有相应改善。这是由于左心室能将富含氧气的血液泵入大动脉，供应全身器官，缺乏运动和器官老化会使左心室肌肉收缩乏力。该研究团队就此认为，进行适当锻炼可以逆转心肌老化带来的危害并降低心脏病发作风险。

以下哪项如果为真，最能支持上述研究团队的结论？

A. 年龄越大，心肌老化、心脏病发作的风险越高。

B. 适当运动有助于提高氧气吸入量，增强代谢能力。

C. 针灸、合理的药物摄入可以降低血压，减少动脉粥样硬化的发生，降低心脏疾病的发病风险。

D. 有心肌老化症状的病人，在经过适当锻炼后，心脏功能得到明显改善。

E. 上述研究未涉及其他年龄段的人群。

28. 蛋黄含有较多的胆固醇，有的人害怕胆固醇高，不敢吃蛋黄。近期一篇涉及 50 万中国人、随访时长近 9 年的研究报告提出，每天吃鸡蛋的人比起那些基本不吃鸡蛋的人，心血管事件风险降低了 11%，心血管事件死亡风险降低了 18%，尤其是出血性中风风险降低了 26%，相应的死亡风险则降低了 28%。研究者据此认为，每天吃一个鸡蛋有利于心血管健康。
以下哪项如果为真，最能支持上述研究者的观点？
A. 来自日本的一项涉及 4 万人的追踪研究中，每天吃鸡蛋的人比起不吃鸡蛋的人，死亡率降低了。
B. 鸡蛋的营养十分丰富，钙、磷、铁、维生素 A、维生素 B 的含量都比较高。
C. 鸡蛋中含有的卵磷脂能有效阻止胆固醇和脂肪在血管壁上的沉积。
D. 绿叶蔬菜含有丰富的绿叶素和维生素，可以软化血管，预防心血管疾病的发生。
E. 患心血管疾病的人往往不敢吃鸡蛋，选择每天吃鸡蛋的往往是那些心血管较健康的人。

29. 维生素 D 是人体必需的脂溶性维生素。人通过暴露于阳光下、膳食摄入和药物补充等途径补充维生素 D。不断有研究提示，补充维生素 D 可以降低癌症发生风险、保护血管、预防糖尿病、保护肝肾等。但最近的一项包括 2.6 万人的随机对照实验显示，补充维生素 D 在降低心血管事件发生率、死亡率，以及预防癌症、降低癌症死亡率方面，与安慰剂无异。因此，有研究者认为，补充维生素 D 并不会产生积极作用。
以下哪项如果为真，最能支持该研究者的观点？
A. 维生素 D 可直接影响人类 229 个基因的活性，缺乏维生素 D 会增加患上各种免疫性疾病的风险。
B. 针对大量研究的综述显示，身体中维生素 D 水平不佳的人群的死亡率会增加。
C. 补充维生素 D 的价值视情况而定，体重指数低的人补充维生素 D，对自身免疫性疾病有预防作用。
D. 研究显示，口服维生素 D 和钙补充剂会使轻度和中度动脉粥样硬化患者的死亡风险增加 38%。
E. 许多食物中富含维生素 D，如海鱼、动物肝脏、蛋黄和瘦肉等。

30. 经历了若干年的沉淀，甲国在人才、数据、基础设施和政策层面有了较多储备，为人工智能的发展提供了丰沃的土壤，吸引了许多国际知名的人工智能专家和企业。今年，甲国召开了世界人工智能大会，这表明，甲国在世界人工智能领域具备强有力的号召力和凝聚力。
以下哪项如果为真，最能支持上述论证？
A. 甲国有足够的人力和财力，能够保证世界人工智能大会的顺利召开。
B. 同乙国相比，甲国人工智能领域的发展速度仍然较慢，各类 App 的研发进度落后。
C. 甲国在制造业、智能家居、医疗健康等众多领域，均已实现人工智能的实际应用。
D. 世界人工智能大会影响巨大、关注度高，只有在世界人工智能领域具备足够的号召力和凝聚力的国家才能举办。
E. 人工智能将给社会带来巨大变化，并有力推动新经济的发展，成为社会变革和创新驱动的新引擎。

专项训练7 ▸ 支持题

答案详解

答案速查

1～5 BBDAE	6～10 CECCC	11～15 BCACC
16～20 DACDA	21～25 DCBCD	26～30 EDCDD

1. B

【第1步 识别命题形式】

提问方式：以下哪项如果为真，最能支持研究人员的观点？

题干：正常小鼠的毛发重新长出，但缺乏糖皮质激素受体(S1)的小鼠几乎不能重新长出毛发(P)。研究人员认为，小鼠的毛囊干细胞无法被激活(S2)，毛发因而不能重新长出(P)。

题干中，S1与S2不一致，故此题为母题模型15 拆桥搭桥模型(双S型)。

【第2步 套用母题方法】

A项，此项指出"正常的小鼠体内有糖皮质激素受体"，但不确定其是否与"毛囊干细胞"有关。(干扰项·不确定项)

B项，此项搭建了"糖皮质激素"与"毛囊干细胞"之间的关系，搭桥法(双S搭桥)，支持研究人员的观点。

C项，此项指出"要长毛发必须要有糖皮质激素"，但不确定其是否与"毛囊干细胞"有关。(干扰项·不确定项)

D项，题干不涉及毛囊干细胞的"重要特点"，无关选项。(干扰项·话题不一致)

E项，此项指出"糖皮质激素对机体的发育、生长、代谢起着重要调节作用"，但不确定其是否与"毛囊干细胞"有关。(干扰项·不确定项)

2. B

【第1步 识别命题形式】

提问方式：以下哪项如果为真，最能支持上述专家的观点？

专家的观点：盲盒(S)这种销售方式会给青少年的身心健康造成负面影响(P)。

此题提问针对论点，且没有论据，故此题为母题模型15 拆桥搭桥模型(SP型)。

【第2步 套用母题方法】

A项，此项分析的是越来越多的青少年对盲盒态度的变化，并未直接说明对青少年身心健康的负面影响，故此项不能支持专家的观点。

B项，此项说明盲盒的不确定性令青少年沉迷，激发其跟风攀比之心(负面影响)，搭桥法(SP搭桥)，支持专家的观点。

C项，此项讨论的是盲盒对"家长经济情况"的影响，而题干讨论的是盲盒对"青少年身心健康"

的影响，无关选项。（干扰项・话题不一致）

D 项，题干不涉及“文具盲盒”与“零食盲盒”的比较，无关选项。（干扰项・新比较）

E 项，此项直接说明盲盒不会对青少年的身心健康有负面作用，SP 拆桥，削弱专家的观点。

3. D

【第 1 步　识别命题形式】

提问方式：以下哪项如果为真，最能支持上述结论？

题干：发酵乳制品(S)能够降低癌症的发生风险(P)。

此题提问针对论点，故优先考虑母题模型 15　拆桥搭桥模型(SP 型)。

【第 2 步　套用母题方法】

A 项，此项指出国内目前没有此类明确的专业报道，但不确定事实情况如何，不能支持题干。

B 项，此项说明发酵乳制品对人的身体有益，但不确定这种有益能否降低癌症的发生风险。（干扰项・不确定项）

C 项，权威专家认可的观点未必能代表事实情况。（干扰项・非事实项）

D 项，此项说明发酵乳制品确实有抗癌的作用，搭桥法(SP 搭桥)，支持题干。

E 项，题干不涉及发酵乳制品是否“有利于防治便秘和细菌性腹泻”，无关选项。（干扰项・话题不一致）

4. A

【第 1 步　识别命题形式】

提问方式：以下哪项如果为真，最能支持上述论证？

题干：考虑安装的节能空调和传统空调拥有同样的功能，但所需的电量仅是传统空调的一半，且寿命也比传统空调长，因此，当传统空调坏掉时换上新的节能空调(措施 M)可以大大降低阳光公司的成本(目的 P)。

锁定关键词“可以”，可知此题为母题模型 18　措施目的模型。

【第 2 步　套用母题方法】

A 项，此项说明换装节能空调后，能够节约的电费远高于节能空调的采购成本，总体上而言，阳光公司的成本支出就比原来更低，措施可达目的(MP 搭桥)，支持题干。

B 项，题干的论证不涉及阳光公司是否要扩张办公区域，无关选项。（干扰项・话题不一致）

C 项，题干的论证对象是“阳光公司”，即“使用”空调的公司，而此项的论证对象是“生产”节能空调的公司，无关选项。（干扰项・对象不一致）

D 项，题干的论证不涉及“关掉空调的号召”，无关选项。（干扰项・话题不一致）

E 项，此项说明换上新的节能空调会使阳光公司总成本提高，措施达不到目的(MP 拆桥)，削弱题干。

5. E

【第 1 步　识别命题形式】

提问方式：以下哪项如果为真，能最有力地支持上述法学家的观点？

题干：有两种误判影响司法公正，即肯定性误判(错判)、否定性误判(错放)。但法学家认为，目前衡量法院是否公正，只需要看它的肯定性误判率(错判)。

题干中有两种误判影响司法公正，可认为是个选言命题，故此题为母题模型15　拆桥搭桥模型(选言论证)。选言论证的基本公式为：A∨B，¬A，因此，B。

【第2步　套用母题方法】

当有两种影响因素时，排除其中一种因素的影响，即可确定另外一种因素的影响，因此，只要排除"否定性误判"，就能支持法学家的观点，故此题可秒选E项。

A项、C项，说明错放的危害不如错判大，但错放仍然有危害，故不能得出"只需要看它的肯定性误判率(即错判)"的结论。

B项，此项说明不应该"宁可错判，不可错放"，与法学家的观点无关，无关选项。

D项，办案正确率普遍有提高，是现在与过去的比较，题干不涉及这样的比较，无关选项。(干扰项·新比较)

E项，此项指出各个法院的否定性误判率基本相同，即排除错放的影响，故只需要考虑错判，支持法学家的观点。

6. C

【第1步　识别命题形式】

提问方式：以下哪项如果为真，能够支持上述论证？

题干：

论据①：电子烟烟液中添加了尼古丁等化学物质，加热后产生的蒸汽对人体健康一样有危害。

论据②：在电子烟的烟雾中检测出的镍、铬等重金属含量，甚至比传统香烟产生的烟雾中的还要高。

结论：改吸电子烟对吸烟者来说，所受到的危害并不比吸食传统香烟小。

题干的论据中出现"含量"，论点中直接做出断定，故此题为母题模型19　统计论证模型。

【第2步　套用母题方法】

题干试图通过指出电子烟重金属含量比传统香烟更高来说明电子烟危害更大。根据公式"吸入重金属的总量=单位重金属含量×吸烟频率"，我们只要说明抽电子烟的人吸烟频率不低于抽传统香烟的人，即可支持题干。

A项，题干的论证不涉及电子烟"购买的难易度"，无关选项。(干扰项·话题不一致)

B项，此项说明电子烟比传统香烟更能降低吸烟者对尼古丁的依赖，即电子烟对吸烟者的危害比传统香烟小，削弱题干。

C项，此项说明抽电子烟的人吸烟频率确实高于抽传统香烟的人，因此，可以得出电子烟对吸烟者的危害比传统香烟大，补充论据，支持题干。

D项，题干讨论的是电子烟对"吸烟者"的危害，而此项讨论的是电子烟对"他人健康"的危害，无关选项。(干扰项·话题不一致)

E项，题干的论证不涉及"情感寄托"，无关选项。(干扰项·话题不一致)

7. E

【第1步　识别命题形式】

提问方式：以下哪项如果为真，最能支持上述研究人员的观点？

研究人员的观点：最有害的紫外线辐射(S)早在接触到人类皮肤前就在天空中被吸收掉了(P)。

此题提问针对论点，故优先考虑母题模型15　拆桥搭桥模型(SP型)。

【第 2 步　套用母题方法】

A 项、B 项，这两项涉及的是太阳辐射风暴对“卫星”“空间站”的损害，但并未说明辐射是否会被吸收掉，故不能支持研究人员的观点。(干扰项 · 话题不一致)

C 项，“未有证据”即不确定是不是事实，诉诸无知。(干扰项 · 非事实项)

D 项，此项涉及的是辐射对“其他星体”的损害，而题干涉及的是辐射对“人类皮肤”是否有害，无关选项。(干扰项 · 话题不一致)

E 项，此项说明绝大部分的紫外线辐射都会被臭氧层吸收，SP 搭桥，支持研究人员的观点。

8. C

【第 1 步　识别命题形式】

提问方式：以下哪项如果为真，最有助于增强题干的结论？

题干：多吃盐(原因 Y)不仅不能补钙，反而会导致钙质流失(结果 G)。

锁定关键词“导致”，可知此题为母题模型 16　现象原因模型。

【第 2 步　套用母题方法】

A 项，题干的论证不涉及“微量元素”，无关选项。(干扰项 · 话题不一致)

B 项，此项指出“食盐中的钠”与“人体的代谢”有关，但是是什么样的关系并不确定，故排除。(干扰项 · 不确定项)

C 项，此项说明多吃盐确实会导致钙的流失，因果相关(YG 搭桥)，支持题干。

D 项，题干的论证不涉及“清淡饮食”的好处，无关选项。(干扰项 · 话题不一致)

E 项，题干的论证不涉及“除碘以外的营养强化剂”，无关选项。(干扰项 · 话题不一致)

9. C

【第 1 步　识别命题形式】

提问方式：以下哪项如果为真，最能支持上述论证？

题干：科学家团队在没有将行星表面样本(S)暴露于地球空气中的情况下进行样本分析后，从中检测到 20 多种氨基酸(P1)。因此有人认为，小行星“龙宫”(S)可能存在地外生命(P2)。

题干中，P1 与 P2 不一致，故此题为母题模型 15　拆桥搭桥模型(双 P 型)。

【第 2 步　套用母题方法】

A 项，此项涉及的是“地球形成时”的情况，而题干涉及的是“地球以外”的情况，无关选项。(干扰项 · 话题不一致)

B 项，此项说明氨基酸是化学反应的自然产物，那么可能与生命没有关联。

C 项，此项说明氨基酸(P1)确实可以形成生物(P2)，搭桥法(双 P 搭桥)，支持题干。

D 项，此项说明地球以外确实存在生命，支持题干的结论，但“可能”是弱化词，支持力度较弱，不如 C 项。

E 项，此项的论证对象是“以往陨石中发现的氨基酸”，而题干的论证对象是“小行星‘龙宫’表面样本中检测到的氨基酸”，无关选项。(干扰项 · 对象不一致)

10. C

【第 1 步　识别命题形式】

提问方式：“以下哪项如果为真，最能支持上述论证？”，支持论证的题目优先考虑搭桥法。

题干：该菌群(S)在含有塑料垃圾的培养基中能维持旺盛的生长能力(P1)。研究人员据此推断，这是一种能有效降解塑料垃圾(P2)的菌群(S)。

题干中，P1与P2不一致，故此题为母题模型15 拆桥搭桥模型(双P型)。

【第2步 套用母题方法】

A项，此项说明该菌群确实能降解部分聚乙烯对苯二甲酸酯塑料，但不确定其能否降解其他类型的塑料垃圾，故无法确定其是否可以有效降解塑料垃圾。(干扰项·不确定项)

B项，此项说明该菌群确实能降解聚乙烯塑料，但不确定其能否降解其他类型的塑料垃圾，故无法确定其是否可以有效降解塑料垃圾。(干扰项·不确定项)

C项，此项建立了"高效降解塑料"与"维持旺盛的生命力"的联系，双P搭桥，支持题干。

D项，此项的论证对象是"塑料生产厂商"，而题干的论证对象是"该菌群"，无关选项。(干扰项·对象不一致)

E项，此项给出一个建议，但由此不能确定该菌群能否降解塑料垃圾。("建议"出现在选项中一般可认为是"非事实项")

11. B

【第1步 识别命题形式】

提问方式：以下哪项如果为真，最能支持专家的观点？

专家的观点：维生素B1(S)并不能有效驱蚊(蚊子不会被熏跑)(P)。

此题提问针对论点，故优先考虑母题模型15 拆桥搭桥模型(SP型)。

【第2步 套用母题方法】

A项，此项中"未必不喜欢"是不确定信息，不能很好地支持专家的观点。(干扰项·不确定项)

B项，此项说明维生素B1无法稳定存在，既然无法稳定存在，当然也就不能有效驱蚊，搭桥法(SP搭桥)，支持专家的观点。

C项，"不少媒体"的观点并不一定就是事实。(干扰项·非事实项)

D项，此项说明维生素B1的味道对驱蚊有一定的效果，削弱专家的观点。

E项，此项的论证对象是"薄荷"，而题干的论证对象是"维生素B1"，无关选项。(干扰项·对象不一致)

12. C

【第1步 识别命题形式】

提问方式：以下哪项如果为真，最能支持上述科学家的推测？

科学家的推测：随着今天北极冰层的消退，乘数效应(最初的变暖会引发一系列相应变化，自然地加速某些生物和化学过程，进而导致更多的变暖)将会重新启动。

锁定关键词"推测""将会"，可知此题为母题模型17 预测结果模型。

【第2步 套用母题方法】

A项，此项涉及的是"500万年前"的情况，而题干是对"未来"的预测，无关选项。(干扰项·时间不一致)

B项，此项指出"北极冰层正在缩小，并有可能消失"，但不涉及北极冰层的消退是否会导致"乘数效应"重新启动，无关选项。(干扰项·话题不一致)

C 项，此项指出北极冰层融化会加剧碳循环的生物化学过程，说明乘数效应确实可能会出现，支持科学家的推测。

D 项，题干不涉及"变暖"与"变冷"造成的长期影响的比较；此外，此项涉及的是"古代"的情况，而题干是对"未来"的预测。(干扰项 • 新比较、时间不一致)

E 项，此项涉及的是北极冰层消退的"原因"，而题干涉及的是北极冰层消退的"结果"，无关选项。(干扰项 • 话题不一致)

13. A

【第 1 步　识别命题形式】

提问方式：以下哪项最有力地支持了该业内人士的观点？

业内人士的观点：尽管航空公司(S)面临巨大的油价上涨压力，但不会调高机票价格(P)。

此题提问针对论点，故优先考虑母题模型 15　拆桥搭桥模型(SP 型)。

【第 2 步　套用母题方法】

A 项，此项指出飞机除机票外的燃油附加费增多，即收入增加，故可能无须调高机票价格来缓解油价上涨的压力，肯 P 法，支持该业内人士的观点。

B 项，此项仅指出飞机加油量可以被精准测算，但并未说明这是否可以应对巨大的油价上涨压力，故此项不能支持该业内人士的观点。(干扰项 • 不确定项)

C 项，不确定此项中"对冲的方式"是何种方式，以及效果如何，故此项不能支持该业内人士的观点。(干扰项 • 不确定项)

D 项，此项说明"几家大的航空公司结成了价格联盟"，但由此不能确定他们的定价策略如何，故此项不能支持该业内人士的观点。(干扰项 • 不确定项)

E 项，此项指出航空市场的客源有可能增加，说明收入可能增加，故可能无须调高机票的价格来缓解油价上涨的压力，支持该业内人士的观点，但"可能"一词力度较弱。

14. C

【第 1 步　识别命题形式】

提问方式：以下哪项陈述如果为真，将给中国官员的断言以最强的支持？

中国官员：欧盟若对中国光伏产品设限，将搬起石头砸自己的脚。

锁定关键词"将"，可知此题为母题模型 17　预测结果模型。

【第 2 步　套用母题方法】

A 项，题干的论证对象是"欧盟"，而此项的论证对象是"全球所有的国家"，无关选项。(干扰项 • 对象不一致)

B 项，题干的论证不涉及其他国家的光伏产品商的行为，无关选项。

C 项，此项指出欧盟若对中国光伏产品设限，欧盟大批光伏上下游企业的发展会受到影响(即：砸自己的脚)，说明结果预测正确，支持中国官员的断言。

D 项，题干的论证不涉及"欧债危机"，无关选项。

E 项，此项指出欧盟可以用其他国家的光伏产品来替代中国的光伏产品，那么设限就不会对欧盟产生影响，说明结果预测不当，削弱中国官员的断言。

15. C

【第1步　识别命题形式】

提问方式：以下哪项陈述如果为真，可以支持上述观点？

研究员：可以通过确定特定区域内蜘蛛网上微塑料的含量(措施M)来快速了解该区域的微塑料污染情况(目的P)。

锁定关键句“通过……来快速了解……”，可知此题为母题模型18　措施目的模型。

【第2步　套用母题方法】

A项，题干的论证不涉及微塑料的来源，无关选项。

B项，题干的论证不涉及空气中的微塑料是否会危害人体健康，无关选项。

C项，既然蜘蛛网上微塑料的含量与空气中微塑料的含量成正比，那就可以根据蜘蛛网上微塑料的含量来了解该区域的微塑料污染情况，措施可达目的(MP搭桥)，支持题干。

D项，目前已有的方法能否准确测量微塑料污染情况与题干中的方法能否准确测量无关，无关选项。(干扰项·其他措施)

E项，此项说明微塑料无法有效黏结在蜘蛛网上，那就不能通过蜘蛛网上微塑料的含量来了解该区域的微塑料污染情况，措施达不到目的(MP拆桥)，削弱题干。

16. D

【第1步　识别命题形式】

提问方式：以下哪项如果为真，最能支持第一种观点？

第一种观点：持续高温天气的出现(现象G)是由全球气候变暖(原因Y)造成的。

锁定关键词“由……造成”，可知此题为母题模型16　现象原因模型。

【第2步　套用母题方法】

A项，题干不涉及全球气候变暖的原因，无关选项。(干扰项·话题不一致)

B项，题干不涉及持续高温天气的影响，无关选项。(干扰项·话题不一致)

C项，题干不涉及高温天气的定义，无关选项。(干扰项·话题不一致)

D项，此项指出“全球气候变暖会改变大气环流特征”，从而“改变高温等极端天气事件的强度和发生频率”，因果相关(YG搭桥)，支持第一种观点。

E项，“气象学家们”的观点未必能说明事实情况。(干扰项·非事实项)

17. A

【第1步　识别命题形式】

提问方式：以下哪项如果为真，最能支持上述结论？

题干结论：人类的嗅觉(S)经历着不断削弱、逐渐退化(P)的过程。

此题提问针对论点，故优先考虑母题模型15　拆桥搭桥模型(SP型)。

【第2步　套用母题方法】

A项，此项说明人类的嗅觉确实经历着不断削弱、逐渐退化的过程，SP搭桥，支持题干。

B项，题干不涉及“视觉”与“嗅觉”在人类感觉系统中重要性的比较，无关选项。(干扰项·新比较)

C项，题干不涉及可以编码嗅觉受体的基因的数量，无关选项。(干扰项·话题不一致)

D项，题干不涉及“老年人”与“年轻人”嗅觉敏感性的比较，无关选项。(干扰项·新比较)

E 项，此项指出“随着人类的进化，人类不需要通过嗅觉去确定植株是否有毒”，但由此不确定“人类嗅觉是否退化”，故不能支持题干。（干扰项 • 不确定项）

18. C

【第 1 步　识别命题形式】

提问方式：以下哪项如果为真，最能支持上述结论？

题干：在奥杜威峡谷(S)的 170 万年前的火山沉积物中发现了一种由超嗜热细菌合成的脂类(P1)。科学家们据此推断，奥杜威峡谷(S)在 170 万年前存在高温温泉(P2)，生活在这里的古人类很有可能借助这些温泉煮熟食物。

题干中，P1 与 P2 不一致，故此题为母题模型 15　拆桥搭桥模型(双 P 型)。

【第 2 步　套用母题方法】

A 项，此项的论证对象是“其他古人类遗址”，而题干的论证对象是“奥杜威峡谷”，无关选项。（干扰项 • 对象不一致）

B 项，题干不涉及奥杜威峡谷火山活动频繁的原因，无关选项。（干扰项 • 话题不一致）

C 项，此项指出超嗜热细菌(P1)通常在高温温泉(P2)中生长，搭桥法(双 P 搭桥)，支持题干。

D 项，在奥杜威峡谷的遗迹中“发现了古人类的遗迹和遗骨化石”，只能证明奥杜威峡谷曾有古人类存在或人类活动，但由此无法确定此处是否曾存在高温温泉，故不能支持题干。

E 项，此项说明奥杜威峡谷曾有过火山活动，但由此无法确定此处是否曾存在高温温泉，故不能支持题干。

19. D

【第 1 步　识别命题形式】

提问方式：以下哪项如果为真，最能够支持上述观点？

有人认为：应用 AI 技术(措施 M)能够代替专利审查员进行外观设计审查(目的 P)。

锁定关键词“能够”，可知此题为母题模型 18　措施目的模型。

【第 2 步　套用母题方法】

A 项，此项不涉及“AI 技术”，故排除。（干扰项 • 话题不一致）

B 项，此项说明 AI 技术目前无法实际应用于外观设计审查，但未来如何并不确定，故不能支持题干。（干扰项 • 不确定项）

C 项，此项指出 AI 技术已被广泛应用，但由此不确定 AI 技术能否应用于外观设计审查。（干扰项 • 不确定项）

D 项，此项说明 AI 技术确实可以用来替代专利审查员进行外观设计审查，措施可达目的(MP 搭桥)，支持题干。

E 项，题干不涉及外观设计专利的应用，无关选项。（干扰项 • 话题不一致）

20. A

【第 1 步　识别命题形式】

提问方式：以下哪项如果为真，最能支持上述论证？

题干：宇宙中恒星级质量黑洞(S1)的数量达到了 4 000 亿亿个(P)。这意味着宇宙中有 4 000 亿亿个(P)恒星(S2)变成了黑洞。

题干论据与论点中的论证对象S1与S2不一致，故此题为母题模型15　拆桥搭桥模型(双S型)。

【第2步　套用母题方法】

A项，此项指出恒星最终会坍塌成恒星级质量黑洞，即构建了“4 000亿亿个黑洞”和“4 000亿亿个恒星”二者之间的关系，搭桥法(双S搭桥)，支持题干。

B项、C项、D项、E项，这四项涉及的是黑洞的分类、黑洞之间的合并、得出黑洞数量的指标和估算黑洞及数量的作用，而题干涉及的是黑洞与恒星之间的数量关系，故均为无关选项。(干扰项·话题不一致)

21. D

【第1步　识别命题形式】

提问方式：以下哪项如果为真，最能支持上述观点?

题干：气温升高将加剧野生动物传染病的暴发。

锁定关键词“将”，可知此题为母题模型17　预测结果模型。

【第2步　套用母题方法】

A项，此项指出炎热地带的野生动物始终面临患传染病的风险，但并不涉及“气温变化”与“传染病暴发”之间的联系，无关选项。(干扰项·话题不一致)

B项，此项指出“适应寒带和高海拔栖息地的动物遭遇传染病暴发的风险正在升高”，但不确定这是否是因为“气温升高”。(干扰项·不确定项)

C项，此项指出潮湿的气候环境可能更容易导致野生动物感染病毒，但并不涉及“气温变化”与“传染病暴发”之间的联系，无关选项。(干扰项·话题不一致)

D项，此项指出气温高低与野生动物患传染病的风险之间存在正相关性，即：气温越高，患传染病的风险越高，说明结果预测正确，支持题干。

E项，题干并未涉及病毒能否在不同种类的野生动物之间传染，无关选项。(干扰项·话题不一致)

22. C

【第1步　识别命题形式】

提问方式：以下哪项如果为真，最能支持上述结论?

题干：愤怒和易恼等情绪与饥饿之间存在被诱导的关系，也就是说，饥饿(原因Y)会使人们“饿怒”(结果G)。

题干涉及对现象原因的分析，故此题为母题模型16　现象原因模型。

【第2步　套用母题方法】

A项，此项说明饥饿状态下能“保持情绪愉悦”的人数较少，但这无法说明人们就是处于“愤怒”的状态，不能支持题干。

B项，此项仅指出饥饿与愤怒和易恼情绪以及更低的愉悦感“有关”，但不能确定二者的具体关系。(干扰项·不确定项)

C项，此项说明饥饿确实会导致人们变得易怒和焦躁，因果相关(YG搭桥)，支持题干。

D项，此项指出饥饿会“引起脑部功能失调”，但不确定其是否会“对情绪产生影响”。(干扰项·不确定项)

E项，此项涉及的是“愉悦情绪对人吃东西的欲望的作用”，而题干涉及的是“饥饿是否会使人们‘饿怒’”，无关选项。(干扰项·话题不一致)

23. B

【第 1 步　识别命题形式】

提问方式：以下哪项如果为真，最能支持上述结论？

题干：蘑菇(S)中含有一种特殊化合物——麦角硫因(P1)，因此，食用蘑菇(S)可以降低老年人患轻度认知障碍(P2)的风险。

题干中，P1 与 P2 不一致，可知此题为母题模型 15　拆桥搭桥模型(双 P 型)。另外，锁定关键词“可以”，可知此题也为母题模型 18　措施目的模型。

【第 2 步　套用母题方法】

A 项，题干不涉及“年轻人”，也不涉及食用蘑菇对“心脏病”的影响，无关选项。(干扰项・对象不一致、话题不一致)

B 项，此项指出轻度认知障碍老年患者(P2)血浆中麦角硫因(P1)的水平较低，搭桥法(双 P 搭桥)，支持题干。

C 项，题干不涉及“食用的蘑菇种类”，无关选项。(干扰项・话题不一致)

D 项，题干不涉及麦角硫因的“获取方式”，无关选项。(干扰项・话题不一致)

E 项，此项的论证对象是“青少年”，而题干的论证对象是“老年人”，无关选项。(干扰项・对象不一致)

24. C

【第 1 步　识别命题形式】

提问方式：以下除哪项外，均能支持以上结论？

题干：

被咖啡果肉覆盖的土地：“栅栏草”完全消失，长出了热带树种的年轻树冠；

什么也不做的土地：依然被“栅栏草”霸占着；

因此，咖啡果肉有助于热带雨林的生态恢复。

本题通过两组对比的实验，得出一个因果关系，故此题为母题模型 16　现象原因模型(求异法型)。

【第 2 步　套用母题方法】

A 项，此项说明覆盖咖啡果肉会导致压在下面的“栅栏草”死亡，支持题干的观点。

B 项，此项说明不是其他原因导致两块土地的“栅栏草”生长趋势不一致，排除其他差因，支持题干的观点。

C 项，此项指出咖啡果肉会吸引食草型动物进而“改变”周边的环境，但不确定这种“改变”是好还是坏，故不能支持题干。(干扰项・不确定项)

D 项，此项直接指出咖啡果肉能帮助热带雨林恢复原有的生态，支持题干的观点。

E 项，此项说明覆盖咖啡果肉会导致压在下面的“栅栏草”死亡，支持题干的观点。

25. D

【第 1 步　识别命题形式】

提问方式：以下哪项如果为真，最能支持以上观点？

题干：加“胶”(S)是有安全保障(P)的。

此题提问针对论点，故优先考虑母题模型 15　拆桥搭桥模型(SP 型)。

【第2步 套用母题方法】

A项，此项仅涉及添加了食用胶后食品的“口感”，但不涉及“安全性”，不能支持题干。

B项，“有的”食品符合食用安全标准不代表所有的食品都是如此，不能支持题干。（干扰项·有的/有的不）

C项，题干不涉及“营养成分及价值”的比较，无关选项。（干扰项·新比较）

D项，此项说明常用的食用胶的安全确实有保障，支持题干。

E项，专家的观点未必为真，不能支持题干。（干扰项·非事实项）

26. E

【第1步 识别命题形式】

提问方式：以下哪项如果为真，最能支持上述结论？

题干：参与创建全国卫生城市（原因 Y）有助于提升该市的环境空气质量（结果 G）。

题干涉及对现象原因的分析，故此题为母题模型16 现象原因模型。

【第2步 套用母题方法】

A项，此项指出参与全国卫生城市创建能够“获得更多的政府专项财政补助”，但不确定其是否有助于“提升该市的环境空气质量”。（干扰项·不确定项）

B项，此项指出众多城市考察团常常来该市学习创建全国卫生城市的经验，但不确定参与创建全国卫生城市是否有助于提升该市的环境空气质量。（干扰项·不确定项）

C项，题干不涉及“周边城市”的情况，无关选项。（干扰项·对象不一致）

D项，此项指出“该市在创建全国卫生城市之后居民的健康水平显著提高”，但不确定其是否与环境空气质量有关。（干扰项·不确定项）

E项，此项指出参与全国卫生城市创建之前（无因），该市的环境空气质量长期处于较差的状况（无果），无因无果，支持题干。

27. D

【第1步 识别命题形式】

提问方式：以下哪项如果为真，最能支持上述研究团队的结论？

研究团队的结论：进行适当锻炼（措施 M）可以逆转心肌老化带来的危害并降低心脏病发作风险（目的 P）。

锁定关键词“可以”，可知此题为母题模型18 措施目的模型。

【第2步 套用母题方法】

A项，此项说明年龄会影响心肌老化和心脏病的发病风险，但并未涉及“适当锻炼”，无关选项。（干扰项·话题不一致）

B项，此项指出适当运动有助于“提高氧气吸入量、增强代谢能力”，但不确定其对“心脏健康”有何影响。（干扰项·不确定项）

C项，其他措施能达到目的与题干中的措施能否达到目的无关，无关选项。（干扰项·其他措施）

D 项，此项说明适当的锻炼确实可以明显改善心脏功能，即：措施可达目的(MP 搭桥)，支持题干。

E 项，此项指出上述研究未涉及其他年龄段的人群，故样本未必具有代表性，削弱题干。

28. C

【第 1 步　识别命题形式】

提问方式：以下哪项如果为真，最能支持上述研究者的观点?

题干：每天吃鸡蛋的人比起那些基本不吃鸡蛋的人，心血管事件风险降低了 11%，心血管事件死亡风险降低了 18%，尤其是出血性中风风险降低了 26%，相应的死亡风险则降低了 28%(两组对比)。研究者据此认为，每天吃一个鸡蛋有利于心血管健康(因果关系)。

题干通过两组对象的对比实验，得出一个因果关系，故此题为母题模型 16　现象原因模型(求异法型)。

【第 2 步　套用母题方法】

A 项，此项说明吃鸡蛋可以降低死亡率，但不确定其是否有利于心血管健康。注意："心血管健康"和"死亡率"不是同一概念。(干扰项 • 不确定项)

B 项，此项说明鸡蛋中包含了多种营养成分，但不确定这些营养成分是否有利于心血管健康。(干扰项 • 不确定项)

C 项，此项指出鸡蛋中的卵磷脂能有效阻止胆固醇和脂肪在血管壁上的沉积，说明吃鸡蛋(Y)有利于心血管健康(G)，因果相关(YG 搭桥)，支持研究者的观点。

D 项，题干的论证对象是"鸡蛋"，而此项的论证对象是"绿叶蔬菜"，无关选项。(干扰项 • 对象不一致)

E 项，此项说明是因为心血管较为健康才选择每天吃鸡蛋，因果倒置，削弱研究者的观点。

29. D

【第 1 步　识别命题形式】

提问方式：以下哪项如果为真，最能支持该研究者的观点?

研究者的观点：补充维生素 D(S)并不会产生积极作用(P)。

此题提问针对论点，故优先考虑母题模型 15　拆桥搭桥模型(SP 型)。

【第 2 步　套用母题方法】

A 项，此项指出缺乏维生素 D 会增加患上免疫性疾病的风险，说明补充维生素 D 可能有积极作用，削弱研究者的观点。

B 项，此项指出缺乏维生素 D 会增加死亡风险，说明补充维生素 D 可能有积极作用，削弱研究者的观点。

C 项，此项说明"体重指数低的人"补充维生素 D 可以起到对自身免疫性疾病的预防作用，即对部分人群有积极作用，削弱研究者的观点。

D 项，此项指出口服维生素 D 会导致轻度、中度动脉粥样硬化患者的死亡风险增加，即补充维生素 D 会产生负面作用，搭桥法(SP 搭桥)，支持研究者的观点。

E 项，题干不涉及哪些食物富含维生素 D，无关选项。(干扰项 • 话题不一致)

30. D

【第 1 步 识别命题形式】

提问方式："以下哪项如果为真，最能支持上述论证?"，支持论证的题目优先考虑搭桥法。

题干：甲国(S)召开了世界人工智能大会(P1)，这表明，甲国(S)在世界人工智能领域具备强有力的号召力和凝聚力(P2)。

题干中，P1 与 P2 不一致，故此题为母题模型 15 拆桥搭桥模型(双 P 型)。

【第 2 步 套用母题方法】

A 项，此项指出甲国有能力保证世界人工智能大会的顺利召开，但"有能力"并不意味着其"具备强有力的号召力和凝聚力"，故不能支持题干。

B 项，题干不涉及"甲国"与"乙国"的比较，无关选项。(干扰项·新比较)

C 项，题干不涉及甲国将人工智能应用到哪些领域，无关选项。(干扰项·话题不一致)

D 项，此项等价于：举办世界人工智能大会(P1)→在世界人工智能领域具备足够的号召力和凝聚力(P2)，搭桥法(双 P 搭桥)，支持题干。

E 项，题干不涉及人工智能对社会的影响，无关选项。(干扰项·话题不一致)

专项训练 8 ▸ 假设题

共 30 小题，每小题 2 分，共 60 分，建议用时 60~75 分钟

你的得分是________

说明：本套试题以考查联考论证逻辑“4 大核心母题模型”为主（真题中考查频率较高），其他母题模型根据近 5 年的考查频次设置了试题，整体难度高于真题。

1. 针对如何戒掉烟瘾，某大学研究小组给出了“试试出去跑两圈”的建议。该小组通过对实验室小白鼠的研究，证明了即使是像慢跑这样中等强度的体育运动，也能激活小白鼠大脑中的 α7 烟碱型乙酰胆碱受体，提供与吸烟类似的快感。因此，“跑两圈”或许能够让戒烟者的戒断症状有所缓解。

   以下哪项最可能是以上论述的假设？

   A. 小白鼠对于香烟中的一些成分较为敏感。

   B. 高强度的体育运动不能激活小白鼠大脑中的 α7 烟碱型乙酰胆碱受体。

   C. 小白鼠与人的大脑生理结构具有很高的相似性。

   D. 小白鼠也能吸烟，也会出现类似烟瘾的生理表现。

   E. 香烟中的尼古丁等各种成分均不会刺激 α7 烟碱型乙酰胆碱受体。

2. 人们常认为白色的花比红色的花香味更浓郁。近日有科学家通过对植物花青素含量以及花瓣油细胞数量的研究发现，红花的花瓣油细胞的数量只有白花的一半。由此，他们得出结论：白花比红花香味更浓郁。

   以下哪项如果为真，最可能是科学家得出结论的前提？

   A. 植物花青素含量越多，花香味越浓郁。

   B. 黄花的花瓣油细胞的数量远高于红花，却与白花很接近。

   C. 植物的花瓣油细胞的数量与植物的芳香程度呈正相关。

   D. 红花可用作节日庆典、表达心意等用途，视觉效果较好。

   E. 白花的花瓣油细胞数量比红花多是因为白花比红花更耐晒。

3. 一词当然可以多义，但一词的多义应当是相近的。例如，“帅”可以解释为“元帅”，也可以解释为“杰出”，这两个含义是相近的。由此看来，把“酷（cool）”解释为“帅”实则是英语中的一种误用，应当加以纠正，因为“酷（cool）”在英语中的初始含义是“凉爽”，和“帅”丝毫不相关。

   以下哪项是题干的论证所必须假设的？

   A. 一个词的初始含义是该词唯一确切的含义。

   B. 除了“cool”以外，在英语中不存在其他的词具有不相关的多种含义。

   C. 词的多义将造成思想交流的困难。

   D. 英语比汉语更容易产生语词歧义。

   E. 语言的发展方向是一词一义，用人工语言取代自然语言。

4. 现在很多青年人参与跑步运动，夜间跑步正在成为一种时尚。但是，一项统计研究表明，一些人体器质性毛病都和跑步有关，例如，脊椎盘错位，足、踝扭伤，膝、腰关节磨损，等等。此项研究进一步表明，在刚开始跑步锻炼的人中，很少有这些毛病，而经常跑步的人中，多多少少都有这样的毛病。这说明人体扛不住经常性跑步产生的压力。

以下哪项是上述论证所假设的？

A. 经常跑步锻炼的人并不知道这项运动有害于身体。

B. 不经常跑步的人也会出现器质性毛病。

C. 应当宣传跑步对人体有害，使更多的人不采用或放弃此种健身方式。

D. 和许多动物种类相比，人体器官对外部压力的抵抗能力较弱。

E. 跑步和人体的某些器质性毛病有因果关系。

5. 经济不景气、市场需求下降、收入减少等因素都可能导致公司陷入困境。天祥公司正面临这样的困境，为保证公司的正常运转，董事会讨论过后决定裁员，计划首先解雇效率较低的员工，而不是简单地按照年龄的大小来决定。

以下哪项如果为真，是董事会作出这个计划的前提？

A. 年龄大小与工作效率没有关系。

B. 公司里最有工作经验的员工是最好的员工。

C. 公司里没有两个人的工作效率是相同的。

D. 公司里报酬最高的员工通常是最称职的。

E. 公司有能比较准确地判定员工效率的方法。

6. 目前对敦煌壁画的清理、修复涉及一个重要的美学理论问题。敦煌壁画的专家现在意识到，他们所研究的壁画颜色很可能不同于最初的颜色。专家们因此担心自己对敦煌壁画的研究结论是否恰当。

上述结论的提出建立在以下哪项假设的基础之上？

A. 一个艺术品研究结论的恰当性，和得出这一结论的历史阶段相关。

B. 一个艺术品的颜色，和关于它的研究结论的恰当性相关。

C. 一个经过再处理的艺术品的颜色，很可能不是原作者想要的。

D. 敦煌壁画的专家是公认的评价敦煌壁画的权威。

E. 敦煌壁画的颜色修复符合当代审美。

7. 对基础研究投入大量经费似乎作用不大，因为直接对生产起作用的是应用型技术。但是，应用型技术的发展需要基础理论研究作后盾。今天，纯理论研究可能暂时看不出有什么用处，但不能肯定它将来也不会带来巨大效益。

以下哪项是上述论证的前提假设？

A. 发展应用型技术比搞纯理论研究见效快、效益高。

B. 纯理论研究耗时耗资，看不出有什么用处。

C. 应用型技术能大幅提高生产力，有促进行业经济发展的作用。

D. 发现一种新的现象与开发出它的实际用途之间存在时滞。

E. 发展应用型技术容易，搞纯理论研究难。

8. 某天文学研究团队对金星光谱进行研究时发现，有一条微弱的吸收线与磷化氢的特征相符，这表明金星浓密的硫酸云大气中存在磷化氢分子。该研究团队由此推测，金星上曾经存在生命活动。要使上述推论成立，以下哪项必须假设？
A. 其他研究团队在对金星光谱分析后也发现了相同的吸收线。
B. 如今金星的环境已经不适宜生命活动。
C. 金星上的生命形式与地球上的生命形式存在类似性。
D. 磷化氢这一物质只能由生命活动产生。
E. 某些生物能够在地球上类似金星的环境中生存。

9. 距今约 2.25 亿年前的二叠纪末大灭绝，让超过八成的海洋物种和约九成的陆地物种消失。近期，研究人员运用红外光谱，定量测量了我国西藏南部二叠纪、三叠纪过渡期 1 000 多粒陆地植物花粉粒的物质含量。结果显示，在二叠纪末大灭绝期间，花粉外壁中香豆酸和阿魏酸的含量明显升高。研究人员据此认为，在二叠纪末大灭绝期间，大气紫外线辐射的强度明显增强。
上述论证的成立须补充以下哪项作为前提？
A. 植物体内的香豆酸和阿魏酸含量升高，导致食草动物和昆虫大量灭绝。
B. 植物通过调节体内香豆酸和阿魏酸的含量来抵抗紫外线对其造成的伤害。
C. 大气紫外线辐射强度增强会大大增加动物患癌症的概率。
D. 大气紫外线辐射的强度增强，给地球上的海洋和陆地物种带来巨大的灾难。
E. 植物体内大量合成香豆酸和阿魏酸等会相应减少叶绿素的合成。

10. 众所周知，高的血液胆固醇水平会增加血液凝结而引起中风的危险。但是，最近的一篇报告指出，血液胆固醇水平低使人患其他致命类型的中风(即脑溢血，由大脑的动脉血管破裂而引起)的危险性在增大。报告建议，因为血液胆固醇在维持细胞膜的韧性方面起着非常重要的作用，所以低的血液胆固醇会削弱动脉血管壁的强度，从而使它们易于破裂。由此，上述结论证实了日本研究者长期争论的问题，即西方饮食比非西方饮食能更好地防止脑溢血。
以上的结论依据下面哪个假设？
A. 西方饮食中的蛋白质含量比非西方饮食更多。
B. 与非西方饮食相比，西方饮食易使人产生较高的血液胆固醇。
C. 血液胆固醇水平与动脉血管的强弱并无直接关联。
D. 脑溢血比血液凝结引起的中风更危险。
E. 血压低的人患脑溢血的危险性在增大。

11. 奶茶，乍一想应该既有奶又有茶，是一种营养丰富的健康饮品。事实果真如此吗？有专家指出，市面上的奶茶大多由茶粉勾兑而成，咖啡因超标。因此专家提醒：对青少年而言，为了保持身体健康，奶茶好喝但别“贪杯”。
以下哪项最有可能是上述专家观点的假设？
A. 奶茶对身体健康没有任何好处。
B. 过量摄入咖啡因会影响人们的身体健康。
C. 相比其他人群，奶茶对青少年的吸引力更高。
D. 奶茶中的咖啡因可能使人兴奋不已，甚至失眠。
E. 青少年正处于生长发育的关键期，对咖啡因更敏感。

12. 人们常说"要想身体好，天天吃核桃"，多年经验浓缩成的俗话一定有它的道理。最近，有研究证实，多吃核桃的确有益肠道健康，可增加大量的有益肠道细菌，因此多吃核桃对人类心脏有好处。

以下哪项最有可能是上述研究结论的假设？

A. 充满益生菌的肠道可以长时间地保护人类心脏健康。

B. 核桃可以增加肠道益生菌，从而降低患高血压的风险。

C. 每天食用核桃可以帮助中老年人降低血压和胆固醇。

D. 核桃还对糖尿病人的血糖控制有一定的帮助。

E. 心脏病患者多吃核桃对他们的血管有益。

13. 手臂疼痛是接种所有疫苗都会产生的副作用。实际上，手臂疼痛是人体对体内注入异物的正常反应。这种反应与抗原呈递细胞有关，这些细胞通常存在于人体肌肉、皮肤和其他组织中。当它们检测到外来入侵者时，就会引发连锁反应，最终产生抗体并针对特定病原体提供长期保护，这一过程被称为适应性免疫反应。因此，当在手臂上接种疫苗时，免疫细胞因子刺激神经是导致手臂疼的原因。

以下哪项最可能是上述论证的假设？

A. 在抗原处理过程中，巨噬细胞、树突状细胞会起调节作用，防止适应性免疫反应的过弱或过强。

B. 不同的疫苗所引发的手臂疼痛反应程度不同。

C. 适应性免疫反应是产生免疫细胞因子的原因。

D. 免疫细胞因子能够召集更多的免疫细胞聚集。

E. 免疫细胞因子作为灵敏的炎症指标，其表达调控失衡与许多疾病的发生、发展相关。

14. 研究人员为研究睡眠与记忆力的关系，分别对 21 岁的年轻人和 75 岁的老年人进行睡眠和记忆测试。在睡眠过程中，研究人员借助脑电图仪对受试者的睡眠和脑电波活动进行检测，老年人的慢波睡眠时间比年轻人平均少 75%。在 8 小时睡眠后的次日，研究人员再次检测对日前单词的记忆情况。结果显示，老年人次日的单词记忆成绩比年轻人差 55%。因此，研究人员认为，慢波睡眠时间缩短是影响老年人记忆力的关键。

以下哪项最可能是上文所作的假设？

A. 睡眠质量的好坏不仅取决于慢波睡眠的长短，也取决于快波睡眠的长短。

B. 慢波睡眠能使得新获取的信息从短期储存记忆的海马区转移到长期储存记忆的前额皮质。

C. 绝大多数老年人大脑功能减退，记忆力下降，即使延长慢波睡眠时间，也难改善记忆力。

D. 参与实验的年轻人在实验开始前早已接触过或者学习过这些单词。

E. 人们慢波睡眠的时间会受到心理压力、健康状况和所处环境的影响。

15. 某中学地处山区，每年暑假时都会有高校学生前来开展一个月左右的支教活动。该中学有教师对此提出质疑，认为尽管高校学生受教育程度高，但他们没有教师资格证，因此无法开展专业有效的教学。

以下哪项最有可能是上述教师观点的假设?

A. 只有专业有效的教学才是学生们喜爱的教学。

B. 高校学生不具备考取教师资格证的能力。

C. 有教师资格证的人就能开展专业有效的教学。

D. 只有拥有教师资格证的人才能够开展专业有效的教学。

E. 该中学的教师均具有教师资格证。

16. 为了提高学生的阅读能力，研究人员设计了 A、B 两套阅读方案。为了比较这两套方案的效果，研究人员将被试学生分为两组，甲组采用方案 A，乙组采用方案 B。在随后的阅读能力测试中，甲组学生比乙组学生的平均分高出很多。研究人员据此认为，采用阅读方案 A 更有助于提高学生的阅读能力。

上述结论的成立需要补充以下哪项假设?

A. 甲组学生人数多于乙组。

B. 两组学生的阅读能力均有所提高。

C. 甲组学生的阅读速度明显快于乙组。

D. 甲组中成绩最低的学生比乙组中成绩最高的学生成绩高。

E. 两组学生在方案实施前的阅读能力基本相同。

17. 尽管有关法律越来越严厉，但盗猎现象并没有得到有效抑制，反而有愈演愈烈的趋势，特别是对犀牛的捕杀。一只没有角的犀牛对盗猎者来说是没有价值的，野生动物保护委员会为了有效地保护犀牛，计划将所有的犀牛角都切掉，以使它们免遭杀害的厄运。

野生动物保护委员会的计划假设了以下哪项?

A. 盗猎者不会杀害对他们没有价值的犀牛。

B. 犀牛是盗猎者为获得其角而猎杀的唯一动物。

C. 无角的犀牛比有角的犀牛对包括盗猎者在内的人威胁都小。

D. 无角的犀牛仍可成功地对人类以外的敌人进行防卫。

E. 对盗猎者进行更严格的惩罚并不会降低盗猎者猎杀犀牛的数量。

18. 自古以来，我国就有“少年强则国家强”的说法，这不仅是对青少年的寄语，更是对国家未来的期许。青少年是国家的未来，是民族的希望，他们的身体健康状况直接关系到国家的强盛和民族的发展。为了提高国内青少年的身体素质，有人建议增加义务教育阶段体育课的课时，增加中小学学生进行体育锻炼的时长。

以下哪项最可能是上述论述的假设?

A. 增加中小学学生体育锻炼时长会使得中小学学生受伤的风险变大。

B. 中小学学生进行体育锻炼的时间越长，他们的身体素质就会越好。

C. 体育课课时越少，大学生生病的可能越大。

D. 体育锻炼是中小学生提升身体素质的唯一途径。

E. 增加体育锻炼时间有利于青少年的心理健康。

19. 一项实验中，研究者对被试者进行了身体活动水平的调查，分析了他们平均每天坐着的时间。结果显示，每天坐的时间过长(超过 5 小时)与大脑内侧颞叶缩小密切相关，即使其他时间身体达到了很高的活动水平，也无法改变颞叶缩小的趋势。因此，久坐会对人的记忆力产生影响。

以下哪项最可能是上述结论的假设?

A. 有些记忆力较差的人不常运动，更喜欢宅在家里。

B. 大部分帕金森患者会出现记忆力的持续衰退和颞叶缩小的状况。

C. 大脑内侧颞叶区域包含海马体，而这一部位与记忆的形成有关。

D. 各年龄段群体中，久坐对年轻人记忆力的影响大于中老年人。

E. 许多老年人容易出现大脑内侧颞叶缩小的情况。

20. 父母不可能整天与他们未成年的孩子待在一起，他们也并不总是能够阻止他们的孩子去做可能伤害他人或损坏他人财产的事情。因此，父母不应因为他们未成年的孩子所犯的过错而受到指责和惩罚。

上述结论的提出建立在以下哪项假设的基础之上?

A. 未成年孩子所从事的所有活动都应该受到成年人的监管。

B. 在司法审判体系中，应该像对待成年人一样对待未成年孩子。

C. 父母应当保护子女的人身权不受侵害。

D. 父母有责任教育他们的未成年孩子去分辨对错。

E. 人们只应该对那些他们能够加以控制的行为承担责任。

21. 与水和大气污染不同，土壤污染的隐蔽性较强。目前，基于微生物细胞外呼吸的土壤原位修复技术已经成为我国华南地区土壤生物修复技术的生力军。与物理化学修复相比，这种修复方式具有高效率、低成本、非破坏、适用广等特点。因此，这一技术与发达国家用的土壤修复技术相比具有一定的优势。

以下哪项最可能是上文所作的假设?

A. 发达国家的土壤和我国的有很大差异，并不适用土壤原位修复技术。

B. 土壤原位修复技术优于物理化学修复。

C. 土壤原位修复技术是在华南地区特定的土壤条件下开发起来的。

D. 发达国家的土壤修复技术主要采用物理化学修复。

E. 我国的土壤修复技术比发达国家更为成熟。

22. 不同的读者在阅读时，会在大脑内对文章信息进行不同的加工编码。其中，一种是浏览，从文章中收集观点和信息，使知识作为独立的单元输入大脑，称为线性策略；一种是做笔记，在阅读时会构建一个层次清晰的框架，就像用信息积木搭建了一个“金字塔”，称为结构策略。做笔记能够对文章的主要内容进行标注，因此，与单纯的浏览相比，做笔记能够取得更优的阅读效果。

以下哪项最可能是上述论证的假设?

A. 阅读时做笔记便于日后的查询和复习。

B. 阅读效果的好坏取决于能否在阅读时抓住要点。

C. 用浏览的方式进行阅读属于知识加工的线性策略。

D. 做笔记涉及了更加复杂的认知加工过程。

E. 与线性策略相比，结构策略能够让学习提升速度。

23. 没有一个植物学家的寿命长到足以研究一棵长白山红松的完整生命过程。但是，通过观察处于不同生长阶段的许多棵树，植物学家就能拼凑出一棵树的生长过程。这一原则完全适用于目前天文学家对星团发展过程的研究。这些由几十万个恒星聚集在一起的星团，大都有 100 亿年以上的历史。

以下哪项最可能是上文所作的假设？

A. 在科学研究中，适用于某个领域的研究方法，原则上都适用于其他领域，即使这些领域的对象完全不同。

B. 天文学的发展已具备对恒星聚集体的不同发展阶段进行研究的条件。

C. 在科学研究中，完整地研究某一个体的发展过程是没有价值的，有时也是不可能的。

D. 目前有尚未被天文学家发现的星团。

E. 对星团的发展过程的研究，是目前天文学研究中的紧迫课题。

24. 在 2012 年以前，阿司匹林和退热净独占了利润丰厚的日常使用止痛药市场。但在 2012 年，布洛芬在日常使用的止痛药的份额中占据了 50%。因此，商业专家认为，2012 年相应的阿司匹林和退热净的销售额一共也减少了 50%。

上述结论的提出建立在以下哪项假设的基础之上？

A. 大多数消费者倾向使用布洛芬而不是阿司匹林或退热净。

B. 阿司匹林、退热净和布洛芬都能减轻头痛和肌肉疼痛，但阿司匹林和布洛芬会引起胃肠不适。

C. 布洛芬的加入并没有引起整个日常使用止痛药的市场增加总的销售额。

D. 生产与出售阿司匹林和退热净的公司不生产与出售布洛芬。

E. 2012 年以前，布洛芬是处方药；2012 年之后，布洛芬成了非处方药。

25. 一次学术讨论会议开始前，组委会就在本次会议中能否全程使用“能量分解”来替代“爆炸”这个术语展开激烈的争论。两个术语虽然所表达的含义大体相近，但是，“爆炸”这个术语可以引出合理的反应，诸如提高注意度，而替代的术语“能量分解”就无法带来这种效果。因此，“能量分解”不应该在这次学术讨论会议全过程中使用。

以下哪项是上述论断所基于的假设？

A. 如果一个术语能在学术讨论会议全过程中使用，则说明该术语可以引出合理的反应。

B. 在其他的学术讨论会议中，并未出现使用“能量分解”这个术语替代“爆炸”的情况。

C. 在该次讨论会议中，如果一个术语无法引出合理的反应，就不应该在这次学术讨论会议全过程中使用。

D. 组委会使用“能量分解”这个术语来替代“爆炸”这个术语的唯一原因是让任何关于爆炸的严肃的政策讨论变得不可能。

E. 能否用某个术语替代另一个术语，仅仅取决于两者的含义是否相近。

26. 目前，贫困人群的风险分担有非正式风险分担和正式保险两种形式。非正式风险分担通过与其他人建立风险分担关系，贫困人群可以获得非正式信贷、馈赠等形式的资源，并运用于生产或生活，从而带来收益。非正式风险分担可以解决正式保险无法解决的交易成本高和交易难度大的问题。但是正式保险却具有非正式风险分担所不具有的稳定性和规范性。因此有人提出，针对某些贫困人群的风险状况，有必要采取上述两种形式相结合的方式来有效分担风险。

上述结论要想成立，必须建立在以下哪项假设的基础上？

A. 非正式风险分担和正式保险两种风险分担方式各有利弊。

B. 已经有地区尝试采用非正式风险分担和正式保险相结合的方式解决贫困人群的风险分担问题。

C. 非正式风险分担和正式保险两种方式无法单独使用。

D. 针对这些贫困人群的风险状况，单独采用非正式风险分担或正式保险中的任何一种方式并不能有效分担风险。

E. 目前，理论界和实务界已经对非正式风险分担和正式保险两种风险分担方式的结合进行了深入研究和可行性探讨。

27. 杂草稻是稻田里不种自生、伴随栽培稻生长的一种“杂草型稻”。研究者在杂草稻基因组中发现了与干旱胁迫下叶片干枯程度显著相关的基因——PAPH1。消除该基因后的株系，其叶肉细胞膜内外钙离子和钾离子流速降低；而PAPH1基因过度表达的株系，其叶肉细胞膜内外钙离子和钾离子流速增加。因此，研究者指出，PAPH1基因在杂草稻抗旱性中发挥了关键作用。

以下哪项最可能是上述研究者的假设？

A. 正常状态下的栽培稻长期生长在有水的环境中，不含PAPH1基因。

B. 叶肉细胞膜内外钙离子和钾离子的流速也促进了PAPH1基因的表达。

C. 叶肉细胞膜内外钙离子和钾离子流速越高，杂草稻的抗旱性越强。

D. 杂草稻与栽培稻存在基因交流，其演化与栽培稻选育品种密切相关。

E. 消除PAPH1基因后的杂草稻株系除了叶肉细胞膜内外钙离子和钾离子流速外无其他变化。

28. 从老百姓反映的情况来看，我国各区域的民生服务水平有了很大提高。例如，在民生服务中，树立了“尊重人、理解人、关心人、依靠人”的治理理念，将“为民作主”转变为“由民作主”；同时形成了普惠民生的治理格局，让民生工作惠及千家万户。可见，我国的区域治理能力和成效大幅度提高。

以下哪项最有可能是上文的假设？

A. 精准服务是提升民生服务水平的切入点。

B. “为民作主”转为“由民作主”，能推动民主决策走向实处，确保民生实事办得更好。

C. 民生服务水平是衡量我国区域治理能力和成效的重要指标。

D. 区域治理能力和成效的提升是国家治理体系和治理能力现代化的重要内容。

E. “由民作主”机制的形成标志着政府从注重“管理能力”向注重“治理能力”转变。

29. 地质学家在澳大利亚中部距地表 3 公里的地下发现了两处直径超过 200 公里的神秘自然景观，景观所含有的石英砂中有着一簇簇的细线，这些细线大部分是互相平行的直线。地质学家认为，这些景观很可能是巨大陨石撞击形成的陨石坑，而石英砂的结构就是造成断裂的证据。

以下哪项最可能是上述地质学家的假设？

A. 只有经历高速的陨石撞击，地层中的石英砂才会显示出含有平行直线的断裂结构。

B. 石英砂普遍存在于地球表面，由于坚硬、耐磨、化学性能稳定而很少发生变化。

C. 该景观的直径之大，并不同于其他的陨石坑，很可能不是一次形成的。

D. 该景观周围的岩石是 3 亿年到 4.2 亿年之前形成的，而撞击也发生在那一时期。

E. 石英砂是一种坚硬、耐磨、化学性能稳定的硅酸盐矿物，一般情况下不会出现细线。

30. 近日，研究人员招募了 36 名健康人员，并将其随机分配到发酵或高纤维饮食方案小组中，使其维持该方案 10 周，并在实验开展前 3 周、采取分组饮食后 10 周，以及结束实验饮食方案 4 周后，采集参与者血液和粪便样本进行分析。结果发现，食用发酵蔬菜会增加肠道微生物多样性。研究人员认为，食用发酵蔬菜可改变人体免疫状态，这有望为成年人减少炎症提供途径。

以下哪项最可能是上述研究人员的假设？

A. 高纤维饮食的被试者体内肠道微生物的多样性保持稳定。

B. 肠道微生物群不仅与肠道免疫关系密切，而且影响全身免疫系统。

C. 食用发酵蔬菜的被试者血液样本中炎症蛋白的水平有所下降。

D. 发酵食品饮食组在实验过程中要大幅减少水分的摄入。

E. 发酵饮食方案小组的被试者可以接受发酵蔬菜的口感和风味。

专项训练 8 ▶ 假设题

答案详解

答案速查

1～5　CCAEE	6～10　BDDBB	11～15　BACBD
16～20　EABCE	21～25　DBBCC	26～30　DCCAB

1. C

【第 1 步　识别命题形式】

提问方式：以下哪项最可能是以上论述的假设？

题干的论证：某大学研究小组通过对实验室小白鼠(S1)的研究，证明了即使是像慢跑这样中等强度的体育运动，也能激活小白鼠大脑中的 α7 烟碱型乙酰胆碱受体并提供与吸烟类似的快感。因此，“跑两圈”或许能够让戒烟者(S2)的戒断症状有所缓解。

题干中，S1 与 S2 不一致，故此题为母题模型 15　拆桥搭桥模型(双 S 型)。

【第 2 步　套用母题方法】

A 项，题干不涉及小白鼠是否会对香烟中的某些成分敏感，无关选项。

B 项，题干中的表述是“即使是像慢跑这样中等强度的体育运动”，暗含高强度的体育运动也能激活小白鼠大脑中的 α7 烟碱型乙酰胆碱受体，而此项与这一隐含信息矛盾，故排除。

C 项，此项说明“小白鼠”与“戒烟者”之间具备相似性，搭桥法(双 S 搭桥)，必须假设。

D 项，题干不涉及小白鼠能不能“吸烟”，无关选项。

E 项，此项指出香烟的各种成分均不会刺激 α7 烟碱型乙酰胆碱受体，这与题干中的“提供与吸烟类似的快感”矛盾，削弱题干。

2. C

【第 1 步　识别命题形式】

提问方式：以下哪项如果为真，最可能是科学家得出结论的前提？

题干：红花的花瓣油细胞的数量(P1)只有白花的一半。因此，白花比红花香味(P2)更浓郁。

题干中，P1 与 P2 不一致，故此题为母题模型 15　拆桥搭桥模型(双 P 型)。

【第 2 步　套用母题方法】

A 项，此项涉及的是“花青素含量”的差异，而题干涉及的是“花瓣油细胞数量”的差异，无关选项。(干扰项·话题不一致)

B 项，题干不涉及“黄花”的情况，无关选项。(干扰项·对象不一致)

C 项，此项指出花瓣油细胞的数量(P1)与芳香程度(P2)呈正相关，搭桥法(双 P 搭桥)，必须假设。

D 项，此项涉及的是花的“视觉效果”，而题干涉及的是花的“香味”，无关选项。(干扰项·话题不一致)

E 项，此项涉及的是白花的花瓣油细胞数量比红花多的原因，而题干涉及的是花的“香味”，无关选项。（干扰项 · 话题不一致）

3. A

【第 1 步　识别命题形式】

提问方式：以下哪项是题干的论证所必须假设的？

题干：“酷(cool)”(S)在英语中的初始含义是“凉爽”，和“帅”丝毫不相关(P1)，由此看来，把“酷(cool)”(S)解释为“帅”实则是英语中的一种误用(P2)。

题干中，P1 与 P2 不一致，故此题为母题模型 15　拆桥搭桥模型(双 P 型)。

【第 2 步　套用母题方法】

A 项，此项说明不是初始含义的就是误用，搭桥法(双 P 搭桥)，必须假设。

B 项，题干的论证对象仅仅是“cool”，不涉及英语中其他的词，无关选项。

C 项，题干未讨论词的多义对思想交流的影响，无关选项。

D 项，题干不涉及“英语”与“汉语”在产生歧义的难易程度上的比较。（干扰项 · 新比较）

E 项，题干不涉及“语言的发展方向”，无关选项。

4. E

【第 1 步　识别命题形式】

提问方式：以下哪项是上述论证所假设的？

题干：

经常跑步的人：有器质性毛病。

刚开始跑步的人：很少有这些器质性毛病。

因此，一些人体器质性毛病(现象 G)都和跑步(原因 Y)有关。

本题通过两组对比的实验，得出一个因果关系，故此题为母题模型 16　现象原因模型(求异法型)。

【第 2 步　套用母题方法】

A 项，跑步的人“是否知道(主观观点)”跑步有害于身体，与“人体是否能扛住经常性跑步产生的压力(客观事实)”无关，无关选项。

B 项，此项指出不经常跑步的人(无因)，也会出现器质性毛病(有果)，无因有果，削弱题干。

C 项，题干不涉及“是否应当宣传跑步对人体有害”，无关选项。

D 项，题干不涉及“人体”与“其他动物”对外部压力的抵抗能力的比较，无关选项。（干扰项 · 新比较）

E 项，此项直接指出跑步和人体的某些器质性毛病有因果关系，因果相关(YG 搭桥)，必须假设。

5. E

【第 1 步　识别命题形式】

提问方式：以下哪项如果为真，是董事会作出这个计划的前提？

题干：为保证公司的正常运转(目的 P)，董事会讨论过后决定裁员，计划首先解雇效率较低的员工(措施 M)，而不是简单地按照年龄的大小来决定。

锁定关键词“为”“计划”，可知此题为母题模型 18　措施目的模型。

【第2步 套用母题方法】

A项，题干中的措施是“解雇效率较低的员工”而不是简单地按照“年龄的大小”，这说明效率和年龄不是完全对等的，但不能说明效率和年龄没有关系，故此项假设过度。

B项，题干不涉及“最有工作经验的员工”，无关选项。（干扰项·对象不一致）

C项，此项涉及的是“没有两个人的工作效率是相同的”，即“所有人的工作效率都不相同”，而题干涉及的是“先解雇效率较低的员工”，即只需保证“不是所有人工作效率都相同”即可，假设过度。

D项，题干不涉及“报酬最高的员工”，无关选项。（干扰项·对象不一致）

E项，此项指出公司有判定员工效率的方法，即措施可行，必须假设。

6. B

【第1步 识别命题形式】

提问方式：上述结论的提出建立在以下哪项假设的基础之上？

题干：专家所研究的壁画(S)颜色很可能不同于最初的颜色(P1)，因此，专家担心对敦煌壁画(S)的研究结论是否恰当(P2)。

题干中，P1与P2不一致，故此题为母题模型15 拆桥搭桥模型(双P型)。

【第2步 套用母题方法】

A项，题干不涉及“结论的恰当性”与“结论的历史阶段”之间的关系，无关选项。

B项，此项指出颜色与研究结论的恰当性相关，搭桥法(双P搭桥)，必须假设。

C项，题干不涉及“原作者”的想法，无关选项。

D项，敦煌壁画的专家具备权威性无法说明题干的论证是否成立，诉诸权威。

E项，题干不涉及“当代审美”问题，无关选项。

7. D

【第1步 识别命题形式】

提问方式：以下哪项是上述论证的前提假设？

题干：纯理论研究可能暂时看不出有什么用处，但不能肯定它将来也不会带来巨大效益。

锁定关键词“将来”，可知此题为母题模型17 预测结果模型。

【第2步 套用母题方法】

A项，题干不涉及“应用型技术”和“纯理论研究”在见效速度和效益方面的比较，无关选项。（干扰项·新比较）

B项，题干不涉及纯理论研究是否“耗时耗资”，无关选项。

C项，题干的论证对象是“纯理论研究”，而此项的论证对象是“应用型技术”，二者不一致。（干扰项·对象不一致）

D项，必须假设。采用取非法验证：如果从发现到应用之间没有时滞，那么当前的纯理论研究没有用处，则未来也不会带来效益。

E项，题干不涉及“应用型技术”和“纯理论研究”在研究难易程度上的比较，无关选项。（干扰项·新比较）

8. D

【第 1 步　识别命题形式】

提问方式：要使上述推论成立，以下哪项必须假设？

题干：研究发现，金星(S)浓密的硫酸云大气中存在磷化氢分子(P1)。该研究团队由此推测，金星(S)上曾经存在生命活动(P2)。

题干中，P1 与 P2 不一致，故此题为母题模型 15　拆桥搭桥模型(双 P 型)。

【第 2 步　套用母题方法】

A 项，题干不涉及“其他研究团队”，无关选项。

B 项，此项涉及的是“如今”的情况，而题干涉及的是“曾经”的情况，无关选项。(干扰项 · 时间不一致)

C 项，题干不涉及“金星上的生命形式”是否与“地球上的生命形式”存在类似性，无关选项。

D 项，此项构建了“磷化氢(P1)”和“生命活动(P2)”之间的关系，搭桥法(双 P 搭桥)，必须假设。

E 项，此项说明“某些生物可以在类似金星的环境中生存”，说明金星可能曾经存在生命活动，对题干有支持作用。但此项不涉及“磷化氢分子”，故不是题干的假设。

9. B

【第 1 步　识别命题形式】

提问方式：上述论证的成立须补充以下哪项作为前提？

题干：结果显示，在二叠纪大灭绝期间(S)，花粉外壁中香豆酸和阿魏酸的含量明显升高(P1)。研究人员据此认为，在二叠纪末大灭绝期间(S)，大气紫外线辐射的强度明显增强(P2)。

题干中，P1 与 P2 不一致，故此题为母题模型 15　拆桥搭桥模型(双 P 型)。

【第 2 步　套用母题方法】

A 项，题干的论证不涉及植物体内的香豆酸和阿魏酸含量升高对“动物”的影响，无关选项。(干扰项 · 话题不一致)

B 项，此项指出植物通过调节体内香豆酸和阿魏酸(P1)的含量来抵抗紫外线(P2)对其造成的伤害，搭桥法(双 P 搭桥)，必须假设。

C 项，题干的论证不涉及紫外线辐射强度增强对“动物患癌症的概率”的影响，无关选项。(干扰项 · 话题不一致)

D 项，题干的论证不涉及紫外线辐射强度增强对地球上的海洋和陆地物种的影响(题干中的相关信息出现在背景介绍中，没有出现在论证中)，无关选项。(干扰项 · 话题不一致)

E 项，题干的论证不涉及香豆酸和阿魏酸对“叶绿素合成”的影响，无关选项。(干扰项 · 话题不一致)

10. B

【第 1 步　识别命题形式】

提问方式：以上的结论依据下面哪个假设？

题干：血液胆固醇水平低(S1)使人患脑溢血的危险性在增大(P)，因此，西方饮食比非西方饮食(S2)能更好地防止脑溢血(P)。

题干中，S1 与 S2 不一致，故此题为母题模型 15　拆桥搭桥模型(双 S 型)。

【第2步 套用母题方法】

A项，题干不涉及“西方饮食”与“非西方饮食”中蛋白质含量的比较。(干扰项·新比较)

B项，此项说明西方饮食中的血液胆固醇含量比非西方饮食更高，血液胆固醇水平更高，有利于防止脑溢血，搭桥法(双S搭桥)，故此项是以上结论依据的假设。

C项，此项说明血液胆固醇水平并不会影响动脉血管强度，削弱题干。

D项，题干不涉及“脑溢血”和“血液凝结引起的中风”两种疾病危险程度的比较。(干扰项·新比较)

E项，题干不涉及血压低的人，无关选项。(干扰项·对象不一致)

11. B

【第1步 识别命题形式】

提问方式：以下哪项最有可能是上述专家观点的假设?

专家：市面上的奶茶(S)大多由茶粉勾兑而成，咖啡因(P1)超标。因此，对青少年而言，为了保持身体健康(P2)，奶茶(S)好喝但别“贪杯”。

题干中，P1与P2不一致，故此题为母题模型15 拆桥搭桥模型(双P型)。另外，锁定关键词“为了”，可知此题也为母题模型18 措施目的模型。

【第2步 套用母题方法】

A项，题干中专家只是提醒要少喝奶茶，而不是“禁止”喝奶茶，故无须假设奶茶对身体健康“没有任何好处”，假设过度。

B项，此项指出过量摄入咖啡因(P1)不利于身体健康(P2)，搭桥法(双P搭桥)，必须假设。

C项，题干不涉及“青少年”与“其他人群”的比较，无关选项。(干扰项·新比较)

D项，题干不涉及咖啡因对人的“情绪”和“睡眠”的影响，无关选项。

E项，题干不涉及青少年对咖啡因的“敏感”程度，无关选项。

12. A

【第1步 识别命题形式】

提问方式：以下哪项最有可能是上述研究结论的假设?

题干：多吃核桃(S)的确有益肠道健康，可增加大量的有益肠道细菌(P1)，因此，多吃核桃(S)对人类心脏有好处(P2)。

题干中，P1与P2不一致，故此题为母题模型15 拆桥搭桥模型(双P型)。

【第2步 套用母题方法】

A项，此项指出充满益生菌的肠道(P1)可以长时间地保护人类心脏健康(P2)，搭桥法(双P搭桥)，必须假设。

其余各项都指出了吃核桃对人体的好处，但均不涉及“心脏健康”，无关选项。

13. C

【第1步 识别命题形式】

提问方式：以下哪项最可能是上述论证的假设?

题干：手臂疼痛(S)是由于适应性免疫反应(P1)。因此，当在手臂上接种疫苗时，免疫细胞因子刺激神经(P2)是导致手臂疼(S)的原因。

题干中，P1 与 P2 不一致，故此题为母题模型 15　拆桥搭桥模型（双 P 型）。另外，锁定关键词“导致”“原因”，可知此题也为母题模型 16　现象原因模型。

【第 2 步　套用母题方法】

A 项，此项指出“巨噬细胞、树突状细胞能调节适应性免疫反应的强度”，而题干涉及的是“免疫细胞因子刺激神经”，无关选项。（干扰项 · 话题不一致）

B 项，题干不涉及不同疫苗所引发的“手臂疼痛反应程度的区别”，无关选项。（干扰项 · 话题不一致）

C 项，此项搭建了“适应性免疫反应（P1）”与“免疫细胞因子（P2）”之间的关系，搭桥法（双 P 搭桥），必须假设。

D 项，题干不涉及免疫细胞因子对“免疫细胞聚集”的作用，无关选项。（干扰项 · 话题不一致）

E 项，此项说明免疫细胞因子会影响许多疾病的发生、发展，但不确定这些疾病是否会导致手臂疼。（干扰项 · 不确定项）

14. B

【第 1 步　识别命题形式】

提问方式：以下哪项最可能是上文所作的假设？

题干：

老年人：慢波睡眠时间更短，单词记忆成绩更差；

年轻人：慢波睡眠时间更长，单词记忆成绩更好；

因此，慢波睡眠时间缩短是影响老年人记忆力的关键。

题干由两组对象的对比实验，得出一个因果关系，故此题为母题模型 16　现象原因模型（求异法型）。

【第 2 步　套用母题方法】

A 项，题干不涉及“慢波睡眠”“快波睡眠”与“睡眠质量”之间的关系，无关选项。

B 项，此项说明慢波睡眠能把新获取的信息转化为长期记忆，即：慢波睡眠确实会影响记忆力，因果相关，必须假设。

C 项，此项说明慢波睡眠的时间不会影响老年人的记忆力，因果无关，削弱题干。

D 项，此项说明可能是因为老年人和年轻人对单词的熟悉程度不同导致了测试结果不同，另有差因，削弱题干。

E 项，题干不涉及影响“慢波睡眠时间”的因素，无关选项。

15. D

【第 1 步　识别命题形式】

提问方式：以下哪项最有可能是上述教师观点的假设？

题干：尽管高校学生（S）受教育程度高，但他们没有教师资格证（P1），因此，（高校学生，S）无法开展专业有效的教学（P2）。

题干中，P1 与 P2 不一致，故此题为母题模型 15　拆桥搭桥模型（双 P 型）。

【第 2 步　套用母题方法】

A 项，题干不涉及“学生们喜爱的教学”，无关选项。

B 项，题干不涉及“高校学生”是否“具备考取教师资格证的能力”，无关选项。

C 项，此项指出“有教师资格证的人→能够开展专业有效的教学”，但由此无法确定“没有教师资格证的高校学生”的情况，不必假设。

D 项，此项指出“能够开展专业有效的教学→拥有教师资格证”，等价于“没有教师资格证(P1)→不能开展专业有效的教学(P2)”，搭桥法(双 P 搭桥)，必须假设。

E 项，题干不涉及“该中学的教师”是否均具有教师资格证，无关选项。(干扰项·对象不一致)

16. E

【第 1 步 识别命题形式】

提问方式：上述结论的成立需要补充以下哪项假设？

题干：

甲组采用方案 A：随后的阅读能力测试平均分相对较高；
乙组采用方案 B：随后的阅读能力测试平均分相对较低；

故：采用阅读方案 A(原因 Y)更有助于提高学生的阅读能力(结果 G)。

本题通过两组对比的实验，得出一个因果关系，故此题为母题模型 16 现象原因模型(求异法型)。

【第 2 步 套用母题方法】

A 项，在求异法中，实验组与对照组的人数是否相同并不能直接影响实验结果，故排除。

B 项，此项说明两组学生的阅读能力均有所提高，但并未指出两组学生的区别，不必假设。

C 项，此项涉及的是两组学生“阅读速度”存在差异，阅读速度是阅读能力的一个方面，但此项并未指出阅读速度的差异是在实验前还是实验后，故不必假设。

D 项，此项涉及的是甲组中成绩最低的学生与乙组中成绩最高的学生成绩的比较，而题干涉及的是两组“平均分”的比较，不必假设。

E 项，此项排除了在实验过程中，阅读能力本身有差异对阅读能力测试平均分造成影响的可能性，排除差因，必须假设。

17. A

【第 1 步 识别命题形式】

提问方式：野生动物保护委员会的计划假设了以下哪项？

题干：一只没有角的犀牛对盗猎者来说是没有价值的，野生动物保护委员会为了有效地保护犀牛(目的 P)，计划将所有的犀牛角都切掉(措施 M)，以使它们免遭杀害的厄运(目的 P)。

锁定关键词“为了”“计划”，可知此题为母题模型 18 措施目的模型。

【第 2 步 套用母题方法】

A 项，此项指出将犀牛角切掉后，确实可以让犀牛免遭杀害，即措施可达目的(MP 搭桥)，必须假设。

B 项，题干的论证要想成立只需假设犀牛是被盗猎的动物之一即可，不必假设其是“唯一”动物，假设过度。

C 项，题干不涉及“无角的犀牛”与“有角的犀牛”对人的威胁的比较，无关选项。(干扰项·新比较)

D 项，题干仅讨论“盗猎者”对犀牛的危害，不涉及“人类以外的敌人”，无关选项。

E 项，其他措施(对盗猎者进行更严格的惩罚)是否有效与题干中的措施是否有效无关，无关选项。(干扰项·其他措施)

18. B

【第 1 步 识别命题形式】

提问方式：以下哪项最可能是上述论述的假设？

题干：为了提高国内青少年的身体素质(目的 P)，有人建议增加义务教育阶段体育课的课时，增加中小学学生进行体育锻炼的时长(措施 M)。

锁定关键词"为了""建议"，可知此题为母题模型 18 措施目的模型。

【第 2 步 套用母题方法】

A 项，此项指出增加体育锻炼时长会导致中小学学生受伤风险增大，即措施有副作用，削弱题干。

B 项，此项说明增加体育锻炼的时间确实能提升中小学学生的身体素质，即措施可达目的(MP 搭桥)，必须假设。

C 项，此项的论证对象是"大学生"，而题干的论证对象是"中小学学生"，无关选项。(干扰项 · 对象不一致)

D 项，题干中的论证要想成立，只需假设"体育锻炼"能提升中小学学生的身体素质即可，"唯一途径"假设过度。(干扰项 · 假设过度)

E 项，此项涉及的是体育锻炼对"心理健康"的作用，而题干涉及的是体育锻炼对"身体素质"的影响，无关选项。(干扰项 · 话题不一致)

19. C

【第 1 步 识别命题形式】

提问方式：以下哪项最可能是上述结论的假设？

题干：实验结果显示，每天坐的时间过长(S)与大脑内侧颞叶缩小(P1)密切相关，因此，久坐(S)会对人的记忆力(P2)产生影响。

题干中，P1 与 P2 不一致，故此题为母题模型 15 拆桥搭桥模型(双 P 型)。

【第 2 步 套用母题方法】

A 项，此项指出有可能是记忆力较差导致人"不常运动，更喜欢宅在家里"，但不确定他们是否会"久坐"。(干扰项 · 不确定项)

B 项，题干不涉及"帕金森患者"的情况，无关选项。(干扰项 · 对象不一致)

C 项，此项说明大脑内侧颞叶区域(P1)与记忆(P2)的形成有关，搭桥法(双 P 搭桥)，必须假设。

D 项，题干不涉及"年轻人"与"中老年人"的比较，无关选项。(干扰项 · 新比较)

E 项，题干不涉及哪类人群容易出现大脑内侧颞叶缩小的情况，无关选项。

20. E

【第 1 步 识别命题形式】

提问方式：上述结论的提出建立在以下哪项假设的基础之上？

题干：父母(S)不可能整天与他们的未成年孩子待在一起，也不总是能够阻止他们的孩子去做可能伤害他人或损坏他人财产的事情(P1)，因此，父母(S)不应因为他们的未成年孩子所犯的过错而受到指责和惩罚(P2)。

题干中，P1 与 P2 不一致，故此题为母题模型 15 拆桥搭桥模型(双 P 型)。

【第2步 套用母题方法】

A项，此项说明父母应当监管未成年孩子的所有活动，削弱题干。

B项，题干未涉及对犯错的未成年孩子的审判，无关选项。

C项，题干未涉及父母对子女人身权的保护，无关选项。

D项，题干未涉及父母对未成年孩子应该承担的教育责任，无关选项。

E项，此项等价于：不是能够加以控制的行为→不承担责任，说明父母对自己无法控制的行为不用承担责任，搭桥法(双P搭桥)，故此项是题干结论成立的假设。

21. D

【第1步 识别命题形式】

提问方式：以下哪项最可能是上文所作的假设？

题干：我国的土壤原位修复技术(S1)相比于物理化学修复(S2)具有高效率、低成本、非破坏、适用广等特点(P)。因此，这一技术(S1)与发达国家用的土壤修复技术(S3)相比具有一定的优势(P)。

题干中，S2与S3不一致，故此题为母题模型15 拆桥搭桥模型(双S型)。

【第2步 套用母题方法】

A项，题干不涉及我国的土壤原位修复技术在发达国家是否“适用”，无关选项。(干扰项·话题不一致)。

B项，此项仅重复了题干的论据，不是题干的隐含假设。

C项，题干不涉及土壤原位修复技术的“开发条件”，无关选项。

D项，此项指出发达国家的土壤修复技术(S3)主要采用物理化学修复(S2)，搭桥法(双S搭桥)，必须假设。

E项，题干不涉及“我国”与“发达国家”土壤修复技术成熟度的比较，无关选项。(干扰项·新比较)。

22. B

【第1步 识别命题形式】

提问方式：以下哪项最可能是上述论证的假设？

题干：做笔记(S)能够对文章的主要内容进行标注(P1)，因此，与单纯的浏览相比，做笔记(S)能够取得更优的阅读效果(P2)。

题干中，P1与P2不一致，故此题为母题模型15 拆桥搭桥模型(双P型)。

【第2步 套用母题方法】

A项，此项涉及的是做笔记“便于日后的查询和复习”，而题干涉及的是做笔记“有更优的阅读效果”，无关选项。

B项，此项指出“阅读效果的好坏(P2)”取决于“能否在阅读时抓住要点(对文章的主要内容进行标注，P1)”，搭桥法(双P搭桥)，必须假设。

C项，此项重复了题干中“一种是浏览，从文章中收集观点和信息，使知识作为独立的单元输入大脑，称为线性策略”这一背景信息，不是题干的隐含假设。

D项，题干不涉及“做笔记是否涉及了更加复杂的认知加工过程”，无关选项。

E项，题干不涉及线性策略与结构策略对“学习速度”的影响的比较，无关选项。(干扰项·新比较)

23. B

【第 1 步　识别命题形式】

提问方式：以下哪项最可能是上文所作的假设？

题干：观察不同生长阶段的许多棵树(S1)，就能拼凑出一棵树的生长过程(P)，因此，这一原则(P)完全适用于目前天文学家对星团发展过程(S2)的研究。

题干中，S1 与 S2 不一致，故此题为母题模型 15　拆桥搭桥模型(双 S 型)。此外，题干通过这一原则(措施)，对星团进行研究(目的)，可知此题也为母题模型 18　措施目的模型。

【第 2 步　套用母题方法】

A 项，题干论据中的论证对象是“树”，而论点中的论证对象是“星团”，我们只需要假设对“树”的研究方法可以用于“星团”研究即可，不必假设适用于某个领域的研究方法“都”适用于其他领域，假设过度。

B 项，此项指出可以对星团不同发展阶段进行研究，即措施可行，必须假设。

C 项，题干不涉及完整地研究某一个体的发展过程的“价值”，无关选项。

D 项，题干不涉及是否有未被发现的星团，无关选项。

E 项，题干不涉及星团研究是否紧迫，无关选项。

24. C

【第 1 步　识别命题形式】

提问方式：上述结论的提出建立在以下哪项假设的基础之上？

题干：在 2012 年以前，阿司匹林和退热净独占了利润丰厚的日常使用止痛药市场。但在 2012 年，布洛芬在日常使用的止痛药的份额中占据了 50%，因此，2012 年阿司匹林和退热净的销售额一共也减少了 50%。

锁定关键词“份额中占据了 50%”，可知此题为母题模型 19　统计论证模型(数量比率型)。

【第 2 步　套用母题方法】

假定 2012 年以前止痛药的销售总量为 100，2012 年止痛药的销售总量为 Y，可将题干信息整合成下表：

销售总量	2012 年以前：100	2012 年：Y
阿司匹林+退热净	100	50
布洛芬	0	0.5Y

故有：0.5Y+50=Y，可知 Y=100。即 2012 年的销售总量=2012 年以前的销售总量。故 C 项正确。

A 项，“倾向使用”是主观表述，未必是事实。(干扰项・非事实项)

B 项，题干并未涉及这些药物的副作用，无关选项。

D 项，题干并未涉及生产与出售阿司匹林和退热净的公司是否生产与出售布洛芬，无关选项。

E 项，题干仅讨论销售额，与布洛芬是否为处方药无关，无关选项。

25. C

【第 1 步　识别命题形式】

提问方式：以下哪项是上述论断所基于的假设？

题干："能量分解"(S)无法引出合理的反应等效果(P1)，因此，"能量分解"(S)不应该在这次学术讨论会议全过程中使用(P2)。

题干中，P1与P2不一致，故此题为母题模型15　拆桥搭桥模型(双P型)。

【第2步　套用母题方法】

A项，题干的论证涉及的是"某次学术会议"，而此项涉及的是"学术会议"，即泛指"所有学术会议"，扩大了论证范围，假设过度。

B项，题干的论证不涉及"其他学术讨论会议"的情况，无关选项。

C项，此项指出"在该次讨论会议中，无法引出合理的反应→不应该在这次学术讨论会议全过程中使用"，搭桥法(双P搭桥)，必须假设。

D项，题干不涉及组委会使用"能量分解"这个术语来替代"爆炸"的原因，无关选项。

E项，此项说明能否替代仅仅取决于含义是否相近，因此，即使无法引出合理的反应，由于"能量分解"和"爆炸"的含义相近，也可以使用"能量分解"来替代"爆炸"，削弱题干。

26. D

【第1步　识别命题形式】

提问方式：上述结论要想成立，必须建立在以下哪项假设的基础上？

题干：针对某些贫困人群的风险状况，有必要采取上述两种形式(非正式风险分担和正式保险)相结合的方式(措施M)来有效分担风险(目的P)。

题干的论点中出现绝对化词"必要"，故此题为母题模型21　绝对化结论模型。另外，此题涉及措施目的的分析，可知此题也为母题模型18　措施目的模型。

【第2步　套用母题方法】

A项，此项指出题干中的两种方式"各有利弊"，但"各有利弊"不代表两种方式有结合的必要，不必假设。

B项，"尝试两种方式相结合"不代表这样做"有必要"，无关选项。

C项，题干的结论要想成立，只需要假设这两种方式单独使用效果不好即可，不必假设这两种方式不能单独使用，假设过度。

D项，此项指出单独采用方式之一不能"有效"分担风险，故这两种方式相结合有必要，必须假设。

E项，题干不涉及理论界和实务界的研究和探讨，无关选项。

27. C

【第1步　识别命题形式】

提问方式：以下哪项最可能是上述研究者的假设？

研究者：消除PAPH1基因后的株系，其叶肉细胞膜内外钙离子和钾离子流速降低；而PAPH1基因(S)过度表达的株系，其叶肉细胞膜内外钙离子和钾离子流速增加(P1)。因此，PAPH1基因(S)在杂草稻抗旱性(P2)中发挥了关键作用。

题干中，P1与P2不一致，故此题为母题模型15　拆桥搭桥模型(双P型)。

【第2步　套用母题方法】

A项，此项的论证对象是"栽培稻"，而题干的论证对象是"杂草稻"，无关选项。(干扰项·对象不一致)

B项，此项涉及的是"叶肉细胞膜内外钙离子和钾离子的流速"对"PAPH1基因"的影响，而题干的论据仅涉及“PAPH1 基因存在与否”对“叶肉细胞膜内外钙离子和钾离子的流速”的影响，无关选项。

C 项，此项指出“叶肉细胞膜内外钙离子和钾离子流速越高(P1)，杂草稻的抗旱性越强(P2)”，搭桥法(双 P 搭桥)，必须假设。

D 项，题干不涉及“杂草稻与栽培稻的关系”，无关选项。

E 项，题干不涉及消除 PAPH1 基因后的杂草稻株系“有无其他变化”，无关选项。(干扰项·话题不一致)

28. C

【第 1 步　识别命题形式】

提问方式：以下哪项最有可能是上文的假设?

题干：从老百姓反映的情况来看，我国各区域(S)的民生服务水平(P1)有了很大提高。可见，我国(S)的区域治理能力和成效(P2)大幅度提高。

题干中，P1 与 P2 不一致，故此题为母题模型 15　拆桥搭桥模型(双 P 型)。

【第 2 步　套用母题方法】

A 项，题干不涉及“精准服务”，无关选项。

B 项，题干不涉及“民主决策”和“民生实事”，无关选项。

C 项，此项指出民生服务水平(P1)是衡量我国区域治理能力和成效(P2)的重要指标，搭桥法(双 P 搭桥)，必须假设。

D 项，题干不涉及“国家治理体系和治理能力现代化的重要内容”，无关选项。

E 项，题干不涉及政府从注重“管理能力”向注重“治理能力”转变，无关选项。

29. A

【第 1 步　识别命题形式】

提问方式：以下哪项最可能是上述地质学家的假设?

地质学家：景观中的这些细线大部分是互相平行的直线(现象 G)，因此，这些景观很可能是巨大陨石撞击形成的陨石坑，而石英砂的结构就是造成断裂的证据(原因 Y)。

题干涉及对现象原因的分析，故此题为母题模型 16　现象原因模型。

【第 2 步　套用母题方法】

A 项，此项指出只有经历高速的陨石撞击(Y)，地层中的石英砂才会显示出含有平行直线的断裂结构(G)，因果相关(YG 搭桥)，必须假设。

B 项，此项涉及的是“石英砂的稳定性”，不涉及景观形成的原因，无关选项。(干扰项·话题不一致)

C 项，题干不涉及“景观形成的次数问题”，无关选项。

D 项，题干不涉及“景观周围岩石的形成时间及撞击发生时间”，无关选项。

E 项，此项涉及的是石英砂是否会出现细线，不涉及景观形成的原因，无关选项。

30. B

【第 1 步　识别命题形式】

提问方式：以下哪项最可能是上述研究人员的假设?

题干：实验结果发现，食用发酵蔬菜(S)会增加肠道微生物多样性(P1)。研究人员认为，食用发酵蔬菜(S)可改变人体免疫状态(P2)，这有望为成年人减少炎症提供途径。

题干中，P1与P2不一致，故此题为母题模型15 拆桥搭桥模型(双P型)。另外，锁定关键词“为”，可知此题也为母题模型18 措施目的模型。

【第2步 套用母题方法】

A项，此项涉及的是“高纤维饮食”的情况，而题干涉及的是“食用发酵蔬菜”的情况，无关选项。(干扰项·对象不一致)

B项，此项说明“肠道微生物群(P1)”会影响“人体免疫状态(P2)”，搭桥法(双P搭桥)，必须假设。

C项，题干中的目的是“减少炎症”，但是，不确定“减少炎症”是不是等同于“炎症蛋白的水平下降”，故此项不必假设。

D项，此项指出发酵食品饮食组在实验过程中要大幅减少水分的摄入，说明实验设计不严谨，削弱题干。

E项，题干不涉及发酵蔬菜的“口感和风味”，无关选项。

专项训练 9 ▸ 其他题型

共 30 小题，每小题 2 分，共 60 分，建议用时 60 分钟

你的得分是________

说明：本套试题以考查联考论证逻辑“解释题”和“7 大低频题型”(本书《技巧分册》第 7 章所有内容)为主，整体难度适中，同近些年的同类真题基本一致。

1. 去年全年甲城市的空气质量优良天数比乙城市的空气质量优良天数多了 15%。因此，甲城市的管理者去年在环境保护和治理方面采取的措施比乙城市的更加有效。

   下列哪项问题的答案最能对上述结论做出评价？

   A. 甲、乙两个城市在环境保护和治理方面采取的措施有何不同。

   B. 在环境保护和治理方面采取的措施能否在短时间内起到提升空气质量的效果。

   C. 甲城市的居民因空气质量引发的健康问题是否比乙城市更少。

   D. 如果采取了甲城市的措施，乙城市的空气质量是否也能得到显著提升。

   E. 前年甲城市的空气质量优良天数是否比乙城市多。

2. 全球气候持续变暖，极端天气增多，动物们能否应对气候变化带来的威胁？一项针对陆生哺乳动物的新研究发现，与老鼠等一些寿命短、后代多的动物相比，美洲驼、非洲象等寿命长、后代少的动物的种群更不易受到气候变化的伤害。

   以下哪项如果为真，最能解释上述研究发现？

   A. 寿命短、后代多的动物遭受极端天气的情况均多于寿命长、后代少的动物。

   B. 在评估物种灭绝风险时，栖息地破坏、偷猎、入侵物种等因素需考虑在内。

   C. 在极端天气下，寿命长、后代少的动物会将精力充分投入到后代身上。

   D. 在生存环境具有挑战性时，寿命短、后代多的动物会等待更好的时机繁殖。

   E. 当气象条件改善时，老鼠等繁殖能力强的动物的种群数量可能会快速反弹。

3. 按照我国城市当前自来水消费量来计算，如果每吨水增收 5 分钱的水费，则每年可增加 25 亿元收入。这显然是解决自来水公司年年亏损问题的好办法。这样做还可以减少消费者对水的需求，养成节约用水的良好习惯，从而保护我国非常短缺的水资源。

   以下哪项最为清楚地指出了上述论证中的错误？

   A. 上述论证引用了无关的数据和材料。

   B. 上述论证所依据的我国城市当前自来水消费量的数据不准确。

   C. 上述论证作出了相互矛盾的假定。

   D. 上述论证错把结果当成了原因。

   E. 上述论证无逻辑错误。

4. 烟斗和雪茄对健康的危害明显比香烟要小。吸香烟的人如果戒烟的话，则可以免除对健康的危害，但是如果改吸烟斗或雪茄的话，对健康的危害和以前差不多。
如果以上断定为真，则以下哪项断定最不可能为真？
A. 香烟对所有吸香烟者健康的危害基本相同。
B. 烟斗和雪茄对所有吸烟斗或雪茄者健康的危害基本相同。
C. 同时吸香烟、烟斗和雪茄者所受到的健康危害，不大于只吸香烟者。
D. 吸烟斗和雪茄的人戒烟后如果改吸香烟，则所受到的健康危害比以前大。
E. 烟斗比雪茄对健康的危害要大。

5. 玉米中含有一种维生素烟酸，但它在玉米中的构成形式是人体不可吸收的。糙皮病是一种因缺乏烟酸导致的疾病。18世纪时，当玉米从美洲引入到欧洲南部后，它迅速成为主食，许多主要吃玉米的欧洲人得了糙皮病。然而，当时在美洲，即使是在主要吃玉米的人当中，糙皮病仍然还是未出现的。
下列哪项如果为真，最有助于解释上述糙皮病的不同发病率？
A. 玉米被介绍到欧洲南部后成为当地主要流行的食物，因为其相对其他谷物产量高。
B. 在美洲种植的玉米比在欧洲种植的玉米含有较多的烟酸。
C. 与欧洲人不同，美洲人烹调玉米的方式将玉米中的烟酸转换成人体可用的形式。
D. 在欧洲南部的许多吃玉米的人也吃烟酸丰富的食物。
E. 发现糙皮病与烟酸有关之前，它被广泛认为是可以从人到人传播感染的。

6. 在以"大学生兼职利大于弊还是弊大于利？"为辩题的辩论赛中，正方辩手发言："对方辩友认为大学生兼职会抢走全职员工的饭碗。我方认为，如果按照对方这个逻辑推理下去，那么我们大学四年毕业后最好不要找工作，因为这样就不会影响任何人的饭碗，这成立吗？"
以下哪项最为准确地概括了正方反驳反方所使用的论证方法？
A. 指出了对方论证中的因果关系存在倒置。
B. 通过构造一个类比论证来反驳对方的观点。
C. 提出了一个反例来反驳对方的一般性结论。
D. 指出对方在一个关键概念的运用上自相矛盾。
E. 假设对方逻辑是正确的，会推导出一个荒谬的结论，以此证明对方的错误。

7. 某公司一项对员工工作效率的调查测试显示，办公室中白领人员的平均工作效率和室内气温有直接关系。夏季，当气温高于30℃时，无法达到完成最低工作指标的平均工作效率；而在此温度线之下，气温越低，平均工作效率越高，只要不低于22℃；冬季，当气温低于5℃时，无法达到完成最低工作指标的平均工作效率；而在此温度线之上，气温越高，平均工作效率越高，只要不高于15℃。另外，调查测试显示，车间中蓝领工人的平均工作效率和车间中的气温没有直接关系，只要气温不低于5℃、不高于30℃。
从上述断定中可以最为恰当地推出以下哪项结论？
A. 在车间中安装的空调设备是一种浪费。
B. 在车间中，如果气温低于5℃，则气温越低，工作效率越低。
C. 在春秋两季，办公室白领人员的工作效率最高时的室内气温在15℃～22℃。
D. 在夏季，办公室白领人员在室内气温32℃时的平均工作效率低于在气温31℃时。
E. 在冬季，当室内气温为15℃时，办公室白领人员的平均工作效率最高。

8. 萨沙：在法庭上，应该禁止将笔迹分析作为评价一个人性格的证据，笔迹分析家所谓的证据习惯性地夸大他们的分析结果的可靠性。

   格瑞高里：你说得很对，目前使用笔迹分析作为证据确实存在问题。这个问题的存在仅仅是因为没有许可委员会来制定专业标准，以此来阻止不负责任的笔迹分析家作出夸大其实的声明。当这样的委员会被创立以后，那些持许可证的从业者的笔迹分析结果就可以作为合法的法庭工具来评价一个人的性格。

   格瑞高里在应答萨沙的论述时，用了下面哪一项论证方法？

   A. 他忽视为支持萨沙的建议而引用的证据。

   B. 他通过限定某一原则使用的范畴来为该原则辩护。

   C. 他从具体的证据中抽象出一个普遍性的原则。

   D. 他在萨沙的论述中发现了一个自相矛盾的陈述。

   E. 他揭示出萨沙的论述自身表明了一个不受欢迎的，并且是他的论述所批评的特征。

9. 去年消费者物价指数(CPI)仅上涨 1.8%，属于温和型上涨。然而，老百姓的切身感受却截然不同，觉得水电煤气、蔬菜粮油、上学看病、坐车买房，样样都在涨价，涨幅一点也不“温和”。

   下面哪一个选项无助于解释题干中统计数据与老百姓感受之间的差距？

   A. 我国目前的 CPI 统计范围及标准是 20 多年前制定的，难以真实反映当前整个消费物价的走势。

   B. 国家统计局公布的 CPI 是对全国各地、各类商品和服务价格的整体情况的数据描述，无法充分反映个体感受和地区与消费层次的差异。

   C. 与老百姓生活关联度高的产品，涨价幅度大。

   D. 高收入群体对物价的小幅上涨没有什么感觉。

   E. 与老百姓生活关联度低的产品，跌价的居多。

10. 以下是在一场关于“安乐死是否应合法化”的辩论中正反方辩手的发言：

    正方：反方辩友反对“安乐死合法化”的根据主要是在什么条件下方可实施安乐死的标准不易掌握，这可能会给医疗事故甚至谋杀造成机会，使一些本来可以挽救的生命失去最后的机会。诚然，这样的风险是存在的，但是我们怎么能设想干任何事都排除所有风险呢？让我提出一个问题，我们为什么不把法定的汽车时速限制为不超过自行车，这样汽车交通死亡事故发生率不是几乎可以下降到 0 吗？

    反方：对方辩友把安乐死和交通死亡事故作以上的类比是毫无意义的。因为不可能有人会做这样的交通立法。设想一下，如果汽车行驶得和自行车一样慢，那还要汽车干什么？对方辩友，你愿意我们的社会再回到没有汽车的时代？

    以下哪项最为确切地评价了反方的言论？

    A. 他的发言实际上支持了正方的论证。

    B. 他的发言有力地反驳了正方的论证。

    C. 他的发言有力地支持了反安乐死的立场。

    D. 他的发言完全离开了正方阐述的论题。

    E. 他的发言是对正方的人身攻击而不是对正方论证的评价。

11. 自1990年到2005年，中国的男性超重比例从4%上升到15%，女性超重比例从11%上升到20%。同一时期，墨西哥的男性超重比例从35%上升到68%，女性超重比例从43%上升到70%。由此可见，无论在中国还是在墨西哥，女性超重的增长速度都高于男性超重的增长速度。

以下哪项陈述最为准确地描述了上述论证的缺陷？

A. 某一类个体所具有的特征通常不是由这些个体所组成的群体的特征。

B. 中国与墨西哥两国在超重人口的起点上不具有可比性。

C. 论证中提供的论据与所得出的结论是不一致的。

D. 在使用统计数据时，忽视了基数、百分比和绝对值之间的相对变化。

E. 美国在1990年到2005年女性超重比例没有中国高。

12. 吃胶质奶糖可能导致蛀牙。胶质奶糖粘在牙齿上的时间越长，引起蛀牙的风险就越大。吃巧克力可能导致蛀牙。同样，巧克力粘在牙齿上的时间越长，引起蛀牙的风险就越大。因为巧克力粘在牙齿上的时间比胶质奶糖短，因此，对于引起蛀牙来说，吃胶质奶糖比吃巧克力的风险更大。

以下哪项对上述论证的评价最为恰当？

A. 上述论证成立。

B. 上述论证有漏洞，因为它没有区分胶质奶糖和巧克力的不同类型。

C. 上述论证有漏洞，因为它不当地假设只有吃含糖食品才会导致蛀牙。

D. 上述论证有漏洞，这一漏洞也出现在以下的推理中：海拔的增高会导致空气的稀薄。一个城市海拔越高，空气越稀薄。西宁的海拔比西安高，因此，西宁比西安的空气稀薄。

E. 上述论证有漏洞，这一漏洞也出现在以下的推理中：火灾和地震都会造成生命和财产的损失。火灾或地震持续的时间越长，造成的损失越大。因为地震持续的时间比火灾短，因此，火灾造成的损失比地震大。

13. 警察发现，每一个政治不稳定事件都有某个人作为幕后策划者。所以，所有政治不稳定事件都是由同一个人策划的。

下面哪个推理中的错误与上述推理的错误完全相同？

A. 所有中国公民都有一个身份证号码，所以，每个中国公民都有唯一的身份证号码。

B. 任一自然数都小于某个自然数，所以，所有自然数都小于同一个自然数。

C. 在余婕的生命历程中，每一时刻后面都跟着另一时刻，所以，她的生命不会终结。

D. 每个亚洲国家的电话号码都有一个区号，所以，亚洲必定有与其电话号码一样多的区号。

E. 每个医生都属于某些科室，所以，所有的医生都属于某些科室。

14. 在经历了全球范围的股市暴跌的冲击以后，T国政府宣称，它所经历的这场股市暴跌的冲击，是由最近国内一些企业过快地非国有化造成的。

以下哪项如果事实上是可操作的，最有利于评价T国政府的上述宣称？

A. 在宏观和微观两个层面上，对T国一些企业最近的非国有化进程的正面影响和负面影响进行对比。

B. 把T国受这场股市暴跌的冲击程度，和那些经济情况和T国类似，但最近没有实行企业非国有化的国家所受到的冲击程度进行对比。

C. 把 T 国受这场股市暴跌的冲击程度，和那些经济情况和 T 国有很大差异，但最近同样实行了企业非国有化的国家所受到的冲击程度进行对比。

D. 计算出在这场股市风波中 T 国的个体企业的平均亏损值。

E. 运用经济计量方法预测 T 国的下一次股市风波的时间。

15. 大学图书馆管理员说：直到三年前，校外人员还能免费使用图书馆，后来因经费减少，校外人员每年须付 100 元才能使用我馆。但是，仍然有 150 个校外人员没有付钱，因此，如果我们雇用一名保安去辨别校外人员，并保障所有校外人员均按要求缴费，图书馆的收益将增加。要判断图书馆管理员的话是否正确，必须首先知道下列哪一个选项？

A. 每年使用图书馆的校内人员数。

B. 今年图书馆的费用预算。

C. 图书馆是否安装了电脑查询系统。

D. 三年前图书馆经费降低了多少。

E. 雇用一名保安一年的开支。

16. 为推动社区养老服务建设，某社区开设了“长者食堂”，向社区内符合条件的老年人提供一日三餐。该食堂的饭菜价格远低于市场价，且品种多样、味道极佳、分量充足，然而每天到该食堂就餐的老年人数量并不多。

以下哪项如果为真，最能解释题干中的现象？

A. 该社区内和周边有许多深受当地年轻人喜爱的餐馆。

B. 该“长者食堂”占地面积较大，食堂内就餐座位充足。

C. 符合就餐条件的老年人在社区居民中的占比不高。

D. 有一小部分老年人因距离较远、无法享受就餐补贴等问题，尽管有就餐需求，但仍不愿在食堂内用餐。

E. 社区内多数老年人选择送餐上门而非到食堂用餐。

17. 胆固醇是动物组织细胞不可缺少的重要物质，其中低密度脂蛋白胆固醇水平长期过高是造成脑中风、冠心病等心脑血管疾病的主要原因。一项调查发现，某地区动物内脏消费量大，而食用动物内脏会使人摄入大量的低密度脂蛋白胆固醇，但是，该地区的人患脑中风、冠心病等心脑血管疾病的比例却低于正常水平。

以下除哪项外，均有助于解释该地区的这一现象？

A. 近年来动物内脏才成为当地居民餐桌上常见的美食。

B. 该地区市场上近年来动物内脏的销售价格持续走低。

C. 该地区的人爱吃海鱼，海鱼含有的不饱和脂肪酸能降低血浆胆固醇。

D. 当地居民喜欢食用醋，醋酸有助于心脑血管疾病的防治。

E. 当地居民的某种基因突变能加速分解低密度脂蛋白胆固醇。

18. 棕榈树在亚洲是一种外来树种，长期以来，它一直靠手工授粉，因此棕榈果的生产率极低。1994 年，一种能有效地对棕榈花进行授粉的象鼻虫被引进到亚洲，使得当年的棕榈果生产率显著提高，在有的地方甚至提高了 50%以上，但是到了 1998 年，棕榈果的生产率却大幅度降低。

以下哪项如果为真，最有助于解释上述现象？

A. 在1994—1998年期间，随着棕榈果产量的增加，棕榈果的价格在不断下降。

B. 1998年秋季，亚洲的棕榈树林区开始出现象鼻虫的天敌赤蜂。

C. 在亚洲，象鼻虫的数量在1998年比1994年增加了一倍。

D. 果实产量连年不断上升会导致孕育果实的雌花无法从树木中汲取必要的营养。

E. 在1998年，同样是外来树种的椰果的产量在亚洲也大幅度低于往年的水平。

19. 据一项在几个大城市所做的统计显示，餐饮业的发展和瘦身健身业的发展呈密切正相关。从2006年到2010年，餐饮业的网点数量增加了18%，同期在健身房正式注册参加瘦身健身的人数增加了17.5%；从2011年到2015年，餐饮业的网点数量增加了25%，同期参加瘦身健身的人数增加了25.6%；从2016年到2020年，餐饮业的网点数量增加了20%，同期参加瘦身健身的人数也正好增加了20%。

如果上述统计真实无误，则以下哪项对上述统计事实的解释最可能成立？

A. 餐饮业的发展扩大了肥胖人群体，从而刺激了瘦身健身业的发展。

B. 瘦身健身运动刺激了参加者的食欲，从而刺激了餐饮业的发展。

C. 在上述几个大城市中，最近15年来，主要从事低收入、重体力工作的外来人口的逐年上升，刺激了各消费行业的发展。

D. 在上述几个大城市中，最近15年来，城市人口收入的逐年提高，刺激了包括餐饮业和瘦身健身业在内的各消费行业的发展。

E. 高收入阶层中，相当一批人既是餐桌上的常客，又是健身房内的常客。

20. 史密斯：根据《国际珍稀动物保护条例》的规定，杂种动物不属于该条例的保护对象。《国际珍稀动物保护条例》的保护对象中，包括赤狼。而最新的基因研究技术发现，一直被认为是纯种物种的赤狼实际上是山狗与灰狼的杂交种。由于赤狼明显需要被保护，所以条例应当修改，使其也保护杂种动物。

张大中：您的观点不能成立。因为，如果赤狼确实是山狗与灰狼的杂交种的话，那么，即使现有的赤狼灭绝了，仍然可以通过山狗与灰狼的杂交来重新获得它。

以下哪项最为确切地概括了张大中与史密斯争论的焦点？

A. 赤狼是否为山狗与灰狼的杂交种？

B.《国际珍稀动物保护条例》的保护对象中，是否应当包括赤狼？

C.《国际珍稀动物保护条例》的保护对象中，是否应当包括杂种动物？

D. 山狗与灰狼是否都是纯种物种？

E. 目前赤狼是否有灭绝的危险？

21. 某出版社近年来出版物的错字率较前几年有明显的增加，引起了读者的不满和有关部门的批评，这主要是由于该出版社大量引进非专业编辑。当然，近年来出版物的大量增加也是一个重要原因。

上述议论中的漏洞，也类似地出现在以下哪项中？

Ⅰ. 美国航空公司近两年来的投诉比率比前几年有明显下降。这主要是由于该航空公司在裁员整顿的基础上有效地提高了服务质量。当然，“9·11”事件后航班乘客数量的锐减也是一个重要原因。

Ⅱ. 统计数字表明：近年来我国心血管病的死亡率，即由心血管病导致的死亡在整个死亡人数中的比例，较以前有明显增加，这主要是由于随着经济的发展，我国民众的饮食结构和生活方式发生了容易诱发心血管病的不良变化。当然，由于心血管病主要是老年病，因此，我国人口中的老龄人口比例增大也是一个重要的原因。

Ⅲ. S 市今年的高考录取率比去年增加了 15%，这主要是由于各中学狠抓了教育质量。当然，另一个重要原因是，各高校扩大高考招生规模的同时，适龄考生的数量下降。

A. 仅Ⅰ。　　B. 仅Ⅱ。　　C. 仅Ⅲ。

D. 仅Ⅰ和Ⅲ。　　E. Ⅰ、Ⅱ和Ⅲ。

22. 某对外营业游泳池更衣室的入口处贴着一张启事，称"凡穿拖鞋进入泳池者，罚款五至十元"。某顾客问："根据有关法规，罚款规定的制定和实施，必须由专门机构进行，你们怎么可以随便罚款呢?"工作人员回答："罚款本身不是目的。目的是通过罚款，来教育那些缺乏公德意识的人，保证泳池的卫生。"

上述对话中工作人员所犯的逻辑错误，与以下哪项中出现的最为类似?

A. 管理员："每个进入泳池的同志必须戴上泳帽，没有泳帽的到售票处购买。"某顾客："泳池中的那两位同志怎么没戴泳帽?"管理员："那是本池的工作人员。"

B. 市民："专家同志，你们制定的市民文明公约共 15 条 60 款，内容太多，不易记忆，可否精简，以便直接起到警示的作用。"专家："这次市民文明公约，是在市政府的直接领导下，组织专家组，在广泛听取市民意见的基础上制定的，是领导、专家、群众三结合的产物。"

C. 甲：什么是战争?

乙：战争是两次和平之间的间歇。

甲：什么是和平?

乙：和平是两次战争之间的间歇。

D. 甲：为了使我国早日步入发达国家之列，应该加速发展私人汽车工业。

乙：为什么?

甲：因为发达国家私人都有汽车。

E. 甲：一样东西，如果你没有失去，就意味着你仍然拥有。是这样吗?

乙：是的。

甲：你并没有失去尾巴。是这样吗?

乙：是的。

甲：因此，你必须承认，你仍然有尾巴。

23. W 病毒是一种严重危害谷物生长的病毒，每年要造成谷物的大量减产。W 病毒分为三种：W_1、W_2 和 W_3。科学家们发现，把一种从 W_1 中提取的基因，植入易受感染的谷物基因中，可以使该谷物产生对 W_1 的抗体，这样处理的谷物会在 W_2 和 W_3 中，同时产生对其中一种病毒的抗体，但严重减弱对另一种病毒的抵抗力。科学家证实，这种方法能大大减少谷物因病毒危害造成的损失。

从上述断定最可能得出以下哪项结论?

A. 在三种 W 病毒中，不存在一种病毒，其对谷物的危害性比其余两种病毒的危害性加在一起还大。

B. 在 W_2 和 W_3 两种病毒中，不存在一种病毒，其对谷物的危害性比其余两种病毒的危害性加在一起还大。

C. W_1 对谷物的危害性比 W_2 和 W_3 的危害性加在一起还大。

D. W_2 和 W_3 对谷物具有相同的危害性。

E. W_2 和 W_3 对谷物具有不同的危害性。

24. 为了提高司机的安全意识，某地在高速公路安装了动态警示牌，并在警示牌上流动播放附近路段的车祸发生率等相关数据。有研究机构对比了警示牌安装前后高速公路的车祸发生率，结果发现，警示牌附近路段的车祸发生率反而增加了。

下列哪项如果为真，最能解释上述这一现象？

A. 该段高速公路仅在道路的一侧安装了动态警示牌。

B. 滚动播放的数据会在一定程度上导致司机驾驶时分心。

C. 多数司机无法在短时间内理解车祸发生率等数据的含义。

D. 尽管是动态警示牌，但是许多司机依然注意不到。

E. 警示牌附近路段转弯较多，车祸发生率始终高于其他路段。

25. 皮肤中胶原蛋白的含量决定皮肤是否光滑细腻，决定人的皮肤是否年轻。相同年龄的男性和女性皮肤中含有相同量的胶原蛋白，而且女性更善于保养，并能从日常保养中提高皮肤胶原蛋白含量，尽管如此，女性却比男性更容易衰老。

以下哪项能解释上述矛盾？

A. 男性皮肤内胶原蛋白是网状结构的，而女性是丝状结构的。

B. 女性维持光滑细腻的皮肤、年轻美貌的容颜需要大量胶原蛋白。

C. 男性和女性从食物或者日常保养中获得的胶原蛋白含量大体相当。

D. 男性的胶原蛋白几乎不消耗，而女性代谢需要消耗大量胶原蛋白。

E. 不管是吃猪蹄、吃银耳，还是吃桃胶、吃鱼胶，都不能直接为皮肤提供胶原蛋白。

26. 张教授：强迫一个人帮助另一个人是不道德的。因此，一个政府没有权力通过税收来进行利益和资源的再分配。任何人，如果愿意，完全可以自愿地帮助别人。

李研究员：政府有权力这么做，只要这个政府允许人民自由地选择居留还是离开它所管理的国家。

对以下哪个问题，张教授和李研究员最可能有不同回答？

A. 一个政府是否有权力通过税收来进行利益和资源的再分配？

B. 一个允许对外移民的政府通过税收进行利益和资源的再分配是否不道德？

C. 一个不允许对外移民的政府通过税收进行利益和资源的再分配是否不道德？

D. 通过税收进行利益和资源的再分配是否意味着强迫一部分公民帮助另一部分公民？

E. 政府是否应该允许人民自由地选择居留还是离开它所管理的国家？

27. 某小区发生一起凶杀案，死者是一位女性，最先发现血泊中死者尸体的人是她的邻居们，如果最先发现死者尸体的人是凶手，那么她的邻居们都是凶手。

以下哪项的论证与题干最为相似？

A. 最先到达终点的人是第一名，第一名会得到万元奖励，所以最先到达终点的人会得到万元奖励。

B. 凡是有理想的人都爱读书，如果小李爱读书，那么说明小李有理想。

C. 所有经常运动的人都有较强的心肺功能，如果经常运动的人不容易感冒，那么所有喜欢运动的人都不容易感冒。

D. 开展“特种兵旅行”的人都是大学生，开展“特种兵旅行”的人都是精力旺盛的人，所以大学生都是精力旺盛的人。

E. 如果最先到达灾害现场的人是医生，而且医生会把伤亡人数降到最低，那么灾害现场的伤亡人数会降到最低。

28. 人们对于搭乘航班的恐惧其实是毫无道理的。据统计，仅 1995 年，全世界死于地面交通事故的人数超出 80 万，而在 1990 年至 1999 年的 10 年间，全世界平均每年死于空难的还不到 500 人，而在这 10 年间，我国平均每年死于空难的还不到 25 人。

为了评价上述论证的正确性，回答以下哪个问题最为重要？

A. 在上述 10 年间，我国平均每年有多少人死于地面交通事故？

B. 在上述 10 年间，我国平均每年有多少人参与地面交通，有多少人参与航运？

C. 在上述 10 年间，全世界平均每年有多少人参与地面交通，有多少人参与航运？

D. 在上述 10 年间，1995 年全世界死于地面交通事故的人数是否是最高的？

E. 在上述 10 年间，哪一年死于空难的人数最多？人数是多少？

29. 据调查显示，截至 2022 年年底，F 国共有餐饮门店 79 万家，F 国餐饮收入实现 3 750 亿元，比上年增长 2.3%。如果利润率排名位于后 15%的餐饮门店被视为管理效率低，则近三年 F 国管理效率低的餐饮门店数量在持续上升。

如果上述调查中的数据是真实的，则可以推出以下哪项？

A. 三年来，F 国餐饮收入的涨速在持续下降。

B. 近三年，F 国餐饮门店的数量在持续上升。

C. 近三年，F 国管理效率不低的餐饮门店数量在持续下降。

D. 近三年，F 国餐饮收入在持续上涨。

E. 随着餐饮收入的增长，F 国管理效率低的餐饮门店数量不断增加。

30. 人工智能(AI)系统“Pluribus”在六人制德州扑克比赛中击败了 5 名职业选手，这是当前唯一一个在多人扑克比赛中赢得胜利的 AI 系统。此前，人工智能在“战略性推理”方面取得的成就仅限于二人对决，因为在二人对决中，机器的策略是确保结果至少是平局，只要对手犯错，机器就能获胜，但这一策略不适用于多人对决。研究人员为此设计了一种新的“有限前瞻搜索”算法，这让机器在应对多名对手时能做出一个整体决策，大大提升胜率。

从以上陈述中可推出以下哪项结论？

A. AI 在多人制策略游戏中必然会被人类所击败。

B. 未来 AI 可以在任何多人对战游戏中取得胜利。

C. 只要是在战略思维方面的二人对决，AI 的表现就能够超越人类。

D. 当前没有第二个 AI 系统可以在多人扑克比赛中胜过人类选手。

E. 人工智能可以在短时间内处理大量的数据和任务。

专项训练 9 ▸ 其他题型

答案详解

答案速查

1～5　DCCBC	6～10　EEBDA	11～15　CEBBE
16～20　EBDDC	21～25　ABBBD	26～30　ADCBD

1. D

【第 1 步　识别命题形式】

本题的提问方式为"下列哪项问题的答案最能对上述结论做出评价?",故此题为关键问题题。

【第 2 步　套用母题方法】

要评价的论证为:去年全年甲城市的空气质量优良天数比乙城市的空气质量优良天数多了15%。因此,甲城市的管理者去年在环境保护和治理方面采取的措施比乙城市的更加有效。

A 项,题干涉及的是"甲、乙两个城市采取的措施是否有效",而此项涉及的是"甲、乙两个城市采取的措施的异同",无关选项。(干扰项·话题不一致)

B 项,题干并未涉及短时间内提升空气质量的效果,无关选项。

C 项,题干并未涉及因空气质量引发的健康问题的数量,无关选项。

D 项,如果乙城市采取了甲城市的措施后空气质量也得到显著提升,则支持题干;反之,则削弱题干。因此,回答 D 项的问题最能对上述结论做出评价。

E 项,题干讨论的是"去年"的情况,而此项讨论的是"前年"的情况,无关选项。(干扰项·时间不一致)

2. C

【第 1 步　识别命题形式】

本题的提问方式为"以下哪项如果为真,最能解释上述研究发现?",故此题为解释题。

待解释的现象:与老鼠等一些寿命短、后代多的动物相比,美洲驼、非洲象等寿命长、后代少的动物的种群更不易受到气候变化的伤害。

【第 2 步　套用母题方法】

A 项,题干不涉及"寿命短、后代多的动物"与"寿命长、后代少的动物"遭受极端天气情况的比较。(干扰项·比较不一致)

B 项,题干不涉及评估物种灭绝风险时需考虑的因素,无关选项。(干扰项·话题不一致)

C 项,此项说明在极端天气下,寿命长、后代少的动物能更好地照顾后代,因此种群不容易受到影响,可以解释题干。

D 项,题干中需要解释的重点在于"寿命长、后代少"的情况,而此项的解释重点在于"寿命短、后代多"的情况,故排除此项。

E 项,题干不涉及"气候条件改善时"的情况,无关选项。

3. C

【第 1 步　识别命题形式】

本题的提问方式为"以下哪项最为清楚地指出了上述论证中的错误?"，故此题为逻辑谬误题。

【第 2 步　套用母题方法】

题干:

①按照我国城市当前自来水消费量来计算，如果每吨水增收 5 分钱的水费，则每年可增加 25 亿元收入。

②"每吨水增收 5 分钱的水费"这一举措可以减少消费者对自来水的需求，养成节约用水的良好习惯，从而保护我国非常短缺的水资源。

要使①成立，必须假设：实施"每吨水增收 5 分钱的水费"的举措后，我国的自来水消费总量不变。

要使②成立，必须假设：实施"每吨水增收 5 分钱的水费"的举措后，我国的自来水消费总量会因此减少。

题干论证所必需的两个假设互为矛盾关系，故 C 项评价准确。

其余各项均未能指出题干论证中存在的错误。

4. B

【第 1 步　识别命题形式】

本题的提问方式为"如果以上断定为真，则以下哪项断定最不可能为真?"，故此题为推论题。另外，题干中出现危害大小的比较，可知此题也为母题模型 19　统计论证模型(其他数量型)。

【第 2 步　套用母题方法】

"比较大小"问题可用不等式法。由题干可知:

①烟斗和雪茄对健康的危害明显比香烟要小。即：烟斗、雪茄＜香烟。

②吸香烟的人改吸烟斗或雪茄的话，对健康的危害和以前差不多。即：改吸烟斗、雪茄＝香烟。

故由①、②可得：直接吸烟斗、雪茄＜香烟＝改吸烟斗、雪茄。

因此，直接吸烟斗、雪茄＜改吸烟斗、雪茄，即烟斗和雪茄对直接吸烟斗或雪茄的人的危害小于戒香烟后改吸烟斗或雪茄的人的危害。因此，B 项不可能为真。

5. C

【第 1 步　识别命题形式】

本题的提问方式为"下列哪项如果为真，最有助于解释上述糙皮病的不同发病率?"，故此题为解释题。

待解释的现象：许多主要吃玉米的欧洲人得了糙皮病，而主要吃玉米的美洲人没有得糙皮病。

【第 2 步　套用母题方法】

A 项，此项分析了玉米成为欧洲南部主要流行食物的原因，但并未解释题干中糙皮病的发病率为何不同，无关选项。

B 项，虽然美洲玉米中的烟酸含量较欧洲更多，但人体并不能吸收，故此项无法解释糙皮病的发病率为何不一致。

C 项，此项说明美洲人与欧洲人在吃玉米时烹饪方法不同，美洲人所用的烹饪方式将烟酸转换成人体可用的形式，从而与欧洲人糙皮病的发病率不一致，可以解释题干。

D项，此项指出许多主要吃玉米的欧洲人也吃其他烟酸丰富的食物，说明这些人糙皮病的发病率应该更低，加剧了题干中的矛盾，不能解释题干。

E项，题干的论证不涉及糙皮病的传染方式，无关选项。

6. E

【第1步 识别命题形式】

本题的提问方式为“以下哪项最为准确地概括了正方反驳反方所使用的论证方法?”，故此题为反驳方法题。

【第2步 套用母题方法】

正方：如果按照对方这个逻辑推理下去，那么我们大学四年毕业后最好不要找工作，因为这样就不会影响任何人的饭碗，这成立吗?

正方先假设了反方的逻辑正确，由此推出“大学生大学四年毕业后最好不要找工作”的荒谬结论，由此来证明反方的论证不成立，即使用了“归谬法”，故E项正确。

7. E

【第1步 识别命题形式】

本题的提问方式为“从上述断定中可以最为恰当地推出以下哪项结论?”，故此题为推论题。

【第2步 套用母题方法】

A项，由题干信息可知，车间中，当气温低于5℃、高于30℃时，对蓝领工人的工作效率存在影响，因此安装空调还是有作用的，故此项排除。

B项，题干不涉及车间中的气温低于5℃时，气温与工作效率的关系，无关选项。

C项，题干只涉及了夏冬两季，没有涉及春秋两季，无关选项。

D项，题干不涉及夏季办公室室内气温高于30℃时，气温与工作效率的关系，无关选项。

E项，根据题干信息可知，冬季办公室室内气温越高，平均工作效率越高，只要不高于15℃，说明室内温度为15℃时，办公室白领人员的平均工作效率最高，故此项可以由题干推出。

8. B

【第1步 识别命题形式】

本题的提问方式为“格瑞高里在应答萨沙的论述时，用了下面哪一项论证方法?”，结合选项，可知此题为论证方法题。

【第2步 套用母题方法】

A项，忽略论据，与格瑞高里的论证方法不符。

B项，格瑞高里承认对方指出的问题，但认为这一问题，可以通过成立机构、限制不合理的行为来解决(限定使用范畴)，因此，笔迹分析结果还是可以作为证据使用的，故此项正确。

C项，归纳论证，与格瑞高里的论证方法不符。

D项，指出萨沙的论述自相矛盾，与格瑞高里的论证方法不符。

E项，指出萨沙的论述正是自己所批评的，也是自相矛盾，与格瑞高里的论证方法不符。

9. D

【第1步 识别命题形式】

本题的提问方式为“下面哪一个选项无助于解释题干中统计数据与老百姓感受之间的差距?”，

故此题为解释题。

待解释的现象：去年消费者物价指数(CPI)仅上涨 1.8%，属于“温和型”上涨，但是老百姓觉得涨幅一点也不“温和”。

【第 2 步　套用母题方法】

A 项，此项指出 CPI 统计范围及标准有问题，可以解释题干。

B 项，此项指出老百姓的感受与统计数据不同的原因，可以解释题干。

C 项，此项指出为什么老百姓感觉物价涨幅大，可以解释题干。

D 项，“高收入群体”只是一小部分，代表不了“老百姓”，不能解释题干。

E 项，此项说明了为什么 CPI 涨幅并不高，可以解释题干。

10. A

【第 1 步　识别命题形式】

本题的提问方式为“以下哪项最为确切地评价了反方的言论?”，故此题为论证与反驳方法题。

【第 2 步　套用母题方法】

正方采用类比论证：

①汽车：有风险，但不应该将汽车时速限制为不超过自行车以排除汽车交通死亡事故风险；

②安乐死：有风险；

所以，不应该反对安乐死以排除安乐死的风险。

反方：如果汽车行驶得和自行车一样慢，那么汽车就毫无意义。

反方的观点说明，确实不应该限制汽车的时速，支持了正方的论据①，故 A 项正确。

其余各项均不恰当。

11. C

【第 1 步　识别命题形式】

本题的提问方式为“以下哪项陈述最为准确地描述了上述论证的缺陷?”，故此题为逻辑谬误题。

【第 2 步　套用母题方法】

题干中的论据：

①1990 年到 2005 年，中国的男性超重比例从 4%上升到 15%(即：上升 11 个百分点)，女性超重比例从 11%上升到 20%(即：上升 9 个百分点)。

②1990 年到 2005 年，墨西哥的男性超重比例从 35%上升到 68%(即：上升 33 个百分点)，女性超重比例从 43%上升到 70%(即：上升 27 个百分点)。

题干中的论点：无论在中国还是在墨西哥，女性超重的增长速度都高于男性超重的增长速度。

题干涉及的公式：超重的增长速度$=\dfrac{\text{现超重百分比}-\text{原超重百分比}}{\text{时间(15 年)}}$。

A 项，题干不涉及个体特征与个体组成的群体特征之间的关系，无关选项。

B 项，题干比较的是比例的变化量，与起点值无关，无关选项。

C 项，由题干论据可知，无论是在中国还是墨西哥，男性超重比例增长速度都高于女性，而题干论点却与之矛盾，故此项准确地描述了题干论证的缺陷。

D项，题干论点的核心话题是“超重的增长速度”，根据计算公式可知，此增长速度不涉及基数、百分比和绝对值之间的相对变化。

E项，题干不涉及“美国女性”与“中国女性”在超重比例上的比较，无关选项。

12. E

【第1步 识别命题形式】

本题的提问方式为“以下哪项对上述论证的评价最为恰当?”，故此题为逻辑谬误题。

【第2步 套用母题方法】

题干的漏洞在于其论证的前提是对吃胶质奶糖这一事件进行内部比较或者对吃巧克力这一事件进行内部比较，而结论是对吃巧克力和吃胶质奶糖之间进行比较。

A项，显然评价不恰当。

B项，评价不恰当，题干没有涉及胶质奶糖和巧克力的类型。

C项，评价不恰当，题干并未假设只有吃含糖食品才会导致蛀牙。

D项，评价不恰当，此项论证的是海拔与空气稀薄程度的比较，不存在漏洞。

E项，评价恰当，此项论证的前提是对火灾或者地震的内部比较，而结论是对地震和火灾之间的比较，漏洞与题干相同。

13. B

【第1步 识别命题形式】

本题的提问方式为“下面哪个推理中的错误与上述推理的错误完全相同?”，故此题为结构相似题。

【第2步 套用母题方法】

题干：每一个政治不稳定事件都有某个人作为幕后策划者。所以，所有政治不稳定事件都是由同一个人策划的。

显然，由“某个”人不能推出“同一个”人，题干犯了偷换概念的逻辑错误。

B项，任一自然数都小于“某个”自然数，无法推出所有自然数都小于“同一个”自然数，与题干的逻辑错误相同，故为正确选项。

其余各项显然均与题干不同。

14. B

【第1步 识别命题形式】

本题的提问方式为“以下哪项如果事实上是可操作的，最有利于评价T国政府的上述宣称?”，故此题为关键问题题。

【第2步 套用母题方法】

T国政府：本国受到全球范围的股市暴跌的冲击，这是因为，国内一些企业过快地非国有化。

A项，题干仅涉及过快地非国有化是否会导致“全球范围的股市暴跌”，而此项是对比过快地非国有化的“正面影响”和“负面影响”，无关选项。

B项，根据求异法原理可知，若没有实行企业非国有化的国家也受到了同样的冲击，则削弱题干；若没有实行企业非国有化的国家没有受到冲击，则支持题干。因此，B项对于正确评价T国政府的宣称最为有利。

C项，此项中的对照组选择的是“那些经济情况和T国有很大差异”的国家，那么真正的影响因素可能是这些差异，无法衡量“非国有化”的影响，故排除。

D、E 两项均不涉及“非国有化”，故均为无关选项。

15. E

【第 1 步　识别命题形式】

本题的提问方式为“要判断图书馆管理员的话是否正确，必须首先知道下列哪一个选项?”，故此题为关键问题题。

【第 2 步　套用母题方法】

要评价的论证是：如果图书馆雇用一名保安去辨别校外人员，并保障所有校外人员均按要求缴费，图书馆的收益将增加。

E 项，要判断收益是否增加，就要判断新增收益与新增支出的关系，所以需要知道的是雇用保安的开支，故此项正确。

其余各项均与“雇用保安”无关，故均为无关选项。

16. E

【第 1 步　识别命题形式】

本题的提问方式为“以下哪项如果为真，最能解释题干中的现象?”，故此题为解释题。

待解释的现象：“长者食堂”的饭菜价格远低于市场价，且品种多样、味道极佳、分量充足，然而每天到该食堂就餐的老年人数量并不多。

【第 2 步　套用母题方法】

A 项，此项的论证对象是“年轻人”，而题干的论证对象是“老年人”，无关选项。(干扰项 • 对象不一致)

B 项，此项进一步说明了“长者食堂”的优点，加剧了题干中的矛盾，不能解释题干。

C 项，此项指出符合就餐条件的老年人在社区居民中的“占比”不高，但并未说明该社区居民数量的多少，因此不能确定符合就餐条件的老年人“数量”的多少。(干扰项 • 不确定项)

D 项，“一小部分”老年人的情况无法代表“所有”老年人的情况，不能解释题干。

E 项，此项指出社区内“多数”老年人选择“送餐上门”而非到食堂用餐，因此到该食堂就餐的老年人数量较少，可以解释题干。

17. B

【第 1 步　识别命题形式】

本题的提问方式为“以下除哪项外，均有助于解释该地区的这一现象?”，故此题为解释题。

待解释的现象：低密度脂蛋白胆固醇水平长期过高是造成脑中风、冠心病等心脑血管疾病的主要原因。某地区动物内脏消费量大，而食用动物内脏会使人摄入大量的低密度脂蛋白胆固醇，但是，该地区的人患脑中风、冠心病等心脑血管疾病的比例却低于正常水平。

【第 2 步　套用母题方法】

A 项，此项说明当地居民开始吃动物内脏的时间并不久，故目前该地区的人患心脑血管疾病的比例低，可以解释。

B 项，此项指出该地区动物内脏的价格较低，与题干“患脑中风、冠心病等心脑血管疾病的比例”无关，不能解释。

C项，此项指出该地区的人在吃动物内脏的同时也会吃海鱼，而海鱼有助于降低胆固醇，从而降低患心脑血管疾病的可能，故该地区的人患心脑血管疾病的比例低，可以解释。

D项，此项说明当地居民喜欢食用的醋帮助当地居民预防了心脑血管疾病，故当地居民患心脑血管疾病的比例低，可以解释。

E项，此项指出当地居民的某种基因突变分解了低密度脂蛋白胆固醇，故该地区的人患心脑血管疾病的比例低，可以解释。

18. D

【第1步　识别命题形式】

本题的提问方式为“以下哪项如果为真，最有助于解释上述现象?”，故此题为解释题。

待解释的现象：1994年，象鼻虫使得当年亚洲的棕榈果生产率显著提高，但是，到了1998年，棕榈果的生产率却大幅度降低。

【第2步　套用母题方法】

A项，题干讨论的是“生产率”，而此项讨论的是“价格”，无关选项。

B项，象鼻虫的主要作用是授粉，而它的天敌赤蜂在1998年秋季才开始出现，已经过了授粉季节，因此无法解释题干中的现象。

C项，象鼻虫的数量在1998年比1994年增加了一倍，那么其授粉效果应该更好，有助于棕榈果产量增加，故此项加剧了题干中的矛盾。

D项，此项说明是营养问题影响了1998年棕榈果的产量，可以解释。

E项，题干仅讨论“棕榈果”，不涉及“椰果”，无关选项。(干扰项·对象不一致)

19. D

【第1步　识别命题形式】

本题的提问方式为“以下哪项对上述统计事实的解释最可能成立”，故此题为解释题。

待解释的现象：为什么餐饮业网点数量和瘦身健身人数呈密切正相关?

【第2步　套用母题方法】

题干中餐饮业网点数量的增加和瘦身健身人数的增加呈现共变的趋势，根据共变法原理，二者之间可能存在因果关系，但也有可能是另外一个共同的原因(共因)导致这两个现象的共变。

A、B两项，说明餐饮业和瘦身健身业的发展互相促进，但是不太容易说明二者为何发展呈密切正相关，也不容易确定二者谁是因、谁是果。

C项，“从事低收入、重体力工作”的外来人口上升，不太可能刺激较高消费的“餐饮”及“瘦身健身”行业的同步发展。

D项，此项说明是由于收入的逐年提高(共因)，促进了餐饮业和瘦身健身业的共同增长，可以解释。

E项，由此项无法判断高收入人群在最近15年的变化，不能解释。

20. C

【第1步　识别命题形式】

本题的提问方式为“以下哪项最为确切地概括了张大中与史密斯争论的焦点?”，故此题为争论焦点题。

【第 2 步　套用母题方法】

A 项，史密斯提到"赤狼是杂种动物"，而张大中并未对此发表看法，违反双方表态原则，故排除。

B 项，在二人的争论中，"赤狼"仅仅是作为例证出现，而不是二人争论的观点，违反论点优先原则，故排除。

C 项，史密斯认为《国际珍稀动物保护条例》的保护对象中应当包括杂种动物，张大中认为此观点不能成立，故二人的争论焦点是：《国际珍稀动物保护条例》的保护对象中，是否应当包括杂种动物。因此，此项正确。

D 项，二人均没有讨论"山狗与灰狼是否都是纯种物种"，违反双方表态原则，故排除。

E 项，二人均未对"赤狼是否有灭绝的危险"发表看法，违反双方表态原则，故排除。

21. A

【第 1 步　识别命题形式】

本题的提问方式为"上述议论中的漏洞，也类似地出现在以下哪项中?"，故此题为结构相似题。

【第 2 步　套用母题方法】

题干：错字率增加的原因为：①大量引进非专业编辑；②出版物的大量增加。原因①是合理的，但原因②不合理，因为错字率是错误字数与总字数之比，不单与总字数有关，还与错误字数有关。

Ⅰ项，与题干的错误相同，投诉率是投诉人数与总人数之比，不单与总人数有关，还与投诉人数有关。

Ⅱ项，两个原因都是合理的，与题干不同。

Ⅲ项，两个原因都是合理的，与题干不同。

综上，A 项正确。

22. B

【第 1 步　识别命题形式】

本题的提问方式为"上述对话中工作人员所犯的逻辑错误，与以下哪项中出现的最为类似?"，故此题为结构相似题。

【第 2 步　套用母题方法】

题干中，顾客询问的是"游泳池的工作人员是否有资格罚款"，而工作人员回答的是"罚款的目的"，故工作人员犯了"转移论题"的逻辑错误。

A 项，管理员要求每个进入泳池的同志必须戴上泳帽，又允许工作人员不戴泳帽，自相矛盾。

B 项，市民建议"精简文明公约"，专家说的是"市民文明公约是如何制定的"，故专家犯了"转移论题"的逻辑错误，与题干错误相似。

C 项，用"和平"定义"战争"，又用"战争"定义"和平"，此项犯了"循环定义"的逻辑错误。

D 项，因为是发达国家，所以私人都有汽车，而不是私人都有汽车就是发达国家，此项犯了"因果倒置"的逻辑错误。

E 项，失去尾巴的隐含假设是原本有尾巴，如果我本来就没有尾巴的话，这个提问就是错的，此项犯了"不当假设"的逻辑错误。

23. B

【第 1 步 识别命题形式】

本题的提问方式为“从上述断定最可能得出以下哪项结论?”，故此题为推论题。

【第 2 步 套用母题方法】

A 项，不必然为真。因为如果 W_1 的危害性比其余两种病毒的危害性加在一起还大，则题干的陈述仍然成立。

B 项，必然为真。因为假如 W_2 的危害大于 W_1+W_3。那么，当抗体能抵抗 W_1+W_3，但减弱了对 W_2 的抵抗力时，反而会加大损失。

C 项，不必然为真。题干比较的是 W_1 加上 W_2 和 W_3 中的一种病毒，与余下的一种病毒的关系，而不是比较 W_1 与 W_2、W_3。

D、E 两项，不必然为真。因为题干没有单独进行 W_2 和 W_3 的比较。

24. B

【第 1 步 识别命题形式】

本题的提问方式为“下列哪项如果为真，最能解释上述这一现象?”，故此题为解释题。

待解释的现象：警示牌附近路段的车祸发生率反而增加了。

【第 2 步 套用母题方法】

A 项，此项指出警示牌只安在了道路的一侧，但并未说明它对事故的影响，故排除。

B 项，此项指出警示牌上的数据使得司机驾驶时分心，因此警示牌附近路段的车祸发生率反而增加了，可以解释题干。

C 项，此项指出多数司机无法在短时间内理解警示牌上数据的含义，但并未说明这对事故的影响，故排除。

D 项，此项指出有的司机“注意不到警示牌”，但并未说明这对事故的影响，故排除。

E 项，题干不涉及警示牌附近路段与其他路段车祸发生率的比较。(干扰项·新比较)

25. D

【第 1 步 识别命题形式】

本题的提问方式为“以下哪项能解释上述矛盾?”，故此题为解释题。

待解释的现象：相同年龄的男性和女性皮肤中含有相同量的胶原蛋白，而且女性更善于保养，并能从日常保养中提高皮肤胶原蛋白含量，但是女性却比男性更容易衰老。

【第 2 步 套用母题方法】

A 项，此项指出了男性与女性皮肤内胶原蛋白的结构不同，但并没有指出这种不同是否影响衰老，不能解释。

B 项，此项仅说明女性需要大量胶原蛋白，但并未指出男性的情况如何，不能解释。

C 项，男性和女性体内的胶原蛋白含量基本相当，从外界获取的胶原蛋白含量也大体相当，因此，男性和女性的总胶原蛋白含量应基本一致；此种情况下，男性和女性在衰老方面应该没有差距，此项加剧了题干中的矛盾。

D 项，此项指出男性和女性在胶原蛋白的消耗量上有差异，女性代谢需要消耗更多的胶原蛋白，就会导致女性体内胶原蛋白含量更低，进而使得女性更容易衰老，可以解释。

E 项，题干不涉及补充胶原蛋白的方式，无关选项。

26. A

【第 1 步　识别命题形式】

本题的提问方式为“对以下哪个问题，张教授和李研究员最可能有不同回答?”，故此题为争论焦点题。

【第 2 步　套用母题方法】

张教授：强迫一个人帮助另一个人是不道德的，因此，政府没有权力通过税收来进行利益和资源的再分配。

李研究员：如果这个政府允许人民自由地选择居留还是离开它所管理的国家，那么政府就有权力这么做。

故二人的争论焦点为：政府是否有权力通过税收来进行利益和资源的再分配，即 A 项正确。

B、C 两项，张教授和李研究员均未对“政府通过税收进行利益和资源的再分配是否道德”的问题表态，违反双方表态原则，故排除。

D 项，只有张教授提及“强迫一部分公民帮助另一部分公民”，李研究员没有提及，违反双方表态原则，故排除。

E 项，只有李研究员提及“允许人民自由地选择居留还是离开它所管理的国家”，张教授没有提及，违反双方表态原则，故排除。

27. D

【第 1 步　识别命题形式】

本题的提问方式为“以下哪项的论证与题干最为相似?”，故此题为结构相似题。

【第 2 步　套用母题方法】

题干的论证：某小区发生一起凶杀案，死者是一位女性，最先发现血泊中死者尸体的人是她的邻居们，如果最先发现死者尸体的人是凶手，那么她的邻居们都是凶手。

即：A 是 B，如果 A 是 C，那么 B 是 C。

A 项，A 是 B，B 是 C，所以，A 是 C。故此项与题干不同。

B 项，A 是 B，如果 C 是 B，那么 C 是 A。故此项与题干不同。

C 项，A 是 B，如果 A 是 C，那么 D 是 C。故此项与题干不同。

D 项，A 是 B，A 是 C，所以，B 是 C。故此项与题干最为相似。

E 项，$A \wedge B \rightarrow C$。故此项与题干不同。

28. C

【第 1 步　识别命题形式】

本题的提问方式为“为了评价上述论证的正确性，回答以下哪个问题最为重要?”，故此题为关键问题题。

【第 2 步　套用母题方法】

要判断地面交通和航班哪个更安全，衡量标准应该是死亡率，而不是死亡人数。

$$死亡率=\frac{死亡人数}{交通参与人数}\times 100\%。$$

所以，回答 C 项的问题对于评价题干论证的正确性最为重要。

B 项仅仅是我国的情况，未必在全世界范围内有代表性，因此，B 项的重要性不如 C 项。

其余各项显然均不正确。

29. B

【第 1 步　识别命题形式】

本题的提问方式为"如果上述调查中的数据是真实的，则可以推出以下哪项?"，故此题为推论题。另外，题干中出现百分比和利润率，可知此题也为母题模型 19　统计论证模型。

【第 2 步　套用母题方法】

题干：管理效率低的餐饮门店数量＝餐饮门店总数量×15%；近三年 F 国管理效率低的餐饮门店数量在持续上升。

因此，近三年 F 国餐饮门店总数量和管理效率不低的门店数量都在持续上升，故 B 项正确。

30. D

【第 1 步　识别命题形式】

本题的提问方式为"从以上陈述中可推出以下哪项结论?"，故此题为推论题。另外，题干中出现胜率，可知此题也为母题模型 19　统计论证模型。

【第 2 步　套用母题方法】

A 项，题干指出 AI 系统"Pluribus"在六人制德州扑克比赛中取得了胜利，故此项必然为假。

B 项，题干仅描述了 AI 的 1 次胜利，无法由此推出未来在"任何多人对战游戏"中 AI 都会取得胜利。

C 项，题干指出 AI 与人类在二人对决中的"策略"是至少是平局，"策略"不等于"结果"，故此项无法由题干推出。

D 项，题干指出 AI 系统"Pluribus"是"当前唯一一个"在多人扑克比赛中赢得胜利的 AI 系统，由"当前唯一一个"可知，此项必然为真，可以由题干推出。

E 项，题干未涉及"在短时间内处理大量的数据和任务"，无关选项。

第3部分

仿真模考

800

199 管理类联考逻辑 ▸ 模拟卷 1

（共 30 小题，每小题 2 分，共 60 分，限时 60 分钟）

说明：本套模拟卷在试卷结构上同 2025 年管理类联考真题一致，难度中等偏上，同近 5 年管综真题基本一致。

1. 考古学家通过对消失已久的鹦鹉嘴龙进行体色重建，发现其腹部颜色为浅色而背部颜色较深。这是一种保护色，作用是通过在身体上形成阴影，让动物自身在其他动物眼中失去立体效果，因此也被称为“反荫蔽体色”，这在现代动物中也较为常见。考古学家据此推测，鹦鹉嘴龙最有可能居住在森林里。
要得到上述结论，最需要补充的前提条件是：
A. 生活在森林中的动物其体色模式大多为反荫蔽体色。
B. 恐龙包含许多种类，其中大部分都生活在森林和草原中。
C. 在发现恐龙化石的地区，考古推测该区域曾有大片的森林。
D. 鹦鹉嘴龙是种小型恐龙，这种体色对于逃避天敌有天然的伪装作用。
E. 古生物学家 Jakob Vinther 博士认为，体色和动物的居住环境之间并没有直接的联系。

2. 一直以来，很多科学家认为全球海平面上升的主要原因是全球气候变暖，冰川和冰盖的融化加剧。近日，有研究人员通过统计数据发现，近百年来南极降雪量大幅增加，进而增加了南极等冰冻区域所“存储”的冻水量。据此，有专家乐观估计，全球海平面上升的趋势将被逆转。
以下哪项如果为真，最能削弱该专家的观点？
A. 据相关数据统计，南极降雪量在近几年有微弱减少的趋势。
B. 降雪带来的冰增量仅为冰川融化导致的冰损失的三分之一。
C. 海平面的上升会使风暴潮强度加剧频次增多，甚至淹没一些低洼的沿海地区。
D. 据有关气象部门预计，今年的全球平均气温将略低于去年。
E. 气候学家们大都认为，随着各种限制措施的制定，全球气候变暖的情况将会得到有效控制。

3. 北京农业大学的教授在河北省推广柿树剪枝技术时，为了说服当地的群众，教授把一块柿树园一分为二，除自然条件相同外，其他的条件包括施肥、灭虫、浇水、除草等也都相同，不同的是：其中一块柿树园剪枝，而另一块不剪枝。到了收获的季节，剪枝的一块柿树园的产量比不剪枝的多三成以上。这下农民信服了，先进的剪枝技术很快推广开来。
以下哪项与北京农业大学教授所用的方法相同？
A. 某班英语成绩好的同学，物理成绩也非常优秀。因此，学好英语有助于物理成绩的提高。
B. 小明的妈妈认为小明退步的原因是经常抄作业或者没有及时复习。事实上，小明的作业每次都是独立完成的。因此，小明退步的原因是没有及时复习。
C. 所有的节假日都会堵车，明天是节假日，因此，明天会堵车。
D. 蛆是不是由肉变成的，多年来人们对此迷惑不解。1668 年，意大利医生雷地把相同的肉放在两个容器内，一个容器封闭，另一个容器敞开。结果，敞开的容器内肉里生蛆，而封闭的容器内肉没有生蛆。他宣布，蛆并不是肉变的。
E. 经常从事体育运动的人，体质普遍较好。由此看来，所有的人都必须提倡体育锻炼。

4. 近日，研究人员利用胡萝卜渣以及蔬菜渣成功生产出了经济实惠的原纤化纤维素纳米纤维，并用其制备成了一种特殊的喷雾。结果证实，这种喷雾可以在果蔬表面形成保护性纤维涂层。研究人员据此认为，这种喷雾有望成为食物保鲜的重要材料。

以下哪项如果为真，最能支持上述研究人员的观点？

A. 利用胡萝卜渣中提取的原纤化纤维素制备而成的生物塑料可以轻松被土壤中的细菌和真菌降解。

B. 胡萝卜年产量可达 4 500 万吨，其中大部分被用于榨汁，而榨汁剩下的胡萝卜渣中含有 80%的纤维素。

C. 利用原纤化纤维素纳米纤维制备而成的这种喷雾，可以将果蔬的保质期延长 7 天左右。

D. 这种喷雾在果蔬表面形成的保护性纤维涂层不稳定，在空气中极易与氧气发生化学反应而分解。

E. 利用胡萝卜渣以及蔬菜渣制备的原纤化纤维素纳米纤维的工艺和原料成本比较低。

5. 近日，有动物实验研究发现，在正常饮食中加入一定剂量的苦瓜水提取物，可降低 2 型糖尿病小鼠的高血糖。这是由于苦瓜中含有一种类似胰岛素的物质，能够降低血糖。有人据此认为，2 型糖尿病患者多吃苦瓜可以降低血糖水平。

以下哪项如果为真，最能支持上述论证？

A. 苦瓜性寒，具有清热消暑的功效，有助于缓解暑热烦渴的症状。

B. 苦瓜中含有多种有益成分，如苦瓜皂苷、氨基酸等，可以帮助预防心血管疾病。

C. 苦瓜水提取物可能会导致血清总蛋白轻微降低。

D. 苦瓜水提取物对 1 型糖尿病小鼠的血糖无显著影响。

E. 苦瓜中的苦瓜素可以改善糖尿病患者的血糖水平和胰岛素敏感性。

6. 悉尼大学商学院的核心科目“商业的批判性思维”结业考试有 1 200 名学生参加，却有 400 多人不及格，其中有八成是中国留学生。悉尼大学解释说：“中国学生缺乏批判性思维，英语水平欠佳。”学生代表 L 对此申诉说：“学校录取的学生，英语水平都是通过学校认可的，商学院入学考试要求雅思 7 分，我们都达到了这个水平。”

以下哪项陈述是学生代表 L 的申诉所依赖的假设？

A. 校方在为中国留学生评定入学成绩时可能存在不公正的歧视行为。

B. 校方对学生不及格有不可推卸的责任，重修费用应当减半。

C. 学校对学生入学英语水平的要求与结业考试时各科学习结业时的要求相同。

D. 每门课的重修费用是 5 000 澳元，如此高的不及格率是由于校方想赚取重修费。

E. 校方对入学学生的英语成绩要求远低于结业考试英语要求。

7. 荷叶为多年生水生草本植物莲的叶片，其化学成分主要有荷叶碱、柠檬酸、苹果酸、葡萄糖酸、草酸、琥珀酸及其他抗有丝分裂的碱性成分。荷叶含有多种生物碱及黄酮苷类、荷叶苷等成分，能有效降低胆固醇和甘油三酯，对高脂血症和肥胖病人有良效。荷叶的浸剂和煎剂更可扩张血管，清热解暑，有降血压的作用。有专家指出，荷叶是减肥的良药。

以下哪项如果为真，最能支持上述专家的观点？

A. 荷叶能促进肠胃蠕动，清除体内宿便。

B. 荷叶茶是一种食品，而非药类，具有无毒、安全的优点。

C. 荷叶茶泡水后成了液态食物，在胃里很快被吸收，时间很短，浓度较高，刺激较大。

D. 服用荷叶制品后在人体肠壁上形成一层脂肪隔离膜，可以有效阻止脂肪的吸收。

E. 荷叶有清热解毒、生发清阳、除湿祛瘀、利尿通便的作用，还有健脾升阳的效果。

8. 远东豹是生活在俄罗斯远东地区的一种大型猫科动物，各种有蹄类动物和野兔、野猪都在它的食谱上。在人类定居远东地区之前，远东豹没有什么可怕的天敌，数量极多。当人类开始定居远东地区后，偷猎者十分猖獗，远东豹几乎绝迹了。所以，是人类的偷猎造成了远东豹的绝迹。

下面哪项如果为真，最能质疑上述结论？

A. 远东人也猎取另一种猫科动物雪豹，但雪豹没有灭绝。

B. 当时人类定居远东后，并未捕杀有蹄类动物和野兔、野猪以充当食物。

C. 远东地区的俄罗斯居民大多有较高的动物保护意识，提倡保护野生动物和杜绝偷猎行为。

D. 在野外一些远东豹会经常攻击人类，对人类生命安全造成威胁。

E. 远东人为了发展工业，在大量土地上建造工厂，使得远东豹赖以生存的栖息地遭到严重破坏。

9. 随着科技的发展，人们阅读的方式不再像以前一样，只能通过纸质版图书进行，越来越多的人选择在手机或者平板上进行阅读。近期，某机构进行了一项研究，研究者让199名健康受试者在手机上阅读同一部小说一段时间，同时监测他们的呼吸和大脑活动。实验数据显示，受试者阅读时的呼吸都变得更短、更浅。研究者据此认为，受试者在阅读过程中的认知负担在不断加重。

以下哪项如果为真，最能支持研究者的观点？

A. 手机屏幕较小，不如读纸质版图书那么便捷。

B. 受试者阅读过程中沉浸于小说的内容，且消耗较少，这使得他们呼吸更短、更浅。

C. 手机阅读者的认知注意力很难集中，阅读的过程中容易错过细枝末节。

D. 呼吸深度与呼吸频率会影响阅读速度，但是否会增加认知负担还需进一步确定。

E. 更短、更浅的呼吸会使阅读者的认知负担加重。

10. 台风是大自然最具破坏性的灾害之一。有研究表明：通过向空中喷洒海水水滴，增加台风形成区域上空云层对日光的反射，那么台风将不能聚集足够的能量，这一做法将有效阻止台风的前进，从而避免更大程度的破坏。

上述结论的成立需要补充以下哪项作为前提？

A. 喷洒到空中的水滴能够在云层之上重新聚集。

B. 人工制造的云层将会对邻近区域的降雨产生影响。

C. 台风经过时，常伴随着大风和暴雨等强对流天气。

D. 台风前进的动力来源于海水表面日光照射所产生的热量。

E. 除台风外，酸雨也是大自然最具破坏性的灾害之一。

11. 音乐欣赏并非仅仅作为音乐的接受环节而存在，它同时还以反馈的方式给音乐创作和表演以影响。音乐欣赏者的审美判断和审美选择很多时候能左右作曲家和表演家的审美选择。每一个严肃的音乐家都很注意倾听音乐欣赏者的信息反馈，来调整和改进自己的艺术创作。

根据以上信息，可以推出以下哪项？

A. 同音乐欣赏类似的歌舞欣赏，同样可以给歌舞表演者反馈。

B. 所有音乐家以及作曲家都很注意音乐欣赏者们的反馈。

C. 音乐欣赏者的审美观对于音乐家来说有一定的影响。

D. 每一条音乐欣赏者的反馈都能让作曲家和表演家的艺术创作升华。

E. 不严肃的音乐家更容易创作出好的作品。

12. 某网购平台发布了一份网购调研报告，分析亚洲女性的网购特点。分析显示，当代亚洲女性在网购服饰、化妆品方面的决定权为88%，在网购家居用品方面的决定权为85%。研究者由此认为，当代亚洲女性在家庭中拥有更大的控制权。

以下哪项如果为真，则最能反驳上述结论？

A. 喜爱网购的亚洲女性的网购支出只占其家庭消费支出的25%。

B. 亚洲女性中，习惯上网购物的人数只占女性总人数的30%左右。

C. 亚洲女性在购买贵重商品时往往会与丈夫商量，共同决定。

D. 一些亚洲女性经济不独立，对家庭收入没有贡献。

E. 亚洲女性在购物时往往只考虑产品的价格。

13. 由于中国代表团没有透彻地理解奥运会的比赛规则，因此，在伦敦奥运会上，无论是对赛制赛规的批评建议，还是对裁判执法的质疑，中国代表团前后几度申诉都没有取得成功。

为使上述推理成立，必须补充以下哪项作为前提？

A. 在奥运舞台上，中国还有许多自己不熟悉的东西需要学习。

B. 有些透彻理解奥运会比赛规则的代表团，在赛制赛规等方面的申诉中取得了成功。

C. 奥运会上，在赛制赛规等方面的申诉中取得成功的代表团都透彻理解了奥运会的比赛规则。

D. 奥运会上透彻理解比赛规则的代表团都能在赛制赛规等方面的申诉中取得成功。

E. 如果中国代表团透彻地理解奥运会的比赛规则，申诉一定会取得成功。

14. 据国际癌症研究机构(International Agency for Research on Cancer，简称IARC)最新的GLOBCAN数据，结直肠癌已成为全球第三大常见癌症和第二大癌症相关死亡原因。近日，M国食品药品监督管理局批准某生物技术公司的结直肠癌(CRC)筛查项目——Shield™血液检测上市。这种检测方式避免了目前最常用的侵入性筛查手段——结肠镜检查带给人们的不愉快或不方便。可以预见，Shield™血液检测将彻底替代结肠镜检查。

以下哪项如果为真，最能质疑上述推断？

A. 对于结直肠癌已经扩散到身体远端部位的患者，其存活率只有13%。

B. 结肠镜检查可以检查全部大肠，去除发现的息肉(癌前病变)来预防结直肠癌。

C. Shield™血液检测能够发现83%的癌症，但很少发现结肠镜检查发现的癌前病变。

D. 结直肠癌的患病风险因素包括久坐、大量饮酒、吸烟和食用红肉或加工肉类等。

E. 很多患者认为医生为病人订购Shield™血液测试的费用较高。

15. 土卫二是太阳系中迄今观测到存在地质喷发活动的三个星体之一，也是天体生物学最重要的研究对象之一。德国科学家借助卡西尼号土星探测器上的分析仪器发现，土卫二发射的微粒中含有钠盐。据此可以推测，土卫二上存在液态水，甚至可能存在“地下海”。

以下哪项如果为真，最能支持上述推测？

A. 只有存在“地下海”，才可能存在地质喷发活动。

B. 在土卫二上液态水不可能单独存在，只能以“地下海”的方式存在。

C. 如果没有地质喷发活动，就不可能发现钠盐。

D. 土星探测器上的分析仪器得出的数据是确切可信的。

E. 只有存在液态水，才可能存在钠盐微粒。

16. 有的无私奉献的行为是不值得提倡的。所有助人为乐的行为都是与人为善的行为。如果一个行为是与人为善的行为，那么一定是值得提倡的。

根据上述信息，以下哪项必然为真？

A. 有的与人为善的行为不值得提倡。
B. 所有无私奉献的行为都是与人为善的行为。
C. 有的无私奉献的行为不是助人为乐的行为。
D. 有的无私奉献的行为是值得提倡的行为。
E. 所有值得提倡的行为都是助人为乐的行为。

17. 天华中学的甲、乙、丙、丁、戊和己 6 人报名参加全国奥赛，他们分别报名了数学、化学、物理和生物中的 2 个学科。已知每个学科均有人报名且报名的人数互不相同，某个学科有 5 人报名。此外，还已知：

(1)报名数学的人数比报名生物的多 2 人。
(2)若丁、戊和己 3 人中至少有 2 人报名数学，则要么乙、丁两人报名的学科完全相同，要么甲、乙两人报名的学科完全不同。
(3)甲、丙报名的学科均在物理、化学、生物之中。
(4)若丁、戊中至多有 1 人报名生物，则丙、丁恰好各报名了物理、化学中的 1 科。

根据以上信息，可以得出以下哪项？

A. 甲报名数学。
B. 乙报名物理。
C. 丙报名生物。
D. 丁报名化学。
E. 戊报名化学。

18. 老黑、阿强、小花 3 人是幼儿园老师，该幼儿园周一至周日每天至少安排其中 1 名老师给小朋友们上课，但没有老师连续 3 天上课，也没有老师连续 3 天不上课。同时：

(1)老黑周二、周三休息，周日上课。
(2)阿强周一、周四、周日上课。
(3)小花周三、周五不上课。

若每周每人都上 4 天班，则以下哪项必然为真？

A. 老黑和阿强每周仅有 2 天同时上课。
B. 老黑和小花每周仅有 2 天同时上课。
C. 每周中仅有 1 天三人都上课。
D. 每周中仅有 3 天三人都上课。
E. 无法确定每周中三人都上课的天数。

19～20 题基于以下题干：

有一个菱形花坛，被分隔成了如右图所示的 8 个区域(有公共边的两个区域为相邻区域)。现将玫瑰、月季、牡丹、菊花、兰花、荷花、蔷薇和丁香 8 个品种的花种植在这个花坛中，每个区域种植的花互不重复。已知：

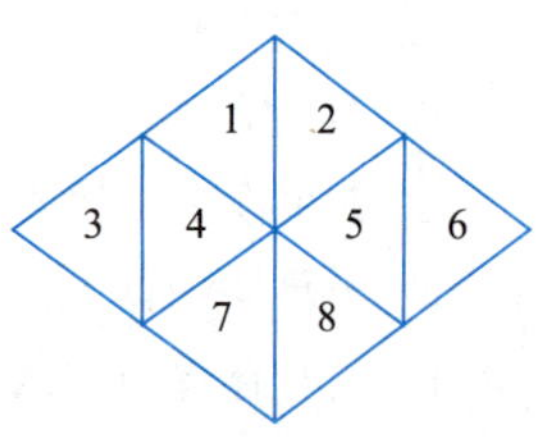

(1)若1号不种植玫瑰或者7号不种植牡丹，则5号种植丁香且7号种植兰花。

(2)如果蔷薇和牡丹中至多有一个种植在与菊花相邻的区域内，则6号种植荷花且2号种植月季。

(3)如果2号不种植兰花，则3号或者6号种植菊花。

(4)如果玫瑰和月季所在的区域不相邻或者8号不种植丁香，则5号种植蔷薇。

19. 根据以上信息，以下哪项必然为真？

A. 8号区域种植玫瑰。

B. 7号区域种植牡丹。

C. 6号区域种植月季。

D. 3号区域种植玫瑰。

E. 5号区域种植月季。

20. 如果4号区域种植蔷薇，则以下哪项必然为真？

A. 月季和荷花种植在相邻的两个区域。

B. 丁香和玫瑰种植在相邻的两个区域。

C. 菊花和牡丹种植在相邻的两个区域。

D. 兰花和荷花种植在相邻的两个区域。

E. 蔷薇和月季种植在相邻的两个区域。

21. 酱缸哥哥准备从甲、乙、丙、丁、戊、己6名小伙伴中挑选出3人一起去报名参加“快乐向前冲”节目。已知：

(1)如果选择甲，那么选择丙但不选择己。

(2)若选择乙或戊，则不选择丁但选择己。

(3)如果不选择戊，那么甲和丙均不选择。

根据以上信息，以下哪项一定为真？

A. 选择了乙和丙。

B. 选择了己和丙。

C. 不选择丁，但选择丙。

D. 不选择戊，但选择丁。

E. 不选择甲，但选择戊。

22. 甲、乙、丙、丁、戊、庚六个人参加马拉松比赛，已知：

(1)甲不是最后一名，但他的前面至少有四个人。

(2)丙不是第一名，也不是最后一名。

(3)丁的前后至少都有两个人。

(4)庚不是最后一名，他和最后一名之间还有两个人。

(5)戊也不是最后一名。

根据以上信息，第二名(没有并列名次)是谁？

A. 甲。　　B. 戊。　　C. 丁。

D. 乙。　　E. 丙。

23. 为了保护广大学子考试期间不被"怪兽"影响，迪迦奥特曼火速赶回 M78 星云邀请其他奥特战士前往地球，与其共同组成"上岸小分队"。已知：

(1)若泰罗和赛罗中至少邀请一个，则邀请杰克但不邀请艾斯。

(2)如果泰罗和雷欧均不邀请，那么邀请赛罗和梦比优斯。

(3)如果艾斯和佐菲中至多邀请一个，则邀请杰克和高斯。

(4)若杰克、高斯和赛文中至少邀请两个，则邀请雷欧和艾斯。

根据上述信息，可以得出以下哪项？

A. 一定邀请泰罗。

B. 一定邀请杰克。

C. 一定邀请雷欧。

D. 一定不邀请高斯。

E. 一定不邀请佐菲。

24. 某三甲医院的医生中，专科医院毕业的医生人数大于非专科医院毕业的医生人数，女医生的人数大于男医生的人数。

如果以上论述是真的，那么以下哪项关于该医院医生的断定也一定是真的？

(1)非专科医院毕业的女医生人数大于专科医院毕业的男医生人数。

(2)专科医院毕业的男医生人数大于非专科医院毕业的男医生人数。

(3)专科医院毕业的女医生人数大于非专科医院毕业的男医生人数。

A. 只有(1)和(2)。

B. 只有(2)。

C. 只有(3)。

D. 只有(2)和(3)。

E. (1)、(2)和(3)。

25. 某村篮球队有甲、乙、丙、丁、戊、己、庚、辛、壬、癸共 10 名队员参加"村 BA"篮球总决赛，首发队员一共 5 人，已知：

(1)癸和庚都是组织后卫，有且仅有 1 人首发出场。

(2)如果甲、乙、丙中有人首发出场，则丁和戊不能首发出场。

(3)如果己首发出场，那么乙也需要首发出场。

(4)核心球员丁必须首发出场。

根据上述信息，可以推出以下哪项？

A. 己首发出场。

B. 癸首发出场。

C. 辛首发出场。

D. 丙首发出场。

E. 庚首发出场。

26. 暑期将至，大学生赵新打算从《语言问题》《中国文字学》《应用语言学》《诗学》《苏轼选集》《史记》6 本书中选择若干本进行阅读。已知：

(1)若《史记》《苏轼选集》中至多选择 1 本阅读，则阅读《语言问题》和《中国文字学》。

(2)若《语言问题》《史记》《诗学》3 本中至少选择 2 本阅读，则也要阅读《应用语言学》但不阅读《苏轼选集》。

(3)若阅读《语言问题》，则不阅读《中国文字学》但要阅读《应用语言学》。

根据以上信息，可以得出以下哪项?

A. 不阅读《诗学》。

B. 不阅读《史记》。

C. 阅读《语言问题》。

D. 阅读《中国文字学》。

E. 阅读《应用语言学》。

27. 某高校校园内有五类建筑：教学楼、实验楼、图书馆、体育馆和艺术中心，共 19 栋。调研时发现，每种类型的建筑数量各不相同，且每类建筑物至少有 1 栋。此外还已知：

(1)实验楼和教学楼一共有 7 栋。

(2)教学楼和图书馆一共有 8 栋。

(3)五种类型建筑中有一种类型的数量是 4 栋。

(4)艺术中心的数量少于体育馆的数量。

根据以上信息，可以得出以下哪项?

A. 该高校有 5 栋教学楼。

B. 该高校有 1 栋实验楼。

C. 该高校有 3 栋图书馆。

D. 该高校有 6 栋体育馆。

E. 该高校有 4 栋艺术中心。

28. 甲、乙、丙、丁、戊要么是女足运动员，要么是女排运动员。她们相互知道各自的身份，但其他人却不知道。一次联欢会上，她们请大家推理。

甲对乙说：“你是女排队员。”

乙对丙说：“你和丁都是女排队员。”

丙对丁说：“你和乙都是女足队员。”

丁对戊说：“你和乙都是女排队员。”

戊对甲说：“你和丙都不是女排队员。”

如果规定同一个队的人之间说真话，不同队的人之间说假话，那么下面哪项一定为真?

A. 甲说真话，女排队员是甲、乙、丁。

B. 甲说真话，女排队员是甲、乙、丙。

C. 丙说真话，女排队员是丙、丁、戊。

D. 丁说假话，女排队员是甲、丙、丁。

E. 戊说真话，女排队员是乙、丙、戊。

29～30 题基于以下题干：

某高铁线路设有“富强”“民主”“和谐”“法治”“文明”五个站。该线路现有甲、乙、丙、丁、戊五趟车运行。每趟列车停靠其中三站，每站有三趟列车停靠。已知：

(1)若乙、戊中至少有一个停靠“法治”或者“和谐”，则甲、丙、丁均停靠“法治”。

(2)若乙停靠“富强”或者“和谐”，则丁停靠“富强”且甲停靠“法治”。

(3)若丙、丁中至少有一个停靠“法治”，则甲、丙、戊均停靠“和谐”。

29. 根据以上条件，以下哪项必然为真？

A. 甲停靠“富强”。

B. 丙停靠“民主”。

C. 戊停靠“和谐”。

D. 丁停靠“文明”。

E. 乙停靠“法治”。

30. 若丙停靠“富强”，则以下哪项不可能为真？

A. 甲停靠“民主”。

B. 丁停靠“文明”。

C. 甲和戊停靠了两个相同的站。

D. 丁和乙停靠了两个相同的站。

E. 甲和丁停靠了两个相同的站。

199 管理类联考逻辑 ▸ 模拟卷 1

答案详解

答案速查		
1～5　ABDCE	6～10　CDEED	11～15　CACCE
16～20　CCBBD	21～25　EECCC	26～30　ADACE

1. A

【第 1 步　识别命题形式】

提问方式：要得到上述结论，最需要补充的前提条件是？

题干：鹦鹉嘴龙(S)腹部颜色为浅色而背部颜色较深，这是一种保护色，也被称为反荫蔽体色(P1)。考古学家据此推测，鹦鹉嘴龙(S)最有可能居住在森林里(P2)。

题干中，P1 与 P2 不一致，故此题为母题模型 15　拆桥搭桥模型(双 P 型)。

【第 2 步　套用母题方法】

A 项，此项建立了“体色”和“居住场所”之间的联系，搭桥法(双 P 搭桥)，必须假设。

B 项，题干的论证对象是“鹦鹉嘴龙”，而此项的论证对象是“大部分恐龙”，二者不一致。(干扰项 • 对象不一致)

C 项，题干的论证不涉及“化石”与“森林”之间的关系，无关选项。(干扰项 • 话题不一致)

D 项，题干的论证不涉及“体色”与“鹦鹉嘴龙逃避天敌”之间的关系，无关选项。(干扰项 • 话题不一致)

E 项，专家的个人观点未必为真。(干扰项 • 非事实项)

2. B

【第 1 步　识别命题形式】

提问方式：以下哪项如果为真，最能削弱该专家的观点？

专家的观点：全球海平面上升的趋势将被逆转。

锁定关键词“将”，可知此题为母题模型 17　预测结果模型。

【第 2 步　套用母题方法】

A 项，“南极近几年降雪量微弱减少”是否会影响全球海平面上升的趋势并不明确，不能削弱专家的观点。(干扰项 • 不确定项)

B 项，此项说明降雪带来的冰增量无法弥补冰的损失，那么整体来说冰还是融化了，即：海平面仍然会上升，说明专家的预测错误，削弱专家的观点。

C 项，题干不涉及海平面上升的危害，无关选项。(干扰项 • 话题不一致)

D 项，题干不涉及“今年”和“去年”在平均气温上的比较，无关选项。(干扰项 • 新比较)

E 项，气候学家们的观点未必为真，不能削弱。(干扰项 • 非事实项)

3. D

【第 1 步 识别命题形式】

题干的提问方式为“以下哪项与北京农业大学教授所用的方法相同?”，故此题为结构相似题。

【第 2 步 套用母题方法】

题干：

剪枝的柿树园：产量比不剪枝的多三成以上；
不剪枝的柿树园：产量比剪枝的少；

所以，剪枝可以提高柿树的产量。

题干通过两组对象的对比，得出一个因果关系，故题干所使用的论证方法为“求异法”。

A 项，英语成绩好，物理成绩也好，故学好英语有助于学好物理，即：此项通过“英语成绩好”和“物理成绩好”两个现象同时出现，指出二者有因果关系，故此项采用的是共变法，与题干不同。

B 项，小明的妈妈给出了退步理由的两种可能，通过排除了其中的一种可能，来肯定另外一种可能，故此项采用的是选言证法，与题干不同。

C 项，由一般性的前提得到关于明天(个例)的情况，故此项采用的是演绎论证，与题干不同。

D 项，把相同的肉放在两个容器内，一个容器封闭，另一个容器敞开，进行对比实验，从而探求生蛆的原因，故此项采用的是求异法，与题干相同。

E 项，从特定锻炼人群体质普遍较好，得出所有人都要提倡锻炼，属于归纳论证，与题干不同。

4. C

【第 1 步 识别命题形式】

提问方式：以下哪项如果为真，最能支持上述研究人员的观点?

研究人员的观点：这种特殊的喷雾可以在果蔬表面形成保护性纤维涂层，有望成为食物保鲜的重要材料。

锁定关键词“有望成为”，可知此题为母题模型 17 预测结果模型。

【第 2 步 套用母题方法】

A 项，题干讨论的是“食物保鲜”，而此项讨论的是“是否容易被降解”，无关选项。(干扰项·话题不一致)

B 项，题干不涉及胡萝卜年产量及榨汁剩下的胡萝卜渣中纤维素的含量，无关选项。(干扰项·话题不一致)

C 项，此项指出这种喷雾可以延长果蔬的保质期，说明结果预测正确，支持研究人员的观点。

D 项，此项指出这种喷雾形成的涂层在空气中容易分解，那么就无法起到保鲜作用，说明结果预测错误，削弱研究人员的观点。

E 项，题干不涉及利用胡萝卜渣以及蔬菜渣制备的原纤化纤维素纳米纤维的工艺和原料成本问题，无关选项。(干扰项·话题不一致)

5. E

【第 1 步 识别命题形式】

提问方式：以下哪项如果为真，最能支持上述论证?

题干：有动物实验研究发现，在正常饮食中加入一定剂量的苦瓜水提取物，可降低2型糖尿病小鼠的高血糖。这是由于苦瓜中含有一种类似胰岛素的物质，能够降低血糖。有人据此认为，2型糖尿病患者多吃苦瓜(措施M)可以降低血糖水平(目的P)。

锁定关键词“可以”，可知此题为母题模型18 措施目的模型。

【第2步 套用母题方法】

A项，此项指出苦瓜具备清热消暑的功效，不涉及多吃苦瓜能否降低血糖水平，无关选项。(干扰项·话题不一致)

B项，此项指出苦瓜具备预防心血管疾病的功效，不涉及多吃苦瓜能否降低血糖水平，无关选项。(干扰项·话题不一致)

C项，此项指出苦瓜水提取物可能会导致“血清总蛋白轻微降低”，即措施有副作用，但由此无法说明多吃苦瓜是否可以降低血糖水平。

D项，题干不涉及“1型糖尿病”，无关选项。(干扰项·话题不一致)

E项，此项指出苦瓜中的苦瓜素可以改善糖尿病患者的血糖水平和胰岛素敏感性，即措施可以达到目的(MP搭桥)，支持题干。

6. C

【第1步 识别命题形式】

提问方式：以下哪项陈述是学生代表L的申诉所依赖的假设?

学生代表L：学生(S)在入学考试时英语水平通过了学校认可(P1)，因此，学生(S)在结业考试中，“商业的批判性思维”这一科目有大量中国留学生不及格，无法说明中国留学生英语水平欠佳(P2)。

题干中，P1与P2不一致，故此题为母题模型15 拆桥搭桥模型(双P型)。

【第2步 套用母题方法】

A项，此项指出在可能存在不公正的歧视行为的影响下，中国留学生的英语水平依然可以获得学校的认可，说明中国留学生的英语水平并非欠佳，支持学生代表L。但此项不是学生代表L申诉的必要假设，即使校方对中国留学生入学成绩的评定是公平的，也不影响其论点的成立。

B项，题干的论证并不涉及学校需要对学生不及格的问题承担什么责任，无关选项。(干扰项·话题不一致)

C项，必须假设，否则无法由中国留学生的英语水平能通过入学考试反驳悉尼大学认为的中国留学生的英语水平欠佳，即构建了P1与P2之间的关系。

D项，此项只能说明不及格率高的原因，但不能说明中国留学生的英语水平是否欠佳，无关选项。(干扰项·话题不一致)

E项，此项说明“入学时英语成绩通过了学校的要求”不代表“其英语水平可以通过结业考试”，拆桥法(双P拆桥)，削弱学生代表L的论证。

7. D

【第1步 识别命题形式】

提问方式：以下哪项如果为真，最能支持上述专家的观点?

专家的观点：荷叶(S)是减肥的良药(P)。

此题提问针对论点，故优先考虑母题模型15 拆桥搭桥模型(SP型)。

【第2步 套用母题方法】

A项，此项说明荷叶有助于肠胃蠕动和排便，但并未直接说明其是否有助于减肥，故此项不能支持专家的观点。(干扰项·不确定项)

B项，荷叶茶无毒安全，但由此无法说明其是否有助于减肥，故此项不能支持专家的观点。

C项，此项指出荷叶茶对胃的刺激较大，但不确定其是否有助于减肥，故此项不能支持专家的观点。(干扰项·不确定项)

D项，此项说明荷叶制品可以有效阻止脂肪的吸收，即：荷叶制品有助于减肥，支持专家的观点。

E项，此项指出荷叶具有清热解毒、生发清阳、除湿祛瘀、利尿通便、健脾升阳的作用，但不确定其是否有助于减肥，故此项不能支持专家的观点。(干扰项·不确定项)

8. E

【第1步 识别命题形式】

提问方式：下面哪项如果为真，最能质疑上述结论？

题干：是人类的偷猎(Y)造成了远东豹的绝迹(G)。

锁定关键词“造成了”，可知此题为母题模型16 现象原因模型。

【第2步 套用母题方法】

A项，此项的论证对象是“雪豹”，而题干的论证对象是“远东豹”，二者不一致。(干扰项·对象不一致)

B项，此项说明并不是人类捕杀远东豹的食物进而导致远东豹的灭绝，排除他因，支持题干。

C项，“大多”俄罗斯居民有较高的保护意识，“提倡”保护野生动物，杜绝偷猎行为，但不代表不会发生，不能削弱题干。

D项，题干不涉及远东豹对人类的影响，无关选项。(干扰项·话题不一致)

E项，此项说明可能是工业的发展导致了远东豹的灭绝，另有他因，削弱题干。

9. E

【第1步 识别命题形式】

提问方式：以下哪项如果为真，最能支持研究者的观点？

研究者的观点：受试者(S)阅读时的呼吸都变得更短、更浅(P1)。因此，受试者(S)在阅读过程中的认知负担在不断加重(P2)。

题干中，P1与P2不一致，故此题为母题模型15 拆桥搭桥模型(双P型)。

【第2步 套用母题方法】

A项，题干不涉及“手机”和“纸质版图书”在阅读便捷性方面的比较，无关选项。(干扰项·新比较)

B项，此项指出了导致受试者呼吸更短、更浅的原因，但题干不涉及对原因的分析，无关选项。(干扰项·话题不一致)

C项，题干不涉及注意力的集中情况，也未提及阅读过程中是否会忽略细节，无关选项。(干扰项·话题不一致)

D项，此项说明“呼吸深度与呼吸频率”是否会增加人们的“认知负担”是不确定的，故不能支持研究者的观点。(干扰项·不确定项)

E项，此项建立了“更短、更浅的呼吸”和“认知负担加重”之间的联系，搭桥法(双P搭桥)，支持研究者的观点。

10. D

【第1步 识别命题形式】

提问方式：上述结论的成立需要补充以下哪项作为前提？

题干：通过向空中喷洒海水水滴(M)，增加台风形成区域上空云层对日光的反射，那么台风将不能聚集足够的能量，这一做法将有效阻止台风的前进，从而避免更大程度的破坏(P)。

锁定关键词"通过""将有效阻止"等，可知此题为母题模型18 措施目的模型。

【第2步 套用母题方法】

A项，题干仅涉及"向空中喷洒海水水滴"，不涉及"水滴能够重新聚集"，无关选项。(干扰项·话题不一致)

B项，此项说明题干中的措施有副作用，削弱题干。

C项，题干的论证不涉及台风经过时的天气状况，无关选项。(干扰项·话题不一致)

D项，此项建立了"台风前进的动力"和"海水表面日光照射所产生的热量"之间的联系，措施可以达到目的(MP搭桥)，必须假设。

E项，题干的论证不涉及"酸雨"，无关选项。(干扰项·话题不一致)

11. C

【第1步 识别命题形式】

题干的提问方式为"根据以上信息，可以推出以下哪项？"，故此题为推论题。

【第2步 套用母题方法】

题干有如下信息：

①音乐欣赏以反馈的方式给音乐创作和表演以影响。

②音乐欣赏者的审美判断和审美选择很多时候能左右作曲家和表演家的审美选择。

③每一个严肃的音乐家都很注意倾听音乐欣赏者的信息反馈，来调整和改进自己的艺术创作。

A项，题干信息并未涉及"歌舞欣赏"，无关选项。

B项，由题干信息③可知，每一个"严肃的"音乐家都很注意倾听音乐欣赏者的信息反馈，并非"所有的"音乐家，推理过度。

C项，由题干信息②可知，此项必然为真。

D项，由题干信息②可知，音乐欣赏者的审美判断和审美选择很多时候会影响作曲家和表演家的行为，但并不是"每一条"反馈都一定能影响作曲家和表演家的行为，程度不一致，推理过度。

E项，题干信息并未涉及"不严肃的音乐家"，无关选项。

12. A

【第1步 识别命题形式】

提问方式：以下哪项如果为真，则最能反驳上述结论？

题干：当代亚洲女性(S)在网购服饰、化妆品方面的决定权为88%，在网购家居用品方面的决定权为85%(P1)，因此，那些喜爱网购的亚洲女性(S)在家庭中拥有更大的控制权(P2)。

题干中，P1与P2不一致，故此题为母题模型15 拆桥搭桥模型(双P型)。

【第2步 套用母题方法】

A项，此项指出亚洲女性购物支出只占家庭消费的25%，说明喜爱网购的亚洲女性在网购支出方面的决定权(P1)不能代表其在家庭中拥有更大的控制权(P2)，拆桥法，削弱题干。

B项，题干不涉及亚洲女性中习惯上网购物的人数的占比，无关选项。（干扰项·话题不一致）

C项，此项指出购买贵重商品时由夫妻双方共同决定，由此无法说明谁的控制权更大，故此项不能削弱题干。

D项，题干不涉及经济是否独立及对家庭收入的贡献，无关选项。（干扰项·话题不一致）

E项，题干讨论的是决定权与控制权，不涉及购物时考虑的因素，无关选项。（干扰项·话题不一致）

13. C

【第1步　识别命题形式】

提问方式：为使上述推理成立，必须补充以下哪项作为前提？

题干：中国代表团(S)没有透彻地理解奥运会的比赛规则(P1)，因此，中国代表团(S)前后几度申诉都没有取得成功(P2)。

题干中，P1与P2不一致，故此题为母题模型15　拆桥搭桥模型(双P型)。

【第2步　套用母题方法】

A项，题干的论证不涉及中国在奥运会舞台上是否还需要学习其他不熟悉的东西，无关选项。（干扰项·话题不一致）

B项，题干的论证对象是“中国代表团”，而此项的论证对象是“有些透彻理解奥运会比赛规则的代表团”，无关选项。（干扰项·对象不一致）

C项，申诉成功→透彻理解，等价于：没有透彻理解→申诉不成功，即建立了“没有透彻地理解比赛规则”和“申诉未成功”之间的联系，搭桥法(双P搭桥)，必须假设。

D项，题干的论证对象是“中国代表团”，而此项的论证对象是“透彻理解奥运会比赛规则的代表团”，无关选项。（干扰项·对象不一致）

E项，不必假设，此题只需假设“没有透彻理解→申诉不成功”即可。

14. C

【第1步　识别命题形式】

提问方式：以下哪项如果为真，最能质疑上述推断？

题干：Shield™血液检测避免了目前最常用的侵入性筛查手段——结肠镜检查带给人们的不愉快或不方便。可以预见，Shield™血液检测将彻底替代结肠镜检查。

锁定关键词“预见”“将”，故此题为母题模型16　预测结果模型；锁定关键词“彻底”，可知此题也为母题模型21　绝对化结论模型。

【第2步　套用母题方法】

A项，题干不涉及部分结直肠癌患者的存活率，无关选项。（干扰项·话题不一致）

B项，此项涉及的是结肠镜检查如何预防结直肠癌，而题干涉及的是结肠镜检查是否会被替代，无关选项。（干扰项·话题不一致）

C项，此项指出Shield™血液检测可以发现大部分癌症，但无法检测出“结肠镜检查发现的癌前病变”，说明Shield™血液检测还不能彻底替代结肠镜检查，即题干预测错误，削弱题干。

D项，题干不涉及结直肠癌的“患病风险因素”，无关选项。（干扰项·话题不一致）

E项，患者的个人观点未必为真，此外“费用较高”是否会导致患者不选择Shield™测试并不明确。（干扰项·非事实项、不确定项）

15. E

【第 1 步　识别命题形式】

提问方式：以下哪项如果为真，最能支持上述推测？

题干：土卫二(S)发射的微粒中含有钠盐(P1)。据此可以推测，土卫二(S)上存在液态水，甚至可能存在“地下海”(P2)。

题干中，P1 与 P2 不一致，故此题为母题模型 15　折桥搭桥模型(双 P 型)。

【第 2 步　套用母题方法】

A 项，此项建立了“地质喷发活动”和“地下海”之间的联系，但题干的论证不涉及这二者之间的关系，无关选项。(干扰项・话题不一致)

B 项，题干的论证不涉及土卫二中液态水的存在形式，无关选项。(干扰项・话题不一致)

C 项，此项建立了“地质喷发活动”和“钠盐”之间的联系，但题干的论证不涉及这二者之间的关系，无关选项。(干扰项・话题不一致)

D 项，此项说明题干的论据并非是虚假的，支持题干，但力度较小。

E 项，此项建立了“钠盐”和“液态水”之间的联系，搭桥法(双 P 搭桥)，支持题干，且比 D 项的力度大。

16. C

【第 1 步　识别命题形式】

题干由特称命题、全称命题和假言命题组成，且这些命题中存在重复元素可以实现串联，故此题为母题模型 8　性质串联模型(带“有的”型)。

【第 2 步　套用母题方法】

步骤 1：画箭头。

题干：

①有的无私奉献→ ┐ 值得提倡。

②助人为乐→与人为善。

③与人为善→值得提倡。

步骤 2：从“有的”开始做串联。

由①、③和②串联可得：④有的无私奉献→ ┐ 值得提倡→ ┐ 与人为善→ ┐ 助人为乐。

步骤 3：逆否(注意带“有的”的项不逆否)。

④逆否可得：⑤助人为乐→与人为善→值得提倡。

步骤 4：找答案。

A 项，有的与人为善→ ┐ 值得提倡，与③构成矛盾关系，故此项必然为假。

B 项，无私奉献→与人为善，由④可得：有的无私奉献→ ┐ 与人为善，与此项构成矛盾关系，故此项必然为假。

C 项，有的无私奉献→ ┐ 助人为乐，由④可知，此项必然为真。

D 项，有的无私奉献→值得提倡，与①构成下反对关系，一真另不定，故此项可真可假。

E 项，值得提倡→助人为乐，由⑤可知，此项可真可假。

17. C

【第 1 步　识别命题形式】

题干中，条件(1)是一组数量关系，条件(2)、(4)为假言命题，条件(3)为事实，同时，题干还涉及“人”与“学科”的匹配关系，此题条件类型多样，故此题为母题模型 14　复杂推理模型。

【第2步 套用母题方法】

步骤1：数量关系优先算。

由“每人报名2个学科”可知，6人报名的学科总数为12。

再结合“每个学科均有人报名且报名的人数互不相同，某个学科有5人报名”可知，12＝5＋4＋2＋1。即：4个学科的报名人数为5人、4人、2人、1人。

再结合条件(1)可知，数学恰有4人报名、生物恰有2人报名。

因此，化学和物理的报名人数为1人、5人(并非一一对应)。

步骤2：从事实出发解题。

由条件(3)可知，甲、丙均没有报名数学。

由“甲、丙均没有报名数学”结合“数学恰有4人报名”可知，乙、丁、戊、己4人均报名数学。故，条件(2)的前件为真，则其后件也为真，可得：乙、丁两人报名的学科完全相同∨甲、乙两人报名的学科完全不同。

步骤3：从半事实出发分类讨论。

情况①：乙、丁两人报名的学科完全相同。

若乙、丁均报名生物，则甲、丙2人均报名物理和化学，这与“化学和物理的报名人数为1人、5人(并非一一对应)”矛盾。因此，乙和丁均不报名生物。

由“乙和丁均不报名生物”可知，条件(4)的前件为真，则其后件也为真，可得：丙、丁恰好各报名了物理、化学中的1科。

综上，可得下表：

<table>
<tr><th>学科
人</th><th>数学(4人)</th><th>物理</th><th>化学</th><th>生物(2人)</th></tr>
<tr><td>甲</td><td>×</td><td></td><td></td><td></td></tr>
<tr><td>乙</td><td>√</td><td></td><td></td><td>×</td></tr>
<tr><td>丙</td><td>×</td><td colspan="2">1√1×</td><td></td></tr>
<tr><td>丁</td><td>√</td><td colspan="2">1√1×</td><td>×</td></tr>
<tr><td>戊</td><td>√</td><td></td><td></td><td></td></tr>
<tr><td>己</td><td>√</td><td></td><td></td><td></td></tr>
</table>

由上表再结合“每人报名2个学科”可知，丙报名生物。

情况②：甲、乙两人报名的学科完全不同。

由已知信息结合“甲、乙完全不同”可得下表：

<table>
<tr><th>学科
人</th><th>数学(4人)</th><th>物理</th><th>化学</th><th>生物(2人)</th></tr>
<tr><td>甲</td><td>×</td><td rowspan="2">1√1×</td><td rowspan="2">1√1×</td><td rowspan="2">1√1×</td></tr>
<tr><td>乙</td><td>√</td></tr>
<tr><td>丙</td><td>×</td><td></td><td></td><td></td></tr>
<tr><td>丁</td><td>√</td><td></td><td></td><td></td></tr>
<tr><td>戊</td><td>√</td><td></td><td></td><td></td></tr>
<tr><td>己</td><td>√</td><td></td><td></td><td></td></tr>
</table>

由上表结合"化学和物理的报名人数为1人、5人(并非一一对应)"可知，丙不能同时报名物理和化学。

再结合"每人报名2个科目"可得：丙报名生物。

综上，无论哪种情况都可以推出"丙报名生物"。因此，丙一定报名生物。

故C项正确。

18. B

【第1步　识别命题形式】

题干中出现"幼儿园老师"与"上课时间"的匹配关系，故此题为母题模型6　匹配模型。

【第2步　套用母题方法】

由题意及条件(1)、(2)和(3)可得下表：

	周一	周二	周三	周四	周五	周六	周日
老黑		×	×				√
阿强	√			√			√
小花			×		×		

由上表及"没有老师连续3天上课，也没有老师连续3天不上课"可知，老黑周一、周四上课，周六不上课；阿强周二、周六不上课；小花周四上课。可得下表：

	周一	周二	周三	周四	周五	周六	周日
老黑	√	×	×	√		×	√
阿强	√	×		√		×	√
小花			×	√	×		

由上表及"每天至少安排其中1名老师给小朋友们上课"可知，小花周二、周六上课，阿强周三上课。

综上，结合"每周每人都上4天班"可得下表：

	周一	周二	周三	周四	周五	周六	周日
老黑	√	×	×	√	√	×	√
阿强	√	×	√	√	×	×	√
小花		√	×	√	×	√	

由上表及"每周每人都上4天班"可知，小花周一和周日2天中，1天上课，另1天不上课，具体不定。但无论哪天上课，老黑和小花都仅有2天同时上课，故B项正确。

19. B

【第1步　识别命题形式】

题干中，条件(1)、(2)、(3)和(4)均为假言命题，选项均为事实，故本题的主要命题形式为母题模型4　假言推事实模型。同时，题干还涉及"8种花"与"8个种植区域"之间的匹配关系，故此题为假言推事实+匹配模型。

【第2步　套用母题方法】

由条件(1)和(4)串联可得：¬玫瑰1∨¬牡丹7→丁香5∧兰花7→¬蔷薇5→玫瑰和月季相邻∧丁香8。

可见，由“¬玫瑰1∨¬牡丹7”出发推出了“丁香5∧丁香8”，与题干矛盾。故“¬玫瑰1∨¬牡丹7”为假，即“玫瑰1∧牡丹7”为真。

故B项正确。

20. D

【第1步　识别命题形式】

“4号区域种植蔷薇”为事实，其他已知条件同上题一致，故此题为母题模型1　事实假言+匹配模型。

【第2步　套用母题方法】

引用上题推理结果：玫瑰1∧牡丹7。

从事实出发，由“蔷薇4”可知，条件(4)的后件为假，则其前件也为假，可得：玫瑰和月季相邻∧丁香8。

由“玫瑰和月季相邻”“玫瑰1”“蔷薇4”可知，月季2。

由“月季2”可知，条件(3)的前件为真，则其后件也为真，可得：菊花3∨菊花6。

由“菊花3∨菊花6”及题干图形可知，条件(2)的前件为真，则其后件也为真，可得：荷花6∧月季2。

由“荷花6”并结合“菊花3∨菊花6”可得：菊花3。

综上可得：兰花种植在5号区域。

故D项正确。

21. E

【第1步　识别命题形式】

题干中，条件(1)、(2)和(3)均为假言命题，选项均为事实，故本题的主要命题形式为母题模型4　假言推事实模型。同时，题干中还涉及数量关系(“6选3”)，故此题为假言推事实+数量模型。

【第2步　套用母题方法】

由条件(1)可得：甲→¬己，等价于：¬甲∨¬己，即：甲、己中至少有1人不被选择。

由条件(2)可得：乙→¬丁，等价于：¬乙∨¬丁，即：乙、丁中至少有1人不被选择。

再结合“6选3”可知，丙、戊中至少选择1人。

若条件(3)的前件为真，则丙、戊均不被选择，与“丙、戊中至少选择1人”矛盾。因此，条件(3)的前件为假，即：戊。

由“戊”可知，条件(2)的前件为真，则其后件也为真，可得：¬丁∧己。

由“己”可知，条件(1)的后件为假，则其前件也为假，可得：¬甲。

故E项正确。

22. E

【第1步　识别命题形式】

题干中出现“人”与“名次”的匹配关系，故此题为母题模型6　匹配模型。

【第 2 步　套用母题方法】

事实/问题优先看：由条件(1)可知，甲第五名。

由条件(4)可知，庚第三名。

由条件(3)可知，丁第三名或者丁第四名。再结合“庚第三名”可知，丁第四名。

再结合条件(2)、(4)、(5)可知，甲、丙、丁、庚、戊均不是最后一名。

因此，最后一名是乙。

再由“丙不是第一名”可知，戊第一名∧丙第二名。

故 E 项正确。

23. C

【第 1 步　识别命题形式】

题干中，条件(1)、(2)、(3)和(4)均为假言命题，选项均为事实，故此题为母题模型 4　假言推事实模型。

【第 2 步　套用母题方法】

由条件(1)、(3)和(4)串联可得：泰罗∨赛罗→杰克∧¬艾斯→¬艾斯∨¬佐菲→杰克∧高斯→杰克、高斯和赛文中至少邀请两个→雷欧∧艾斯。

可见，由“泰罗∨赛罗”出发推出了“艾斯∧¬艾斯”，故“泰罗∨赛罗”为假，即“¬泰罗∧¬赛罗”为真。

由“¬泰罗∧¬赛罗”可知，条件(2)的后件为假，则其前件也为假，可得：泰罗∨雷欧。

由“¬泰罗”结合“泰罗∨雷欧”可得：雷欧。故 C 项正确。

24. C

【第 1 步　识别命题形式】

题干将“某三甲医院的医生”按照“是否为专科医院毕业”和“性别”两个标准进行了两次分类，故此题为母题模型 11　两次分类模型。

【第 2 步　套用母题方法】

设专科医院毕业的男医生人数为 a，专科医院毕业的女医生人数为 b，非专科医院毕业的男医生人数为 c，非专科医院毕业的女医生人数为 d。

根据题干信息，可得下表：

医生	男	女
专科医院毕业	a	b
非专科医院毕业	c	d

已知专科医院毕业的医生人数大于非专科医院毕业的医生人数，即：①$a+b>c+d$。

已知女医生的人数大于男医生的人数，即：②$b+d>a+c$。

①+②可得：$2b+a+d>2c+a+d$，化简可得：$b>c$，即专科医院毕业的女医生人数大于非专科医院毕业的男医生人数，故断定(3)为真。

断定(1)和断定(2)，由题干信息无法推出，故可真可假。

因此，C 项正确。

25. C

【第 1 步 识别命题形式】

题干中，条件(4)为事实，条件(2)和(3)均为假言命题，故本题的主要命题形式为母题模型 1 事实假言模型。同时，题干中条件(1)和“10 选 5”为数量关系，故此题为事实假言+数量模型。

【第 2 步 套用母题方法】

从事实出发，由条件(4)“丁必须首发出场”可知，条件(2)的后件为假，则其前件也为假，可得：甲、乙、丙均不首发出场。

由“乙不首发出场”可知，条件(3)的后件为假，则其前件也为假，可得：己不首发出场。

由“甲、乙、丙、己均不首发出场”“10 选 5”和条件(1)可得：戊、辛、壬首发出场。

故 C 项正确。

26. A

【第 1 步 识别命题形式】

题干中，条件(1)、(2)和(3)均为假言命题，选项均为事实，故此题为母题模型 4 假言推事实模型。

【第 2 步 套用母题方法】

由条件(1)和(3)串联可得：¬ 史记 ∨ ¬ 苏轼→语言问题 ∧ 中国文字→ ¬ 中国文字 ∧ 应用语言。

可见，由“¬ 史记 ∨ ¬ 苏轼”出发推出了“中国文字 ∧ ¬ 中国文字”。故，“¬ 史记 ∨ ¬ 苏轼”为假，即：史记 ∧ 苏轼。

由“苏轼”可知，条件(2)的后件为假，则其前件也为假，可得：语言问题、史记、诗学 3 本中至多阅读 1 本。

由“语言问题、史记、诗学 3 本中至多阅读 1 本”结合“史记”可得：¬ 语言问题 ∧ ¬ 诗学。

故 A 项正确。

27. D

【第 1 步 识别命题形式】

题干由数量关系组成，故此题为母题模型 7 数量关系模型。

【第 2 步 套用母题方法】

题干：

(1)实验楼+教学楼=7。

(2)教学楼+图书馆=8。

(3)有一种类型的数量是 4。

(4)艺术中心<体育馆。

(5)每种类型的建筑数量各不相同，且每类建筑物至少有 1 栋。

(6)教学楼+实验楼+图书馆+体育馆+艺术中心=19。

由条件(2)、(3)和(5)可知，教学楼≠4，图书馆≠4。

由(6)−(2)可得：实验楼+体育馆+艺术中心=11；再结合条件(1)可得：(7)艺术中心+体育馆=4+教学楼。故有：

若"艺术中心＝4"，结合条件(7)可得：体育馆＝教学楼，与条件(5)矛盾，因此，艺术中心≠4。

若"体育馆＝4"，结合条件(7)可得：艺术中心＝教学楼，与条件(5)矛盾，因此，体育馆≠4。

综上，实验楼共有4栋。

结合条件(1)和(2)可得：教学楼共有3栋、图书馆共有5栋。

再结合条件(4)和(5)可知，体育馆共有6栋、艺术中心共有1栋。

故D项正确。

28. A

【第1步　识别命题形式】

题干已知"同一个队的人之间说真话，不同队的人之间说假话"，故此题为母题模型11　真城假城模型。一般使用假设法。

【第2步　套用母题方法】

假设第一句话为假，则甲和乙不同队，乙是女足队员，甲是女排队员。

因此，第五句话中对甲身份的判断为假，故甲和戊不同队，则戊是女足队员。

其余推理过程同上，可推出：乙是女排队员，与假设情况矛盾，故该假设不成立，即：第一句话为真。

由"第一句话为真"结合"同一个队的人之间说真话"可知，甲、乙均为女排队员。

由"乙是女排队员"可知，第三句话为假，故丙和丁不同队。

由"甲是女排队员"可知，第五句话为假，故甲和戊不同队，则戊是女足队员。

由"戊是女足队员"可知，第四句话为假，故丁和戊不同队，则丁是女排队员。

由"丁是女排队员"结合"丙、丁不同队"可得：丙是女足队员。

综上，甲说真话，甲、乙、丁为女排队员；丙、戊为女足队员。故A项正确。

29. C

【第1步　识别命题形式】

题干中，条件(1)、(2)和(3)均为假言命题，选项均为事实，故本题的主要命题形式为母题模型4　假言推事实模型。同时，题干还涉及"列车"与"车站"的匹配关系，故此题为假言推事实＋匹配模型。

【第2步　套用母题方法】

由条件(1)可知，若乙停靠法治，则甲、丙、丁也停靠法治，此时，有四趟车停靠法治，与"每站有三趟列车停靠"矛盾。因此，乙不停靠法治。同理，戊也不停靠法治。

结合"每站有三趟列车停靠"可知，甲、丙、丁停靠法治。

由"乙不停靠法治"结合"每趟列车停靠其中三站"可知，乙停靠富强或和谐。

由"乙停靠富强或和谐"可知，条件(2)的前件为真，则其后件也为真，可得：丁富强∧甲法治。又由"甲、丙、丁停靠法治"可知，条件(3)的前件为真，则其后件也为真，可得：甲和谐∧丙和谐∧戊和谐。

综上，结合"每趟列车停靠其中三站，每站有三趟列车停靠"可得下表：

车站 列车	富强	民主	和谐	法治	文明
甲			√	√	
乙	√	√	×	×	√
丙			√	√	
丁	√		×	√	
戊			√	×	

故C项正确。

30. E

【第1步 识别命题形式】

“丙停靠‘富强’”为事实，其他已知条件同上题一致，故此题为母题模型1 事实假言+匹配模型。

【第2步 套用母题方法】

题干新增事实：(4)丙停靠富强。

引用上题推理结果：

车站 列车	富强	民主	和谐	法治	文明
甲			√	√	
乙	√	√	×	×	√
丙			√	√	
丁	√		×	√	
戊			√	×	

由上表结合“丙停靠富强”“每趟列车停靠其中三站，每站有三趟列车停靠”可得下表：

车站 列车	富强	民主	和谐	法治	文明
甲	×		√	√	
乙	√	√	×	×	√
丙	√	×	√	√	×
丁	√		×	√	
戊	×	√	√	×	√

由上表结合“每趟列车停靠其中三站，每站有三趟列车停靠”可知，甲、丁分别停靠民主和文明中的一个。

故E项不可能为真，为正确选项。

199 管理类联考逻辑 ▸ 模拟卷 2

（共 30 小题，每小题 2 分，共 60 分，限时 60 分钟）

说明：本套模拟卷在试卷结构上同 2025 年管理类联考真题一致，难度中等偏上，同近 5 年管综真题基本一致。

1. 伯劳鸟长相美丽可爱，但性情凶猛，有“雀中猛禽”之称。常立于高处俯视，伺机而动，捕捉昆虫、蛙、蜥蜴、小鸟和鼠类等，有把尸体插在棘刺上撕食的习性，有时不全吃掉，用这种方式储存食物，因此英文中也称其为“butcherbird”。然而这几年，伯劳鸟的数量逐年减少，有人认为，这是因为随着人类城市的扩建、牧场的机械化耕种，伯劳鸟赖以栖息的草原越来越少。

   以下哪项如果为真，最能削弱以上观点？

   A. 伯劳鸟有着很强的母性，当有蛇之类的动物想攻击它的巢穴时，伯劳鸟会拼命保护它的幼鸟。

   B. 产于美国圣克利门蒂岛的伯劳鸟属濒危动物，产于坦桑尼亚乌卢古鲁山的乌卢古鲁丛伯劳鸟也已濒临绝种。

   C. 百灵鸟是草原上的一种代表性鸟类，其数量没有明显的减少。

   D. 杀虫剂的大量使用导致伯劳鸟赖以为食的昆虫、蛙等食物急剧减少。

   E. 人口数量的急剧增加，使得人类的栖息地越来越大，以前一些没有人类生存的草原也出现了人类的身影。

2. 一般来说，大脑是身体最早容易出现衰老的部位之一，可能从二十多岁开始大脑就会慢慢地出现退化的现象，而且大脑的退化也会影响到其他器官的老化。最近的一项实验表明，多补充膳食纤维可以平衡与年龄有关的肠道微生物群失调，从而提高血液中丁酸盐的水平。研究人员据此建议，多吃富含膳食纤维的食物，这有助于延缓大脑功能衰退的进程。

   以下哪项如果为真，最能支持上述研究人员的建议？

   A. 膳食纤维会促进肠道中有益细菌的生长，产生多种短链脂肪酸。

   B. 丁酸盐可以减轻大脑中的小胶质细胞炎症，小胶质细胞炎症是大脑功能衰退的主要原因。

   C. 多吃富含膳食纤维的食物需要增加牙齿的咀嚼，这增加了口腔的运动量。

   D. 老年人吸收功能降低，多吃富含膳食纤维的食物可以增加肠道蠕动。

   E. 压力过大、睡眠不足、中枢神经系统疾病等都会引发大脑功能退化。

3. 城市病指的是人口涌入大城市，导致其公共服务功能被过度消费，最终造成交通拥堵、住房紧张、空气污染等问题。有专家认为，当城市病严重到一定程度时，大城市的吸引力就会下降，人们不会再像从前一样向大城市集聚，城市病将会减轻，从而使城市焕发新的活力。

   以下哪项如果为真，最能削弱上述专家的观点？

   A. 我国已经进入城市病的爆发期，居民生活已受到影响。

   B. 大城市能够提供的公共服务是中小城市所无法替代的。

   C. 政府应该将更多财力用于发展中小城市、乡镇、农村。

   D. 中小城市活力足，发展潜力大，对人们吸引力会很强。

   E. 中小城市竞争压力小，许多年轻人有更多的机会发展事业。

4. 有研究表明，要成为男性至少需要拥有一条Y染色体。3亿年前，男性特有的Y染色体在产生之际含有1 438个基因，但现在只剩下45个。按照这种速度，Y染色体将在大约1 000万年内消失殆尽。因此，随着Y染色体的消亡，人类也将走向消亡。

以下哪项如果为真，最不能质疑上述论证？

A. 恒河猴Y染色体基因确实经历过早期高速丧失的过程，但在过去的2 500万年内却未丢失任何一个基因。

B. 男性即使失去Y染色体也有可能继续生存下去，因为其他染色体有类似基因可以分担Y染色体的功能。

C. 在人类进化过程中，可以找到单性繁殖或无性繁殖后代的方法，从而避免因基因缺失引发的繁殖风险。

D. Y染色体存在独特的回文结构，该结构具有自我修复功能，可以保持丢失基因的信息，实现基因再生。

E. 人类现在留存的Y染色体与消失的染色体有本质性的区别，并不容易消失。

5.“春蚕到死丝方尽，蜡炬成灰泪始干”出自晚唐诗人李商隐所作的七言律诗《无题·相见时难别亦难》。其大意为：春蚕结茧到死时丝才吐完，蜡烛要烧成灰烬时蜡油才能滴干，现在常被用来形容教师等群体鞠躬尽瘁、爱岗敬业的奉献精神。但其实这句诗表达的是诗人对所爱之人至死不渝的深情。

以下哪项如果为真，最能支持上述观点？

A. 该诗用来形容“奉献精神”的说法得到了许多人的认同。

B. 该诗中的另一句“晓镜但愁云鬓改，夜吟应觉月光寒”中的“云鬓改”，指的是因为爱情鬓发脱落、容颜憔悴。

C. 唐代诗人陈叔达在《自君之出矣》中同样用蜡烛做比喻，表达了对离别情人的思念之情。

D. 李商隐的另一首诗《无题·飒飒东风细雨来》堪称爱情诗之绝唱，广为后世传诵。

E. 该句中“丝”与“思”谐音，而且“蜡烛燃泪”通常用来比喻“思念爱人之痛的煎熬”。

6. 彼尔是有名的作家，但一直被“吗啡瘾君子”的恶名缠身。最近人们对彼尔的信件进行了全面而精确的研究，发现在任何一封信中，他都没有提到过令他出名的吗啡瘾。这个研究可以证明，彼尔得到“吗啡瘾君子”的恶名是不恰当的，那些关于他的吗啡瘾的报道也是不真实的。

以下哪项是上述论述所作的假设？

A. 有关彼尔对吗啡上瘾的报道直到彼尔死后才广为流传。

B. 没有一项有关彼尔对吗啡上瘾的报道是由真正认识彼尔的人所提供的。

C. 彼尔的稿费不足以支付其吸食吗啡的费用。

D. 在吗啡的影响下，彼尔不可能写这么多的信件。

E. 彼尔的信件中会完整地记录他的实际状况，无论好的一面还是坏的一面。

7. 在整个欧洲历史上，工资上涨阶段一般是在饥荒之后。因为当劳动力减少时，根据供求关系的规律，工人就会更值钱。但是，19世纪40年代爱尔兰的土豆饥荒却是个例外。它导致的结果是爱尔兰一半人口的死亡或移民，但在接下来的10年中，爱尔兰的平均工资并没有明显地上升。

以下哪项如果为真，最不能解释上述论证？

A. 医疗条件的改进减少了饥荒后10年中身体健壮的成年人的死亡率，其死亡率甚至比饥荒前的水平还低。

B. 土豆饥荒后，大量廉价的非洲劳动力涌入爱尔兰的劳动市场。

C. 技术的发展提高了工农业生产的效率，在较少的劳动力的情况下保持经济发展。

D. 饥荒后的10年中出生率提高，这大大补偿了由于饥荒造成的人口锐减。

E. 在政治上控制爱尔兰的英国，人为立法降低工资，目的是给英国所有的工业和爱尔兰的农业提供廉价的劳动力。

8. 根据统计发现，电瓶车引发的交通事故占全部交通事故的比例超过40%，这引起了国家相关部门的重点关注。电瓶车事故的发生主要是由电瓶车速度快、电瓶车车主不遵守交通规则等而引起的。国家为加强对电瓶车的管理，规定新生产、销售的电瓶车车速不得超过25 km/h。专家认为，这样能够大幅减少电瓶车引发的交通事故。

以下哪项如果为真，最能质疑上述专家的结论？

A. 电瓶车引发的交通事故主要是由电瓶车本身的车速过快引起的。

B. 以前发生的交通事故中，机动车引起的交通事故比例更高。

C. 电瓶车发生事故往往是由于与汽车发生碰撞。

D. 电瓶车引发的交通事故中最主要的原因是电瓶车车主不遵守交通信号灯。

E. 在很多小城市，由电瓶车引发的交通事故远多于由机动车引发的交通事故。

9. 众所周知，西医利用现代科学技术手段可以解决很多中医无法解决的病症，而中医依靠对人体经络和气血的特殊理解也治愈了很多令西医束手无策的难题。据此，针对某些复杂疾病，很多人认为中西医结合的治疗方法是有必要的。

以下哪项如果为真，最能支持上述结论？

A. 针对这些疾病的中医和西医的治疗方法可以相互结合，扬长避短。

B. 这些疾病单独用中医疗法或者单独用西医疗法并不能有效治疗。

C. 针对这些疾病，医疗界已经掌握了中西医结合的治疗方法。

D. 针对这些疾病，医学界已经尝试了中西医结合的治疗方法，并取得了良好的效果。

E. 对于慢性病来说，应该还是中医治疗比较好。

10. 近些年，人工智能(AI)逐渐应用于医疗领域。在诊断阶段，AI凭借强大的数据处理能力，能够迅速分析医学影像与病历，识别出潜在的健康风险，辅助医生进行早期筛查和精准诊断，极大地提升了诊断的效率与准确性；进入治疗阶段，AI则能根据患者的基因信息、生活习惯等个性化数据，为每一位患者量身定制治疗方案，不仅提高了治疗效果，还减少了不必要的药物副作用。专家认为，应大力推广AI在医疗领域的应用，这对于提高医生诊断和治疗的效率百利而无一害。

以下哪项如果为真，最能质疑上述专家的观点？

A. AI只能起到辅助作用，无法单独进行诊断和治疗。

B. AI系统的正确运行取决于医疗保健专业人员与算法的互动程度。

C. 调查发现，尽管AI会提高诊疗的效率，但在发达和欠发达地区的效果存在很大差异。

D. 患者并不知道某些正在接受测试的 AI 技术可能经常用于他们的护理中，目前没有任何国家要求医疗服务提供商披露这一点。

E. 当临床医生接触大量 AI 生成的病情警告时，他们会对这些警告变得麻木，从而无法对病情做出迅速的反应。

11. 头部受伤是摩托车事故中最严重的伤。在使用纳税人的钱医治这类受伤者时，不戴头盔出事故的骑手平均所花的医疗费用是戴头盔者的两倍。司法部门已经通过立法规定摩托车骑手必须佩戴头盔，以减轻车祸和出事故时头部损伤的程度，从而节省纳税人的钱。因此，有专家认为，基于同样的目的，司法部门也应当要求骑马的骑手佩戴头盔，因为与骑摩托车相比，骑马更易于导致头部损伤。

以下哪项如果为真，最能支持专家的观点？

A. 因骑马而发生的事故所导致的头部损伤的医疗费用是税收支出的一部分。

B. 在骑马发生的事故中导致严重脑损伤的比率较高是由于马和摩托车的大小不一样。

C. 用于治疗头部损伤的医疗费用高于治疗其他类型损伤的医疗费用。

D. 如果骑手佩戴头盔，可以避免大多数在骑马或骑摩托车发生事故时所造成的死亡。

E. 在决定是否应该通过一项要求骑马或骑摩托车的骑手戴头盔的立法时，司法部门考虑的首要问题应是公民的安全。

12. 在南极海域冰冷的海水中，有一种独特的鱼类，它们的血液和体液中具有一种防冻蛋白，因为该蛋白它们才得以存活并演化至今。时至今日，该种鱼类的生存却面临巨大挑战。有人认为这是海水升温导致的。

以下哪项如果为真，最能支持上述观点？

A. 南极海水中的含氧量随气温上升而下降，缺氧导致防冻蛋白变性，易沉积于血管，导致供血不足，从而缩短鱼的寿命。

B. 防冻蛋白能够防止水分子凝结，从而保证南极鱼类正常的活动，气候变暖使得该蛋白变得可有可无。

C. 南极鱼类在低温稳定的海水中能够持续地演化，而温暖的海水不利于南极鱼类的多样性。

D. 并非所有南极物种都具有防冻蛋白，某些生活于副极地的物种并没有这种蛋白。

E. 南极海域海水升温使得更多鱼类进入，有利于南极鱼类的多样性。

13. 永久型赛马场的休闲骑乘设施每年都要拆卸一次，供独立顾问们进行安全检查。流动型赛马场每个月迁移一次，所以可以在长达几年的时间里逃过安全检查网及独立检查。因此，在流动型赛马场骑马比在永久型赛马场骑马更加危险。

下列关于流动型赛马场的陈述哪项如果是正确的，则最能削弱上面的论述？

A. 在每次迁移前，管理员们都会拆卸其骑乘设施，检查并修复潜在的危险源，如磨损的滚珠轴承。

B. 它们的经理们拥有的用于安全方面及维护骑乘设施的资金要少于永久型赛马场的经理们。

C. 由于它们可用迁徙以寻找新的顾客，建立安全方面的良好信誉对于它们而言不是特别重要。

D. 在它们迁移时，赛马场无法接收到来自它们的骑乘设施生产商的设备回收通知。

E. 骑乘设施的管理员们经常忽视骑乘设施管理的操作指南。

14. 某城市正在评估公交、共享单车、出租车和地铁四种不同类型的公共交通工具。以下表格展示了它们在不同方面的表现：

交通工具	峰时运力（人/小时）	建设成本（亿元）	维护成本（年/亿元）	环保指数（0—10）	舒适度指数（0—10）
公交	5 000	5	1	6	5
共享单车	1 000	0.1	0.2	8	3
出租车	100	2.5	0.5	4	9
地铁	100 000	100	10	5	8

以下哪项对上述四种公共交通工具的特征概括最为准确？

A. 峰时运力越大的交通工具，其建设成本和维护成本也越高，且舒适度指数也越高。

B. 环保指数最高的交通工具，其建设成本和维护成本最低，但峰时运力并非最低。

C. 若某种交通工具的峰时运力小于 5 000 人/小时，则其环保指数一定高于 3，且舒适度指数一定低于 9。

D. 若某种交通工具的维护成本低于 1 亿元/年，则其峰时运力一定小于 5 000 人/小时，且舒适度指数一定高于 6。

E. 若某种交通工具的环保指数低于 7，则其建设成本一定高于 2 亿，舒适度指数一定低于 9。

15. 当航天器经过大气层返回地球时，与大气层摩擦会导致温度急剧升高。国外某研究机构在回收的微小卫星 EGG 上做了新的技术尝试，EGG 在下降过程中张开由二氧化碳充气扩张而成的半球形隔热减速伞，之后其受到的大气阻力显著增加，开始缓慢进入大气层并顺利落向地球。因此，研究人员认为，半球形隔热减速伞可以帮助航天器克服“热障”安全返回地球。

以下哪项如果为真，最能支持上述论证？

A. 航天器表层材料需具备耐受超高温的性能。

B. 研究航天器耐热材料的成本比减速伞成本要高。

C. 航天器落入大气层时过热是下降过程的常见难题。

D. 该减速伞的制作材料具有不易燃、抗撕裂等优点。

E. 航天器以较慢速度进入地球可减少摩擦导致的发热。

16. 甲、乙、丙、丁每人只会编程、插花、绘画、书法这四种技能中的两种，每种技能也恰有其中的两人会。此外，还已知：

(1)甲、丁不会书法。

(2)丁会的技能均在编程、绘画、书法之中。

(3)会绘画的两人中恰有一人会书法。

(4)甲、乙恰有一种相同的技能。

如果上述信息为真，则可以得出以下哪项？

A. 甲会绘画。

B. 乙会编程。

C. 丙会插花。

D. 丁会书法。

E. 丙会绘画。

17. 狗不嫌家贫，子不嫌母丑。爱自己家乡的人不会说家乡的坏话，张三就从不说家乡的坏话。可见，他是一个多么爱自己家乡的人啊！

以下哪项的推理与题干最为类似？

A. 灯不挑不亮，话不挑不明。如果没有听到张处长这番话，那么我不会报名参加行业大赛，现在我报名了。看来，张处长的话太重要了！

B. 不入虎穴，焉得虎子？巨大的成功往往伴随着巨大的风险，李四投资股票获得高额回报。可见，他承担了多大的风险啊！

C. 玉不琢不成器，人不学要落后。追求进步的人不会不爱学习的，王教授退休后一直无所事事，不爱学习。可见，王教授已不是一个追求进步的人了！

D. 不到江边不脱鞋，不到火候不揭锅。一名优秀的篮球运动员在找不到好的投篮时机时往往不会轻易出手，张三在上一场比赛中投中了 7 记空位三分球。可见，他是一名优秀的篮球运动员！

E. 人不可貌相，海水不可斗量。一个有才能的人不会将他的才能显示出来，王先生就从来没有显示过他的才能。可见，他是一个多么有才能的人啊！

18. 鹤鸵是世界上第三大的鸟类，分布于澳大利亚和新几内亚等地，为鹤鸵目鹤鸵科唯一的代表。鹤鸵的爪子异常坚硬，而且其长长的指甲就像是一把锋利的匕首，能够轻易地挖出动物的内脏。因此，所有的鹤鸵都是极具危险性的，所有的鹤鸵都会对不速之客果断出击，而所有对不速之客果断出击的鸟也为人所畏惧。

如果以上陈述为真，则以下除哪项陈述外都必然为真？

A. 有些鹤鸵为人所畏惧。

B. 任何不为人所畏惧的鸟都不是鹤鸵。

C. 有些极具危险性的鸟为人所畏惧。

D. 并非所有对不速之客果断出击的鸟都不是极具危险性的。

E. 有些为人所畏惧的鸟不是鹤鸵。

19. 赵信、张山、韩进、胡兰 4 人计划开一家旅游公司，于是 4 人决定前往东山市、西京市、南广市、北定市 4 个城市进行考察，每个城市都有其中的 1 人前往考察，每个人都考察其中的 1 个城市，互不重复。已知：

(1)若张山考察东山市，则赵信不考察西京市或者张山考察北定市。

(2)若韩进不考察南广市或者赵信不考察西京市，则胡兰、韩进考察的城市在南广市、北定市之中。

(3)张山考察东山市或者西京市。

根据上述信息，可以得出以下哪项？

A. 韩进考察西京市。

B. 赵信考察南广市。

C. 张山考察北定市。

D. 赵信考察东山市。

E. 胡兰考察北定市。

20. 甲、乙、丙、丁、戊、己六人共同出席某学术会议，他们恰坐在同一排的 A、B、C、D、E、F 六个单人座位中。已知：

(1)若甲或者乙中的一人坐在 C 座或者 E 座，则丙坐在 A 座。

(2)若戊不坐在 C 座，则丁坐在 F 座。

(3)若乙不坐在 E 座，则己坐在 C 座。

如果丁坐在 B 座，那么以下哪项一定为真？

A. 甲坐在 A 座。

B. 乙坐在 D 座。

C. 丙坐在 C 座。

D. 戊坐在 F 座。

E. 丙坐在 A 座。

21. 某运动会期间，甲、乙、丙、丁、戊、己、庚、辛 8 位运动员进入了男子 100 米自由泳决赛。关于这 8 个人最终的名次(没有并列名次)，已知：

(1)若甲、丙和丁中至多有 2 人进入了前三，则乙领先甲两个名次。

(2)若辛不是第四名也不是第五名，则丙的排名在辛之后。

(3)若乙不是最后一名或者丙至少领先庚两个名次，则戊是第三名而辛是第一名。

(4)若辛的名次在庚之前，则甲是第二名且己是第七名。

根据上述信息，可以得出以下哪项？

A. 甲是第二名。

B. 丙是第四名。

C. 丁是第一名。

D. 乙是第八名。

E. 戊是第五名。

22. 某学校开学时安排了甲、乙、丙、丁、戊、己、庚 7 位老师每周的值班工作，已知周一至周五每天安排 1 位老师值班，周六上、下午各安排 1 位老师值班，周日不用值班，且每位老师每周只值一次班。还已知：

(1)丙不在周二值班。

(2)丁紧跟在甲后一天值班。

(3)丙在周四之前值班。

(4)己在周四或周五值班。

如果戊在周三值班，那么甲只能在哪一天值班？

A. 周五。

B. 周四。

C. 周一。

D. 周六。

E. 周二。

23. 某市拟修建一条地铁线路，沿途设有：富强站、民主站、和谐站、自由站、文明站、公正站。关于各地铁站点的安排顺序还需遵循以下要求：

(1)富强站和自由站相邻，并且自由站安排在第三个。

(2)文明站不在第一个，就在最后一个。

(3)富强站与和谐站之间间隔一个站。

(4)民主站和公正站不是换乘站，一定要相邻。

根据上述要求，以下哪项一定为真？

A. 民主站在第五个。　B. 和谐站在第六个。　C. 公正站在第五个。
D. 文明站在第一个。　E. 富强站在第四个。

24. 小张想利用三天假期自驾川西小环线，去过的同事给出了如下建议：

(1)如果去四姑娘山，就不去墨石公园。

(2)塔公草原和恩阳古镇两个景点只去其中一个。

(3)去墨石公园。

(4)塔公草原和九寨沟都要去。

(5)如果不去安仁古镇，那么也不去恩阳古镇。

小张犹豫了一下，对于同事的建议他只采纳了一个，那么以下哪项一定为真？

A. 去四姑娘山。　B. 去墨石公园。　C. 去安仁古镇。
D. 不去九寨沟。　E. 不去恩阳古镇。

25～26 题基于以下题干：

六座城市的位置如下图所示：

城市 1	城市 2
城市 3	城市 4
城市 5	城市 6

在城市 1、城市 2、城市 3、城市 4、城市 5 和城市 6 这六座城市所覆盖的区域中，有 4 家医院、2 所监狱和 2 所大学。这 8 个单位的位置须满足以下条件：

(1)没有一个单位跨不同的城市。

(2)没有一座城市有 2 所监狱，也没有一座城市有 2 所大学。

(3)没有一座城市中既有监狱又有大学。

(4)每所监狱位于至少有 1 家医院的城市。

(5)有大学的 2 座城市没有共同的边界。

(6)城市 3 有 1 所大学，城市 6 有 1 所监狱。

25. 根据上述信息，以下哪项可能为真？

A. 城市 5 有 1 所大学。

B. 城市 6 有 1 所大学。

C. 城市 2 有 1 所监狱。

D. 城市 3 有 2 家医院。

E. 城市 6 没有医院。

26. 如果每座城市都至少拥有上述8个单位中的1个单位，则以下哪项一定为真？

A. 城市1有1所监狱。　B. 城市2有1家医院。　C. 城市3有1家医院。

D. 城市4有1家医院。　E. 城市5有1所监狱。

27. 科技是第一生产力，人类社会的每一次进步都是科技进步的推动，科技进步为人类创造了巨大的物质财富和精神财富。只有加大科技创新投入，才能在关键核心技术领域实现重大突破。只有坚持科技创新，才能维持经济长期向好的态势。

根据以上陈述，可以得出以下哪项？

A. 只要坚持科技创新，就能推动人类社会的进步。

B. 如果未能加大科技创新投入，就不能在关键核心技术领域实现重大突破。

C. 如果能维持经济长期向好的态势，就说明加大了科技创新投入。

D. 若未能维持经济长期向好的态势，则不能为人类创造巨大的物质财富。

E. 只要加大科技创新投入，就能在关键核心技术领域实现重大突破。

28. 某高校举办了一场创新型的网球赛事，大一年级的甲、乙、丙、丁、戊5位选手对阵大三年级的赵、钱、孙、李、吴5位选手。任意一位选手至少比赛1场，至多比赛3场，一共进行了8轮次的对决。已知：

(1)赵、甲均只比赛了1场，甲的对手在吴、李中。

(2)当丁上场比赛时，钱、吴两人都在场下观看。

(3)乙只和孙、赵比赛过，丙恰好比戊多比赛1场。

(4)丁、戊恰有一个共同对手李，丙和丁恰有一个共同对手，甲和丙没有共同的对手。

根据以上信息，可以得出以下哪项？

A. 甲对阵李。　B. 丙对阵钱。　C. 丙对阵孙。

D. 丙和丁的共同对手是李。　E. 丁和戊的共同对手是孙。

29～30题基于以下题干：

放假三天，小李夫妇准备做六件事：①购物（这件事编号为①，以此类推）；②看望双方父母；③郊游；④带孩子去游乐场；⑤去市内公园；⑥去电影院看电影。每件事均做一次，且在一天内做完。已知：

(1)每天做的事情的数量互不相同。

(2)如果②、③和④至少需要两天来完成，则②和⑤安排在第二天。

(3)如果①和⑥至多有一件安排在第一天，则②、③、⑤需要分别安排在三天。

29. 根据上述信息，以下哪项一定为真？

A. ②和③安排在同一天。　B. ①和⑤安排在同一天。　C. ②和⑥安排在同一天。

D. ①和⑥安排在同一天。　E. ②和⑤安排在同一天。

30. 若③和⑤安排在同一天，则以下哪项一定为真？

A. ②安排在第三天。　B. ③安排在第三天。　C. ⑤安排在第二天。

D. ③和④安排在同一天。　E. ②和④安排在同一天。

199管理类联考逻辑 ▸ 模拟卷2

答案详解

答案速查

1～5 DBBAE	6～10 EDDBE	11～15 AAABE
16～20 EEEDE	21～25 DADDD	26～30 DBBDC

1. D

【第1步 识别命题形式】

提问方式：以下哪项如果为真，最能削弱以上观点？

题干：然而这几年，伯劳鸟的数量逐年减少(结果G)，有人认为，这是因为随着人类城市的扩建、牧场的机械化耕种，伯劳鸟赖以栖息的草原越来越少(原因Y)。

锁定关键词“这是因为”，可知此题为母题模型16 现象原因模型。

【第2步 套用母题方法】

A项，伯劳鸟“母性的一面”与伯劳鸟“数量减少”的原因无关，无关选项。(干扰项·话题不一致)

B项，此项指出有些地区的伯劳鸟数量确实稀少，但并未提及伯劳鸟数量减少的原因，无关选项。(干扰项·话题不一致)

C项，题干的论证对象是“伯劳鸟”，而此项的论证对象是“百灵鸟”，二者不一致。(干扰项·对象不一致)

D项，此项说明是由于杀虫剂的大量使用导致伯劳鸟赖以为食的动物数量减少，进而导致伯劳鸟的数量减少，另有他因，削弱题干。

E项，此项说明人类栖息地的扩大入侵了草原，那就可能是人类活动导致伯劳鸟的数量减少，支持题干。

2. B

【第1步 识别命题形式】

提问方式：以下哪项如果为真，最能支持上述研究人员的建议？

研究人员的建议：实验表明，多补充膳食纤维(S)可以平衡与年龄有关的肠道微生物群失调，从而提高血液中丁酸盐的水平(P1)，因此，多吃富含膳食纤维的食物(S)有助于延缓大脑功能衰退的进程(P2)。

题干中，P1与P2不一致，故此题为母题模型15 拆桥搭桥模型(双P型)。

【第2步 套用母题方法】

A项，此项说明膳食纤维的摄入会产生多种短链脂肪酸，但不确定短链脂肪酸对于“延缓大脑功能衰退”是否有作用，故此项不能支持研究人员的建议。(干扰项·不确定项)

B项，此项说明提高血液中丁酸盐的水平，有利于抑制大脑功能衰退，搭桥法(双P搭桥)，支持研究人员的建议。

C项，题干的论证不涉及“口腔运动量”，无关选项。(干扰项・话题不一致)

D项，题干的论证不涉及“膳食纤维”对“肠道蠕动”的影响，无关选项。(干扰项・话题不一致)

E项，题干并未分析“大脑功能退化”的原因，无关选项。(干扰项・话题不一致)

3. B

【第1步　识别命题形式】

提问方式：以下哪项如果为真，最能削弱上述专家的观点？

专家的观点：当城市病严重到一定程度时，大城市的吸引力就会下降，人们不会再像从前一样向大城市集聚，城市病将会减轻，从而使城市焕发新的活力。

锁定关键词“将会”，可知此题为母题模型17　预测结果模型。

【第2步　套用母题方法】

A项，此项说明我国城市病严重，但是没有提及人们是否会离开大城市，故不能削弱专家的观点。

B项，此项指出了大城市相对于中小城市的优势，大城市仍然有吸引力，说明题干结果预测不当，削弱专家的观点。

C项，题干不涉及政府是否“应该”将更多财力用于发展中小城市、乡镇、农村，无关选项。

D项，此项说明中小城市比大城市吸引力大，有助于说明题干预测正确，支持专家的观点。

E项，此项指出了中小城市相对于大城市的优势，有助于说明题干预测正确，支持专家的观点。

4. A

【第1步　识别命题形式】

提问方式：以下哪项如果为真，最不能质疑上述论证？

题干：3亿年前，男性特有的Y染色体在产生之际含有1 438个基因，但现在只剩下45个。按照这种速度，Y染色体将在大约1 000万年内消失殆尽。因此，随着Y染色体的消亡，人类也将走向消亡。

锁定关键词“将”，可知此题为母题模型17　预测结果模型。

【第2步　套用母题方法】

A项，此项讨论的是“恒河猴”，而题干讨论的是“人类”，无关选项。(干扰项・对象不一致)

B项，此项说明即使Y染色体消亡了，人类还可以继续生存下去，削弱题干。

C项，此项说明人类实现繁殖不一定需要Y染色体，因此，即使Y染色体消亡，人类也未必走向消亡，削弱题干。

D项，此项说明Y染色体最终不会消亡，反驳题干的论据，削弱题干。

E项，此项直接反驳题干的论据，削弱题干。

5. E

【第1步　识别命题形式】

提问方式：以下哪项如果为真，最能支持上述观点？

题干：这句诗(春蚕到死丝方尽，蜡炬成灰泪始干)(S)表达的是诗人对所爱的人至死不渝的深情(P)。

此题无论据，同时提问针对论点，故此题为母题模型15　折桥搭桥模型(SP型)。

【第2步　套用母题方法】

A项，很多人认可的观点未必为真，不能削弱题干的观点。(干扰项·非事实项)

B项，此项的论证对象是"该诗中的另一句'晓镜但愁云鬓改，夜吟应觉月光寒'"，而题干的论证对象是"春蚕到死丝方尽，蜡炬成灰泪始干"这句，无关选项。(干扰项·对象不一致)

C项、D项，这两项均涉及的是其他的唐诗，无关选项。(干扰项·对象不一致)

E项，此项直接搭建了"这句诗"和"爱情"之间的关系，搭桥法(SP搭桥)，支持题干的观点。

6. E

【第1步　识别命题形式】

提问方式：以下哪项是上述论述所作的假设?

题干：彼尔(S)在任何一封信中都没有提到过令他出名的吗啡瘾(P1)。因此，彼尔(S)得到"吗啡瘾君子"的恶名是不恰当的，那些关于他的吗啡瘾的报道也是不真实的(P2)。

题干中，P1与P2不一致，故此题为母题模型15　折桥搭桥模型(双P型)。

【第2步　套用母题方法】

A项，题干不涉及"有关彼尔对吗啡上瘾的报道"开始流传的时间，无关选项。(干扰项·话题不一致)

B项，题干不涉及"有关彼尔对吗啡上瘾的报道"的来源，无关选项。(干扰项·话题不一致)

C项，彼尔的稿费是否足以支付吸食吗啡的费用与彼尔是否吸食吗啡无关，无关选项。(干扰项·话题不一致)

D项，信件的多少并不影响通过信件得出来的结论，无关选项。(干扰项·话题不一致)

E项，此项指出彼尔的信件会完整地记录他的实际状况，信件中没有提及吗啡瘾，说明彼尔确实没有吗啡瘾，搭桥法(双P搭桥)，必须假设。

7. D

【第1步　识别命题形式】

本题的提问方式为"以下哪项如果为真，最不能解释上述论证?"，故此题为母题模型16　解释题。

待解释的现象：工资上涨阶段一般是在饥荒之后。土豆饥荒导致爱尔兰一半人口死亡或移民，但在接下来的10年中，爱尔兰的平均工资并没有明显地上升。

【第2步　套用母题方法】

A项，此项说明在饥荒之后，由于医疗条件的改进，爱尔兰的劳动力在这10年间可能并没有减少，可以解释题干中的矛盾。

B项，此项指出土豆饥荒后，大量廉价的非洲劳动力涌入市场，说明爱尔兰的劳动者数量实际上没有下降，因此平均工资没有上升，可以解释题干中的矛盾。

C项，此项说明技术的发展提高了工业生产效率，使得市场对于人工劳动力的需求减少，进而不需要提高工资水平，可以解释题干中的矛盾。

D项，饥荒后10年中的出生率再高，他们也只是孩子，不能成为劳动力，无法解释题干中的矛盾。

E项，此项说明是人为立法导致平均工资水平没有提高，可以解释题干中的矛盾。

8. D

【第 1 步　识别命题形式】

提问方式：以下哪项如果为真，最能质疑上述专家的结论？

专家的结论："新生产、销售的电瓶车车速不得超过 25 km/h"这一规定(措施 M)能够大幅减少电瓶车引发的交通事故(目的 P)。

锁定关键词"能够"，可知此题为母题模型 18　措施目的模型。

【第 2 步　套用母题方法】

A 项，此项说明电瓶车引发的交通事故的主要原因是车速过快，那么"限速"就可以减少电瓶车引发的交通事故，措施可以达到目的，支持专家的结论。

B 项，题干不涉及由机动车引起的交通事故的比例，无关选项。(干扰项 · 话题不一致)

C 项，此项指出了电瓶车发生事故的具体形式，但不确实其是否与"车速"有关，故不能削弱专家的结论。(干扰项 · 不确定项)

D 项，此项说明导致电瓶车事故的主要原因是车主不遵守交通信号灯，那么即使限速也可能无法减少电瓶车引发的交通事故，措施达不到目的，削弱专家的结论。

E 项，题干不涉及"电瓶车"和"机动车"在引发交通事故的数量上的比较；此外，小城市的情况也不具有代表性，不能削弱。(干扰项 · 新比较)

9. B

【第 1 步　识别命题形式】

提问方式：以下哪项如果为真，最能支持上述结论？

题干：西医利用现代科学技术手段可以解决很多中医无法解决的病症，而中医依靠对人体经络和气血的特殊理解也治愈了很多令西医束手无策的难题。据此，针对某些复杂疾病，很多人认为中西医结合的治疗方法(措施 M)是有必要的。

锁定关键词"是有必要的"，可知此题为母题模型 21　绝对化结论模型。此外，"中西医结合的治疗方法"是一项措施，故此题也为母题模型 18　措施目的模型，但需要注意的是，题干是在强调措施的必要性。

【第 2 步　套用母题方法】

A 项，此项说明中西医结合的治疗方法能有好的效果，但未说明是否有必要采取"中西医结合治疗"这一措施，故此项不能支持题干。(干扰项 · 不确定项)

B 项，此项指出单独使用中医或者西医疗法不能有效治疗这些疾病，说明采用"中西医结合的治疗方法"是有必要的，支持题干。

C 项，"中西医结合的治疗方法"这一措施具备可行性不能说明其是有必要的，故此项不能支持题干。

D 项，"中西医结合的治疗方法"这一措施有良好的效果无法说明其有必要性，故此项不能支持题干。

E 项，题干不涉及哪种治疗方法对于慢性病更为有效，无关选项。(干扰项 · 话题不一致)

10. E

【第 1 步　识别命题形式】

提问方式：以下哪项如果为真，最能质疑上述专家的观点？

专家的观点：应大力推广AI在医疗领域的应用，这对于提高医生诊断和治疗的效率百利而无一害。

锁定关键词“百利而无一害”，可知此题为母题模型21　绝对化结论模型。

【第2步　套用母题方法】

A项，此项说明AI对于医生诊断和治疗可以起到辅助作用，支持专家的观点。

B项，此项指出医疗保健专业人员与算法的互动会影响AI的正确运行，但是医疗保健专业人员与算法的“互动情况”并不明确，故不能削弱专家的观点。（干扰项·不确定项）

C项，此项肯定了AI确实能够提升诊疗效率，支持专家的观点。

D项，题干讨论的是AI对于医生诊疗的作用，而此项讨论的是患者是否知晓AI技术可能经常用于他们的护理中，无关选项。（干扰项·话题不一致）

E项，此项说明使用AI可能会导致医生无法对病情做出迅速的反应，即：AI对于医生诊断和治疗有坏处，削弱专家的观点。

11. A

【第1步　识别命题形式】

提问方式：以下哪项如果为真，最能支持专家的观点？

专家的观点：基于同样的目的，即：减轻头部损伤，从而节省纳税人的钱(目的P)，司法部门也应当要求骑马的骑手佩戴头盔(措施M)，因为与骑摩托车相比，骑马更易于导致头部损伤。

锁定关键词“目的”，可知此题为母题模型18　措施目的模型。

【第2步　套用母题方法】

A项，此项说明因骑马而发生的事故所导致的头部损伤的医疗费用是税收支出的一部分，那么佩戴头盔可以减轻头部损伤程度，从而节约纳税人的钱，措施可以达到目的(MP搭桥)，支持专家的观点。

B项，题干不涉及骑马事故中导致严重脑损伤的比率较高的原因，无关选项。（干扰项·话题不一致）

C项，题干不涉及治疗头部损伤的医疗费用与治疗其他类型损伤的医疗费用的比较。（干扰项·新比较）

D项，题干不涉及佩戴头盔是否可以避免发生事故时所造成的死亡，无关选项。（干扰项·话题不一致）

E项，题干不涉及司法部门立法时考虑的首要问题应该是什么，无关选项。（干扰项·话题不一致）

12. A

【第1步　识别命题形式】

提问方式：以下哪项如果为真，最能支持上述观点？

题干：有一种独特的鱼类，它们的血液和体液中具有一种防冻蛋白，因为该蛋白它们才得以存活并演化至今。时至今日，该种鱼类的生存却面临巨大挑战(现象G)。有人认为这是海水升温导致的(原因Y)。

锁定关键词“导致”，可知此题为母题模型16　现象原因模型。

【第2步　套用母题方法】

A项，此项说明气温上升会导致防冻蛋白变性，从而缩短鱼的寿命，因果相关(YG搭桥)，支持题干的观点。

B项，此项指出气候变暖使得防冻蛋白“可有可无”，但由此无法确定南极鱼类的生存是否面临巨大挑战，故不能支持题干的观点。(干扰项 • 不确定项)

C项，题干不涉及哪种温度有利于南极鱼类的多样性，无关选项。(干扰项 • 话题不一致)

D项，题干不涉及其他南极物种体内是否具有防冻蛋白，无关选项。(干扰项 • 话题不一致)

E项，题干不涉及海水升温对南极鱼类多样性的影响，无关选项。(干扰项 • 话题不一致)

13. A

【第1步 识别命题形式】

提问方式：下列关于流动型赛马场的陈述哪项如果是正确的，则最能削弱上面的论述？

题干：永久型赛马场的休闲骑乘设施每年都要拆卸一次，供独立顾问们进行安全检查。流动型赛马场(S)每个月迁移一次，所以可以在长达几年的时间里逃过安全检查网及独立检查(P1)。因此，在流动型赛马场(S)骑马比在永久型赛马场骑马更加危险(P2)。

题干中，P1与P2不一致，故此题为母题模型15 拆桥搭桥模型(双P型)。

【第2步 套用母题方法】

A项，此项说明流动型赛马场的安全检查比永久型赛马场更频繁，即：“可以逃过安全检查网及独立检查”不等价于“更加危险”，拆桥法(双P拆桥)，削弱题干。

B项，此项指出流动型赛马场用于安全方面及维护骑乘设施的资金少，但由此无法说明在流动型赛马场骑马是否更加危险，不能削弱题干。(干扰项 • 不确定项)

C项，题干的论证并不涉及“建立安全方面的良好信誉”对赛马场是否重要，无关选项。(干扰项 • 话题不一致)

D项，此项说明流动型赛马场可能会错过设备回收通知，从而带来安全隐患，支持题干。

E项，“忽视操作指南”可能会对骑乘设施造成损害，从而增加赛马场的危险性，定期进行安全检查可能可以降低危险性，故此项支持题干。

14. B

【第1步 识别命题形式】

题干的提问方式为“以下哪项对上述四种公共交通工具的特征概括最为准确?”，即通过表格的信息推出结论，故此题为推论题。

【第2步 套用母题方法】

A项，上述四种公共交通工具中地铁的峰时运力最大，建设成本和维护成本也最高，但舒适度指数并不是最高的，概括不准确，故排除。

B项，上述四种公共交通工具中共享单车的环保指数最高，其建设成本和维护成本最低，且峰时运力排第三(即并非最低)，故此项概括准确。

C项，上述四种公共交通工具中出租车的峰时运力小于5 000人/小时，但舒适度指数等于9，概括不准确，故排除。

D项，上述四种公共交通工具中共享单车的维护成本低于1亿元/年，其峰时运力为1 000人/小时(即低于5 000人/小时)，但舒适度指数为3(即低于6)，概括不准确，故排除。

E项，上述四种公共交通工具中出租车的环保指数低于7，但舒适度指数等于9，概括不准确，故排除。

15. E

【第 1 步 识别命题形式】

提问方式：以下哪项如果为真，最能支持上述论证？

题干：研究人员认为，半球形隔热减速伞可以帮助航天器克服“热障”安全返回地球。

锁定关键词“可以”，可知此题为母题模型 18 措施目的模型。

【第 2 步 套用母题方法】

A 项，题干不涉及航天器表层材料需具备何种性能，无关选项。（干扰项·话题不一致）

B 项，题干不涉及“研究航天器材料”和“减速伞”在成本上的比较，无关选项。（干扰项·新比较）

C 项，此项仅仅指出航天器“过热”确实是下降过程中的难题，但并未说明减速伞能否帮助其克服“热障”，故此项不能支持题干。（干扰项·不确定项）

D 项，此项说明该减速伞具备不易燃、抗撕裂等优点，但并未直接说明其是否能帮助航天器克服“热障”，故此项不能支持题干。（干扰项·不确定项）

E 项，此项说明使用该减速伞之后，可以减少航天器进入地球时因摩擦而导致的发热，措施可以达到目的，支持题干。

16. E

【第 1 步 识别命题形式】

题干中出现“人”与“技能”的匹配关系，故此题为母题模型 6 匹配模型。

【第 2 步 套用母题方法】

由条件(1)、(2)结合“每人只会四种技能中的两种，每种技能也恰有其中的两人会”可得：乙和丙两人均会书法、丁会编程和绘画。

由上述信息可得下表：

技能 人	编程	插花	绘画	书法
甲				×
乙				√
丙				√
丁	√	×	√	×

由上表结合条件(3)可知，乙和丙恰有一人会绘画；再结合“每人只会四种技能中的两种，每种技能也恰有其中的两人会”可知，甲会编程和插花。可将上表补充如下：

技能 人	编程	插花	绘画	书法
甲	√	√	×	×
乙	×			√
丙	×			√
丁	√	×	√	×

再结合条件(4)可知，乙会插花、丙会绘画。故 E 项正确。

17. E

【第 1 步 识别命题形式】

本题的提问方式为“以下哪项的推理与题干最为类似？”，故此题为母题模型 10 推理结构相似模型。

【第2步　套用母题方法】

题干：爱自己家乡的人(A)不会说家乡的坏话(B)，张三(X)就从不说家乡的坏话(B)。可见，他(X)是一个多么爱自己家乡的人啊(A)！

题干符号化为：A→B，X→B。可见，X→A。

A项，A→B，¬B。因此，C。故此项与题干不同。

B项，A→B，X→A。可见，X→B。故此项与题干不同。

C项，A→B，X→¬B。可见，X→¬A。故此项与题干不同。

D项，A→B，X→C。可见，X→A。故此项与题干不同。

E项，A→B，X→B。可见，X→A。故此项与题干相同。

18. E

【第1步　识别命题形式】

题干由性质命题组成，且"所有的鹤鸵都是极具危险性的"与"所有的鹤鸵都会对不速之客果断出击"这两个条件符合双A串联公式，故此题为母题模型8　性质串联模型(双A串联型)。

【第2步　套用母题方法】

题干有以下信息：

①鹤鸵→极具危险性。

②鹤鸵→对不速之客果断出击。

③对不速之客果断出击→为人所畏惧。

①、②符合双A串联公式，故有：④有的极具危险性→对不速之客果断出击。

由④、③串联可得：⑤有的极具危险性→对不速之客果断出击→为人所畏惧。

由②、③串联可得：⑥鹤鸵→对不速之客果断出击→为人所畏惧。

A项，由⑥可知，鹤鸵为人所畏惧，再结合对当关系中的"所有→有的"可知，此项必然为真。

B项，¬为人所畏惧→¬鹤鸵，等价于：鹤鸵→为人所畏惧，由⑥可知，此项必然为真。

C项，有些极具危险性→为人所畏惧，由⑤可知，此项必然为真。

D项，此项等价于：有些对不速之客果断出击→极具危险性，由④可知，此项必然为真。

E项，由⑥可得：鹤鸵→为人所畏惧，再由对当关系中的"所有→有的"可知，有的鹤鸵→为人所畏惧，等价于：有的为人所畏惧→鹤鸵，与此项为下反对关系，一真另不定，故此项可真可假。

19. D

【第1步　识别命题形式】

题干中，条件(3)为半事实，条件(1)和(2)均为假言命题，选项均为事实，故本题的主要命题形式为母题模型3　半事实假言推事实模型。同时，题干还涉及"人"与"城市"的匹配关系，故此题为半事实假言推事实＋匹配模型。

【第2步　套用母题方法】

从半事实出发，由条件(3)可知，可分如下两种情况讨论：①张东∧¬张西；②张西∧¬张东。

若情况①为真，由"张东"可知，条件(1)的前件为真，则其后件也为真，可得：¬赵西∨张北；再结合"张东"可得：¬赵西。

由"¬赵西"可知，条件(2)的前件为真，则其后件也为真，可得：胡兰、韩进考察的城市在南广市、北定市之中。

此时，张山、赵信、胡兰、韩进都不考察西京市，与题干矛盾。因此，情况①为假、情况②为真。

由“情况②为真”可知，“¬ 赵西”。故，条件(2)的前件为真，则其后件也为真，可得：胡兰、韩进考察的城市在南广市、北定市之中。

综上，结合“每个城市都有其中的1人前往考察，每个人都考察其中的1个城市”可得：赵东。

故D项正确。

20. E

【第1步　识别命题形式】

题干中，“丁坐在B座”为事实，条件(1)、(2)和(3)均为假言命题，故本题的主要命题形式为母题模型1　事实假言模型。同时，题干还涉及“人”与“座位”的匹配关系，故此题为事实假言＋匹配模型。

【第2步　套用母题方法】

从事实出发，由“丁坐在B座”可知，条件(2)的后件为假，则其前件也为假，可得：戊坐在C座。

由“戊坐在C座”可知，条件(3)的后件为假，则其前件也为假，可得：乙坐在E座。

由“乙坐在E座”可知，条件(1)的前件为真，则其后件也为真，可得：丙坐在A座。

故E项正确。

21. D

【第1步　识别命题形式】

题干中，条件(1)、(2)、(3)和(4)均为假言命题，选项均为事实，故本题的主要命题形式为母题模型4　假言推事实模型。同时，题干还涉及“人”与“名次”的匹配关系，故此题为假言推事实＋匹配模型。

【第2步　套用母题方法】

由条件(1)、(3)和(4)串联可得：甲、丙和丁至多2人前三→乙领先甲两个名次→¬ 乙8→戊3∧辛1→辛在庚之前→甲2∧己7。

可见，由“甲、丙和丁至多2人前三”出发推出了“乙领先甲两个名次∧甲2”，故“甲、丙和丁至多2人前三”为假，即“甲、丙和丁均在前三”为真。

由“甲、丙和丁均在前三”可知，条件(2)的后件为假，则其前件也为假，可得：辛4∨辛5。

由“甲、丙和丁均在前三”可知，条件(3)的后件为假，则其前件也为假，可得：乙8∧丙至多领先庚一个名次。

故D项正确。

22. A

【第1步　识别命题形式】

题干中出现“老师”与“值班时间”的匹配关系，故此题为母题模型6　匹配模型。

【第2步　套用母题方法】

从事实出发，由“戊在周三值班”结合条件(3)、(1)可得：丙周一。

根据“丙周一”“戊周三”结合条件(2)和“周日不用值班”可知，甲、丁分别在周四、周五或周五、周六值班。(具体不定)

因此，周五要么甲值班，要么丁值班；再结合条件(4)可知，己在周四值班。

综上，甲在周五值班、丁在周六值班。故A项正确。

23. D

【第1步　识别命题形式】

题干中出现“地铁站点”与“顺序”之间的匹配关系，故此题为母题模型6　匹配模型。

【第2步　套用母题方法】

条件(1)、(3)和(4)均为特殊位置关系，但条件(1)中包含确定事实，故优先考虑。

由"自由站安排在第三个"结合"富强站和自由站相邻"可知，富强站在第二个或者第四个。故可分类讨论。

情况1：富强站在第二个。

由"富强站在第二个"结合条件(3)可知，和谐站在第四个。由上述信息可得下表：

第一个	第二个	第三个	第四个	第五个	第六个
	富强站	自由站	和谐站		

由上表结合条件(4)可知，民主站和公正站在第五个、第六个(具体不定)。进而可得：文明站在第一个。

情况2：富强站在第四个。

由"富强站在第四个"结合条件(3)可知，和谐站在第二个或者第六个。由上述信息可得下表：

	第一个	第二个	第三个	第四个	第五个	第六个
①			自由站	富强站		和谐站
②		和谐站	自由站	富强站		

在①的情况下，结合条件(4)可知，民主站和公正站在第一个、第二个(具体不定)；此时无法满足条件(2)。

在②的情况下，结合条件(4)可知，民主站和公正站在第五个、第六个(具体不定)；再结合条件(2)可知，文明站在第一个。

综上，文明站只能在第一个。故D项正确。

24. D

【第1步　识别命题形式】

题干已知"五个建议中只采纳了一个"，即：五个断定中只有一个为真，故此题为母题模型11　经典真假话问题。

【第2步　套用母题方法】

题干中无矛盾关系，根据"只有一真"，优先找下反对关系或推理关系。

条件(1)和条件(3)为下反对关系，至少一真。再结合"只有一真"可得：条件(2)、(4)和(5)均为假。

由"条件(2)为假"可得：(¬塔公草原∧¬恩阳古镇)∀(塔公草原∧恩阳古镇)。

由"条件(4)为假"可得：¬塔公草原∨¬九寨沟。

由"条件(5)为假"可得：¬安仁古镇∧恩阳古镇。

由"恩阳古镇""(¬塔公草原∧¬恩阳古镇)∀(塔公草原∧恩阳古镇)"可得：塔公草原。

由"塔公草原"并结合"¬塔公草原∨¬九寨沟"可得：¬九寨沟。

故D项正确。

25. D

【第1步　识别命题形式】

题干中出现"城市"与"单位"之间的匹配关系，故此题为母题模型6　匹配模型。

【第2步　套用母题方法】

从事实出发，由条件(6)"城市3有1所大学"并结合条件(5)"有大学的2座城市没有共同的边界”可知，城市1、4、5中无大学(排除A项)；再由条件(2)“没有一座城市有2所大学”和“共有2所大学”可知，另外一所大学在城市2或者城市6。

由条件(6)“城市6有1所监狱”并结合条件(3)“没有一座城市中既有监狱又有大学”可知，城市6不可能有大学(排除B项)，因此，城市2有大学。

再由条件(3)可得：城市2不可能有监狱，故排除C项。

由条件(6)“城市6有1所监狱”并结合条件(4)“每所监狱位于至少有1家医院的城市”可知，城市6有医院，故排除E项。

综上，D项可能为真。

26. D

【第1步　识别命题形式】

同上题一致。

【第2步　套用母题方法】

本题补充条件：(7)每座城市都至少拥有上述8个单位中的1个单位。

数量关系优先算：由条件(4)和(7)可知，题干的数量关系为：2、2、1、1、1、1。其中“2”指的是“医院＋监狱”，“1”指的是单独的单位。即8个单位分配为：“医院＋监狱”“医院＋监狱”“医院”“医院”“大学”“大学”，再与6座城市进行一一匹配。

从事实出发，由条件(6)、(3)和(5)可得：(8)城市1、城市4、城市5、城市6均无大学。

再结合条件(2)“没有一座城市有2所大学”可知，城市2必有大学。

故城市3、城市2均只有1所大学。

因此，城市1、城市4、城市5、城市6均有医院。

故D项正确。

27. B

【第1步　识别命题形式】

题干由多个假言命题组成，且这些假言命题中无重复元素，选项均为假言命题，故此题为母题模型2　假言推假言模型(无重复元素)。

【第2步　套用母题方法】

步骤1：画箭头。

题干：

①重大突破→加大投入。

②维持长期向好的态势→坚持科技创新。

步骤2：逆否。

①逆否可得：③┐加大投入→┐重大突破。

②逆否可得：④┐坚持科技创新→┐维持长期向好的态势。

步骤3：找答案。

A项，坚持科技创新→推动人类社会的进步，由②可知，此项可真可假。

B项，┐加大投入→┐重大突破，等价于③，故此项必然为真。

C项，维持长期向好的态势→加大投入，由②可知，此项可真可假。

D项，┐维持长期向好的态势→┐巨大的物质财富，由④可知，此项可真可假。

E项，加大投入→重大突破，由①可知，此项可真可假。

28. B

【第 1 步　识别命题形式】

题干中，条件(2)、(3)、(4)均为事实，条件(1)中有事实，也有数量关系，“任意一位选手至少比赛 1 场，至多比赛 3 场，一共进行了 8 轮次的对决”为数量关系，同时，题干还涉及不同年级的选手之间的匹配关系，此题条件类型非常多样，故此题为母题模型 14　复杂推理模型。

【第 2 步　套用母题方法】

步骤 1：数量关系优先算。

由“任意一位选手至少比赛 1 场，至多比赛 3 场，一共进行了 8 轮次的对决”可知，8＝1＋1＋2＋2＋2 或者 8＝1＋1＋1＋2＋3。

步骤 2：从事实出发解题。

由条件(2)可知，钱、吴两人均未与丁进行对阵。

由条件(3)中“乙和赵进行了对阵”结合条件(1)可知，赵只和乙进行了对阵。

由条件(1)还可知，钱和孙均未与甲对阵。

综上，结合题意可得下表：

	赵	钱	孙	李	吴
甲	×	×	×		
乙	√	×	√	×	×
丙	×				
丁	×	×			×
戊	×				

由“丁和戊恰有一个共同对手李”可将上表补充如下：

	赵	钱	孙	李	吴
甲	×	×	×		
乙	√	×	√	×	×
丙	×				
丁	×	×		√	×
戊	×			√	

步骤 3：从半事实出发分类讨论。

此时，丙和丁的共同对手有两种情况：①丙和丁的共同对手是孙；②丙和丁的共同对手是李。

若情况①为真，即：丙和丁的共同对手是孙。

结合已知信息可得下表：

	赵	钱	孙	李	吴
甲	×	×	×	×	√
乙	√	×	√	×	×
丙	×	√	√	×	×
丁	×	×	√	√	×
戊	×	×	×	√	×

若情况②为真，即：丙和丁的共同对手是李。

结合已知信息可得下表：

	赵	钱	孙	李	吴
甲	×	×	×	×	√
乙	√	×	√	×	×
丙	×			√	
丁	×	×		√	×
戊	×			√	

由上表结合“8＝1＋1＋2＋2＋2或者8＝1＋1＋1＋2＋3”、条件(3)中“丙恰好比戊多比赛1场”可知，丙比赛了2场、戊只比赛1场；

再结合上表可知，丙与钱进行了对阵、丁与孙进行了对阵。

综上，无论哪种情况成立均有：丙和钱进行了对阵。故B项正确。

29. D

【第1步 识别命题形式】

题干中，条件(2)和(3)均为假言命题，选项均为事实，故本题的主要命题形式为母题模型4 假言推事实模型。同时，题干中还涉及数量关系和匹配关系，故此题为假言推事实＋数量＋匹配模型。

【第2步 套用母题方法】

步骤1：数量关系优先算。

由题意及条件(1)可知，三天所做的事情的数量分别为1件、2件、3件。

步骤2：按“假言推事实模型”的思路解题。

由条件(3)和(2)串联可得：①和⑥至多有一件安排在第一天→②、③、⑤需要分别安排在三天→②、③和④至少需要两天来完成→②和⑤安排在第二天。

可见，由“①和⑥至多有一件安排在第一天”出发推出了“②和⑤不在同一天∧②和⑤在同一天”。故“①和⑥至多有一件安排在第一天”为假，即：①和⑥都安排在第一天。

因此，D项正确。

30. C

【第1步 识别命题形式】

“③和⑤安排在同一天”为事实，其他已知条件同上题一致，故此题为母题模型1 事实假言＋数量＋匹配模型。

【第2步 套用母题方法】

引用上题推理结果：三天所做的事情的数量分别为1件、2件、3件；①和⑥都安排在第一天。

本题补充新的事实条件：(4)③和⑤安排在同一天。

从事实出发，由“③和⑤安排在同一天”结合“①和⑥都安排在第一天”“三天所做的事情的数量分别为1件、2件、3件”可知，③和⑤不能安排在第一天。

若②和④安排在同一天，则无法满足“三天所做的事情的数量分别为1件、2件、3件”。因此，②和④不安排在同一天。

由“②和④不安排在同一天”可知，条件(2)的前件为真，则其后件也为真，可得：②和⑤安排在第二天。

再结合条件(4)可知，②、③和⑤安排在第二天。

综上，三天的安排见下表：

第一天	第二天	第三天
①、⑥	②、③、⑤	④

故C项正确。

199 管理类联考逻辑 ▸ 模拟卷 3

（共 30 小题，每小题 2 分，共 60 分，限时 60 分钟）

说明：本套模拟卷在试卷结构上同 2025 年管理类联考真题一致，难度中等偏上，同近 5 年管综真题基本一致。

1. 传统看法认为，《周易》八卦和六十四卦卦名的由来或是取象说，或是取义说，不存在其他的解释。取象说认为八卦以某种物象的名来命名，比如乾卦之象为天，乾即古时的天字，故取名为乾；取义说认为卦象代表事物之理，取其义理作为一卦之名，比如坤卦之象纯阴，阴主柔顺，故此卦名为坤，坤即柔顺之义。

   以下哪项陈述如果为真，则严重地动摇了卦名由来的传统看法？

   A. 乾坤两卦之所以居六十四卦之首，这是因为乾卦代表天，坤卦代表地，天地相交，万物才得以生。

   B. 卦名不能单靠取象说来解释，也不能单靠取义说来解释，只有将二者结合起来，才能给出所有卦名的解释。

   C. 卦名的由来虽然有诸多不同的解释，但万变不离其宗，都可以用相同的方法来解释。

   D. 古人著书有个习惯，不列篇名，故《周易》先有卦形，接着有了筮辞（卦辞和爻辞），后来才有了卦名。

   E. 卦名出自卦辞记述的所占之事，坤卦占问的是失马之事，当初筮得☷（卦象符号）象，认为牝马驯良可以找到，便取名为坤。

2. 西方航空公司由北京至西安的全额票价一年多来保持不变，但是，目前西方航空公司出售的由北京至西安的机票中 90%打折出售，10%全额出售；而在一年前是一半打折出售，一半全额出售。因此，目前西方航空公司由北京至西安的平均票价，比一年前要低。

   以下哪项如果为真，最能支持题干的结论？

   A. 目前和一年前一样，西方航空公司由北京至西安的机票，打折的和全额的，有基本相同的售出率。

   B. 目前西方航空公司由北京至西安单日航班的趟次和一年前一样。

   C. 目前西方航空公司由北京至西安的打折机票的票价，和一年前基本相同。

   D. 目前西方航空公司由北京至西安航线的服务水平比一年前下降了。

   E. 西方航空公司所有航线的全额票价一年多来保持不变。

3. 研究发现，一些动作反应持续异常的宠物的大脑组织中铝含量比正常值高出不少。因为含硅的片剂能抑制铝的活性，阻止其影响大脑组织。因此，这种片剂可有效地用于治疗宠物的动作反应异常。

   以下哪项如果为真，最能削弱上述论证？

A. 动物的异常动作和反应如果一直持续，会导致大脑组织中铝含量的提升。

B. 大脑组织中铝含量的异常提升，会导致动物动作反应异常。

C. 含硅片剂对大脑组织不会产生其他副作用。

D. 正常大脑组织中不含铝。

E. 动物的动作反应是否异常，要经过专业的测试才能确定。

4. 现在人们电子产品用得多，上网课、刷视频、玩游戏等，不知不觉时间就过去了，眼睛难免感到不适。“看绿色可以保护视力”这句话已经深入人心，有些家长特意在孩子的书桌上摆放一小盆绿植，很多人还会特意将手机和电脑屏保设置成绿色。然而，有眼科专家认为，多看绿色并不能预防近视。

以下哪项如果为真，最能支持上述眼科专家的观点？

A. 近视的成因是多方面的，包括遗传、环境因素和个人用眼习惯等，而不仅仅与平时是否多看绿色有关。

B. 长时间专注于任何颜色的屏幕都会导致眼睛疲劳，而不仅仅是非绿色屏幕。

C. 之所以人们看到绿色感觉舒适，是因为绿色不像其他颜色那么刺眼。

D. 人的视力取决于眼球的睫状肌状态，而多看绿色对眼球的睫状肌状态没有影响。

E. 多看绿色可以帮助缓解眼睛疲劳，因为它减少了眼睛对光线的紧张感。

5. 自 20 世纪 50 年代以来，全球每年平均暴发的大型龙卷风的次数从 10 次左右上升至 15 次。与此同时，人类活动激增，全球气候明显变暖。有人据此认为，气候变暖导致龙卷风暴发的次数增加。

以下哪项如果为真，最不能削弱上述结论？

A. 龙卷风的类型多样，全球变暖后，小型龙卷风出现的次数并没有明显的变化。

B. 气候温暖是龙卷风形成的一个必要条件，几乎所有龙卷风的形成都与当地较高的温度有关。

C. 尽管全球变暖，龙卷风依然多发生在美国的中西部地区，其他地区的龙卷风现象并不多见。

D. 龙卷风是雷暴天气(即伴有雷击和闪电的局地对流性天气)的产物，只要在雷雨天气下出现极强的空气对流，就容易发生龙卷风。

E. 调查显示，有些地区随着龙卷风的暴发，气温急剧升高。

6. 美国食品药品监督管理局(FDA)在市场中引入了新的治疗药剂。新治疗药剂在提高美国人的健康水平方面起了非常关键的作用。那些在学校、政府研究团体内的人的职责是从事长期的研究，以图发现新的治疗药剂，并对它们进行临床验证。而将实验室里的新发现比较容易地转移到市场上是 FDA 的作用和职责。新的、重要的治疗方法只有在转移之后才能有助于治疗病人。

下面哪项陈述可以从上述段落中推出？

A. FDA 有责任确保任何销售到市场上的治疗药剂在当时都处于受控状态。

B. 在新的治疗药剂到达市场之前，它们不能帮助治疗病人。

C. 研究团体有职责对新药进行特别长期的测试，而 FDA 却没有这样的责任。

D. FDA 应该更紧密地与研究者合作以确保治疗药剂的质量不会下降。

E. 如果一种新的医药发现已从实验室转移到了市场上，那么它将有助于治疗病人。

7. 尽管备办酒宴机构的卫生检查程序要比普通餐厅的检查程序严格得多，但在报到市卫生主管部门的食品中毒案件中，还是来自酒宴服务的比来自普通餐厅的多。
以下哪个选项如果为真，最能够解释题干中的矛盾现象？
A. 人们不大可能在吃一顿饭和随之而来的疾病之间建立关联，除非该疾病影响到一个相互联系的群体。
B. 备办酒宴的机构清楚地知道他们将为多少人服务，因此比普通餐厅更不可能有剩余食物，后者是食品中毒的一个主要来源。
C. 许多餐厅在提供备办酒宴服务的同时，也提供个人餐饮服务。
D. 上报的在酒宴中发生食品中毒案件的数目与备办酒宴者和顾客常去场所的服务无关。
E. 有的中毒案件并没有上报市卫生主管部门。

8. 近日，火星车在加勒陨坑拍摄的图像发现，火星陨坑内的远古土壤存在着类似地球土壤裂纹剖面的土壤样本，通常这样的土壤存在于南极干燥谷和智利阿塔卡马沙漠，这说明，远古时期的火星可能存在生命。
以下哪项如果为真，最能支持上述结论？
A. 地球沙漠土壤中存在土块，具有多孔中空结构，硫酸盐浓度较高，这一特征在火星土壤层并不明显。
B. 化学物质分析显示，陨坑内土壤的化学风化过程以及黏土沉积中橄榄石矿损耗情况与地球土壤的状况较为接近。
C. 这些火星远古土壤样本仅表明火星早期可能曾是温暖潮湿的，那时的环境比现今更具宜居性。
D. 土壤裂纹剖面中的磷损耗特别引人注意，这是由于微生物活跃性所致。
E. 南极干燥谷和智利阿塔卡马沙漠在远古时期有人类居住。

9. 笔迹，广义上讲，是运用各种工具在一定界面上书写的带有文字规范限制的痕迹。狭义上讲，就是指在自然状态下由书写人留在纸张上的带有文字规范限制的书写痕迹。因为书写者的性格和心理特性是不同的，由此可以推测，研究人的笔迹可以分析书写者的性格特点和心理状态。
以下哪项如果为真，最能支持上述推测？
A. 不同笔迹的连笔程度和笔画结构是不同的。
B. 近代以来，很多先进的理论和仪器被用来进行笔迹鉴定。
C. 据调查，现在很多公司在招聘员工时加入了笔迹分析这一项。
D. 书写的压力、笔画结构和字体大小等能反映人的自我意识和对外部世界的态度。
E. 不同人的书写笔迹特点是不一样的。

10. 当听力和右脑中负责音乐的区域沟通紊乱时，唱歌就会跑调。有研究发现，对自己唱歌跑调浑然不知的人，其空间处理能力一般都比较差。一些科学家就此认为，人对音乐的处理能力与空间认知能力之间呈正相关。
下列哪项最能加强上述科学家的推测？
A. 有些到陌生地方演出的歌手能很快辨明方向，也能很好把握音准。
B. 听不出自己唱歌跑调的人，往往在陌生的地方容易迷路。
C. 说话是由左脑的语言中枢控制，唱歌是右脑负责处理音乐的区域来控制。
D. 通过进行路径规划、空间导航等活动，可以锻炼大脑空间记忆和定向能力。
E. 听音乐时大脑会产生比平常更多的多巴胺，导致人不自觉地跟着节奏挥手或跳舞。

11. 一家评价机构，为评价图书的受欢迎程度进行了社会调查。结果显示：生活类图书的销售量超过科技类图书的销售量，这是因为，生活类图书的受欢迎程度要高于科技类图书。
以下哪项最能反驳上述论证？
A. 图书的受欢迎程度并不是图书销量最大的影响因素。
B. 购买科技类图书的人往往都受过高等教育。
C. 生活类图书的种类远远超过科技类图书的种类。
D. 销售的图书可能有一些没有被阅读。
E. 相较于传记类图书而言，生活类图书的销量更高。

12. 多年来，历史学家普遍认为，胡夫金字塔是奴隶建造的。但近年来，考古学家在金字塔附近墓穴中发现了许多工匠的骸骨，同时也发现了一些金属手术器械和死者骨折后得到医治的痕迹。考古学家认为，这表明金字塔不是由古埃及的奴隶建造的。
以下哪项如果为真，最能支持上述结论？
A. 古埃及的村落中居住了大量的自由民。
B. 用于建造金字塔的花岗岩采石场附近有沟渠，故建造金字塔最有可能的方法是水运法。
C. 古埃及时期的奴隶没有被医治的资格，同时死后也不会被安葬。
D. 当时的古埃及人主要由“自由民”和“奴隶”组成，而“自由民”的数量不足以支撑完成如此巨大的工程。
E. 历史学家普遍认为，是被强迫的奴隶整整花了20年建造了胡夫金字塔。

13. 某施工现场意外挖到了一个汉代的千年古墓。考古专家来到现场，对古墓进行了保护性挖掘，结果挖出了一汪清泉，内部惊现金龙玉席，墓主口含龙珠，置身清泉之中，给人的感觉非常独特。在不断挖掘和清理的过程中，考古专家发现了很多碎裂的陶片，把这些东西拼凑起来的话，能看到一些文字，其中有4个字是“千秋万岁”。专家据此认为，该墓的主人很可能是皇室成员。
以下哪项如果为真，最能支持专家的结论？
A. “千秋万岁”4个字的字体是小篆字体，这是西汉时期的官方字体。
B. 陶片在很多皇室古墓中都有出现，且占比较高。
C. 中国封建时期的等级制度非常森严，只有皇室血脉才能使用“千秋万岁”。
D. 还需要其他证据进行进一步的分析，才能确认墓主的身份。
E. 考古学者曾在某帝王陵中挖掘到带有“千秋万岁”字样的古钱币。

14. 某个实验把一批吸烟者作为对象。实验对象分为两组：第一组是实验组，第二组是对照组。实验组的成员被强制戒烟，对照组的成员不戒烟。三个月后，实验组成员的平均体重增加了10%，而对照组成员的平均体重基本不变。实验结果说明，戒烟会导致吸烟者的体重增加。
以下哪项如果为真，最能加强上述实验结论的说服力？
A. 实验组和对照组成员的平均体重基本相同。
B. 实验组和对照组的人数相等。
C. 除戒烟外，对每个实验对象来说，可能影响体重变化的生存条件基本相同。
D. 除戒烟外，对每个实验对象来说，可能影响体重变化的生存条件基本保持不变。
E. 上述实验的设计者是著名的保健专家。

15. 在四川的一些沼泽地中，剧毒的链蛇和一些无毒蛇一样，在蛇皮表面都有红、白、黑相间的鲜艳花纹。而就在离沼泽地不远的干燥地带，链蛇的花纹中没有了红色。奇怪的是，这些地区的无毒蛇的花纹中同样没有了红色。对这种现象的一个解释是，在上述沼泽和干燥地带中，无毒蛇为了保护自己，在进化过程中逐步变异出和链蛇相似的体表花纹。

以下哪项最可能是上述解释所假设的？

A. 毒蛇比无毒蛇更容易受到攻击。

B. 在干燥地区，红色是自然界中的一种常见色，动物体表的红色较不容易被发现。

C. 链蛇体表的颜色对其捕食的对象有很强的威慑作用。

D. 以蛇为食物的捕猎者尽量避免捕捉剧毒的链蛇，以免在食用时发生危险。

E. 蛇在干燥地带比在沼泽地带更易受到攻击。

16. 某企业董事会就未来几年公司的战略投资展开激烈讨论。在研讨中，与会者有如下意见：

(1)若投资6G研发或者手机屏幕，则芯片研发、光刻机均不投资。

(2)若不投资手机操作系统，则投资光刻机和手机屏幕。

(3)如果投资手机操作系统，那么投资终端服务器。

根据上述信息，可以得出以下哪项？

A. 投资芯片研发。　B. 投资终端服务器。　C. 投资手机屏幕。

D. 不投资手机操作系统。　E. 投资光刻机。

17. 某社区服务中心安排甲、乙、丙、丁、戊、己、庚七位志愿者在连续的七天进行志愿服务，每人服务一天，各不重复。已知：

(1)乙在第五天服务。

(2)丁和戊的服务时间都早于己。

(3)甲在丙之前服务，且两人的服务时间间隔一天。

(4)丁和庚在连续的两天服务。

根据以上信息，可以得出丁的服务时间有几种可能性？

A. 1。　B. 2。　C. 3。　D. 4。　E. 5。

18. 某大学为进一步加强本科教学工作，准备从甲、乙、丙、丁、戊、己、庚和辛8个学院中挑选6名教师加入教学督导委员会。已知：

(1)甲、丁、辛3个学院中共有2名教师入选该委员会。

(2)甲、己、辛3个学院中共有3名教师入选该委员会。

(3)甲、乙、丁、戊、庚、辛6个学院中共有4名教师入选该委员会。

根据以上信息，可以得出下列哪项？

A. 己学院中至多有1名教师入选。　B. 乙学院中至少有1名教师入选。

C. 乙学院中至多有1名教师入选。　D. 丁学院中至多有1名教师入选。

E. 丁学院中至少有1名教师入选。

19. 所有参加此次运动会的选手都是身体强壮的运动员，所有身体强壮的运动员都是极少生病的，但是有一些身体不适的选手参加了此次运动会。

以下哪项不能从上述前提中得出？

A. 有些身体不适的选手是极少生病的。
B. 有些极少生病的选手感到身体不适。
C. 极少生病的选手都参加了此次运动会。
D. 参加此次运动会的选手都是极少生病的。
E. 有些身体强壮的运动员感到身体不适。

20～21题基于以下题干：

天河中学即将举办运动会，某班的赵、钱、孙、李4名同学每人分别报名了铅球、短跑、长跑、跳高、举重5个项目中的3个，每个项目都有人报名，没有人同时报名铅球和短跑。已知：

(1)若李报名短跑或长跑，则赵报名短跑和长跑。

(2)若孙至多报名长跑、跳高和举重3个项目中的2个，则李不报名跳高。

(3)若赵至少报名铅球、短跑和长跑3个项目中的2个，则钱报名了这3个项目。

20. 根据上述信息，可以得出以下哪项？

A. 孙报名长跑。
B. 钱报名跳高。
C. 赵报名铅球。
D. 李报名短跑。
E. 孙报名短跑。

21. 若有4个项目的报名人数互不相同，则以下哪项一定为真？

A. 赵不报名长跑。
B. 钱不报名跳高。
C. 铅球有2人报名。
D. 短跑有2人报名。
E. 举重有3人报名。

22. 天和中学举办年度表彰大会，主席台有从左到右连续的7个座位，依次编号为1号到7号，校领导赵、钱、孙、李、周、吴6人准备入座，每个座位只能坐一个人。安排座位时需遵循以下条件：

(1)赵和钱之间的距离与孙和李之间的距离相同。

(2)周和吴相邻，但左右位置不定。

若赵和孙分别在1号和3号座位，则空座一定在几号座位？

A. 1或3。
B. 2或4。
C. 2或6。
D. 4或5。
E. 5或7。

23. 某公司计划举办为期5天的团建活动，活动从12月1日开始。活动策划部门对每天的活动难度和参与人数进行了预测，预测结果显示：活动难度从第1天的3分开始逐日增加至第5天的8分(难度分数均为正整数)；每天的参与人数在20～25人之间(均为整数)，每天的人数互不相同；参与人数最少的那天恰有20人。预测还包含如下信息：

(1)12月2日的参与人数比12月1日的少但比12月4日的多，并且12月4日那天的参与人数比12月5日的多。

(2)若第3天的参与人数不是未来5天中最多的，则第2天的参与人数比第4天的多4人。

(3)第2天的参与人数比第4天多，且人数差与这两天难度分数差相等。

根据上述信息，可以得出以下哪项？

A. 第1天的参与人数比第4天的多2人。
B. 第2天的参与人数比第5天的多2人
C. 第1天的参与人数为24人。
D. 第2天的参与人数为22人。
E. 第5天的参与人数为21人。

24. 某大型超市开业两周年之际，商家准备从电器、生鲜、文具、箱包、干果、日用品、酒类、蔬果和运动器材9个类目中选择5个进行特价销售。已知：

(1)如果选择箱包，就不选择蔬果但选择生鲜。

(2)运动器材和蔬果都不选择，否则选择箱包。

(3)若箱包、干果和日用品 3 个类目中至多选择 2 个，则生鲜和电器均不选择。

根据以上信息，以下哪项一定为真？

A. 选择电器和文具。　　B. 选择干果和蔬果。　　C. 选择文具和生鲜。

D. 选择生鲜和日用品。　　E. 选择蔬果和日用品。

25. 某医院的甲、乙、丙、丁、戊、己、庚七位主治医师被安排在本周周一至周日值班，每人只值班一天，每天仅有一人值班。已知：

(1)丙和庚在周二或周五值班。

(2)若丁在周日值班或乙在周六值班，则甲不在周四值班且丙不在周五值班。

(3)若戊不在周一值班或丁不在周日值班，则丙在周六值班且己在周三值班。

(4)除非丙不在周二值班，否则乙不在周四或周六值班。

根据上述信息，可以得出以下哪项？

A. 甲在周四值班。　　B. 乙在周六值班。　　C. 庚在周二值班。

D. 己在周四值班。　　E. 乙在周四值班。

26. 临江市地处东部沿海，下辖临东、临西、江南、江北四个区。近年来，文化旅游产业成为该市新的经济增长点。2010 年，该市一共吸引了全国游客数十万人次前来参观旅游。12 月底，关于该市四个区当年吸引游客人次多少的排名，各位旅游局局长作了如下预测：

临东区旅游局局长：如果临西区第三，那么江北区第四。

临西区旅游局局长：只有临西区不是第一，江南区才是第二。

江南区旅游局局长：江南区不是第二。

江北区旅游局局长：江北区第四。

最终的统计表明，只有一位局长的预测符合事实，则临东区当年吸引游客人次的排名是：

A. 第一。　　B. 第二。　　C. 第三。

D. 第四。　　E. 在江北区之前。

27. 有一个 5×5 的方阵，如下图所示，它所含的每个小方格中均可填入一个汉字(已有部分汉字填入)。现要求该方阵中的每行、每列及每个由粗线条围住的五个小方格组成的不规律区域中均含有“金”“银”“铜”“铁”“锡”5 个汉字，不能重复也不能遗漏。

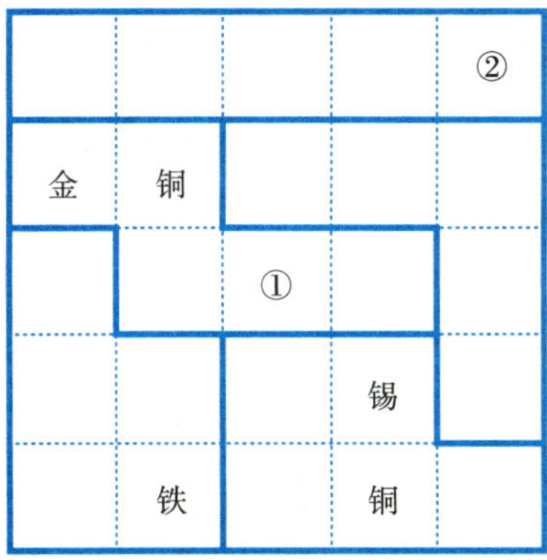

根据以上信息，依次填入方阵中①、②处的 2 个汉字应是：

A. 银、锡。　B. 铜、锡。　C. 金、铜。

D. 铜、铁。　E. 银、银。

28. 所有重点大学的学生都是聪明的学生，有些聪明的学生喜欢逃学，小杨不喜欢逃学，所以，小杨不是重点大学的学生。

以下除哪项外，均与上述推理的形式类似？

A. 所有经济学家都懂经济学，有些懂经济学的爱投资企业，你不爱投资企业，所以，你不是经济学家。

B. 所有的鹅都吃青菜，有些吃青菜的也吃鱼，兔子不吃鱼，所以，兔子不是鹅。

C. 所有的人都是爱美的，有些爱美的还研究科学，亚里士多德不是普通人，所以，亚里士多德不研究科学。

D. 所有被高校录取的学生都是超过录取分数线的，有些超过录取分数线的是大龄考生，小张不是大龄考生，所以，小张没有被高校录取。

E. 所有想当外交官的都需要学外语，有些学外语的重视人际交往，小王不重视人际交往，所以，小王不想当外交官。

29～30 题基于以下题干：

甲、乙、丙、丁、戊 5 人一同前往某书城购书。每人购买了《资治通鉴》《孙子兵法》《战国策》《鬼谷子》和《黄帝内经》中的 1～3 本。《资治通鉴》《黄帝内经》《鬼谷子》《孙子兵法》均有 2 人购买，《战国策》有 3 人购买，且甲、乙、丙 3 人购买的图书数量各不相同。还已知：

(1)若甲、乙中至少有 1 人购买《战国策》，则丁购买《资治通鉴》且戊购买《鬼谷子》。

(2)若甲、戊中至多有 1 人购买《黄帝内经》，则他们均不购买《鬼谷子》。

(3)若乙、丙、戊 3 人中至多有 2 人购买《战国策》，则他们均不购买《黄帝内经》。

(4)若丁购买《战国策》，则戊购买《鬼谷子》。

29. 根据以上信息，可以得出以下哪项？

A. 甲购买《黄帝内经》，乙购买《资治通鉴》。

B. 乙购买《战国策》，丙购买《黄帝内经》。

C. 戊购买《资治通鉴》，甲购买《孙子兵法》。

D. 丁购买《资治通鉴》，戊购买《孙子兵法》。

E. 丙购买《战国策》，丁购买《资治通鉴》。

30. 如果甲、乙同时购买了某一本图书，则可以得出以下哪项？

A. 丙、乙均购买《资治通鉴》。

B. 甲、丙均购买《资治通鉴》。

C. 丙购买 1 本图书。

D. 乙购买 3 本图书。

E. 甲购买 3 本图书。

199管理类联考逻辑 ▸ 模拟卷3

答案详解

答案速查		
1～5　ECADB	6～10　BADDB	11～15　CCCDD
16～20　BCDCA	21～25　AECDD	26～30　DACEC

1. E

【第1步　识别命题形式】

提问方式：以下哪项陈述如果为真，则严重地动摇了卦名由来的传统看法？

传统看法：《周易》八卦和六十四卦卦名的由来(S)或是取象说，或是取义说，不存在其他的解释(P)。

题干中无论据，且提问针对论点，故此题优先考虑母题模型15　拆桥搭桥模型(SP型)。

【第2步　套用母题方法】

A项，题干讨论的是"卦名的由来"，不涉及"乾坤两卦居首"的原因，无关选项。(干扰项・话题不一致)

B项，此项说明将"取象说"和"取义说"二者相结合才能解释所有卦名，SP搭桥，支持传统看法。

C项，此项指出卦名都可以用相同的方法来解释，但并未明确说明具体用哪种方法，故此项不能削弱传统看法。(干扰项・不确定项)

D项，此项指出卦形、卦辞、爻辞、卦名出现的先后顺序，而题干讨论的是"卦名的由来"，无关选项。(干扰项・话题不一致)

E项，此项指出卦名出自卦辞记述的所占之事，故卦名的由来既非取象说，又非取义说，削弱传统看法。

2. C

【第1步　识别命题形式】

提问方式：以下哪项如果为真，最能支持题干的结论？

题干：全额票价一年多来保持不变，但是，目前西方航空公司由北京至西安的机票90%打折出售，只有10%全额出售；而在一年前是一半打折出售，一半全额出售。因此，目前西方航空公司由北京至西安的平均票价，比一年前要低。

题干中的论据涉及"全额机票、打折机票的占比"，论点涉及"平均票价"，故此题为母题模型19　统计论证模型(平均值型)。

【第2步　套用母题方法】

由题意可知，平均票价$=\dfrac{\text{全额票价}\times\text{全额票出票数}+\text{折扣票价}\times\text{折扣票出票数}}{\text{全额票出票数}+\text{折扣票出票数}}$。

故，平均票价＝全额票价×全额票出票率＋折扣票价×折扣票出票率。

根据上述公式可得：

目前的平均票价＝全额票价×10％＋目前的折扣票价×90％。

去年的平均票价＝全额票价×50％＋去年的折扣票价×50％。

可见，若“目前的折扣票价”和“去年的折扣票价”一样，则支持题干的论点，故此题可秒选C项。

A项，由题干的论据可知，目前的折扣票占出售总票数的90％，去年的折扣票占出售总票数的50％，此项说明题干的论据是虚假的，削弱题干。

B项，题干不涉及单日的航班趟次，无关选项。

D项，题干不涉及目前和去年在“服务水平”上的比较，无关选项。（干扰项·新比较）

E项，题干讨论的是“由北京至西安的航线”的情况，不涉及其他航线的情况，无关选项。

3. A

【第1步　识别命题形式】

提问方式：以下哪项如果为真，最能削弱上述论证？

题干：一些动作反应持续异常（结果G）的宠物的大脑组织中铝含量比正常值高出不少（原因Y）。因为含硅的片剂能抑制铝的活性，阻止其影响大脑组织。因此，这种片剂（措施M）可有效地用于治疗宠物的动作反应异常（目的P）。

题干涉及对现象原因的分析，故此题为母题模型16　现象原因模型。同时，此题也涉及措施目的的分析，可知此题也为母题模型18　措施目的模型。

【第2步　套用母题方法】

A项，此项说明是由于动物动作反应持续异常导致了铝含量的提升，而不是铝含量高导致动物动作反应持续异常，因果倒置，否定了题干的隐含假设，削弱题干。

B项，此项补充了题干隐含的因果关系，支持题干。

C项，此项直接指出措施没有副作用，支持题干，但力度较弱。

D项，此项指出正常大脑组织（无果）中不含铝（无因），无因无果，支持题干。

E项，题干的论证不涉及动物的动作反应异常如何评定，无关选项。

4. D

【第1步　识别命题形式】

提问方式：以下哪项如果为真，最能支持上述眼科专家的观点？

眼科专家的观点：多看绿色（S）并不能预防近视（P）。

眼科专家的观点中无论据，且提问针对论点，故此题为母题模型15　拆桥搭桥模型（SP型）。

【第2步　套用母题方法】

A项，此项指出近视与多看绿色、遗传、环境、个人习惯等众多因素有关，但并未明确指出多看绿色是否能够预防近视，故不能支持眼科专家的观点。（干扰项·不确定项）

B项，此项指出看任何颜色的屏幕都会导致眼睛疲劳，但并未说明多看绿色是否能预防近视，故不能支持眼科专家的观点。（干扰项·不确定项）

C项，题干不涉及人们看绿色感到舒适的原因，无关选项。（干扰项·话题不一致）

D项，此项指出多看绿色对人的视力没有影响，即搭建了“多看绿色”与“不能预防近视”之间的关系，搭桥法（SP搭桥），直接支持眼科专家的观点。

E项，此项指出多看绿色有助于缓解眼睛疲劳，但并未说明是否能预防近视，故不能支持眼科专家的观点。(干扰项 • 不确定项)

5. B

【第1步　识别命题形式】

提问方式：以下哪项如果为真，最不能削弱上述结论?

题干：全球每年平均暴发的大型龙卷风的次数从10次左右上升至15次。与此同时，人类活动激增，全球气候明显变暖(两个共变的现象)。有人据此认为，气候变暖导致龙卷风暴发的次数增加(原因分析)。

题干先描述了两个共变的现象，然后分析了这二者之间的因果关系，故此题为母题模型16　现象原因模型(共变法型)。

【第2步　套用母题方法】

A项，此项说明全球变暖没有使小型龙卷风出现的次数增加，提出反面论据，削弱题干。

B项，此项说明气候温暖与龙卷风的形成有关，支持题干。

C项，此项说明虽然全球变暖，但有的地区的龙卷风现象并不多见，有因无果，削弱题干。

D项，此项说明是雷暴天气导致了龙卷风，另有他因，削弱题干。

E项，此项说明龙卷风的暴发是气候变暖的原因，因果倒置，削弱题干。

6. B

【第1步　识别命题形式】

题干的提问方式为："下面哪项陈述可以从上述段落中推出?"，故此题为推论题。

【第2步　套用母题方法】

题干信息：

①美国食品药品监督管理局(FDA)在市场中引入了新的治疗药剂。

②新治疗药剂在提高美国人的健康水平方面起了非常关键的作用。

③那些在学校、政府研究团体内的人的职责是从事长期的研究，以图发现新的治疗药剂，并对它们进行临床验证。

④将实验室里的新发现比较容易地转移到市场上是FDA的作用和职责。

⑤能有助于治疗病人→新的、重要的治疗方法进行了转移，等价于：¬新的、重要的治疗方法进行转移→¬能有助于治疗病人。

A项，"负责转移"和"确保受控"不是同一概念，故此项不能从题干中推出。

B项，由⑤可知，此项可以从题干中推出。

C项，题干不涉及FDA是否有"对新药进行长期测试"的责任，故此项不能从题干中推出。

D项，题干不涉及FDA是否需要"保证治疗药剂的质量"，故此项不能从题干中推出。

E项，新的、重要的治疗方法进行了转移→能有助于治疗病人，由⑤可知，此项不能从题干中推出。

7. A

【第1步　识别命题形式】

提问方式：以下哪个选项如果为真，最能够解释题干中的矛盾现象?

待解释的现象：备办酒宴机构的卫生检查程序要比普通餐厅的检查程序严格得多，但在报到市卫生主管部门的食品中毒案件中，还是来自酒宴服务的比来自普通餐厅的多。

【第2步　套用母题方法】

A项，此项说明只有在影响到一个相互联系的群体，人们才会在吃一顿饭和随之而来的疾病之间建立关联。普通餐厅一般没有相互联系的群体，但是参加酒宴的一般都是相互联系的群体，可以解释。

B项，此项说明备办酒宴的餐厅剩余食物(食品中毒的一个主要来源)更少，那么食品中毒的现象也应该更少，加剧题干的矛盾。

C项，是否同时提供这两种服务与备办酒宴的餐厅和普通餐厅在报到市卫生主管部门的食品中毒案件数量的差异无关，不能解释。

D项，题干不涉及“备办酒宴者和顾客常去场所的服务”与“上报的在酒宴中发生食品中毒案件的数目”之间是否有关，无关选项。

E项，此项并未指出未上报的中毒案件是发生在备办酒宴机构还是普通餐厅，故不能解释。

8. D

【第1步　识别命题形式】

提问方式：以下哪项如果为真，最能支持上述结论?

题干：火星(S)陨坑内的远古土壤存在着类似地球土壤裂纹剖面的土壤样本(P1)，这说明，远古时期火星(S)可能存在生命(P2)。

题干中，P1与P2不一致，故此题为母题模型15　拆桥搭桥模型(双P型)。

【第2步　套用母题方法】

A项，题干不涉及地球和火星在土壤多孔中空结构、硫酸盐浓度上是否具有相似性，无关选项。(干扰项·话题不一致)

B项，题干不涉及陨坑内土壤的化学风化过程以及黏土沉积中橄榄石矿损耗情况，无关选项。(干扰项·话题不一致)

C项，题干不涉及火星“目前”和“过去”在宜居性上的比较。(干扰项·新比较)

D项，此项建立了“微生物”(即：存在生命)和“土壤裂纹剖面”之间的联系，搭桥法(双P搭桥)，支持题干。

E项，题干的论证对象是“火星”，而此项的论证对象是“南极干燥谷和智利阿塔卡马沙漠”，二者不一致。(干扰项·对象不一致)

9. D

【第1步　识别命题形式】

提问方式：以下哪项如果为真，最能支持上述推测?

题干：书写者的性格和心理特性是不同的，由此可以推测，研究人的笔迹(措施M)可以分析书写者的性格特点和心理状态(目的P)。

锁定关键词“可以”，可知此题为母题模型18　措施目的模型。

【第2步　套用母题方法】

A项，此项只涉及笔迹，无法说明笔迹与性格、心理特性的关系，故此项不能支持题干。

B项，题干的论证不涉及“笔迹鉴定”，无关选项。(干扰项·话题不一致)

C项，此项指出公司招聘员工时加入了笔迹分析这一项，但并未说明笔迹与性格、心理特性的关系，故此项不能支持题干。

D项，此项直接建立了“笔迹”(即书写的压力、笔画结构和字体大小等)与“书写者的性格和心理特性”(即自我意识和对外部世界的态度)之间的联系，说明措施可以达到目的(MP搭桥)，支持题干。

E项，此项指出每个人的笔迹特点都是不一样的，但不确定这种不一致是否可以用来分析性格和心理特点，故此项不能支持题干。(干扰项 • 不确定项)

10. B

【第 1 步　识别命题形式】

提问方式：下列哪项最能加强上述科学家的推测?

科学家：人对音乐的处理能力(S)与空间认知能力之间呈正相关(P)。

题干中无论据，且提问针对论点，故此题优先考虑母题模型 15　拆桥搭桥模型(SP型)。

【第 2 步　套用母题方法】

A项，此项指出有些人可以很快辨明方向(空间认知能力强)，也能很好把握音准(对音乐的处理能力强)，支持科学家的推测，但“有些”一词支持力度较弱。

B项，此项说明“对音乐的处理能力”和“空间认知能力”之间呈正相关，搭桥法(SP搭桥)，支持科学家的推测。

C项，题干不涉及控制“说话”和“唱歌”的大脑区域，无关选项。(干扰项 • 话题不一致)

D项，题干不涉及锻炼大脑空间记忆和定向能力的方法，无关选项。(干扰项 • 话题不一致)

E项，题干不涉及听音乐时身体不自觉地有动作的原因，无关选项。(干扰项 • 话题不一致)

11. C

【第 1 步　识别命题形式】

提问方式：以下哪项最能反驳上述论证?

题干：生活类图书的销售量超过科技类图书的销售量(结果 G)，这是因为，生活类图书的受欢迎程度要高于科技类图书(原因 Y)。

锁定关键词“这是因为”，可知此题为母题模型 16　现象原因模型。

【第 2 步　套用母题方法】

A项，此项说明“受欢迎程度不是图书销量最大的影响因素”，但它是影响因素之一，支持题干。

B项，题干并未涉及图书购买者的身份，无关选项。(干扰项 • 话题不一致)

C项，此项说明可能由于科技类图书的种类相较于生活类图书更少，导致科技类图书销量相对更低，另有他因，削弱题干。

D项，题干并未涉及销售的图书是否被阅读，无关选项。(干扰项 • 话题不一致)

E项，题干不涉及“传记类图书”和“生活类图书”在销量上的比较，无关选项。(干扰项 • 新比较)

12. C

【第 1 步　识别命题形式】

提问方式：以下哪项如果为真，最能支持上述结论?

题干：考古学家在金字塔(S)附近墓穴中发现了许多工匠的骸骨，同时也发现了一些金属手术器械和死者骨折后得到医治的痕迹(P1)。考古学家认为，这表明金字塔(S)不是由古埃及的奴隶建造的(P2)。

题干中，P1与P2不一致，故此题为母题模型15　拆桥搭桥模型(双P型)。

【第2步　套用母题方法】

A项，题干不涉及古埃及村落中是否居住了"自由民"，无关选项。(干扰项·话题不一致)

B项，题干不涉及金字塔的建造方法，无关选项。(干扰项·话题不一致)

C项，此项指出奴隶不会被医治、安葬，建立了"墓穴中工匠的骸骨""医治的痕迹"和"不是由古埃及的奴隶建造的"之间的关系，搭桥法(双P搭桥)，支持题干。

D项，此项说明"奴隶"可能参与了古埃及金字塔的修建，削弱题干。

E项，历史学家的观点未必为真。(干扰项·非事实项)

13. C

【第1步　识别命题形式】

提问方式：以下哪项如果为真，最能支持专家的结论？

题干：考古专家在千年古墓(S)中发现了很多碎裂的陶片，把这些东西拼凑起来的话，能看到一些文字，其中有4个字是"千秋万岁"(P1)。专家据此认为，该墓(S)的墓主人很可能是皇室成员(P2)。

题干中，P1与P2不一致，故此题为母题模型15　拆桥搭桥模型(双P型)。

【第2步　套用母题方法】

A项，此项指出"千秋万岁"所使用的字体是西汉时期的官方字体，但由此无法得知墓主的身份情况，不能支持专家的结论。

B项，此项的论证对象是"陶片"，而题干的论证对象是"陶片上的文字"，无关选项。(干扰项·对象不一致)

C项，此项建立了"千秋万岁"和"皇室血脉"之间的联系，搭桥法(双P搭桥)，支持专家的结论。

D项，题干的论证不涉及"其他证据"，无关选项。(干扰项·话题不一致)

E项，此项指出考古学者曾在某帝王陵中挖掘到带有"千秋万岁"字样的"古钱币"，与题干中刻有"千秋万岁"的"陶片"形成类比，支持题干。但类比属于间接支持，且此项中的"某帝王陵"也仅仅是一个例子，未必有普遍性，故此项的支持力度弱。

14. D

【第1步　识别命题形式】

提问方式：以下哪项如果为真，最能加强上述实验结论的说服力？

题干：

实验组：强制戒烟，三个月后，其成员的平均体重增加了10%；

对照组：不戒烟，三个月后，其成员的平均体重基本不变；

故，戒烟导致吸烟者的体重增加。

题干通过两组对象的对比实验，得出一个因果关系，故此题为母题模型16　现象原因模型(求异法型)。

【第2步　套用母题方法】

A项，题干讨论的是平均体重增加的比例，所以实验前平均体重是否相同不会对实验结果造成影响，不能支持题干。

B项，人数不会对平均体重的变化比例造成影响，不能支持题干。

C项，影响体重变化的生存条件基本相同，不一定保证实验中无其他差异因素。例如：摄入等量的食物(如每顿吃两碗米饭)，对于体重150公斤的人来说可能偏少，但对一个体重50公斤的人来说可能又偏多，这样就会对体重有不同的影响，即另有其他因素会影响体重变化。故不能支持题干。

D项，排除在实验过程中，其他生存条件对实验对象的体重造成影响的可能性，排除他因，支持题干。

E项，专家设计的实验未必科学。(干扰项 • 诉诸权威)

15. D

【第1步　识别命题形式】

提问方式：以下哪项最可能是上述解释所假设的？

题干：无毒蛇为了保护自己(目的P)，在进化过程中逐步变异出和链蛇相似的体表花纹(措施M)。

锁定关键词“为了”，可知此题为母题模型18　措施目的模型。

【第2步　套用母题方法】

A项，此项说明无毒蛇变得与有毒蛇相似后，反而更易受到攻击，即不利于保护自己，措施达不到目的(MP拆桥)，削弱题干。

B项，此项指出在干燥地区，红色较不容易被发现，那么无毒蛇在进化过程中红色消失就不利于保护自己，措施达不到目的，削弱题干。

C项，此项说明链蛇体表的颜色威慑的是链蛇的“捕食对象”，而不是“捕食链蛇”的动物，无关选项。(干扰项 • 对象不一致)

D项，此项说明无毒蛇变异出和链蛇相似的体表花纹确实可以保护自己，措施可以达到目的(MP搭桥)，必须假设。

E项，题干不涉及蛇在干燥地带和沼泽地带受攻击程度的比较，无关选项。(干扰项 • 新比较)

16. B

【第1步　识别命题形式】

题干中，条件(1)、(2)和(3)均为假言命题，选项均为事实，故此题为母题模型4　假言推事实模型。

【第2步　套用母题方法】

由条件(2)和(1)串联可得：¬手机操作系统→光刻机∧手机屏幕→6G研发∨手机屏幕→¬芯片研发∧¬光刻机。

可见，由“¬手机操作系统”出发推出了“光刻机∧¬光刻机”。故“¬手机操作系统”为假，即“手机操作系统”为真。

由“手机操作系统”可知，条件(3)的前件为真，则其后件也为真，可得：终端服务器。

故B项正确。

17. C

【第1步 识别命题形式】

题干中出现“七个人”与“七天”的匹配关系，故此题为母题模型6 匹配模型。

【第2步 套用母题方法】

从事实出发，由条件(1)结合条件(3)可知，甲、丙两人的服务时间有如下3种可能：

	第一天	第二天	第三天	第四天	第五天	第六天	第七天
情况①	甲		丙		乙		
情况②		甲		丙	乙		
情况③				甲	乙	丙	

若“情况①或者情况②”为真，由条件(4)可知，丁、庚在第六天、第七天服务(具体不定)，此时无法满足条件(2)，故情况①和情况②均可排除。因此，情况③必然为真。

由上表情况③结合条件(2)、(4)可知，丁、庚的服务时间为(第一天、第二天)∨(第二天、第三天)，具体不定。

由于丁、庚的先后顺序未知，故，丁可能在第一天、第二天和第三天服务。所以，C项正确。

18. D

【第1步 识别命题形式】

题干由数量关系组成，故此题为母题模型7 数量关系模型。

【第2步 套用母题方法】

题干信息整理如下：

①甲＋乙＋丙＋丁＋戊＋己＋庚＋辛＝6。

②甲＋丁＋辛＝2。

③甲＋己＋辛＝3。

④甲＋乙＋丁＋戊＋庚＋辛＝4。

由①－④可得：⑤丙＋己＝2。

由③－②可得：⑥己－丁＝1。

再由⑤－⑥可得：丙＋丁＝1。故D项正确。

19. C

【第1步 识别命题形式】

题干由特称命题和全称命题组成，且这些命题中存在重复元素可以实现串联，故此题为母题模型8 性质串联模型(带“有的”型)。

【第2步 套用母题方法】

步骤1：画箭头。

题干：

①参加运动会→强壮。

②强壮→少生病。

③有的身体不适→参加运动会。

步骤2：从“有的”开始做串联。

由③、①和②串联可得：④有的身体不适→参加运动会→强壮→少生病。

步骤3：逆否(注意：带“有的”的项不逆否)。

④逆否可得：⑤¬ 少生病→¬ 强壮→¬ 参加运动会。

步骤4：找答案。

A项，有的身体不适→少生病，由④可知，此项必然为真。

B项，有的少生病→身体不适，由④可得：有的身体不适→少生病，等价于：有的少生病→身体不适，故此项必然为真。

C项，少生病→参加运动会，由④可知，此项可真可假。

D项，参加运动会→少生病，由④可知，此项必然为真。

E项，有的强壮→身体不适，由④可得：有的身体不适→强壮，等价于：有的强壮→身体不适，故此项必然为真。

20. A

【第1步　识别命题形式】

题干中，“没有人同时报名铅球和短跑”为事实，条件(1)、(2)和(3)均为假言命题，故本题的主要命题形式为母题模型1　事实假言模型。同时，题干中还涉及“人”与“运动项目”的匹配关系，故此题为事实假言+匹配模型。

【第2步　套用母题方法】

从事实出发，由“没有人同时报名铅球和短跑”可知，条件(3)的后件为假，则其前件也为假，可得：赵至多报名铅球、短跑和长跑中的1个；再结合“每人都报名了3个项目”可得：赵跳高∧赵举重。

由“赵至多报名铅球、短跑和长跑中的1个”可知，条件(1)的后件为假，则其前件也为假，可得：¬ 李短跑∧¬ 李长跑；再结合“每人都报名了3个项目”可得：李铅球∧李跳高∧李举重。

由“李跳高”可知，条件(2)的后件为假，则其前件也为假，可得：孙长跑∧孙跳高∧孙举重。

故A项正确。

21. A

【第1步　识别命题形式】

“有4个项目的报名人数互不相同”为数量关系，其他已知条件同上题一致，故此题为母题模型1　事实假言+数量+匹配模型。

【第2步　套用母题方法】

引用上题推理结果：赵跳高∧赵举重、李铅球∧李跳高∧李举重、孙长跑∧孙跳高∧孙举重。

数量关系优先算：由“每人都报名了3个项目”可知，4人报名的项目数量之和为12。再结合“有4个项目的报名人数互不相同”可得：5个项目的报名人数分别是1、2、2、3、4(与题干顺序并非一一对应)。

综上，可得下表：

人＼运动项目	铅球	短跑	长跑	跳高	举重
赵				√	√
钱					
孙	×	×	√	√	√
李	√	×	×	√	√

由上表结合“5个项目的报名人数分别是1、2、2、3、4”可得：跳高和举重均至少有3人报名，铅球、短跑、长跑均至多有2人报名。

结合数量关系可知，钱至多报名跳高、举重中的1个项目；再结合“没有人同时报名铅球和短跑”“每人都报名了3个项目”可得：钱长跑。

由“孙长跑∧钱长跑”结合“长跑至多有2人报名”可得：¬赵长跑。故A项正确。

22. E

【第1步　识别命题形式】

题干中出现“校领导”与“座位”的匹配关系，故此题为母题模型6　匹配模型。

【第2步　套用母题方法】

将题干已知信息填入下表：

座位	1号	2号	3号	4号	5号	6号	7号
校领导	赵		孙				

由上表并结合条件(1)“赵和钱之间的距离与孙和李之间的距离相同”可知，赵和钱之间的距离不能是1人，也不能是4人及以上。故赵和钱的位置存在三种情况，情况较少可分类讨论。

情况1：赵和钱相邻。

若赵和钱相邻，由条件(1)可知，孙和李也相邻，可得下表：

座位	1号	2号	3号	4号	5号	6号	7号
校领导	赵	钱	孙	李			

此时，座位5号、6号、7号均没有人，结合条件(2)可知，周和吴可坐在5号、6号座位或6号、7号座位(位置并非一一对应)。故空座在7号或5号。

情况2：赵和钱间隔2人。

若赵和钱间隔2人，由条件(1)可知，孙和李也间隔2人，可得下表：

座位	1号	2号	3号	4号	5号	6号	7号
校领导	赵		孙	钱		李	

此时，座位2号、5号、7号均不相邻，无法满足条件(2)，故排除。

情况3：赵和钱间隔3人。

若赵和钱间隔3人，由条件(1)可知，孙和李也间隔3人，可得下表：

座位	1号	2号	3号	4号	5号	6号	7号
校领导	赵		孙		钱		李

此时，座位2号、4号、6号均不相邻，无法满足条件(2)，故排除。

综上，空座一定在5号或者7号。故E项正确。

23. C

【第1步　识别命题形式】

题干中，条件(1)和条件(3)是一组数量关系，条件(2)为假言命题，“活动难度从第1天的3分开始逐日增加至第5天的8分(难度分数均为正整数)”“每天的参与人数在20～25人之间(均为整数)，每天的人数互不相同”“参与人数最少的那天恰有20人”均可视为事实，同时，题干还涉及“日期”与“难度分数、人数”之间的匹配关系，此题条件类型多样，故此题为母题模型14复杂推理模型。

【第2步　套用母题方法】

题干中有“数量关系”，应当优先计算。其他条件中，“事实”的优先级最高，故计算后，从事实出发解题。

步骤1：数量关系优先算。

根据题干信息，并对12月2日、12月4日的难度分数、参与活动的人数进行赋值，可得下表：

日期	12月1日	12月2日	12月3日	12月4日	12月5日
难度分数(分)	3	a		c	8
参与人数(人)		b		d	

由上表结合条件(3)可得：$c-a=b-d$。

再由“活动难度从第1天的3分开始逐日增加至第5天的8分(难度分数均为正整数)”可知，$c-a=2\forall 3$。

因此，$b-d=2\forall 3$。

步骤2：从事实出发解题。

由“$b-d=2\forall 3$”可知，条件(2)的后件为假，则其前件也为假，可得：第3天的人数是未来5天中最多的。

再结合“每天的参与人数在20～25人之间(均为整数)，每天的人数互不相同”“参与人数最少的那天恰有20人”可知，第3天的人数为24人或25人。

步骤3：从半事实出发进行分类讨论。

由“第3天的人数是未来5天中最多的，每天的人数互不相同”“第3天的人数为24人或25人”可知，分如下两种情况讨论：①第3天的人数最多，且恰有24人；②第3天的人数最多，且恰有25人。

若情况①为真，由条件(1)和条件(3)可得：12月1日的参与人数>12月2日的参与人数>12月4日的参与人数>12月5日的参与人数。

再结合"第3天的人数最多，且恰有24人"可得：12月1日有23人参与活动、12月2日有22人参与活动、12月4日有21人参与活动、12月5日有20人参与活动。此时，与"$b-d=2\vee3$"矛盾。因此，情况①不成立、情况②为真。

故有：第3天的人数最多，且恰有25人，结合"$b-d=2\vee3$"、条件(1)可得下表：

日期	12月1日	12月2日	12月3日	12月4日	12月5日
参与人数	24人	23人	25人	21人	20人

故C项正确。

24. D

【第1步 识别命题形式】

题干中，条件(1)、(2)和(3)均为假言命题，选项均为事实，故本题的主要命题形式为母题模型4 假言推事实模型。同时，题干中还涉及数量关系("9选5")，故此题为假言推事实+数量模型。

【第2步 套用母题方法】

由条件(3)、(1)和(2)串联可得：箱包、干果和日用品至多选择2个→¬生鲜∧¬电器→¬箱包→¬运动器材∧¬蔬果。

可见，若条件(3)的前件为真，则可得：¬生鲜∧¬电器∧¬箱包∧¬运动器材∧¬蔬果，与"9选5(不选4)"矛盾。故条件(3)的前件为假，即：箱包、干果和日用品均被选择。

由"箱包被选择"可知，条件(1)的前件为真，则其后件也为真，可得：¬蔬果∧生鲜。

综上，D项正确。

25. D

【第1步 识别命题形式】

题干中，条件(1)为半事实，条件(2)、(3)和(4)均为假言命题，选项均为事实，故本题的主要命题形式为母题模型3 半事实假言推事实模型。同时，题干中还涉及"主治医师"与"值班时间"的匹配关系，故此题为半事实假言推事实+匹配模型。

【第2步 套用母题方法】

从半事实出发，由条件(1)可知，分如下两种情况讨论：①丙周二∧庚周五；②丙周五∧庚周二。

无论情况①、②哪种为真，均可得：丙不在周六值班，故，条件(3)的后件为假，则其前件也为假，可得：戊周一∧丁周日。

由"丁周日"可知，条件(2)的前件为真，则其后件也为真，可得：¬甲周四∧¬丙周五。

由"¬丙周五"结合条件(1)可知，丙周二∧庚周五。

由"丙周二"可知，条件(4)的前件为真，则其后件也为真，可得：¬乙周四∧¬乙周六。

综上，可得：乙周三∧甲周六∧己周四。故D项正确。

26. D

【第1步 识别命题形式】

题干已知"四个预测中只有一真"，故此题为母题模型11 经典真假话问题。

【第2步 套用母题方法】

将题干信息符号化：

①¬ 临西区第三∨江北区第四。

②¬ 江南区第二∨¬ 临西区第一。

③¬ 江南区第二。

④江北区第四。

步骤1：找矛盾。

题干中无矛盾关系。

步骤2：根据"只有一真"，找下反对关系或推理关系。

③和②中有重复元素"¬ 江南区第二"，观察易知二者构成推理关系，即：若③为真，则②也为真，与"只有一真"矛盾，因此，③为假。

④和①中有重复元素"江北区第四"，观察易知二者构成推理关系，即：若④为真，则①也为真，与"只有一真"矛盾，因此，④为假。

步骤3：推出结论。

由③、④均为假可得：⑤江北区不是第四、江南区第二。

综上可知，要么①为真，要么②为真。

可进行如下假设：

假设①为真，则②为假，即江南区第二并且临西区第一；再由⑤可知，江北区第三，故临东区第四。

假设②为真，则①为假，即临西区第三并且江北区不是第四；再由⑤可知，江北区第一、江南区第二、临西区第三、临东区第四。

综上，无论①和②哪个为真，都可推出"临东区第四"。故D项正确。

27. A

【第1步 识别命题形式】

此题要求在方格中填入相应的汉字，易知此题为母题模型12 数独模型。

【第2步 套用母题方法】

为了表达方便，将图中的行用A、B、C、D、E表示，列用1、2、3、4、5表示，如下图：

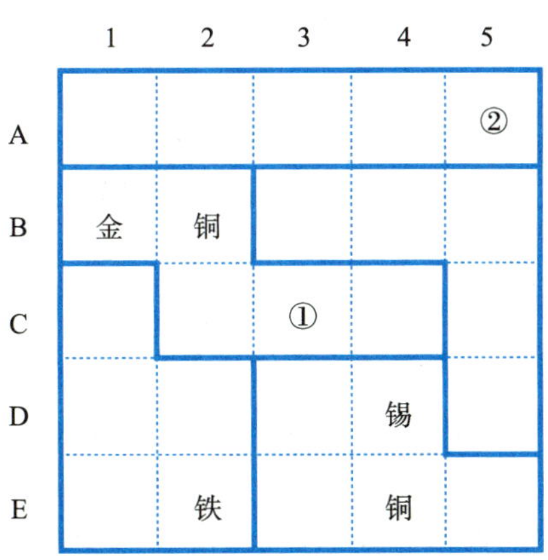

根据"每个不规则区域内不重复"可知，由B1("金")、B2("铜")、C2、C3("①")、C4组成的不规则区域中，①均不能填入"金""铜"。故可排除B、C、D三项。

由A、E两项可知，①为"银"。再结合"每列不重复"可知，D3、E3均不为"银"。再由"每个不规则区域内不重复"可知，E5为"银"。再结合"每列不重复"可知，②不可能为"银"。故可排除E项。

综上，A项正确。

28. C

【第1步 识别命题形式】

题干中出现性质命题，提问方式为"以下除哪项外，均与上述推理的形式类似?"，故此题为母题模型10 推理结构相似模型。

【第2步 套用母题方法】

题干：所有重点大学的学生(A)都是聪明的学生(B)，有些聪明的学生(B)喜欢逃学(C)，小杨(X)不喜欢逃学(¬C)，所以，小杨(X)不是重点大学的学生(¬A)。

题干符号化为：所有A都是B，有的B是C，X不是C，所以，X不是A。

A项，所有A都是B，有的B是C，X不是C，所以，X不是A。故此项与题干相同。

B项，所有A都是B，有的B是C，X不是C，所以，X不是A。故此项与题干相同。

C项，所有A都是B，有的B是C，X不是D，所以，X不是C。此项中有一个概念的偷换："人"和"普通人"，故此项与题干不同。

D项，所有A都是B，有的B是C，X不是C，所以，X不是A。故此项与题干相同。

E项，所有A都是B，有的B是C，X不是C，所以，X不是A。故此项与题干相同。

29. E

【第1步 识别命题形式】

题干中，条件(1)、(2)、(3)和(4)均为假言命题，选项均为事实，故本题的主要命题形式为母题模型4 假言推事实模型。同时，题干中还涉及数量关系和匹配关系，故此题为假言推事实＋数量＋匹配模型。

【第2步 套用母题方法】

步骤1：数量关系优先算。

由"《资治通鉴》《黄帝内经》《鬼谷子》《孙子兵法》均有2人购买，《战国策》有3人购买"可知，5人共计购买11本书。

再根据"甲、乙、丙3人购买的图书数量各不相同"和"每人都购买了1～3本"可知，甲、乙、丙购买的图书数量为：1本、2本、3本(并非一一对应)。再结合"5人共计购买11本书"可知，丁和戊购买的图书数量为：2本、3本(并非一一对应)。

步骤2：按照"假言推事实模型"的思路解题。

由条件(4)、(2)和(3)串联可得：丁战→戊鬼→甲黄∧戊黄→乙战∧丙战∧戊战。

可见，由"丁战"出发推出了"乙战∧丙战∧戊战"，与"《战国策》有3人购买"矛盾。因此，"丁战"为假，即：¬丁战。

由"¬丁战"结合"《战国策》有3人购买"可知，条件(1)的前件为真，则其后件也为真，可得：丁资∧戊鬼。

由“戊鬼”可知，条件(2)的后件为假，则其前件也为假，可得：甲黄∧戊黄。

由“戊黄”可知，条件(3)的后件为假，则其前件也为假，可得：乙战∧丙战∧戊战。

故E项正确。

30. C

【第 1 步　识别命题形式】

“甲、乙同时购买了某一本图书”为事实，其他已知条件同上题一致，故此题为母题模型 1　事实假言＋数量＋匹配模型。

【第 2 步　套用母题方法】

引用上题推理结果，可得下表：

书 人	《资治通鉴》	《孙子兵法》	《战国策》	《鬼谷子》	《黄帝内经》
甲			×		√
乙			√		
丙			√		
丁	√		×		
戊	×	×	√	√	√

结合上表，由“甲、乙同时购买了某一本图书”和“《资治通鉴》《黄帝内经》《鬼谷子》《孙子兵法》均有2人购买”可知，甲、乙只能同时购买《孙子兵法》。

综上，结合数量关系可得下表：

书 人	《资治通鉴》	《孙子兵法》	《战国策》	《鬼谷子》	《黄帝内经》
甲		√	×	×	√
乙		√	√	×	×
丙	×	×	√	×	×
丁	√	×	×	√	×
戊	×	×	√	√	√

故C项正确。

199 管理类联考逻辑 ▸ 模拟卷 4

（共 30 小题，每小题 2 分，共 60 分，限时 60 分钟）

说明：本套模拟卷的结构与 2024 年及以前的真题一致，难度中等偏上，同近 5 年管综真题基本一致。

1. 在面向我国文化强国和现代化强国建设目标的背景下，要满足经济社会发展文化的要求，就要强化文化创新对经济社会发展的战略支撑。只有大力促进文化治理体系和治理能力现代化，才能充分发挥文化创新对经济社会发展的促进作用。
   根据以上陈述，可以得出以下哪项？
   A. 只要不断强化文化创新对经济社会发展的战略支撑，就能满足经济社会发展文化的要求。
   B. 如果不能满足经济社会发展文化的要求，就不能强化文化创新对经济社会发展的战略支撑。
   C. 如果不能大力促进文化治理体系和治理能力现代化，就不能充分发挥文化创新对经济社会发展的促进作用。
   D. 除非充分发挥文化创新对经济社会发展的促进作用，否则不能大力促进文化治理体系和治理能力现代化。
   E. 只有满足经济社会发展文化的要求，才能大力促进文化治理体系和治理能力现代化。

2. 法制的健全或者执政者强有力的社会控制能力，是维持一个国家社会稳定必不可少的条件。Y 国社会稳定但法制尚不健全。因此，Y 国的执政者具有强有力的社会控制能力。
   以下哪项的论证方式和题干的最为类似？
   A. 一部影视作品，要想有高的收视率或票房价值，作品本身的质量和必要的包装、宣传缺一不可。电影《青楼月》上映以来票房价值不佳但实际上质量堪称上乘。因此，它缺少必要的广告宣传和媒介炒作。
   B. 必须有 30 年以上服务于本公司的工龄或者超常业绩的雇员，才有资格获得 X 公司本年度的特殊津贴。黄先生获得了本年度的特殊津贴但在本公司仅供职 5 年，因此他一定有超常业绩。
   C. 如果既经营无方又铺张浪费，则一个企业将严重亏损。Z 公司虽经营无方但并没有严重亏损，这说明它至少没有铺张浪费。
   D. 一个罪犯要实施犯罪，必须既有作案动机，又有作案时间。在某案中，W 先生有作案动机但无作案时间。因此，W 先生不是该案的作案者。
   E. 一个论证不能成立，当且仅当它的论据虚假，或者它的推理错误。J 女士在科学年会上关于她的发现之科学价值的论证尽管逻辑严密、推理无误，但还是被认定不能成立。因此，她的论证中至少有部分论据虚假。

3. 高考成绩公布后，孙赫打算从经济学、法学、教育学、文学、理学、工学、农学、医学、管理学、军事学 10 个学科门类中挑选 12 个专业报名。已知：

(1)在经济学、法学、教育学、工学、农学、医学、军事学 7 个学科门类中挑选了 8 个专业报名。

(2)在文学、管理学、教育学 3 个学科门类中挑选了 5 个专业报名。

(3)在教育学、理学、工学、农学、医学 5 个学科门类中挑选了 1 个专业报名。

(4)在经济学、教育学、工学、法学 4 个学科门类中挑选了 2 个专业报名。

根据上述信息，可以得出以下哪项?

A. 没有在教育学、工学、农学 3 个学科门类中挑选专业报名。

B. 在经济学、教育学 2 个学科门类中挑选了 2 个专业报名。

C. 在理学中挑选报名的专业数比在教育学中挑选得多。

D. 在文学、教育学、理学 3 个学科门类中挑选了 1 个专业报名。

E. 在军事学中挑选报名的专业数最多。

4. 某公司对甲、乙、丙、丁、戊、己、庚和辛八位部门经理进行年终评审，根据评审结果确定是否被提拔。综合考虑各种因素，评审组确定了如下方案：

(1)如果甲、丁中至多提拔一人，则戊、庚中至少提拔一人。

(2)如果提拔丙或不提拔丁，则提拔己。

(3)若甲、乙、庚三人中至少有一人被提拔，则丙也被提拔。

(4)若戊被提拔，则辛被提拔或者乙被提拔。

若评审组最终确定不提拔己，则以下哪项一定为真?

A. 乙和辛被提拔。

B. 戊和庚被提拔。

C. 戊和辛被提拔。

D. 丁和乙被提拔。

E. 有四人被提拔。

5. 某旅行社为迎接旅游旺季，推出了一系列旅游活动项目供游客选择，每人可从海滩休闲、城市观光、古迹游览、登山、潜水、游艇出海、美食体验、夜景观赏、生态探险 9 个项目中选择 4 个进行组合。选择组合需要满足以下条件：

(1)若选择登山，则选择潜水但不选择夜景观赏。

(2)若选择游艇出海，则选择美食体验但不选择生态探险。

(3)若选择潜水或古迹游览，则选择海滩休闲但不选择美食体验。

以下哪项组合符合上述要求?

A. 海滩休闲、美食体验、游艇出海、潜水。

B. 游艇出海、夜景观赏、生态探险、登山。

C. 古迹游览、夜景观赏、城市观光、海滩休闲。

D. 美食体验、生态探险、夜景观赏、游艇出海。

E. 古迹游览、海滩休闲、夜景观赏、美食体验。

6.“有好消息，也有坏消息。”无论是谈起什么主题，这样的开场白都顿时让人觉得一丝寒意传遍全身。接着这句话，后面往往是这样一个问题：你想先听好消息还是坏消息？一项新的研究表明，你可能想先听坏消息。

以下哪项如果为真，最能削弱上述研究结论？

A. 若消息是来自一个你信任的人，那么你想先听好坏消息的顺序会不同。

B. 研究发现，若由发布消息的人来决定，那么结果往往总是先说好消息。

C. 心理学家发现，发布好坏消息的先后顺序很可能改变人们对消息的感觉。

D. 心理评估结果证明先听到坏消息的学生比先听到好消息的学生焦虑要小。

E. 倾听者会因为后听到好消息而为之一振，而更深刻地记住好消息。

7～8 题基于以下题干：

乐学喵线下集训营的甲、乙、丙、丁和戊五位学员在择校时分别选择了北京大学、山东财经大学、上海国家会计学院、厦门大学和上海财经大学五所大学中的一所，每人选择的院校互不相同。还已知：

(1)如果丙不选择北京大学，那么甲不选择山东财经大学也不选择北京大学。

(2)若丙选择上海财经大学，则乙选择厦门大学。

(3)除非丁选择上海国家会计学院，否则甲选择北京大学。

(4)若戊不选择厦门大学，则丁选择厦门大学。

7. 如果乙选择山东财经大学，则以下哪项一定为真？

A. 丙选择上海财经大学。

B. 丙选择厦门大学。

C. 甲选择上海财经大学。

D. 丁选择厦门大学。

E. 戊选择上海国家会计学院。

8. 如果丙选择山东财经大学，那么以下哪项一定为真？

A. 戊选择上海财经大学。

B. 丁选择北京大学。

C. 甲选择上海国家会计学院。

D. 乙选择北京大学。

E. 丁选择厦门大学。

9. 张大厨、李大厨、王大厨、刘大厨四位厨师要参加烹饪比赛，可供选择的食材有禽肉、豆制品、海鲜、蔬菜四种。每位厨师只选择一种食材，每种食材只被一位厨师选择。已知：

(1)若王大厨不选择海鲜，则李大厨选择豆制品。

(2)若王大厨选择禽肉或海鲜，则刘大厨不选择豆制品和蔬菜。

(3)若李大厨不选择蔬菜，则王大厨选择海鲜，而张大厨选择禽肉。

根据以上信息，可以得出以下哪项？

A. 王大厨选择禽肉。

B. 张大厨选择蔬菜。

C. 李大厨选择海鲜。

D. 刘大厨选择豆制品。

E. 张大厨选择豆制品。

10. 传统的观点一直认为，荷尔蒙睾丸激素的高含量分泌是造成男性患心脏病的重要原因，这个观点是站不住脚的。因为测试显示，男性心脏病患者体内的荷尔蒙睾丸激素的含量，通常都要低于无心脏病的男性。

以下哪项如果为真，最能支持题干的结论？

A. 女性体内雌激素分泌量过多，可能会对心脏动脉血管内皮细胞组织产生影响。

B. 一些心脏健康的男性体内的荷尔蒙睾丸激素的含量较低。

C. 传统的观点往往是不正确的。

D. 心脏病和荷尔蒙睾丸激素含量的降低是某个共同原因作用的结果。

E. 荷尔蒙睾丸激素在体内的高含量不会引起除心脏病以外的任何疾病。

11. 人工智能(AI)已经渗入到我们生活的方方面面，带来了许多前所未有的便利。从智能家居到自动驾驶汽车，从医疗诊断到金融服务，AI 的影响无处不在。有专家因此断言，人工智能的飞速发展将会彻底取代人类。

以下哪项如果为真，最能削弱专家的观点？

A. 人工智能的飞速发展，使得“智能模型”具备了人类的判断力、创造力，并能接入“AI 大模型”不断训练和提高这些方面的能力。

B. 相较于初代的 AI 技术，现阶段的 AI 技术在算法、智能化方面有了极大的提高。

C. 人工智能的发展受到了法律和道德层面的限制，在医学、智能驾驶、金融等方面，只能作为辅助工具，协助人类完成各项工作。

D. 当前人工智能的应用范围非常广，这导致部分人投机取巧，学习或工作过于依赖“外力”而不注重自我提升。

E. 人工智能对生活的影响是深远而广泛的，我们应该积极拥抱这一变革，使人工智能真正为人类服务。

12. 在一家快餐连锁店，所有的热销食品都不是饮品，但并非所有参与周末狂欢活动的食品都不是热销食品。此外，所有受儿童喜爱的食品都是饮品。

根据以上陈述，以下哪项必然为真？

A. 有的参与周末狂欢活动的食品深受儿童喜爱。

B. 深受儿童喜爱的食品都是热销食品。

C. 所有的饮品都参与周末狂欢活动。

D. 有的参与周末狂欢活动的食品不受儿童喜爱。

E. 不受儿童喜爱的食品都不是热销食品。

13. 甲、乙、丙、丁、戊 5 人参加百米短跑竞赛，最终成绩出来之后，发现名次无并列情况。已知：

(1)若甲的排名在乙之前，则乙和戊的排名均在丁之前。

(2)若甲的排名在丙之前，则戊排在第五名。

(3)若丁的排名在戊之前，则甲和丙的排名均在丁之前。

(4)若丙的排名在甲之前，则乙排在第五名。

根据以上信息，以下哪项一定为真？

A. 甲排在第三名。　　B. 乙排在第二名。　　C. 丁排在第四名。

D. 丙排在第二名。　　E. 戊排在第一名。

14. 为减少不断增长的人口规模对气候的影响，全球人类饮食需要在更具营养价值的同时减少温室气体排放。海产品是良好的蛋白、脂肪酸、维生素和矿物质来源。因此，促进海产品替代其他动物蛋白，不仅可以增加食品的营养价值，还能帮助应对气候变化。

以下哪项如果为真，最能加强上述论证？

A. 海产品替代其他动物蛋白会导致摄入者出现腹痛、腹泻等情况，还会导致寄生虫感染。

B. 更新现有的渔业捕捞技术，也能减少温室气体的排放。

C. 大多数海产品的营养密度高于动物蛋白，海产品的温室气体排放量较之陆地动物普遍更低。

D. 鲑鱼、鲱鱼和鲭鱼等海产品，在相同分量的情况下营养价值比动物蛋白低。

E. 海虾、海蟹等海产品的营养价值低于鱿鱼和鳗鱼。

15. 某公司准备从赵甲、钱乙、孙丙、李丁、周戊、吴己、郑庚、冯辛、陈壬、楚癸和张子11人中选择1人或多人前往集团总部进行培训。在选择人员时，需满足下列要求：

(1)若赵甲、钱乙和孙丙3人中至多有2人被选择，则李丁和周戊均不会被选择。

(2)若冯辛和陈壬中至少有1人被选择，则李丁会被选择但钱乙不会被选择。

(3)如果楚癸和张子中至少有1人不被选择，那么冯辛和赵甲均被选择。

根据以上信息，可以得出以下哪项？

A. 选择楚癸和赵甲。

B. 选择赵甲和周戊。

C. 选择钱乙和冯辛。

D. 选择陈壬和周戊。

E. 选择楚癸和张子。

16. 赵嘉在暑假期间准备从泰山、嵩山、衡山、千岛湖、仙女湖、普陀山、洱海、庐山8个旅游景点中选择5个游玩。已知：

(1)若选择泰山，则选择衡山但不选择千岛湖。

(2)若选择衡山，则不选择普陀山。

(3)嵩山和仙女湖要么同时选择，要么同时不选择。

(4)若选择仙女湖，则不选择庐山但选择洱海。

根据以上信息，以下哪项一定为真？

A. 选择衡山和仙女湖。

B. 选择普陀山和庐山。

C. 选择泰山和普陀山。

D. 选择洱海和仙女湖。

E. 选择庐山和仙女湖。

17. 该不该让小孩玩电脑游戏？这是很多家长的困扰，因为有太多的声音指责游戏正摧毁着下一代。不过一项新的研究显示，玩游戏有益于提高小孩的阅读能力，甚至可以帮助他们克服阅读障碍。

以下哪项如果为真，最不能支持上述结论？

A. 研究发现，如果让孩子们玩体感游戏，即依靠肢体动作变化来操作的游戏，累计超过12小时，孩子的阅读速度及认字准确率会显著提高。

B. 长期玩游戏的儿童阅读游戏规则更容易，还会对游戏中出现的画面变得敏感，但对周围的事物表现冷漠。

C. 相比玩单机版游戏的儿童，玩网络互动游戏的儿童会更加注重相互交流，因此他们的阅读能力提高得更快。

D. 儿童阅读障碍主要与神经发育迟缓有关，游戏只能暂时提高阅读速度，却无法克服阅读障碍。

E. 长期玩电脑游戏影响儿童视力发育，但可以使儿童更有效地集中注意力，而阅读障碍的根源是视觉注意力缺陷。

18. “试点综合症”的问题屡见不鲜。每出台一项改革措施，先进行试点，积累经验后再推广，这种以点带面的工作方法本来是人们经常采用的，但现在许多项目中出现了“一试点就成功，一推广就失败”的怪现象。

以下哪项不是造成上述现象的可能原因？

A. 在选择试点单位时，一般选择工作基础比较好的单位。

B. 为保证试点成功，政府往往给予试点单位许多优惠政策。

C. 在试点过程中，领导往往比较重视，各方面的问题解决得快。

D. 试点虽然成功，但在推广时许多企业外部的政策、市场环境并不相同。

E. 全社会往往比较关注试点和试点的推广工作。

19～20 题基于以下题干：

景德镇3位手工制瓷非物质文化遗产传承人赵嘉、钱宜、孙斌欲协力完成一件艺术品的制作。在彩绘、刻花、釉色、烧窑、练泥、拉坯、研磨7项工作中，每人都至少选择2项，每项工作只能由1人完成。还已知：

(1)若孙斌选择彩绘或者赵嘉不选择练泥，则赵嘉选择釉色并且孙斌选择烧窑。

(2)选择刻花的人也同时选择拉坯。

(3)除非赵嘉选择釉色且钱宜选择烧窑，赵嘉才不选择刻花。

(4)若赵嘉选择拉坯或者不选择釉色，则孙斌选择拉坯并且钱宜不选择练泥。

19. 根据以上信息，以下哪项必然为真？

A. 孙斌选择了彩绘和烧窑。

B. 钱宜选择了彩绘和练泥。

C. 赵嘉选择了釉色和练泥。

D. 钱宜选择了拉坯和刻花。

E. 赵嘉选择了拉坯和刻花。

20. 若拉坯和研磨由同一人完成，则以下哪项一定为假？
A. 钱宜选择了2项工作。
B. 孙斌选择了3项工作。
C. 孙斌选择了刻花。
D. 赵嘉选择了彩绘。
E. 孙斌选择了拉坯。

21. 在快速发展的现代城市X市中，交通拥堵已成为一个普遍且日益严重的问题，极大地影响了市民的日常生活和工作效率。面对这一问题，有城市规划专家提出，为了有效缓解X市的交通压力，建议大力发展城市轨道交通，并鼓励市民使用城市轨道交通工具出行。
以下哪项如果为真，最能支持上述城市规划专家的观点？
A. 许多居民对X市的交通信号灯意见很大，并向市长热线投诉其设置得过于密集。
B. 许多市民认为城市轨道交通工具价格相较于公交汽车较高，不愿意乘坐轨道交通工具出行。
C. 发展城市轨道交通能够减少市民对私家车和公交汽车的依赖，从而减少道路上的车辆总数。
D. 轨道交通建设施工期间，市民出行效率会受到很大影响，还会造成空气污染和噪音污染。
E. 许多城市已经通过限行措施成功缓解了交通拥堵问题。

22. 某公司计划从甲、乙、丙、丁、戊和己6个人中挑选1人或者多人前往合作实验室进行某项科学研究。关于此次的人选，有如下看法：
(1)选择丁或者不选择戊。
(2)甲和己中至少选择1人。
(3)如果不选择戊，则一定不选择乙。
(4)如果选择丙，那么甲和乙中有且仅有1人被选择。
经过深入调查，发现上述4个看法中只有1个是正确的。
根据上述信息，可以得出以下哪项？
A. 选择甲和丙。
B. 选择乙和丁。
C. 选择丙和戊。
D. 共选择4人。
E. 共选择3人。

23. 某年，国内某电视台在综合报道了当年的诺贝尔奖各奖项获得者的消息后，做了以下评论：今年又有一位华裔科学家获得了诺贝尔物理学奖，这是中国人的骄傲。但是到目前为止，还没有中国人获得诺贝尔经济学奖，看来中国人在人文社会科学方面的研究与世界先进水平相比还有比较大的差距。
以上评论中所得出的结论最可能把以下哪项断定作为隐含的前提？
A. 中国在物理学等理科研究方面与世界先进水平的差距正在逐步缩小。
B. 中国的人文社会科学有先进的理论基础和雄厚的历史基础，目前和世界先进水平的差距是不正常的。
C. 诺贝尔奖是衡量一个国家某个学科发展水平的重要标志。
D. 诺贝尔奖的评比在原则上对各人种是公平的，但实际上很难做到。
E. 包括经济学在内的人文社会科学研究与各国的文化传统有非常密切的关系。

24. 甲、乙、丙、丁、戊、己六名同学报名参加学科竞赛，其中两人参加物理竞赛，两人参加化学竞赛，两人参加生物竞赛，两人参加数学竞赛。每位同学至少参加一项竞赛。已知：

(1)若丁参加化学竞赛或戊参加数学竞赛，则乙和甲都参加生物竞赛。

(2)如果己不参加生物竞赛，那么丁参加物理竞赛。

(3)如果丙不参加数学竞赛或者己参加物理竞赛，那么丁参加化学竞赛。

(4)若戊不参加数学竞赛，则甲、丙、戊均不参加物理竞赛。

(5)要么乙参加物理竞赛，要么丁参加物理竞赛。

根据上述信息，以下哪项一定为真？

A. 丁参加物理竞赛。

B. 乙参加化学竞赛。

C. 戊参加生物竞赛。

D. 甲参加化学竞赛。

E. 丙参加物理竞赛。

25～26 题基于以下题干：

西安某雕像馆制作了一个兵马俑的上半身雕像，为充分发挥创意，将仅使用红色、橙色、黄色、绿色、青色、蓝色、紫色这7种颜料给这尊雕像的头部、躯干部和颈部涂色(每个部位均需要涂色)。每种颜料都被使用了，并且均只被使用了一次。还已知：

(1)如果红色颜料、蓝色颜料中至多有1种被用在头部，那么颈部就不能使用绿色颜料。

(2)只有躯干部不使用黄色颜料，颈部才不同时使用青色颜料和紫色颜料。

(3)除非颈部使用绿色颜料，否则躯干部使用紫色颜料和黄色颜料。

(4)当且仅当雕像的某个部位使用紫色颜料，该部位才使用橙色颜料。

25. 根据以上信息，可以确定以下哪项一定为真？

A. 头部使用了橙色颜料。

B. 颈部使用了紫色颜料。

C. 躯干部使用了黄色颜料。

D. 头部使用了蓝色颜料。

E. 颈部使用了青色颜料。

26. 若头部使用了青色颜料且每个部位至多使用3种颜料，则以下哪项一定为真？

A. 颈部使用了紫色颜料。

B. 躯干部使用了黄色颜料。

C. 躯干部使用了紫色颜料。

D. 颈部使用了1种颜料。

E. 躯干部使用了3种颜料。

27. 刘翔在2008年奥运会上脚部受伤，被迫退出比赛。奥运会比赛中运动员受伤并不鲜见，这给人一个印象：奥运比赛由于其极强的竞争性，更容易造成运动员受伤。其实这种印象是不正确的。奥运会期间发生的运动员受伤事故，和同一个时间段发生在世界各地的运动员受伤乃至致残事故比起来，在数量上微乎其微。

以下哪项如果为真，最能削弱上述论证？

A. 西班牙羽毛球选手马林在2024年巴黎奥运会上，因扭伤膝盖退出铜牌争夺战。

B. 奥运会中运动员受伤，近几届呈逐渐严重的趋势。

C. 运动员中只有极小一部分参加奥运会比赛。

D. 运动员在世锦赛期间受伤的人数远多于在奥运会比赛期间受伤的人数。

E. 奥运会的安全措施，包括对运动员的保护措施比平时更为严格。

28. 北极地区蕴藏着丰富的石油、天然气、矿物和渔业资源，其油气储量占世界未开发油气资源的1/4。全球变暖使北极地区冰面以每10年9%的速度融化，穿过北冰洋沿俄罗斯北部海岸线连通大西洋和太平洋的航线可以使从亚洲到欧洲比走巴拿马运河近上万公里。因此，北极的开发和利用将为人类带来巨大的好处。

以下哪项如果为真，最能削弱上述结论？

A. 北极的开发过程中，穿越北极的航船会带来外来物种入侵北极。

B. 北极资源的开采和利用，得到了很多能源公司的支持。

C. 开发北极而获得的天然气、石油等资源能有效缓解目前能源紧缺的问题。

D. 开发北极会使永久冻土融化，释放温室气体甲烷，导致极端天气频繁出现。

E. 开发北极可能会加速冰雪融化，使海平面上升。

29～30题基于以下题干：

为确保货物的安全，某公司安排赵嘉、钱宜、孙斌、李玎和周武5名保卫科的员工在周一到周五进行夜间执勤。每人执勤2天，每天1～3人执勤，且仅有后三天的执勤人数相同。已知：

(1)若钱宜或孙斌或赵嘉在周四执勤，则李玎、周武在周五和周四执勤。

(2)若李玎和周武中至少有1人在周四或周二执勤，则李玎在周一执勤且赵嘉周三不执勤。

(3)若钱宜、孙斌、周武中至多有1人周三不执勤，则钱宜在周一执勤且周武不在周二执勤。

29. 根据以上信息，可以推出以下哪项？

A. 钱宜在周一执勤。

B. 李玎在周二执勤。

C. 孙斌在周三执勤。

D. 周武在周三执勤。

E. 赵嘉在周五执勤。

30. 若钱宜在周二执勤，则以下哪项一定为假？

A. 赵嘉和钱宜均在周一执勤。

B. 孙斌在周三和周五执勤。

C. 钱宜连续执勤2天。

D. 周武和赵嘉均在周五执勤。

E. 周武和孙斌均在周三执勤。

199管理类联考逻辑 ▸ 模拟卷4

答案详解

答案速查		
1～5　CBECC	6～10　ACDED	11～15　CDCCE
16～20　DDECD	21～25　CCCAD	26～30　CCDAD

1. C

【第1步　识别命题形式】

题干由多个假言命题组成，且这些假言命题中无重复元素，选项均为假言命题，故此题为母题模型2　假言推假言模型(无重复元素)。

【第2步　套用母题方法】

步骤1：画箭头。

题干：

①满足要求→强化支撑。

②充分发挥促进作用→现代化。

步骤2：逆否。

①逆否可得：③¬强化支撑→¬满足要求。

②逆否可得：④¬现代化→¬充分发挥促进作用。

步骤3：找答案。

A项，强化支撑→满足要求，由①可知，此项可真可假。

B项，¬满足要求→¬强化支撑，由③可知，此项可真可假。

C项，¬现代化→¬充分发挥促进作用，等价于④，故此项必然为真。

D项，¬充分发挥促进作用→¬现代化，由④可知，此项可真可假。

E项，现代化→满足要求，由②可知，此项可真可假。

2. B

【第1步　识别命题形式】

题干中出现假言命题，提问方式为“以下哪项的论证方式和题干的最为类似?”，故此题为母题模型10　推理结构相似模型。

【第2步　套用母题方法】

题干：法制健全(A)∨社会控制能力(B)←社会稳定(C)。社会稳定(C)∧¬法制健全(¬A)→社会控制能力(B)。

题干符号化为：A∨B←C。C∧¬A→B。

A项，A∨B→C∧D。¬B∧C→¬D。故此项的论证方式与题干不同。

B项，A∨B←C。C∧¬A→B。故此项的论证方式与题干相同。

C项，A∧B→C。A∧¬C→¬B。故此项的论证方式与题干不同。

D项，A→B∧C。B∧¬C→¬A。故此项的论证方式与题干不同。

E项，A↔B∨C。¬C∧A→B。故此项的论证方式与题干不同。

3. E

【第1步 识别命题形式】

题干由数量关系组成，故此题为母题模型7 数量关系模型。

【第2步 套用母题方法】

由条件(1)结合“10个学科门类中挑选12个专业”可得：①文学＋理学＋管理学＝4。

由条件(2)可知，文学＋管理学＋教育学＝5，结合①可得：教育学＝理学＋1。

由“教育学＝理学＋1”结合条件(3)可得：在教育学中挑选了1个专业报名，在理学、工学、农学、医学中均挑选了0个专业报名。

再由“在教育学中挑选了1个专业报名、在工学中挑选了0个专业报名”结合条件(4)可得：经济学＋法学＝1。

由以上信息结合条件(1)可得：在军事学中挑选报名的专业数为6。

综上可知，文学＋管理学＝4。

故E项正确。

4. C

【第1步 识别命题形式】

题干中，“不提拔己”为事实，条件(1)、(2)、(3)和(4)均为假言命题，故此题为母题模型1 事实假言模型。

【第2步 套用母题方法】

从事实出发，由“不提拔己”可知，条件(2)的后件为假，则其前件也为假，可得：¬丙∧丁。

由“¬丙”可知，条件(3)的后件为假，则其前件也为假，可得：¬甲∧¬乙∧¬庚。

由“¬甲”可知，条件(1)的前件为真，则其后件也为真，可得：戊∨庚。

由“¬庚”并结合“戊∨庚”可得：戊。

由“戊”可知，条件(4)的前件为真，则其后件也为真，可得：辛∨乙。

由“¬乙”并结合“辛∨乙”可得：辛。

综上，丁、戊、辛三人被提拔。

故C项正确。

5. C

【第1步 识别命题形式】

题干中，条件(1)、(2)和(3)均为假言命题，选项均为事实，故本题的主要命题形式为母题模型4 假言推事实模型。同时，题干中还涉及数量关系(“9选4”)，故此题为假言推事实＋数量模型。题干的提问方式为“以下哪项组合符合上述要求?”，故优先考虑使用选项排除法。

【第2步 套用母题方法】

根据条件(1)，可排除B项。

根据条件(2)，可排除D项。

根据条件(3)，可排除A项和E项。

综上，C项正确。

6. A

【第1步 识别命题形式】

提问方式：以下哪项如果为真，最能削弱上述研究结论？

题干：一项新的研究表明，你可能(S)想先听坏消息(P)。

题干中无论据，提问针对论点，故此题优先考虑母题模型15 拆桥搭桥模型(SP型)。

【第2步 套用母题方法】

A项，此项说明人们想先听哪个消息会因消息发布者的不同而改变，削弱题干。

B项，题干涉及的是先"听"哪个消息，而非先"说"哪个消息，无关选项。

C项，题干涉及的是"想先听哪个消息"，而此项涉及的是"人们对消息的感觉"，无关选项。

D项，题干涉及的是"想先听哪个消息"，而此项涉及的是"好坏消息的先后顺序对学生的影响"，无关选项。

E项，此项说明倾听者愿意最后听到好消息，即先听坏消息，支持题干。

7. C

【第1步 识别命题形式】

题干中，"乙选择山东财经大学"为事实，条件(1)、(2)、(3)和(4)均为假言命题，故本题的主要命题形式为母题模型1 事实假言模型。同时，题干中还涉及"学员"与"高校"的匹配关系，故此题为事实假言＋匹配模型。

【第2步 套用母题方法】

从事实出发，由"乙山财"可知，条件(2)的后件为假，则其前件也为假，可得：¬丙上财。

条件(1)逆否可得：甲山财∨甲北大→丙北大。可见，若甲选择北大，则丙也选择北大，与"每人选择的院校互不相同"矛盾。故，"甲北大"为假，即"¬甲北大"为真。

由"¬甲北大"可知，条件(3)的后件为假，则其前件也为假，可得：丁国会。

由"丁国会"可知，条件(4)的后件为假，则其前件也为假，可得：戊厦大。

综上，结合"五位学员选择五所大学中的一所，每人选择的院校互不相同"可得：甲上财、丙北大。

故C项正确。

8. D

【第1步 识别命题形式】

同上题一致。

【第2步 套用母题方法】

从事实出发，由"丙山财"可知，条件(1)的前件为真，则其后件也为真，可得：¬甲山财∧¬甲北大。

由"¬甲北大"可知，条件(3)的后件为假，则其前件也为假，可得：丁国会。

由"丁国会"可知，条件(4)的后件为假，则其前件也为假，可得：戊厦大。

综上，结合“五位学员选择五所大学中的一所，每人选择的院校互不相同”可得：甲上财、乙北大。

故D项正确。

9. E

【第1步 识别命题形式】

题干中，条件(1)、(2)和(3)均为假言命题，选项均为事实，故本题的主要命题形式为母题模型4 假言推事实模型。同时，题干中还涉及“厨师”与“食材”的匹配关系，故此题为假言推事实+匹配模型。

【第2步 套用母题方法】

由条件(1)、(3)串联可得：¬王海鲜→李豆制品→¬李蔬菜→王海鲜∧张禽肉。

可见，由“¬王海鲜”出发推出了“王海鲜”。故，“¬王海鲜”为假，即：王海鲜。

由“王海鲜”可知，条件(2)的前件为真，则其后件也为真，可得：¬刘豆制品∧¬刘蔬菜。

再结合“每位厨师只选择一种食材，每种食材只被一位厨师选择”可得：刘禽肉。

由“刘禽肉”可知，条件(3)的后件为假，则其前件也为假，可得：李蔬菜。

综上，可得：张豆制品。故E项正确。

10. D

【第1步 识别命题形式】

提问方式：以下哪项如果为真，最能支持题干的结论？

题干：测试显示，男性心脏病患者体内的荷尔蒙睾丸激素的含量，通常都要低于无心脏病的男性，因此，荷尔蒙睾丸激素的高含量分泌不是造成男性患心脏病的重要原因。

题干是对造成男性患心脏病的原因的分析，故此题为母题模型16 现象原因模型。

【第2步 套用母题方法】

A项，题干的论证对象是“男性心脏病患者”，而此项的论证对象是“女性”，无关选项。(干扰项·对象不一致)

B项，“有的心脏健康的男性”的情况并不能代表所有男性的情况，不能支持题干。(干扰项·有的不)

C项，传统的观点往往不正确并不能说明所有传统的观点都是不正确的，也无法由此确定题干中传统观点的真假。(干扰项·非事实项)

D项，此项指出另有其他共同原因导致题干中的现象，说明“荷尔蒙睾丸激素的高含量分泌”不是造成男性患心脏病的重要原因，支持题干。

E项，题干仅讨论荷尔蒙睾丸激素和男性心脏病之间的关系，与其他疾病无关，无关选项。

11. C

【第1步 识别命题形式】

提问方式：以下哪项如果为真，最能削弱专家的观点？

专家的观点：人工智能的飞速发展将会彻底取代人类。

锁定关键词“将”，可知此题为母题模型17 预测结果模型；锁定关键词“彻底”，可知此题也为母题模型21 绝对化结论模型。

【第2步 套用母题方法】

A项，此项说明人工智能的飞速发展使其具备了人类的能力且还能不断提高，但是并未明确指出能否取代人类，故不能削弱专家的观点。(干扰项 • 不确定项)

B项，题干不涉及“初代的AI技术”和“现阶段的AI技术”的比较，无关选项。(干扰项 • 新比较)

C项，此项说明人工智能在医学、智能驾驶、金融等方面只能辅助人类，而并不能取代人类，说明结果预测不当，削弱专家的观点。

D项，题干不涉及人工智能应用范围广泛会带来何种影响，无关选项。(干扰项 • 话题不一致)

E项，题干不涉及人们应该以什么样的态度对待人工智能，无关选项。(干扰项 • 话题不一致)

12. D

【第1步 识别命题形式】

题干由特称命题和全称命题组成，且这些命题中存在重复元素可以实现串联，故此题为母题模型8 性质串联模型(带“有的”型)。

【第2步 套用母题方法】

步骤1：画箭头。

题干：

①热销食品→┐饮品。

②有的参与周末狂欢活动→热销食品。

③受儿童喜爱→饮品。

步骤2：从“有的”开始做串联。

由②、①和③串联可得：④有的参与周末狂欢活动→热销食品→┐饮品→┐受儿童喜爱。

步骤3：逆否(注意带“有的”的项不逆否)。

④逆否可得：⑤受儿童喜爱→饮品→┐热销食品。

步骤4：找答案。

A项，有的参与周末狂欢活动→受儿童喜爱，由④可知，有的参与周末狂欢活动→┐受儿童喜爱，与此项构成下反对关系，一真另不定，故此项可真可假。

B项，受儿童喜爱→热销食品，由⑤可知，受儿童喜爱→┐热销食品，与此项构成反对关系，一真另必假，故此项一定为假。

C项，饮品→参与周末狂欢活动，由④可知，此项可真可假。

D项，有的参与周末狂欢活动→┐受儿童喜爱，由④可知，此项必然为真。

E项，┐受儿童喜爱→┐热销食品，由④可知，此项可真可假。

13. C

【第1步 识别命题形式】

题干中，条件(1)、(2)、(3)和(4)均为假言命题，选项均为事实，故本题的主要命题形式为母题模型4 假言推事实模型。同时，题干中还涉及“人”与“名次”的匹配关系，故此题为假言推事实+匹配模型。

【第2步 套用母题方法】

观察题干已知条件，发现条件(2)和条件(4)的前件均为“甲和丙排名的先后情况”，且二者互为矛盾关系，故可将其作为解题突破口。

由条件(2)可得：甲在丙之前→戊5。

由条件(4)可得：丙在甲之前→乙5。

由“名次无并列情况”并结合二难推理公式可知，乙5∨戊5。

由“乙5∨戊5”可知，条件(1)的后件为假，则其前件也为假，可得：乙在甲之前。因此，¬乙5，故戊5。

由“¬乙5”可知，条件(4)的后件为假，则其前件也为假，可得：甲在丙之前。

由“戊5”可知，条件(3)的前件为真，则其后件也为真，可得：甲和丙均在丁之前。

综上，5人的名次为：乙1、甲2、丙3、丁4、戊5。

故C项正确。

14. C

【第1步 识别命题形式】

提问方式：以下哪项如果为真，最能加强上述论证?

题干：海产品是良好的蛋白、脂肪酸、维生素和矿物质来源。因此，促进海产品替代其他动物蛋白(措施M)，不仅可以增加食品的营养价值，还能帮助应对气候变化(目的P)。

题干涉及措施目的的分析，故此题为母题模型18 措施目的模型。

【第2步 套用母题方法】

A项，此项说明海产品替代其他动物蛋白会引发腹痛、腹泻、寄生虫感染等，措施有副作用，削弱题干。

B项，题干不涉及“更新现有的渔业捕捞技术”这项措施，无关选项。(干扰项·话题不一致)

C项，此项说明用海产品替代其他动物蛋白能在增加营养价值的同时减少温室气体排放，措施可以达到目的，支持题干。

D项，此项说明用海产品替代其他动物蛋白可能不会增加营养价值，措施达不到目的(MP拆桥)，削弱题干。

E项，题干不涉及“海虾、海蟹等海产品”与“鱿鱼和鳗鱼”在营养价值上的比较，无关选项。(干扰项·新比较)

15. E

【第1步 识别命题形式】

题干中，条件(1)、(2)和(3)均为假言命题，选项均为事实，故本题的主要命题形式为母题模型4 假言推事实模型。

【第2步 套用母题方法】

由条件(2)和(1)串联可得：冯辛∨陈壬→李丁∧¬钱乙→赵甲∧钱乙∧孙丙。

可见，由“冯辛∨陈壬”出发推出了“¬钱乙∧钱乙”。故“冯辛∨陈壬”为假，即“¬冯辛∧¬陈壬”为真。

由“¬冯辛”可知，条件(3)的后件为假，则其前件也为假，可得：楚癸∧张子。

故E项正确。

16. D

【第 1 步 识别命题形式】

题干中，条件(1)、(2)、(3)和(4)均为假言命题，选项均为事实，故本题的主要命题形式为母题模型 4 假言推事实模型。同时，题干中还涉及数量关系（"8 选 5"），故此题为假言推事实+数量模型。

【第 2 步 套用母题方法】

由条件(1)可得：(5)泰山→┐千岛湖，等价于：┐泰山∨┐千岛湖，即：泰山、千岛湖中至少有 1 个不被选择。

由条件(2)可得：(6)衡山→┐普陀山，等价于：┐衡山∨┐普陀山，即：衡山、普陀山中至少有 1 个不被选择。

由条件(4)可得：(7)仙女湖→┐庐山，等价于：┐仙女湖∨┐庐山，即：仙女湖、庐山中至少有 1 个不被选择。

综上，可得：泰山、千岛湖、衡山、普陀山、仙女湖、庐山 6 个景点中至少有 3 个不被选择。再结合"8 选 5"可得：嵩山∧洱海；由"嵩山"结合条件(3)可得：仙女湖。

故 D 项正确。

17. D

【第 1 步 识别命题形式】

提问方式：以下哪项如果为真，最不能支持上述结论？

题干：玩游戏(S)有益于提高小孩的阅读能力(P1)，甚至可以帮助他们克服阅读障碍(P2)。

题干中无论据，提问针对论点，故此题优先考虑母题模型 15 拆桥搭桥模型(SP 型)。

【第 2 步 套用母题方法】

A 项，此项说明玩游戏有助于提高儿童的阅读速度和认字准确率，即：有助于说明玩游戏能提高小孩的阅读能力，支持题干。

B 项，此项指出玩游戏使儿童阅读游戏规则更容易，间接支持玩游戏有益于提高小孩的阅读能力。

C 项，此项直接说明玩网络互动游戏有益于儿童阅读能力的提高，支持题干。

D 项，此项直接指出玩游戏无法帮助儿童克服阅读障碍，削弱题干。

E 项，此项说明玩游戏可以解决阅读障碍的根本问题，支持题干。

18. E

【第 1 步 识别命题形式】

提问方式：以下哪项不是造成上述现象的可能原因？

待解释的现象：许多项目中出现了"一试点就成功，一推广就失败"的怪现象。

【第 2 步 套用母题方法】

A、B、C 三项，均说明试点对象有各种便利条件，从而有利于试点的成功，可以解释题干。

D 项，此项说明推广时会面临与试点时不同的外部政策和市场环境，可以解释题干。

E 项，此项指出全社会都比较关注"试点"和"试点的推广"工作，说明在这一点上二者并无区别，那么结果也不应该有区别，不能解释题干中的现象。

19. C

【第 1 步　识别命题形式】

题干中，条件(1)、(2)、(3)和(4)均为假言命题，选项均为事实，故本题的主要命题形式为母题模型 4　假言推事实模型。同时，题干中还涉及数量关系和匹配关系，故此题为假言推事实＋数量＋匹配模型。

【第 2 步　套用母题方法】

步骤 1：数量关系优先算。

由“7 项工作分给 3 个人，每人至少选择 2 项，每项工作只能由 1 人完成”可知，7＝2＋2＋3，即：有 2 人各完成 2 项工作，有 1 人完成 3 项工作。

步骤 2：按“假言推事实模型”的思路解题。

题干有以下信息：

①孙彩绘 ∨ ¬ 赵练泥→赵釉色 ∧ 孙烧窑。

②由于每项工作只能由一人完成，故二者“同生共死”，因此，此条件可符号化为：刻花↔拉坯。

③¬ 赵刻花→赵釉色 ∧ 钱烧窑。

④赵拉坯 ∨ ¬ 赵釉色→孙拉坯 ∧ ¬ 钱练泥。

由④可得：赵拉坯→孙拉坯，与“每项工作只能由 1 人完成”矛盾。因此，¬ 赵拉坯。

由“¬ 赵拉坯”并结合②可得：¬ 赵刻花。

由“¬ 赵刻花”可知，③的前件为真，则其后件也为真，可得：赵釉色 ∧ 钱烧窑。

由“钱烧窑”可知，①的后件为假，则其前件也为假，可得：¬ 孙彩绘 ∧ 赵练泥。

综上，C 项正确。

20. D

【第 1 步　识别命题形式】

“拉坯和研磨由同一人完成”为事实，其他已知条件同上题一致，故此题为母题模型 1　事实假言＋数量＋匹配模型。

【第 2 步　套用母题方法】

本题新补充事实：⑤拉坯和研磨由同一人完成。

引用上题推理结果，结合“每项工作只能由 1 人完成”，可得下表：

工作 人	彩绘	刻花	釉色	烧窑	练泥	拉坯	研磨
赵嘉		×	√	×	√	×	
钱宜			×	√	×		
孙斌	×		×	×	×		

若钱宜选择拉坯，结合②、⑤和上表可知，钱宜选择刻花、拉坯、研磨和烧窑 4 项工作，与“有 2 人各完成 2 项工作，有 1 人完成 3 项工作”矛盾。故钱宜不选择拉坯。

因此，孙斌选择拉坯，再结合②和⑤可知，孙斌还选择刻花和研磨。

综上，结合“有 2 人各完成 2 项工作，有 1 人完成 3 项工作”和“每项工作只能由 1 人完成”，可将上表补充如下：

工作 人	彩绘	刻花	釉色	烧窑	练泥	拉坯	研磨
赵嘉	×	×	√	×	√	×	×
钱宜	√	×	×	√	×	×	×
孙斌	×	√	×	×	×	√	√

故D项正确。

21. C

【第1步　识别命题形式】

提问方式：以下哪项如果为真，最能支持上述城市规划专家的观点?

城市规划专家的观点：为了有效缓解X市的交通压力(目的P)，建议大力发展城市轨道交通，并鼓励市民使用城市轨道交通工具出行(措施M)。

锁定关键词“为了”“建议”，可知此题为母题模型18　措施目的模型。

【第2步　套用母题方法】

A项，题干不涉及居民对交通信号灯的意见，无关选项。(干扰项·话题不一致)

B项，“不愿意乘坐”轨道交通工具不能说明市民“不乘坐”轨道交通工具，且市民的观点未必正确。(干扰项·非事实项)

C项，此项说明发展城市轨道交通能够减少道路上的车辆总数(即缓解交通压力)，措施可以达到目的，支持城市规划专家的观点。

D项，此项说明措施有副作用，削弱题干，但力度较小。

E项，题干不涉及其他措施，无关选项。(干扰项·其他措施)

22. C

【第1步　识别命题形式】

题干已知“上述4个看法中只有1个是正确的”，故此题为母题模型11　经典真假话问题。

【第2步　套用母题方法】

题干有以下信息：

①丁∨¬戊。

②甲∨己。

③¬乙∨戊。

④丙→甲∀乙。

步骤1：找矛盾。

题干中无矛盾关系。

步骤2：根据“只有一真”，找下反对关系或推理关系。

①和③为下反对关系，至少一真。再结合“上述4个看法中只有1个是正确的”可知，②和④均为假。

步骤 3：推出结论。

由"②为假"可得：¬ 甲∧¬ 己。

由"④为假"可得：丙∧[(乙∧甲)∨(¬ 乙∧¬ 甲)]。

由"¬ 甲"结合"(乙∧甲)∨(¬ 乙∧¬ 甲)"可得：¬ 乙。

由"¬ 乙"可知，③为真，故①为假。

由"①为假"可得：¬ 丁∧戊。

综上，C 项正确。

23. C

【第 1 步　识别命题形式】

提问方式：以上评论中所得出的结论最可能把以下哪项断定作为隐含的前提？

题干：到目前为止，中国人(S)还没有获得诺贝尔经济学奖(P1)，因此，中国人(S)在人文社会科学方面的研究与世界先进水平相比还有比较大的差距(P2)。

题干中，P1 与 P2 不一致，故此题为母题模型 15　拆桥搭桥模型(双 P 型)。

【第 2 步　套用母题方法】

A 项，题干不涉及中国在"物理学等理科"研究方面与世界的差距，无关选项。

B 项，题干不涉及中国的人文社会科学是否有先进的"理论基础"和"历史基础"，无关选项。

C 项，此项搭建了"获得诺贝尔经济学奖"与"人文社会科学研究水平"的桥梁，搭桥法，必须假设。

D 项，题干不涉及诺贝尔奖评比的"公平性"，无关选项。

E 项，题干不涉及"人文社会科学研究"与"各国的文化传统"之间的关系，无关选项。

24. A

【第 1 步　识别命题形式】

题干中，条件(5)为半事实，条件(1)、(2)、(3)和(4)均为假言命题，选项均为事实，故本题的主要命题形式为母题模型 3　半事实假言推事实模型。同时，题干中还涉及"人"与"学科"的匹配关系，故此题为半事实假言推事实＋匹配模型。

【第 2 步　套用母题方法】

从半事实出发，由条件(5)可知，分如下两种情况讨论：①乙物理∧¬ 丁物理；②¬ 乙物理∧丁物理。

若情况①为真，由"¬ 丁物理"可知，条件(2)的后件为假，则其前件也为假，可得：己生物。

由"己生物"和"两人参加生物竞赛"可知，条件(1)的后件为假，则其前件也为假，可得：¬ 丁化学∧¬ 戊数学。

由"¬ 丁化学"可知，条件(3)的后件为假，则其前件也为假，可得：丙数学∧¬ 己物理。

由"¬ 戊数学"可知，条件(4)的前件为真，则其后件也为真，可得：甲、丙、戊均不参加物理竞赛。

因此，若乙参加物理竞赛，则甲、丙、丁、戊、己均不参加物理竞赛，与"两人参加物理竞赛"矛盾。故情况①为假、情况②为真，即：丁参加物理竞赛。所以 A 项正确。

25. D

【第 1 步 识别命题形式】

题干中，条件(1)、(2)、(3)和(4)均为假言命题，选项均为事实，故本题的主要命题形式为母题模型 4 假言推事实模型。同时，题干中还涉及“颜料”与“使用部位”的匹配关系，故此题为假言推事实＋匹配模型。

【第 2 步 套用母题方法】

由条件(3)和(2)串联可得：¬ 颈部绿→躯干紫∧躯干黄→¬ 颈部紫→¬ 躯干黄。

可见，由“¬ 颈部绿”出发推出了“躯干黄∧¬ 躯干黄”。故“¬ 颈部绿”为假，即：颈部绿。

由“颈部绿”可知，条件(1)的后件为假，则其前件也为假，可得：头部红∧头部蓝。

故 D 项正确。

26. C

【第 1 步 识别命题形式】

“头部使用了青色颜料且每个部位至多使用 3 种颜料”为事实，其他已知条件同上题一致，故此题为母题模型 1 事实假言＋匹配模型。

【第 2 步 套用母题方法】

引用上题推理结果：颈部绿∧头部红∧头部蓝。

从事实出发，由“头部使用了青色颜料”和“每种颜料只能使用一次”可知，条件(2)的前件为真，则其后件也为真，可得：¬ 躯干黄。

由“头部红∧头部青∧头部蓝”并结合“每个部位都需涂色且至多使用 3 种颜料”可知，¬ 头部黄。

由“¬ 躯干黄∧¬ 头部黄”并结合“每个部位都需涂色”可知，颈部黄。

再由“每个部位都需涂色”和条件(4)可知，躯干部使用橙色和紫色。

故 C 项一定为真。

27. C

【第 1 步 识别命题形式】

提问方式：以下哪项如果为真，最能削弱上述论证？

题干：在奥运会期间运动员的受伤事故和同一个时间段发生在世界各地的运动员受伤乃至致残事故比起来，在数量上微乎其微，因此，奥运比赛更容易造成运动员受伤的印象不正确。

题干论据中出现“数量”，论点中直接做出断定，故此题为母题模型 19 统计论证模型(数量比率型)。

【第 2 步 套用母题方法】

根据公式“$\text{奥运会运动员的受伤率}=\frac{\text{奥运会运动员的受伤人数}}{\text{奥运会运动员的总数}}\times 100\%$”可知，只要说明奥运会运动员的总数少，即可说明奥运会运动员的受伤率更高，从而削弱题干。

A 项，马林伤退并不能说明奥运比赛更容易导致运动员受伤。

B 项，题干不涉及奥运会运动员关于现在和过去在“受伤严重程度”上的比较。(干扰项 • 新比较)

C 项，此项指出运动员中只有极小一部分参加奥运会比赛，也就是说参加奥运会的运动员的总数少，削弱题干。

D项，题干不涉及“世锦赛期间”和“奥运会期间”受伤人数多少的比较。(干扰项·新比较)

E项，此项说明参加奥运会的运动员的保护措施更好，不容易受伤，支持题干。

28. D

【第1步　识别命题形式】

提问方式：以下哪项如果为真，最能削弱上述结论？

题干：穿过北冰洋沿俄罗斯北部海岸线连通大西洋和太平洋的航线可以使从亚洲到欧洲比走巴拿马运河近上万公里。因此，北极的开发和利用将为人类带来巨大的好处。

锁定关键词“将”，可知此题为母题模型17　预测结果模型。

【第2步　套用母题方法】

A项，此项说明北极的开发会造成外来物种入侵，但并未提及其对人类的影响，无关选项。

B项，此项并未指出北极开发对人类的影响，无关选项。

C项，此项说明开发北极能缓解能源紧缺的问题，确实能给人类带来好处，支持题干。

D项，此项指出北极的开发会使得极端天气频繁出现，这对人类是不利的，说明预测错误，削弱题干。

E项，此项说明北极的开发可能会使海平面上升，这对人类的生活是不利的，削弱题干，但“可能”是个弱化词，削弱力度弱。

29. A

【第1步　识别命题形式】

题干中，条件(1)、(2)和(3)均为假言命题，选项均为事实，故本题的主要命题形式为母题模型4　假言推事实模型。同时，题干中还涉及数量关系和匹配关系，故此题为假言推事实＋数量＋匹配模型。

【第2步　套用母题方法】

步骤1：数量关系优先算。

由“每人执勤2天”可知，周一到周五共计有10人执勤。再结合“仅有后三天的执勤人数相同”和“每天1～3人执勤”可知，10＝1＋3＋2＋2＋2，即：后三天只能是每天2人执勤，且前两天的执勤人数为1人和3人(具体不定)。

步骤2：用“假言推事实模型”的思路解题。

由条件(1)可得：(4)钱周四∨孙周四∨赵周四→李周四∧周周四。若条件(4)的前件为真，则与“后三天每天2人执勤”矛盾，因此，条件(4)的前件为假，可得：¬钱周四∧¬孙周四∧¬赵周四。进而可知，李周四∧周周四。

由“李周四”可知，条件(2)的前件为真，则其后件也为真，可得：李周一∧¬赵周三。

由“李周一∧李周四”结合“每人执勤2天”可知，¬李周三。

再由“¬李周三∧¬赵周三”结合“后三天每天2人执勤”可知，钱宜、孙斌和周武中至多有1人周三不执勤。

故条件(3)的前件为真，则其后件也为真，可得：钱周一∧¬周周二。

综上，结合“每人执勤2天”，可得下表：

员工＼星期	周一	周二	周三	周四	周五
赵嘉			×	×	
钱宜	√			×	
孙斌				×	
李玎	√	×	×	√	×
周武		×		√	

故 A 项正确。

30. D

【第 1 步　识别命题形式】

“钱宜在周二执勤”为事实，其他已知条件同上题一致，故此题为母题模型 1　事实假言＋数量＋匹配模型。

【第 2 步　套用母题方法】

本题新补充事实：(5)钱宜在周二执勤。

引用上题表格，结合条件(5)、“每人执勤 2 天”和“前两天的执勤人数为 1 人和 3 人(具体不定)”，可得下表：

员工＼星期	周一	周二	周三	周四	周五
赵嘉		×	×	×	
钱宜	√	√	×	×	×
孙斌		×		×	
李玎	√	×	×	√	×
周武		×		√	

由上表并结合“每人执勤 2 天”和“前两天的执勤人数为 1 人和 3 人(具体不定)，后三天每天 2 人执勤”可知，赵嘉在周一和周五执勤、周武和孙斌在周三执勤。

综上，可将上表补充如下：

员工＼星期	周一	周二	周三	周四	周五
赵嘉	√	×	×	×	√
钱宜	√	√	×	×	×
孙斌	×	×	√	×	√
李玎	√	×	×	√	×
周武	×	×	√	√	×

故 D 项必然为假。

396 经济类联考逻辑 ▸ 模拟卷 1

（共 20 小题，每小题 2 分，共 40 分，限时 40 分钟）

说明：本套模拟卷在试卷结构上同 2025 年经济类联考真题一致，难度同近 5 年经综真题基本一致。

1. 当前，随着企业数字化的转型，供应链产业链与物联网的结合成了发展的趋势，而中小微企业尤其需要紧跟发展的潮流。只有打通供应链产业链，才能促进企业早日实现保产增产的目标；只有将惠企纾困政策的“及时雨”更快播撒到中小微企业，才能稳住中小微企业发展的脚步。如果能实现物联网的全面联通，就能促进各行业的协同发展。
根据以上陈述，可以得出以下哪项？
A. 如果能实现物联网的全面联通，就能促进企业早日实现保产增产的目标。
B. 如果将惠企纾困政策的“及时雨”更快播撒到中小微企业，就能稳住中小微企业发展的脚步。
C. 如果不打通供应链产业链，就不能促进企业早日实现保产增产的目标。
D. 如果能促进各行业的协同发展，就能稳住中小微企业发展的脚步。
E. 如果不能促进企业早日实现保产增产的目标，则不能实现物联网的全面联通。

2. 一般来说，脂肪和糖分的摄入量过多会使得人们体重过胖。当人们摄入高度加工的碳水化合物时会导致人体不分泌胰高血糖素，缺乏胰高血糖素使得人体不能获得足够能量，从而使人产生饥饿感。某研究者据此认为，摄入高度加工的碳水化合物会导致人肥胖。
以下哪项如果为真，最能支持上述论证？
A. 摄入未高度加工的碳水化合物不会导致人肥胖。
B. 高度加工的碳水化合物中脂肪和糖分的含量较低。
C. 人体缺乏胰高血糖素时会感到饥饿。
D. 饥饿感会导致人体摄入超过其所需的脂肪和糖分。
E. 碳水化合物是为人体提供能量的主要物质。

3. 白居易在《荔枝图序》中言道：“若离本枝，一日而色变，二日而香变，三日而味变，四五日外，色香味尽去矣。”研究表明，荔枝难以保鲜是因为其果实的呼吸强度很高。
以下哪项如果为真，最能支持上述研究结论？
A. 荔枝的可食用部位并不是像桃子那样的果皮，而是“假种皮”，它与外皮之间没有直接的维管束相连，当外皮失水时，不能直接从果肉处获得补充。
B. 荔枝离枝后仍会保持很高强度的呼吸作用：当氧气充足时，糖分会分解为二氧化碳；当氧气不足时，糖分会转化为一些影响风味的醇、醛类物质。
C. 荔枝自身会不断产生乙烯，加速果实成熟甚至腐烂，自然更容易变质。
D. 荔枝花能产生花蜜，并且它们的蜜腺很发达，是很好的蜜源植物。
E. 荔枝成熟于高温高湿的夏季，这个季节也非常适合微生物和害虫的繁殖。

4. 聚苯乙烯泡沫塑料广泛用于制造一次性咖啡杯等用品，但其原料来自石油等不可再生能源，生成的聚苯乙烯高温条件下可能产生对人体有害组分，且无法自然降解，燃烧时还会造成环境污染。研究人员开发出一种源自特定植物的环保材料，这种环保材料质量较轻，可支撑自身重量200倍的物体且不变形，还可以自然降解，燃烧时不会产生污染性烟尘。研究人员认为，这种环保材料有望成为制造一次性咖啡杯等用品的重要材料。

以下哪项如果为真，最能削弱上述结论？

A. 对该植物有过敏反应的人群使用这种环保材料会产生过敏反应，该环保材料不适用于这类过敏人群。

B. 这种环保材料不具有一次性咖啡杯所需的良好隔热性能，遇液体容易分解。

C. 这种环保材料大规模投入生产后，会挤垮生产聚苯乙烯泡沫塑料的厂家，减少市场上一次性咖啡杯等用品的供应量。

D. 这种环保材料还不能完全替代聚苯乙烯泡沫材料，还有很多用品仍然需要使用聚苯乙烯泡沫材料生产。

E. 用这种环保材料制作咖啡杯的成本更低，且单位原材料的产量更高。

5. 一项研究发现牙龈炎和老年痴呆有关。研究人员共招募了172名平均年龄为67岁的老年人，一方面监测他们的牙龈损伤程度，另一方面通过脑部扫描来测量他们的海马体体积。研究进行了4年，结果发现：牙龈的损伤程度和海马体体积的缩小有直接关系。研究人员认为，对于老年人而言，预防牙龈损伤有助于预防老年痴呆。

以下哪项如果为真，最能支持上述论证？

A. 牙龈炎会对心脏造成影响，还会影响肺部功能或引起胃部疾病。

B. 导致牙龈炎的牙龈卟啉单胞菌会对神经细胞造成损伤。

C. 患有老年痴呆的病人常常会忘记刷牙，从而容易引发牙龈炎。

D. 老年痴呆虽然是一种神经退行性疾病，但其可能是由躯体疾病引起的。

E. 海马体萎缩会增加人们患老年痴呆症的风险。

6. 埃博拉病毒仅存在于长臂猿的体内，这种病毒对长臂猿无害但对人类却是无药可医。虽然长臂猿不会咬人，但是埃博拉病毒可以通过蚊子传播，蚊子咬了长臂猿再去叮咬人类，人类就会被传染。因此，如果蚊子灭绝，人类就不会感染埃博拉病毒。

以下哪项如果为真，最能质疑上述结论？

A. 一些人会将长臂猿的皮毛加工成皮毛制品，这些加工后的皮毛制品也能传播埃博拉病毒。

B. 长臂猿只生活在赤道附近的热带雨林中，也有部分生活在原始森林的外围。

C. 蚊子是繁殖能力和适应能力都非常强的动物。

D. 叮咬长臂猿的蚊子和叮咬人类的蚊子是同一品种。

E. 蚊子的灭绝会对生态系统造成不可逆的影响，会破坏生态平衡。

7. 科学家重建地球地质历史上的大气成分面临的难题之一就是缺少可用样品。近年来，不少人开始关注琥珀，他们认为相比其他有机材料，琥珀在长久的地质年代内，所保存的化学和同位素信息几乎不会改变。因此，可以用琥珀来揭示不同年代的全球大气成分。

以下哪项如果为真，最能质疑上述结论？

A. 由于琥珀内部常保留着生物的形体，故能反映当时生态环境与生物的关系。

B. 琥珀是由松柏科植物的树脂经压力和热力作用而形成的，由于时间漫长，数量极少。

C. 琥珀的硬度较低，如果因搬运、储存不当而造成损害，会影响同位素检测的准确性。

D. 琥珀主要诞生于约四千万至六千万年前的始新世纪，其他年份并没有形成琥珀。

E. 许多琥珀的内含物十分稀有，因此其具有非常高的收藏价值。

8. 铅和镉是香烟烟雾中排出的两种重金属。在流行病学研究中，铅和镉分别与包括肾癌和肺癌在内的人类癌症有关。虽然香烟的滤嘴可以去除其中的一部分，但环境烟气污染主要是通过吸烟者呼出的烟气和燃烧时产生的侧流烟气来实现的。因此，吸烟不仅有害吸烟者的健康，也通过污染空气而对吸二手烟的人的健康造成威胁。

以下哪项如果为真，最能支持上述结论？

A. 侧流烟气中重金属的含量低于吸烟者呼出的烟气中的含量。

B. 有统计显示，有相当多的从未吸过烟的人也患上了肺癌。

C. 吸入香烟烟雾之后，烟雾中的铅和镉会沉积在肺组织的深处。

D. 重金属在环境中普遍存在，蔬菜和水当中也含有铅、镉等重金属。

E. 中国香烟的重金属含量一直都很高，其中铅和镉的含量一般是美国、日本生产的香烟的3～5倍。

9. 恋爱是人类社会普遍存在的现象，它能引起神经内分泌状态、神经功能及外显行为的广泛变化，对个体的行为和情绪均有影响。从20世纪90年代开始，恋爱就已经成为心理学、认知神经科学、神经生物学等多个学科研究、关注的焦点。生活中，我们经常会听到这样的说法：恋爱使人变傻，催生出无数“幸福而愚蠢的女人和男人”。但近期有研究表明：恋爱不仅不会使智商下降，反而还能给智力带来很多积极效应。

以下哪项如果为真，最能支持该研究的结论？

A. 恋爱使人体内的催产素升高，而催产素能增加信任程度，这就表明恋爱可能会激发更多的合作行为。

B. 恋爱会导致杏仁核活动受到抑制，使人的警觉性下降，但是对人的智力不会造成任何影响。

C. 和女友甜蜜的爱情激发了薛定谔无限的灵感，在随后的一年中，他的智慧爆棚，推导出薛定谔方程。

D. 某科学家研究发现，恋爱能抑制与社会判断、负性情绪有关的脑区活动，导致“情人眼里出西施”。

E. 经过对100对恋人和200个单身人员的调查发现，恋爱的人比不恋爱的人更容易受到情绪的影响。

10. 小盗龙是一种生活在1.2亿年前带羽毛的肉食性恐龙。此前，人们根据小盗龙眼眶很大，认为它是夜行动物。但是随着对一种名为“黑素体”的物质研究的逐渐深入，人们发现，小盗龙的羽毛呈现“五彩斑斓的黑”，即通体是黑色，仔细瞧时却能在黑中发现绿、蓝、紫等其他颜色，并呈现金属光泽。由此科学家推测，小盗龙有可能是在白天活动。

以下哪项如果为真，最能支持科学家的推测？

A.“五彩斑斓的黑”可能被用来进行种内信息交流，如个体识别、吸引配偶等。

B. 近距离观察乌鸦，会发现阳光下乌鸦的羽毛也呈现出这种五彩斑斓的结构色。

C.“五彩斑斓的黑”需要阳光反射才能呈现，有此颜色的恐龙基本都在白天活动。

D. 某教授认为，从现有的研究资料来看，小盗龙更有可能在白天活动。

E. 大型恐龙一般在白天猎食，而小型恐龙不具有竞争优势，它们大多在夜间猎食。

11. 天和公司即将举办年会，由于时间限制，欲从各部门准备的甲、乙、丙、丁、戊、己、庚7个节目中选择4个进行表演。已知：

(1)乙、丙、庚中至多选择1个。

(2)若甲、丙中至多选择1个，则选择丁和戊。

(3)若戊、庚中至少选择1个，则不选择己。

根据上述信息，可以得出以下哪项？

A. 一定选择己。　　B. 一定选择丙。　　C. 一定选择甲。

D. 一定不选择丁。　　E. 一定不选择庚。

12. 某写字楼物业部安排甲、乙、丙、丁、戊、己、庚7位保安在本周的周一至周日值班，每人值班1天，每天只安排1人值班。已知：

(1)庚在周三值班，且庚的值班时间早于甲。

(2)丙在己之前值班，且两人之间还安排了3人值班。

(3)甲的值班时间早于乙，也早于戊。

根据以上信息，以下哪项一定为真？

A. 乙在周日值班。

B. 丁在周一值班。

C. 甲和己的值班时间相邻。

D. 丙和丁的值班时间相邻。

E. 乙和戊的值班时间相邻。

13～14题基于以下题干：

安泰经济与管理学院的甲、乙、丙、丁、戊、己、庚、辛8名研究生新生，将分别从《微观经济学》《经济学》《货币银行学》《企业管理》《统计学》《资本论》《市场营销》《国际贸易》8门课程中选择1门学习，互不重复。已知：

(1)乙选修《微观经济学》或《企业管理》。

(2)如果丙不选修《统计学》或丁不选修《经济学》，则乙选修《资本论》并且庚选修《国际贸易》。

(3)如果丙选修《统计学》，则戊选修《经济学》或己选修《企业管理》。

(4)庚和辛各选修了《市场营销》和《国际贸易》中的1门。

13. 根据上述信息，可以得出以下哪项？

A. 乙选修《企业管理》。

B. 丙选修《经济学》。

C. 丁选修《资本论》。

D. 己选修《企业管理》。

E. 庚选修《国际贸易》。

14. 若甲不选修《货币银行学》，则可以推出以下哪项？

A. 庚选修《市场营销》。

B. 辛选修《国际贸易》。

C. 戊选修《货币银行学》。

D. 戊选修《资本论》。

E. 甲选修《企业管理》。

15. 罗、王、张、吕、陈和刘六位老师被安排在本周的周一至周六晚上直播答疑。每位老师一周只安排一天答疑，每天只安排一位老师答疑。已知：

(1)若王在周二答疑，则陈在周四答疑。

(2)若王不在周二答疑，则张在周四答疑且罗在周三答疑。

(3)如果吕不在周四答疑，则刘在周二答疑或者罗在周三答疑。

根据上述信息，可以得出以下哪项？

A. 陈在周六答疑。

B. 罗在周三答疑。

C. 刘在周五答疑。

D. 吕在周二答疑。

E. 张在周四答疑。

16. 某高校在校内针对大四毕业生进行了一项调研，结果显示：所有参与过志愿者服务的学生都喜欢阅读，所有参与过志愿者服务的学生都有丰富的实习经历；如果一个学生拥有丰富的实习经历，则具备较强的自我意识。

根据上述信息，以下哪项关于该校大四毕业生的断定一定为真？

A. 有的喜欢阅读的学生没有丰富的实习经历。

B. 有的参与过志愿者服务的学生没有丰富的实习经历。

C. 有的喜欢阅读的学生具备较强的自我意识。

D. 所有喜欢阅读的学生都有丰富的实习经历。

E. 所有参与过志愿者服务的学生都不具备较强的自我意识。

17. 为保证公司的可持续发展，某集团董事会就开展公司新的业务进行激烈讨论。已知：

(1)若终端业务和半导体业务中至少开展一个，则智能家居业务和运营商业务均开展。

(2)若智能车机业务和智能家居业务中至少开展一个，则不会开展芯片研发业务。

(3)若智能家居业务和终端业务中至多开展一个，则只开展半导体业务和软件业务中的一个。

若该集团开展芯片研发业务，则以下哪项一定为真？

A. 开展运营商业务。

B. 开展软件业务。

C. 开展终端业务。

D. 开展智能车机业务。

E. 开展半导体业务。

18. 大学毕业之后，同寝室的赵嘉、钱宜、孙斌、李玎、吴纪五人恰好在北京、上海、广州、深圳、武汉五个城市工作，互不重复。已知：

(1)李玎、吴纪和在广州工作的人上学期间经常一起打篮球。

(2)赵嘉、在武汉工作的人、在北京工作的人是高中同学。

(3)孙斌工作的城市在上海和武汉之中，在上海工作的人不打篮球。

(4)钱宜和李玎上大学前都不认识赵嘉，钱宜从未打过篮球。

根据上述信息，可以得出以下哪项？

A. 李玎在广州工作。

B. 钱宜在上海工作。

C. 赵嘉在北京工作。

D. 吴纪在深圳工作。

E. 孙斌在上海工作。

19～20 题基于以下题干：

某公司为确保生产的产品的质量，从甲、乙、丙、丁、戊、己、庚、辛和壬这 9 个车间中共抽选了 17 件商品送往权威机构进行质量检测，每个车间至多有 3 件商品被抽选。还已知：

(1)甲、丙和己 3 个车间共被抽选了 5 件商品。

(2)若壬车间没有商品被抽选，则戊、辛 2 个车间至多共有 3 件商品被抽选。

(3)若乙、丁中至少有 1 个车间的商品被抽选，则乙、丁和庚每个车间至多被抽选 2 件商品。

19. 根据上述信息，可以得出以下哪项？

A. 甲车间有商品被抽选。

B. 己车间有商品被抽选。

C. 壬车间有商品被抽选。

D. 戊车间有商品被抽选。

E. 丁车间有商品被抽选。

20. 若丁和壬 2 个车间合计仅有 2 件商品被抽选，则以下哪项一定为真？

A. 甲和戊车间共被抽选 6 件商品。

B. 戊和辛车间共被抽选 5 件商品。

C. 戊和庚车间共被抽选 4 件商品。

D. 辛和丙车间共被抽选 6 件商品。

E. 庚和乙车间共被抽选 4 件商品。

396 经济类联考逻辑 ▸ 模拟卷 1

答案详解

答案速查

1～5　CDBBE	6～10　ADCCC
11～15　CDDCB	16～20　CBBCE

1. C

【第 1 步　识别命题形式】

题干由多个假言命题组成，且这些假言命题中无重复元素，选项均为假言命题，故此题为母题模型 2　假言推假言模型(无重复元素)。

【第 2 步　套用母题方法】

步骤 1：画箭头。

题干：

①实现保产增产→打通供应链产业链。

②稳住中小微企业发展的脚步→更快播撒到中小微企业。

③全面联通→协同发展。

步骤 2：逆否。

①逆否可得：④¬打通供应链产业链→¬实现保产增产。

②逆否可得：⑤¬更快播撒到中小微企业→¬稳住中小微企业发展的脚步。

③逆否可得：⑥¬协同发展→¬全面联通。

步骤 3：找答案。

A 项，全面联通→实现保产增产，由③可知，此项可真可假。

B 项，更快播撒到中小微企业→稳住中小微企业发展的脚步，由②可知，此项可真可假。

C 项，¬打通供应链产业链→¬实现保产增产，由④可知，此项必然为真。

D 项，协同发展→稳住中小微企业发展的脚步，由③可知，此项可真可假。

E 项，¬实现保产增产→¬全面联通，由④可知，此项可真可假。

2. D

【第 1 步　识别命题形式】

提问方式：以下哪项如果为真，最能支持上述论证？

题干：①脂肪和糖分的摄入量过多会使得人们体重过胖。②当人们摄入高度加工的碳水化合物时(S)会导致人体不分泌胰高血糖素，缺乏胰高血糖素使得人体不能获得足够能量，从而使人产生饥饿感(P1)。某研究者据此认为，摄入高度加工的碳水化合物(S)会导致人肥胖(P2)。

题干中，P1 与 P2 不一致，故此题为母题模型 15　拆桥搭桥模型(双 P 型)。此外，锁定关键词“导致”，可知此题也为母题模型 16　现象原因模型。

【第2步 套用母题方法】

A项，此项的论证对象是“未高度加工的碳水化合物”，而题干的论证对象是“高度加工的碳水化合物”，二者不一致。（干扰项 • 对象不一致）

B项，此项指出高度加工的碳水化合物中脂肪和糖分的含量较低，结合论据①可知，摄入高度加工的碳水化合物可能不会导致人肥胖，削弱题干。

C项，此项说明缺乏胰高血糖素确实会使人产生饥饿感，支持论据②，但题干要求支持“论证”，故此项的支持力度较弱。

D项，此项建立了“饥饿感”和“摄入超过其所需的脂肪和糖分”（即肥胖）之间的关系，搭桥法（双P搭桥），支持题干。

E项，题干不涉及“碳水化合物的作用”，无关选项。（干扰项 • 话题不一致）

3. B

【第1步 识别命题形式】

提问方式：以下哪项如果为真，最能支持上述研究结论？

题干：研究表明，荔枝难以保鲜(G)是因为果实的呼吸强度很高(Y)。

锁定关键词“是因为”，可知此题为母题模型16 现象原因模型。

【第2步 套用母题方法】

A项，题干涉及的是荔枝难以保鲜的原因，而此项涉及的是荔枝的可食用部位，无关选项。（干扰项 • 话题不一致）

B项，此项说明荔枝难以保鲜与其离枝后高强度的呼吸作用有关，因果相关（YG搭桥），支持题干。

C项，此项指出荔枝容易变质很可能是“自身不断产生乙烯”导致的，另有他因，削弱题干。

D项，题干的论证对象是“荔枝”，而此项的论证对象是“荔枝花”，无关选项。（干扰项 • 对象不一致）。

E项，此项说明可能是微生物和害虫导致了荔枝品质下降，另有他因，削弱题干。

4. B

【第1步 识别命题形式】

提问方式：以下哪项如果为真，最能削弱上述结论？

题干：研究人员开发出一种源自特定植物的环保材料，这种环保材料质量较轻，可支撑自身重量200倍的物体且不变形，还可以自然降解，燃烧时不会产生污染性烟尘。因此，这种环保材料有望成为制造一次性咖啡杯等用品的重要材料。

锁定关键词“有望成为”，可知此题为母题模型17 预测结果模型。

【第2步 套用母题方法】

A项，“这类过敏人群”只是一部分人，不能代表所有人的情况，故此项不能削弱题干。

B项，此项指出这种环保材料遇液体容易分解，那么也就无法用来盛装咖啡，说明结果预测错误，削弱题干。

C项，题干不涉及该材料大规模投入生产后会对聚苯乙烯泡沫塑料的厂家产生何种影响，无关选项。（干扰项 • 话题不一致）

D项，题干不涉及环保材料是否可以“完全替代”聚苯乙烯泡沫材料，无关选项。（干扰项 • 话题不一致）

E项，此项说明这种环保材料用来制作咖啡杯时具备成本低、产量高的优良属性，有利于说明结果预测正确，支持题干。

5. E

【第1步 识别命题形式】

提问方式：以下哪项如果为真，最能支持上述论证？

题干：牙龈的损伤程度(S)和海马体体积的缩小(P1)有直接关系。研究人员认为，对于老年人而言，预防牙龈损伤(S)有助于预防老年痴呆(P2)。

题干中，P1与P2不一致，故此题为母题模型15 拆桥搭桥模型(双P型)。

【第2步 套用母题方法】

A项，此项指出牙龈炎会对心脏、肺部或胃部造成不利影响，不涉及"老年痴呆"，无关选项。(干扰项·话题不一致)

B项，此项指出牙龈卟啉单胞菌会对神经细胞造成损伤，但并未说明其对"老年痴呆"是否有影响，不能支持题干。(干扰项·不确定项)

C项，题干不涉及牙龈炎的发病原因，无关选项。(干扰项·话题不一致)

D项，题干不涉及老年痴呆的发病原因，无关选项。(干扰项·话题不一致)

E项，此项建立了"海马体萎缩"(即海马体体积缩小)和"老年痴呆症"之间的联系，搭桥法(双P搭桥)，支持题干。

6. A

【第1步 识别命题形式】

提问方式：以下哪项如果为真，最能质疑上述结论？

题干：埃博拉病毒可以通过蚊子传播，蚊子咬了长臂猿再去叮咬人类，人类就会被传染。因此，如果蚊子灭绝，人类就不会感染埃博拉病毒(即：灭绝→¬感染)。

题干结论中出现绝对化词"如果……就……"，故此题为母题模型21 绝对化结论模型。

【第2步 套用母题方法】

A项，此项指出加工后的皮毛制品也能传播埃博拉病毒，那么蚊子即使灭绝了，人类也可能会感染埃博拉病毒，与题干结论矛盾，故此项削弱题干的结论。

B项，题干不涉及"长臂猿的生活地点"，无关选项。(干扰项·话题不一致)

C项，题干不涉及"蚊子的繁殖能力和适应能力"，无关选项。(干扰项·话题不一致)

D项，此项指出叮咬长臂猿和叮咬人类的蚊子是同一品种，这也就意味着，蚊子一旦灭绝，埃博拉病毒就无法通过蚊子传染给人类，支持题干的结论。

E项，题干不涉及蚊子的灭绝对生态系统有何影响，无关选项。(干扰项·话题不一致)

7. D

【第1步 识别命题形式】

提问方式：以下哪项如果为真，最能质疑上述结论？

题干：琥珀在长久的地质年代内，所保存的化学和同位素信息几乎不会改变。因此，可以用琥珀来揭示不同年代的全球大气成分。

锁定关键词"可以"，可知此题为母题模型18 措施目的模型。

【第2步 套用母题方法】

A项，此项指出琥珀能反映当时生态环境与生物的关系，但由此无法说明琥珀是否可以揭示不同年代的全球大气成分，故此项不能削弱题干。(干扰项·不确定项)

B项，题干不涉及琥珀的“形成过程”和“数量”，无关选项。(干扰项·话题不一致)

C项，此项指出搬运、储存不当会影响琥珀进行同位素检测的准确性，但并未说明若“处理得当”是否会准确，故不能很好地削弱题干。(干扰项·不确定项)

D项，此项指出除始新世纪外，其他年份并没有形成琥珀，那么就不能用琥珀来揭示“不同年代”的全球大气成分，措施达不到目的，削弱题干。

E项，题干不涉及琥珀的“收藏价值”，无关选项。(干扰项·话题不一致)

8. C

【第1步 识别命题形式】

提问方式：以下哪项如果为真，最能支持上述结论?

题干：①铅和镉是香烟烟雾中排出的两种重金属；②铅和镉分别与包括肾癌和肺癌在内的人类癌症有关；③环境烟气污染主要是通过侧流烟气来实现的。因此，吸烟(S)不仅有害吸烟者的健康，也通过污染空气而对吸二手烟的人的健康造成威胁(P)。

此题提问针对论点，故优先考虑母题模型15 拆桥搭桥模型(SP型)。

【第2步 套用母题方法】

A项，题干不涉及“侧流烟气”和“吸烟者呼出的烟气”在重金属含量上的比较。(干扰项·新比较)。

B项，“有许多从未吸过烟的人患上了肺癌”不能说明吸烟对身体健康有害，不能支持题干。

C项，此项指出吸二手烟会使得铅和镉沉积在肺组织的深处，而铅和镉与人类癌症有关，说明吸二手烟确实会对人体造成危害，搭桥法(SP搭桥)，支持题干。

D项，题干的论证对象是“烟”中的重金属，而此项的论证对象是“蔬菜和水”中的重金属，二者不一致。(干扰项·对象不一致)

E项，题干不涉及“中国香烟”和“美国、日本生产的香烟”中铅、镉含量的比较。(干扰项·新比较)

9. C

【第1步 识别命题形式】

提问方式：以下哪项如果为真，最能支持该研究的结论?

研究的结论：恋爱(S)不仅不会使智商下降，反而还能给智力带来很多积极效应(P)。

题干无论据，且提问针对论点，故此题优先考虑母题模型15 拆桥搭桥模型(SP型)。

【第2步 套用母题方法】

A项，此项只能说明恋爱可能会激发更多的“合作行为”，但不直接涉及“智力”，无关选项。(干扰项·话题不一致)

B项，此项说明恋爱对人的智力不会造成任何影响，因此也不会给智力带来很多积极效应，拆桥法(SP拆桥)，削弱题干。

C项，此项说明恋爱对薛定谔的智力产生了积极影响，例证法，支持题干。

D项，此项说明恋爱能够影响“脑区活动”，但不涉及恋爱对“智力”的影响，无关选项。

E项，此项涉及的是恋爱对“情绪”的影响，而题干涉及的是恋爱对“智力”的影响，无关选项。(干扰项·话题不一致)

10. C

【第1步 识别命题形式】

提问方式：以下哪项如果为真，最能支持科学家的推测？

科学家：小盗龙(S)的羽毛呈现“五彩斑斓的黑”(P1)。因此，小盗龙(S)有可能是在白天活动(P2)。

题干中，P1与P2不一致，故此题为母题模型15 拆桥搭桥模型(双P型)。

【第2步 套用母题方法】

A项，此项涉及的是小盗龙羽毛颜色所代表的“功能”，而题干涉及的是小盗龙羽毛颜色所代表的“活动时间”，无关选项。(干扰项·话题不一致)

B项，此项的论证对象是“乌鸦”，而题干的论证对象是“小盗龙”，无关选项。(干扰项·对象不一致)

C项，此项指出有“五彩斑斓的黑”(P1)颜色羽毛的恐龙基本在白天活动(P2)，搭桥法(双P搭桥)，支持科学家的推测。

D项，某教授的个人观点未必为真，不能支持或削弱科学家的推测。(干扰项·非事实项)

E项，题干不涉及恐龙体形大小与猎食时间的关系，无关选项。(干扰项·话题不一致)

11. C

【第1步 识别命题形式】

题干中，条件(2)和(3)均为假言命题，选项均为事实，故本题的主要命题形式为母题模型4 假言推事实模型。同时，题干中还涉及数量关系[“7选4”、条件(1)]，故此题为假言推事实+数量模型。

【第2步 套用母题方法】

由条件(1)并结合“7选4”可得：甲、丁、戊、己4个节目中至少选择3个。

再由条件(2)、(3)串联可得：$\neg$甲$\vee\neg$丙$\rightarrow$丁$\wedge$戊$\rightarrow\neg$己。

可见，若“$\neg$甲”为真，则甲、己均不选择，此时，与“甲、丁、戊、己4个节目中至少选择3个”矛盾。因此，一定选择甲。

故C项正确。

12. D

【第1步 识别命题形式】

题干中出现“7位保安”与“7天”的匹配关系，故此题为母题模型6 匹配模型。

【第2步 套用母题方法】

从事实出发，由条件(1)中“庚在周三值班”并结合条件(2)可得下表：

	周一	周二	周三	周四	周五	周六	周日
情况①	丙		庚		己		
情况②		丙	庚			己	

由上表结合条件(1)中“庚的值班时间早于甲”、条件(3)可将上表补充如下：

	周一	周二	周三	周四	周五	周六	周日
情况①	丙	丁	庚	甲	己	乙∀戊	戊∀乙
情况②	丁	丙	庚	甲	乙∀戊	己	戊∀乙

故D项正确。

13. D

【第1步　识别命题形式】

题干中，条件(1)和(4)均为半事实，条件(2)和(3)均为假言命题，选项均为事实，故本题的主要命题形式为母题模型3　半事实假言推事实模型。同时，题干中还涉及“人”与“课程”的匹配关系，故此题为半事实假言十匹配模型。

【第2步　套用母题方法】

从半事实出发，由条件(1)可知，分如下两种情况讨论：①乙微观∧¬乙企业；②¬乙微观∧乙企业。

无论哪一种情况为真，均可得：乙不选修《资本论》。

由“乙不选修《资本论》”可知，条件(2)的后件为假，则其前件也为假，可得：丙选修《统计学》∧丁选修《经济学》。

由“丙选修《统计学》”可知，条件(3)的前件为真，则其后件也为真，可得：戊选修《经济学》∨己选修《企业管理》。

再结合“丁选修《经济学》”和“8人每人选择1门学习，互不重复”可得：己选修《企业管理》。

故D项正确。

14. C

【第1步　识别命题形式】

题干中，“甲不选修《货币银行学》”为事实，其他已知条件同上题一致，故此题为母题模型3　半事实假言推事实十匹配模型。

【第2步　套用母题方法】

引用上题推理结果：丙选修《统计学》、丁选修《经济学》、己选修《企业管理》。

从事实出发，由“己选修《企业管理》”并结合条件(1)可知，乙选修《微观经济学》。

由上述信息，结合条件(4)可得下表：

甲	乙	丙	丁	戊	己	庚	辛
	《微观经济学》	《统计学》	《经济学》		《企业管理》	《市场营销》 《国际贸易》	

由“甲不选修《货币银行学》”结合上表和“8人每人选择1门学习，互不重复”可得：戊选修《货币银行学》、甲选修《资本论》。

故C项正确。

15. B

【第 1 步　识别命题形式】

题干中，条件(1)、(2)和(3)均为假言命题，选项均为事实，故本题的主要命题形式为母题模型 4　假言推事实模型。同时，题干中还涉及“人”与“时间”的匹配关系，故此题为假言推事实+匹配模型。

【第 2 步　套用母题方法】

由条件(1)和(3)串联可得：王 2→陈 4→¬ 吕 4→刘 2∨罗 3。故有：①王 2→罗 3。

由条件(2)可得：②¬ 王 2→罗 3。

根据二难推理公式，由①、②可得：

王 2→罗 3；
¬ 王 2→罗 3；
———————————
因此，罗 3。

故 B 项正确。

16. C

【第 1 步　识别命题形式】

题干由性质命题和假言命题组成，且“所有参与过志愿者服务的学生都喜欢阅读”与“所有参与过志愿者服务的学生都有丰富的实习经历”这两个条件符合双 A 串联公式，故此题为母题模型 8　性质串联模型(双 A 串联型)。

【第 2 步　套用母题方法】

题干有以下信息：

①志愿者服务→阅读。

②志愿者服务→实习。

③实习→自我意识。

观察条件①和②，符合双 A 串联公式，故有：④有的阅读→实习；再与③串联可得：⑤有的阅读→实习→自我意识。

由②、③串联可得：⑥志愿者服务→实习→自我意识。

A 项，有的阅读→¬ 实习，此项与④构成下反对关系，一真另不定，故此项可真可假。

B 项，有的志愿者服务→¬ 实习，此项与②构成矛盾关系，故此项必然为假。

C 项，有的阅读→自我意识，由⑤可知，此项必然为真。

D 项，阅读→实习，由④可知，此项可真可假。

E 项，志愿者服务→¬ 自我意识，由⑥可得：志愿者服务→自我意识，与此项构成反对关系，一真另必假，故此项必然为假。

17. B

【第 1 步　识别命题形式】

题干中，“开展芯片研发业务”为事实，条件(1)、(2)和(3)均为假言命题，故此题为母题模型 1　事实假言模型。

【第 2 步　套用母题方法】

从事实出发，由“开展芯片研发业务”可知，条件(2)的后件为假，则其前件也为假，可得：¬ 智能车机∧¬ 智能家居。

由"¬ 智能家居"可知，条件(1)的后件为假，则其前件也为假，可得：¬ 终端∧¬ 半导体。
由"¬ 终端"可知，条件(3)的前件为真，则其后件也为真，可得：半导体∨软件。
由"¬ 半导体"并结合"半导体∨软件"可得：软件。故B项正确。

18. B

【第1步　识别命题形式】

题干中出现"五人"与"五个城市"的匹配关系，故此题为母题模型6　匹配模型。

【第2步　套用母题方法】

观察题干已知条件，发现"篮球"出现次数较多，故优先分析。
由条件(1)和(4)可得：李玎、吴纪、钱宜均不在广州工作。
再结合条件(3)可得：赵广州。
由条件(2)和条件(4)中"钱宜和李玎上大学前都不认识赵嘉"可得：¬ 钱武汉∧¬ 李武汉∧¬ 钱北京∧¬ 李北京。
综上，结合条件(3)可得：吴北京。
由"吴北京""赵广州"并结合"¬ 钱武汉∧¬ 李武汉"可得：孙武汉。
再由条件(3)中"在上海工作的人不打篮球"结合条件(1)可得：钱上海、李深圳。
故B项正确。

19. C

【第1步　识别命题形式】

题干中，条件(2)和(3)均为假言命题，选项均为事实，故本题的主要命题形式为母题模型4　假言推事实模型。同时，题干中还涉及数量关系["9个车间中共抽选了17件商品，每个车间至多有3件商品被抽选"、条件(1)]，故此题为假言推事实+数量模型。

【第2步　套用母题方法】

步骤1：数量关系优先算。

由条件(1)结合"9个车间中共抽选了17件商品"可知，乙、丁、戊、庚、辛和壬这6个车间中共有12件商品被抽选。

步骤2：用"假言推事实模型"的思路解题。

由条件(2)和(3)串联可得：¬ 壬有商品被抽选→戊、辛2个车间至多共有3件商品被抽选→乙有商品被抽选∨丁有商品被抽选→乙、丁和庚每个车间至多被抽选2件商品。
故，若"¬ 壬有商品被抽选"为真，则乙、丁、庚、戊、辛和壬这6个车间至多有9件商品被抽选，与"乙、丁、戊、庚、辛和壬这6个车间中共有12件商品被抽选"矛盾。因此，"¬ 壬有商品被抽选"为假，即：壬车间有商品被抽选。故C项正确。

20. E

【第1步　识别命题形式】

同上题一致。

【第2步　套用母题方法】

引用上题推理结果：①乙、丁、戊、庚、辛和壬这6个车间中共有12件商品被抽选；②壬车间有商品被抽选。

步骤 1：数量关系优先算。

由“丁和壬 2 个车间合计仅有 2 件商品被抽选”结合条件①可知，乙、戊、庚和辛 4 个车间中共有 10 件商品被抽选。

再结合“每个车间至多有 3 件商品被抽选”可知，10＝3＋3＋3＋1 或者 10＝3＋3＋2＋2，故，乙、戊、庚和辛每个车间均有商品被抽选。

步骤 2：推出事实。

由“乙、戊、庚和辛每个车间均有商品被抽选”可知，条件(3)的前件为真，则其后件也为真，可得：乙、丁和庚每个车间至多被抽选 2 件商品。

再结合“10＝3＋3＋3＋1 或者 10＝3＋3＋2＋2”可知，戊和辛每个车间均有 3 件商品被抽选、乙和庚每个车间均有 2 件商品被抽选。

故 E 项正确。

396 经济类联考逻辑▸模拟卷 2

（共 20 小题，每小题 2 分，共 40 分，限时 40 分钟）

说明：本套模拟卷在试卷结构上同 2025 年经济类联考真题一致，难度同近 5 年经综真题基本一致。

1. 创新是企业的立身之本、活力之源。企业只有不断提高核心竞争力，才能在激烈的市场竞争中脱颖而出。企业若要不断提高核心竞争力，就必须从战略高度认识人才的重要性。若能保持创新，企业就能在激烈的市场竞争中脱颖而出。

   根据以上陈述，以下哪项不必然为真？

   A. 如果不从战略高度认识人才的重要性，就不能保持创新。

   B. 只要能保持创新，就能不断提高企业的核心竞争力。

   C. 企业能在激烈的市场竞争中脱颖而出，除非它不从战略高度认识人才的重要性。

   D. 如果一个企业能在激烈的市场竞争中脱颖而出，说明该企业从战略高度认识人才的重要性。

   E. 如果一个企业不能在激烈的市场竞争中脱颖而出，那么该企业不能保持创新。

2. 考古人员在挖掘周口店“北京人”遗址时，发掘出两三处集中用火的部位，可以被称为“火塘”，在“火塘”内部及周围，考古人员还发现了大量燃烧过的物质的沉积物。考古学者由此推测“北京人”已经学会用火。而部分学者则质疑称，发现的沉积物可能是自然山火造成的。

   下列哪项如果为真，最能反驳上述质疑？

   A. 本次发掘中发现一些完全碳化的动物骨骼，其内外都为黑色，可以判断是火烧的结果。

   B. 发现的沉积物经历了再搬运，并非在原地形成。

   C. 该沉积物经历了 700℃以上的加热，而自然山火一般无法达到如此高的温度。

   D.“火塘”附近的“猿人洞”中发现了猿人的遗骨、遗物和洞顶塌落的石块等。

   E. 近年来，有学者发表了相关文献证明以色列古人类早在 79 万年前就会用火。

3. 在零食等预包装食品中含有多种食品添加剂，通常越是精致的零食含有添加剂的种类越多，即使添加剂通过相关部门审批并正常上市，很多家长还是谈“剂”色变。倡导食用天然食品的人认为，零食中的食品添加剂会危害儿童健康。

   以下哪项如果为真，最能质疑上述观点？

   A. 天然食品也并不代表就一定安全。

   B. 零食中的食品添加剂含量较低，不会对儿童造成影响。

   C. 若食品添加剂的使用量较大，确实会对人体健康造成危害。

   D. 食品添加剂可以起到防止食物变质的作用。

   E. 儿童经常食用零食会因营养不均衡而引发健康风险。

4. 研究人员为了考察聆听莫扎特音乐和空间推理能力之间的关系，进行了实验。第一组被试者聆听莫扎特音乐，第二组被试者聆听其他类型的音乐，或者没有聆听任何音乐。一段时间后，给每位被试者发放三套空间推理能力测试题。结果显示：第一组的平均分明显高于第二组。研究人员据此认为，聆听莫扎特音乐能够提高人们的空间推理能力。

以下哪项如果为真，最能削弱上述结论？

A. 第一组被试者原本和第二组被试者的学习能力基本相当。

B. 上述测试题中只涉及空间推理能力，并不能全面反映被试者的智力水平。

C. 实验开始前，两组被试者均未做过任何空间推理能力测试题。

D. 第一组被试者中男性比例较高，而男性的空间推理能力普遍高于女性。

E. 莫扎特的音乐比其他类型的音乐更容易使被试者获得愉悦感。

5. 有研究指出，智商高的人更容易在某个专业领域取得成绩，而情商通常会影响人际关系和家庭的稳定。专家据此认为，注重对情商的培养，更有利于获得幸福感。

以下哪项如果为真，最能支持上述论证？

A. 相比于社会环境因素，遗传因素对智商的影响更大。

B. 许多成功人士的智商并不是很高，但情商很高。

C. 一个人的情商水平，与其童年时期接受的教育培养关系密切。

D. 良好的人际关系和家庭状况比专业成就更能让人获得幸福感。

E. 一般来说，智商高的人，情商也比较高。

6. 由于剖宫产分娩是无菌分娩，分娩时胎儿不会接触到妈妈产道中的有益菌群，使得剖宫产宝宝的肠道菌群定植迟缓，影响免疫系统的发育，过敏风险也随之升高。要降低剖宫产宝宝的过敏风险，家长们要把好饮食关。专家指出，母乳喂养可降低剖宫产宝宝过敏风险。

以下哪项如果为真，最能支持专家的观点？

A. 剖宫产的宝宝肠道健康菌群的建立，比自然分娩的宝宝晚约 6 个月。

B. 研究显示，母乳喂养期间母亲进食易过敏食物，会增加宝宝过敏风险。

C. 母乳致敏性低，是因为宝宝的免疫系统能将其中的蛋白质识别为“自己的”。

D. 营养学家认为，母乳中的糖蛋白为肠道菌群提供营养，母乳喂养时，婴幼儿的胃肠道会富集大量特殊的保护性的微生物。

E. 母乳中含有丰富的免疫球蛋白、乳铁蛋白等免疫成分，可以帮助婴幼儿提高免疫力，降低婴幼儿的过敏风险。

7. 某公司新推出一款耳机，其降低噪音的效果比市面上所有同类产品都要好，因此，该公司管理者认为，这款耳机的销量会远远超过市面上所有其他同类产品的销量。

以下哪项如果为真，最能质疑该公司管理者的观点？

A. 这款耳机的耗电量高于其他同类产品。

B. 降低噪音功能并不是大部分消费者在选购耳机时的主要关注点。

C. 这款耳机的价格略高于其他同类产品。

D. 降噪深度是衡量耳机降噪性能的一个重要指标，但该公司相关的工艺并不成熟。

E. 该公司对于产品的宣传力度不如其他同类企业。

8. 目前科学家已成功将人类干细胞移植到基因改造过的特种猪的体内，且没有出现排斥现象。研究人员声称，这项突破性技术有助于为免疫力严重不足的患者找到治疗方法，人们有望在将来通过移植干细胞为免疫力严重不足的患者带来福音。

以下哪项如果为真，最能对研究人员的预期提出质疑？

A. 这种特种猪拥有区别于人类的免疫系统，可以接受各种移植物而不会出现排斥反应。

B. 即使没有排斥反应，患者移植干细胞后也需要相当长的一段时间静养。

C. 用猪做实验意义重大，因为相较于其他许多实验动物，猪更接近人类。

D. 通过移植干细胞的方式也只能使得部分患者的免疫力恢复到正常人的水平。

E. 一般来说从动物实验成功到人类临床治疗往往需要很长时间。

9. “小T小T，请帮我开灯，小T小T，我心情不好，给我讲个笑话吧。小T小T，请在月底提醒我，妈妈的生日快到了……”如今，各式各样的智能机器人层出不穷，人工智能通过语音识别和机器学习来模拟人的行为，给人们提供工作和生活上的便利。多位专家预测，面向家庭日常使用的人工智能机器人，将超过服务于传统制造业和物流业的机器人，成为下一个爆发式增长的市场。

以下哪项如果为真，最能质疑专家的预测？

A. 面向家庭的人工智能机器人研发制造工序繁杂，生产周期较长，很难实现大规模量产。

B. 人工智能机器人虽然层出不穷，但目前各品牌机器人的质量参差不齐，家庭用户评价褒贬不一。

C. 面向家庭的人工智能机器人与实际需求较为吻合，能减轻家务负担；且售价相对较低，对许多家庭而言，可以轻松负担这笔费用。

D. 人工智能和社会伦理是否会产生冲突，能否大批量投入居家使用，尚待时间检验。

E. 面向家庭的人工智能机器人比普通机器人的成本更高，价格更贵。

10. 一项研究发现，常食用人类食物的熊冬眠时间会明显缩短，最多时可达50天，这些熊与保持天然饮食习惯的熊相比，染色体端粒显著减少。因此有人推测：经常食用人类食物，熊的寿命会随之缩短。

以下哪项如果为真，最能支持上述观点？

A. 一般来说，癌细胞内染色体端粒的长度可以长时间保持不变。

B. 当动物机体的细胞端粒数量显著减少后，染色体也会变得不稳定。

C. 端粒减少后，动物机体内细胞老化、受损的速度更快，衰老进程加快。

D. 冬眠时间缩短后，熊类在冬季变得更为活跃，但其繁衍能力却日趋下降。

E. 经常食用人类食物会使熊身体代谢的速度不断地提升，有助于延长熊的寿命。

11. 某颁奖典礼的主席台上共设有从左到右(第1个至第8个)8个座位。甲、乙、丙、丁、戊、己、庚和辛8位颁奖嘉宾任选其中的1个座位就座，且每个座位仅坐1人。已知：

(1)若丙和乙相邻，则己和乙相邻且甲和丁不相邻。

(2)如果丁和戊不相邻，那么丁坐在第4个座位且庚坐在第3个座位。

(3)若戊坐在第1个或者最后一个座位，则丙和乙相邻。

若丁和戊之间间隔3人，则以下哪项一定为真？

A. 戊和乙相邻。　B. 丁和甲相邻。　C. 己和乙相邻。

D. 丙坐在第2个座位。　E. 丙坐在第6个座位。

12. 乐学喵逻辑教研室的老师们一起前往大型商场购置办公用品，已知：

(1)若打印机、手写板中至少购买一种，则一定购买显示屏但不购买鼠标。

(2)若购买显示屏，则键盘和摄像头仅购买一种。

(3)若显示屏、键盘中至多购买一种，则一定购买打印机但不购买摄像头。

根据上述信息，以下哪项一定为真？

A. 购买鼠标。

B. 购买键盘。

C. 购买打印机。

D. 购买手写板。

E. 购买摄像头。

13. 有的外科医生是协和医科大学 8 年制的博士毕业生，所以，有些协和医科大学 8 年制的博士毕业生有着精湛的医术。

以下哪项必须为真，才能够保证上述结论正确？

A. 有的外科医生具有精湛的医术。

B. 并非所有的外科医生都医术精湛。

C. 所有医术精湛的医生都是协和医科大学 8 年制的博士毕业生。

D. 所有的外科医生都具有精湛的医术。

E. 有的外科医生不是协和医科大学的博士。

14. 有一个 5×5 的方阵，如下图所示，它所含的每个小方格中均可填入一个词(已有部分词填入)。现要求该方阵中的每行、每列及每个由粗线条围住的五个小方格组成的特殊区域中均含有“幼年”“少年”“青年”“中年”“老年”5 个词，不能重复也不能遗漏。

	青年	①		
		幼年		
青年			少年	
				②
少年				老年

根据以上信息，依次填入该方阵①、②处的 2 个词应是：

A. 青年、少年。

B. 少年、老年。

C. 青年、幼年。

D. 老年、中年。

E. 中年、青年。

15. 清北大学拟组建集训队参加国际数学建模大赛，需要从甲、乙、丙、丁、戊、己、庚、辛 8 名候选者中选出 5 名集训队员，为求参赛时队员协同能力最强，选拔需满足以下条件：

(1)甲、乙、丙 3 人中必须选出 2 人。

(2)乙、戊、己 3 人中至多选出 2 人。

(3)甲与丙不能都被选上。

(4)并非丁和辛有且只有一人被选出。

根据上述信息，可以得出以下哪项？

A. 甲能被选上。

B. 丁能被选上。

C. 庚能被选上。

D. 己能被选上。

E. 戊能被选上。

16. 晚霞公园拟在园内东、南、西、北 4 个区域种植牡丹、菊花、月季、兰花、蔷薇、杜鹃 6 种特色花卉，每个区域至少种植 1 种特色花卉，每种特色花卉均只能种在 1 个区域。布局和基本要求是：

(1)菊花和兰花种在同一个区域。

(2)牡丹没有单独种在一个区域。

(3)月季种在东区，兰花没有种在西区。

(4)蔷薇种在东区或北区。

根据上述信息，以下哪项必然为真？

A. 兰花种在北区。

B. 牡丹种在西区。

C. 杜鹃种在东区。

D. 菊花种在南区。

E. 蔷薇种在西区。

17～18 题基于以下题干：

亚运会某志愿者小组的甲、乙、丙、丁、戊、己六位成员分别就读于清北大学、西京大学、南山大学、东升大学、中和大学、复海大学六所大学中的一所，互不相同。已知：

(1)如果戊不就读于西京大学，那么丙就读于复海大学且己就读于清北大学。

(2)若丙和丁均不就读于中和大学，则甲就读于清北大学。

(3)若乙不就读于东升大学，则丁就读于南山大学且甲就读于西京大学。

17. 根据上述信息，可以得出以下哪项？

A. 乙就读于东升大学。

B. 丁就读于西京大学。

C. 丙就读于南山大学。

D. 己就读于中和大学。

E. 戊就读于西京大学。

18. 若戊就读于南山大学，则以下哪项一定为真？

A. 丁就读于清北大学。

B. 丙就读于中和大学。

C. 己就读于复海大学。

D. 甲就读于西京大学。

E. 丁就读于西京大学。

19～20 题基于以下题干：

某公司本周新招聘了甲、乙、丙、丁、戊、己、庚、辛、壬 9 名实习生。她们将被分配到财务部、研发部、采购部和生产部这 4 个部门，每人只能被分配到 1 个部门，每个部门分配了 2～3 人。另外，还知道：

(1)如果丁、戊中至少有 1 人被分配到采购部，则甲、辛、庚均被分配到研发部。

(2)如果乙、丙、壬中至多有 2 人被分配到财务部，则甲和戊均被分配到采购部。

(3)若壬和辛未被分配到同一部门，则甲被分配到研发部且己被分配到生产部。

19. 根据上述信息，可以得出以下哪项？

A. 甲和己被分配到同一部门。

B. 乙和丙被分配到同一部门。

C. 丁和己被分配到同一部门。

D. 戊和壬被分配到同一部门。

E. 辛和壬被分配到同一部门。

20. 若庚未被分配到研发部，则可以得出以下哪项？

A. 甲和丁被分配到同一部门。

B. 庚和辛被分配到同一部门。

C. 己和戊被分配到同一部门。

D. 丁和戊被分配到同一部门。

E. 己和庚被分配到同一部门。

396经济类联考逻辑 ▸ 模拟卷2

答案详解

答案速查

1～5 CCBDD	6～10 EBAAC
11～15 CBDDB	16～20 DADBB

1. C

【第1步 识别命题形式】

题干由多个假言命题组成，且这些假言命题中有重复元素，选项均为假言命题，故此题为母题模型2 假言推假言模型(有重复元素)。

【第2步 套用母题方法】

步骤1：画箭头。

题干：

①脱颖而出→不断提高核心竞争力。

②不断提高核心竞争力→从战略高度认识人才的重要性。

③保持创新→脱颖而出。

步骤2：串联。

由③、①和②串联可得：④保持创新→脱颖而出→不断提高核心竞争力→从战略高度认识人才的重要性。

步骤3：逆否。

④逆否可得：⑤¬从战略高度认识人才的重要性→¬不断提高核心竞争力→¬脱颖而出→¬保持创新。

步骤4：找答案。

A项，¬从战略高度认识人才的重要性→¬保持创新，由⑤可知，此项必然为真。

B项，保持创新→不断提高核心竞争力，由④可知，此项必然为真。

C项，从战略高度认识人才的重要性→脱颖而出，由④可知，此项可真可假。

D项，脱颖而出→从战略高度认识人才的重要性，由④可知，此项必然为真。

E项，¬脱颖而出→¬保持创新，由③、⑤可知，此项必然为真。

2. C

【第1步 识别命题形式】

提问方式：下列哪项如果为真，最能反驳上述质疑？

学者的质疑：发现的沉积物(S)可能是自然山火造成的(P)。

此题无论据，同时提问针对论点，故优先考虑母题模型15 拆桥搭桥模型(SP型)。此外，锁定关键词“造成”，可知此题也为母题模型16 现象原因模型。

【第2步 套用母题方法】

A项，由“火烧”无法确定是否为“自然山火”，故不能削弱题干。(干扰项·不确定项)

B项，题干不涉及“沉积物”的形成地，无关选项。

C项，此项说明沉积物一定不是自然山火造成的，即割裂了“沉积物”与“自然山火”之间的关系，拆桥法(SP拆桥)，削弱题干。

D项，题干不涉及“猿人洞”的情况，无关选项。

E项，题干不涉及“以色列古人类”的情况，无关选项。

3. B

【第1步 识别命题形式】

提问方式：以下哪项如果为真，最能质疑上述观点？

题干：零食中的食品添加剂(S)会危害儿童健康(P)。

此题无论据，同时提问针对论点，故此题优先考虑母题模型15 拆桥搭桥模型(SP型)。

【第2步 套用母题方法】

A项，题干的论证对象是“食品添加剂”，而此项的论证对象是“天然食品”，无关选项。(干扰项·对象不一致)

B项，此项直接说明零食中的食品添加剂不会危害儿童的健康，拆桥法(SP拆桥)，削弱题干。

C项，此项说明食品添加剂使用量较大确实会对儿童的健康造成危害，但零食中的食品添加剂使用量是否较大并不确定，故不能削弱题干。(干扰项·不确定项)

D项，题干不涉及食品添加剂的作用，无关选项。(干扰项·话题不一致)

E项，题干不涉及经常食用零食给儿童健康带来的风险，无关选项。(干扰项·话题不一致)

4. D

【第1步 识别命题形式】

提问方式：以下哪项如果为真，最能削弱上述结论？

题干：

聆听莫扎特音乐的被试者：空间推理能力测试题的平均分较高；

未聆听莫扎特音乐的被试者：空间推理能力测试题的平均分较低；

故：聆听莫扎特音乐能够提高人们的空间推理能力。

题干通过两组对象的对比实验，得出一个因果关系，故此题为母题模型16 现象原因模型(求异法型)。

【第2步 套用母题方法】

A项，此项说明不是由于自身学习能力的差异导致两组被试者的空间推理能力有差异，排除他因，支持题干。

B项，题干不涉及被试者的“智力水平”，无关选项。(干扰项·话题不一致)

C项，此项说明不是因为对试题的熟悉程度有差异导致了两组实验结果有差异，排除他因，支持题干。

D项，此项指出可能是“性别差异”导致了实验结果的不同，另有他因，削弱题干。

E项，题干不涉及“莫扎特的音乐”和“其他类型的音乐”在获得愉悦感上的比较。(干扰项·新比较)

5. D

【第 1 步　识别命题形式】

提问方式：以下哪项如果为真，最能支持上述论证？

题干：情商(S)通常会影响人际关系和家庭的稳定(P1)。专家据此认为，注重对孩子情商(S)的培养，更有利于获得幸福感(P2)。

题干中，P1 与 P2 不一致，故此题为母题模型 15　拆桥搭桥模型(双 P 型)。

【第 2 步　套用母题方法】

A 项，题干不涉及“遗传因素”和“社会环境因素”在对智商的影响程度上的比较。(干扰项 • 新比较)

B 项，此项指出许多成功人士都有较高的情商，但并未指出高情商对他们产生了何种影响，故不能支持题干。(干扰项 • 不确定项)

C 项，题干不涉及“情商水平”和“童年教育培养”的关系，无关选项。(干扰项 • 话题不一致)

D 项，此项建立了“良好的人际关系和家庭状况”与“获得幸福感”之间的关系，搭桥法(双 P 搭桥)，支持题干。

E 项，题干不涉及“智商”和“情商”之间的关系，无关选项。(干扰项 • 话题不一致)

6. E

【第 1 步　识别命题形式】

提问方式：以下哪项如果为真，最能支持专家的观点？

专家的观点：母乳喂养(S)可降低剖宫产宝宝过敏风险(P)。

此题无论据，同时提问针对论点，故此题优先考虑母题模型 15　拆桥搭桥模型(SP 型)。

【第 2 步　套用母题方法】

A 项，题干不涉及“剖宫产的宝宝”和“自然分娩的宝宝”在建立肠道健康菌群所需时间上的比较，无关选项。(干扰项 • 新比较)

B 项，此项说明母乳喂养可能会增加宝宝过敏风险，拆桥法(SP 拆桥)，削弱专家的观点。

C 项，题干不涉及“母乳致敏性低”的原因，无关选项。(干扰项 • 话题不一致)

D 项，营养学家的观点未必是正确的，不能支持专家的观点。(干扰项 • 非事实项)

E 项，此项说明母乳确实能够提高婴幼儿的免疫力，降低婴幼儿的过敏风险，搭桥法(SP 搭桥)，支持专家的观点。

7. B

【第 1 步　识别命题形式】

提问方式：以下哪项如果为真，最能质疑该公司管理者的观点？

该公司管理者的观点：公司新推出一款耳机(S)，其降低噪音的效果(P1)比市面上所有同类产品都要好，因此，这款耳机(S)的销量(P2)会远远超过市面上所有其他同类产品的销量。

题干中，P1 与 P2 不一致，故此题为母题模型 15　拆桥搭桥模型(双 P 型)。

【第 2 步　套用母题方法】

A 项，题干不涉及“这款耳机”与“其他同类产品”在耗电量上的比较，无关选项。(干扰项 • 新比较)

B 项，此项指出大部分消费者并不主要关注耳机的降低噪音功能，即割裂了“降低噪音功能”与

"销量"之间的关系，拆桥法(双P拆桥)，削弱该公司管理者的观点。

C项，题干不涉及"价格"与"销量"之间的关系，无关选项。(干扰项·话题不一致)

D项，由该公司的降噪工艺不成熟无法说明该公司的新款耳机就比其他同类产品的降噪效果差，不能削弱该公司管理者的观点。(干扰项·不确定项)

E项，题干不涉及该公司与其他同类企业在"宣传力度"上的比较，无关选项。(干扰项·新比较)

8. A

【第1步 识别命题形式】

提问方式：以下哪项如果为真，最能对研究人员的预期提出质疑?

研究人员：这项突破性技术(将人类干细胞移植到基因改造过的特种猪(S1)的体内，没有出现排斥现象)有助于为免疫力严重不足的患者找到治疗方法，人们有望在将来通过移植干细胞为免疫力严重不足的患者(S2)带来福音。

题干中，论据和论点中的S1、S2不一致，故此题为母题模型15 拆桥搭桥模型(双S型)。此外，锁定关键词"将来"，可知此题也为母题模型17 预测结果模型。

【第2步 套用母题方法】

A项，此项指出"特种猪"和"人类"的免疫系统有差异，拆桥法(双S拆桥)，削弱研究人员的预期。

B项，题干不涉及移植干细胞后是否需要静养，无关选项。(干扰项·话题不一致)

C项，题干不涉及"猪"和"其他动物"之间的比较，无关选项。(干扰项·新比较)

D项，此项说明移植干细胞确实能治疗免疫力不足，支持研究人员的预期。

E项，此项指出从动物实验到临床治疗所需要的时间较长，但并未指出这种治疗方式是否对人类有效。(干扰项·不确定项)

9. A

【第1步 识别命题形式】

提问方式：以下哪项如果为真，最能质疑专家的预测?

专家的预测：面向家庭日常使用的人工智能机器人，将超过服务于传统制造业和物流业的机器人，成为下一个爆发式增长的市场。

锁定关键词"预测"，可知此题为母题模型17 预测结果模型。

【第2步 套用母题方法】

A项，此项指出面向家庭的人工智能机器人很难实现大规模量产，也就意味着可能无法实现市场销量的"爆发式"增长，说明预测错误，削弱题干。

B项，此项讨论的是"目前"的情况，而题干讨论的是"未来"的情况，无关选项。(干扰项·时间不一致)

C项，此项指出面向家庭的人工智能机器人可以减轻家务负担，人们也负担得起费用，有助于实现市场销量的"爆发式"增长，说明预测正确，支持题干。

D项，此项指出能否大批量投入居家使用"尚待时间检验"，那么也就无法预测未来是否能实现市场销量的"爆发式"增长。(干扰项·不确定项)

E项，题干不涉及"面向家庭日常使用的人工智能机器人"和"普通机器人"在成本和价格上的比较，无关选项。(干扰项·新比较)

10. C

【第 1 步　识别命题形式】

提问方式：以下哪项如果为真，最能支持上述观点？

题干：一项研究发现，常食用人类食物的熊(S)冬眠时间会明显缩短，最多时可达 50 天，这些熊与保持天然饮食习惯的熊相比，染色体端粒显著减少(P1)。因此有人推测：经常食用人类食物的熊(S)的寿命会随之缩短(P2)。

题干中，P1 与 P2 不一致，故此题为母题模型 15　拆桥搭桥模型(双 P 型)。

【第 2 步　套用母题方法】

A 项，题干不涉及癌细胞内染色体端粒的长度是否会发生变化，无关选项。(干扰项 • 话题不一致)

B 项，此项指出端粒数量显著减少后，染色体会变得不稳定，但不确定其是否会影响动物的寿命，故不能支持题干的观点。(干扰项 • 不确定项)

C 项，此项说明端粒数量减少会加快衰老的进程，即：建立了“端粒减少”与“衰老进程加快”(寿命缩短)之间的关系，搭桥法(双 P 搭桥)，支持题干的观点。

D 项，题干不涉及冬眠时间缩短对熊类繁衍能力的影响，无关选项。(干扰项 • 话题不一致)

E 项，此项说明经常食用人类食物有助于延长熊的寿命，削弱题干的观点。

11. C

【第 1 步　识别命题形式】

题干中，“丁和戊之间间隔 3 人”为事实，条件(1)、(2)和(3)均为假言命题，故本题的主要命题形式为母题模型 1　事实假言模型。同时，题干中还涉及“人”与“座位”的匹配关系，故此题为事实假言＋匹配模型。

【第 2 步　套用母题方法】

从事实出发，由“丁和戊之间间隔 3 人”可知，条件(2)的前件为真，则其后件也为真，可得：丁 4∧庚 3。

由“丁 4”并结合“丁和戊之间间隔 3 人”可得：戊 8。

由“戊 8”可知，条件(3)的前件为真，则其后件也为真，可得：丙和乙相邻。

由“丙和乙相邻”可知，条件(1)的前件为真，则其后件也为真，可得：己和乙相邻∧甲和丁不相邻。故 C 项正确。

12. B

【第 1 步　识别命题形式】

题干中，条件(1)、(2)和(3)均为假言命题，选项均为事实，故此题为母题模型 4　假言推事实模型。

【第 2 步　套用母题方法】

由条件(3)和(1)串联可得：¬ 显示屏∨¬ 键盘→打印机∧¬ 摄像头→显示屏∧¬ 鼠标。

可见，由“¬ 显示屏”出发推出了“显示屏”。因此，“¬ 显示屏”为假，即：显示屏。

由“显示屏”可知，条件(2)的前件为真，则其后件也为真，可得：键盘∀摄像头。

由条件(3)可得：¬ 键盘→ ¬ 摄像头；可见，若“¬ 键盘”为真，则键盘和摄像头均不购买，这与“键盘∀摄像头”矛盾。因此，“¬ 键盘”为假，即：键盘。

故 B 项正确。

13. D

【第 1 步　识别命题形式】

题干由一个性质命题构成的前提和一个性质命题构成的结论组成，要求补充使题干论证成立的前提，故此题为母题模型 9　隐含三段论模型。

【第 2 步　套用母题方法】

步骤 1：将题干中的前提符号化。

前提：有的外科医生→协和医科大学 8 年制的博士毕业生。

互换可得：①有的协和医科大学 8 年制的博士毕业生→外科医生。

步骤 2：将题干中的结论符号化。

结论：②有的协和医科大学 8 年制的博士毕业生→有着精湛的医术。

步骤 3：补充从前提到结论的箭头，从而得到结论。

易知，补充前提③：外科医生→有着精湛的医术。

即可与前提①串联得：有的协和医科大学 8 年制的博士毕业生→外科医生→有着精湛的医术。从而得到题干中的结论。

故答案即为前提③：所有的外科医生都具有精湛的医术，即 D 项正确。

14. D

【第 1 步　识别命题形式】

此题要求在方格中填入相应的词，易知此题为母题模型 12　数独模型。

【第 2 步　套用母题方法】

为了表达方便，将题干图中的行用 A、B、C、D、E 表示，列用 1、2、3、4、5 表示，如下图：

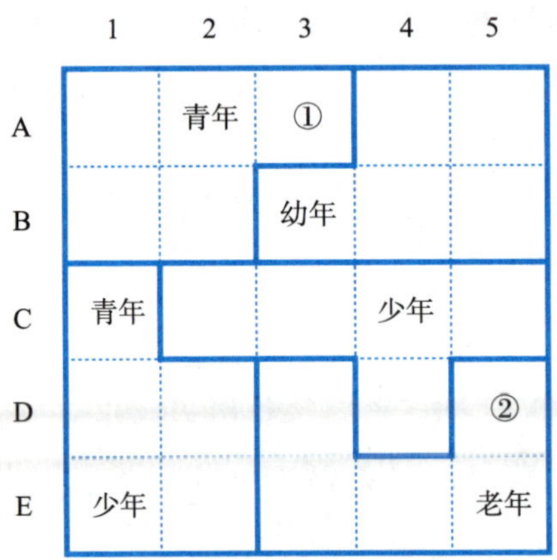

根据“每个由粗线条围住的特殊区域内均不重复”可知，①不是“青年”、②不是“老年”，故排除 A 项、B 项、C 项。

从信息最多的第三行入手，根据“每行不重复”可知，C2、C3、C5 均不是“青年”；再结合“每个由粗线条围住的特殊区域内均不遗漏”可知，D4 是“青年”。

再由“每行、每列不重复”可知，D3、E4 和②均不是“青年”，故排除 E 项。

综上，D 项正确。

15. B

【第 1 步　识别命题形式】

题干由数量关系组成，故此题为母题模型 7　数量关系模型。

【第 2 步　套用母题方法】

由条件(3)“甲与丙不能都被选上”结合条件(1)可得：乙一定被选出。

由“乙一定被选出”结合条件(2)可得：戊、己中至多选出 1 人；再结合条件(1)可得：甲、乙、丙、戊、己 5 人中至多选出 3 人。

再结合“8 选 5”可知，丁、庚、辛 3 人中至少选出 2 人。

由条件(4)可得：丁和辛要么都被选，要么都不被选；再结合“丁、庚、辛 3 人中至少选出 2 人”可得：丁、辛都被选出。

故 B 项正确。

16. D

【第 1 步　识别命题形式】

题干中出现“特色花卉”与“种植区域”的匹配关系，故此题为母题模型 6　匹配模型。

【第 2 步　套用母题方法】

由“4 个区域种植 6 种特色花卉，每个区域至少种植 1 种特色花卉，每种特色花卉均只能种在一个区域”可得：6=1+1+2+2 或者 6=1+1+1+3。

再结合条件(1)和(2)可知，有如下两种情况：

①菊花、兰花、牡丹种在同一个区域，其他 3 个区域均只种 1 种花。

②菊花和兰花种在同一个区域，牡丹同另一种花种在同一个区域，余下的 2 种花分别种在余下的 2 个区域。

由上述分析可知，月季要么同牡丹种在同一个区域，要么单独种在某个区域。再结合条件(3)中的“月季种在东区”、条件(4)可得：蔷薇种在北区。

综上，结合条件(3)中的“兰花没有种在西区”可得：菊花和兰花种在南区。

故 D 项正确。

17. A

【第 1 步　识别命题形式】

题干中，条件(1)、(2)和(3)均为假言命题，选项均为事实，故本题的主要命题形式为母题模型 4　假言推事实模型。同时，题干中还涉及“人”与“学校”的匹配关系，故此题为假言推事实+匹配模型。

【第 2 步　套用母题方法】

由条件(3)、(1)和(2)串联可得：¬ 乙东升→丁南山 ∧ 甲西京→ ¬ 戊西京→丙复海 ∧ 己清北→ ¬ 甲清北→丁中和 ∨ 丙中和。

可见，由“¬ 乙东升”出发推出了“(丁中和 ∨ 丙中和) ∧ 丙复海 ∧ 丁南山”，与题干矛盾。因此，“¬ 乙东升”为假，即“乙东升”为真。

故 A 项正确。

18. D

【第 1 步 识别命题形式】

“戊就读于南山大学”为事实，其他已知条件同上题一致，故此题为母题模型 1 事实假言十匹配模型。

【第 2 步 套用母题方法】

引用上题推理结果：乙东升。

从事实出发，由“戊南山”可知，条件(1)的前件为真，则其后件也为真，可得：丙复海∧己清北。

由“己清北”可知，条件(2)的后件为假，则其前件也为假，可得：丁中和∨丙中和。

由“丙复海”结合“丁中和∨丙中和”可得：丁中和。

综上，甲就读于西京大学，故 D 项正确。

19. B

【第 1 步 识别命题形式】

题干中，条件(1)、(2)和(3)均为假言命题，选项均为事实，故本题的主要命题形式为母题模型 4 假言推事实模型。同时，题干中还涉及数量关系和匹配关系，故此题为假言推事实十数量十匹配模型。

【第 2 步 套用母题方法】

步骤 1：数量关系优先算。

由“9 人被分配到 4 个部门，每人只能被分配到 1 个部门，每个部门分配了 2～3 人”可知，9＝2＋2＋2＋3。即：有 3 个部门各分配了 2 个人，有 1 个部门分配了 3 个人。

步骤 2：按“假言推事实模型”的思路解题。

由条件(2)和(1)串联可得：乙、丙、壬至多 2 财务→甲采购∧戊采购→甲、辛、庚均被分配到研发部。

可见，从“乙、丙、壬至多 2 财务”出发推出了“甲采购∧甲研发”，与“每人只能被分配到 1 个部门”矛盾。因此，“乙、丙、壬至多 2 财务”为假，即：乙、丙、壬均被分配到财务部。

由“乙、丙、壬均被分配到财务部”并结合“每个部门分配了 2～3 人”可知，条件(3)的前件为真，则其后件也为真，可得：甲研发∧己生产。

故 B 项正确。

20. B

【第 1 步 识别命题形式】

“庚未被分配到研发部”为事实，其他已知条件同上题一致，故此题为母题模型 1 事实假言十数量十匹配模型。

【第 2 步 套用母题方法】

引用上题数量关系和推理结果：①有 3 个部门各分配了 2 个人，有 1 个部门分配了 3 个人；②乙、丙、壬均在财务部；③甲研发∧己生产。

从事实出发，由“庚未被分配到研发部”可知，条件(1)的后件为假，则其前件也为假，可得：¬丁采购∧¬戊采购。

再结合“每个部门分配了 2～3 人”可得：丁、戊分别被分配到生产部、研发部(并非一一对应)。

综上，庚、辛均被分配到采购部。

故 B 项正确。

396经济类联考逻辑 ▸ 模拟卷3

（共20小题，每小题2分，共40分，限时40分钟）

说明：本套模拟卷在试卷结构上同2025年经济类联考真题一致，难度同近5年经综真题基本一致。

1. 只有树立大食物观，从更好地满足人民美好生活的需要出发，掌握人民群众食物结构变化趋势，才能确保粮食供给和保障肉类、蔬菜、水果、水产品等各类食物有效供给。如果要把大食物观落实好，就能构建多元化食物供给体系。

   根据以上陈述，可以得出以下哪项结论？

   A. 如果能够保障肉类、蔬菜、水果、水产品等各类食物有效供给，就能树立大食物观。

   B. 如果能够持之以恒地研究饮食结构观念的转变和发展食品技术，就能落实好大食物观。

   C. 若没有树立大食物观，就不能在确保粮食供给的同时，保障肉类、蔬菜、水果、水产品等各类食物有效供给。

   D. 如果没有树立大食物观，那么一定没有确保粮食供给。

   E. 如果能构建多元化食物供给体系，就一定能落实好大食物观。

2. 研究人员从健康人骨髓中提取出间充质干细胞并大量培养，制成再生医疗产品。研究人员将这种再生医疗产品注射到46名外伤性脑损伤患者的大脑损伤部位，并和没有接受注射的另外15名同类型患者进行比较。结果发现，接受注射的患者手脚运动机能有明显改善。研究人员据此认为，注射这种干细胞制品可以帮助脑内神经细胞再生，改善患者的运动机能。

   以下哪项如果为真，最能支持上述结论？

   A. 接受间充质干细胞制品注射的患者基本没有出现排异反应。

   B. 间充质干细胞制品已达到了批量生产的条件。

   C. 间充质干细胞可分化成多种组织细胞，修复受损器官。

   D. 血清素可以帮助脑内神经细胞再生。

   E. 接受间充质干细胞制品注射的患者认为，比起其他治疗方式，这种方式的治疗效果更好。

3. 近年来，A国对本国的税收政策进行了调整，并出台了新的征税方案。根据新方案，所有销售商品均需缴纳相当于实际售价7%的销售税。因此，如果销售税也被视为所得税的一种形式的话，那么这种税收是违背累进原则的，即收入越低，纳税率越高。

   以下哪项如果为真，最能加强题干的结论？

   A. 人们花在购物上的钱基本上是一样的。

   B. 近年来，A国的收入差别显著扩大。

   C. 低收入者有能力支付销售税，因为他们缴纳的联邦所得税相对较低。

   D. 销售税的实施，并没有减少商品的销售总量，但售出商品的比例有所变动。

   E. 与A国相邻的B国，并没有征收销售税。

4. 共享单车和共享充电宝经历几轮洗牌，早已形成几大巨头鼎立的局面，与之相比，共享雨伞似乎渐渐淡出了公众视野。但是，近期的一项调查报告认为，从供需两端对该行业运营情况、市场规模及发展趋势来看，共享雨伞行业正在逐渐强大，拥有广阔的市场前景。
以下除哪项外，均能支持上述结论？
A. 国家鼓励发展共享经济并给予了共享雨伞政策上的支持。
B. 晴热天气下，用户出于遮阳目的也愿意为共享雨伞付费。
C. 共享雨伞成本很低，还可以通过伞面广告等方式获得额外收入。
D. 共享雨伞的租借方式主要是信用免押，容易被用户接受。
E. 共享雨伞行业未来也面临着与共享单车类似的市场竞争。

5. 素髹漆器强调漆色之美，无纹饰之缀。有人认为，从素髹漆器的身上，现代人可嗅到宋朝美学的“极简风”。但是，反对者认为，社会审美取向的影响几乎可以忽略不计，“圈叠胎工艺”的成熟才是促使花瓣形素髹漆器产生的原因，工艺的进步使得表现花瓣形态的多曲造型成为可能。
以下哪项如果为真，最能削弱反对者的观点？
A. 宋代金银器锤揲技法的产生为其他材质器物的花瓣造型起到了示范作用。
B. 实际上，“圈叠胎工艺”早在唐代就开始产生，元代以后逐渐销声匿迹。
C. 对花瓣形态的钟爱不仅体现在素髹漆器上，在宋代雕漆和戗金漆器中也有体现。
D. 使用“圈叠胎工艺”制作花瓣形素髹漆器对操作的精细度要求非常高，只有极少的工匠能做到。
E. 宋人对花瓣形态的钟爱使素髹漆器的制作工艺应运而生，以满足人们的审美需求。

6. 2012 年 11 月 17 日，由国防科技大学研制的“天河一号”超级计算机以峰值速度 4 700 万亿次、持续速度 2 568 万亿每秒浮点运算的速度，成为世界上运算速度最快的计算机。2013 年 6 月 17 日在德国莱比锡举行的 2013 国际超级计算机大会上，国际 TOP 500 组织公布了最新全球超级计算机 500 强排行榜榜单。国防科技大学研制的“天河二号”以峰值计算速度每秒 5.49 亿亿次、持续计算速度每秒 3.39 亿亿次的优异性能又位居榜首，相比以前排名世界第一的美国“泰坦”超级计算机，计算速度是后者的 2 倍。
依据题干提供的信息，能最为恰当地推出以下哪项结论？
A. 世界上只有美国和中国可以制造超级计算机。
B. 中国只有国防科技大学成功研制超级计算机。
C. 只有美国和中国的超级计算机运算速度曾经排名世界第一。
D. 全世界现在共计有 500 台超级计算机。
E. 在 2013 年，中国的“天河二号”计算速度明显领先于其他超级计算机。

7. 研究表明，阿司匹林具有防止心脏病突发的功能。这一成果一经确认，研究者立即以论文形式向某权威医学杂志投稿。不过，一篇论文从收稿到发表，至少需要 3 个月。因此，如果这一论文一收到就被发表，那么，这 3 个月中死于心脏病突发的患者很可能挽回生命。
以下哪项如果为真，最能削弱上述论证？
A. 上述医学杂志加班加点，以尽快发表该论文。
B. 有学者对上述关于阿司匹林的研究结论提出了不同意见。
C. 经常服用阿司匹林容易导致胃溃疡。
D. 一篇论文的收、审、排、印需要时间，不可能一收到就被发表。
E. 阿司匹林只有连续服用 8 个月，才能产生防止心脏病突发的效果。

8. 最近，一些儿科医生声称，狗最倾向于咬 13 岁以下的儿童。他们的论据是：被狗咬伤而前来就医的大多是 13 岁以下的儿童。他们还发现，咬伤患儿的狗大多是雄性德国牧羊犬。

如果以下陈述为真，则哪项最能严重地削弱儿科医生的结论？

A. 被狗咬伤并致死的大多数人，其年龄都在 65 岁以上。

B. 被狗咬伤的 13 岁以上的人大多数不去医院就医。

C. 许多被狗严重咬伤的 13 岁以下儿童是被雄性德国牧羊犬咬伤的。

D. 许多 13 岁以下被狗咬伤的儿童就医时病情已经恶化了。

E. 女童比男童更易于被狗咬伤。

9. 有一段时间，电视机生产行业竞争激烈。由于电视机品牌众多，产品质量成为消费者考虑的首要因素。某电视机生产厂家为了扩大市场份额，一方面加大研发力度，进一步提高了电视机产品的质量；另一方面在价格上作调整，适当降低了产品的价格。然而，调整之后的头三个月，其电视机产品的市场份额不但没有提高，反而有所下降。

以下哪项如果为真，最能解释上述现象？

A. 消费者在购买电视机时通常会考虑价格。

B. 一个家庭再次购买电视机产品时会首先考虑原来的品牌。

C. 消费者通常是通过价格来衡量电视机产品质量的。

D. 其他电视机生产厂家也调整了产品价格。

E. 消费者不仅看重产品的价格，还看重产品的外观。

10. 在海滩旅游胜地的浅海游泳区的外延，设置渔网以保护在海水中游泳的度假者免遭鲨鱼攻击的措施一直受到环境保护人员的指责，因为设置的渔网每年不必要地杀死了成千上万的海生动物。然而，最近环境保护人员发现，埋在游泳区外延海底的通电电缆能够让鲨鱼远离该区域，同时对游泳者和海洋生物没有造成危害。因此，该海滩旅游胜地通过实施在海底设置通电电缆而不是设置渔网的措施，既可以保持海滩旅游业的发展，又能解决那些环境保护人员所关心的问题。

下面哪项如果为真，最能严重地削弱上文中的推理？

A. 许多从来就没有看见鲨鱼曾经在附近水域出现过的海滩旅游胜地，没有计划要设置这种通电电缆。

B. 那些被看到有鲨鱼出没的海滩旅游胜地的旅游业往往会受到严重的损害。

C. 大多数旅游者不会到那些他们不能亲眼看见，但拥有实实在在地保护他们在海滩浅海游泳区游泳时免遭鲨鱼攻击的保护性屏障的海滩旅游胜地游玩。

D. 在海底埋通电电缆不是唯一的得到环境保护人员准许而又能够成功地无伤害驱逐鲨鱼的创新措施。

E. 掩埋在浅海海底的电缆里通过的电流将驱逐许多种类的海鱼，但是对那些许多海滩旅游胜地用以吸引游客眼球的海生动物不产生驱逐作用。

11. 某市大学生田径竞赛中，甲队、乙队、丙队、丁队、戊队进入决赛。在决赛正式开始之前，四位裁判赵、钱、孙、李对冠军的归属做了如下预测：

赵：冠军一定在甲队和丁队中产生。

钱：如果冠军不是甲队也不是丙队，那么也不是乙队。

孙：冠军不是丙队，而是乙队。

李：如果冠军不是乙队，那么冠军是戊队。

最后结果显示，四位教练中只有一位的预测为真，则以下哪项必然为真？

A. 赵说假话，冠军是甲队。

B. 钱说真话，冠军是丙队。

C. 赵说假话，冠军是乙队。

D. 孙说真话，冠军是丁队。

E. 李说假话，冠军是戊队。

12. 近期，H国各地发生了多起由于违反交通规则而导致的重大事故，造成了多人伤亡。S市交警大队为避免该类现象在本市发生，颁布了以下新规：凡属于故意违反交通规则的，一律录入个人大数据违法信息系统；所有录入个人大数据违法信息系统的都受到了严肃处理；已知有的故意违反交通规则的缴纳了罚款。

根据以上陈述，可以推出以下哪项？

A. 所有录入个人大数据违法信息系统的都缴纳了罚款。

B. 有的受到了严肃处理的并没有故意违反交通规则。

C. 有的缴纳了罚款的并没有故意违反交通规则。

D. 所有缴纳了罚款的都受到了严肃处理。

E. 有的故意违反交通规则的受到了严肃处理。

13～14题基于以下题干：

中央民族乐团的音乐家张珊、李思、王伍、赵陆、孙琪正在合奏一首乐曲，他们中有一位是北京人、一位是广州人、一位是哈尔滨人、两位是杭州人，他们演奏的乐器有笛子、二胡、琵琶、古筝、唢呐，上述每种乐器都有人演奏，每人只演奏上述乐器中的一种。已知：

(1)张珊和演奏唢呐的人来自相同的城市。

(2)赵陆与演奏古筝的人均来自北方城市。

(3)这些人中，只有张珊学过二胡。

(4)赵陆演奏的不是笛子。

(5)北京人演奏的是古筝。

13. 根据以上信息，以下哪项一定为真？

A. 演奏唢呐的是哈尔滨人。

B. 演奏琵琶的是北京人。

C. 演奏笛子的是广州人。

D. 孙琪演奏的是二胡。

E. 赵陆演奏的是二胡。

14. 如果李思来自北方城市，则以下哪项必然为真？

A. 如果张珊是杭州人，那么王伍演奏唢呐。

B. 如果赵陆是哈尔滨人，那么孙琪演奏笛子。

C. 如果李思是北京人，那么张珊不是杭州人。

D. 如果王伍是杭州人，那么孙琪演奏笛子。

E. 如果赵陆是哈尔滨人，那么王伍演奏笛子。

15. 有一个 5×5 的方阵，如下图所示，它所含的每个小方格中均可填入一个汉字(已有部分汉字填入)。现要求该方阵中的每行、每列及每个由粗线条围住的五个小方格组成的区域中均含有"甲""乙""丙""丁""戊"5 个汉字，不能重复也不能遗漏。

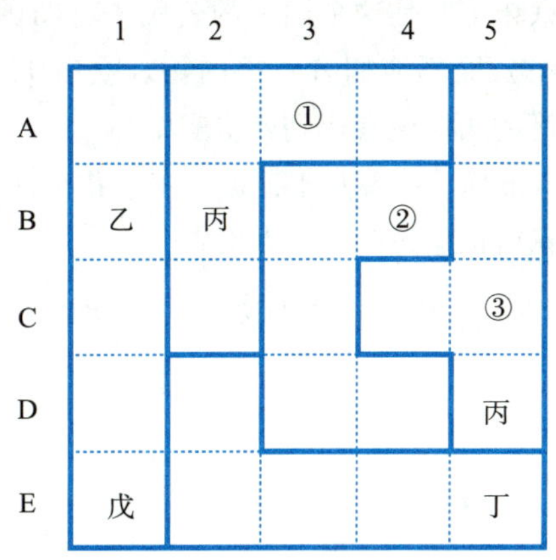

根据以上信息，依次填入该方阵①、②、③处的 3 个汉字应是：

A. 戊、丙、甲。
B. 甲、丁、乙。
C. 乙、丁、甲。
D. 丙、甲、乙。
E. 戊、戊、戊。

16. 暑期将至，赵嘉计划从甲、乙、丙、丁、戊、己、庚 7 个城市中选择 5 个作为暑期旅游的目的地。已知：

(1)若选择甲或乙，则选择丙但不选择己。

(2)若丁、甲中至多选择 1 个，则不选择庚。

(3)若丙、丁中至少选择 1 个，则选择戊但不选择乙。

根据上述信息，可以得出以下哪项？

A. 选择乙和甲。
B. 选择己和戊。
C. 选择丁和庚。
D. 乙、丙和庚恰选其一。
E. 甲、戊和丁恰选其二。

17. 如果爱因斯坦的相对论是正确的，那么，顺时运动的物体的时速不可能超过光速。但是，量子力学预测，基本粒子超子的时速超过光速。因此，如果相对论是正确的，那么，或者量子力学的这一预测是错误的，或者超子逆时运动(返回过去)。

上述推理方式和以下哪项最为类似？

A. 有语言学家认为，现代英语起源于古代欧洲的波罗英多语，这一看法不正确。英语更可能是起源于芬兰乌戈尔语，因为英语和诸多起源于乌戈尔语的现代语种都有相似之处。
B. 如果被告有罪，那么他或者有明确动机，或者精神不正常，因为只有精神不正常的人的行为才没有明确动机。心理检测的结论是该被告的精神不正常，但证据说明，该被告的行为有明确动机。因为没有理由否定证据，所以，被告有罪。

C. 如果人的大脑缺氧，那么只能存活几分钟。令人惊奇的是，一个目击者声称，一个巫师被深埋地下一周后仍然活着。因此，如果人的大脑缺氧，那么，或者目击者所说的不是事实，或者该巫师的大脑并没有完全缺氧。

D. 拥有一个国家的国籍，意味着就是这个国家的公民。有的国家允许本国公民有双重国籍，但中国的法律规定，中国公民不能拥有双重国籍。欧洲 H 国公民查尔斯拥有中国国籍。这说明中国有关双重国籍的法律没有得到严格实施。

E. 警察办案，或者基于逻辑推理，或者基于证据。友谊花小区发生的这起谋杀案，没有发现有效的证据，所以警察只能依据逻辑推理办案。

18. 在某次比赛中，甲、乙、丙、丁、戊、己 6 人按第 1～6 的先后顺序演讲。关于他们的演讲顺序，满足以下条件：

(1)戊和己的演讲相邻。

(2)丁的演讲早于甲。

(3)戊和甲之间隔着 2 个人。

(4)乙的演讲早于丁，且中间隔着 2 个人。

根据以上信息，可以推出以下哪项？

A. 丙和己的演讲相邻。

B. 丙和乙的演讲相邻。

C. 丙和己之间隔着 1 个人。

D. 丙和己之间隔着 2 个人。

E. 丙和己之间隔着 3 个人。

19～20 题基于以下题干：

年终某单位评优，拟从甲、乙、丙、丁、戊、己、庚、辛 8 个部门中推选出 12 名候选人。要求：

(1)甲、乙、丁、辛 4 个部门人数较少，这 4 个部门合计推选出 2 名候选人。

(2)没有合适人选的部门可以不推荐，有合适人选的部门至多可以推选出 4 名候选人。

(3)若甲、丙 2 个部门中至少有 1 个部门推选出候选人，则戊、己、庚 3 个部门中至多有 1 个部门可推选出候选人。

19. 根据上述信息，可以得出下列哪项中的两个部门均推选出了候选人？

A. 戊和己。　　B. 庚和辛。　　C. 乙和丙。

D. 戊和丁。　　E. 甲和丙。

20. 若丙和戊 2 个部门合计推选出 2 名候选人，则可以得出以下哪项？

A. 甲和乙 2 个部门合计推选出 2 名候选人。

B. 戊和辛 2 个部门合计推选出 3 名候选人。

C. 丙和己 2 个部门合计推选出 4 名候选人。

D. 己和辛 2 个部门合计推选出 5 名候选人。

E. 己和庚 2 个部门合计推选出 6 名候选人。

396 经济类联考逻辑 ▸ 模拟卷 3

答案详解

答案速查	
1～5　CCAEE	6～10　EEBCC
11～15　BECDE	16～20　CCDAC

1. C

【第 1 步　识别命题形式】

题干由多个假言命题组成，且这些假言命题中无重复元素，选项均为假言命题，故此题为母题模型 2　假言推假言模型(无重复元素)。

【第 2 步　套用母题方法】

步骤 1：画箭头。

题干：

①确保粮食供给∧保障肉类、蔬菜、水果、水产品等各类食物有效供给→树立大食物观。

②落实好大食物观→构建多元化食物供给体系。

步骤 2：逆否。

①逆否可得：③┐树立大食物观→┐确保粮食供给∨┐保障肉类、蔬菜、水果、水产品等各类食物有效供给。

②逆否可得：④┐构建多元化食物供给体系→┐落实好大食物观。

步骤 3：找答案。

A 项，保障肉类、蔬菜、水果、水产品等各类食物有效供给→树立大食物观，由①可知，此项可真可假。

B 项，题干不涉及“饮食结构观念的转变和发展食品技术”，故此项可真可假。

C 项，┐树立大食物观→┐确保粮食供给∨┐保障肉类、蔬菜、水果、水产品等各类食物有效供给，等价于③，故此项必然为真。

D 项，┐树立大食物观→┐确保粮食供给，由③可知，此项可真可假。

E 项，构建多元化食物供给体系→落实好大食物观，由②可知，此项可真可假。

2. C

【第 1 步　识别命题形式】

提问方式：以下哪项如果为真，最能支持上述结论？

题干：注射间充质干细胞医疗产品，患者的运动机能有明显改善；没有注射间充质干细胞医疗产品，患者的运动机能没有明显改善。研究人员据此认为，注射这种干细胞制品(措施 M)可以帮助脑内神经细胞再生，改善患者的运动机能(目的 P)。

本题通过两组对比的实验，得出一个因果关系，故此题为母题模型16　现象原因模型(求异法型)。另外，此题涉及措施目的的分析，故此题也为母题模型18　措施目的模型。

【第2步　套用母题方法】

A项，此项说明注射该产品没有副作用，支持题干，但力度较弱。

B项，题干的论证不涉及间充质干细胞医疗产品是否可以批量生产，无关选项。(干扰项·话题不一致)

C项，此项指出注射间充质干细胞确实有助于修复受损器官，即措施可以达到目的(MP搭桥)，支持题干。

D项，其他措施是否有效与题干中的措施无关，无关选项。

E项，患者的观点未必为真。(干扰项·非事实项)

3. A

【第1步　识别命题形式】

提问方式：以下哪项如果为真，最能加强题干的结论？

题干：根据新方案，所有销售商品均需缴纳相当于实际售价7%的销售税。因此，如果销售税也被视为所得税的一种形式的话，那么这种税收是违背累进原则的，即收入越低，纳税率越高。

锁定关键词"7%""纳税率"，可知此题为母题模型19　统计论证模型(数量比率型)。

【第2步　套用母题方法】

销售税=商品的总花费×7%，纳税率$=\frac{\text{销售税}}{\text{收入}}$。

A项，此项说明所有人的销售税都一样，那么收入低的人纳税率就更高了，支持题干。

B项，题干不涉及A国的收入差别是否发生变化，无关选项。(干扰项·话题不一致)

C项，题干不涉及低收入者有能力支付销售税的原因，无关选项。(干扰项·话题不一致)

D项，题干不涉及"销售税的实施"对商品销售总量和售出商品比例的影响，无关选项。(干扰项·话题不一致)

E项，此项的论证对象是"B国"，而题干的论证对象是"A国"，无关选项。(干扰项·对象不一致)

4. E

【第1步　识别命题形式】

提问方式：以下除哪项外，均能支持上述结论？

题干：共享雨伞行业正在逐渐强大，拥有广阔的市场前景。

题干的论点是对结果的预测，故此题为母题模型17　预测结果模型。

【第2步　套用母题方法】

A项，此项指出共享雨伞有政策上的支持，这有利于该行业的发展，说明预测正确，支持题干。

B项，此项指出共享雨伞也可以用来遮阳，说明消费者有需求，这有助于推动该行业的发展，支持题干。

C项，此项指出共享雨伞成本低，还能获得额外收入盈利，是该行业发展的利好因素，支持题干。

D项，此项指出共享雨伞的租借方式容易被用户接受，是该行业发展的利好因素，支持题干。

E项，此项指出共享雨伞行业未来也面临着市场竞争，但不确定这种市场竞争是否会影响共享雨伞的市场前景，故不能支持题干。(干扰项·不确定项)

5. E

【第 1 步 识别命题形式】

提问方式：以下哪项如果为真，最能削弱反对者的观点？

反对者的观点：社会审美取向的影响几乎可以忽略不计，“圈叠胎工艺”的成熟和工艺的进步(原因 Y)才是促使花瓣形素髹漆器产生(现象 G)的原因。

此题涉及对现象原因的分析，故此题为母题模型 16 现象原因模型。

【第 2 步 套用母题方法】

A 项，此项的论证对象是“其他材质器物”，而题干的论证对象是“素髹漆器”，无关选项。(干扰项 • 对象不一致)

B 项，题干不涉及“圈叠胎工艺”产生和消失的时间，无关选项。(干扰项 • 话题不一致)

C 项，题干不涉及“宋代雕漆和戗金漆器”。(干扰项 • 对象不一致)

D 项，此项涉及的是“圈叠胎工艺”的“操作难度”，而题干涉及的是“圈叠胎工艺”的成熟是否是花瓣形素髹漆器产生的原因，无关选项。(干扰项 • 话题不一致)

E 项，此项说明宋人对花瓣形态的钟爱(社会审美取向的影响)是素髹漆器工艺产生的原因，另有他因，削弱反对者的观点。

6. E

【第 1 步 识别命题形式】

题干的提问方式为“依据题干提供的信息，能最为恰当地推出以下哪项结论？”，故此题为推论题。

【第 2 步 套用母题方法】

题干信息：

①2012 年 11 月 17 日，由国防科技大学研制的“天河一号”超级计算机以峰值速度 4 700 万亿次、持续速度 2 568 万亿每秒浮点运算的速度，成为世界上运算速度最快的计算机。

②2013 年 TOP 500 组织公布了最新全球超级计算机 500 强排行榜榜单。国防科技大学研制的“天河二号”以峰值计算速度每秒 5.49 亿亿次、持续计算速度每秒 3.39 亿亿次的优异性能又位居榜首。

③相比以前排名世界第一的美国“泰坦”超级计算机，计算速度是后者的 2 倍。

A、C 两项，题干信息仅涉及中国和美国，并未提及其他国家的情况，推理过度，故排除。

B 项，由①可知，国防科技大学研制了“天河一号”超级计算机，但中国是否存在其他机构能研制超级计算机题干并未言明，推理过度，故排除。

D 项，题干不涉及全世界超级计算机的总量，故排除。

E 项，由③可知，“天河二号”的计算速度是以前排名世界第一“泰坦”的 2 倍，即其计算速度明显领先其他超级计算机，故此项正确。

7. E

【第 1 步 识别命题形式】

提问方式：以下哪项如果为真，最能削弱上述论证？

题干：一篇论文从收稿到发表，至少需要 3 个月。因此，如果这一论文一收到就被发表，那么，这 3 个月中死于心脏病突发的患者很可能挽回生命。

题干的论点中出现绝对化词“如果……那么……”，故此题为母题模型 21 绝对化结论模型。

【第2步 套用母题方法】

A项，此项讨论的是医学杂志以何种方式尽快发表论文，但其与快速发表论文"能否挽回3个月中死于心脏病突发的患者的生命"无关。(干扰项·话题不一致)

B项，其他学者提出的意见未必为真，不能削弱题干。(干扰项·非事实项)

C项，此项指出经常服用阿司匹林有副作用，并未涉及该药对防止心脏病突发的作用，无关选项。

D项，题干讨论的是如果"一收到就发表"的话，会产生什么结果，而此项讨论的是"是否能一收到就发表"，无关选项。

E项，此项等价于：¬连续8个月服用阿司匹林→不能产生防止心脏病突发的效果，那么，即使一收到论文就发表，也无法在3个月内挽回心脏病突发的患者的生命，削弱题干。

8. B

【第1步 识别命题形式】

提问方式：如果以下陈述为真，则哪项最能严重地削弱儿科医生的结论？

儿科医生：被狗咬伤而前来就医的大多是13岁以下的儿童(现象G)，因此，狗最倾向于咬13岁以下的儿童(原因Y)。

此题涉及对现象原因的分析，故此题为母题模型16 现象原因模型。

【第2步 套用母题方法】

A项，题干的论证对象是"被狗咬伤的儿童"，而此项的论证对象是"被狗咬伤并致死的人"，无关选项。(干扰项·对象不一致)

B项，此项说明是因为被狗咬伤的13岁以上的人大多数不去医院就医导致了去医院就医的多数是13岁以下的儿童，另有他因，削弱儿科医生的结论。

C项，题干的论证对象是"被狗咬伤的儿童"，而此项的论证对象是"被狗严重咬伤的儿童"，无关选项。(干扰项·对象不一致)

D项，题干不涉及就医时病情是否已经恶化，无关选项。(干扰项·话题不一致)

E项，题干不涉及女童和男童谁更易于被狗咬伤的比较，无关选项。(干扰项·新比较)

9. C

【第1步 识别命题形式】

提问方式：以下哪项如果为真，最能解释上述现象？

待解释的现象：某电视机生产厂家提高了电视机产品的质量、降低了产品的价格，然而，调整之后的头三个月，其电视机产品的市场份额不但没有提高，反而有所下降。

【第2步 套用母题方法】

A项，此项指出消费者在购买电视机时会考虑价格，那么该电视机生产厂家的降价、提高电视机质量的行为应该是有利于电视机的售卖，加剧了题干的矛盾。

B项，如果此项为真，即消费者在二次购买时都选择原来的品牌，那么品牌的市场占有率应该保持不变，故不能解释题干。

C项，此项说明消费者认为"价格低"意味着"质量差"，可以解释题干。

D项，此项指出其他电视机生产厂家也调整了产品价格，但由此无法说明调整后的价格和质量谁占优势，故不能很好地解释题干中的现象。

E项，题干不涉及该厂家电视机的外观情况，故不能解释题干。

10. C

【第 1 步　识别命题形式】

提问方式：下面哪项如果为真，最能严重地削弱上文中的推理？

题干：该海滩旅游胜地通过实施在海底设置通电电缆而不是设置渔网的措施(措施 M)，可以既保持海滩旅游业的发展，又能解决那些环境保护人员所关心的问题(目的 P)。

锁定关键词“措施”，可知此题为母题模型 18　措施目的模型。

【第 2 步　套用母题方法】

A 项，此项只能说明那些没有鲨鱼出没的区域不必采取题干中的措施，但无法说明有鲨鱼出没的海域的情况，也无法说明题干中的措施是否有作用。

B 项，此项说明鲨鱼会影响旅游业的发展，那么采取题干中的措施就是有必要的，即措施有必要，支持题干。

C 项，此项说明该项措施无法保持海滩旅游业的发展，措施达不到目的(MP 拆桥)，削弱题干。

D 项，是不是“唯一”措施和其所起的作用无关。(干扰项 • 话题不一致)

E 项，此项说明题干中的措施不会驱逐吸引游客眼球的海生动物，即措施无副作用，支持题干。

11. B

【第 1 步　识别命题形式】

题干已知“四位教练中只有一位的预测为真”，故此题为母题模型 11　经典真假话问题。

【第 2 步　套用母题方法】

题干有以下信息：

①甲 ∨ 丁。

②甲 ∨ 丙 ∨ ¬ 乙。

③¬ 丙 ∧ 乙。

④乙 ∨ 戊。

步骤 1：找矛盾。

题干中无矛盾关系。

步骤 2：根据“只有一真”，找下反对关系或推理关系。

②和④为下反对关系，至少一真。再结合“四位教练中只有一位的预测为真”可知，①和③均为假。

步骤 3：推出结论。

由“①为假”可得：¬ 甲 ∧ ¬ 丁。

由“③为假”可得：丙 ∨ ¬ 乙。

由“丙 ∨ ¬ 乙”可知，②为真、④为假。

由“④为假”可得：¬ 乙 ∧ ¬ 戊。

综上，丙队是冠军。

故 B 项正确。

12. E

【第 1 步　识别命题形式】

题干由特称命题和全称命题组成，且这些命题中存在重复元素可以实现串联，故此题为母题模型 8　性质串联模型(带“有的”型)。

【第2步 套用母题方法】

步骤1：画箭头。

题干：

①故意违反交通规则→录入个人大数据违法信息系统。

②录入个人大数据违法信息系统→受到了严肃处理。

③有的故意违反交通规则→缴纳了罚款，等价于：有的缴纳了罚款→故意违反交通规则。

步骤2：从"有的"开始做串联。

由③、①和②串联可得：④有的缴纳了罚款→故意违反交通规则→录入个人大数据违法信息系统→受到了严肃处理。

步骤3：逆否(注意带"有的"的项不逆否)。

④逆否可得：⑤¬受到严肃处理→¬录入个人大数据违法信息系统→¬故意违反交通规则。

步骤4：找答案。

A项，录入个人大数据违法信息系统→缴纳了罚款，由④可知，有的录入个人大数据违法信息系统→缴纳了罚款，"有的"无法推出"所有"，故此项可真可假。

B项，有的受到了严肃处理→¬故意违反交通规则，由④可知，故意违反交通规则→受到了严肃处理，可推出：有的受到了严肃处理→故意违反交通规则，与此项构成下反对关系，一真另不定，故此项可真可假。

C项，有的缴纳了罚款→¬故意违反交通规则，由③可知，有的缴纳了罚款→故意违反交通规则，与此项构成下反对关系，一真另不定，故此项可真可假。

D项，缴纳了罚款→受到了严肃处理，由④可知，有的缴纳了罚款→受到了严肃处理，"有的"无法推出"所有"，故此项可真可假。

E项，有的故意违反交通规则→受到了严肃处理，由④可知，故意违反交通规则→受到了严肃处理，"所有"可以推出"有的"，故此项一定为真。

13. C

【第1步 识别命题形式】

题干中出现"音乐家""籍贯""乐器"之间的匹配关系，故此题为母题模型6 匹配模型。

【第2步 套用母题方法】

从事实出发，由条件(3)可知，二胡的演奏者是张珊；再结合条件(1)可知，张珊来自有2个人的城市，故张珊来自杭州。

由条件(2)和(4)可知，赵陆来自北方城市且不演奏古筝。

再结合条件(5)可知，赵陆不是北京人。因此，赵陆是哈尔滨人。

综上，结合题干信息可得下表：

籍贯	北京	广州	哈尔滨	杭州	
音乐家			赵陆	张珊	
乐器	古筝			二胡	唢呐

由上表结合条件(4)"赵陆演奏的不是笛子"可得：赵陆演奏的是琵琶、广州人演奏的是笛子。故C项正确。

14. D

【第 1 步　识别命题形式】

同上题一致。

【第 2 步　套用母题方法】

引用上题推理结果，可得下表：

籍贯	北京	广州	哈尔滨	杭州	
音乐家			赵陆	张珊	
乐器	古筝	笛子	琵琶	二胡	唢呐

由“李思来自北方城市”并结合上表可得：李思来自北京。此时，可得下表：

籍贯	北京	广州	哈尔滨	杭州	
音乐家	李思		赵陆	张珊	
乐器	古筝	笛子	琵琶	二胡	唢呐

A 项，已知张珊来自杭州，结合上表可知，无法推出孙琪和王伍来自的城市及演奏的乐器。

B 项，已知赵陆来自哈尔滨，结合上表可知，无法推出孙琪和王伍来自的城市及演奏的乐器。

C 项，由题干信息可知张珊是杭州人，故此项一定为假。

D 项，若王伍来自杭州，结合上表可知，孙琪一定来自广州，进而推出孙琪演奏的是笛子，故此项必然为真。

E 项，已知赵陆来自哈尔滨，结合上表可知，无法推出孙琪和王伍来自的城市及演奏的乐器。

15. E

【第 1 步　识别命题形式】

此题要求在方格中填入相应的汉字，易知此题为母题模型 12　数独模型。

【第 2 步　套用母题方法】

由“B2 是‘丙’”结合“每行、每个由粗线条围成的区域内均不重复”可知，①、②均不是“丙”，故可排除 A 项、D 项。

再由“E5 是‘丁’”结合“每列不重复”可知，A5、B5、③均不是“丁”。再结合“每个由粗线条围成的区域内均含有 5 个汉字”可知，C4 是“丁”。

由“C4 是‘丁’”结合“每列不重复”可知，②不是“丁”，故可排除 B 项、C 项。

综上，E 项正确。

16. C

【第 1 步　识别命题形式】

题干中，条件(1)、(2)和(3)均为假言命题，选项均为事实，故本题的主要命题形式为母题模型 4　假言推事实模型。同时，题干中还涉及数量关系(“7 选 5”)，故此题为假言推事实＋数量模型。

【第 2 步　套用母题方法】

由条件(1)可得：甲→┐己，等价于：┐甲∨┐己，即：甲、己中至少有 1 个不选择。

由条件(3)可得：丙→┐乙，等价于：┐丙∨┐乙，即：乙、丙中至少有1个不选择。

因此，甲、乙、丙、己4个城市中至少有2个不选择，再结合“7选5”可得：丁∧戊∧庚。

由“庚”可知，条件(2)的后件为假，则其前件也为假，可得：甲∧丁。

由“甲”可知，条件(1)的前件为真，则其后件也为真，可得：丙∧┐己。

综上，选择甲、丙、丁、戊、庚5座城市，乙、己均未被选择。

故C项正确。

17. C

【第1步 识别命题形式】

题干中出现假言命题，且提问方式为“上述推理方式和以下哪项最为类似?”，故此题为母题模型10 推理结构相似模型。

【第2步 套用母题方法】

题干：相对论是正确的(A)→顺时运动的物体的时速不可能超过光速(B)。量子力学预测：超子的时速超过光速(C)。因此，如果相对论是正确的(A)，那么，或者量子力学对超子的预测是错误的(┐C)，或者超子逆时运动(D)。

题干符号化为：A→B。C。因此，A→┐C∨D。

A项，锁定“这一看法不正确”及后续的论据标志词“因为”可知，此项为论证逻辑中的“转折模型”，故此项与题干不同。

B项，A→B∨C，因为┐B→C。C∧B，所以A。故此项与题干不同。

C项，A→B。C。因此，A→┐C∨D。故此项与题干相同。

D项，此项存在性质命题“有的国家允许本国公民有双重国籍”，而题干不存在性质命题，故此项与题干不同。

E项，A∨B，┐B，所以A。故此项与题干不同。

18. D

【第1步 识别命题形式】

题干中出现“人”与“先后顺序”的匹配关系，故此题为母题模型6 匹配模型。

【第2步 套用母题方法】

此题涉及先后顺序(即：排序+匹配)，可以优先考虑从“跨度更大的条件”入手解题。

条件(3)、(4)均为“不相邻”条件，但条件(4)有明确的先后关系，故优先考虑。

由条件(4)可知，乙可以在第1、第2、第3这三个位置上。

若乙在第3，则丁在第6，此时无法满足条件(2)。因此，乙只能在第1、第2位置上。情况较少，可分类讨论。

情况1：乙在第1。

若乙在第1，则丁在第4。可得下表：

第1	第2	第3	第4	第5	第6
乙			丁		

由上表及条件(2)可知，甲只能在第5或者第6。

若甲在第5，结合上表、条件(3)和条件(1)可知，戊在第2、己在第3。故丙在第6。

若甲在第6，结合上表、条件(3)和条件(1)可知，戊在第3、己在第2。故丙在第5。

情况2：乙在第2。

若乙在第2，则丁在第5。可得下表：

第1	第2	第3	第4	第5	第6
	乙			丁	

由上表及条件(2)可知，甲只能在第6。再结合条件(3)和(1)可知，戊在第3、己在第4。故丙在第1。

综上可知，丙和己之间隔着2个人。

故D项正确。

19. A

【第1步 识别命题形式】

题干中，条件(3)为假言命题，选项均为事实，故本题的主要命题形式为母题模型4 假言推事实模型。同时，题干中还涉及数量关系，故此题为假言推事实+数量模型。

【第2步 套用母题方法】

由条件(1)结合“8个部门共推选出12名候选人”可知，丙、戊、己、庚4个部门共推选出10人。

由条件(2)可知，每个部门至多推选4人。

若条件(3)的后件为真，即：戊、己、庚3个部门中至多推选4人，此时，即使丙部门推选出4人，也无法满足“丙、戊、己、庚4个部门共推选出10人”。故，条件(3)的后件为假，则其前件也为假，可得：甲、丙2个部门均未推选出候选人。

因此，戊、己、庚3个部门共推选出10人。再结合“每个部门至多推选4人”可知，戊、己、庚3个部门均有人被推选。

故A项正确。

20. C

【第1步 识别命题形式】

同上题一致。

【第2步 套用母题方法】

引用上题推理结果：甲和丙2个部门均未推选出候选人；戊、己、庚3个部门共推选出10人。

本题新补充条件：(4)丙和戊2个部门合计推选出2名候选人。

由“丙部门未推选出候选人”结合条件(4)可知，戊部门推选出2人；再结合“戊、己、庚3个部门共推选出10人”“每个部门至多推选4人”可知，己、庚2个部门均各推选出4人。

综上，各部门推选人数见下表：

部门	甲	乙	丁	辛	戊	己	庚	丙
人数	0	共2人(具体情况无法确定)			2	4	4	0

故C项正确。

396 经济类联考逻辑 ▸ 模拟卷 4

（共 20 小题，每小题 2 分，共 40 分，限时 40 分钟）

说明：本套模拟卷在试卷结构上同 2025 年经济类联考真题一致，难度同 2023 年经综真题基本一致。

1. 信息消费顺应了数字化发展浪潮，符合人们对效率提升、知识获取等美好生活新需求。只有破除制约信息消费发展瓶颈，才能推动新一代信息技术向消费领域广泛渗透。若能将信息消费的宏观前景转变为现实，就可以形成更强大的国内信息消费市场。若开发出更加规范安全的信息消费新方式，就能推动经济增长和民生改善。

   根据以上陈述，可以得出以下哪项？

   A. 如果可以形成更强大的国内信息消费市场，就可以将信息消费的宏观前景转变为现实。

   B. 只有开发出更加规范安全的信息消费新方式，才能推动经济增长和民生改善。

   C. 若不能破除制约信息消费发展瓶颈，则不能推动新一代信息技术向消费领域广泛渗透。

   D. 如果不能开发出更加规范安全的信息消费新方式，那么不能推动经济增长和民生改善。

   E. 若能将信息消费的宏观前景转变为现实，就能破除制约信息消费发展瓶颈。

2. 随着自动驾驶技术的不断进步，越来越多的汽车制造商开始生产自动驾驶汽车。这些自动驾驶汽车正在逐渐取代传统汽车的人类驾驶员，特别是在城市交通拥堵和长途驾驶的领域。有专家认为，在目前汽车行业中，自动驾驶技术发展迅猛，人类驾驶员将会被其彻底替代。

   以下哪项如果为真，最能质疑上述专家的预测？

   A. 自动驾驶汽车虽然提高了行车安全，但同时也增加了维护和管理的成本。

   B. 自动驾驶在理解和处理人类情感方面仍有限制。

   C. 目前，虽然自动驾驶汽车在某些领域取得了显著的进步，但它们的应用仍然有限，无法覆盖所有道路情况。

   D. 商业化的自动驾驶车辆处于 L2 到 L3 级别，即部分到条件自动驾驶，需要人类驾驶员在特定情况下接管控制。

   E. 尽管自动驾驶汽车可以提供舒适和便捷的驾驶体验，但它们缺乏人类驾驶员的情感共鸣和个性化驾驶风格。

3. 如今，随着科技的进步，越来越多的家庭开始使用智能家居设备，如智能门锁、智能照明和智能音响等。智能家居在给人们增加便利性的同时，由于 AI 大模型的介入，也增加了很多趣味性。但近日，有专家指出，智能家居设备可能会影响家庭成员之间的交流和互动，从而对家庭关系产生不利影响。

   以下哪项如果为真，最能削弱上述专家的论断？

   A. 智能家居设备可以提高生活便利性，让家庭成员有更多的时间和精力进行交流和互动。

   B. 智能家居设备虽然可以提高生活便利性，但同时也增加了对设备维护和管理的成本。

C. 大多数家庭成员在智能家居设备的使用上并不是行家，每个家庭中至少有一人不能熟练使用智能家居，特别是老年人。

D. 智能家居设备的售价较高，大多数家庭在选择时，往往只会购置部分智能家居，而不会选择整装的智能家居方案。

E. 智能家居设备的使用不应局限于日常生活的便利，而应着重于家庭成员之间的情感交流，培养良好的家庭氛围。

4. 研究显示，在23点之后入睡会导致人们患心血管疾病的风险增加。某研究机构在2006年至2010年间招募了88 026位实验者，年龄范围为43～79岁。在平均5.7年的随访期间，研究人员发现入睡时间在23点之后的人心血管疾病发病率更高，而入睡时间在23点之前的人心血管疾病发病率更低。

以下哪项如果为真，最能支持上述发现？

A. 睡眠时长已成为一个潜在的心脏病风险因素。

B. 最佳睡眠时间是身体24小时周期中的某个特定时间点，在其他时间入睡对健康有害。

C. 研究结果表明，晚于23点入睡会扰乱生物钟，容易引发心律失常和高血压性心脏病等。

D. 长期睡眠不足会造成身体机能紊乱，从而引起心肌缺血、心律失常。

E. 在入睡时间晚于23点的人群中，年龄在60岁以下的人数多于60岁以上的。

5. 有调查发现，某镇的乡村振兴工作中，由县农业部门工作人员担任驻村工作队队长的村庄其农业产业发展速度明显快于由其他部门工作人员担任驻村工作队队长的村庄。据此有人认为，县农业部门的工作人员更重视当地的农业产业发展，而农业产业发展是增加当地农民收入的重要手段，因此县农业部门的工作人员开展乡村振兴工作成效往往较好。

以下哪项最可能是上述论证的隐含前提？

A. 农业部门工作人员往往有更多农业产业相关的专业知识。

B. 农民收入是评价乡村振兴工作成效的重要指标。

C. 乡村振兴工作的成效只能用农业产业发展情况来衡量。

D. 不同村庄农民收入在乡村振兴工作开展前基本持平。

E. 农业产业发展是增加当地农民收入的唯一手段。

6. 中草药的提炼和西医不同，分析师在对一副中草药经过成分分析后，确认了其有效成分，但是按照其有效成分制成的化学药剂却往往没有中草药的疗效，即使这些有效成分的剂量与分析中的中草药完全相同。

以下哪项如果为真，最能有效地解释上述现象？

A. 中草药配方中有一些药在服用时需要“药引”，这些药引被认为是中药有疗效的关键。

B. 一些医生所开的中草药都具有名贵的配料，如熊胆、牛黄等。

C. 中草药有效成分以外的其他成分如草汁等，化学分析是无疗效的水，但这些物质将影响人类对中草药的吸收速度和它在血液中的含量。

D. 因为有些中草药的成分无法界定，所以欧盟目前都不承认中草药在欧盟各国的合法性。

E. 患病的老人更容易接受中草药治疗，因为中草药不仅仅治疗病症，而且具有调理的功效。

7. 某研究团队招募了 2 000 名年龄在 50 岁到 70 岁之间的健康志愿者，参与一项为期五年的锻炼计划。结果发现，志愿者心脏健康指标特别是心脑血管功能有相应改善。这说明运动可以改善血压水平，适量的锻炼更有助于降低血压水平。该研究团队据此认为，运动有助于降低心脑血管疾病发作风险。

以下哪项如果为真，最能支持上述结论？

A. 在心脑血管疾病的治疗上，运动只能起到辅助治疗作用。

B. 剧烈运动，尤其是在高热环境下，会诱发中暑。

C. 心脑血管疾病与血压水平、胆固醇水平、生活方式等息息相关。

D. 高血压患者血压波动时若正在进行运动可能会出现脑出血、脑梗塞、心绞痛等急症。

E. 人们应该根据自己的身体情况适当锻炼，不应盲目追求运动量。

8. 一百年前，德国一名叫理查德·希尔曼(Richard Schirrmann)的教师带领一班学生徒步旅行时遭遇大雨，只能在一个乡间学校里以草铺地当床，度过了艰难的一夜。彻夜未眠的教师萌发了建立专门为青年提供住宿旅舍的想法，也就是现在青年旅舍的雏形。旅游行业的从业者认为，许多旅客为了节省住宿成本，在旅途中会把"青旅"作为自己住宿的首选。

以下哪项如果为真，最能支持旅游行业从业者的观点？

A. "青旅"通常布局合理，格调高雅，旅客可以在公共区域吃饭、看电影、看书、玩游戏等，比酒店住宿更有趣。

B. 对于学生党和工作不久的人来说，青旅的价格实惠，比租房子更划算。

C. 青旅老板往往对当地十分熟悉，会给旅客许多如何"省钱还能玩好"的详细建议。

D. 相较于酒店住宿，"青旅"通常提供的是通铺或"上下铺"，每位旅客只需支付自己的"床位费"即可。

E. 一般情况下，青年旅舍都会设置在繁华商业区、著名旅游景点、当地特色风情街、美食街附近主干道的小巷子，交通、游玩等都比较便利。

9. 关于温饱与道德的关系，有人这样论述：温饱是人类生存最基本、最必需的条件。人类社会要繁衍、要发展并推行道德，必须有足够的经济实力来维持人的生存，在这个基础上才能谈道德，正如名言所说"仓廪实而知礼节，衣食足而知荣辱"。因此，温饱是讲道德的前提条件。

如果要反驳这一观点，下列哪种说法最有说服力？

A. 在一些极度饥饿的人们面前，空谈礼让并不能起到帮助的作用，唯有解决其饥寒之苦才能推广美德。

B. 古罗马帝国在经济发展的鼎盛时期，国人开始轻视道德，物欲横流，故而国势衰败，走向灭亡。

C. 社会秩序的建立必须依靠一定的制度，这里面除了法律，还有德治，也就是说社会的发展离不开道德的推行。

D. 在许多偏远贫困的地区中，有不少人虽饱尝衣食之困，但依然心存善恶是非之心，懂得分享食物与爱护老幼。

E. 随着经济的发展，人们对物质生活的要求越来越高，不仅仅要解决温饱，还要享受高品质生活。

10. 在一次围棋比赛中，参赛选手陈华不时地挤捏指关节，发出的声响干扰了对手的思考。在比赛封盘间歇时，裁判警告陈华：如果再次在比赛中挤捏指关节并发出声响，将判其违规。对此，陈华反驳说，他挤捏指关节是习惯性动作，并不是故意的，因此，不应被判违规。

以下哪项如果成立，最能支持陈华对裁判的反驳？

A. 在此次比赛中，对手不时打开、合拢折扇，发出的声响干扰了陈华的思考。

B. 在围棋比赛中，只有选手的故意行为，才能成为判罚的根据。

C. 在此次比赛中，对手本人并没有对陈华的干扰提出抗议。

D. 陈华一向恃才傲物，该裁判对其早有不满。

E. 如果陈华为人诚实、从不说谎，那么他就不应该被判违规。

11. 四季合唱团打算从甲、乙、丙、丁、戊、己和庚 7 名大三学生中挑选出 4 人去参加省里举办的合唱比赛。已知：

(1)若乙、庚中至少有 1 人入选，则己不入选。

(2)若庚不入选，则甲不入选或丙不入选。

(3)除非戊不入选，否则甲入选但是丁不入选。

根据以上信息，一定不选择以下哪位学生？

A. 甲。　　B. 丙。　　C. 丁。　　D. 戊。　　E. 己。

12. 有一个 5×5 的方阵，如下图所示，它所含的每个小方格中均可填入一个词(已有部分词填入)。现要求该方阵中的每行、每列及每个由粗线条围住的五个小方格组成的不规择区域中均含有“诗经”“尚书”“礼记”“周易”“春秋”5 个词，不能重复也不能遗漏。

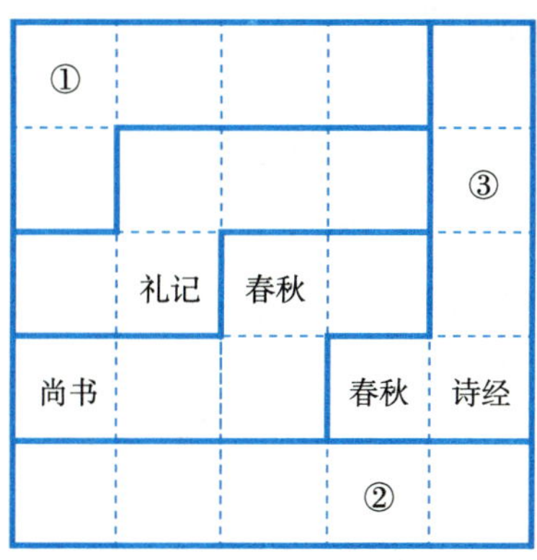

根据以上信息，依次填入该方阵①、②、③处的 3 个词应是：

A. 周易、诗经、礼记。

B. 春秋、尚书、诗经。

C. 春秋、礼记、周易。

D. 诗经、周易、春秋。

E. 礼记、礼记、尚书。

13. 甲：有效的沟通依赖于清晰的表达。

乙：你只关注了表达，忽略了倾听。实际上，有效的沟通依赖于双方的倾听能力。如果缺乏倾听，即使表达再清晰也可能产生无效的沟通。

以下哪项与上述的推理方式最为相似？

A. 甲：优秀的领导能力体现在对团队的管理上。

乙：你只看到了管理，忽略了激励。实际上，优秀的领导能力体现在对团队成员的激励上。如果缺乏激励，团队管理再好也可能难以发挥潜力。

B. 甲：企业的持续发展依赖于高效的运营。

乙：你只关注了运营，忽略了创新。实际上，成功的企业依赖于不断地创新。如果缺乏创新，运营再高效也可能难以成功。

C. 甲：健康的身体依赖于合理的饮食。

乙：你只强调了饮食，忽略了锻炼。实际上，健康的身体依赖于适量的锻炼。如果缺乏锻炼，即使健康状况再好也可能饮食不合理。

D. 甲：良好的学习氛围取决于教师的引导。

乙：你只考虑了引导，忽略了学生的参与。实际上，良好的学习氛围取决于学生的积极参与。如果学生不参与，即使教师引导再好也可能学习氛围不好。

E. 甲：稳定的社会秩序依赖于严格的法制。

乙：你只重视了法制，忽略了道德。实际上，稳定的社会秩序依赖于公民的道德素养。如果公民道德缺失，法制不能维持稳定的秩序。

14. 清北大学甲、乙、丙、丁、戊、己6名体育生将代表学校参加清北市运动会。他们每人将在长跑、短跑、跳高、游泳、铅球、举重、乒乓球和花滑8个项目中选择1～2个参加，各不重复。每个项目均有1人参加，还已知：

(1)如果甲、乙参加的项目数之和至少为3，则戊参加游泳且丁参加花滑。

(2)若甲、乙中至少有1人选择游泳或者举重，则甲选择长跑和跳高。

(3)如果丙至多选择铅球和乒乓球中的1个，那么甲选择游泳并且丁不选择花滑。

(4)只有乙选择举重，丙才不选择长跑比赛。

根据上述信息，以下哪项一定为真？

A. 丙选择长跑项目。　　B. 丁选择举重项目。　　C. 己选择短跑项目。

D. 甲选择花滑项目。　　E. 戊选择跳高项目。

15. 所有关注学生生活中的问题的老师都尽力满足学生需求，也很温柔细心；有的温柔细心的老师十分关注学生心理上的问题；没有一个关注学生心理上的问题的老师不关心学生的利益。

下列哪项可以由上文推出？

A. 所有温柔细心的老师都不关心学生的利益。

B. 并非所有温柔细心的老师都不尽力满足学生需求。

C. 有的关注学生生活中的问题的老师并不关注学生心理上的问题。

D. 有的关心学生利益的老师不是温柔细心的老师。

E. 所有温柔细心的老师都关心学生的利益。

16. 某公司的赵、钱、孙、李、周和吴六人将被派遣到甲、乙、丙、丁、戊和己六地进行项目验收，每人只去一个地方，每个地方只有一人前往，已知：

(1)若孙不去乙地或者周去甲地，则赵去丁地但吴不去戊地。

(2)赵或者钱去丙地。

(3)若孙去乙地或者孙不去戊地，则钱不去甲地而周去戊地。

(4)若钱、吴二人中有人去丙地，则孙不去戊地但赵去甲地。

根据上述信息，以下哪项一定为真？

A. 周去甲地。

B. 钱去己地。

C. 赵去丁地。

D. 孙不去乙地。

E. 吴不去戊地。

17. 作为一名资深旅游爱好者，李莫莫计划十一出门旅游。她将前往哈尔滨、昆明、南京、石家庄、喀什、赤峰、青岛、北京 8 个城市中的 1 个或多个。已知：

(1)除非喀什和北京都选择前往，否则要选择前往青岛和石家庄。

(2)若石家庄、喀什、赤峰 3 个城市中至少选择 2 个前往，则哈尔滨和青岛都不选择。

(3)若选择前往的城市不少于不去的城市，则哈尔滨、北京、赤峰 3 个城市中至多选择前往 1 个。

(4)要么选择石家庄，要么不选择赤峰。

若她选择前往哈尔滨，则以下哪项必然为真？

A. 昆明和南京中至少选择 1 个前往。

B. 青岛和北京中至多选择 1 个前往。

C. 石家庄和南京都前往。

D. 喀什和赤峰都前往。

E. 赤峰和青岛中至少选择 1 个前往。

18. 山东省大宗村是全国教育改革示范村，该村对于儿童的教育问题有着独特的方法，2022 年，该村第一批孩子参加高考。村委会中负责教育改革的几位工作人员对大宗村孩子今年的高考情况做了以下断定：

(1)村里所有的学生都考上了 985 院校。

(2)村里有些学艺体的学生考上了 985 院校。

(3)村里有些学生考上了 985 院校。

(4)村里有些学生没考上 985 院校。

已知上述四个断定中只有两个断定与事实相符。

根据如上情况，能得出以下哪些结论？

Ⅰ. 村里的学生都是艺体生。

Ⅱ. 村里没有艺体生考上 985 院校。

Ⅲ. 村里的艺体生都考上了 985 院校。

Ⅳ. 有的学生考上了 985 院校。

Ⅴ. 有的学生没考上 985 院校。

A. 只有Ⅰ。

B. 只有Ⅱ。

C. 只有Ⅱ、Ⅳ和Ⅴ。

D. 只有Ⅰ和Ⅱ。

E. Ⅰ、Ⅱ、Ⅲ和Ⅳ都可能为真。

19～20题基于以下题干：

某影视组有甲、乙、丙、丁、戊5位成员参与“你是我心中最佳”评选活动，该活动设有最佳导演、最佳制片、最佳编剧、最佳监制、最佳美工5个奖项，每个奖项恰好有他们中的3人参与评选，每人参与2～4项评选。已知：

(1)若乙参与评选最佳编剧，则丙不参与评选最佳导演且不参与评选最佳监制。

(2)如果丁、丙中至少有1人参与评选最佳编剧，则他们均参与评选最佳美工。

(3)若丁参与评选最佳导演，则乙和丁均不参与评选最佳编剧。

(4)若丙参与评选最佳制片或者最佳编剧，则甲、乙和戊中至多有1人参与评选最佳导演。

19. 根据以上信息，可以得出以下哪项？
A. 乙参与评选最佳编剧。
B. 丙参与评选最佳监制。
C. 丙参与评选最佳美工。
D. 戊参与评选最佳美工。
E. 甲参与评选最佳导演。

20. 如果丙不参与评选最佳编剧且甲、乙参与评选的奖项完全不同，则以下哪项一定为真？
A. 乙参与评选最佳监制。
B. 丙参与评选最佳制片。
C. 甲参与评选最佳导演。
D. 乙参与评选最佳美工。
E. 丁参与评选最佳制片。

396 经济类联考逻辑 ▸ 模拟卷 4

答案详解

答案速查	
1～5　CDACB	6～10　CCDDB
11～15　ECDCB	16～20　EBCCE

1. C

【第 1 步　识别命题形式】

题干由多个假言命题组成，且这些假言命题中无重复元素，选项均为假言命题，故此题为母题模型 2　假言推假言模型（无重复元素）。

【第 2 步　套用母题方法】

步骤 1：画箭头。

题干：

①广泛渗透→破除瓶颈。

②转变为现实→信息消费市场。

③信息消费新方式→推动经济增长和民生改善。

步骤 2：逆否。

①逆否可得：④¬ 破除瓶颈→¬ 广泛渗透。

②逆否可得：⑤¬ 信息消费市场→¬ 转变为现实。

③逆否可得：⑥¬ 推动经济增长和民生改善→¬ 信息消费新方式。

步骤 3：找答案。

A 项，信息消费市场→转变为现实，由②可知，此项可真可假。

B 项，推动经济增长和民生改善→信息消费新方式，由③可知，此项可真可假。

C 项，¬ 破除瓶颈→¬ 广泛渗透，等价于④，此项必然为真。

D 项，¬ 信息消费新方式→¬ 推动经济增长和民生改善，由⑥可知，此项可真可假。

E 项，转变为现实→破除瓶颈，由②可知，此项可真可假。

2. D

【第 1 步　识别命题形式】

提问方式：以下哪项如果为真，最能质疑上述专家的预测？

专家的预测：在目前汽车行业中，自动驾驶技术发展迅猛，人类驾驶员将会被其彻底替代。

锁定关键词“将会”，可知此题为母题模型 17　预测结果模型。

【第 2 步　套用母题方法】

A 项，此项说明自动驾驶汽车的使用成本较高，但并未说明其未来的发展前景，无关选项。

B项，“自动驾驶在理解和处理人类情感方面”是否有限制，与其在未来是否将会彻底替代人类驾驶员无关。

C项，此项讨论的是“目前”的情况，而题干讨论的是“未来”的情况，无关选项。（干扰项·时间不一致）

D项，此项指出自动驾驶需要人类驾驶员的接管控制，即人类驾驶员不会被自动驾驶彻底替代，说明专家预测错误，削弱题干。

E项，自动驾驶汽车是否缺乏“人类驾驶员的情感共鸣和个性化驾驶风格”，与其在未来是否将会彻底替代人类驾驶员无关。

3. A

【第1步 识别命题形式】

提问方式：以下哪项如果为真，最能削弱上述专家的论断？

专家的论断：智能家居设备(S)可能会影响家庭成员之间的交流和互动，从而对家庭关系产生不利影响(P)。

题干无论据，且提问针对论点，故此题优先考虑母题模型15 拆桥搭桥模型(SP型)。

【第2步 套用母题方法】

A项，此项说明智能家居设备可以促进家庭成员之间的交流和互动，SP拆桥(怼P法)，削弱专家的论断。

B项，题干不涉及使用智能家居设备的成本问题，无关选项。

C项，题干不涉及家庭成员是否会使用智能家居设备，无关选项。

D项，题干不涉及购买智能家居设备时人们究竟如何选择，无关选项。

E项，题干不涉及智能家居设备的使用“应该”注重哪方面，无关选项。

4. C

【第1步 识别命题形式】

提问方式：以下哪项如果为真，最能支持上述发现？

题干：

入睡时间在23点之前：心血管疾病的发病率更低；
入睡时间在23点之后：心血管疾病的发病率更高；

因此，在23点之后入睡(原因Y)会导致人们患心血管疾病的风险增加(结果G)。

题干由两组对比的实验，得出一个因果关系，故此题为母题模型16 现象原因模型(求异法型)。

【第2步 套用母题方法】

A项，此项涉及的是“睡眠时长”对心脏病的影响，而题干涉及的是“入睡时间”的早晚对心血管疾病的影响，无关选项。（干扰项·话题不一致）

B项，此项并未指出“某个特定时间点”是否是“23点”，故不能支持题干。（干扰项·不确定项）

C项，此项说明23点之后入睡确实会导致人们患心血管疾病的风险增加，因果相关(YG搭桥)，支持题干。

D项，此项涉及的是“睡眠不足”的危害，而题干涉及的是“23点之后入睡”对心血管疾病发病率的影响，无关选项。（干扰项·话题不一致）

E项，题干不涉及入睡时间晚于23点的人群中“不同年龄段人数”的比较，无关选项。（干扰项 • 新比较）

5. B

【第1步 识别命题形式】

提问方式：以下哪项最可能是上述论证的隐含前提？

题干：县农业部门的工作人员(S)更重视当地的农业产业发展(P1)，而农业产业发展是增加当地农民收入(P2)的重要手段，因此县农业部门的工作人员(S)开展乡村振兴工作成效往往较好(P3)。

题干中，P1、P2均与P3不一致，故此题为母题模型15 拆桥搭桥模型(双P型)。

【第2步 套用母题方法】

A项，题干不涉及“农业产业相关的专业知识”，无关选项。（干扰项 • 话题不一致）

B项，此项指出农民收入(P2)是评价乡村振兴工作成效(P3)的重要指标，搭桥法(双P搭桥)，必须假设。

C项，此项指出乡村振兴工作的成效(P3)只能用农业产业发展情况(P1)来衡量，故此项说明了P1与P3的关系，但“只能”一词过于绝对，假设过度。

D项，题干不涉及在乡村振兴工作开展前不同村庄农民收入的比较，无关选项。（干扰项 • 新比较）

E项，此项重复了题干的论据(即P2)，不必假设，而且，“唯一”过于绝对。

6. C

【第1步 识别命题形式】

提问方式：以下哪项如果为真，最能有效地解释上述现象？

待解释的现象：按照分析后中草药有效成分制成的化学药剂往往没有中草药的疗效，即使这些有效成分的剂量与分析中的中草药完全相同。

【第2步 套用母题方法】

差异的结果是由“差因”所导致的，因此，要解释题干的现象，只需找出“化学药剂”和“中草药”的差异点即可。

A项，此项仅指出“药引”是中药有疗效的关键，但是“化学药剂”中是否有药引不得而知，不能解释。（干扰项 • 不确定项）

B项，题干不涉及医生开的中草药的配料是否名贵，无关选项。

C项，此项说明是因为其他成分的差异，导致了化学药剂无效但中草药有效，可以解释。

D项，题干不涉及欧盟是否“承认中草药在欧盟各国的合法性”，无关选项。

E项，题干不涉及患病老人更容易接受中草药治疗的原因，无关选项。

7. C

【第1步 识别命题形式】

提问方式：以下哪项如果为真，最能支持上述结论？

题干：运动(S)可以改善血压水平(P1)，适量的锻炼更有助于降低血压水平。该研究团队据此认为，运动(S)有助于降低心脑血管疾病发作风险(P2)。

题干中，P1与P2不一致，故此题为母题模型15 拆桥搭桥模型(双P型)。

【第 2 步 套用母题方法】

A 项，题干不涉及心脑血管疾病的“治疗”(注意：“治疗”和“降低风险”并非同一话题)，无关选项。(干扰项·话题不一致)

B 项，题干不涉及剧烈运动是否会诱发中暑，无关选项。(干扰项·话题不一致)

C 项，此项指出“心脑血管疾病的发生”与“血压水平”息息相关，搭桥法(双 P 搭桥)，支持题干。

D 项，此项说明运动可能会增加高血压患者心脑血管疾病的发作风险，削弱题干。

E 项，题干不涉及人们应该如何选择运动量，无关选项。(干扰项·话题不一致)

8. D

【第 1 步 识别命题形式】

提问方式：以下哪项如果为真，最能支持旅游行业从业者的观点？

旅游行业从业者的观点：许多旅客为了节省住宿成本(目的 P)，在旅途中会把“青旅”作为自己住宿的首选(措施 M)。

锁定关键词“为了”，可知此题为母题模型 18 措施目的模型。

【第 2 步 套用母题方法】

A 项，此项涉及的是“青旅”的“趣味性”，而题干涉及的是“青旅”的“经济性”，无关选项。(干扰项·话题不一致)

B 项，此项的论证对象是“学生党和工作不久的人”，而题干的论证对象是“旅客”，无关选项。(干扰项·对象不一致)

C 项，此项涉及的是节省“玩乐的花销”，而题干涉及的是节省“住宿成本”，无关选项。(干扰项·话题不一致)

D 项，此项指出“青旅”相较于酒店住宿更便宜，那么旅客可以节省住宿成本，措施可以达到目的(MP 搭桥)，支持旅游行业从业者的观点。

E 项，此项涉及的是“青旅”的“便利性”，而题干涉及的是“青旅”的“经济性”，无关选项。(干扰项·话题不一致)

9. D

【第 1 步 识别命题形式】

提问方式：如果要反驳这一观点，下列哪种说法最有说服力？

题干：温饱是讲道德的前提条件。

锁定关键词“前提条件”，可知此题为母题模型 21 绝对化结论模型，此类试题一般找矛盾或者举反例来削弱。

【第 2 步 套用母题方法】

A 项，此项说明温饱是推广美德的必要条件，支持题干。

B 项，题干不涉及“轻视道德”和“国家衰亡”之间的关系，无关选项。

C 项，题干不涉及“道德推行”和“社会发展”之间的关系，无关选项。

D 项，此项说明即使不解决温饱问题，仍然可以讲道德，即：讲道德 $\wedge\neg$ 解决温饱，与题干观点矛盾，削弱题干。

E 项，题干不涉及经济发展对人们的影响，无关选项。

10. B

【第 1 步　识别命题形式】

提问方式："以下哪项如果成立，最能支持陈华对裁判的反驳？"

陈华：挤捏指关节(S)是习惯性动作，并不是故意的(P1)，因此，("挤捏指关节"这一行为，S)不应被判违规(P2)。

题干中，P1 与 P2 不一致，故此题为母题模型 15　拆桥搭桥模型(双 P 型)。

【第 2 步　套用母题方法】

此题为支持题，故用搭桥法，搭 P1 和 P2 的桥，即：

不是故意的 ⟶ 不应被判违规

故此题可秒选 B 项。

A 项，对手的行为与陈华的论证无关，无关选项。(干扰项 • 对象不一致)

C 项，对手是否抗议与陈华是否违规无关，无关选项。(干扰项 • 对象不一致)

D 项，陈华恃才傲物是对陈华本人品质的质疑，与陈华是否违规无关，无关选项。

E 项，题干不涉及陈华是否为人"诚实"，无关选项。(干扰项 • 话题不一致)

11. E

【第 1 步　识别命题形式】

题干中，条件(1)、(2)和(3)均为假言命题，选项均为事实，故本题的主要命题形式为母题模型 4　假言推事实模型。同时，题干中还涉及数量关系("7 选 4")，故此题为假言推事实+数量模型。

【第 2 步　套用母题方法】

由条件(1)可得：乙→¬己，等价于：¬乙∨¬己，即：乙、己中至少有 1 人不被选择。

由条件(3)可得：戊→¬丁，等价于：¬戊∨¬丁，即：戊、丁中至少有 1 人不被选择。

综上可知，乙、己、戊、丁中至少有 2 人不被选择，再结合"7 选 4"可知，甲、丙、庚 3 人中至少选择 2 人。

若条件(2)的前件为真，则甲、丙和庚 3 人中至少有 2 人不被选择，与"甲、丙、庚 3 人中至少选择 2 人"矛盾。因此，条件(2)的前件为假，即：庚。

由"庚"可知，条件(1)的前件为真，则其后件也为真，可得：¬己。

故 E 项正确。

12. C

【第 1 步　识别命题形式】

此题要求在方格中填入相应的词，易知此题为母题模型 12　数独模型。

【第 2 步　套用母题方法】

为了表达方便，将题干图中的行用 A、B、C、D、E 表示，列用 1、2、3、4、5 表示，如下图所示：

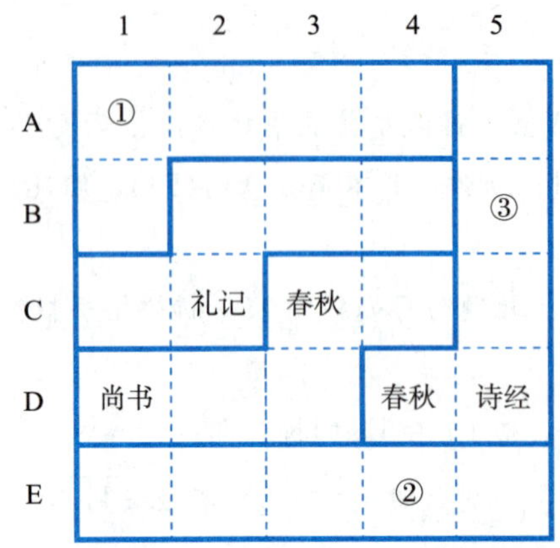

观察行、列及不规则区域，已知信息越多，越可能是解题的突破口。

已知C2为“礼记”，则C4、D2不可能为“礼记”，故由C3(“春秋”)、C4(不是“礼记”)、D1(“尚书”)、D2(不是“礼记”)、D3组成的不规则区域中有4个格子不可能为“礼记”，因此，可以确定D3为“礼记”，进而可知，D2为“周易”、C4为“诗经”。

再由D1为“尚书”并结合“每行、每列不重复”可知，C5为“尚书”、C1为“周易”。

又已知C3、D4为“春秋”，则B3、B4不可能为“春秋”，故由B2、B3(不是“春秋”)、B4(不是“春秋”)、C1(“周易”)、C2(“礼记”)组成的不规则区域中有4个格子不可能为“春秋”，因此，可以确定B2为“春秋”。再结合“每列不重复”可知，B3为“诗经”、B4为“尚书”。

由C1为“周易”并结合“每行、每列不重复”可知，B1为“礼记”，进而可知，B5为“周易”。因此，③为“周易”，故此题可直接选C项。

13. D

【第1步 识别命题形式】

题干中出现假言命题，提问方式为“以下哪项与上述的推理方式最为相似?”，故此题为母题模型10 推理结构相似模型。

【第2步 套用母题方法】

题干：

甲：有效的沟通(A)依赖于清晰的表达(B)。

乙：有效的沟通(A)依赖于双方的倾听能力(C)。如果缺乏倾听(¬C)，即使表达再清晰(B)也可能产生无效的沟通(¬A)。

题干符号化为：甲：A依赖于B。乙：A依赖于C。如果¬C，即使再B也可能¬A。

A项，甲：A体现在B。乙：A体现在C。如果¬C，即使再B也可能¬D。故此项与题干不相似。

B项，甲：A依赖于B。乙：C依赖于D。如果¬D，即使再B也可能¬C。故此项与题干不相似。

C项，甲：A依赖于B。乙：A依赖于C。如果¬C，即使再A也可能¬B。故此项与题干不相似。

D项，甲：A取决于B。乙：A取决于C。如果¬C，即使再B也可能¬A。故此项与题干相似。

E项，甲：A依赖于B。乙：A依赖于C。如果¬C，B不能A。故此项与题干不相似。

14. C

【第 1 步 识别命题形式】

题干中，条件(1)、(2)、(3)和(4)均为假言命题，选项均为事实，故本题的主要命题形式为母题模型 4 假言推事实模型。同时，题干中还涉及数量关系和匹配关系，故此题为假言推事实+数量+匹配模型。

【第 2 步 套用母题方法】

步骤 1：数量关系优先算。

由“6 个人参加 8 个项目，每人选择 1～2 个参加”可知，8=2+2+1+1+1+1。即，有 2 人各参加 2 个项目，有 4 人各参加 1 个项目。

步骤 2：按“假言推事实模型”的思路解题。

由条件(2)可得：甲游泳 ∨ 甲举重→甲长跑 ∧ 甲跳高；若其前件为真，则甲至少选择 3 个项目，与“每人选择 1～2 个参加”矛盾。因此“甲游泳 ∨ 甲举重”为假，即：¬ 甲游泳 ∧ ¬ 甲举重。

由“¬ 甲游泳”可知，条件(3)的后件为假，则其前件也为假，可得：丙铅球 ∧ 丙乒乓球。

由“丙铅球 ∧ 丙乒乓球”结合“每人选择 1～2 个参加”和条件(4)可得：乙举重。

由“乙举重”可知，条件(2)的前件为真，则其后件也为真，可得：甲长跑 ∧ 甲跳高。

由“甲长跑 ∧ 甲跳高”和“乙举重”可知，甲、乙参加的项目数之和至少为 3。故，条件(1)的前件为真，则其后件也为真，可得：戊游泳 ∧ 丁花滑。

步骤 3：按“匹配题”的思路解题。

综上，结合题干数量关系可知，己参加短跑。

故 C 项正确。

15. B

【第 1 步 识别命题形式】

题干由性质命题组成，且“所有关注学生生活中的问题的老师都尽力满足学生需求，也很温柔细心”这个条件符合双 A 串联公式，故此题为母题模型 8 性质串联模型(双 A 串联型)。

【第 2 步 套用母题方法】

题干有如下信息：

①关注学生生活中的问题→尽力满足学生需求。

②关注学生生活中的问题→温柔细心。

③有的温柔细心→关注学生心理上的问题。

④关注学生心理上的问题→关心学生的利益。

①和②满足双 A 串联公式，故有：⑤有的尽力满足学生需求→温柔细心。

由③、④串联可得：⑥有的温柔细心→关注学生心理上的问题→关心学生的利益。

A 项，温柔细心→ ¬ 关心学生的利益，由⑥可得：有的温柔细心→关心学生的利益，与此项构成矛盾关系，故此项必然为假。

B 项，此项等价于：有的温柔细心→尽力满足学生需求，互换可得：有的尽力满足学生需求→温柔细心，由⑤可知，此项必然为真。

C 项，题干不涉及“关注学生生活中的问题”和“关注学生心理上的问题”二者之间的推理关系，故此项可真可假。

D项，有的关心学生的利益→¬温柔细心，由⑥可得：有的关心学生的利益→温柔细心，与此项构成下反对关系，一真另不定，故此项可真可假。

E项，温柔细心→关心学生的利益，由⑥可得：有的温柔细心→关心学生的利益，“有的”不能推出“所有”，故此项可真可假。

16. E

【第1步　识别命题形式】

题干中，条件(2)为半事实，条件(1)、(3)和(4)均为假言命题，选项均为事实，故本题的主要命题形式为母题模型3　半事实假言推事实模型。同时，题干中还涉及“人”与“地方”的匹配关系，故此题为半事实假言推事实＋匹配模型。

【第2步　套用母题方法】

从半事实出发，由条件(2)可知，分如下两种情况讨论：①赵丙∧¬钱丙；②¬赵丙∧钱丙。

若情况①为真，由“赵丙”可知，条件(1)的后件为假，则其前件也为假，可得：孙乙∧¬周甲。

由“孙乙”可知，条件(3)的前件为真，则其后件也为真，可得：¬钱甲∧周戊。

若情况②为真，由“钱丙”可知，条件(4)的前件为真，则其后件也为真，可得：¬孙戊∧赵甲。

由“¬孙戊”可知，条件(3)的前件为真，则其后件也为真，可得：¬钱甲∧周戊。

综上，“¬钱甲∧周戊”一定为真。

故E项正确。

17. B

【第1步　识别命题形式】

“她选择前往哈尔滨”为事实，条件(1)、(2)和(3)均为假言命题，条件(4)亦可视为假言命题，故此题为母题模型1　事实假言模型。

【第2步　套用母题方法】

从事实出发，由“哈尔滨”可知，条件(2)的后件为假，则其前件也为假，可得：石家庄、喀什、赤峰3个城市中至多选择1个前往。

由“石家庄、喀什、赤峰3个城市中至多选择1个前往”并结合条件(4)可得：¬石家庄∧¬赤峰。

由“¬石家庄”可知，条件(1)的后件为假，则其前件也为假，可得：喀什∧北京。

由“哈尔滨∧北京”可知，条件(3)的后件为假，则其前件也为假，可得：李莫莫选择前往的城市少于不去的城市。故8个城市中，李莫莫选择前往的城市有3个：喀什、北京、哈尔滨，其余城市均不选择前往。

故B项正确。

18. C

【第1步　识别命题形式】

题干已知“四个断定中只有两个与事实相符”，故此题为母题模型11　经典真假话问题。

【第2步　套用母题方法】

步骤1：找矛盾关系。

观察题干条件，可知断定(1)和断定(4)矛盾，必有一真一假。

步骤 2：找其他对当关系。

断定(2)和断定(3)是推理关系。即如果断定(2)为真，则断定(3)也必然为真。由于“四个断定中只有两个为真”，故断定(2)为假、断定(3)为真。

步骤 3：推出结论。

由“断定(2)为假”可得：村里没有学艺体的学生考上 985 院校(即Ⅱ项为真)。

由“断定(3)为真”可知，有些学生考上了 985 院校(即Ⅳ项为真)。

由“断定(2)为假”可知，断定(1)为假，则断定(4)为真，故有的学生没考上 985 院校(即Ⅴ项为真)。

综上，C 项正确。

19. C

【第 1 步　识别命题形式】

题干中，条件(1)、(2)、(3)和(4)均为假言命题，选项均为事实，故本题的主要命题形式为母题模型 4　假言推事实模型。同时，题干中还涉及数量关系和匹配关系，故此题为假言推事实＋数量＋匹配模型。

【第 2 步　套用母题方法】

步骤 1：数量关系优先算。

此题的数量范围过大，存在多种可能性，故先不计算数量关系。

步骤 2：按“假言推事实模型”的思路解题。

由条件(1)、(4)和(3)串联可得：乙编剧→￢丙导演∧￢丙监制→丙制片∨丙编剧→甲、乙和戊中至多 1 人导演→丁导演→￢乙编剧∧￢丁编剧。

可见，由“乙编剧”出发推出了“￢乙编剧”。故，“乙编剧”为假，即：￢乙编剧。

由“￢乙编剧”结合“每个奖项恰好有他们中的 3 人参与评选”可知，条件(2)的前件为真，则其后件也为真，可得：丁美工∧丙美工。

故 C 项正确。

20. E

【第 1 步　识别命题形式】

“丙不参与评选最佳编剧且甲、乙参与评选的奖项完全不同”为事实，其他已知条件同上题一致，故此题为母题模型 1　事实假言＋数量＋匹配模型。

【第 2 步　套用母题方法】

引用上题推理结果：￢乙编剧∧丁美工∧丙美工。

本题新补充事实：￢丙编剧、甲和乙参与评选的奖项完全不同。

从事实出发，由“￢丙编剧”“￢乙编剧”和“每个奖项恰好有他们中的 3 人参与评选”可知，甲、丁和戊均参与评选最佳编剧。

由“丁编剧”可知，条件(3)的后件为假，则其前件也为假，可得：￢丁导演。

由“￢丁导演”结合“甲和乙参与评选的奖项完全不同”可知，丙、戊均参与评选最佳导演。再结合“每个奖项恰好有他们中的 3 人参与评选”可知，甲、乙、戊中有 2 人参与评选最佳导演，因此，条件(4)的后件为假，则其前件也为假，可得：￢丙制片∧￢丙编剧。

由“￢丙制片”结合“甲和乙参与评选的奖项完全不同”可知，丁、戊均参与评选最佳制片。

综上，可得下表：

奖项 人	最佳导演	最佳制片	最佳编剧	最佳监制	最佳美工
甲			√		
乙			×		
丙	√	×	×		√
丁	×	√	√		√
戊	√	√	√		

故 E 项正确。